Informatik aktuell

Herausgeber: W. Brauer
im Auftrag der Gesellschaft für Informatik (GI)

Springer-Verlag Berlin Heidelberg GmbH

Andreas Heuer Frank Leymann
Denny Priebe (Hrsg.)

Datenbanksysteme in Büro, Technik und Wissenschaft

9. GI-Fachtagung
Oldenburg, 7.-9.März 2001

Springer

Herausgeber

Andreas Heuer
Lehrstuhl Datenbank- und Informationssysteme
Fachbereich Informatik, Universität Rostock
18051 Rostock

Frank Leymann
IBM Böblingen
Schönaicher Str. 220, 71032 Böblingen

Denny Priebe
Lehrstuhl Datenbank- und Informationssysteme
Fachbereich Informatik, Universität Rostock
18051 Rostock

Die Deutsche Bibliothek - CIP-Einheitsaufnahme

Datenbanksysteme in Büro, Technik und Wissenschaft : ... GI-Fachtagung / Auftr. der Gesellschaft für Informatik (GI). - 1987-. - Berlin ; Heidelberg ; New York ; Barcelona ; Hongkong ; London ; Mailand ; Paris ; Singapur ; Tokio : Springer, 1987
(Informatik aktuell)
Früher u.d.T.: Datenbank-Systeme für Büro, Technik und Wissenschaft
9. Oldenburg, 7.-9. März 2001. - 2001
ISBN 978-3-540-41707-1 ISBN 978-3-642-56687-5 (eBook)
DOI 10.1007/978-3-642-56687-5

CR Subject Classification (2001): C.2.4, D.2.2, D.2.12, D.4.2, D.4.8, H.2, H.3.3, H.3.4, H.3.5, H.3.7, H.4.1, H.5.1, J.1, K.4.4

ISSN 1431-472-X
ISBN 978-3-540-41707-1

Satz: Reproduktionsfertige Vorlage vom Autor/Herausgeber

Gedruckt auf säurefreiem Papier SPIN: 10719237 33/3142-543210

Vorwort

Die Tagungsreihe *Datenbanksysteme in Büro, Technik und Wissenschaft* (BTW) hat es sich zum Anliegen gemacht, Datenbankforscher und -praktiker zusammenzubringen und den Entwicklungsstand und die Perspektiven neuer Datenbank-Technologie in aktuellen Einsatzgebieten zu diskutieren. Dabei sollen die Bereiche *Business* (Anbieter und Anwender) und *Technology* (Anbieter und Forscher) gleichberechtigt verteten sein. Neben klassischen Datenbanktechnologien sollen auch die neuen Technologien, die durch den nötigen *Web, Warehouse and Workflow Support* erforderlich geworden sind, durch Anbieter und Forscher vorgestellt werden. Somit kann das Kürzel BTW nun auch mit *Business, Technology, Web, Warehouse, and Workflow Support* interpretiert werden.

Das Programm der 9. BTW-Fachtagung besteht aus Langbeiträgen und Kurzbeiträgen des wissenschaftlichen Programms und eines parallelen Industrieprogramms. Zusätzlich konnten zwei eingeladene Vortragende gewonnen werden: Michael Rys (Microsoft) berichtet über die XML-Unterstützung im Microsoft SQL Server und die Normungstätigkeiten in Bezug auf eine XML-Anfragesprache, Tamer Özsu (University of Waterloo) gibt einen Überblick über Datenbanksysteme für Multimedia-Daten und Dokumente.

Vor der eigentlichen Fachtagung wurden in bewährter Weise die Datenbank-Tutorientage (DBTT 2001) mit vier Tutorien zu aktuellen Themen durchgeführt. Zum ersten Mal gibt es einen BTW-Dissertationspreis, der von der Firma IBM gestiftet wurde, und ein DB-Studenten-Programm, mit dem Studenten die Gelegenheit bekommen, ihre Studien- oder Diplomarbeiten der Öffentlichkeit vorzustellen. Schließlich wird das Vorprogramm der BTW 2001 durch einen Workshop des Arbeitskreises "Konzepte des Data Warehousing" abgerundet, der gleichzeitig das Fachgruppentreffen der Fachgruppe 2.5.1 Datenbanksysteme der GI darstellt.

Das Programmkomitee Wissenschaft hatte die schwere Aufgabe, aus 66 Beiträgen 15 Lang- und 14 Kurzbeiträge auszuwählen. Diese Annahmequote zeigt, daß die BTW weiter zu den Tagungen zählt, die einen extrem hohen Maßstab an die Qualität der wissenschaftlichen Beiträge legt. Viele gute Beiträge mußten abgelehnt werden. Als Vorsitzender des Programmkomitees möchte ich mich bei allen Autorinnen und Autoren bedanken, auch wenn sie mit einem sehr guten Beitrag nicht die Gelegenheit erhalten, ihn auf der BTW 2001 zu präsentieren. Danken möchte ich auch dem gesamten Programmkomitee für die geleistete Arbeit, insbesondere für eine konstruktive abschließende Programmkomitee-Sitzung, bei der Zweifelsfälle noch geklärt werden konnten.

Das Programkomitee Industrie unter dem Vorsitz von Frank Leymann (IBM) wählte zwei Beiträge aus eingereichten Industriebeiträgen aus und ergänzte das Industrieprogramm um 12 eingeladene Vortragende zu verschiedenen Aspekten der Datenbanktechnologie. Das Industrieprogramm ist in diesem Jahr somit das ausführlichste, das die BTW in ihrer Geschichte seit 1985 je gesehen hat. Schriftliche Kurzfassungen der meisten Industriebeiträge sind ebenfalls Bestandteil dieses Tagungsbandes. Dem Vorsitzenden des Programmkomitees Industrie, Frank Leymann, und dem gesamten Programmkomitee möchte ich für die geleistete Arbeit und die konstruktive Zusammenarbeit danken.

Ein besonderer Dank gilt noch Hans-Jürgen Appelrath von der Universität Oldenburg, der die BTW 2001 als Chef des Organisationskomitees hervorragend organisiert hat. Vielen Dank auch für die effiziente und kooperative Zusammenarbeit!

Bedanken möchte ich mich auch bei meinem Mitarbeiter Denny Priebe (Universität Rostock), der von der Einreichung der Beiträge bis zu ihrer Veröffentlichung in diesem Band die Hauptarbeit im technischen Bereich hatte und sich deshalb als Mitherausgeber dieses Bandes empfohlen hat.

Der gesamte Einreichungs-, Begutachtungs- und Anmeldeprozeß der BTW wurde in diesem Jahr durch ein Web-basiertes Informationssystem unterstützt. Die zentrale Web-Seite der BTW wird auch in den Folgejahren als Informationsportal für diese Tagungsreihe benutzt. Ich empfehle Ihnen, die URL

`http://www.btw-konferenz.de`

in Ihre Bookmarks aufzunehmen.

Rostock, im Januar 2001

Andreas Heuer

Veranstalter
Fachausschuß 2.5 der Gesellschaft für Informatik

Tagungsleitung
Hans-Jürgen Appelrath, Uni Oldenburg

Programmkomitee wissenschaftliches Programm
Andreas Heuer, Uni Rostock (Vorsitz)
H.-J. Appelrath, Uni Oldenburg
Klemens Böhm, ETH Zürich
Stefan Conrad, LMU München
Peter Dadam, Uni Ulm
Norbert Fuhr, Uni Dortmund
Andreas Geppert, Uni Zürich
Theo Härder, Uni Kaiserslautern
Stefan Jablonski, Uni Erlangen
Gerti Kappel, Uni Linz
Angelika Kotz Dittrich, Swiss Re
Klaus Küspert, Uni Jena
Georg Lausen, Uni Freiburg
Rainer Manthey, Uni Bonn
Klaus Meyer-Wegener, TU Dresden
Andreas Oberweis, Uni Frankfurt
Erhard Rahm, Uni Leipzig
Thomas C. Rakow, Springer Verlag, Heidelberg
Kurt Rothermel, Uni Stuttgart
Gunter Saake, Uni Magdeburg
Gottfried Vossen, Uni Münster
Mechthild Wallrath, GZ-Bank Karlsruhe
Gerhard Weikum, Uni des Saarlandes

Programmkomitee Industrieprogramm
Frank Leymann, IBM Böblingen (Vorsitz)
Uwe Deppisch, Dresdner Bank
Rudolf Munz, SAP AG
Harald Schöning, Software AG

Organisationskomitee
Hans-Jürgen Appelrath, Uni Oldenburg (Vorsitz)
Marco Grawunder, Uni Oldenburg
Claudia Martsfeld, Uni Oldenburg
Denny Priebe, Uni Rostock

Weitere Gutachter

Thomas Bauer
Andreas Behrend
Henrike Berthold
Christian Böhm
Timo Böhme
Cora Burger
Daniela Damm
Stephan Dassow
Hai Hong Do
Ruxandra Domenig
Oliver Dunemann
Ingolf Geist
Michael Gillmann
Christoph Gollmick
Marco Grawunder
Farshad Hakimpour
Arne Harren
Ralf Hauber
Joachim Herbst
Olaf Herden
Thomas Herstel
Holger Hinrichs
Claus Hofmann
Elisabeth Kapsammer
Wassili Kazakos
Jürgen Klarmann
Meike Klettke
Achim Kraiß
Gerhard Kramler
Florian Krebs
Jens Krösche
Ottokar Kulendik
Jens Lechtenbörger
Astrid Lubinski
Jens Lufter
Ulrich Marder
Holger Märtens
Jutta Mülle
Robert Müller
Jan Nowitzky
Marco Plack
Markus Pötke
Siegfried Reich
Manfred Reichert
Carina Sandmann
Kai-Uwe Sattler
Ralf Schaarschmidt
Eike Schallehn
Ralf Schenkel
Guido Schimm
Jürgen Schlegelmilch
Ingo Schmitt
Stefan Schönauer
Martin Schönhoff
Thomas Seidl
Steffen Skatulla
Dieter Sosna
Thomas Stöhr
Uta Störl
Heiko Tapken
Anja Theobald
Anca Vaduva
Sakis Vavouras

Sponsoren

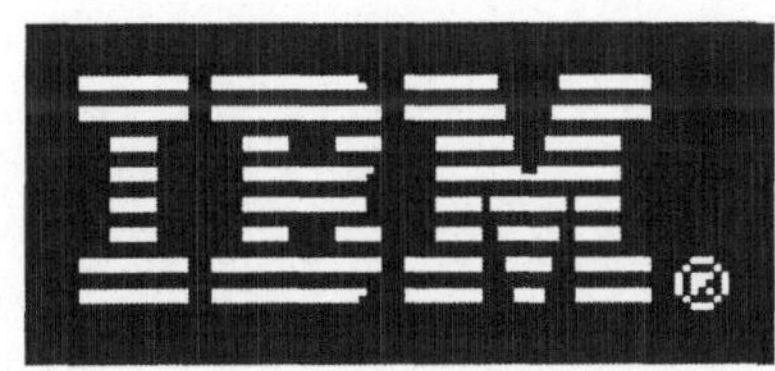

s d & m
software design & management

Dresdner Bank
Die Beraterbank

BTW-Dissertationspreis

gestiftet von der IBM Deutschland GmbH

Bei der BTW 2001 werden erstmals hervorragende Dissertationen ausgezeichnet. Es handelt sich hierbei um zwei Dissertationspreise von je 5.000 DM, die von IBM gestiftet worden sind, um hervorragende wissenschaftliche Leistungen und damit Weiterentwicklungen im Datenbankbereich auszuzeichnen.

Für das Auswahlverfahren wurden nur Arbeiten akzeptiert, die im Zeitraum 10/1998 bis 09/2000 mit der Promotionsprüfung abgeschlossen wurden. Die Kandidaten wurden von ihren betreuenden Professoren nominiert, eine Selbstbewerbung war nicht möglich.

Gutachter für die eingereichten Arbeiten waren die Mitglieder des FA 2.5 der GI. Vorsitzender des Gutachtergremiums war Theo Härder (Universität Kaiserslautern). Bewertungskriterien waren die fachliche Ausrichtung, die Bedeutung für das Fach, die wissenschaftliche Spitzenleistung, der Anwendungsbezug beziehungsweise die theoretische Grundlagenarbeit.

Die Preisverleihung findet zum Abschluss der BTW 2001 statt. Die beiden Preisträger halten jeweils einen Kurzvortrag über ihre Dissertation. Eine schriftliche Kurzfassung ist ebenfalls in diesem Band enthalten.

Die Dissertationspreise gehen in diesem Jahr an:

Achim Kraiß (Universität des Saarlandes):
Hierarchische Speicherwaltung für Informationssysteme mit Tertiärspeicher

Frank Wietek (Universität Oldenburg):
Intelligente Analyse multidimensionaler Daten in einer visuellen Programmierumgebung und deren Anwendung in der Krebsepidemiologie

Inhaltsverzeichnis

Sitzung 3: Datenbanken im Internet

Sitzung 4: Data Warehousing und Datenintegration

Sitzung 5: Technische Aspekte, Leistungsmessung

Sitzung D: Workflows und Kommunikation

Sitzung E: Portale und Data Warehouses

Eingeladene Vorträge

Database Support for Document and Multimedia Databases

M. Tamer Özsu

University of Waterloo

Abstract

A number of emerging applications are increasing the importance of document and multimedia data. Electronic digital libraries, image and video repositories, and electronic commerce catalogs are all examples of these applications. At the same time, technological developments, such as the standardization of XML, the realization of broadband networks with sufficient bandwidth, increasing availability of economical imaging and video equipment, open up new and interesting possibilities for the users. The management of documents and multimedia data can benefit from database technology. In this talk, I will discuss some of the ways database technology can be deployed in this domain and the issues that need to be worked on.

Bringing the Internet to Your Database: Using SQLServer 2000 and XML to Build Loosely-Coupled Systems

Michael Rys

Microsoft SQL Server XML Technology Group

Abstract

Loosely-coupled, distributed system architectures need to be flexible enough to allow individual components to join or leave the heterogeneous conglomerate of services and components and to change their internal design and data models without jeopardizing the whole architecture. A well-established approach is to use a lingua franca for the integration layer that hides the heterogeneity among the components and provides the glue that allows the individual components to take part in the loosely integrated system.

Over the last one to two years, XML and the languages/vocabularies defined with XML have established themselves as the most prevalent and promising lingua franca of loosely-coupled, distributed systems in the area of business-to-business, business-to-consumer, or generally, any-to-any data interchange and integration. Often the individual components are using a different (data) language than the integration level and need to provide some wrapping and transformation of their internal data structures and models into the integration model. An important aspect of this wrapping step and the integration-level model is, that any internal changes to any of the components in the distributed system does not require any change to the internals of any other component.

One of the more important building blocks of such a component is a database that locally stores and manages the data. Often, this data may be used independently of the integration context or used in multiple integration contexts. Thus, it is crucial that the internal modeling of the data structures needs to be flexible enough to accommodate a changing number of contexts without sacrificing performance. Relational databases have a proven track record in providing the required efficient and flexible management of data in such multiple usage contexts. Local applications already make extensive use of relational systems to manage their data. Thus, in order to provide already existing data to the integration systems and to leverage the flexibility of relational databases, such components are often based on relational systems. However, in order to partake in the integration process as a component, the relational data needs to be translated into XML. In particular, the relational schema needs to be transformed as easy and efficiently as possible into the XML language used in the specific application domain.

This presentation focuses on how to provide the basic technology to enable a relational database to become a component in such loosely-coupled systems and it will provide an overview over the features that are needed to provide access via HTTP, transform relational query results into the XML language that is used by the integration layer, provide queryable and updateable XML views, how to elegantly provide rowset abstractions over XML to shred XML into relations and how to efficiently bulk load XML data through the XML view mechanism into the relational database. The presentation will discuss how these features can be used in the context of website development and any-to-any data interchange and emphasize the ease-of-use of building the XML views. The discussion of generating XML for SQL queries will discuss canonical, heuristic-based and user-defined strategies and point out their use scenarios and potential shortcomings with respect to the decoupling of external and internal data formats.

Wissenschaftliches Programm

Sitzung 1:

Datenbank–Föderation

InFuse – Eine datenbankbasierte Plattform für die Informationsfusion*

Oliver Dunemann, Ingolf Geist, Roland Jesse, Gunter Saake und Kai-Uwe Sattler

Fakultät für Informatik, Universität Magdeburg
Postfach 4120, D-39016 Magdeburg
fusion@cs.uni-magdeburg.de
http://fusion.cs.uni-magdeburg.de

Zusammenfassung Informationsfusion als Prozess der Integration und Interpretation heterogener Daten mit dem Ziel der Gewinnung neuer Informationen einer höheren Qualität eröffnet eine Vielzahl von Anwendungsgebieten. Gleichzeitig erfordert dieser Prozess aber auch eine enge Verzahnung der bislang häufig noch isoliert vorliegenden Werkzeuge und Techniken zum Zugriff auf heterogene Datenquellen, deren Integration, Aufbereitung, Analyse und Visualisierung. In diesem Beitrag werden erste Ergebnisse der Entwicklung einer Workbench vorgestellt, die durch konsequente Nutzung von Datenbanktechniken eine durchgängige Unterstützung dieser Schritte ermöglicht.

1 Einleitung und Motivation

Die Bedeutung der Aufgabe, verteilt und heterogen vorliegende Datenbestände in einer integrierten Form darzustellen und zu analysieren, wurde in letzter Zeit zunehmend erkannt. Die wissenschaftliche Arbeit konzentrierte sich dabei zunächst auf das Erarbeiten von Lösungen für Teilschritte. So wurden die technischen Voraussetzungen zum Zugriff auf verteilte, heterogene Datenbestände und Methoden für die Integration auch über Paradigmengrenzen hinaus geschaffen. Werkzeuge für spezielle Nachbearbeitungs- und Analyseschritte wie beispielsweise Data Mining oder Visualisierung wurden entwickelt. Da jedoch die Integration dieser Komponenten bisher nicht oder nur teilweise durchgeführt wurde, konnte erhebliches Optimierungspotential nicht ausgeschöpft werden. Hier ist beispielsweise eine dynamische und anpassungsfähige Entscheidungsfindung bezüglich der Materialisierung von Zwischenergebnissen vorgesehen.

An der Universität Magdeburg wird zur Zeit unter dem Arbeitstitel InFuse eine Workbench entwickelt, die die Zusammenführung der Komponenten der Informationsfusion zum Ziel hat. Durch ein offenes und modulares Konzept wird ein Rahmen aus Basisdiensten geschaffen, auf dem aufbauend weitere Komponenten entwickelt werden können. Dabei werden bereits in der Analysephase Aspekte der Teilaufgaben der Informationsfusion berücksichtigt, indem von Praxisbeispielen ausgehend beispielhaft Fusionsprozesse modelliert werden. Solche Basisdienste stellen neben den Integrations-

* Diese Arbeit wird gefördert von der DFG (FOR 345/1).

und Darstellungskomponenten einen zentralen Authentifizierungsmechanismus und eine einheitliche Fehlerbehandlung zur Verfügung.

Im Weiteren ist die Arbeit wie folgt gegliedert. Zunächst zeigt der Abschnitt 2 den Stand der Technik auf und stellt verwandte Arbeiten vor. Anschließend wird im Abschnitt 3 der Begriff, der Prozess sowie mögliche Anwendungsfelder der Informationsfusion dargestellt. Ein Beispiel, das durchgängig in der Arbeit benutzt werden soll, wird im Abschnitt 4 entwickelt. Der Abschnitt 5 stellt den Hauptteil der Arbeit dar und zeigt die Integration verschiedener Methoden in einer *Workbench* zur Unterstützung der Informationsfusion. Weiterhin beschreibt dieser Abschnitt den entstandenen Prototypen. Eine Zusammenfassung und ein Ausblick auf weitere Forschungsschwerpunkte zur Informationsfusion beschliessen die Arbeit.

2 Verwandte Arbeiten

In den letzten Jahren wurden in der Literatur verschiedene Vorschläge zur Integration von heterogenen Datenquellen gegeben. Dabei lag zunächst der Schwerpunkt auf der Schemaintegration [BLN86]. Aktuell, hervorgerufen durch die Einführung des Data-Warehouse -Konzeptes, wird stärker auf die Integration und Aufbereitung der Inhalte Wert gelegt.

Einen Überblick über die Data-Warehouse(DW)-Architektur und den Ablauf des DW-Prozesses von der Extraktion aus den lokalen Quellen bis zur Auswertung der Daten wird in [CD97] gegeben. [DWI00] zeigt eine Übersicht über verschiedene kommerzielle Werkzeuge, die zur Extraktion, Transformation und zum Laden (ETL) der Daten benutzt werden. Beispiele für grafische ETL-Systeme sind die Microsoft Data Transformation Services und die Oracle DataMart Suite.

Weitere Forschungsprojekte zur interaktiven Datenaufbereitung und -integration sind unter anderem Clio [HMN+99] und Potter's Wheel [RH00]. Diese haben das Ziel einer interaktiven, datenorientierten und iterativen Aufbereitung der Daten für die weitere Analyse. In [HMN+99] verwenden die Autoren hierfür als Datenbank-Middleware das Multidatenbanksystem Garlic. Potter's Wheel ist ein ähnliches Projekt für ein Framework zur Unterstützung der interaktiven Datenaufbereitung. Dieses verwendet eine grafische Benutzungsschnittstelle in Form eines skalierbaren Spreadsheets. Mit diesem kann der Anwender seine Aktionen zur Datenaufbereitung sofort auf einer Stichprobe der Daten ausführen und validieren.

Wie am Beispiel des oben vorgestellten Projekts Clio erwähnt, stellen Multidatenbanksysteme mit ihren Möglichkeiten des Zugriffs auf heterogene Datenquellen und der Integration von Daten die Grundlage für eine virtuelle und interaktive Aufbereitung dar. Beispiele für solche Systeme sind u.a. MSQL [GLRS93], SchemaSQL [LSS96] oder auch FRAQL [SCS00].

Nach der Aufbereitung und Integration der Daten kann eine Analyse zur Gewinnung von Informationen erfolgen. Im Data Warehouse-Bereich erfolgt diese zumeist durch On-Line Analytical Processing-Werkzeuge (OLAP). Hierbei ist zu sagen, dass diese Software oft gänzlich abgekoppelt von den oben genannten ETL-Werkzeugen vorliegt.

Zur Datenanalyse werden verschiedene Algorithmen und Methoden benutzt, deren Spektrum von Ad-hoc-Anfragen bis zu lang laufenden Data-Mining-Methoden reicht.

Als Beispiele sind unter anderem Ableitung von Assoziationsregeln [AMS+96] oder auch Klassifizierungsalgorithmen zu nennen. Um eine effiziente Verarbeitung der Daten in einem Datenbanksystem zu ermöglichen, müssen diese Algorithmen in das Datenbankmanagementsystem (DBMS) integriert werden. Eine Untersuchung der verschiedenen Möglichkeiten der Integration dieser Algorithmen wurde am Beispiel der Ableitung von Assoziationsregeln in [STA98] durchgeführt. Das System DBMiner [Han98] zum Beispiel integriert verschiedene Data-Mining-Algorithmen für On-Line Analytical Mining in grossen Datenbanken bzw. Data Warehouses.

Bei der Exploration von Datenbankinhalten ist die Standardbenutzungsschnittstelle noch immer eine Tabellensicht [RH00]. Verschiedene Techniken wurden entwickelt, um multidimensionale Daten dem Anwender leichter zugänglich aufzubereiten [Eic00], [Han98], [HK97]. Diese sind geprägt durch eine selektive Beschränkung der zu Grunde liegenden Dimensionalität zum Vorteil der besonders hervorgehobenen Darstellung einzelner Merkmale der Ausgangsdaten. Zu ihrem besseren Verständnis werden große Pivottabellen somit auf mehrere kleine Tabellen aufgeteilt. Die Darstellung derselben erfolgt partiell auf visuell reichere, aber kognitiv weniger belastende Variationen. Beispiele hierfür sind Kombinationen aus Bubble Plots, parallelen Koordinaten sowie Boxengraphiken [Eic00,Han98]. Alternativ werden zur Darstellung sehr großer Datensätze Abbildungen auf Volumendarstellungen eingesetzt. Dabei existiert Information im 3D-Raum und wird nicht nur in Form von 2D-Daten in den 3D-Raum abgebildet. Volumenrendering ist im Gegensatz zu herkömmlichen Renderingmethoden nicht an die Vorgabe von geometrischen Informationen gebunden. Es eignet sich somit in besonderem Maße zur Darstellung relationaler Daten. Eine Methode der Abbildung dieser Daten in eine Volumendarstellung ist das Splatting [MMC99]. Vorhergehend in die einzelnen räumlichen Dimensionen abgebildete Attribute werden dabei als Voxel auf die Bildebene projiziert. Sämtliche dieser Voxel werden anschliessend durchlaufen und ihr jeweiliger Einfluss auf die Pixel des Ergebnisbildes festgestellt. Die Voxel können somit jeweils als eine Art Energiequelle verstanden werden, die ihre Energie über ein spezifisches Bildgebiet ausbreitet.

3 Informationsfusion – Begriff und Anwendungen

Der Begriff der *Informationsfusion* beschreibt den Prozess der Integration und Interpretation von Daten aus heterogenen Quellen sowie die darauf aufbauende Konstruktion von Modellen für einen bestimmten Problembereich mit dem Ziel der Gewinnung von Informationen einer neuen, höheren Qualität. Diese Definition erklärt die Informationsfusion als ein interdisziplinäres Gebiet, das auf Methoden und Techniken verschiedener Bereiche, wie z.B. Datenbanken, Statistik, Maschinelles Lernen und Visualisierung zurückgreift.

Der Fusionsprozess beinhaltet dabei die verschiedenen Aspekte Datenzugriff, Datenintegration, Analyse und Verdichtung, Präsentation und Weiterverarbeitung sowie die Repräsentation der Metadateninformationen. Eine genaue Anforderungsanalyse und Beschreibung der einzelnen Bereiche sind in [CSS99] dargestellt.

Die verschiedenen Schritte der Integration und Analyse der Daten können durch einen Graphen modelliert werden. Hierbei beschreiben die Knoten des Graphen die

Datenquellen und die Operationen auf diesen Quellen. Die Kanten beschreiben die Aufeinanderfolge der Operationen. Dieser Graph dient im weiteren als Modell für ein *Worksheet*, welches die verschiedenen Sichten auf den Prozess beschreibt. Hierbei kann der Graph einmal direkt grafisch modelliert beziehungsweise implizit durch die Anwendung der verschiedenen Operationen auf die Daten in einer Spreadsheet-Ansicht erzeugt werden.

Es existieren vielfältige Anwendungsgebiete für die Informationsfusion. Exemplarisch sei die Untersuchung von Gensequenzen aus verschiedenen Gen- und Stoffwechseldatenbanken in der Bioinformatik genannt. Weiterhin ist der Produktionsvorbereitungsprozess in der Giesserei-Industrie ein Anwendungsgebiet. Ein weiteres Beispiel stellt die Analyse von Konto- und Kundendaten dar. Aus diesem Bereich wurde auch das Beispielszenario gewählt, welches durchgehend in der weiteren Arbeit benutzt werden soll.

4 Beispiel

Zur Verdeutlichung der Zielsetzung einer Workbench zur Unterstützung der Informationsfusion wird in diesem Abschnitt ein Beispiel konstruiert: In einem Kreditinstitut sollen potentielle Kreditnehmer in Bonitätsklassen eingeteilt werden, um eine differenzierte Preisstellung zu ermöglichen. Dazu werden vorliegende Kontrakte analysiert, die Kunden klassifiziert und deren mittlere historische Ausfallrate bestimmt. In Abhängigkeit dieser Ausfallrate werden sie Bonitätsklassen zugeordnet. Diese Daten dienen wiederum als Trainingsmenge für Methoden zur Bonitätseinstufung. Folgendes Beispiel skizziert diesen Vorgang:
Für jeden Kunden liege neben dem bisherigen Zahlungsverhalten das Einkommen vor. Für das Einkommen werden Klassen gebildet und die jeweiligen relativen Häufigkeiten der Ereignisse *Kreditausfall* und *Rückzahlung* bestimmt. Tabelle 1 zeigt eine solche Häufigkeitsverteilung. Anschliessend werden in Abhängigkeit der Ausfallhäufigkeiten Gruppen gebildet, die die Bonitätsklassen darstellen. Ein solches Ergebnis ist in Tabelle 2 dargestellt. Mit dieser Klassifizierung kann in Abhängigkeit vom Einkommen ab-

Einkommen	Rel. Häufigkeit Kreditausfall
>150.000	0,02%
100.000 bis 149.999	0,08%
80.000 bis 99.999	0,35%
60.000 bis 79.999	0,50%
40.000 bis 59.999	1,20%
bis 39.999	2,30%

Tabelle 1. Historische Ausfallraten

geschätzt werden, mit welcher Wahrscheinlichkeit ein Engagement ausfallen wird. Dieses kann bei der Angebotserstellung berücksichtigt werden, indem für Kunden schlechterer Bonität ein entsprechend höherer Zinsaufschlag (Credit Spread) verlangt wird.

Einkommen	Mittlere rel. Häufigkeit Kreditausfall	Bonitätsklasse
>100.000	0,06%	A
40.000 bis 99.999	0,42%	B
bis 39.999	2,30%	C

Tabelle 2. Ableitung der Bonitätsklassen

Das beispielhaft betrachtete Kreditinstitut verfügt einerseits über eine Kundendatenbank mit sozio-demographischen Daten, die mit den Kontodaten verknüpft werden soll, um eine geeignete Klassifizierung zu bestimmen. Dabei dienen alle abgelaufenen Kontrakte als Trainingsmenge. Für die restlichen Kunden werden die Bonitäten (und somit die zu erwartenden Ausfallwahrscheinlichkeiten) anhand des gefundenen Klassifizierers bestimmt. Mit einer Ex-Post-Analyse kann später die Klassifizierungsgüte für die Prognose ermittelt werden.

Die Kundendatenbank enthält die Relation

kunde(kundennummer,alter,ausbildung,einkommen,region,branche)

während die Kontodatenverwaltung die Relationen

kredit(kontonummer,kundennummer,saldo,zinssatz,restlaufzeit)

und

sicherheit(sicherheit_id,kontonummer,kundennummer, anrechnungsfaktor,betrag)

enthält. Der erste Integrationsschritt besteht in der Zusammenfassung der Relationen `kredit` und `sicherheit`. In SQL entspricht dieses Vorgehen der Definition von zwei Views.

```
create view kontosicherheit as
select kundennummer, kontonummer,
sum(anrechnungsfaktor * betrag) as volumen
from sicherheit
group by kundennummer, kontonummer

create view nettokredit as
select kredit.kundennummer, sum(saldo - volumen) as saldo
from kredit, kontosicherheit
where kredit.kundennummer = kontosicherheit.kundennummer
and kredit.kontonummer = kontosicherheit.kontonummer
group by kredit.kundennummer
```

Es kommen also zwei Operatoren zum Einsatz, die die Funktionalität von Sichten in relationalen Systemen abbilden. Die View `nettokredit` wird anschliessend über einen Join-Operator mit `kunde` aus der zweiten Datenbank zur Sicht

```
kunde_nettokredit(kundennummer,alter,ausbildung,einkommen,
                  region,branche,saldo)
```

verknüpft. Um die gewünschte Klassifizierungsmethode durchführen zu können, müssen die einfließenden Attribute in diskrete Gruppen überführt werden. Diese werden zunächst vom Anwender fest vorgegeben und nicht automatisch (denkbar wäre hier eine automatische Klassenbildung nach Verteilungsgesichtspunkten) berechnet. Das Ergebnis dieser Operation wird mit den wie oben beschrieben bestimmten Bonitäten angereichert und bildet die Trainingsmenge

```
kunden_bonitaet(kundennummer,alter_kl,ausbildung,einkomm_kl,
                bonitaet,region, branche_kl,saldo_kl)
```

für den Klassifizierungsalgorithmus. Untersuchungen zum Themenbereich der Klassifizierung von Kreditnehmern finden sich u.a. in [BM99].

5 Werkzeugunterstützung für die Informationsfusion

Die Basis der Informationsfusion bildet eine enge Verzahnung der Integration heterogener Daten mit ihrer Aufbereitung sowie Analyse. Nur so kann eine interaktive Arbeitsweise unterstützt werden, die dem iterativen Charakter des Fusionsprozesses gerecht wird. Hierfür wird ein Vorrat an integrierten Werkzeugen für die einzelnen Schritte des Prozesses benötigt. Im folgenden werden erste Ergebnisse der Entwicklung einer solchen *Workbench* vorgestellt.

5.1 Architektur

Eine Workbench zur Unterstützung der Informationsfusion muss eine effiziente und interaktive Analyse großer, zum Teil heterogener Datenbestände ermöglichen. Dies umfasst die Definition und Ausführung von Anfragen, die Transformation von Daten sowie die Anwendung von Analyseoperationen und die Visualisierung der Ergebnisse. Vergleichbare Anforderungen sind auch in OLAP-Anwendungen zu finden, so dass für die Fusionsworkbench ein ähnlicher Architekturansatz gewählt wurde (Abb. 1).

Die Basis des Systems bildet die *Fusions-Engine*, die im Kern aus einem Anfragesystem für Multidatenbanken besteht. Dieses Anfragesystem ermöglicht einen transparenten Zugriff auf verschiedene Datenquellen und stellt Mechanismen zu deren Integration bereit [SCS00]. Das Anfragesystem umfaßt weiterhin eine lokale Datenbank für temporäre Daten (z.B. Materialisierungen) und Ergebnisse sowie die eigentlichen Fusionsoperatoren, die ähnlich gespeicherten Prozeduren direkt auf den integrierten Datenbeständen ausgeführt werden können. Der Worksheet-Manager verwaltet komplette Fusionsprozesse, indem die Reihenfolge einzelner Aufbereitungs- und Analyseschritte berücksichtigt wird und so bei Daten- oder Parameteränderungen nur die betroffenen Schritte neu ausgeführt werden müssen.

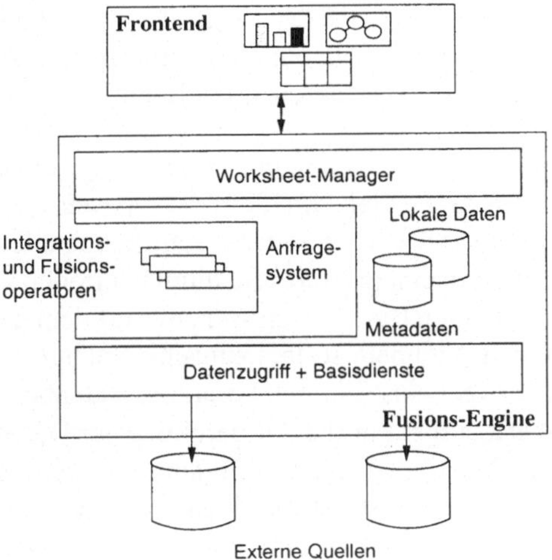

Abbildung 1. Architektur der Workbench

Die Benutzungsschnittstelle wird durch das Workbench-Frontend bereitgestellt. Mit diesem graphischen Analyse- und Definitionswerkzeug hat der Benutzer über die Fusions-Engine Zugriff auf die Daten der einzelnen Quellen. So können interaktiv Integrations- und Fusionsoperationen ausgeführt, Anfragen formuliert und die Ergebnisse visualisiert werden.

Die Architektur der Workbench ist mit der Trennung in Fusions-Engine und Frontend mit Ansätzen aus dem OLAP-Bereich vergleichbar. Ein wesentlicher Unterschied besteht jedoch darin, dass die zu analysierenden Daten nicht vorab extrahiert, transformiert, bereinigt und redundant in einem Warehouse abgelegt werden müssen. Statt dessen ermöglicht die Verwendung eines Multidatenbank-Anfragesystems innerhalb der Fusions-Engine den transparenten Zugriff auf die Quellen und die Anwendung von Transformations- und Integrationsoperationen. Auf diese Weise können erste Analysen durchgeführt werden, ohne dass zuvor Daten aufwendig migriert und transformiert werden müssen. So lassen sich relevante Datenausschnitte selektieren und Operationen parametrisieren. Für die tiefergehende Analyse können die Ergebnisse einzelner Schritte anschließend materialisiert werden, um so eine effiziente Ausführung zu erreichen.

5.2 Aufbereitung und Integration der Daten

Nach der Beschreibung der Architektur der Workbench soll nachfolgend auf die Grundlagen der Datenanalyse sowie die Aufbereitung und Integration der heterogenen Daten eingegangen werden. In den Aufbereitungs- und Integrationsschritten soll die Qualität der Daten gesichert werden, da sich nur aus qualitativ hochwertigen Daten relevante Analyseergebnisse ableiten lassen.

Im Data-Warehouse-Bereich werden Data-Cleaning- bzw. ETL-Werkzeuge zur Aufbereitung und Integration der Daten benutzt. Um diese Aktivitäten zu ermöglichen, muss ein Werkzeug folgende Eigenschaften aufweisen:

- **Schnelle Reaktionszeiten**: Die Erkennung und Lösung von Konflikten erfordert eine Interaktion mit dem Anwender. Um diese Arbeitsweise zu ermöglichen, müssen die Werkzeuge Ergebnisse der Aufbereitungsschritte schnell an den Anwender ausgeben, so dass dieser sie in einem frühen Stadium beurteilen kann. Somit ist die Anwendung von langlaufenden Batch-Prozessen, die auf dem gesamten Datenbestand arbeiten, nicht möglich. Vielmehr sollten zunächst Stichproben untersucht werden, um anschließend die Ergebnisse auf den gesamten Datenbestand anzuwenden.
- **Integration der Werkzeuge**: Für die Aufbereitung der Daten müssen unterschiedliche Aktionen und Algorithmen zur Konfliktentdeckung und -lösung angewendet werden. Da sich bei diesem Prozess Konflikte gegenseitig bedingen können und somit nicht sofort zu erkennen sind, ist eine Integration der Werkzeuge in einem System notwendig, wodurch die Erkennung und Lösung dieser verschachtelten Konflikte erst ermöglicht wird.
- **Durchgehende grafische Benutzerführung**: Die Interaktion mit den Werkzeugen soll möglichst durch eine grafische Benutzerführung erleichtert werden. Hierdurch können einerseits Einarbeitungszeiten in komplexe Programmierumgebungen verringert werden und andererseits wird auch die Entdeckung und Lösung von Konflikten während der Aufarbeitung und Integration der Daten erleichtert. Zur Unterstützung der Iteration im Integrationsprozess ist eine Undo-Funktion von zentraler Bedeutung. Somit sollten alle Aktionen zunächst virtuell ablaufen und nicht sofort materialisiert werden.

Aus diesen Überlegungen ergibt sich ein interaktiver Ansatz der Datenaufbereitung und -integration. Dabei wird davon ausgegangen, dass das globale Schema bereits vorliegt und die lokalen Daten auf dieses abgebildet werden müssen. Für diese Abbildung werden die Anfrage- und Integrationfähigkeiten der Multidatenbanksprache FRAQL eingesetzt. Diese ist mit ihren Eigenschaften in [SCS00] ausführlich beschrieben.

Zunächst erfolgt die Anwendung der Integrationsschritte auf einer Stichprobe des gesamten Datenbestandes. Diese kann durch bekannte Sampling-Verfahren wie z.B. [Vit87] erzeugt werden, die wie z.B. in [OR86] und [CMN99] beschrieben, in das Multidatenbanksystem integriert werden können. Die nachfolgende Beschreibung zeigt, wie die einzelnen Konfliktklassen behandelt werden. Vorausgesetzt wird dabei, dass die Daten in relationaler bzw. objektrelationaler Form vorliegen. Dieses wird durch die Multidatenbanksprache im Kern der Fusions-Engine mit Hilfe von Adaptern zu den einzelnen Datenquellen gewährleistet.

Zunächst müssen die lokalen Schemata auf das globale Schema abgebildet werden. Dieses erfolgt mit Umbenennungen, Hinzufügen und Löschen von Attributen. Hierbei werden die Möglichkeiten der Multidatenbanksprache FRAQL genutzt. Weiterhin können Metadatenkonflikte auftreten. Diese zeichnen sich dadurch aus, dass ein Teil der Daten in den Metadaten, wie z.B. den Attributnamen, und ein Teil in den Datenwerten modelliert ist. Eine Lösung dieser Konflikte ist durch die Benutzung von Metadaten in den Anfragen gegeben.

Nach der oben beschriebenen Anpassung der Schemata werden Konflikte in den Datenwerten betrachtet. Diese sind allerdings nicht unabhängig von der Schemaanpassung zu sehen, da eine Abhängigkeit in beiden Richtungen besteht. Zur Aufbereitung der Daten können arithmetische Ausdrücke oder auch Zeichenkettenfunktionen angewendet werden. Hiermit können Beschreibungskonflikte gelöst werden. Sind diese Mittel nicht ausreichend, kann der Anwender eigene benutzerdefinierte Funktion auf die Daten anwenden. Hier wird der Vorteil der einfachen Anwendbarkeit der Funktionen zugunsten einer erhöhten Flexibilität aufgegeben. Alle diese Operationen können zunächst auf einer Stichprobe ausgeführt werden, da hier bereits bestimmte Zusammenhänge schnell erkannt werden können. Weiterhin fließen alle Operationen zunächst in eine Sichtdefinition ein, sind also effizient zu modifizieren. Da die Fusions-Engine die Entscheidung über die Materialisierung von Zwischenergebnissen treffen kann, ist eine transparente Implementierung der Undo-Funktion möglich.

Als grafische Unterstützung stehen neben der Tabellenansicht mit der Möglichkeit der Anwendung der Operationen weitere Ansichten zur Verfügung, die im Abschnitt 5.4 beschrieben werden.

Dieser Ansatz der datenorientierten Aufbereitung und Integration der heterogenen Quellen unterstützt die iterative und interaktive Lösung der auftretenden Konflikte. Durch die anfängliche Benutzung von Stichproben kann eine schnelle Reaktionszeit des Systems erreicht werden. Allerdings ist es so unmöglich, alle Ausreisser bzw. Fehler in den Daten zu finden, hierzu muss weiterhin die gesamte Datenmenge betrachtet werden.

Hat der Anwender unter Verwendung der vorgestellten Integrationsmechanismen die Daten seinen Wünschen entsprechend aufbereitet, existieren zwei Möglichkeiten der weiteren Verwendung des Ergebnisses. Zum Einen kann die erzeugte globale Sicht auf die Daten direkt weiterverwendet werden, zum Anderen kann eine Materialisierung in eine lokale Datenbank vorgenommen werden, um weitere Bearbeitungs- und Analyseschritte der Daten zu beschleunigen.

5.3 Datenanalyse

In vielen Anwendungsfällen liefert die Integration verschiedener Datenquellen allein noch keinen Gewinn. Gerade bei einer größeren Anzahl von Quellen bleiben aufgrund des resultierenden Datenvolumens interessante Aspekte oft verborgen. Daher sind die integrierten Daten weiter zu analysieren, um etwa Muster, Tendenzen oder Regelmäßigkeiten aufzudecken. Zu diesem Zweck wurden in der Vergangenheit insbesondere auf dem Gebiet des Data Mining eine Vielzahl von Verfahren entwickelt [FPSSU96]. In Verbindung mit Zugriffs- und Integrationsmechanismen für heterogene Datenquellen versprechen diese Techniken neue, vielfältige Einsatzmöglichkeiten.

Ein Defizit aktueller Ansätze zur automatischen Datenanalyse in großen Datenbeständen – im Vergleich zu OLAP-Anwendungen, die eher eine benutzergesteuerte, navigierende Form darstellen – ist die unzureichende Kopplung zum Datenbanksystem. So arbeiten viele Data-Mining-Tools hauptspeicherbasiert und sind damit hinsichtlich der zu untersuchenden Datenmenge beschränkt. Andererseits bieten auch moderne Datenbankmanagementsysteme kaum Unterstützung in Form spezieller Operatoren oder Optimierungsstrategien. Ausnahmen sind hier u.a. [CDH+99]. Trotzdem bietet eine enge Kopplung eine Reihe von Vorteilen, wie die Nutzung der durch das DBMS bereitgestellten Zugriffsstrukturen und Optimierungsstrategien, der Speicherverwaltung für die Bearbeitung großer Datenmengen sowie der ausgereiften Parallelisierungsmechanismen moderner Systeme [Cha98].

Vor diesem Hintergrund wird im Rahmen der hier vorgestellten Workbench eine enge Verbindung zwischen Analysetechniken und Datenbankfunktionalität angestrebt. So werden die einzelnen Analyseoperationen als SQL-Programme ähnlich gespeicherten Prozeduren implementiert und in der Fusions-Engine ausgeführt. Auf diese Weise lassen sich einzelne SQL-Anweisungen als Teil einer Analyseoperation direkt auf den Quelldaten bzw. auf den (materialisierten) Ergebnisrelationen anwenden.

Die Umsetzung von Data-Mining-Verfahren auf der Basis von SQL ist eine aktuelle Herausforderung. Erste Arbeiten beschäftigen sich im Wesentlichen mit Klassifikationsverfahren [CFB99] und der Ableitung von Assoziationsregeln [STA98]. Dabei wurde deutlich, dass noch Performance-Probleme bestehen, die durch neue Datenbankprimitive und Optimierungstechniken zu lösen sind [Cha98].

Für erste Versuche im Rahmen der Workbench wurde daher ein einfacher Bayes'scher Klassifikator implementiert. Die Idee dieses Verfahrens ist die Vorhersage der Zuordnung eines Objektes zu einer diskreten Klasse C auf der Basis der diskreten Werte der Objektattribute $A_1 \ldots A_n$. Unter der Annahme der Unabhängigkeit der Attribute ist die optimale Vorhersage der Klassenwert c, für den $Pr(C = c | A_1 = a_1 \wedge \cdots \wedge A_n = a_n)$ maximal ist. Nach der Bayes'schen Regel ist einem neuen Objekt der Klassenwert c zuzuordnen, der das folgende Produkt maximiert [Elk97]:

$$\prod_{i=1 \ldots n} Pr(A_i = a_i | C = c)$$

Die einzelnen Faktoren können jeweils aus Trainingsdaten ermittelt werden, für die die Zuordnung zu Klassen bekannt ist:

$$Pr(A_i = a_i | C = c) = \frac{count(A_i = a_i \wedge C = c)}{count(C = c)}$$

Die Anwendung dieses Prinzips erfordert zwei Operatoren: *BuildClassifier* und *ApplyClassifier*. *BuildClassifier* erzeugt anhand einer Relation mit Trainingsdaten eine Relation mit den Häufigkeiten für die Bestimmung der obigen Faktoren. Diese Relation wird anschließend vom Operator *ApplyClassifier* genutzt, um für die eigentlichen Eingangsdaten eine Klassenzuordnung zu bestimmen (Abb. 2).

Für das in Abschnitt 4 eingeführte Beispiel lassen sich die Häufigkeitsinformationen durch folgende SQL-Anfrage bestimmen [WZ99]:

```
insert into counts
select alter_kl, ausbildung, einkomm_kl, bonitaet as class,
       count (*) as cnt
from kunden_bonitaet
group by grouping sets ((alter_kl, bonitaet),
       (ausbildung, bonitaet), (einkomm_kl, bonitaet),
       (bonitaet))
```

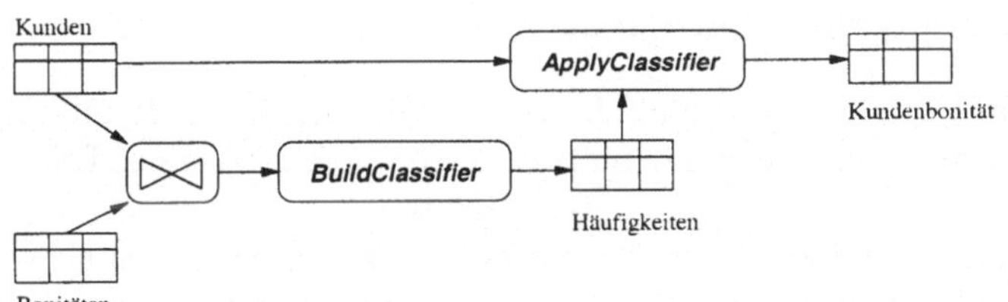

Abbildung 2. Klassifikationsprozeß

Das Ergebnis dieser Anfrage ist eine Relation, die die Häufigkeit der einzelnen Attributwerte in Verbindung mit der Klassenzuordnung enthält. Eine solche Datenstruktur wird in ähnlicher Form auch in [CFB99] als sogenannte CC-Tabelle für die Implementierung eines Entscheidungsbaumverfahrens genutzt.

Der obige Schritt wird durch den *BuildClassifier*-Operator implementiert. Dieser Operator erwartet als Parameter eine Relation mit den Trainingsdaten sowie die Beschreibung der Attribut- und Klassenspalten. Die Parameter können interaktiv vom Benutzer über des Workbench-Frontend festgelegt werden. Anhand dieser Informationen wird vom Operator eine entsprechende Anfrage generiert und ausgeführt. Das Ergebnis wird wiederum in einer Tabelle abgelegt.

Die eigentliche Klassifikation erfolgt nun durch Vergleich der aktuellen Attributwerte des zu klassifizierenden Objektes mit den Werten aus der `counts`-Tabelle. Anhand der Häufigkeiten kann die Wahrscheinlichkeit für die Zuordnung zu den einzelnen Klassen bestimmt werden. Die Anfrage für das obige Beispiel für ein neues Objekt mit den Attributwerten $a_1, \ldots, a_3$ ist dann wie folgt:

```
select c0.class, c1.cnt*c2.cnt*c3.cnt/power(c0.cnt,3) as prob
from counts c0, counts c1, counts c2, counts c3
where c0.class = c1.class and c1.class = c2.class
      and c2.class = c3.class
      and c1.alter_kl = a1 and c2.ausbildung = a2
      and c3.einkomm_kl = a3
      and c0.alter_kl is null and c0.ausbildung is null
      and c0.einkomm_kl is null
order by prob desc
```

Das bei einer Sortierung erste Ergebnistupel beinhaltet somit die Klassenzuordnung und die nicht-normalisierte Wahrscheinlichkeit. Diese Anfrage wird durch den *ApplyClassifier*-Operator ausgeführt. Auch dieser Operator generiert die eigentliche Anfrage anhand der aktuellen Parameter wie Eingangs- und Häufigkeitsrelation sowie Attributspalten.

Neben diesem einfachen Klassifikationsverfahren ist die Umsetzung weiterer Data-Mining-Operationen auf Basis von SQL geplant, so u.a. der Apriori-Algorithmus zur Aufdeckung von Assoziationsregeln und Clustering-Verfahren.

5.4 Visualisierung zur Benutzerunterstützung

Das Verständnis großer, meist multidimensionaler Datenbestände und die Extraktion von Informationen daraus setzt ihre umfassende Exploration voraus. Das Erkennen von Mustern und Trends, die Navigation im Datenbestand sowie das Auffinden von Beziehungen zwischen einzelnen Datensätzen erweist sich hierbei schnell als schwierig, oftmals als unmöglich [Eic00]. Es ist somit Aufgabe einer die Exploration unterstützenden Visualisierung, große Datenmengen handhabbar zu gestalten, die Betrachtung sowie Manipulation von Objekten in der Datenbasis zu ermöglichen und die Darstellung so aufzubereiten, dass Information durch den Benutzer leichter auffindbar wird. Diese Notwendigkeiten werden dadurch unterstrichen, dass die Interaktion gemäß den Abschnitten 5.1 und 5.2 einen wichtigen Aspekt im Prozess der Informationsfusion darstellt. Integrations- und Fusionsoperationen sind benutzergesteuert auszuführen beziehungsweise zu spezifizieren, Anfragen zu formulieren und die Ergebnisse auszuwerten, um gegebenenfalls den Fusionsprozess wieder zu revidieren.

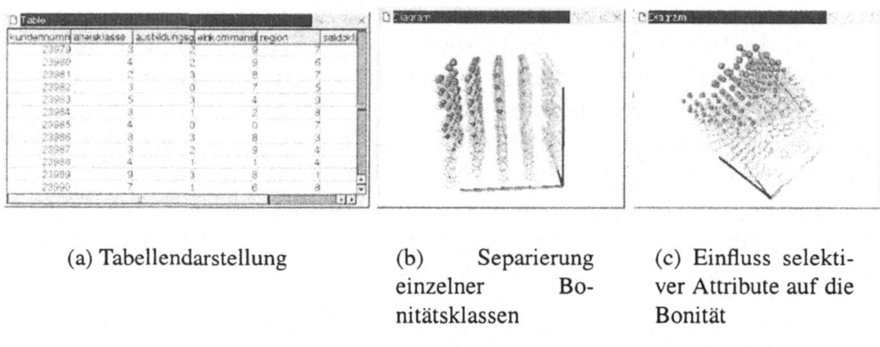

kundennumm	altersklasse	ausbildungsg	einkommens	region	saldokl
23979	3	2	9	7	
23980	4	2	9	6	
23981	2	3	8	7	
23982	3	0	7	5	
23983	5	3	4	9	
23984	3	1	2	8	
23985	4	0	0	7	
23986	8	3	8	3	
23987	3	2	9	4	
23988	4	1	1	4	
23989	9	3	8	1	
23990	7	1	6	8	

(a) Tabellendarstellung

(b) Separierung einzelner Bonitätsklassen

(c) Einfluss selektiver Attribute auf die Bonität

Abbildung 3. Verschiedene Sichten eines exemplarischen Datenbestandes

Abbildung 3 stellt drei mögliche Sichten auf denselben Datenbestand dar. In Bild 3(a) erfolgt die Darstellung in Tabellenform während die Bilder 3(b) und 3(c) eine Filterung mittels Gaussian Splatting widerspiegeln. Beide Darstellungsformen ergänzen sich dabei. Eine Tabellenansicht für eine gegebene, beliebige Relation ist verhältnismäßig einfach zu erstellen. Ihre Spalten werden mit den Relationsattributen populiert und in den Zeilen respektive die zugehörigen Werte eingetragen. Ergebnisse sind auf diese Weise schnell dem Anwender anzuzeigen. Etwas aufwendiger gestaltet sich prinzipiell die Erzeugung der visuell reicheren Diagramme. Sie sind nicht immer vollständig automatisch aus einer gegebenen Relation abzuleiten. Einzelne Dimensionen der Eingabedaten sind untereinander variabel ins Verhältnis zu setzen. Sinnvolle Kombinationen in Hinsicht auf die Exploration und Interpretation durch den Anwender ergeben sich dabei oftmals erst aus dem Kontext und sind somit nur schwerlich zu generalisieren.

Die Motivation der hier dargestellten Diagramme ist ein besseres Verständnis der Beziehungen einiger Attribute von Kunden zu ihrer Bonität. Dargestellt wird der Einfluss auf selbige von Seiten der Region (entlang der grün eingefärbten x-Achse), des Einkommens (entlang der rot gefärbten y-Achse) und des Ausbildungsgrades (entlang der gelb gefärbten z-Achse). Weitere Attribute fließen in die Betrachtung an dieser Stelle nicht mit ein, können und sollten allerdings Gegenstand weiterer Untersuchungen sein. Grau dargestellt ist der gesamte Bereich der Eingaberelation, welche die Trainingsdaten enthält. Rot und somit kontrastiv dunkler hervorgehoben ist eine Sicht auf den gleichen Eingabebereich skaliert entsprechend der Bonitätsklasse. Abbildung 3(c) offenbart den verhältnismäßig starken Einfluss der Region auf die Bonität, welcher sich darin ausdrückt, dass die rot (dunkler) dargestellten Bereiche sich mit größerem Abstand vom Koordinatenursprung maximieren. Dieser Effekt ist in abgeschwächter Form auch entlang der roten Achse zu beobachten, womit der stark gewichtete, wenn auch lineare Einfluss der Einkommensklasse auf die Bonität deutlich wird. Eine nahezu ausgeglichene Gleichverteilung ist für den Einfluss des Ausbildungsgrades abzulesen. Im Vergleich zu den anderen beiden Variablen wirkt er sich am schwächsten auf die Bonität eines Kunden aus. Abbildung 3(b) ist die Aufteilung der einzelnen Kundendatensätze auf die unterschiedlichen Bonitätsklassen zu entnehmen. Deutlich wird die starke Belegung der fünf am stärksten populierten Klassen. Die wenigen Ausreisser, die sich in den anderen Klassen wiederfinden, gehen in der Darstellung etwas unter.

Die Diagramme aus Abbildung 3(b) und 3(c) sind mit Methoden des Volumenrenderings erzeugt. Die Transformation von multidimensionalen Datensätzen mit verschiedenen Attributen für jeden einzelnen Datenwert in eine Volumenstruktur und deren anschließende Visualisierung ist eine verhältnismäßig einfache Möglichkeit, derart strukturierte Daten zur visuellen Exploration aufzubereiten. Abbildung 4 spiegelt das

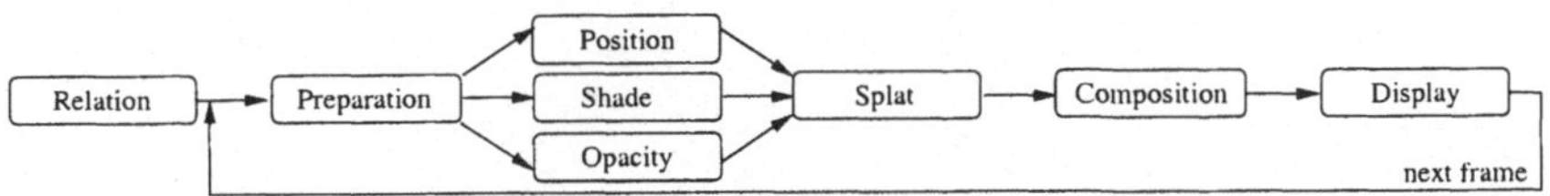

Abbildung 4. Visualisierungspipeline

der Volumendarstellung zu Grunde liegende Modell der Visualisierungspipeline wider. Die Relation als Ausgangspunkt repräsentiert hierbei generell in einer Datenbank gespeicherte Daten als Quelle für die weitere Verarbeitung. Diese werden für die Darstellung aufbereitet. In diesem Vorbereitungsschritt erfolgt die Zuordnung einzelner Attribute zu den Raumdimensionen, passende Farbgebungen sowie die Bestimmung der Durchlässigkeit darzustellender Voxel. Weitere Präsentationsvariablen können während dieser Phase einfach in die Darstellung eingebracht werden. In der mit Splat bezeichneten Phase wird den einzelnen Voxeln jeweils ein 3D-Gauss-Filter zugeordnet, der somit für die Abbildung der erzeugten Rauminformationen auf die Darstellungsfläche sorgt. Während der Komposition werden die unterschiedlichen Präsentationsinformationen zusammengefasst und respektive Grafikobjekte erzeugt, woraufhin das eigentliche Rendering und somit die Ausgabe auf dem Bildschirm angestoßen wird. Der Prozess wiederholt sich für den gesamten Eingabedatensatz.

Dieses Vorgehen basiert im Wesentlichen auf dem in [SML98] geschilderten Pipeline-Konzept von VTK. Dieses baut auf dem Prinzip der „lazy evaluation“ auf. Dabei wird ein Schritt der Pipeline nur dann ausgeführt, wenn von ihm generierte Daten zur weiteren Berechnung benötigt werden. Eine Modifikation der Eingaberelation bewirkt somit nur dann eine Neuberechnung der Szene, wenn eine Aktualisierung der Darstellung oder die Abfrage von Zwischenergebnissen der Pipeline erforderlich wird. Unnötige Berechnungen werden hierdurch effektiv vermieden.

5.5 Prototyp

Die Umsetzung der geschilderten Konzepte erfolgt auf Basis der in Abschnitt 5.1 geschilderten Architektur. Das System wird auf verschiedenen Unixplattformen implementiert. Die Verwendung einer standardisierten Datenbank-API , des Visualization Toolkits [SML98] als Basis der Visualisierungskomponente sowie von Qt als Grundlage für die Benutzungsschnittstelle gewährleistet eine potenziell weiterführende Plattformunabhängigkeit. Der Prototyp benutzt als Anfragesystem FRAQL und hat damit Zugriff auf heterogene Quellen und Integrationsoperationen.

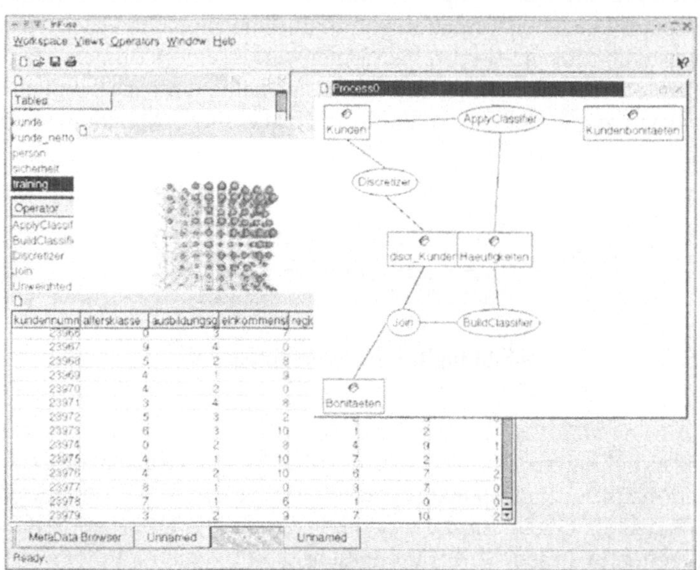

Abbildung 5. Prototyp mit Darstellung eines einfachen Prozessgraphen sowie verschiedenen Sichten auf einen exemplarischen Datensatz

Abbildung 5 zeigt eine Beispielsitzung mit der Workbench. Der dargestellte Prozessgraph zur Bestimmung der Abfolge einzelner Fusionsschritte wird interaktiv aufgebaut. Eine Übersicht über die verfügbaren Datenquellen (Relationen, Views, etc.) sowie Operatoren liefert der Metadaten-Browser, im Bild links oben dargestellt. Exemplarisch sind als zwei Sichten auf die Relation mit den Trainingsdaten eine Tabelle und ein einfaches Diagramm abgebildet (siehe dazu auch den vorherigen Abschnitt 5.4).

Weitere Entwicklungen sind in Arbeit. Zur Vervollständigung des Prototypen wird in erster Linie die Integration weiterer Fusionsoperatoren angestrebt. Neben datenbankorientierten Optimierungs- und Analysefunktionen sind hier insbesondere interaktive Data-Mining-Verfahren sowie Methoden zum automatischen Lernen interessant. Erstere ermöglichen beispielsweise mittels Methoden des interaktiven Clusterings eine weiterführende Benutzerunterstützung, während letztere die Analyse dahingehend unterstützen, dass sie wiederkehrende Verhaltens- und Abhängigkeitsmuster in größeren Datensätzen zu entdecken helfen.

Zusätzlich zur Einbettung weiterer Fusionsoperatoren in die Workbench ist eine Erweiterung der möglichen grafischen Sichten auf bestehende, generierte sowie abzuleitende Informationsbestände derzeit in der Entwicklung. Bezüglich der Diagrammdarstellungen, die der Unterstützung von Beziehungsdarstellungen einzelner Dimensionen der zu Grunde liegenden Daten dienen, um Kausalitäten zwischen Datensätzen erkennbar zu gestalten, ist die Erstellung automatisierter Filter von besonderem Interesse. Diese dienen der Aufbereitung des Eingabestroms innerhalb der Visualisierungspipeline, so dass die Notwendigkeit zur manuellen Darstellungsbearbeitung marginalisiert wird.

6 Zusammenfassung und Ausblick

Aufbauend auf den Grundkonzepten der Informationsfusion, die sich einzeln betrachtet inzwischen in einem weitgehend ausgereiften Stadium befinden, wird ein Rahmen entwickelt, der den gesamten Prozess der Informationsfusion von der Integration heterogener Datenquellen bis zur Ableitung neuer Informationen abdeckt. Dieser bietet die benötigten Basisdienste in einer einheitlichen Schnittstelle an, die es ermöglicht, dass zusätzliche Operatoren und Visualisierungsmethoden entwickelt und in das System eingebunden werden können.

Anhand von Beispielen und Anwendungsszenarien wird die praktische Relevanz der gebotenen Unterstützung evaluiert und erweitert. So wird der Satz von Präsentationsvariablen (Form, Farbe, Position, Transparenz) um Objektbewegungen [Bar98] angereichert. Außerdem werden nicht nur weitere Operatoren wie beispielsweise zusätzliche KDD-Verfahren implementiert, sondern auch die Basisdienste stetig ergänzt und verbessert. Zur Zeit werden Datenbankprimitive erarbeitet, die Effizienzsteigerungen insbesondere von Data-Mining-Algorithmen erlauben. Weitere Teilprojekte befassen sich mit der Generierung von Samples und Zwischenergebnissen mit iterativ zunehmender Genauigkeit, um den interaktiven Charakter der Fusionsaufgabe besser abbilden zu können.

Neben der Erweiterung der Basisdienste und der Entwicklung weiterer Operatoren ist geplant, Erkenntnisse verwandter Forschungsgebiete in die Workbench einfließen zu lassen. Denkbar sind hier Lernverfahren zur Optimierung einzelner Prozessschritte oder sogar des Gesamtprozesses, sowie Methoden der Wissensakquisition zur Einbindung natürlichsprachlicher Texte in den Fusionsprozess.

Literatur

[AMS+96] R. Agrawal, H. Mannila, R. Srikant, H. Toivonen, and A.I. Verkamo. Fast Discovery of Association Rules. In U.M. Fayyad, G. Piatetsky-Shapiro, P. Smyth, and R. Uthurusamy, editors, *Advances in Knowledge Discovery and Data Mining*, chapter 12, pages 307–328. AAAI Press / The MIT Press, Menlo Park, California, 1996.

[Bar98] Lyn Bartram. Enhancing Visualizations With Motion. In *Hot Topics: Information Visualization 1998*, North Carolina, USA, 1998.

[BLN86] C. Batini, M. Lenzerini, and S. B. Navathe. A Comparative Analysis of Methodologies for Database Schema Integration. *ACM Computing Surveys*, 18(4):323–364, December 1986.

[BM99] Jörg Baetge and Manolopoulous. Bilanz-ratings zur beurteilung der unternehmensbonität - entwicklung und einsatz des bbr baetge-bilanz-rating im rahmen des benchmarking. *Die Unternehmung*, (5):351–371, 1999.

[CD97] S. Chaudhuri and U. Dayal. An Overview of Data Warehousing and OLAP Technology. *SIGMOD Record*, 26(1), 1997.

[CDH+99] John Clear, Debbie Dunn, Brad Harvey, Michael L. Heytens, Peter Lohman, Abhay Mehta, Mark Melton, Lars Rohrberg, Ashok Savasere, and Robert M. Wehrmeister ans Melody Xu. NonStop SQL/MX Primitives for Knowledge Discovery. In *Proc. 5th ACM SIGKDD Int. Conference on Knowledge Discovery and Data Mining 1999, San Diego, CA USA*, pages 425–429, 1999.

[CFB99] Surajit Chaudhuri, Usama M. Fayyad, and Jeff Bernhardt. Scalable Classification over SQL Databases. In *Proceedings of the 15th International Conference on Data Engineering, 1999, Sydney, Austrialia*, pages 470–479. IEEE Computer Society, 1999.

[Cha98] Surajit Chaudhuri. Data Mining and Database Systems: Where is the Intersection? *Data Engineering Bulletin*, 21(1):4–8, 1998.

[CMN99] S. Chaudhuri, R. Motwani, and V.R. Narasayya. On Random Sampling over Joins. In A. Delis, C. Faloutsos, and S. Ghandeharizadeh, editors, *SIGMOD 1999, Proceedings ACM SIGMOD International Conference on Management of Data, June 1-3, 1999, Philadephia, Pennsylvania, USA*, pages 263–274. ACM Press, 1999.

[CSS99] S. Conrad, G. Saake, and K. Sattler. Informationsfusion - Herausforderungen an die Datenbanktechnologie. In A. P. Buchmann, editor, *Datenbanksysteme in Büro, Technik und Wissenschaft, BTW'99, GI-Fachtagung, Freiburg, März 1999*, Informatik aktuell, pages 307–316, Berlin, 1999. Springer-Verlag.

[DWI00] Data Extraction, Transformation, and Loading Tools (ETL), http://www.dwinfocenter.org/clean.html, August 2000.

[Eic00] Stephen G. Eick. Visualizing Multi-Dimensional Data. *Computer Graphics*, pages 61–67, February 2000.

[Elk97] Charles Elkan. Boosting and Naive Bayesian Learning. Technical report, Dept. of Computer Science and Engineering, UCSD, September 1997.

[FPSSU96] U.M. Fayyad, G. Piatetsky-Shapiro, P. Smyth, and R. Uthurusamy, editors. *Advances in Knowledge Discovery and Data Mining*. AAAI Press / The MIT Press, Menlo Park, California, 1996.

[GLRS93] J. Grant, W. Litwin, N. Roussopoulos, and T. Sellis. Query Languages for Relational Multidatabases. *The VLDB Journal*, 2(2):153–171, April 1993.

[Han98] Jiawei Han. Towards On-Line Analytical Mining in Large Databases. *ACM SIGMOD Record*, (27):97–107, 1998.

[HK97] Marti A. Hearst and Chandu Karadi. Cat-a-Cone: An Interactive Interface for Specifying Searches and Viewing Retrieval Results using a Large Category Hierarchy. In

Proceedings of the 20th Annual International ACM/SIGIR Conference, Philadelphia, PA, July 1997.

[HMN+99] Laura M. Haas, Renée J. Miller, B. Niswonger, Mary Tork Roth, Peter M. Schwarz, and Edward L. Wimmers. Transforming heterogeneous data with database middleware: Beyond integration. *IEEE Data Engineering Bulletin*, 22(1):31–36, 1999.

[LSS96] L. V. S. Lakshmanan, F. Sadri, and I. N. Subramanian. SchemaSQL - A Language for Interoperability in Relational Multi-database Systems. In T. M. Vijayaraman, A. P. Buchmann, C. Mohan, and N. L. Sarda, editors, *Proc. of the 22nd Int. Conf. on Very Large Data Bases, VLDB'96, Bombay, India, September 3–6, 1996*, pages 239–250, San Francisco, CA, 1996. Morgan Kaufmann Publishers.

[MMC99] Klaus Mueller, Torsten Möller, and Roger Crawfis. Splatting Without The Blur. In *Proceedings of IEEE Conference on Visualization 1999*, pages 363–371, October 1999.

[OR86] F. Olken and D. Rotem. Simple Random Sampling from Relational Databases. In W.W. Chu, G. Gardarin, S. Ohsuga, and Y. Kambayashi, editors, *VLDB'86 Twelfth International Conference on Very Large Data Bases,August 25-28, 1986, Kyoto, Japan, Proceedings*, pages 160–169. Morgan Kaufmann, 1986.

[RH00] Vijayshankar Raman and Joseph M. Hellerstein. An Interactive Framework for Data Cleaning. http://control.cs.berkeley.edu/abc/, 2000. Working draft.

[SCS00] K.-U. Sattler, S. Conrad, and G. Saake. Adding Conflict Resolution Features to a Query Language for Database Federations. *Australian Journal of Information Systems*, 8(1):116–125, 2000.

[SML98] Will Schroeder, Ken Martin, and Bill Lorensen. *The Visualization Toolkit – An Object-Oriented Approach to 3D Graphics*. Prentice Hall PTR, 2. edition, 1998.

[STA98] Sunita Sarawagi, Shiby Thomas, and Rakesh Agrawal. Integrating Mining with Relational Database Systems: Alternatives and Implications. In Laura M. Haas and Ashutosh Tiwary, editors, *SIGMOD 1998, Proceedings ACM SIGMOD International Conference on Management of Data, June 2-4, 1998, Seattle, Washington, USA*, pages 343–354. ACM Press, 1998.

[Vit87] J.S. Vitter. An Efficient Algorithm for Sequential Random Sampling. *ACM Transactions on Mathematical Software*, 13(1):58–67, March 1987.

[WZ99] Haixun Wang and Carlo Zaniolo. User-Defined Aggregates for Datamining. In *1999 ACM SIGMOD Workshop on Research Issues in Data Mining and Knowledge Discovery*, 1999.

Schema Evolution in Federated Information Systems

Susanne Busse

TU Berlin, FB Informatik
Einsteinufer 17
D-10587 Berlin, Germany
sbusse@cs.tu-berlin.de

Claudia Pons

Lifia-UNLP
Calle 50 esq.115 1er.Piso
(1900) La Plata, Argentinia
cpons@info.unlp.edu.ar

Abstract

Mediators – used in federated information systems – provide a homogeneous read-only access to a set of autonomous information sources. To achieve semantic integration of the heterogeneous data, correspondences between the autonomous schemas are specified manually by experts. Considering the continuous evolution of those typically long-living information systems, schema evolution is an important aspect. New concepts are necessary to adapt correspondences consistently to evolving schemas.
In this paper we propose a formalized schema evolution mechanism for federated information systems based on metamodeling and dynamic logic. We define useful transactions for schema evolution based on three elements: (1) a metamodel for ODMG schemas, (2) a metamodel for model correspondence assertions (MoCAs), and (3) a classification of evolution actions and their specification. For each evolution transaction, semantic preconditions are specified and the impact on the correspondence assertions are described. In this way, we contribute an important step towards a consistent evolution of federated information systems.

1 Introduction

1.1 Federated Information Systems

The integration of autonomous information systems into one information infrastructure is a well known problem in modern information systems engineering ([SL 90], [Wie 92]). We call those infrastructures federated information systems (FIS, [BKLW 99]).

We address tightly coupled FIS, where a mediator provides a homogeneous read-only access point to a dynamically changing information base of autonomous, heterogeneous, and distributed legacy information systems. The mediator uses a virtual global schema for semantic integration of the data sources. Wrappers encapsulate data sources resolving technical differences and heterogeneous data models.

To integrate data sources into the FIS, an expert defines relationships between the mediator schema and the export schemas of the wrappers using a correspondence specification language (CSL, for example [CGH+ 94],[SS 96],[LNE 89]). Based on a common data model, correspondences explicitly specify and resolve conflicts caused by heterogeneous names, semantics and structures (see detailed classifications of heterogeneity in [SPD 92], [GSC 95]). From the information viewpoint, schemas and correspondences are the most important components in FIS.

The MoCA language[1] ([Bus 99]) introduced in chapter 2 is a CSL for conceptual design of FIS that is based on the ODMG data model ([CB 97]). In this paper we use ODMG schemas and MoCAs to analyze the connections of schemas and correspondences through evolution.

1.2 Schema Evolution of Federated Information Systems

As FIS are long-living information infrastructures, the system components must be flexible enough to cope with continuous change of components and configuration of the system. Whereas new sources can be easily integrated into the FIS by specifying new model correspondences, schema evolution requires modifications of correspondence specifications. We distinguish two kinds of evolution scenarios (see Figure 1):

- Global schema evolution: The change of the mediator schema causes the modification of all related correspondences to export schemas. The export schemas are not changed.
- Local schema evolution: The change of one export schema causes the modification of all correspondences related to the information source. MoCAs of other information sources are not affected.

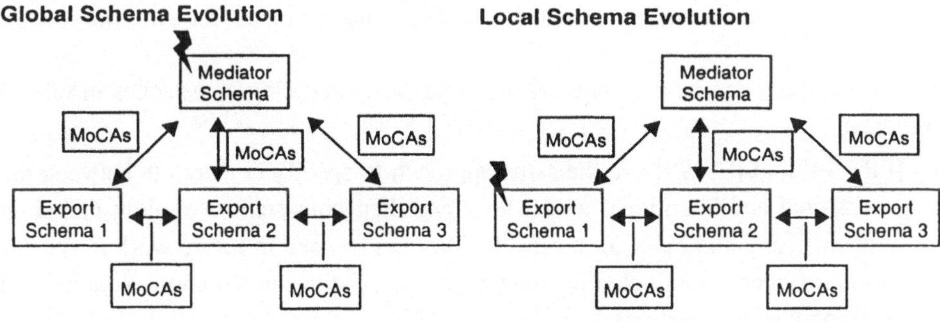

Fig. 1: Schema Evolution in FIS

[1] MoCA = Model Correspondence Assertion

Both evolution scenarios consists of the initial change of one schema and the propagation to related correspondence assertions. To guarantee consistency of the federation through evolution, we have to

- identify primitive modifications of schema and correspondence assertions,
- identify evolution transactions (e.g. meaningful groups of primitive modifications that occur together frequently), and
- give a formal definition of evolution operations, including applicability conditions and change propagation.

Our focus are connections between structural models – schemas – and model correspondences regarding their consistent evolution. Existing approaches (see [BKK+ 87], [Kol 99], [Ber 97], [KS 96], [BFG+ 98]) address the specification of effects of primitive evolution operations. [Kol 99] also specifies the effects on federated schemas in federated database systems. Going beyond these works, we define complex groups of primitive modifications. Those are important in FIS because structural modifications cannot be modeled as a combination of deletion and creation of model elements. The related correspondence assertions would be lost when one model element is deleted and have to be added manually later on.

1.3 Metamodel-based Specification of Evolution

In this paper we will use a metamodeling technique as our primary mechanism to encounter evolution. Both the ODMG data definition language and the MoCA language are modeled within the same dynamic logic framework. A remarkable feature of this approach is the ability to define the relation of intentional model entities and correspondence specification entities (see Figure 2). It allows not only for the description of structural relations among the modeling entities, but also for a formal definition of structural constraints and dynamic behavior of model evolution operations.

Our approach can be combined with similar metamodeling approaches in related contexts:

- [PBF 99] and [PK 99] use the same approach to specify constraints between the extensional and intentional model level and their consistent evolution, including both structural and behavioral aspects. This can be used in future work to specify evolution operations including rules to adapt existing informations sources and correspondence assertions.
- Many works use metamodels to define the semantics of modeling languages, for example of the UML [UML 99] ([EFL+ 98], [EFL+ 99]). The metamodeling approach and the separation of model level and correspondence level makes it easier to change the underlying common data model of the FIS and to compare or adapt the evolution specifications with other languages.

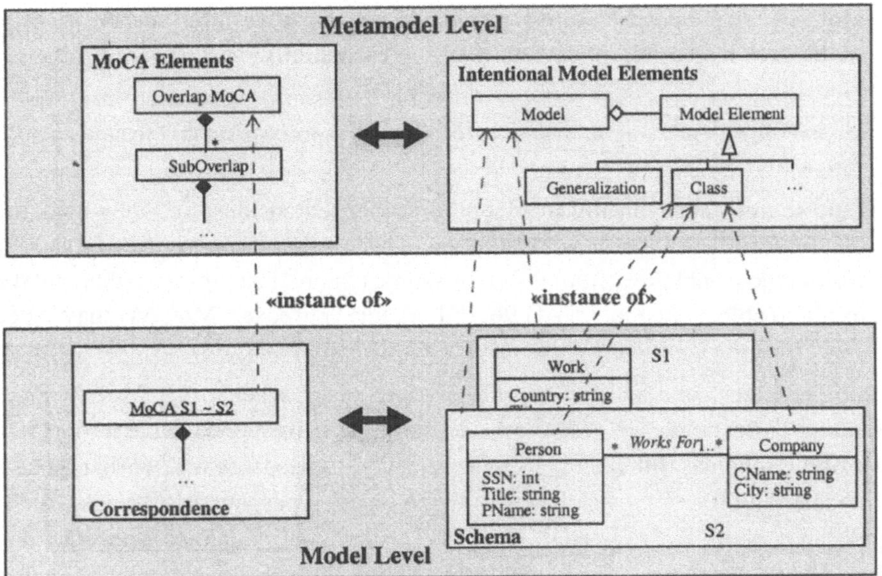

Fig. 2: Metamodeling Approach

Structure of the Paper

Chapter 2 gives a brief introduction to the MoCA language and the underlying metamodel. Chapter 3 classifies evolution operations in FIS and identifies useful evolution transactions. We describe the formalization of evolution operations with the focus on constraints between model intention and model correspondences. Chapter 4 concludes and gives an outlook to future work.

2 Model Correspondence Assertions

2.1 Purpose of MoCAs

MoCAs specify an overlap between two information sources or between mediator schema and export schema of one information source. Autonomy, heterogeneity, and overlapping universes of discourse are the main characteristics of information sources in FIS. Correspondence specifications are used for the three main tasks of a mediator that result from these characteristics:

- Schemas model the same real world objects in different manners. Therefore, MoCAs may specify *mapping rules between intensional descriptions*, for example to map different data types or representations.
- The *extensional overlap* between different data sources specified in a MoCA is relevant for identifying relevant sources in query processing and for query optimization.
- Data sources are typically overlapping in their extensions, i.e., they contain the description of same real world objects. The mediator has to identify same real world objects obtained from different sources in order to prevent redundant query results (object fusion, [PAG 96]). For this purpose, MoCAs may specify *properties for identifying semantically equivalent objects*.

A MoCA relates one schema to one or more other schemas. A MoCA contains submodel correspondence assertions. A submodel correspondence assertion relates parts of the schemas, for example single object types. Because real world objects can be modeled in different ways, not only single object types, but also associated object types can constitute a submodel. Precisely, a submodel is defined as a view on the schema (the base schema), including projection on interesting types and selection of interesting extensions. View definitions use the object query language (OQL) of ODMG. Instances of the view are called *concepts*.

Each submodel correspondence assertion addresses the objectives described above. In the intensional part, it explicitly specifies mappings between intensional schema elements. If more than one attribute correspond to one attribute in the other schema, they are grouped by parentheses (Title and PName in the following example).

The extensional part contains the specification of properties that can be used for identifying corresponding objects and the specification of the extensional overlap between the submodels.

The MoCA language addresses logical heterogeneity, particularly descriptive conflicts (intensional part), extension conflicts (extensional part), and structural conflicts (grouping of schema elements). A deeper discussion of the language can be found in [Bus 99].

Example. Fig. 3 shows two data sources and the relating MoCA specification. Obviously, objects of type Work of S1 correspond to the associated objects of Person and Company in S2. The `elements` part of the MoCA defines these concepts. Corresponding objects are identified by the company name and the SSN. S2 contains data about all german companies and their employees. Therefore, we select only Work objects of germany to ensure identical extensions. Arrows indicate identified correspondences between attributes. The `intension` part of the MoCA specifies mappings between the attribute domains and defines the implicit attribute value of Country.

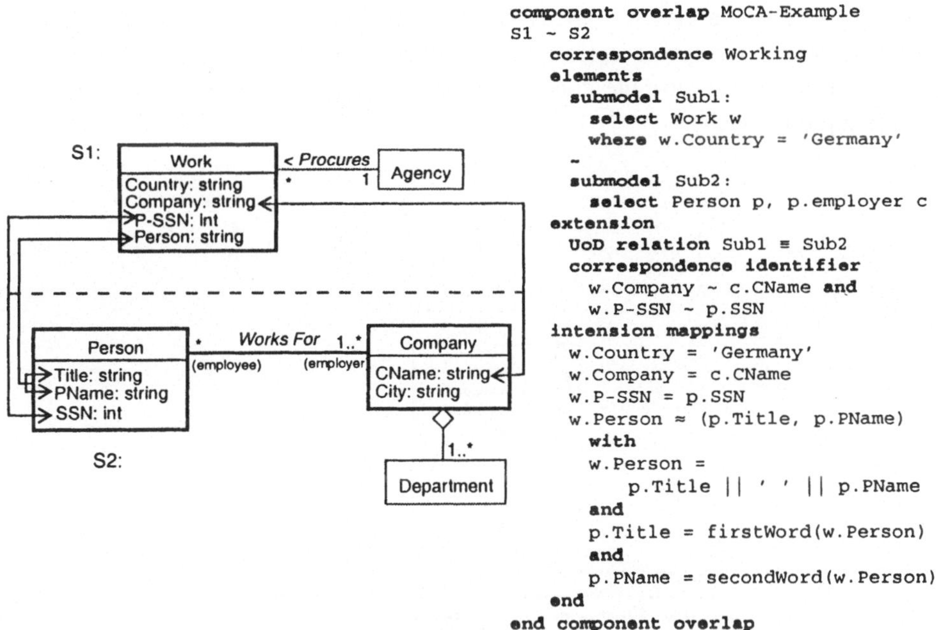

Fig. 3: MoCA Example

2.2 The MoCA Metamodel

Figure 4 shows the metamodel of schemas and MoCAs. The metamodel consists of three levels:

- The *model level* shown at the bottom of the figure defines the model elements of the ODMG data model ([CB 97]). We use the definitions of the UML metamodel ([UML 99]) for the ODMG modeling concepts.
- The *MoCA concept level* in the middle of the figure defines the model elements and their properties that are used in a MoCA.
- The *MoCA correspondence level* specifies the correspondences between these concepts on intensional and extensional level.

The MoCA concept level connects the metamodel of ODMG schemas and the metamodel of MoCAs. The metamodel class Concepts represents a submodel definition. Instances are derived from the OQL statement. Because of structural heterogeneity, several model elements may constitute a submodel, such as Person and Company in our example before. These model elements are represented by ConceptElements. The name is the name given in the submodel definition.

ConceptProperty represents attributes and associations used in a MoCA. The property name does have a corresponding property of the base type on the model level. To capture 1:n attribute conflicts, a MoCA might also specify sets of corresponding properties.

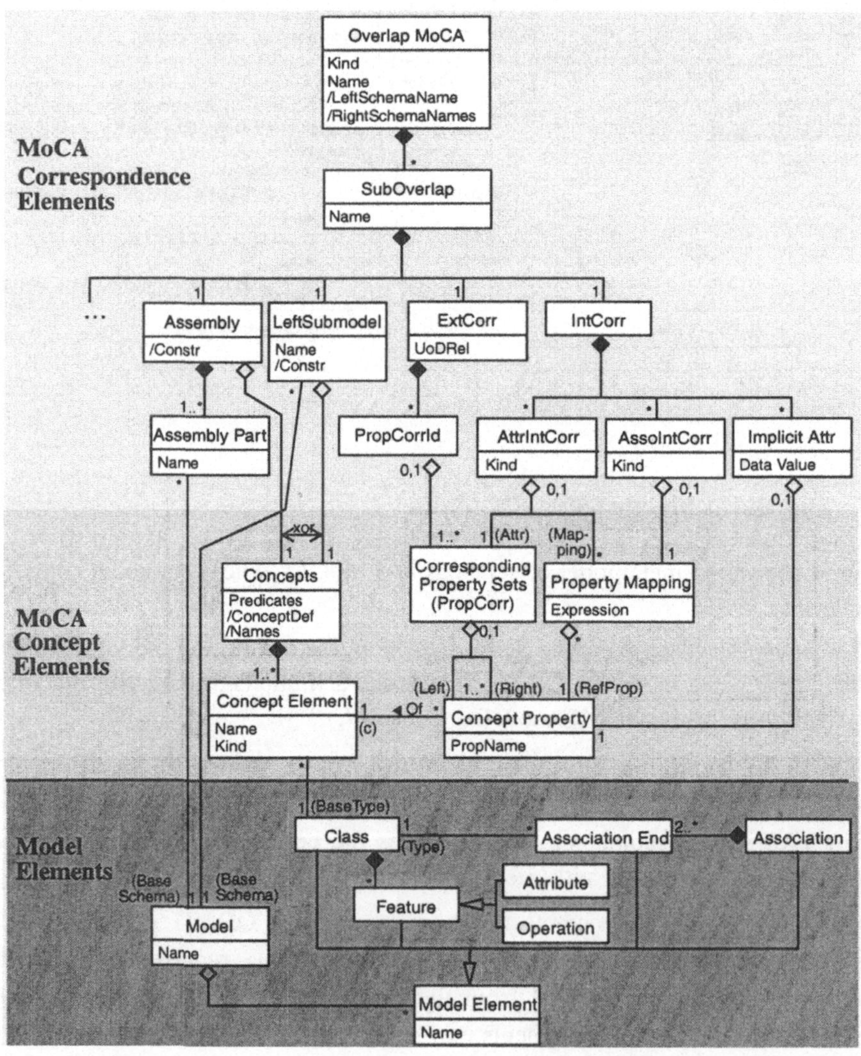

Fig. 4: Metamodel for Models and Model Correspondences

The MoCA correspondence level at the top of the figure models the MoCA with its submodel correspondence assertions. A submodel correspondence relates a LeftSubmodel with a submodel of one or more other schemas – an Assembly. ExtCorr represents the extensional part of a MoCA with the specified overlap of the universes of discourse and the identifying properties. IntCorr represents the intensional part with specified correspondences between attributes or outgoing associations and implicit attribute values such as Country. All correspondence specifications are characterized by a kind (of different types). It specifies for example if a mapping is bijective or if properties identify an extensional correspondence.

3 Metamodel-based Specification of Schema Evolution

We define evolution operations that enable the automatic adaptation of schema and correspondence level to guarantee consistency of the federation.

3.1 Classification of Evolution Operations

Evolution actions are classified in two categories (see Figure 5): Primitive Actions and Composite Actions. Primitive actions represent atomic modifications whereas composite actions represent groups of modifications that are applied together. A composite action represents an uninterruptable transaction. Consistency of the system must be guaranteed after the execution of the group of actions, but it may not be guaranteed during the execution.

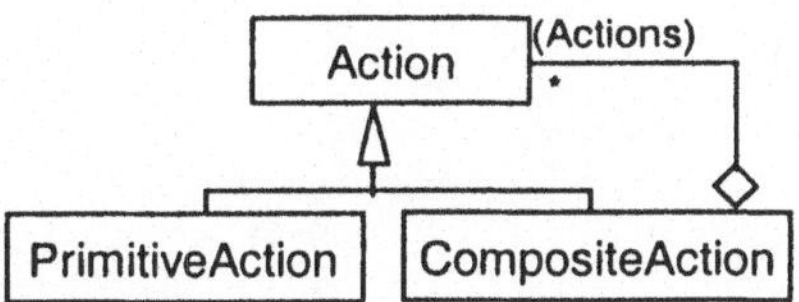

Fig. 5: Classification of Actions

Primitive Evolution Actions

We distinguish model evolution and MoCA evolution. From another point of view, evolution actions can be classified by the kind of modification. Based on the classification of [PK 99] we distinguish three groups (see Figure 6):

- Creation Actions insert a new element into either the model or the MoCA.
- Deletion Actions delete an existing element from either the model or the MoCA.

- Modification Actions modify an existing element from either the model or the MoCA.

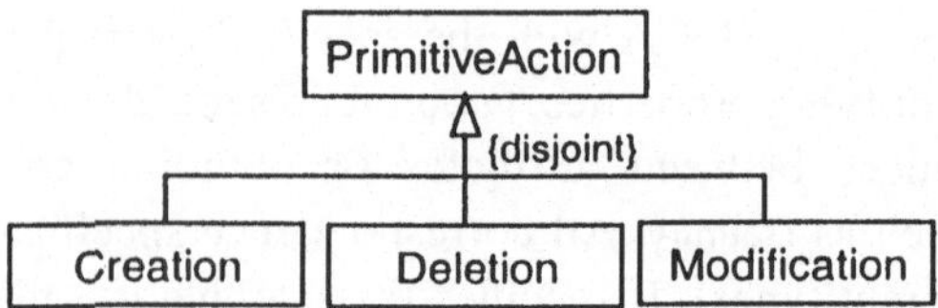

Fig. 6: Classification of Primitive Evolution Actions

A detailed classification of creation, deletion and modification actions in model evolution can be found in [BKK+ 87] or [Kol 99]. We extend this taxonomy and distinguish the following actions:

- Creation Actions
  Adding
  - an attribute
  - an operation
  - a class
  - an association
  - an association end
- Deletion Actions
  Deleting
  - an attribute
  - an operation
  - a class
  - an association
  - an association end
- Modification Actions
  - on class level
    Changing the
    - name of an attribute, operation, association, role, or class
    - domain of an attribute
    - signature of an operation: adding or deleting a parameter
    - implementation of an operation
    - cardinality of an association
  - on structural level
    - a class become supertype (subtype) of another class
    - a generalization/specialization relationship is deleted

In a similar way, we can define primitive evolution actions to add, delete or modify objects of the MoCA metamodel. They are used by experts to correct or to extend correspondence specifications and internally by the system to adapt the specifications after model evolution actions. We will give some examples in the following section.

Composite Evolution Actions

We only consider composite evolution actions initiated on model level, because we are interested in their effects on model correspondences. MoCAs cannot be derived automatically from schemas. Therefore, the composition of evolution actions to one uninterruptable transaction is useful if this leads in keeping model correspondences alive which would be lost otherwise. This situation occurs when modifying a schema because generally deletion and creation actions are combined and deletion actions cause deletion actions on MoCAs.

Based on our modeling experiences (see for example [KSW+ 95], [BK+ 00]) we propose six composite evolution actions for modifying the abstraction level of a schema. Examples are given in Figure 7.

1. SplitRecord: The record elements of one structured attribute become attributes of the class.
2. AttributeFusion: Several attributes of one class become elements of one structured attribute of the class. This is the reverse operation of SplitRecord.
3. SeparateAttributes: Several attributes of one class are moved to a new associated class.
4. IncludeAttributes: The attributes of an associated class are included in a class. This is the reverse operation of SeparateAttributes.
5. StructuralAbstraction: Two classes with one relating association build one new class. For example, S2 in our example in Figure 3 could be abstracted to one class 'Work'.
6. MoveAttributes: Attributes are related to another class.

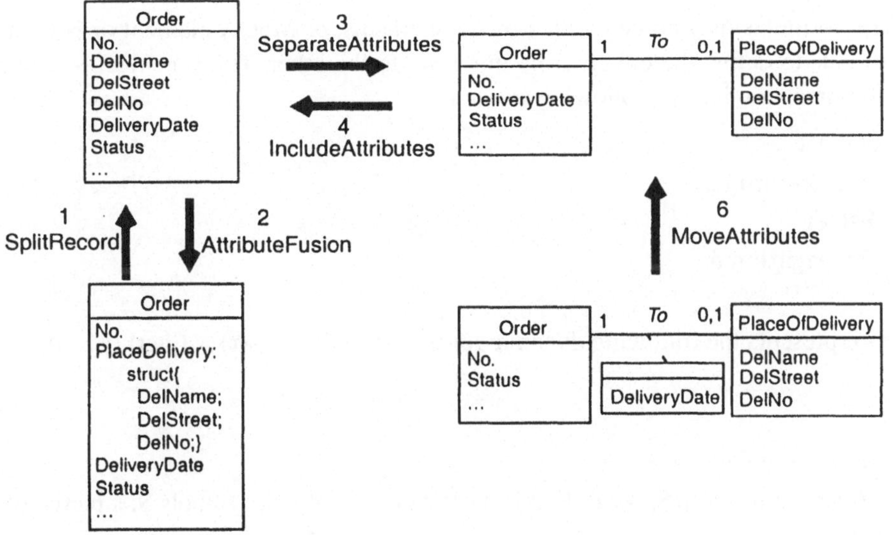

Fig. 7: Composite Evolution Actions – Examples

3.2 Formalization of Evolution Actions

The specification of evolution actions is based on the formalization of the metamodels. The dynamic logic signature[2] Σ_{ODMG} with a formula Φ_{ODMG} over Σ_{ODMG} represents the model level, Σ_{MoCA} and Φ_{MoCA} the MoCA level. The sorts in the signature correspond to model/MoCA elements (such as classes/concepts) and the action symbols represent modifications of the schema or the MoCA, respectively (evolution).

The model and the MoCA level are integrated by the FIS-theory, a first-order dynamic logic theory. It consists of a signature Σ_{FIS} and a set of axioms $\Phi_{FIS} = \Phi_{ODMG} \wedge \Phi_{MoCA} \wedge \Phi_{JOINT}$. The signature includes both the signature Σ_{ODMG} and the signature Σ_{MoCA}. It also contains a predicate symbol, 'Exists:Object' that defines the set of existing instances in each state.

The FIS-theory is interpreted as a set of transition systems (see [WB 98]). A transition system is a set of states with a set of transition relations on states. The domain for states is an algebra whose elements are model and MoCA elements. The set of transition relations includes transitions representing evolution of the models and correspondence assertions.

Each evolution action is defined by two formulas:

- **Necessary preconditions** to describe the applicability conditions of operations. The formula ($\langle op \rangle true \rightarrow cond$) states that the operation *op* is applicable only if the condition *cond* is true. Generally, preconditions result from static integrity constraints.
- **Sufficient postconditions** to describe the effect (direct effect and change propagation) of the operations. The formula ($[op]cond$) states that after the application of the operation *op* the condition *cond* is true.

These formulas may contain either model elements, or MoCA element or both. This allows us to define the effects from one level to the other. The specification of each evolution action has the following structure:

Action act
  Precondition τ
  Effect γ
  Propagation δ

This represents the following dynamic formula: $(\langle act \rangle true \rightarrow \tau) \wedge ([act]\ (\gamma \wedge \delta))$.

---

2 A signature $\Sigma = ((\mathbf{S}, \leq), \mathbf{F}, \mathbf{P}, \mathbf{A})$ consists of a set of sort symbols **S**, a partial order relation between sorts $\leq$, a set of function symbols **F**, a set of predicate symbols **P**, and a set of Action symbols **A**.

We describe model evolution, MoCA evolution, and composite evolution with one example each. Thereby, we focus on the specification of dependencies between schema and correspondences.

Primitive Model Evolution Actions

Creation actions have no effects on model correspondence assertions, so that a propagation is only necessary in the model level.

The modification of model elements causes changes in the MoCAs that are based on these model elements. For example, change of property names have to be propagated to related concept properties. Other modifications like change of attribute domains mostly result in deleting the related correspondence specifications because the defined mappings do not hold anymore.

Deletion actions have similar effects: they have to be propagated to dependent correspondence elements.

Action setAttributeName(attr: Attribute, new: Name)

old = name(attr)

Precondition

Attribute names of the class are unique.

$\forall$a2: Attribute • (class(a2) = class(attr) $\rightarrow$ name(a2) $\neq$ new)

The name of an attribute cannot be the same as the name of an opposite association end.

$\forall$r1 $\in$ associationEnd(class(attr)), r2 $\in$ associationEnd(association(r1)) •
(r1 $\neq$ r2 $\rightarrow$ name(r2) $\neq$ new)

Postcondition

name(attr) = new

Propagation

All concept properties in MoCAs that are based on attr are renamed.

$\forall$ce $\in$ conceptElement(class(attr)), cp $\in$ conceptProperty(ce) •
propName(cp) = old $\rightarrow$ $\langle$setPropertyName(cp, new)$\rangle$ true

$\forall$ce $\in$ conceptElement(c) • $\langle$delConceptElement(ce)$\rangle$ true

MoCA Evolution Actions

Evolution actions on the MoCA level modify existing model correspondences. To emphasize the relationship to the model level, we show the specification of actions to add concept elements. In contrast to evolution on the model level, the dependency influences the preconditions of MoCA evolution actions. For clarity, we skip the modification of derived attributes like Names and ConceptDef.

Action addConceptElement(c: Concepts, n: Name, k: TCElemKind,
type: Name, m: Model, out el: ConceptElement)
TCElemKind = enum('independent', 'dependent', 'grouped')

Precondition

MoCA level: The concept definition exists, the concept element does not exist.

$Exists(c) \wedge \neg Exists(el)$

Model level:

The base schema exists.

$Exists(m)$

The base schema contains one class with the given type name.

$\exists! cl: Class \bullet model(cl) = m \wedge name(cl) = type$

Postcondition

The concept element exists in the context of the context definition.

$Exists(el) \wedge concepts(el) = c \wedge el \in conceptElement(c)$

The concept element is initialized. It contains no concept properties.

$name(el) = n \wedge kind(el) = k \wedge conceptProperty(el) = \emptyset$

The concept element is associated with the base type of the model level.

$\forall cl: Class \bullet (model(cl) = m \wedge name(cl) = type) \rightarrow (baseType(el) = cl \wedge cl \in conceptElement(cl))$

Composite Evolution Actions

Composite evolution actions consist of a set of (primitive) evolution actions which build one transaction. Usually the specification of the composite evolution action does not contain any postcondition, but only propagations to the primitive evolution actions of the transaction.

To explain the effects on model correspondences we consider the example of separating the attributes of delivery from the class Order given in Figure 7. This evolution action causes the following steps (see Figure 8):

- Adding the new class PlaceOfDelivery, the new association To and the attributes DelName, DelStreet and DelNo in the created class. As all attributes can be null, the cardinality of the new class is 0..1.
- Adapting the model correspondences that are based on separated attributes.
  - Adding a new concept element to the submodel definition. The concept element is based on the new class. The modification for our example is shown in the new MoCA at the bottom of Figure 8.
  - Moving the concept properties of separated attributes to the added concept element.
  - Modifying the extensional overlap if necessary.

    Elements of the changed submodel are associated objects of Order and PlaceOf-Delivery. Single instances of Order which has no associated PlaceOfDelivery (all attributes are null) are not element of the submodel anymore. As a consequence, the extension of the submodel is smaller than before and the specified overlap has to be modified. To keep the correspondence specification of single Order objects without PlaceOfDelivery, we copy the submodel correspondence before we add the new concept element to the submodel definition. As a result, we get two submodel correspondence assertions.

- Deleting the separated attributes in the old class.
  This action results in the deletion of correspondence specifications that are based on the 'old' attributes.

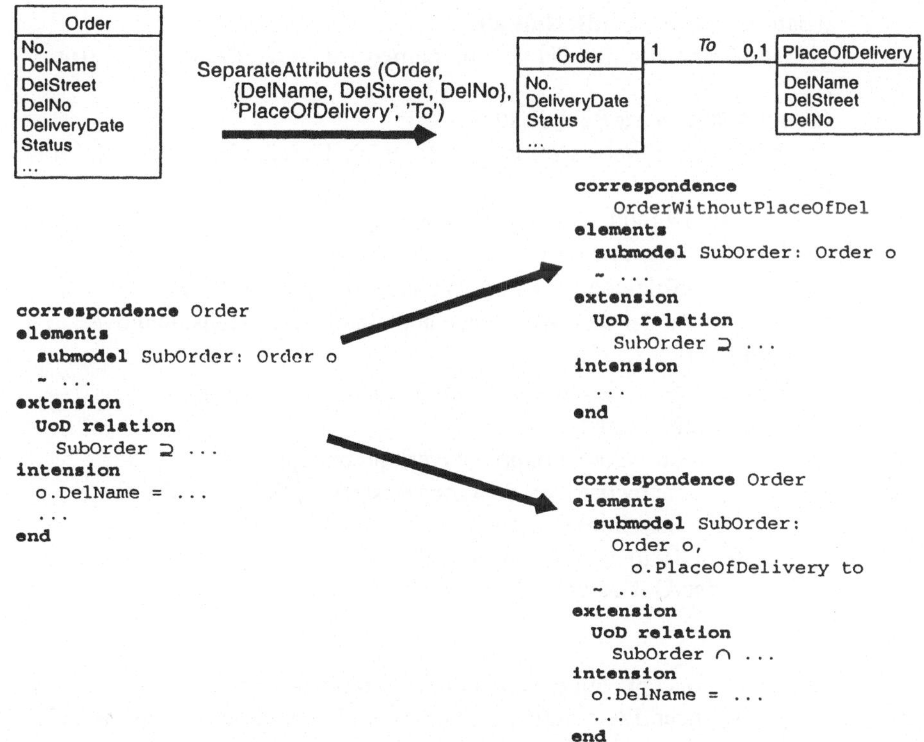

Fig. 8: SeparateAttributes – Example

The composite evolution action separateAttributes has the following specification. For clarity and briefness, we introduce some additional operations and predicates without detailed definition.

Action SeparateAttributes
(c: Class, attrs: set(Attribute), cName: Name, assName: Name)
newC: Class, newSub: SubOverlap
Precondition
All attributes are features of the class.
$\forall attr \in attrs \bullet attr \in feature(c)$

The name of the new class and the new association are unique.
(∀cl: Class • model(cl) = model(c) → name(cl) ≠ cName) ∧
(∀ass: Association • model(ass) = model(c) → name(ass) ≠ assName)
...

Postcondition

Propagation

Model level: Adding the new class, association and attributes.
((addClass(model(c), cName, newC)) true) ∧
((∃attr ∈ attrs • ¬canBeNull(attr)) →
⟨addAssociation(assName, {(c, name(c), 1), (c2, cName, 1)})⟩ true)
∧
((∀attr ∈ attrs • canBeNull(attr)) →
⟨addAssociation(assName, {(c, name(c), 1), (c2, cName, 0..1)})⟩ true)
∧
(∀attr ∈ attrs • ⟨addAttribute(c2, name(attr), type(attr))⟩ true)

MoCA level: if separated attributes are used then
∀el ∈ conceptElement(c) • attrs ∩ conceptProperty(el) ≠ ∅ →
copy the submodel correspondence and change the extensional overlap if the cardinality is 0..1 and
((∀attr ∈ attrs, ec = extCorr(subOverlap(concepts(el))) •
canBeNull(attr)) →
((copySubOverlap(subOverlap(concepts(el)),
name(subOverlap(concepts(el))) || 'Without' || cName,
newSub)⟩ true) ∧
((UoDRel(ec) = 'Equivalence' ∧ isLeft(concepts(el))) →
⟨setUoDRel(subOverlap(concepts(el)), 'Inclusion')⟩ true) ∧
...
) ∧

add a new concept element and concept predicate and
((addConceptElement(concepts(el), assName, 'independent', newC,
model(newC))⟩ true) ∧
((addPredicate(concepts(el),
assName || '∈ ' || name(el) || '.' || cName)⟩ true) ∧

move the concept properties of separated attributes
(∀cp ∈ conceptProperty • (propName(cp) ∈ map(attrs, name) →
⟨moveConceptProperty(c, newC, cp)⟩ true))

Model level: Deleting the attributes in the initial class.
(∀attr ∈ attrs • ⟨delAttribute(attr)⟩ true)

4 Conclusions

In this paper we defined a schema evolution mechanism for federated information systems (FIS) with formal semantics based on metamodeling and dynamic logic. From the information viewpoint, schemas and model correspondences – specifying semantic relationships between schemas – are the most important components in FIS. Schema evolution is an important aspect in long-living federations. As model correspondence assertions cannot be created automatically, mechanisms are necessary to adapt them consistently to evolving schemas.

Our metamodel-based approach provides one formal framework to specify the relationships between schemas and model correspondences. It allows not only for the formal definition of structural constraints, but also for the specification of the dynamic semantics of the modeled elements, that means the behavior of model elements and correspondences through evolution of the FIS. For each evolution action, we define semantically preconditions and describe the impact on other model elements (change propagation). In this way, consistency of the system through evolution is guaranteed.

In the second part we classified useful evolution actions. From a first classification of evolution scenarios in FIS, we defined primitive evolution actions and useful composite evolution actions for restructuring of a schema. They are transactions of several primitive operations and allow to keep existing correspondence assertions.
Future work will go in three directions:

- the detailed evaluation of such evolution transactions and their formal specification to complete our taxonomy;
- combining our approach with metamodel-based approaches for schema evolution on intentional and extensional level;
- embedding the formal framework within tools for specifying correspondence specifications and within mediator-based information systems (see [Oer 00]).

References

[Ber 97] P. Bergstein, *Maintenance of object-oriented systems during structural evolution*, Theory and Practice of Object Systems, Vol. 3, No. 3, John Wiley & Sons, 1997.

[Bus 99] S. Busse, *A Specification Language for Model Correspondence Assertions — Part I: Overlap Correspondences*, Technical Report, Forschungsberichte des Fachbereichs Informatik Nr. 99-8, TU Berlin, April 1999.

[BFG+ 98] E. Bertino, E. Ferrari, G. Guerrini, I. Merlo, *Extending the ODMG Object Model with time*, Proc. ECOOP'98, Lecture Notes in Computer Science 1445, 1998.

[BKK+ 87] J. Banerjee, W. Kim, H.J. Kim, H.F. Korth, *Semantics and Implementation of Schema Evolution in OODB*, Proc. 5th ACM SIGMOD Conference on Management of Data, ACM, pp. 311-322, 1987.

[BK+ 00] S. Busse, R.-D. Kutsche et al., *Modellierung informationslogistischer Anwendungen – Projektbericht*, Forschungsberichte des Fachbereichs Informatik Nr. 2000-9, TU Berlin, 2000.

[BKLW 99] S. Busse, R.-D. Kutsche, U. Leser, H. Weber, *Federated Information Systems – Concepts, Terminology and Architectures*, Technical Report, Forschungsberichte des Fachbereichs Informatik Nr. 99-9, TU Berlin, April 1999.

[CB 97] R.G.G. Cattell, D.K. Barry (eds.), *The Object Database Standard: ODMG 2.0*, Morgan Kaufmann, 1997.

[CGH+ 94] S. Chawathe, H. Garcia-Molina, J. Hammer, K. Ireland, Y. Papakonstantinou, J. D. Ullman, J. Widom, *The TSIMMIS Project: Integration of Heterogeneous Information Sources*, 16th Meeting of the Information Processing Society of Japan, pp. 7-18, Tokyo, Japan, 1994.

[EFL+ 98] A. Evans, R. France, K. Lano, B. Rumpe, *Developing the UML as a formal modeling notation*, in: Muller, Bezivin (eds.), *UML'98 Beyond the notation*, International Workshop, Lecture Notes in Computer Science LNCS 1618, Springer, 1998.

[EFL+ 99] A. Evans, R. France, K. Lano, B. Rumpe, *Towards a core metamodelling semantics of UML*, in: H. Kilov (ed.), *Behavior specifications of business and systems*, Kluwer Academic Publishers, 1999.

[GSC 95] M. Garcia-Solaco, F. Saltor, M. Castellanos, *Semantic Heterogeneity in Multidatabase Systems*, in: O.A. Bukhres, A.K. Elmagarmid (eds.), *Object-Oriented Multidatabase Systems*, Prentice Hall, 1996; pp. 129-202, 1995.

[Kim 95] W. Kim (ed.), *Modern Database Systems*, Addison-Wesley, 1995.

[Kol 99] S. Kolmschlag, *Schemaevolution in Föderierten Datenbanksystemen*, Dissertation D 466, Universität-GH Paderborn, C-LAB Publication, Band 2, Shaker Verlag, 1999.

[KCGS 95] W. Kim, I. Choi, S. Gala, M. Scheevel, *On Resolving Schematic Heterogeneity in Multidatabase Systems*, in: [Kim 95], pp. 521-550, 1995.

[KS 96] F. Kesim, M. Sergot, *A logic programming framework for modeling temporal objects*, IEEE Transactions on Knowledge and Data Engineering, Vol. 8, No. 5, Oct. 1996.

[KSW+ 95] R.-D. Kutsche, C. Schöning, S. Waßerroth et al., *Informationsmodellierung im Rahmen eines Umweltinformationssystems*, Forschungsberichte des Fachbereichs Informatik Nr. 95-17, TU Berlin, April 1995.

[LNE 89] J.A. Larson, S.B. Navathe, R. Elmasri, *A Theory of Attribute Equivalence in Databases with Applications to Schema Integration*, IEEE Transactions on Software Engineering, Vol. 15, No. 4, pp. 449-463, Apr. 1989.

[Oer 00] L. Oergel, *Viewpointübergreifende Konzeption eines evolutionsfähigen Informationsmediators*, Diplomarbeit, TU Berlin, FB Informatik, Juli 2000.

[PAG 96] Y. Papakonstantinou, S. Abiteboul, and H. Garcia-Molina, *Object Fusion in Mediator Systems*, in: T.M. Vijayaraman, A.P. Buchmann, C. Mohan, N.L. Sarda (eds.), *22nd Conf. on Very Large Databases*, VLDB, Mumbai (Bombay), India, 1996.

[PBF 99] C. Pons, G. Baum, M. Felder, *Foundations of Object-oriented Modeling Notations in a Dynamic Logic Framework*, in: T. Polle, T. Ripke, K. Schewe (eds.), *Fundamentals of Information Systems*, Kluwer Academic Publishers, chapter 1, 1999.

[PK 99] C. Pons, R.-D. Kutsche, *Model evolution and system evolution*, Proc. CACIC'99, Universidad Nacional del Centro de la Provincia de Buenos Aires, Argentinia, Nov. 1999.

[SL 90] A.P. Sheth, J.A. Larson, *Federated Database Systems for Managing Distributed, Heterogeneous, and Autonomous Databases*, ACM Computing Surveys, Vol. 22, No. 3, pp. 183-236, Sep. 1990.

[SPD 92] S. Spaccapietra, C. Parent, Y. Dupont, *Model Independent Assertions for Integration of Heterogeneous Schemas*, The VLDB Jounal, Vol. 1, No. 1, pp. 81-126, Jul. 1992.

[SS 96] I. Schmitt, G. Saake, *Schema Integration and View Generation by Resolving Intensional and Extensional Overlappings*, in: K. Yetongnon, S. Hariri (eds.), Proc. 9th ICSA Int. Conf. on Parallel and Distributed Computing Systems (PDCS'96), pp. 751-758, Sep. 1996.

[UML 99] Object Management Group, *The Unified Modeling Language (UML) Specification – Version 1.3*, available at http:// www.omg.org/, 1999.

[Wie 92] G. Wiederhold, *Mediators in the Architecture of Future Information Systems*, IEEE Computers, Vol. 25, No. 3, pp. 38-49, Mar. 1992.

[WB 98] R. Wieringa, J. Broersen, *Minimal Transition System Semantics for Lightweight Class and Behavior Diagrams*, in: M. Broy, D. Coleman, T. Maibaum, B. Rumpe, *PSMT Workshop on Precise Semantics for Software Modeling Techniques*, TUM-I9803, TU München, 1998.

Sitzung 2:

Workflow und Alerting

Adaptives und verteiltes Workflow-Management

Thomas Bauer, Manfred Reichert, Peter Dadam

Universität Ulm, Abteilung Datenbanken und Informationssysteme
{bauer, reichert, dadam}@informatik.uni-ulm.de, http://www.informatik.uni-ulm.de/dbis

Zusammenfassung Die Unterstützung unternehmensweiter und -übergreifender Geschäftsprozesse stellt für ein Workflow-Management-System (WfMS) eine besondere Herausforderung dar. So sind Skalierbarkeit bei hoher Last und die Möglichkeit, zur Ausführungszeit eines Workflows (WF) dynamisch vom vormodellierten Ablauf abweichen zu können, unbedingt erforderlich, damit ein WfMS für ein breites Spektrum von Anwendungen eingesetzt werden kann. Allerdings wurden diese beiden Aspekte in der WF-Literatur bisher weitestgehend getrennt betrachtet. Dies ist äußerst problematisch, da mit ihnen entgegengesetzte Anforderungen verbunden sind. So wird zur Erzielung einer guten Skalierbarkeit angestrebt, dass eine WF-Instanz von mehreren WF-Servern – möglichst unabhängig voneinander – kontrolliert werden kann, wohingegen für dynamische WF-Änderungen eine (logisch) zentrale Kontrollinstanz benötigt wird, die den aktuellen und globalen Zustand der WF-Instanz kennt. In diesem Beitrag werden Verfahren vorgestellt, die es erlauben, dynamische Änderungen in einem verteilten WfMS durchzuführen. Besonders bemerkenswert ist dabei, dass es gelungen ist, die volle aus dem zentralen Fall bekannte Funktionalität zu realisieren, und trotzdem ein bezüglich der Kommunikationskosten äußerst günstiges Verhalten zu erreichen.

1 Einleitung

WfMS [JBS97, LR00, Obe96] ermöglichen die rechnerunterstützte Ausführung von Geschäftsprozessen in einer verteilten Systemumgebung. Der entscheidende Vorteil solcher Systeme ist, dass sie helfen, große vorgangsorientierte Anwendungssysteme überschaubarer zu gestalten. Dazu wird der applikationsspezifische Code der verwendeten Anwendungen von der Ablauflogik des Geschäftsprozesses getrennt. Anstelle eines großen monolithischen Programmpakets erhält man nun einzelne Aktivitäten, welche die Anwendungsprogramme repräsentieren. Ihre Ablauflogik wird in einer separaten Kontrollflussdefinition festgelegt, welche die Ausführungsreihenfolge (Sequenz, Verzweigung, Parallelität, Schleifen) der einzelnen Aktivitäten bestimmt. Das WfMS sorgt zur Ausführungszeit dafür, dass nur solche Aktivitäten einer WF-Instanz bearbeitet werden können, die der Ablauflogik zufolge zur Ausführung anstehen. Diese werden in die Arbeitslisten autorisierter Bearbeiter eingefügt. Welche Benutzer zur Bearbeitung einer bestimmten Aktivität autorisiert sind, wird meist durch eine Rolle festgelegt, die auch den entsprechenden Bearbeitern zugeordnet ist.

Die Funktionalität heutiger WfMS ist allerdings für viele der in der Praxis vorkommenden prozessorientierten Anwendungen nicht ausreichend. Ein Mangel ist insbesondere die unzureichende Skalierbarkeit bei hoher Last. Der Forderung nach Skalierbarkeit kommen wir in ADEPT[1] dadurch nach, dass ein WfMS aus mehreren WF-Servern besteht. Um ein günstiges Kommunikationsverhalten zu erzielen, kann eine WF-Instanz abschnittsweise von verschiedenen WF-Servern kontrolliert werden [BD97, BD00]. Eine ebenfalls erkannte Schwachstelle existierender WfMS ist ihre unzureichende Adaptivität. In ADEPT ist es möglich, eine laufende WF-Instanz bei Bedarf (z.B. in Ausnahmesituationen) dynamisch zu verändern, so dass von dem vorgesehenen Ablauf abgewichen wird. Im Gegensatz zu vielen anderen Ansätzen wird dabei die Konsistenz der WF-Instanz auch nach der Änderung garantiert, d.h. Laufzeitfehler (z.B. Verklemmungen in Folge zyklischer Reihenfolgebeziehungen) sind ausgeschlossen [RD98, Rei00]. In den bisherigen Veröffentlichungen zu ADEPT haben wir, ebenso wie die anderen uns bekannten Gruppen, verteilte WF-Ausführung und Adaptivität nur getrennt betrachtet. Das Zusammenspiel dieser beiden für ein WfMS essentiellen Aspekte wurde dabei nicht systematisch untersucht. Dies ist problematisch, weil mit den beiden Aspekten entgegengesetzte Anforderungen verbunden sind: Zur Durchführung einer dynamischen Änderung wird eine zentrale Kontrollinstanz benötigt [RD98]. Die Existenz einer solchen konterkariert aber die durch verteilte WF-Ausführung erzielten Errungenschaften, da eine zentrale Komponente die Verfügbarkeit des WfMS verschlechtert und den Kommunikationsaufwand erhöht. Ein Grund dafür ist, dass eine solche Komponente über jede Änderung des Zustands jeder WF-Instanz informiert werden muss. Der Zustand der zu modifizierenden WF-Instanz wird nämlich benötigt, um entscheiden zu können, ob eine geplante Änderung überhaupt durchführbar ist [RD98].

Das Ziel des vorliegenden Beitrags ist es, dynamische Änderungen in einem verteilten WfMS zu ermöglichen. Dabei soll die Adaptivität gegenüber der zentralen WF-Ausführung nicht eingeschränkt sein, d.h. jede für den zentralen Fall erlaubte dynamische Änderung muss im verteilten Fall weiterhin zulässig sein. Die Unterstützung solcher dynamischer Abweichungen darf die Effizienz der verteilten WF-Steuerung aber keinesfalls beeinträchtigen. Insbesondere soll bei der „normalen" WF-Ausführung kein großer zusätzlicher Kommunikationsaufwand notwendig werden. Außerdem sollen in dem angestrebten System (verteilte) dynamische Änderungen auf möglichst effiziente Art und Weise durchgeführt werden können.

Zur Behandlung dieser Anforderungen ist zu untersuchen (siehe auch [RBD99]), mit welchen Servern des WfMS eine dynamische Änderung synchronisiert werden muss. Vermutlich müssen dabei zumindest die aktuell an der WF-Instanz beteiligten Server einbezogen werden, da sie die resultierende Struktur und den Zustand der WF-Instanz (den sog. Ausführungsgraphen) benötigen, um diese korrekt steuern zu können. Deshalb wird ein Verfahren benötigt, mit dem die Menge dieser Server ohne großen Aufwand ermittelt werden kann. Außerdem ist zu klären, wie diesen und anderen Servern der durch die Änderung resultierende Ausführungsgraph der WF-Instanz übermittelt werden kann. Dabei ist essentiell, dass kein inakzeptabel großer Kommunikationsaufwand verursacht wird.

[1] ADEPT steht für Application Development Based on Encapsulated Pre-Modeled Process Templates.

Im nachfolgenden Abschnitt wird auf Grundlagen der verteilten WF-Ausführung und der dynamischen Änderungen in ADEPT eingegangen, die für das weitere Verständnis notwendig sind. Der Abschnitt 3 beschäftigt sich mit der Durchführung von dynamischen Änderungen in einem verteilten WfMS. In Abschnitt 4 wird dann erläutert, wie auch zuvor veränderte WF-Instanzen effizient gesteuert werden können. Eine Einordnung der beschriebenen Verfahren in die WF-Literatur findet sich in Abschnitt 5. Der Beitrag schließt mit einer Zusammenfassung und einem Ausblick auf zukünftige Arbeiten.

2 Grundlagen

Im ADEPT-Projekt [DKR+95, DRK00, RD98] betrachten wir Anforderungen, die sich bei der Unterstützung unternehmensweiter und -übergreifender WF-basierter Anwendungen ergeben. Im vorliegenden Abschnitt fassen wir die hieraus hervorgegangenen Konzepte zur verteilten WF-Steuerung und zu dynamischen WF- Änderungen kurz zusammen.

2.1 Verteilte Workflow-Ausführung in ADEPT

Aufgrund der großen Anzahl von Benutzern und gleichzeitig aktiven WF-Instanzen resultiert in unternehmensweiten Anwendungen eine sehr hohe Last.[2] Diese kann dazu führen, dass Komponenten des WfMS überlastet werden. Deshalb wird in $\text{ADEPT}_{distribution}$, der verteilten Variante von ADEPT, eine WF-Instanz nicht nur von einem einzigen WF-Server kontrolliert, sondern sie wird ggf. partitioniert und abschnittsweise von verschiedenen Servern gesteuert [BD97] (vgl. Abb. 1). Wird bei der Ausführung von Instanzen dieses WF-Typs das Ende einer Partition erreicht, so wird die Kontrolle über diesen WF an den nächsten WF-Server weitergereicht (*Migration*). Damit dies möglich ist, muss eine Beschreibung des Zustands der WF-Instanz zu diesem Server transportiert werden.[3] Um unnötigen Kommunikationsaufwand zwischen WF-Servern zu vermeiden, erfolgt in ADEPT die Steuerung von parallelen Zweigen unabhängig voneinander (wenn zur Zeit keine dynamische Änderung durchgeführt wird). Im Beispiel aus Abb. 1 weiß der WF-Server s_3, der gerade die Aktivität e kontrolliert, nicht, wie weit die Bearbeitung im oberen Zweig der Parallelität fortgeschritten ist. Dies hat den Vorteil, dass keine Synchronisation zwischen WF-Servern notwendig ist, die Aktivitäten paralleler Zweige steuern.

Die Partitionierung von WF-Graphen und die verteilte WF-Steuerung werden auch in anderen Ansätzen verwendet (z.B. [CGP+96, MWW+98]). Wir verfolgen in ADEPT zusätzlich das Ziel, die Kommunikationskosten zu minimieren. Konkrete Erfahrungen mit existierenden WfMS haben gezeigt, dass zwischen dem WF-Server und seinen

[2] In [KAGM96, SK97] werden Anwendungen beschrieben, bei denen die Zahl der Benutzer des WfMS bis auf einige zehntausend anwachsen kann oder mehrere zehntausend WF-Instanzen gleichzeitig im System sein können.

[3] Die WF-Vorlagen werden in ADEPT repliziert bei allen (relevanten) WF-Servern gespeichert.

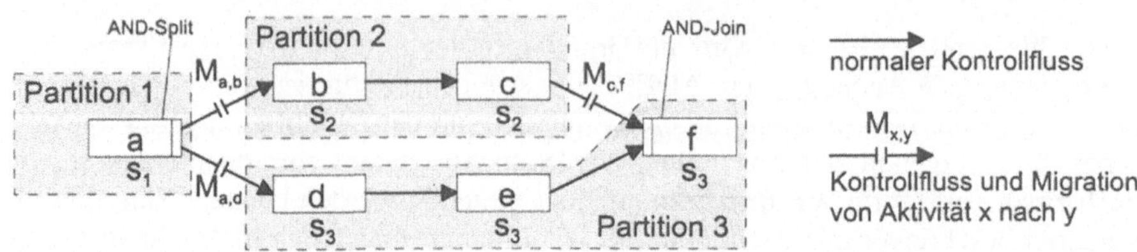

Abbildung 1. Partitionierung eines WF-Graphen und verteilte WF-Ausführung.

Clients sehr viel kommuniziert wird und zum Teil auch große Datenmengen ausgetauscht werden müssen. Dies kann dazu führen, dass das Kommunikationssystem überlastet wird. Deshalb werden in ADEPT die WF-Server der Aktivitäten so festgelegt, dass der Gesamtkommunikationsaufwand minimiert wird. Dazu wird der WF-Server für eine Aktivität in der Regel so gewählt, dass er im Teilnetz der Mehrzahl ihrer potentiellen Bearbeiter liegt. Dadurch wird in vielen Fällen eine teilnetzübergreifende Kommunikation zwischen dem WF-Server und seinen Clients vermieden. Außerdem werden die Antwortzeiten verbessert und die Verfügbarkeit erhöht, da bei der Ausführung von Aktivitäten kein Gateway oder WAN (Wide Area Network) zwischengeschaltet ist.

Bei diesem Ansatz wird also bereits zur Modellierungszeit eine (statische) Zuordnung von WF-Servern zu den Aktivitäten vorgenommen. Es gibt aber auch Fälle, in denen diese Vorgehensweise nicht ausreichend ist, um gute Resultate zu erzielen. Dies ist der Fall, wenn bei der WF-Definition *abhängige Bearbeiterzuordnungen* (z.B. "selber Bearbeiter wie Aktivität n") verwendet werden. Hier hängen die potentiellen Bearbeiter einer Aktivität vom Bearbeiter einer Vorgängeraktivität ab. Da sich die Menge der potentiellen Bearbeiter einer solchen Aktivität erst im Verlauf der WF-Ausführung ergibt, ist es vorteilhaft, ihren WF-Server ebenfalls erst zur Ausführungszeit festzulegen. Der Server kann dann in einem für die entsprechenden Bearbeiter günstigen Teilnetz gewählt werden. Zu diesem Zweck wurde für ADEPT$_{distribution}$ das Konzept der *variablen Serverzuordnungen* [BD99a, BD00] entwickelt. Hierbei handelt es sich um Ausdrücke (z.B. "Server im Teilnetz des Bearbeiters der Aktivität n"), die zur Ausführungszeit der WF-Instanz ausgewertet werden. Dadurch wird derjenige WF-Server ermittelt, der die zugehörige Aktivitäteninstanz kontrollieren soll.

2.2 Dynamische Änderungen

Um auf Ausnahmesituationen flexibel reagieren zu können, muss der Ausführungsgraph einer WF-Instanz zur Ausführungszeit modifiziert werden können. Das ADEPT$_{flex}$-Kalkül bietet z.B. die Möglichkeit, Aktivitäten dynamisch einzufügen oder zu löschen. Dabei sind auch sehr komplexe Operationen realisierbar, wie das Einfügen einer Aktivität, die erst nach der Beendigung einer beliebigen Menge von Aktivitäten ausführbar sein soll und vor dem Starten einer anderen Menge von Aktivitäten beendet sein muss. Auf die Verfahren zur Durchführung solcher dynamischen Änderungen wird hier nicht näher eingegangen, da dies für das weitere Verständnis dieses Beitrags nicht notwendig ist (für Details siehe [RD98, Rei00]).

Das WfMS bestimmt aus der Spezifikation einer Änderung automatisch eine Menge von *Basisoperationen* (z.B. Aktivität einfügen, Kante einfügen), die auf den Ausführungsgraphen der entsprechenden WF-Instanz angewandt werden. Wie in Abb. 2c dargestellt, werden diese Basisoperationen zusammen mit der Spezifikation der Änderung in einer *Änderungshistorie* vermerkt. Diese wird benötigt, um im Falle des partiellen Zurücksetzens einer WF-Instanz ggf. auch temporäre Änderungsoperationen rückgängig machen zu können (vgl. [DRK00]). Außerdem wird die dynamische Änderung in der *Ablaufhistorie* der WF-Instanz vermerkt (Eintrag *DynModif*(1) in Abb. 2b für die Änderung 1), in welcher ansonsten für die WF-Ausführung benötigte Informationen, wie die Start- und Endezeitpunkte und die Bearbeiter der Aktivitäten, abgelegt werden.

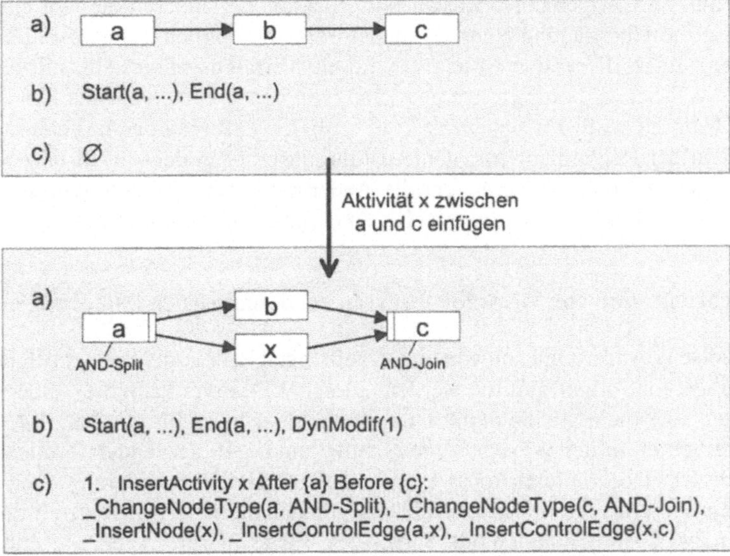

Abbildung 2. Beispiel für eine dynamische Änderung mit a) Ausführungsgraph, b) Ablaufhistorie und c) Änderungshistorie (vereinfacht dargestellt).

Um eine robuste WF-Ausführung zu ermöglichen, muss die *Konsistenz* eines WF-Ausführungsgraphen jederzeit garantiert werden können. Prinzipiell können aber durch eine dynamische Modifikation Inkonsistenzen entstehen. So können durch das Löschen einer Aktivität evtl. Eingabedaten nachfolgender Aktivitäten nicht mehr sicher versorgt sein, oder nach dem Einfügen einer Kante können Verklemmungen durch zyklische Kontrollflussreihenfolgen entstehen. Solche Fälle sind in ADEPT$_{flex}$ ausgeschlossen, weil das WfMS vor der Durchführung einer Änderung stets prüft, ob der resultierende Ausführungsgraph wieder eine fehlerfreie WF-Ausführung garantiert. Zu diesem Zweck wird analysiert, ob die Änderung aufgrund des aktuellen Zustands und der Struktur der WF-Instanz zulässig ist, d.h., ob die für die entsprechenden Basisoperationen (formal) definierten Vor- und Nachbedingungen erfüllt sind. Nur wenn dies gegeben ist, wird die Struktur und der Zustand des Ausführungsgraphen entsprechend verändert.

3 Dynamische Änderungen in verteilten WfMS

Prinzipiell laufen dynamische Änderungen in einem verteilten WfMS ebenso ab, wie in einem zentralen System: Anhand der Struktur und des Zustands der WF-Instanz wird überprüft, ob die gewünschte Änderung zulässig ist oder nicht. Falls dem so ist, werden die zugehörigen Basisoperationen ermittelt und der Ausführungsgraph der WF-Instanz wird entsprechend modifiziert. Für die Überprüfung der Zulässigkeit einer Änderung wird der globale, aktuelle Zustand der WF-Instanz benötigt. Um diesen Zustand zu ermitteln, muss im Allgemeinen Zustandsinformation von anderen Servern eingeholt werden (wie die Übertragung eines Zustandes effizient möglich ist, wird in [BRD00] beschrieben). Im vorliegenden Abschnitt wird ein Verfahren vorgestellt, mit dem die Menge der WF-Server bestimmt werden kann, von denen entsprechende Zustandsinformation benötigt wird. Im Gegensatz zum zentralen Fall reicht es in einem verteilten WfMS in der Regel nicht aus, den Ausführungsgraphen der WF-Instanz nur auf demjenigen Server zu modifizieren, der die Änderung steuert. Deshalb wird in diesem Abschnitt geklärt, bei welchen Servern eine Änderung eingebracht werden soll.

3.1 Synchronisation von Workflow-Servern bei dynamischen Änderungen

Eine dynamische Änderung kann von einem beliebigen Server, der die betroffene WF-Instanz gerade kontrolliert, initiiert werden. Dieser WF-Server kann die Änderung im Allgemeinen aber nicht alleine durchführen, sondern er muss für den Fall, dass aktuell mehrere Server an der WF-Kontrolle beteiligt sind, ggf. Zustandsinformation von diesen einholen. Des weiteren muss er veranlassen, dass die Änderung auch in die von anderen Servern verwalteten Ausführungsgraphen dieser WF-Instanz eingebracht wird. Als naive Lösung könnten alle Server des WfMS in eine Änderung mit einbezogen werden, indem entsprechende Aufrufe per Broadcast verbreitet werden. Dieser Ansatz scheidet aber aus, weil er in den meisten Fällen zu einem unnötig hohen Aufwand führen würde, und außerdem eine dynamische Änderung nur dann durchgeführt werden könnte, wenn alle Serverrechner des WfMS erreichbar sind. Deshalb werden im Folgenden alternative Vorgehensweisen untersucht.

Ansatz 1: Einbeziehung aller Server der betroffenen Workflow-Instanz
Bei diesem Ansatz werden nur diejenigen WF-Server bei der Änderung berücksichtigt, die bisher an der WF-Steuerung beteiligt waren bzw. es aktuell sind, oder die zukünftig in die Steuerung der WF-Instanz involviert sein werden. Dadurch wird der Kommunikationsaufwand gegenüber der oben erwähnten naiven Lösung zwar merklich reduziert, er ist aber immer noch unnötig groß. Diejenigen Server, welche die WF-Instanz ausschließlich in der Vergangenheit kontrolliert haben, müssen nämlich nicht in die Änderung einbezogen werden. Mit diesen Servern ist keine Synchronisation notwendig und die von ihnen verwaltete Zustandsinformation wurde schon durch Migrationen weitergegeben.

Ansatz 2: Einbeziehung der aktuellen und zukünftigen Server der Workflow-Instanz
Um eine WF-Instanz steuern zu können, müssen dem entsprechenden WF-Server alle bisher erfolgten dynamischen Änderungen bekannt sein. Deshalb ist eine Änderung für alle WF-Server relevant, welche die WF-Instanz aktuell kontrollieren oder zukünftig kontrollieren werden. Darum scheint es naheliegend zu sein, diese in die Änderungsoperation einzubeziehen. Sollen aber die zukünftigen Server berücksichtigt werden, so entsteht im Kontext von variablen Serverzuordnungen (vgl. Abschnitt 2.1) ein Problem. Es kann nämlich im Allgemeinen nicht ermittelt werden, welche Server die WF-Instanz zukünftig steuern werden, da die zur Auswertung der Serverzuordnungsausdrücke notwendigen Laufzeitdaten der WF-Instanz evtl. noch nicht existieren. So kann in Abb. 3 bei der Ausführung der Aktivität g der Server der Aktivität j nicht ermittelt werden, da der Bearbeiter der Aktivität i noch nicht feststeht. Eine Synchronisation mit zukünftigen Servern der WF-Instanz ist also nicht möglich. Diese Server müssen auch noch nicht über die Änderung informiert werden, weil sie die WF-Instanz noch nicht kontrollieren.

Ansatz 3: Einbeziehung nur der aktuellen Server der Workflow-Instanz
Eine Synchronisation mit allen aktuell an der WF-Instanz beteiligten Servern ist demnach die einzig akzeptable Lösung. Es ist aber keineswegs trivial, diese Server zu ermitteln, weil der Ausführungszustand von parallel ausgeführten Aktivitäten bei verteilter WF-Steuerung nicht bekannt sein muss. So weiß z.B. in Abb. 3 der Server s_4, der die Aktivität g kontrolliert, nicht, ob die Migration $M_{c,d}$ schon ausgeführt worden ist, und damit, ob der parallele Zweig vom Server s_2 oder s_3 kontrolliert wird. Außerdem ist es nicht ohne weiteres möglich, den für einen parallelen Zweig zuständigen Server zu ermitteln, wenn variable Serverzuordnungen verwendet werden. So referenziert in Abb. 3 die Serverzuordnung der Aktivität e den Bearbeiter der Aktivität c. Dieser ist aber dem Server s_4 nicht bekannt.

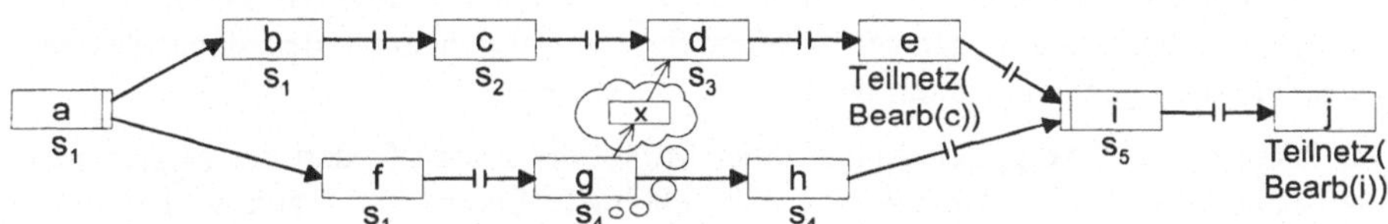

Abbildung 3. Einfügen der Aktivität x durch den Server s_4 zwischen den Aktivitäten g und d.

3.2 Bestimmung der aktuellen Server einer Workflow-Instanz

Wie soeben erläutert, ist es einem WF-Server nicht möglich, die anderen aktuell an einer WF-Instanz beteiligten Server aus der lokal vorhandenen Zustandsinformation zu ermitteln. Diese durch einen Broadcast-Aufruf zu „suchen", verbietet sich, da dann dieselben Nachteile wie bei der eingangs des vorangehenden Abschnitts skizzierten naiven Lösung entstehen. Deshalb muss ein Verfahren entwickelt werden, bei dem die

Menge der an der Ausführung einer WF-Instanz aktuell beteiligten Server explizit verwaltet wird. Diese Verwaltung sollte aber nicht durch einen festen (und damit zentralen) Server erfolgen, da dieser die Verfügbarkeit des gesamten WfMS beeinträchtigen und einen potentiellen Flaschenhals darstellen würde. Deshalb wird diese Menge *ActiveServers* in ADEPT von einem WF-instanzspezifischen *ServerManager* verwaltet. Als *ServerManager* wird normalerweise jeweils derjenige Server verwendet, auf dem die entsprechende WF-Instanz gestartet wurde.[4] Dieser kann von jedem an der WF-Instanz beteiligten Server mit Hilfe der (lokal vorhandenen) Ablaufhistorie ermittelt werden und variiert für verschiedene WF-Instanzen (auch desselben Typs). Deshalb stellt er keinen Flaschenhals dar. Im nun folgenden Abschnitt wird beschrieben, wie die Menge der aktuell für eine WF-Instanz aktiven Server vom *ServerManager* verwaltet wird. In Abschnitt 3.2.2 wird dann erläutert, wie diese Menge bei dynamischen Änderungen ermittelt und verwendet wird.

3.2.1 Verwaltung der aktuell an einer Workflow-Instanz beteiligten Server

Um die Menge der an der Ausführung einer WF-Instanz aktuell beteiligten Server verwalten zu können, wird ein Verfahren benötigt, welches die aus einer Migration resultierende Veränderung der Menge *ActiveServers* an den jeweiligen *ServerManager* meldet (siehe Algorithmus 1). Dieser *ServerManager* verwendet wiederum ein Verfahren, mit dem diese Menge manipuliert wird (Algorithmus 2). Bei der Realisierung dieser beiden Verfahren muss beachtet werden, dass nicht mehrere Migrationen derselben WF-Instanz beliebig überlappend durchgeführt werden dürfen, da ansonsten Inkonsistenzen bei der Veränderung der Menge der aktuellen Server entstehen können. Außerdem darf sich die Menge *ActiveServers* während der Durchführung einer dynamischen Modifikation nicht durch Migrationen verändern, um in eine dynamische Änderung die richtigen Server einbeziehen zu können. Dies wird verhindert, indem von den beiden genannten Verfahren und von dem im Abschnitt 3.2.2 vorgestellten Verfahren zur Durchführung von dynamischen Änderungen verschiedene Sperren verwendet werden, deren Zusammenspiel im Folgenden erläutert wird.

Der Algorithmus 1 zeigt den Ablauf einer Migration. Zuerst fordert der Migrationsquellserver beim *ServerManager* eine nicht exklusive Sperre an.[5] Dann wird eine exklusive Kurzzeitsperre angefordert,[6] durch die sichergestellt wird, dass die Veränderung der Servermenge für eine gegebene WF-Instanz nicht gleichzeitig für mehrere Migrationen paralleler Zweige vorgenommen wird. Die bei einer Migration resultierende Änderung der Servermenge wird vom Quellserver an den *ServerManager* gemeldet. Dabei wird angegeben, ob der Quellserver der Migration weiterhin an der entsprechenden WF-

[4] Es kann Szenarien geben, bei denen sich durch diese Strategie stets derselbe Server ergibt, weil alle WF-Instanzen auf demselben WF-Server instanziiert werden (z.B. dem Server, der in einer Bank für die Terminals der Schalter zuständig ist). In einem solchen Fall sollte beim Erzeugen einer WF-Instanz z.B. ein zufällig ausgewählter Server als *ServerManager* festgelegt werden.

[5] Die Sperre verhindert nicht, dass mehrere Migrationen derselben WF-Instanz gleichzeitig durchgeführt werden. Ihr Zweck wird im Zusammenhang mit Algorithmus 3 klar.

[6] Die beiden Sperranforderungen können auch zu einem einzigen Aufruf zusammengefasst werden, um so einen Kommunikationszyklus einzusparen.

Instanz beteiligt ist (*Stay*) oder nicht (*LogOff*). Findet in dem Beispiel aus Abb. 3 die Migration $M_{b,c}$ vor $M_{f,g}$ statt, so wird bei $M_{b,c}$ die Option *Stay* verwendet, da der Server s_1 diese WF-Instanz weiterhin kontrolliert. Dementsprechend erfolgt die später stattfindende Migration $M_{f,g}$ mit der Option *LogOff*, weil hiermit der letzte vom Server s_1 kontrollierte Zweig beendet wird. Dass die beiden Migrationen gleichzeitig ausgeführt werden, ist wegen der zuvor gewährten (exklusiven) Kurzzeitsperre ausgeschlossen. Deshalb ist stets klar, ob ein WF-Server nach Beendigung einer Migration noch an der WF-Instanz beteiligt ist oder nicht. Als nächstes werden die WF-Instanzdaten zum Migrationszielserver übertragen. Da zu diesem Zeitpunkt die exklusive Kurzzeitsperre schon freigegeben wurde (durch *MigrateWorkflowInstance*), können weiterhin mehrere Migrationen derselben WF-Instanz gleichzeitig durchgeführt werden. Der Algorithmus endet damit, dass auch die nicht exklusive Sperre wieder freigegeben wird.

Algorithmus 1 (Durchführung einer Migration)
input
  Inst: ID der zu migrierenden WF-Instanz
  SourceServer: Quellserver der Migration (führt diesen Algorithmus aus)
  TargetServer: Zielserver der Migration
begin
  // Verwaltungsserver für die WF-Instanz aus Ablaufhistorie ermitteln
  ServerManager = StartServer(Inst);
  // nicht exklusive Sperre und exklusive Kurzzeitsperre beim *ServerManager* anfordern[7]
  RequestSharedLock(Inst) → *ServerManager*;
  RequestShortTermLock(Inst) → *ServerManager*;
  // Menge der aktuellen Server ändern (*UpdateActiveServers*, siehe Algorithmus 2)
  if *LastBranch(Inst)* **then**
    // die Migration erfolgt im letzten beim *SourceServer* aktiven Ausführungszweig der
    // WF-Instanz
    UpdateActiveServers(Inst, SourceServer, LogOff, TargetServer) → *ServerManager*;
  else // ein weiterer Ausführungszweig ist bei *SourceServer* aktiv
    UpdateActiveServers(Inst, SourceServer, Stay, TargetServer) → *ServerManager*;
  // eigentliche Migration durchführen und nicht exklusive Sperre freigeben
  MigrateWorkflowInstance(Inst) → *TargetServer*;
  ReleaseSharedLock(Inst) → *ServerManager*;
end.

Der Algorithmus 2 wird vom *ServerManager* verwendet, um die aktuell an einer bestimmten WF-Instanz beteiligten Server zu verwalten. Um diese Aufgabe erfüllen zu können, muss der *ServerManager* zusätzlich die erwähnten Sperren verwalten. Wird die Funktion *UpdateActiveServers* mit der Option *LogOff* aufgerufen, so wird der Migrationsquellserver aus der Menge *ActiveServers(Inst)* der aktuellen WF-Server entfernt, weil dieser Server dann nicht mehr an der WF-Instanz beteiligt ist. Der Migrationszielserver wird stets in diese Menge aufgenommen, unabhängig davon, ob er schon

[7] *p()* → *s* bedeutet, dass die Prozedur *p* aufgerufen wird, die dann vom Server *s* ausgeführt wird.

enthalten ist oder nicht, da die entsprechende Operation idempotent ist. Durch die vom Algorithmus 1 vor dem Aufruf von *UpdateActiveServers* angeforderte Kurzzeitsperre wird schließlich verhindert, dass der Algorithmus 2 für eine WF-Instanz mehrfach parallel durchlaufen wird, so dass Fehler durch das überlappende Verändern der Menge *ActiveServers(Inst)* ausgeschlossen sind. Nach der Anpassung dieser Menge wird die erwähnte Kurzzeitsperre wieder freigegeben.

Algorithmus 2 (*UpdateActiveServers*: Verwaltung der aktiven WF-Server)
input
  Inst: ID der betroffenen WF-Instanz
  SourceServer: Quellserver der Migration
  Option: gibt an, ob der Quellserver weiterhin in die WF-Instanz involviert ist (*Stay*)
    oder nicht (*LogOff*)
  TargetServer: Zielserver der Migration
begin
  // Menge der für die WF-Instanz *Inst* aktiven WF-Server aktualisieren
  if *Option* = *LogOff* **then**
    ActiveServers(Inst) = *ActiveServers(Inst)* – {*SourceServer*};
  ActiveServers(Inst) = *ActiveServers(Inst)* ∪ {*TargetServer*};
  // die Kurzzeitsperre wieder freigeben
  ReleaseShortTermLock(Inst);
end.

3.2.2 Durchführung dynamischer Änderungen

Im vorherigen Abschnitt wurde beschrieben, wie der *ServerManager* die Menge der aktuell an einer WF-Instanz beteiligten Server verwaltet. Im Folgenden wird erläutert, wie diese Menge bei der Durchführung einer dynamischen Änderung verwendet wird. Zu diesem Zweck fordert sie derjenige WF-Server, der eine Änderung durchführen möchte, beim *ServerManager* an.

Wichtig ist, dass sich während der Durchführung einer dynamischen Änderung die Menge der an der betroffenen WF-Instanz beteiligten Server nicht durch Migrationen verändert, weil sonst evtl. die falschen Server in die Änderung einbezogen werden würden. Außerdem darf der Ausführungsgraph einer WF-Instanz nicht gleichzeitig durch mehrere Änderungen umstrukturiert werden, da dies zu einem unzulässigen Graphen führen könnte. Um beides zu verhindern, fordert der Algorithmus 3 beim *ServerManager* eine exklusive Sperre an. Diese entspricht einer Schreibsperre [GR93, HR99] in einem Datenbanksystem und ist mit Lesesperren (*RequestSharedLock* aus Algorithmus 1) und weiteren Schreibsperren derselben WF-Instanz unverträglich. Dadurch wird verhindert, dass für eine zu ändernde WF-Instanz zeitgleich Migrationen stattfinden. Nach Gewährung der Sperre wird die Menge der für diese WF-Instanz aktiven Server erfragt.[8] Bei allen Servern der Menge *ActiveServers* wird nun eine Sperre angefordert,

[8] Dies kann auch mit dem Anfordern der Sperre zu einem einzigen Aufruf zusammengefasst werden, um so einen Kommunikationszyklus einzusparen.

die lokale Veränderungen des Zustands der WF-Instanz verhindert. Bereits gestartete Aktivitäten können aber weiterhin beendet werden, da die entsprechenden Zustände im ADEPT$_{flex}$-Modell äquivalent sind. Dann wird die (gesperrte) Zustandsinformation bei allen an der WF-Instanz beteiligten Servern eingeholt. Der hierdurch resultierende globale und aktuelle Zustand einer WF-Instanz wird benötigt, um prüfen zu können, ob eine bestimmte Änderung zulässig ist oder nicht. So ist in dem Beispiel aus Abb. 3 dem Server s_4, der gerade die Aktivität g kontrolliert und eine Aktivität x nach der Aktivität g und vor d einfügen will, der aktuelle Zustand der Aktivität d des parallelen Zweiges nicht bekannt. Die dynamische Änderung ist aber nur dann zulässig, wenn die Aktivität d zum Zeitpunkt der Änderung noch nicht gestartet wurde [RD98]. Ist dies der Fall, so wird sie bei allen an der WF-Instanz beteiligten Servern durchgeführt (*PerformDynamicModification*). Anschließend werden die Sperren wieder freigegeben, woraufhin blockierte Migrationen und Änderungsoperationen durchgeführt werden können.

Algorithmus 3 (Durchführung einer dynamischen Änderung)
input
  Inst: ID der zu ändernden WF-Instanz
  Modification: Spezifikation der dynamischen Änderung
begin
  // Verwaltungsserver für die WF-Instanz ermitteln
  ServerManager = StartServer(Inst);
  // Exklusive Sperre beim *ServerManager* anfordern und aktuelle Servermenge ermitteln
  RequestExclusivLock(Inst) $\rightarrow$ *ServerManager*;
  ActiveServers = GetActiveServers(Inst) $\rightarrow$ *ServerManager*;
  // bei allen Servern Sperre anfordern, aktuellen Zustand ermitteln und ggf. Änderung
  // durchführen
  for each Server $s \in$ *ActiveServers* **do**
    RequestStateLock(Inst) $\rightarrow s$;
  GlobalState = GetLocalState(Inst);
  for each Server $s \in$ *ActiveServers* **do**
    LocalState = GetLocalState(Inst) $\rightarrow s$;
    GlobalState = GlobalState $\cup$ *LocalState*;
  if *DynamicModificationPossible(Inst, GlobalState, Modification)* **then**
    for each Server $s \in$ *ActiveServers* **do**
      PerformDynamicModification(Inst, GlobalState, Modification) $\rightarrow s$;
  // alle Sperren wieder freigeben
  for each Server $s \in$ *ActiveServers* **do**
    ReleaseStateLock(Inst) $\rightarrow s$;
  ReleaseExclusivLock(Inst) $\rightarrow$ *ServerManager*;
end.

4 Verteilte Ausführung veränderter Workflow-Instanzen

Bei einer Migration muss der aktuelle Zustand der betroffenen WF-Instanz übermittelt werden. Dies geschieht in ADEPT$_{distribution}$, indem die Ablaufhistorie (partiell) übertragen wird [BRD00]. Außerdem werden die Werte von WF-relevanten Daten transferiert. Im Falle von dynamischen Änderungen muss der Migrationszielserver zusätzlich den veränderten Graphen der WF-Instanz kennen, damit er diese korrekt steuern kann. Bei dem im vorherigen Abschnitt vorgestellten Verfahren werden nur die aktuell an der zu verändernden WF-Instanz beteiligten Server in die Änderung einbezogen. Die Server nachfolgender Aktivitäten müssen dagegen ggf. noch über die erfolgten Änderungen informiert werden. Die hierzu erforderliche Informationsübermittlung findet jeweils bei den Migrationen der WF-Instanz zu diesen Servern statt. Da Migrationen recht häufige Operationen sind, muss die Übertragung der entsprechenden Information auf eine effiziente Art und Weise erfolgen. Im Abschnitt 4.1 wird ein Verfahren vorgestellt, das diese Bedingung schon recht gut erfüllt. Dieses wird in Abschnitt 4.2 noch optimiert, so dass redundante Datenübertragungen völlig ausgeschlossen sind.

4.1 Effiziente Übermittlung von dynamischen Änderungen

Im Folgenden wird untersucht, wie ein veränderter WF-Ausführungsgraph dem Zielserver einer Migration bekannt gemacht werden kann. Dabei wird angestrebt, ein bezüglich der Kommunikationskosten möglichst effizientes Verfahren zu erhalten.

Die einfachste Möglichkeit, um dem Migrationszielserver den aktuellen Ausführungsgraphen bekannt zu machen, ist natürlich, diesen vollständig zu übertragen. Allerdings resultiert aus dieser Vorgehensweise eine unnötig hohe Belastung für das Kommunikationssystem, da diese Graphen viele Knoten und Kanten umfassen können, weshalb ihre Beschreibung sehr groß sein kann. Aus diesem Grund scheidet dieser ineffiziente Ansatz aus.

Es ist auch nicht notwendig, den gesamten Ausführungsgraphen an den Zielserver einer Migration zu übertragen,. da dieser Server die zugehörige WF-Vorlage schon kennt. Diese stimmt weitestgehend mit dem aktuellen Ausführungsgraphen der WF-Instanz überein, so dass es wesentlich effizienter ist, lediglich die verhältnismäßig kleine Beschreibung der angewandten Änderungsoperation(en) zu übertragen. Die Verwendung der Änderungshistorie bietet eine gute Möglichkeit, um diese Idee umzusetzen. Diese Historie wird im ADEPT$_{flex}$-Modell vom Migrationszielserver ohnehin benötigt [RD98], so dass aus ihrer Übertragung kein zusätzlicher Aufwand resultiert. Werden die in der Änderungshistorie vermerkten Basisoperationen auf die ursprüngliche WF-Vorlage angewandt, so ergibt sich der benötigte aktuelle Graph der WF-Instanz. Wir erhalten somit ein einfach zu realisierendes Verfahren zur Übermittlung eines Ausführungsgraphen, durch das der Kommunikationsaufwand drastisch reduziert wird. Da auf eine einzelne WF-Instanz in der Regel nur sehr wenige Änderungen angewandt werden, ist der zum Berechnen des aktuellen Ausführungsgraphen notwendige Aufwand gering.

4.2 Optimierung des Verfahrens zur Übermittlung von Änderungshistorien

Im Allgemeinen kann derselbe WF-Server mehrere Male an der Steuerung einer WF-Instanz beteiligt sein. So gibt der Server s_1 in dem Beispiel aus Abb. 4 die Kontrolle nach Beendigung der Aktivität d ab, erhält sie später aber zur Steuerung der Aktivität f wieder zurück. Ein solcher Server kennt deshalb bereits die Änderungshistorieneinträge zu den von ihm selbst durchgeführten Änderungen (da er die Änderungshistorie solange aufbewahrt, bis er über die Beendigung der entsprechenden WF-Instanz informiert wird). Zusätzlich kennt er alle Änderungen, die erfolgt sind, bevor er letztmals die WF-Instanz kontrolliert hat. Der zu solchen Änderungen gehörende Teil der Änderungshistorie muss also nicht mehr zu diesem Server übertragen werden, wodurch das zur Migration des „aktuellen Ausführungsgraphen" notwendige Datenvolumen weiter reduziert werden kann.

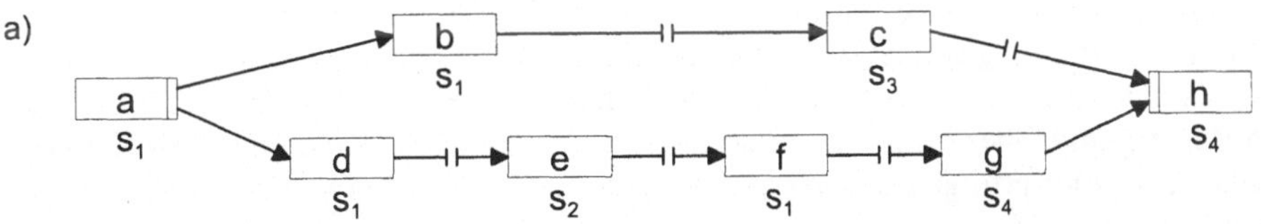

b) Start(a, s_1, ...), DynModif(1), End(a, s_1, ...), DynModif(2), Start(d, s_1, ...), End(d, s_1, ...), Start(e, s_2, ...), DynModif(3), End(e, s_2, ...)

Abbildung 4. a) WF-Instanz und b) Ablaufhistorie[10] des Servers s_2 nach Beendigung der Aktivität e.

4.2.1 Versenden von Änderungshistorieneinträgen

Die naheliegendeste Idee, um redundante Übertragungen von Änderungshistorieneinträgen zu vermeiden, besteht darin, dass der Migrationsquellserver aus der ihm bekannten Ablaufhistorie ermittelt, welche Änderungen dem Zielserver schon bekannt sein müssen. Die entsprechenden Einträge werden dann nicht mehr übertragen. So kann in dem in Abb. 4 dargestellten Beispiel der Server s_2 nach Beendigung der Aktivität e ermitteln, dass der Migrationszielserver s_1 die Änderungen 1 und 2 schon kennen muss. Der Grund dafür ist, dass sich in der Ablaufhistorie die Verweise (*DynModif*) auf diese Änderungen vor dem Eintrag für die Beendigung der vom Server s_1 kontrollierten Aktivität d befinden. Deshalb muss bei der Migration $M_{e,f}$ ausschließlich der Änderungshistorieneintrag zur Änderung 3 übertragen werden.

Allerdings kann mit dem skizzierten Verfahren eine redundante Übertragung von Änderungshistorieneinträgen nicht immer verhindert werden: Bei den Migrationen $M_{f,g}$ und

[10] Bei verteilter WF-Steuerung wird in einer Ablaufhistorie, zusätzlich zu den in Abschnitt 2.2 beschriebenen Werten, in jedem Eintrag vermerkt, welcher Server die entsprechende Aktivität kontrolliert hat.

$M_{c,h}$ zum Server s_4 müssen prinzipiell die Einträge zu den Änderungen 1, 2 und 3 übertragen werden, da der Server s_4 bisher nicht an der Ausführung der WF-Instanz beteiligt war. Der Migrationsquellserver s_1 bzw. s_3 kann aber aus der bei ihm lokal vorhandenen Information nicht ableiten, ob die jeweils andere Migration schon erfolgt ist. Deshalb muss bei beiden Migrationen die gesamte Änderungshistorie übertragen werden. Durch das im nächsten Abschnitt vorgestellte Verfahren wird eine solch redundante Datenübertragung vermieden.

4.2.2 Anfordern von Änderungshistorieneinträgen

Um das im vorherigen Abschnitt beschriebene Problem zu lösen, wird nun ein Verfahren vorgestellt, bei dem die noch benötigten Änderungshistorieneinträge durch den Migrationszielserver explizit angefordert werden. Dieser teilt dem Quellserver bei einer Migration mit, welche Einträge ihm schon bekannt sind, so dass die fehlenden Änderungshistorieneinträge gezielt übertragen werden können. In ADEPT$_{distribution}$ wird für die Übertragung von Ablaufhistorien ein ähnliches Verfahren verwendet, das ebenfalls auf dem Anfordern von noch benötigter Information basiert (siehe [BRD00]). Das Anfordern und Übertragen von Änderungshistorieneinträgen kann im selben Kommunikationszyklus erfolgen, so dass hierfür keine zusätzliche Kommunikation notwendig wird.

Das Anfordern des noch fehlenden Teils der Änderungshistorie ist bei dem hier beschriebenen Verfahren relativ einfach und effizient implementierbar, da stets jeder an einer WF-Instanz beteiligte Server alle bis zum aktuellen Zeitpunkt erfolgten Änderungen kennt. Deshalb ist einem Migrationszielserver der „Anfang" der Änderungshistorie bekannt, d.h. er verfügt bis zu einer bestimmten Stelle über alle Einträge und ab dieser Stelle kennt er keine weiteren Einträge. Zum Anfordern der fehlenden Teile der Änderungshistorie genügt es also, die ID des letzten bekannten Eintrags an den Quellserver der Migration zu übertragen, woraufhin dieser alle auf diesen Eintrag folgenden Einträge übermittelt.

Das soeben angedeutete Verfahren wird durch den Algorithmus 4 realisiert. Dieser wird von dem Migrationsquellserver als Teil der Prozedur *MigrateWorkflowInstance* des Algorithmus 1 ausgeführt, von der außerdem die Ablaufhistorie und die WF-relevanten Daten übertragen werden (siehe [BRD00]). Der Algorithmus 4 stößt die Übertragung der Änderungshistorie an, indem die ID des neuesten beim Migrationszielserver bekannten Änderungshistorieneintrags erfragt wird. Ist diesem Server noch keine Änderungshistorie zu dieser WF-Instanz bekannt, so gibt er *NULL* zurück. In diesem Fall ist für ihn die gesamte am Quellserver bekannte Änderungshistorie relevant. Andernfalls ist für den Zielserver die Änderungshistorie erst ab dem Historieneintrag relevant, der auf den zurückgemeldeten Eintrag folgt. Der jeweils relevante Teil der Änderungshistorie wird in die Historie *RelevantChangeHistory* kopiert und zum Zielserver übertragen. Dies kann in einer einzigen Übertragung gemeinsam mit den anderen oben erwähnten WF-Daten geschehen.

Die Funktionsweise des Algorithmus 4 soll noch an dem in Abb. 4 dargestellten Beispiel verdeutlicht werden: Bei der Migration $M_{e,f}$ kennt der Zielserver s_1 die dynami-

Algorithmus 4 (Übermittlung einer dynamischen Änderung)

```
input
    Inst: ID der zu ändernden WF-Instanz
    TargetServer: Server, an den die Änderungshistorie übertragen wird
begin
    // Übertragung der Änderungshistorie anstoßen, indem ID des letzten bekannten Eintrags
    // erfragt wird
    LastEntry = GetLastEntry(Inst) → TargetServer;
    // für Übertragung relevanten Teil der Änderungshistorie ermitteln
    if LastEntry = NULL then
        // am Zielserver ist Änderungshistorie überhaupt noch nicht bekannt
        Relevant = True;
    else    // alle Einträge bis einschließlich LastEntry sind am Zielserver schon bekannt
        Relevant = False;
    // Positionszähler für originale und zu erzeugende Änderungshistorie initialisieren
    i = 1;  j = 1;
    // gesamte Änderungshistorie der WF-Instanz Inst durchlaufen
    while ChangeHistory(Inst)[i] ≠ EOF do
        if Relevant = True then    // Eintrag ggf. in Ergebnis übernehmen
            RelevantChangeHistory[j] = ChangeHistory(Inst)[i];
            j = j + 1;
        // Prüfen, ob das Ende der am Zielserver bekannten Historie erreicht wurde
        if EntryID(ChangeHistory(Inst)[i]) = LastEntry then Relevant = True;
        i = i + 1;
    // Übertragung der Änderungshistorie durchführen
    TransmitChange(Inst, RelevantChangeHistory) → TargetServer;
end.
```

schen Änderungen 1 und 2. Deshalb gibt er *LastEntry* = 2 zurück, woraufhin der Migrationsquellserver die Änderungshistorieneinträge 1 und 2 ignoriert und nur den Eintrag 3 überträgt. Damit ergibt sich dasselbe Ergebnis, wie bei dem im Abschnitt 4.2.1 vorgestellten Ansatz. Für die Migrationen $M_{c,h}$ und $M_{f,g}$ wird o.B.d.A. angenommen, dass $M_{c,h}$ zuerst durchgeführt wird.[11] Da der Server s_4 noch über keine Änderungshistorie zu dieser WF-Instanz verfügt, ergibt sich bei dieser Migration *LastEntry* = *NULL*, weshalb die gesamte Historie übertragen wird. Bei der anschließend stattfindenden Migration $M_{f,g}$ sind dem Zielserver s_4 die Historieneinträge 1 bis 3 bekannt, weshalb *LastEntry* den Wert 3 erhält. Beim Durchlaufen der While-Schleife von Algorithmus 4 wird die Variable *Relevant* erst dann auf *True* gesetzt, nachdem die Einträge 1 bis 3 bearbeitet wurden. Da keine weiteren Einträge in der Änderungshistorie folgen, bleibt *RelevantChangeHistory* leer, so dass keine Änderungshistorieneinträge übermittelt wer-

[11] Dass die Migrationen gleichzeitig durchgeführt werden, wird durch eine vom Migrationszielserver gehaltene Sperre verhindert. Diese sorgt dafür, dass die zur selben WF-Instanz eingehenden Migrationen serialisiert werden, d.h. die Sperre wird ab dem Anstoßen der Migration, während dem Ermitteln und Übertragen der Änderungshistorieneinträge (und der anderen WF-Daten [BRD00]), bis zur Integration der Einträge in die Änderungshistorie gehalten. Diese Sperre verhindert, dass Einträge redundant angefordert werden, weil von veralteter lokaler Information ausgegangen wird.

den. Das aus Abschnitt 4.2.1 bekannte Problem der redundanten Datenübertragung wird hier also vermieden.

Es ist somit nicht nur möglich, dynamische Änderungen in einem verteilten WfMS effizient durchzuführen (siehe Abschnitt 3), veränderte WF-Instanzen können außerdem mit sehr geringen Übertragungskosten migriert werden.

5 Diskussion

In der WF-Literatur finden sich zahlreiche Arbeiten, die sich mit Skalierbarkeitsfragestellungen und verteilter WF-Ausführung beschäftigen (z.B. [AKA+94, AMG+95, BMR96, CGP+96, GJS+99, GT98, Jab97, MWW+98, SK97, SM96, Wes99]), einen umfassenden Überblick bietet [BD99b]. Ebenso gibt es viele Veröffentlichungen zu dem Thema dynamische WF-Änderungen (z.B. [BPS97, CCPP98, DMP97, EM97, HK96, HSS96, JH98, KG99, KRW90, LP98, MR00, Sie98, Wes98]), die in [Rei00] diskutiert werden. Jedoch gibt es kaum Projekte, die beide Aspekte gemeinsam betrachten – insbesondere wird deren Zusammenspiel nicht hinreichend gewürdigt. Es ist nicht das Ziel dieser Arbeiten, ein bezüglich der Kommunikationskosten effizientes WfMS zu entwickeln, das skalierbar und flexibel ist. Dieser Aspekt wird in der vorliegenden Arbeit erstmalig systematisch untersucht.

WIDE erlaubt dynamische Änderungen einer WF-Vorlage und deren Propagierung auf laufende WF-Instanzen [CCPP98]. Außerdem werden WF-Instanzen verteilt gesteuert [CGP+96], wobei die Bearbeiter einer Aktivität den WF-Server determinieren, der diese Aktivität kontrolliert. Bei MOKASSIN [GJS+99, JH98] und WASA [Wes98, Wes99] wird die verteilte WF-Ausführung durch eine zugrunde liegende CORBA-Infrastruktur realisiert. Außerdem sind Änderungen auf Schema- und auf Instanzebene möglich, wobei auch Konsistenzfragestellungen betrachtet werden. INCAs [BMR96] verwirklicht die Steuerung der WF-Instanzen durch Regeln, die modifiziert werden können, um dynamische Änderungen durchzuführen. Die WF-Steuerung findet verteilt statt, wobei eine WF-Instanz stets von dem Rechner desjenigen Benutzers kontrolliert wird, der die aktuelle Aktivität bearbeitet. Bei all diesen Ansätzen wird aber nicht explizit auf das Zusammenspiel der dynamischen Änderungen und der verteilten WF-Ausführung eingegangen.

In der Literatur finden sich auch einige Ansätze für verteiltes WF-Management, bei denen eine WF-Instanz während ihrer gesamten Lebenszeit von nur einem einzigen WF-Server kontrolliert wird (z.B. Exotica [AKA+94], MOBILE [Jab97] - wurde aber in [SNS99] erweitert). Es finden also keine Migrationen statt, unterschiedliche WF-Instanzen können aber von verschiedenen Servern kontrolliert werden. Da für jede WF-Instanz eine zentrale Kontrollinstanz existiert, könnten dynamische Änderungen bei diesen Ansätzen also genauso wie in einem zentralen WfMS durchgeführt werden. Allerdings ist es bei diesem Verteilungsmodell nicht möglich, für jede einzelne Aktivität einen bezüglich der Kommunikationskosten günstigen WF-Server auszuwählen. Da deshalb bei der „normalen WF-Ausführung" höhere Mehrkosten entstehen, als die bei den (verhältnismäßig seltenen) dynamischen Änderungen erzielten Einsparungen, wurde für ADEPT kein solcher Ansatz gewählt.

6 Zusammenfassung und Ausblick

Verteilte WF-Ausführung und dynamische Änderungen sind essentiell, um WfMS auch zur Unterstützung von anspruchsvollen vorgangsorientierten Anwendungssystemen einsetzen zu können. Allerdings sind mit diesen beiden Aspekten teilweise entgegengesetzte Anforderungen und Ziele verbunden, da die für dynamische Änderungen notwendige zentrale Kontrollinstanz die Effizienz der verteilten WF-Ausführung beeinträchtigt. Deshalb können die beiden Themen nicht getrennt voneinander betrachtet werden. Ihre Wechselwirkungen werden in dieser Arbeit erstmalig untersucht, mit dem Ergebnis, dass die beiden Aspekte durchaus vereinbar sind. Es ist gelungen, dynamische Änderungen in einem verteilten WfMS auf effiziente Art und Weise zu realisieren. Auch die verteilte Steuerung einer zuvor veränderten WF-Instanz ist äußerst effizient möglich, da zur Übermittlung des modifizierten Ausführungsgraphen lediglich ein Teil der ohnehin relativ kleinen Änderungshistorie übertragen werden muss. Dies ist besonders wichtig, da Migrationen häufige Operationen sind. Zusammenfassend lässt sich feststellen, dass es gelungen ist, verteilte WF-Ausführung und dynamische Änderungen nahtlos in ein System zu integrieren.

Alle in diesem Beitrag vorgestellten Verfahren wurden in dem WfMS-Prototypen ADEPT$_{workflow}$ implementiert [Zei99]. Dieser Prototyp wurde auf der CeBIT'2000, der EDBT'2000 [HRB+00] und der BIS'2000 [DRK00] einem breiten Publikum präsentiert. Durch die Implementierung konnte die Umsetzbarkeit der Verfahren gezeigt werden. Außerdem ist bei der Durchführung von Migrationen zu erkennen, dass nur moderate Datenmengen übertragen werden.

Optimierungspotential besteht noch hinsichtlich der Wahl der WF-Server, die in eine dynamische Änderung einbezogen werden müssen: Betrifft eine Änderung nur einen Ausschnitt des WF-Graphen, so könnte eine Änderung auch nur von einem Teil der aktuell in die WF-Instanz involvierten WF-Server durchgeführt werden, wodurch der Synchronisations- und Kommunikationsaufwand reduziert wird. Im Extremfall wird nur ein einziger Zweig einer Parallelität verändert, weshalb eigentlich auch nur ein Server für die Durchführung der Änderung benötigt wird. Allerdings können Aktivitäten paralleler Ausführungszweige (z.B. durch Abhängigkeiten im Datenfluss oder durch entsprechend festgelegte temporale Bedingungen) von dieser Änderung betroffen sein, so dass die zugehörigen Server in diesem Fällen doch einbezogen werden müssen. Unsere bisherigen Untersuchungen ergaben, dass eine solche Optimierung deshalb eher selten eingesetzt werden kann, so dass eine signifikante Verbesserung des Systemverhaltens nicht zu erwarten ist. Dennoch bietet dieser Aspekt Ansatzpunkte für weitergehende Forschung.

Danksagung: Wir danken Clemens Hensinger, Thomas Strzeletz und Jochen Zeitler für die anregenden Diskussionen.

Literatur

[AKA+94] G. Alonso, M. Kamath, D. Agrawal, A. El Abbadi, R. Günthör und C. Mohan: *Failure Handling in Large Scale Workflow Management Systems*. Technischer Bericht

RJ9913, IBM Almaden Research Center, November 1994.

[AMG+95] G. Alonso, C. Mohan, R. Günthör, D. Agrawal, A. El Abbadi und M. Kamath: *Exotica/FMQM: A Persistent Message-Based Architecture for Distributed Workflow Management.* In: *Proc. IFIP Working Conf. on Information Systems for Decentralized Organisations*, Trondheim, August 1995.

[BD97] T. Bauer und P. Dadam: *A Distributed Execution Environment for Large-Scale Workflow Management Systems with Subnets and Server Migration.* In: *Proc. 2nd IFCIS Conf. on Cooperative Information Systems*, S. 99–108, Kiawah Island, SC, Juni 1997.

[BD99a] T. Bauer und P. Dadam: *Efficient Distributed Control of Enterprise-Wide and Cross-Enterprise Workflows.* In: *Proc. Workshop Enterprise-wide and Cross-enterprise Workflow Management: Concepts, Systems, Applications, 29. Jahrestagung der GI*, S. 25–32, Paderborn, Oktober 1999.

[BD99b] T. Bauer und P. Dadam: *Verteilungsmodelle für Workflow-Management-Systeme – Klassifikation und Simulation.* Informatik Forschung und Entwicklung, 14(4):203–217, Dezember 1999.

[BD00] T. Bauer und P. Dadam: *Efficient Distributed Workflow Management Based on Variable Server Assignments.* In: *Proc. 12th Conf. on Advanced Information Systems Engineering*, S. 94–109, Stockholm, Juni 2000.

[BMR96] D. Barbará, S. Mehrotra und M. Rusinkiewicz: *INCAs: Managing Dynamic Workflows in Distributed Environments.* Journal of Database Management, Special Issue on Multidatabases, 7(1):5–15, 1996.

[BPS97] P. Bichler, G. Preuner und M. Schrefl: *Workflow Transparency.* In: *Proc. 9th Int. Conf. on Advanced Information Systems Engineering*, S. 423–436, Barcelona, 1997.

[BRD00] T. Bauer, M. Reichert und P. Dadam: *Effiziente Durchführung von Prozessmigrationen in verteilten Workflow-Management-Systemen.* Ulmer Informatik-Berichte 2000-08, Universität Ulm, Fakultät für Informatik, Juni 2000.

[CCPP98] F. Casati, S. Ceri, B. Pernici und G. Pozzi: *Workflow Evolution.* Data & Knowledge Engineering, 24(3):211–238, 1998.

[CGP+96] F. Casati, P. Grefen, B. Pernici, G. Pozzi und G. Sánchez: *WIDE: Workflow Model and Architecture.* CTIT Technical Report 96-19, University of Twente, 1996.

[DKR+95] P. Dadam, K. Kuhn, M. Reichert, T. Beuter und M. Nathe: *ADEPT: Ein integrierender Ansatz zur Entwicklung flexibler, zuverlässiger kooperierender Assistenzsysteme in klinischen Anwendungsumgebungen.* In: *Proc. GI/SI-Jahrestagung*, S. 677–686, Zürich, September 1995.

[DMP97] B. Dellen, F. Maurer und G. Pews: *Knowledge Based Techniques to Increase the Flexibility of Workflow Management.* Data & Knowledge Engineering, 1997.

[DRK00] P. Dadam, M. Reichert und K. Kuhn: *Clinical Workflows - The Killer Application for Process-oriented Information Systems?* In: *Proc. 4th Int. Conf. on Business Information Systems*, S. 36–59, Posen, April 2000.

[EM97] C.A. Ellis und C. Maltzahn: *The Chautauqua Workflow System.* In: *Proc. 30th Hawaii Int. Conf. on System Sciences*, Maui, Hawaii, 1997.

[GJS+99] B. Gronemann, G. Joeris, S. Scheil, M. Steinfort und H. Wache: *Supporting Cross-Organizational Engineering Processes by Distributed Collaborative Workflow Management - The MOKASSIN Approach.* In: *Proc. 2nd Symposium on Concurrent Multidisciplinary Engineering, 3rd Int. Conf. on Global Engineering Networking*, Bremen, September 1999.

[GR93] J. Gray und A. Reuter: *Transaction Processing: Concepts and Techniques.* Morgan Kaufmann Publishers, 1993.

[GT98] A. Geppert und D. Tombros: *Event-Based Distributed Workflow Execution with EVE*. In: *Proc. IFIP Int. Conf. on Distributed Systems Platforms and Open Distributed Processing*, S. 427–442, Lake District, September 1998.

[HK96] M. Hsu und C. Kleissner: *ObjectFlow: Towards a Process Management Infrastructure*. Distributed & Parallel Databases, 4:169–194, 1996.

[HR99] T. Härder und E. Rahm: *Datenbanksysteme: Konzepte und Techniken der Implementierung*. Springer-Verlag, 1999.

[HRB+00] C. Hensinger, M. Reichert, T. Bauer, T. Strzeletz und P. Dadam: *ADEPT$_{workflow}$ - Advanced Workflow Technology for the Efficient Support of Adaptive, Enterprise-wide Processes*. In: *7th Int. Conf. on Extending Database Technology, Software Demonstrations Track*, S. 29–30, Konstanz, März 2000.

[HSS96] P. Heinl, H. Schuster und H. Stein: *Behandlung von Ad-hoc-Workflows im MOBILE Workflow-Modell*. In: *Proc. Softwaretechnik in Automation und Kommunikation – Rechnergestützte Teamarbeit*, S. 229–242, München, März 1996.

[Jab97] S. Jablonski: *Architektur von Workflow-Mangement-Systemen*. Informatik Forschung und Entwicklung, Themenheft Workflow-Management, 12(2):72–81, 1997.

[JBS97] S. Jablonski, M. Böhm und W. Schulze: *Workflow-Management: Entwicklung von Anwendungen und Systemen; Facetten einer neuen Technologie*. dpunkt-Verlag, 1997.

[JH98] G. Joeris und O. Herzog: *Managing Evolving Workflow Specifications*. In: *Proc. 3rd IFCIS Conf. on Cooperative Information Systems*, New York, August 1998.

[KAGM96] M. Kamath, G. Alonso, R. Günthör und C. Mohan: *Providing High Availability in Very Large Workflow Management Systems*. In: *Proc. 5th Int. Conf. on Extending Database Technology*, S. 427–442, Avignon, März 1996.

[KG99] M. Kradolfer und A. Geppert: *Dynamic Workflow Schema Evolution Based on Workflow Type Versioning and Workflow Migration*. In: *Proc. 4rd IFCIS Int. Conf. on Cooperative Information Systems*, Edinburgh, September 1999.

[KRW90] B. Karbe, N. Ramsperger und P. Weiss: *Support of Cooperative Work by Electronic Circulation Folders*. In: *Proc. Conf. on Office Information Systems*, S. 109–117, Cambridge, MA, 1990.

[LP98] L. Liu und C. Pu: *Methodical Restructuring of Complex Workflow Activities*. In: *Proc. 14th Int. Conf. on Data Engineering*, S. 342–350, Orlando, Florida, Februar 1998.

[LR00] F. Leymann und D. Roller: *Production Workflow - Concepts and Techniques*. Prentice Hall, 2000.

[MR00] R. Müller und E. Rahm: *Dealing with Logical Failures for Collaborating Workflows*. In: *Proc. 5th Int. Conf. on Cooperative Information Systems*, S. 210–223, Eilat, September 2000.

[MWW+98] P. Muth, D. Wodtke, J. Weißenfels, A. Kotz-Dittrich und G. Weikum: *From Centralized Workflow Specification to Distributed Workflow Execution*. Journal of Intelligent Information Systems, Special Issue on Workflow Management Systems, 10(2):159–184, März/April 1998.

[Obe96] A. Oberweis: *Modellierung und Ausführung von Workflows mit Petri-Netzen*. Teubner-Verlag, 1996.

[RBD99] M. Reichert, T. Bauer und P. Dadam: *Enterprise-Wide and Cross-Enterprise Workflow-Management: Challenges and Research Issues for Adaptive Workflows*. In: *Proc. Workshop Enterprise-wide and Cross-enterprise Workflow Management: Concepts, Systems, Applications, 29. Jahrestagung der GI*, S. 56–64, Paderborn, Oktober 1999.

[RD98] M. Reichert und P. Dadam: *ADEPT$_{flex}$ – Supporting Dynamic Changes of Workflows Without Losing Control*. Journal of Intelligent Information Systems, Special Issue on Workflow Management Systems, 10(2):93–129, März/April 1998.

[Rei00] M. Reichert: *Dynamische Ablaufänderungen in Workflow-Management-Systemen*. Dissertation, Universität Ulm, Fakultät für Informatik, Juli 2000.

[Sie98] R. Siebert: *An Open Architecture for Adaptive Workflow Management Systems*. In: *Proc. 3rd Biennial World Conf. on Integrated Design and Process Technology, Vol. 2 - Issues and Applications of Database Technology*, S. 79–85, Berlin, Juli 1998.

[SK97] A. Sheth und K.J. Kochut: *Workflow Applications to Research Agenda: Scalable and Dynamic Work Coordination and Collaboration Systems*. In: *Proc. NATO Advanced Study Institute on Workflow Management Systems and Interoperability*, S. 12–21, Istanbul, August 1997.

[SM96] A. Schill und C. Mittasch: *Workflow Management Systems on Top of OSF DCE and OMG CORBA*. Distributed Systems Engineering, 3(4):250–262, Dezember 1996.

[SNS99] H. Schuster, J. Neeb und R. Schamburger: *A Configuration Management Approach for Large Workflow Management Systems*. In: *Proc. Int. Joint Conf. on Work Activities Coordination and Collaboration*, San Francisco, Februar 1999.

[Wes98] M. Weske: *Flexible Modeling and Execution of Workflow Activities*. In: *Proc. 31st Hawaii Int. Conf. on System Sciences*, S. 713–722, Hawaii, 1998.

[Wes99] M. Weske: *Workflow Management Through Distributed and Persistent CORBA Workflow Objects*. In: *Proc. 11th Int. Conf. on Advanced Information Systems Engineering*, Heidelberg, 1999.

[Zei99] J. Zeitler: *Integration von Verteilungskonzepten in ein adaptives Workflow-Management-System*. Diplomarbeit, Universität Ulm, Fakultät für Informatik, 1999.

Trading Workflows Electronically: The ANAISOFT* Architecture

Martin Schönhoff[1] and Henrik Stormer[2]

[1] Database Technology Research Group, Department of Information Technology, University of Zurich, Switzerland, mschoen@ifi.unizh.ch

[2] Information and Communication Management Research Group, Department of Information Technology, University of Zurich, Switzerland, stormer@ifi.unizh.ch

Short Paper

Abstract The ANAISOFT project develops a marketplace for the electronic trading of workflow executions over the Internet. This paper introduces the underlying business architecture and proposes a software architecture to implement it. The software architecture, derived from well-known architectures for federated database management systems, allows to build flexible and scalable workflow trading systems from scratch and to integrate pre-existing trading platforms. In the latter case, only the trading platform itself must be adapted while its clients can gain access to a larger market without any modifications.

1 Introduction and Motivation

Imagine a company that uses a workflow management system to control business processes. The company may save money by outsourcing certain workflow executions, e.g., the construction of a tunnel within a railway project. Or the company may be unable to execute a certain workflow itself and is thus forced to outsource it. We call such an organisation an *outsourcer*. Another company, the *insourcer*, could be interested to sell the execution of the workflow. Thus, a marketplace should exist where outsourcers and insourcers can meet. An outsourcer should be able to issue a *request* into the market searching for insourcers who can provide an execution for a specific workflow type (*provider*) and specific conditions (costs, maximum duration, etc.). Providers must be enabled to reply to requests with individual *bids* from which the outsourcer can choose the one with the optimal cost-benefit ratio.

The ACE-FLOW project [SRKT00, GKT99] developed such a marketplace, which we call a workflow *trading area* (TA). A TA keeps a centralised repository of traded workflow types, requests, bids, and execution information. The connected insourcer's and outsourcer's workflow systems, called the TA's *clients*, may

* Work reported in this paper is executed within the project ANAISOFT (http://anaisoft.unige.ch), which is sponsored by the Swiss National Science Foundation (http://www.snf.ch) within the *Competence Network for Electronic Commerce 2000-01* framework under project number 5003-057753.

use different, *heterogeneous* workflow models. The workflow models are mapped to the *generic* model of the TA in order to exchange data. This is similar to the architecture of tightly-coupled federated database systems [SL90], allowing a centralisation of integration know-how and effort, a high heterogeneity between the clients, and a certain amount of client autonomy. However, the approach is vulnerable, because it relies on the accessibility of a central component on the Internet. Furthermore, the approach does not scale well, not the least due to increasing maintenance overhead.

Our goal in the ANAISOFT project is to overcome these deficiencies, leading to a flexible and scalable marketplace for workflow executions. The architecture proposed in this paper is built upon multiple cooperating TA, each with a limited, easily manageable number of clients. The TA are federated into a so-called *trading system* (TS), which provides an agent-based infrastructure that allows TA to share requests and collect bids from every client in the federation. Note that this does not lead to agent-based workflow management, instead, agents are applied to *trade* workflow executions coordinated by arbitrary workflow management systems.

In Sect. 2, we briefly introduce workflow management and agent technology. Section 3 illustrates the business view of our architecture, before the software architecture is presented and evaluated in Sect. 4. Section 5 concludes the paper.

2 Technology and Terminology

2.1 Workflow Management

A *workflow management system* (WFMS) is a software tool to automate business processes [LR00, CHRW98, JBS97, GHS95, LA94]. In workflow management, *buildtime* and *runtime* phases are generally distinguished. During buildtime, the workflow specifications (called *workflow types*) are formally defined and stored in a repository. At runtime, (process) instances of workflow types, the *workflows*, are executed.

A workflow type consists of a set of steps that can be sub-workflows or atomic *tasks* (also called *activities*). Each task is executed by a *subject*, which can be a person, an organisation, or a software component. The process definition specifies *control flow* and *data flow* between the tasks. The control flow determines in which sequence the tasks must be executed; i.e., some tasks have to preceed others, tasks could be done in parallel or only if a certain condition holds [JBS97, LA94]. The tasks generally require and produce some kind of data items (mostly electronic documents), however, the flow of these data items usually does not mirror the task structure. Thus the control flow shows which task is to be executed at which time, whereas the data flow shows which data items are required or created for which task.

Most WFMS comprise a *workflow engine*, a server that controls the execution of workflows at runtime. To start an execution, a workflow type is instantiated. The workflow engine then lets an appropriate subject do a task at the right time with the right data items. Each subject must be enabled to receive notifications from the engine about upcoming work through a workflow client.

2.2 Mobile Agent Technology

The OMG (Object Management Group) defines a software agent as *"a computer program that acts autonomously on behalf of a person or organisation"* [CGGC97]. Furthermore, the properties *proactive*, *adaptive*, *autonomous*, *intelligent* and *mobile* are often used to characterise agents. Mobile agents can actively migrate in networks to different systems and move directly to the local resources, like databases or application servers. Before mobile agents can be used, each system needs to install a so-called *agent-place* to create, delete and execute agents.

An introduction to multi agent systems is given in [Cho97]. The FIPA[1] is an organisation which tries to standardise agent systems.

Lange and Oshima give seven reasons why to use agents [LO99]. Among these, the reduction of network load, overcoming network latency, and the encapsulation of protocols are the major reasons for using agents in ANAISOFT.

3 Business Architecture

After the introduction of the base technology and our terminology, this section gives a short overview of a market for workflow executions. Its three layers are shown in Fig. 1.

Trading area with clients The bottom layer is formed by the TA to which the insourcers and outsourcers are connected. These clients may be assigned to the different TA under a technological or regional point of view, for instance. A client sends all of his workflow definitions, requests, bids, and execution information to "its" TA only. The TA stores this information in its repository.

Trading system of trading areas A TS is a federation of cooperative TA. That means TA share their repository contents with other TA, hence all clients at all TA basically see the same information, e.g., the same workflow types. Each client is connected to at most one TA per TS.

Market of trading systems Different TS compete in the market, thus a client must connect itself to TA in different TS to trade in each of them.

4 Software Architecture

4.1 Conceptual Federation Architecture

Our conceptual architecture for a trading system as a federation of workflow trading areas (depicted in Fig. 2), has been adapted from the import/export schema

[1] Foundation for Intelligent Physical Agents, `http://www.fipa.org`.

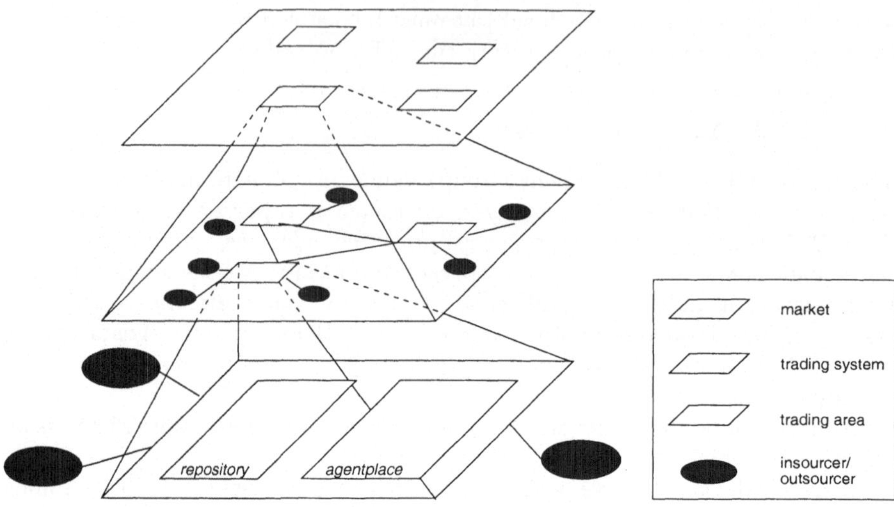

Figure 1. The three layers of the market

architecture for loosely coupled database federations [HM85]. The participating TA, called *component workflow trading areas* (CWTA), mediate between the federation and their clients, which can trade the workflow types provided in the TA's repository (now called the *private repository*). No central authority exists.

The parts of a CWTA's private repository that should be made available within the federation (e.g., workflow type specifications, but not information about clients) are accessible under the *export repository* schema. Data from other CWTA is imported according to the *import repository schema* and added to the private repository. All three repositories are defined using the CWTA's private model, hence necessary model mapping between CWTA must be performed on import. The import and export repository schemata are used because they may be substantially smaller then a private repository schemata, thus mappings between two CWTA's import and export repository schemata are generally much simpler (as well as more stable) than mappings between private repository schemata.

4.2 Agent Architecture

The decentralised approach is well suited for deployment in the Internet, because a single component going offline does not lead to a halt of trading as in the case of, say, a central repository for traded workflow types going offline. A possible means to realise communication within a distributed system are mobile agents. We chose agent-based communication in our architecture, mainly because it promises offline working capabilities (cf. Sect. 2.2) and allows to execute customised code (e.g., request forms, see Sect. 5) at remote sites. Thus each CWTA must provide

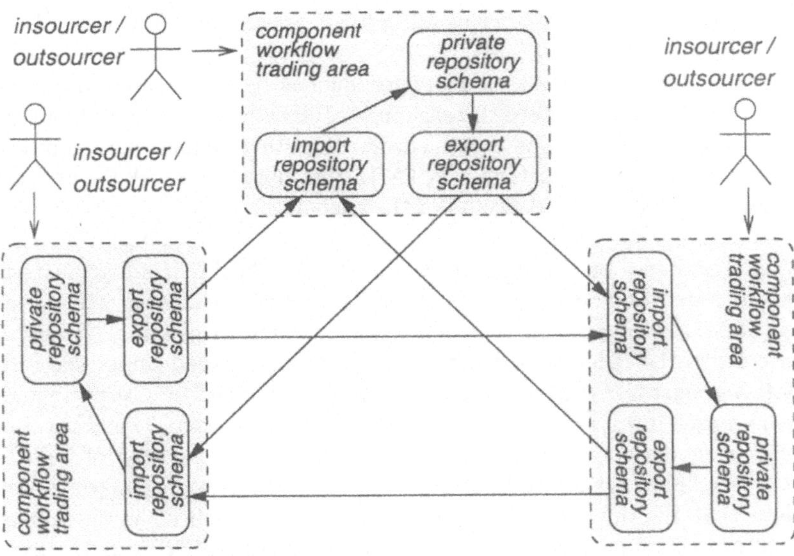

Figure 2. Conceptual architecture of a loosely coupled federation of workflow trading areas

an agent place to be able to communicate with other CWTA using these types of agents:

Registration Agent A registration agent notifies all CWTA about the entry of a new component into the federation and about components leaving the federation. A registration agent for a new component distributes the information required for the component's participation in the federation (like its network address and unique TA identifier).

Export Agent An export agent communicates the definition of a new traded workflow type within the federation.

Provider Agent This kind of agent is required to "spread the word" that a CWTA now has a provider for a traded workflow type or, in contrast, cannot offer it any longer.

Repository Agent A CWTA can replicate all information that is distributed via export and provider agents. It may, however, also store the information just partially, e.g., only a traded workflow type's identifier and its exporting and providing CWTA. The missing information is fetched on-the-fly through repository agents when needed, thus the repository is partially *virtual.*

Request Agent A request agent distributes a request to all CWTA that currently have insourcers who could bid for the request. They also collect intentions-to-submit and bids from providers and return them to their original CWTA.

Result Agent This agent informs all bidders, especially the winner, about the outcome of bidding.

Execution Agent At the time the workflow has to be executed, an execution agent starts to coordinate the exchange of data between the outsourcer and the winning bidder. The agent carries the start request and input documents from the outsourcer's CWTA to the insourcer's CWTA and returns milestones and the final results of the execution.

The agents rely on identical interfaces at all CWTA. Homogenisation and integration are thus performed by the CWTA and the agents when they exchange (XML) messages. There is no need for an explicit *global* or *generic* workflow model in the federation. Data is processed and stored under the different CWTA' and agents' models. CWTA and agents only need to interprete and generate messages in and from their respective "local" model[2]. Thus the number of required model mappings grows only linearly with the number of CWTA and agent types. "Fat" agents that need to perform numerous mappings are avoided.

Note that the import and export repositories introduced in the *conceptual* architecture above may not physically exist. Their role of defining the exported and imported parts of the private repository in the local model can realised through the information taken from and given to export, provider, and repository agents.

4.3 Evaluation

The main characteristics of our architecture are as follows.

Heterogeneity Heterogeneity of the clients is managed on the TA level. The CWTA themselves can be heterogeneous to some degree. Heterogeneity is restricted by the ability to map a CWTA's workflow model to the workflow type descriptions used in the common messages, and to create and react adequately upon such messages. Thus TA with very different workflow models or trading processes cannot join the federation.[3]

Autonomy A fully autonomous component could evolve any aspect of its design (especially its workflow model and schemata) and choose to which communication requests it replies and when ([SL90] discusses autonomy in federated database systems). In the proposed architecture, full autonomy is neither given for clients nor for CWTA. Clients must agree to notify their TA about changes at their interface and answer to requests as soon as possible – both is, of course, in their own best interest. CWTA must comply with the common message interfaces. They can, however, organise and reorganise their internal structure independently of the federation. This degree of autonomy is sufficient because the CWTA within a TS cooperate.

[2] Agents need not use their original CWTA's model, but can use any one, because they also communicate with "their" CWTA via XML messages.

[3] We currently work on a solution for heterogeneous trading models, see Sect. 5.

Distribution The decentralised TS approach is well suited for deployment in the Internet, because a single component going offline does not lead to a halt of trading. Even if a CWTA get temporarily disconnected, agents at this TA can continue to operate offline, while other agents will autonomously wait to visit the CWTA until the connection is reestablished. The small number of clients at a TA will result in little maintenance downtimes, but nevertheless repository agents will sometime be unable to collect information in a timely manner. Therefore some kind of repository replication, at least a kind of cache, should be used. Any CWTA can realise this autonomously.

Integration effort Clients of CWTA participate in a larger market without any additional effort at their sites. Within the TS, the main integration effort goes into the definition of mappings between messages and local data, the preparation of the agent place, and the extension of local repositories in order to store federation information. This effort must be repeatedly undertaken for each CWTA, i.e., the required know-how has to be shared within the federation. There is no central "integrator" role. The required effort is obviously substantial, especially if the TS is built from scratch, but it should only be necessary once. Maintenance cost is expected to be low.

Scalability and stability The chosen federation architecture promises to scale well thanks to the agent-based communication. For most agents, most notably the request agent, it is possible to trade network load for response time and vice versa by sending cloned agent to several CWTA in parallel. Runtime costs are also kept small (at the expense of replicated traded workflow type and provider information) by keeping track of which CWTA provides which type. Furthermore, the federation can continue its normal operation when components enter or leave it. There is no need for "old" CWTA or any central component to adapt.

5 Conclusions and Current Work

We have introduced the ANAISOFT architecture for a flexible and scalable marketplace for workflow executions. The TA level provides the flexibility required to cope with various heterogeneous and autonomous clients. It also allows to build a federation from scratch or to extend the capabilities of pre-existing TA-like systems. Derived from a well-known federated database architecture, the TS level with its agent-based communication leads to a federation that should scale well with the number of TA (and clients). In our opinion, these advantages outweigh the overhead for the management of redundant repository contents and even the substantial integration effort in the case that TA are not pre-existing.

Our current work, comprising the detailed investigation of processes and their protocols, design of agent types, messages, and minimal TA repository contents, will lead to a prototypical implementation of the proposed architecture. In the future, we will consider architectural enhancements, e.g., towards various catalog implementations (fully persistent to partly virtual) and different kinds of trading models (auctioning, for instance) performed by outsourcer-specific request agents that get directly in touch with possible insourcers (through a GUI to fill in bids, for instance) via a "gate" provided by the insourcer's CWTA. Note that the latter issue should be much easier solvable through mobile code technology (i.e., agents) than with other types of communication.

Other ANAISOFT partners will contribute detailed case studies from large civil engineering projects, virtual private network (VPN) technology to provide secure communication with a guaranteed quality of service (QoS), as well as appropriate accounting schemes.

References

[CGGC97] Crystaliz, Inc., General Magic, Inc., GMD Focus, and IBM Coorp. Mobile Agent Facility Specification. Technical report, OMG, 1997.

[Cho97] D. N. Chorafas. *Agent Technology Handbook.* Mc Graw-Hill Book Company, 1997.

[CHRW98] A. Cichocki, A. Helal, M. Rusinkiewicz, and D. Woelk. *Workflow and Process Automation — Concepts and Technology.* Kluwer Academic, 1998.

[GHS95] D. Georgakopoulos, M. Hornick, and A. Sheth. An Overview of Workflow Management: From Process Modeling to Workflow Automation Infrastructure. *Distributed and Parallel Databases*, 3:119–153, 1995.

[GKT99] A. Geppert, M. Kradolfer, and D. Tombros. Trading workflows on elektronic markets. In *Current Trends in Data Management Technology*, chapter 2. Idea Group Publishing, Hershey, PA, U.S.A., 1999.

[HM85] A. Heimbigner and D. McLeod. A federated architecture for information management. *ACM Transactions on Office Information Systems*, 3(3):253–278, July 1985.

[JBS97] S. Jablonski, M. Böhm, and W. Schulze. *Workflow-Management — Entwicklung von Anwendungen und Systemen — Facetten einer neuen Technologie.* dpunkt.verlag, 1997.

[LA94] F. Leymann and W. Altenhuber. Managing Business Processes as an Information Resource. *IBM Systems Journal*, 33(2):326–348, 1994.

[LO99] D. B. Lange and M. Oshima. Seven Good Reasons for Mobile Agents. *Communications of the ACM*, 42(3):88, March 1999.

[LR00] F. Leymann and D. Roller. *Production Workflow.* Prentice-Hall, 2000.

[SL90] A. P. Sheth and J. A. Larson. Federated database systems for managing distributed, heterogeneous, and autonomous databases. *ACM Computing Surveys*, 22(3):183–236, September 1990.

[SRKT00] C. Stricker, S. Riboni, M. Kradolfer, and J. Taylor. Market-based workflow management for supply chains of services. In *Proceedings of the 33rd Hawaii International Conferences on System Sciences*, 2000.

Data Mining von Workflow-Protokollen zur teilautomatisierten Konstruktion von Prozeßmodellen

Marco K. Maxeiner[1], Klaus Küspert[1], and Frank Leymann[2]

[1] Friedrich-Schiller-Universität Jena, Lehrstuhl für Datenbanken und Informationssysteme, Ernst-Abbe-Platz 1-4, 07743 Jena
[2] IBM Entwicklung GmbH, Schönaicher Str. 220, 71032 Böblingen

Zusammenfassung In heutigen Unternehmen werden zur Modellierung und Steuerung von Geschäftsprozessen in zunehmendem Maße Workflow-Management-Systeme (WFMS) eingesetzt. Da die Leistungsfähigkeit eines jeden Unternehmens entscheidend von der Qualität, der exakten Ausführung und damit oftmals der IT-Unterstützung seiner Geschäftsprozesse abhängt, kann der Einsatz eines WFMS von strategischer Bedeutung sein. Damit Geschäftsprozesse durch WFMS gesteuert werden können, müssen sie zuerst erkannt und modelliert werden. WFMS können diese zeit- und kostenaufwendige Arbeit erleichtern, indem Prozeßaktivitäten unter Beobachtung des WFMS ausgeführt und in sogenannten Audit Trails, beispielsweise Einträgen in einer relationalen Tabelle der Runtime-Datenbank, protokolliert werden. Mit dem in dieser Arbeit entwickelten Werkzeug wird eine teilautomatisierte Konstruktion von Geschäftsprozeßmodellen aus solchen Audit Trails möglich, so daß die Möglichkeiten eines WFMS im Bereich der Prozeßsteuerung und Ressourcenverwaltung und -zuordnung besser und schneller genutzt werden können.

1 Einleitung

1.1 Motivation und Einordnung

Die Erkenntnis, daß der Einsatz von Workflow-Management-Systemen (WFMS) bei der Modellierung und Steuerung von Geschäftsprozessen einen entscheidenden Beitrag zur Steigerung der eigenen Leistungsfähigkeit beisteuern kann, setzt sich in heutigen Unternehmen mehr und mehr durch. Neben anderen bestimmen folgende drei Faktoren das Leistungsvermögen eines Unternehmens entscheidend: die Qualität sowie die exakte und schnelle Ausführung der Geschäftsprozesse. Die Entscheidung zur IT-Unterstützung seiner Geschäftsprozesse ein WFMS einzusetzen, kann daher für das Unternehmen von strategischer Bedeutung sein.

Dabei wird oftmals davon ausgegangen, daß die Geschäftsprozesse des Unternehmens erst dann in einem WFMS ausgeführt werden können, wenn sie erkannt und mit einer entsprechenden Software vollständig modelliert wurden. Die vollständige Erkennung und Modellierung von Geschäftsprozessen ist jedoch eine langwierige, fehlerbehaftete und damit auch teure Aufgabe [LR00]. Oft haben die Mitarbeiter eines Unternehmens lediglich lokales Prozeßwissen, sie kennen ihre Aufgaben im Arbeitsablauf und wissen aus Erfahrung, wann und unter welchen Voraussetzungen sie diese auszuführen haben. In dieser Situation befindet sich das Prozeßmodell jeweils ausschnittsweise in den Köpfen der Mitarbeiter, ist aber nicht explizit komplett modelliert; u. U. besitzt keiner der Mitarbeiter eine exakte Vorstellung vom Gesamtmodell.

Doch ein WFMS ist auch in der Lage, diskrete Prozeßmodellgraphen, darunter sollen in diesem Zusammenhang Graphen verstanden werden, deren Kontrollfluß nicht oder nur unvollständig spezifiziert ist, zu navigieren und bei ihrer Ausführung umfangreiche Protokollinformation (sog. Audit Trails) anzulegen. Im Rahmen dieser Arbeit wurde ein Werkzeug entwickelt, das Audit Trails liest, analysiert und daraus auf der Grundlage graphenalgorithmischer Verfahren ein, semantisch noch anzureicherndes, Prozeßmodell berechnet; das Werkzeug soll im folgenden als *Audit Trail Mining Tool* oder kurz *ATMT* bezeichnet werden. Damit eröffnet sich die Möglichkeit, durch mehrfache Iteration einen diskreten Graphen zu einem Graphen mit spezifiziertem Kontrollfluß weiterzuentwickeln, indem von ATMT entdeckte Kanten dem Graphen hinzugefügt werden, dieser wieder unter Kontrolle des WFMS ausgeführt und anschließend das Werkzeug erneut zur Kantendetektion eingesetzt wird [LR00]. In diesem iterativen Protokollierungs- und Erkennungsprozeß werden WFMS und ATMT im Zusammenspiel eingesetzt, um die Zeit zur Prozeßmodellerkennung und -erstellung und die damit verbundenen Kosten zu reduzieren.

Die Einsatzzwecke erkannter Prozeßmodelle sind mannigfaltig; die wichtigsten Punkte im Zusammenhang dieser Arbeit sind, daß ein vollständig modellierter Geschäftsprozeß die optimale Nutzung der Fähigkeiten des WFMS, etwa bei der Ressourcenverwaltung und - zuordnung, ermöglicht und einem WFMS vorliegende Geschäftsprozeßmodelle sehr schnell weiterentwickelt und veränderten Gegebenheiten angepaßt werden können, wovon Banken und Versicherungen, also typische „Paper Factories", besonders profitieren. Für sie bedeuten geringere Zeiten für die Veränderung von Prozeßmodellen effektiv geringere Zeiten für die Markteinführung von neuen Produkten.

2 Grundlagen

2.1 Geschäftsprozeß und Geschäftsprozeßmodell

Definition 1. Geschäftsprozeß (*Business process*).
Der Geschäftsprozeß P ist definiert durch eine Menge von Aktivitäten $V_P = V_1, \ldots, V_n$, einen gerichteten Graphen $G_P = (V_P, E_P)^1$, wobei E_P die Menge der Kanten bezeichne, die den potentiellen Kontrollfluß zwischen Aktivitäten darstellen, eine Ausgabefunktion $o_P : V_P \longrightarrow N^k$ und $\forall (u,v)^2 \in E_P$ eine Boolesche Funktion $f_{(u,v)} : N^K \longrightarrow \{0,1\}$.

[1] V_P und E_P bezeichnen somit die *Vertices* (Knoten) und *Edges* (Kanten) im Graphen G_P.

[2] Eine gerichtete Kante im Graphen G_P von Knoten u nach Knoten v wird durch das Paar (u,v) dargestellt, mit $u, v \in V_P$ und $(u,v) \in E_P$

Dem liegt folgende Semantik zugrunde: G_P habe je genau einen Quell- und Zielknoten, die prozeßstartende bzw. -beendende Aktivität. Die Ausführung einer Prozeßinstanz folgt G_P: Für jede terminierende Aktivität u wird $o(u)$ berechnet und als Eingabe für die Funktionen $f_{(u,v)}(o(u))$ der von u ausgehenden Kanten verwandt. Wenn $f_{(u,v)}(o(u))$ und eine logische Verknüpfung der Funktionen der Kanten wahr werden, erhält v die Werte der Eingangsaktivitäten und kann ausgeführt werden.

Typische Beispiele für Geschäftsprozesse sind etwa Kreditvergabe oder der Verkauf einer Versicherungspolice; im allgemeinen eigenen sich Geschäftsprozesse von „Paper Factories“ sehr gut für die Ausführung in einem WFMS. Eine Aktivität bei der Kreditvergabe könnte eine Risikoanalyse sein, mit einer Ausgabefunktion mit der Wertemenge {niedrig, mittel, hoch} und booleschen Funktionen an den Ausgangskanten, so daß entsprechend des Risikos verzweigt wird.

Zum besseren Verständnis sollen einige der Definitionen sowie der vorgestellte Algorithmus an einem Beispiel aus der „realen Welt“ illustriert werden. Gegeben sei folgendes Szenario: Ein Unternehmen biete Informationsmaterial für potentielle Kunden an. Der Kunde habe dabei die Möglichkeit, neben einer Broschüre mit allgemeinen Unternehmensinformationen auch ein personalisiertes Angebot anzufordern. Die Aktivitäten im Unternehmen seien wie folgt verteilt: ein Sachbearbeiter nehme die Anforderung des Kunden entgegen, erfasse seine Adreßdaten und veranlasse, je nach Anforderung des Kunden, eine Fachkraft zur Erstellung eines personalisierten Angebots oder eine Hilfskraft zur Erstellung einer aktualisierten Broschüre. Zum Schluß veranlasse ein weiterer Mitarbeiter Verpackung und Versand des Informationsmaterials.

Diese verbal beschriebenen Aktivitäten seien wie folgt bezeichnet: „Anforderung bearbeiten“ (B), „Angebot kalkulieren“ (K), „Angebot aufbereiten“ (A), „Broschüre erstellen“ (E) und „Antwort senden“ (S). Der Geschäftsprozeß sei mit „Kunde informieren“ benannt. Aus Gründen der übersichtlicheren Darstellung sei vereinfachend angenommen, daß alle Aktivitäten zeitlich punktuell auftreten und keine zwei Aktivitäten zum gleichen Zeitpunkt auftreten.

Aufgrund seiner geringen Größe ist das vorgestellte Geschäftsprozeßmodell unmittelbar überschaubar. Bei größeren Modellen ist dies jedoch nicht mehr möglich, z. B. könnte die Aktivität „Angebot kalkulieren“ selbst ein relativ komplexer Prozeß sein, so daß die Mitarbeiter oft nur über lokales Prozeßwissen verfügen. Sie beteiligen sich am Geschäftsvorfall, wenn sie bemerken, daß bestimmte Voraussetzungen für ihren Teil der Arbeit erfüllt sind und sie z. B. eine Benachrichtigung oder ein Memo von einem Kollegen erhalten. Genau dieses Szenario des (zunächst) nur lokalen Prozeßwissens stellt den Ausgangspunkt zum Einsatz des im Rahmen dieser Arbeit entwickelten ATMT dar.

2.2 Ausführungsprotokoll

Definition 2. Ausführungsprotokoll *Execution Log*.
Das Log einer Ausführung eines Prozesses ist eine Liste von Ereignisrecords (P, A, E, T, O). Dabei bezeichnet P den Namen der Prozeßausführung, A den Namen der Aktivität,

$E \in \{START, END\}$ den Ereignistyp, T den Zeitpunkt des Auftritts des Ereignisrecords und $O = o(A)$ den Ausgabewert der Aktivität, falls $E = END$, sonst der Nullvektor.

Wenn eine Abhängigkeit zwischen zwei Aktivitäten eines Prozesses besteht, so müssen diese beiden Aktivitäten bei jeder Ausführung in der gleichen Reihenfolge abgearbeitet werden. Da nur die protokollierten Ausführungen bekannt sind, muß der Begriff der Abhängigkeit bezüglich des Ausführungsprotokolls definiert werden. Im eingeführten Beispiel habe jeder Mitarbeiter nur lokales Prozeßwissen; es existiere kein vollständiges Prozeßmodell. Das WFMS habe in einem bestimmten Zeitraum die Aktivitäten der Mitarbeiter bei der Abarbeitung von Prozeßinstanzen mitprotokolliert. Das Log enthalte fünf Prozeßinstanzen und sehe wie folgt aus: {BES, BKAES, BKAS, BKEAS, BEKAS}.

2.3 Angepaßter Graph

Definition 3. Nachfolge(*Following*).
Gegeben sei ein Log von Ausführungen des gleichen Prozesses. Aktivität B folgt Aktivität A (Schreibweise: $A \rightarrow B$), wenn entweder 1. oder 2. gilt:

1. In jeder Ausführung, in der A und B auftreten, startet B nach der Terminierung von A.
2. Es gibt eine Aktivität C, so daß $A \rightarrow C$ und $C \rightarrow B$. (Transitivität)

Im betrachteten Beispiel „Kunde informieren" gilt etwa $B \rightarrow K$.

Definition 4. Abhängigkeit zwischen Aktivitäten (*Dependence between activities*).
Gegeben sei ein Log von Ausführungen des gleichen Prozesses. Wenn gilt $A \rightarrow B$, aber $B \not\rightarrow A$, dann ist B abhängig von A (Schreibweise: $A \Rightarrow B$). Wenn $A \rightarrow B \wedge B \rightarrow A$ oder $A \not\rightarrow B \wedge B \not\rightarrow A$ gilt, dann sind A und B unabhängig

Bei „Kunde informieren" gilt $K \Rightarrow A$, da $K \rightarrow A \wedge A \not\rightarrow K$. Hingegen sind die Aktivitäten E und K voneinander unabhängig, da $E \not\rightarrow K \wedge K \not\rightarrow E$.

Definition 5. Abhängigkeitsgraph (*Dependency graph*).
Gegeben seien eine Menge V von Aktivitäten und ein Log L von Ausführungen des gleichen Prozesses. Ein gerichteter Graph G_{VL} ist ein Abhängigkeitsgraph, wenn ein Pfad von u nach v (u, v Aktivitäten; $u, v \in G_{VL}$) genau dann existiert, wenn $u \Rightarrow v$.

Definition 6. Konsistenz einer Ausführung (*Consistency of an execution*).
Gegeben seien ein Prozeßmodellgraph $G = (V, E)$ eines Prozeßmodells P und einer Ausführung R. R ist konsistent mit G, wenn R für geeignet gewählte Ausgaben der Aktivitäten und boolesche Kantenfunktionen eine erfolgreiche Ausführung von P sein kann.

Die Ausführung $\{BEKAS\}$ ist konsistent mit dem berechneten und in **Abbildung 3** rechts dargestellten Graphen, die Ausführung $\{BAEKS\}$ nicht.

Definition 7. Angepaßter Graph (*Conformal graph*).
Ein Prozeßmodellgraph G ist an ein Log L von Ausführungen angepaßt, wenn folgende Forderungen erfüllt sind:

1. *Dependency completeness*: Für jede Abhängigkeit in L existiert ein Pfad in G.
2. *Irredundancy of dependencies*: In G gibt es keinen Pfad zwischen unabhängigen Aktivitäten.
3. *Execution Completeness*: G ist konsistent mit jeder Ausführung in L.

3 Der Algorithmus

Nach einer Präzisierung der Problemstellung soll die prinzipielle Vorgehensweise des Algorithmus [AGL98a] im Anschluß kurz skizziert werden. Aus didaktischen Gründen wird zuerst ein Algortihmus für spezielle DAGs[3] vorgestellt, der voraussetzt, daß *jede* Aktivität in *jeder* Prozeßinstanz genau einmal auftritt. Es sei an dieser Stelle ausdrücklich erwähnt, daß diese Annahme natürlich nicht realistisch ist und der Algorithmus zum besseren Verständnis in einer „abgespeckten" Variante vorgestellt und erst im Anschluß verallgemeinert wird. Implementiert wurde allein Algorithmus 2.

3.1 Problemstellung

Zur Konstruktion eines vollständigen Prozeßmodells aus Protokolldaten müssen die folgenden beiden Probleme gelöst werden:

1. **Graph mining**: Gegeben sei ein Protokoll von Ausführungen desselben Prozesses. Finde den angepaßten Prozeßmodellgraphen.
2. **Conditions mining**: Gegeben sei ein Protokoll von Ausführungen desselben Prozesses und ein (nicht eindeutig) zugehöriger, angepaßter Prozeßmodellgraph $G = (V, E)$. Finde die booleschen Funktionen $f_{(u,v)}$, $(u, v) \in E$.

Mit dieser Arbeit wurde ein Werkzeug zur Lösung des ersten Problems entwickelt und somit eine Grundlage zur Lösung des zweiten Problems geschaffen.

3.2 Spezielle DAGs

Algorithmus 1. Spezieller DAG
Input: Log L mit m Ausführungen eines Prozesses.
Output: Der minimale, angepaßte Graph G.
Annahme: G sei kreisfrei, jede Aktivität trete genau einmal in jeder Ausführung auf.

1. Starte mit Graph $G = (V, E)$, V Menge der Aktivitäten des Prozesses, $E = \emptyset$.
   (V kann bei 2. instantiiert werden.)
2. P Prozeßausführung; u, v, Aktivitäten
   for each P:
   for each $(u, v)|$ u terminiert, bevor v beginnt:
   Füge Kante (u, v) in E ein.
3. Entferne alle Kanten aus E, die in beiden Richtungen erscheinen.
4. Berechne die transitive Reduktion von G.
5. Return (V, E).

Nach einem Initialisierungsschritt fügt der Algorithmus in Schritt 2 eine Menge von Kanten solcherart ein, daß für jede Abhängigkeit eine Kante im Graphen enthalten ist. In Schritt 3 werden alle Kanten in Zyklen der Länge 2 entfernt,

[3] Gerichteter, kreisfreier Graph (*Directed acyclic graph*).

da Knoten, die Teil eines solchen Zyklus sind ($u \to v \wedge v \to u$), voneinander unabhängige Aktivitäten repräsentieren, s. Definition 4.

In Schritt 4 wird dann die transitive Reduktion des Graphen bestimmt. Die transitive Reduktion eines gerichteten Graphen G ist der kleinster Teilgraph von G, der die gleiche transitive Hülle wie G besitzt [AGU72], ein DAG hat eine eindeutige transitive Reduktion.[4] Die transitive Hülle eines gerichteten Graphen G ist definiert durch den Graphen $G^* = (V, E^*)$, mit $E^* = \{(i, j) : \exists$ ein Pfad von Knoten i nach Knoten j in $G\}$ [CLR90]. In [AGL98a] wird bewiesen, daß G nach Schritt 4 der minimale angepaßte Graph ist.

Die Zeitkomplexität von Algorithmus 1 liegt bei $O(mn^2)$, da wegen $m \gg n$ Schritt 2 mit $O(mn^2)$ laufzeitdominierend ist und Schritt 4 einen Zeitaufwand von $O(|V||E|) = O(n^3)$ benötigt [AGL98a].

3.3 Allgemeine DAGs

Nun wird der allgemeine Fall betrachtet, in dem nicht jede Ausführung eines azyklischen Prozesses alle Aktivitäten enthalten muß. Dazu wird Algorithmus 1 modifiziert. Das Log wird zweimal durchlaufen, und es wird eine Heuristik zur Minimierung der Kantenzahl verwandt.

Algorithmus 2. Allgemeiner DAG
Input: Log L mit m Ausführungen eines Prozesses.
Output: Der Abhängigkeitsgraph G.
Annahme: G sei kreisfrei.

1. Starte mit Graph $G = (V, E)$, V Menge der Aktivitäten des Prozesses, $E = \emptyset$. (V kann bei 2. instantiiert werden.)
2. P Prozeßausführung; u, v, Aktivitäten
   for each P:
      for each $(u, v)|$ u terminiert, bevor v beginnt:
         Füge Kante (u, v) in E ein.
3. Entferne alle Kanten aus E, die in beiden Richtungen erscheinen.
4. Für jede streng verbundene Komponente von G werden von E alle Kanten zwischen Knoten der selben streng verbundenen Komponente entfernt.
5. for each Prozeßausführung $P \in L$:
      Finde den induzierten Teilgraphen von G.
      Berechne die transitive Reduktion des Teilgraphen.
      Markiere die Kanten in E, die in der transitiven Reduktion enthalten sind.
6. Entferne die unmarkierten Kanten aus E.
7. Return (V, E).

Am eingeführten Beispiel soll nun der Algorithmus 2 illustriert werden. Die Schritte 1 und 2 fügen eine Kante für jede Nachfolge in einer Instanz ein; dabei werden die einzelnen Instanzen nacheinander abgearbeitet. Nach Schritt 2

[4] Für die Bestimmung der transitiven Reduktion eines DAG $G = (V, E)$ wird in [AGL98b] ein vereinfachter Algorithmus angegeben und eine Laufzeitkomplexität von $O(|V||E|)$ bewiesen.

enthält der Graph für jede Abhängigkeit mindestens eine Kante, s. dazu **Abbildung 1**. Dort ist die schrittweise Behandlung der Instanzen dargestellt, neu einzufügende Kanten sind dabei gestrichelt, bereits vorhandene durchgezogen eingezeichnet.

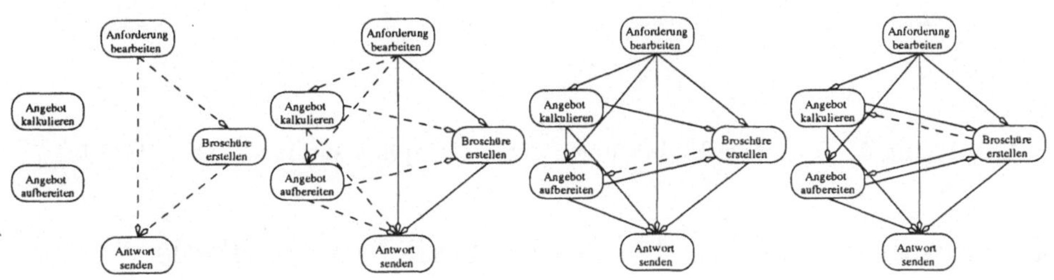

Abbildung 1. Einfügen der Instanzen, Schritte 1 und 2

Abbildung 2 zeigt die Entfernung von Zyklen in den Schritten 3 und 4 des Algorithmus. Aktivitäten in Zyklen können nicht abhängig voneinander sein, daher können alle Kanten zwischen diesen entfernt werden. Zuerst werden Kanten zwischen Aktivitäten entfernt, die in beide Richtungen gehen, d. h. in Zyklen der Länge 2. Danach werden alle Kanten zwischen Aktivitäten in längeren Zyklen[5] entfernt. Dieser Fall tritt im betrachteten Beispiel allerdings nicht auf. Zu löschende Kanten sind gestrichelt dargestellt.

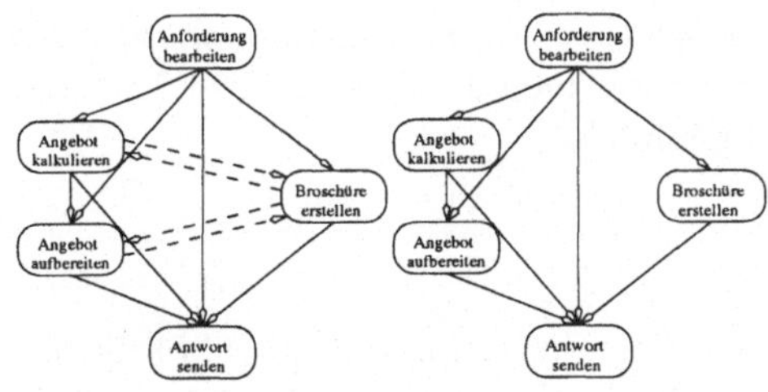

Abbildung 2. Entfernung von Zyklen, Schritte 3 und 4

Schließlich werden in den Schritten 5 bis 7 die transitiven Reduktionen der induzierten Teilgraphen gebildet. Kanten, die darin enthalten sind, werden im Graphen markiert, in **Abbildung 3** durchgezogen eingezeichnet. Sobald alle Teilgraphen behandelt wurden, werden alle nichtmarkierten Kanten aus dem Graphen gelöscht. Der erhaltene Prozeßmodellgraph G ist ein angepaßter Graph.

[5] Formal: in streng verbundenen Komponenten.

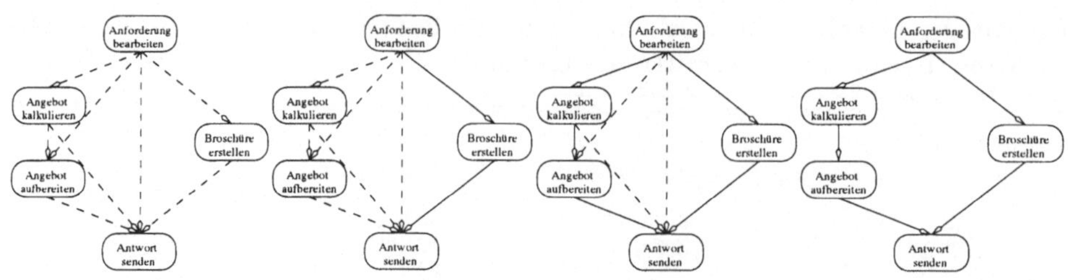

Abbildung 3. Transitive Reduktionen der Teilgraphen sammeln, Schritte 5 bis 7

4 Implementierung des Audit Trail Mining Tools

Im Rahmen dieser Arbeit wurde ein Werkzeug zum Graph Mining auf Audit Trails entwickelt, das als Audit Trail Mining Tool (ATMT) bezeichnet werden soll. Als Implementierungssprache wurde aus Portierbarkeitsgründen Java gewählt. Zudem steht mit dem JDBC-Package eine vollständige Schnittstelle zu Datenbanken zur Verfügung, so daß der Datenbankzugriff auf die Protokolldaten des WFMS, die Audit Trails, relativ einfach realisierbar ist. Mit Swing wird zusätzlich eine umfangreiche Bibliothek für die Realisierung einer grafischen Oberfläche bereitgestellt.

Leider gibt es für Java noch keine allgemein verfügbare Methodenbibliothek für graphenalgorithmische Verfahren á la LEDA [MN99] mit ausreichender Mächtigkeit. Deshalb wurde der abstrakte Datentyp (ADT) „gerichteter Graph" für die Zwecke dieser Arbeit in einem Paket realisiert, das die benötigten Methoden wie topologisches Sortieren, transitive Reduktion, Bestimmung des induzierten Subgraphen, Identifizierung streng zusammenhängender Komponenten u. ä. bereitstellt. Implementierungsmöglichkeiten einiger Methoden wurden schon von [Pre99] und [Wei99] behandelt.

4.1 Einordnung

Abbildung 4 illustriert die Einordnung des ATMT in den Gesamtzusammenhang von der Audit Trail Analyse über die Workflow-Modellerkennung und anschließende semantische Anreicherung bis zum Business Process Reengineering.

Aktivitäten eines Prozesses werden unter der Überwachung der Runtime-Steuerungskomponente ausgeführt, ohne daß ein vollständiges Workflow-Modell vorhanden ist, d. h. die Anwender entscheiden, wann welche Aktivitäten auszuführen sind. Das WFMS übernimmt dabei keine vollständigen Workflow-Steuerungs-, sondern lediglich Überwachungs- und Protokollierungsaufgaben. Die Protokolldaten werden in einer Tabelle der Datenbank des WFMS abgespeichert. Diese Tabelle mit den Audit Trails wird vom ATMT gelesen, die Daten werden analysiert, und ein Workflow-Modell wird mittels graphenalgorithmischer Verfahren berechnet. Anschließend kann das erkannte Workflow-Modell in eine Datei exportiert und von der Buildtime-Modellierungskomponente importiert werden.

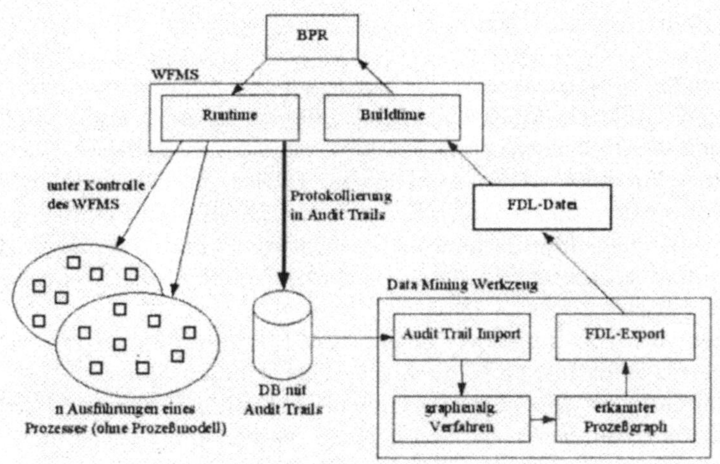

Abbildung 4. Einordnung ATMT

In der Buildtime-Komponente kann der Graph des Workflow-Modells in Augenschein genommen und mit Benutzererfahrungen und -wissen abgeglichen sowie semantisch angereichert werden. Bei Bedarf kann mit dem vervollständigten Prozeßmodell ein BPR durchgeführt werden, um Ineffizienzen zu identifizieren und Potentiale aufzudecken.

4.2 Funktionalität

Für das ATMT wurde ein GUI, so daß die Bedienung recht intuitiv und unmittelbar nachvollziehbar ist. Die Vorgehensweise bei der Berechnung eines Prozeßmodells soll deshalb nur kurz skizziert werden. Nach Setzen der DB-Verbindungsoptionen (Angabe von JDBC-Treiber, DB-Name, Login und Paßwort) muß zuerst eine Verbindung zur Datenbank, in der die zu untersuchenden Audit Trails liegen, hergestellt werden. Neben der Generierung einiger Statistiken, u. a. werden die Anzahl der verschiedenen Prozesse, der Prozeßinstanzen, der Records pro Instanz, etc. bestimmt, um dem Benutzer von ATMT einen Überblick über die analystierten Audit Trails zu verschaffen, werden automatisch die Namen aller Prozeßmodellnamen erkannt und zur Auswahl bereitgestellt. Sobald eine Auswahl und u. U. eine zeitliche Bereichseinschränkung anhand der Zeitstempel oder die Aktivierung einer Heuristik zum Ausschluß von fehlerhaften Kanten erfolgt ist, kann mit dem Erkennungsvorgang begonnen werden. Das Resultat des Erkennungsvorgang, der Graph des Workflow-Modells, kann anschließend abgespeichert werden, wobei die Formate FDL und *GML*[6] zur Auswahl stehen.

[6] Die *Graph Modelling Language* ist der Versuch, einen Standard für die Beschreibung von Graphen zu etablieren, und wurde von [Him] entwickelt.

5 Fazit und Ausblick

Im Rahmen der vorliegenden Arbeit wurde auf Grundlage untersuchter Algorithmen aus [AGL98a] ein Werkzeug zur Analyse von Audit Trails implementiert, das aus den Ausführungsprotokollen unvollständig modellierter Workflows ein Gerüst eines Workflow-Modells entwickelt. Dieses Gerüst, das lediglich aus erkannten Aktivitäten und Kontrollflüssen besteht, muß vom Benutzer noch manuell mit zusätzlichen Informationen, etwa transition conditions angereichert werden, um ein vollständiges Modell zu erhalten, das die Möglichkeiten des WFMS optimal ausnutzt.

Mit dem in Java implementierten ATMT eröffnet sich Unternehmen eine schnelle und kostengünstige Möglichkeit, tiefere und detailliertere Kenntnis über die eigenen Geschäftsprozesse zu erlangen. Das neu erworbene Wissen kann zudem vielfältig genutzt werden. Zum einen werden die Geschäftsprozesse besser dokumentiert, was Vorteile in der Handhabbarkeit und der Verständlichkeit bringt. Zum anderen eröffnet sich erst durch ein Prozeßmodell die Möglichkeit, Ineffizienzen auf- und Potentiale zu entdecken. Für die Zukunft wurde eine Grundlage zur Fortführung des Ansatzes, aus Audit Trails ein Prozeßmodell zu errechnen, geschaffen. Weiterführende Arbeiten können darauf aufbauen und z. B. durch die Implementierung eines Conditions Mining menschliche Interventionen im Erkennungs- und Modellierungsprozeß reduzieren.

Literatur

[AGL98a] R. Agraval, D. Gunopulos und F. Leymann. Mining Process Models from Workflow Logs. In *Proceedings of the 6th Int. Conference on Extending DatabaseTechnology (EDBT)*, Seiten 469–483, Valencia, Spain, 1998.

[AGL98b] R. Agraval, D. Gunopulos und F. Leymann. Mining Process Models from Workflow Logs. Research Report RJ 10100 (91916), IBM Almaden Research Center, San Jose, California, Januar 1998.

[AGU72] A. V. Aho, M. R. Garey und J. D. Ullman. The Transitive Reduction of a Directed Graph. *SIAM Journal on Computing*, 1(2):131–137, Juni 1972.

[CLR90] T. H. Cormen, C. E. Leiserson und R. L. Rivest. *Introduction to Algorithms.* MIT Press, Cambridge, MA, USA, 1990.

[Him] M. Himsolt. GML: A portable Graph File Format. Technischer Bericht, Universität Passau, Passau, Deutschland. Online verfügbar unter http://www.uni-passau.de/Graphlet/GML.

[LR00] F. Leymann und D. Roller. *Production Workflow: Concepts and Techniques.* Prentice Hall, Upper Saddle River, NJ, USA, 2000.

[MN99] K. Mehlhorn und S. Näher. *The LEDA Platform of Combinatorial and Geometric Computing.* Cambridge University Press, Cambridge, UK, 1999.

[Pre99] B. R. Preiss. *Data Structures and Algorithms with Object-Oriented Design Patterns in Java.* John Wiley & Sons, New York , NY, USA, 1999.

[Sun99] Sun Microsystems Inc. *Java 2 Platform, Standard Edition, Version 1.2.2 API Specification*, 1999. Online-Dokumentation des JDK.

[Wei99] M. A. Weiss. *Data Structures and Algorithm Analysis in Java.* Addison-Wesley, Reading, MA, USA, 1999.

Monitoring komplexer Dienste in unternehmensübergreifenden Prozessen am Beispiel von SAP R/3 Business Workflows*

André Naef, Christoph Schuler, and Heiko Schuldt

Institut für Informationssysteme
Eidgenössische Technische Hochschule Zürich
ETH Zentrum, CH-8092 Zürich
Email: {andre.naef|schuler|schuldt}@inf.ethz.ch

Zusammenfassung Unternehmensübergreifende Prozesse erfordern neben einer Unterstützung für die Modellierung und die korrekte Ausführung auch die Möglichkeit des Monitorings zur Überwachung des Prozessfortschritts. Dabei ist jedoch zu beachten, dass Aktivitäten unternehmensübergreifender Prozesse in der Regel komplexe, evtl. selbst durch Prozesse in den Anwendungssystemen der einzelnen Partner implementierte Dienste sind. Wenn zu diesen Diensten keine Informationen über ihre interne Struktur verfügbar sind, kann das Monitoring auf globaler Ebene nur auf sehr grober Granularität erfolgen. Andererseits enthält die konkrete Implementierung dieser Dienste sensible Informationen, die von den Dienstanbietern zumeist nicht nach aussen gegeben werden. Daher ist es erforderlich, eine abstrakte Sicht auf diese Dienste zu exportieren, die einerseits wesentliche Details verbirgt aber andererseits so detailliert ist, dass auch wichtige (Zwischen-)Zustände global verfügbar werden.
In diesem Beitrag stellen wir die Konzepte für eine solche Monitoring–Lösung basierend auf abstrakten Sichten komplexer Dienste vor und präsentieren Erfahrungsberichte einer konkreten Implementierung aus einem laufenden Projekt. Dabei wird das betriebswirtschaftliche Anwendungssystem SAP R/3 erweitert, um interne SAP R/3 Business Workflows als Dienste in unternehmensübergreifende Prozesse einzubinden und bestimmte Statusinformationen, abgestimmt auf die abstrakte Sicht auf diese Prozesse, zur Laufzeit zu exportieren.

1 Einleitung

Eine Folge zunehmender Globalisierung ist die verstärkte Zusammenarbeit von Unternehmen. Dies bietet nicht nur die Möglichkeit, eine zunehmende Spezialisierung einzelner Unternehmen durch die Auswahl geeigneter Geschäftspartner zu kompensieren sondern erlaubt auch, durch unternehmensübergreifende Kooperationen Dienstleistungen anzubieten, deren Komplexität das Potential einzelner Unternehmen deutlich überschreitet.

* Diese Arbeit wurde vom Schweizer Nationalfonds im Rahmen des Projekts IVY-BEANS gefördert.

Eine besondere Form der Kooperation rechtlich unabhängiger Unternehmen im Rahmen zeitlich befristeter, wohldefinierter Projekte sind *virtuelle Unternehmen* [9]. Neben organisatorischen und rechtlichen Aspekten ist im Kontext virtueller Unternehmen vor allem auch die technische Infrastruktur zur Unterstützung von Modellierung, Ausführung und Monitoring unternehmensübergreifender Geschäftsprozesse von besonderer Bedeutung.

1.1 Geschäftsprozesse in virtuellen Unternehmen

Die Grundlage für die Modellierung von Prozessen in virtuellen Unternehmen bildet eine Menge von individuellen Diensten, die jedes beteiligte Unternehmen bereitstellt. Jeder dieser Dienste muss dabei über eine ausführliche Spezifikation verfügen, die nicht nur die technischen Details beinhaltet (wo und wie wird dieser Dienst aufgerufen, welche Parameter in welchen Formaten sind erforderlich) sondern muss auch über eine Beschreibung der Semantik verfügen. Letztere ist erforderlich, um Dienste gemäss gegebener Spezifikationen in einem konkreten Kontext in Form von Geschäftsprozessen zusammenzuführen und so die Kooperation der beteiligten Unternehmen zu materialisieren [8, 14, 6].

Die Infrastruktur zur Ausführung dieser Geschäftsprozesse erfordert eine zentrale Komponente als Prozess-Koordinator, basierend auf einem Workflow Management System [10] oder einem Prozessunterstützungssystem [2] zum automatisierten Aufruf der Dienste in der spezifizierten Abfolge. Eine wesentliche Voraussetzung ist jedoch, die korrekte Ausführung solcher Prozesse, selbst im Fehlerfall und beim konkurrierenden Zugriff mehrerer Prozesse auf gemeinsame Ressourcen (z.B. gemäss des ConTract-Modells [25] oder der Theorie transaktionaler Prozesse [21]), zu garantieren. Schliesslich muss bei der Ausführung unternehmensübergreifender Prozesse auch die Heterogenität und Verteilung der Subsysteme, durch welche die einzelnen Dienste erbracht werden, berücksichtigt werden.

In der Regel sind unternehmensübergreifende Geschäftsprozesse sehr langlebig, zumeist auch bedingt durch die Komplexität der einzelnen Dienste. Gerade dadurch reicht es nicht aus, nur die korrekte Ausführung dieser Prozesse zu garantieren; vielmehr ist auch die Möglichkeit des Monitoring, d.h. der Überwachung und Beobachtung der Zustände von Prozessen eine wichtige Eigenschaft, die ein globaler Prozess–Koordinator zur Verfügung stellen muss. Um Zustandsinformationen, die über die grundlegenden Zustände 'beendet' oder 'aktiv' hinausgehen, über die Ausführung von Prozessen bereitzustellen, ist es erforderlich, die interne Struktur und damit auch zur Laufzeit den Status komplexer Dienste auf globaler Ebene verfügbar zu machen.

Dies ist insbesondere der Fall, wenn Dienste selbst wiederum durch Prozesse in Subsystemen implementiert werden. Allerdings muss dabei beachtet werden, dass die Veröffentlichung der konkreten Realisierung und Implementierung einzelner Dienste kritische Daten und interne Abläufe auch gegenüber Wettbewerbern zugänglich macht. Vielmehr ist eine abstrakte Beschreibung dieser Dienste erstrebenswert, so dass einerseits mehr Information über deren Struktur verfügbar wird während andererseits gleichzeitig diese Beschreibung von der konkreten Implementierung und damit von geschäftskritischen Details abstrahiert [1, 8].

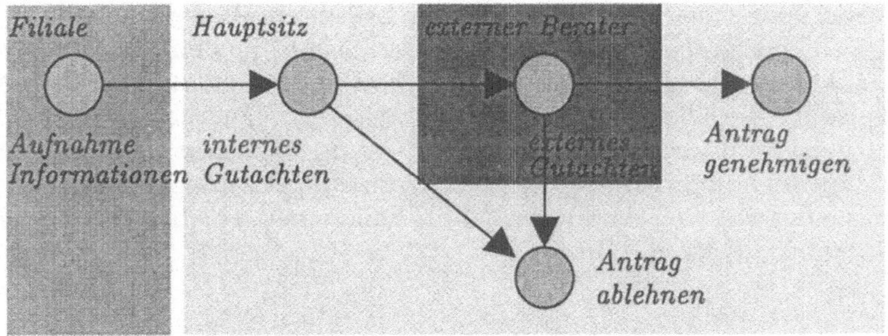

Abbildung 1. *Beispielprozess: Zusammenarbeit von Unternehmen zur Kreditvergabe*

1.2 Beispielprozess: Kreditantragsbearbeitung

Das folgende Beispiel einer Kreditvergabe soll die Konzepte unternehmensübergreifender Prozesse verdeutlichen und die besonderen Anforderungen, die diese Prozesse stellen, beschreiben.

Alice möchte bei der International Bank einen Kredit aufnehmen. In einer Filiale der Bank erkundigt sie sich nach dem Angebot und stellt gleich den Kreditantrag. Die Entscheidung, ob der Kreditwunsch erfüllt werden kann, liegt nicht in der Zuständigkeit der Bankfiliale. Deshalb wird ein globaler Prozess angestossen, dessen erste Aktivität, die Aufnahme personenbezogener Informationen, auch gleich an Ort und Stelle ausgeführt wird. Abbildung 1 stellt den gesamten Prozess dar. Nach der ersten Aktivität folgt eine interne Begutachtung am Hauptsitz der Bank. Wenn es keinen formalen Grund für eine Ablehnung des Kreditantrags gibt, wird der Antrag an ein externes Unternehmen weitergeleitet, das Bonitätsprüfungen vornimmt und auf die Beurteilung von Kreditanträgen spezialisiert ist. Dieses selbstständige Unternehmen setzt zum Beispiel SAP R/3

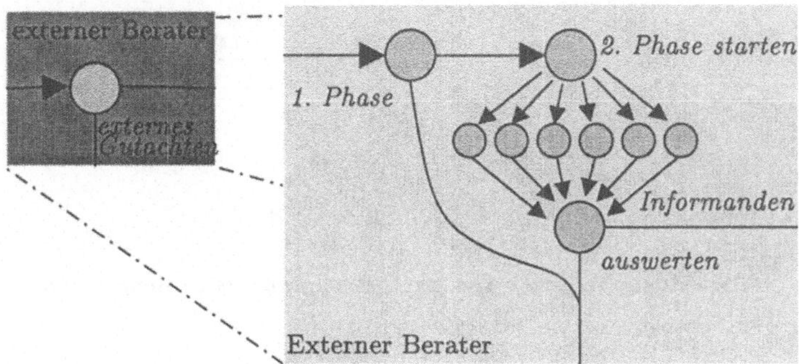

Abbildung 2. *Interne Struktur des Dienstes 'Externes Gutachten'*

ein, um den Dienst, den es in die Kooperation mit der International Bank einbringt, als Business Workflow zu implementieren. Die Struktur dieses Prozesses ist —abstrahiert von der SAP-internen Repräsentation und übersetzt in das globale Prozessmodell— in Abbildung 2 dargestellt. Der Prozess besteht aus zwei

Phasen, wobei in der ersten anhand eigener Listen eine Vorentscheidung gefällt wird, ob in einer zweiten Phase weitere Informationsquellen abgefragt werden. Die genauen Daten dieser Quellen sollen der Bank nicht zugänglich sein, da dieses Informationsnetz ein wichtiges Kapital des externen Gutachters darstellt, und nicht offen gelegt werden soll. Wenn alle Prüfungen positiv verlaufen, so kann dem Kreditantrag entsprochen und im weiteren eine Nachricht an die Filiale und an Alice gesendet werden. Ähnlich wird im Falle einer Ablehnung, bei dem eine Absage verschickt wird, verfahren.

2 System– und Prozessmodell

In diesem Kapitel stellen wir zunächst die Systemkonfiguration für die Unterstützung der Ausführung und der Überwachung unternehmensübergreifender Prozesse vor und führen in das globale Prozessmodell, d.h. das Modell zur Beschreibung unternehmensübergreifender Prozesse, ein.

2.1 Systemmodell

Die Systemumgebung zur Ausführung und zum Monitoring unternehmensübergreifender Prozesse besteht aus drei Hauptkomponenten: einem zentralen Prozess–Koordinator, einer Menge von Subsystemen, die über geeignete Adapter (transaktionale Koordinationsagenten) an den Prozess–Koordinator angebunden sind und ein Monitoringwerkzeug zur grafischen Darstellung der Status laufender Prozesse. In Abbildung 3 sind diese Komponenten und ihre Beziehungen dargestellt. Die Aufgabe des Prozess-Koordinators ist die garantierte korrekte

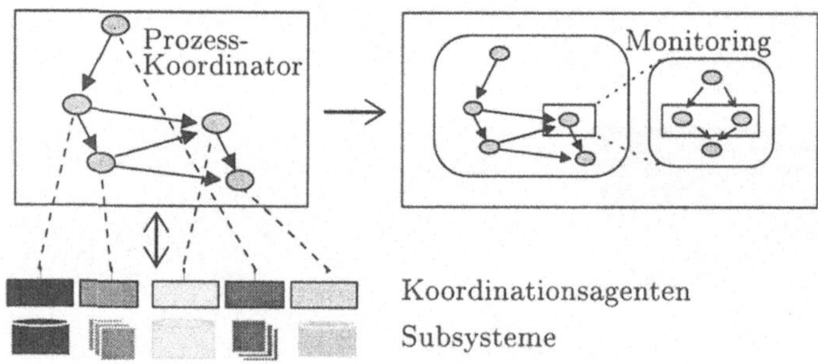

Abbildung 3. *Schematische Darstellung des Systemmodells*

Ausführung unternehmensübergreifender, globaler Prozesse gemäss gegebener Prozessspezifikationen, durch den Aufruf von Diensten in den unterliegenden Subsystemen der beteiligten Unternehmen. Um unabhängig von der inhärenten Heterogenität, die durch die Vielzahl der unterliegenden Systeme hervorgerufen wird, und deren physischer Verteilung diese transaktionalen Dienste aufzurufen ist ein Koordinationsagent [22] für jedes dieser Subsysteme erforderlich (z.B. um zu garantieren, dass jeder Dienst atomar ausgeführt wird und im Fehlerfall keine Seiteneffekte hinterlässt).

Das an den Prozess–Koordinator angeschlossene Monitoringwerkzeug schliesslich ist dafür verantwortlich, Zustandsinformationen sowohl über die globalen Prozesse als auch über die Prozesse, welche als Dienste in den Subsystemen ausgeführt werden, darzustellen.

2.2 Prozessmodell

Im Koordinator kommt die Theorie transaktionaler Prozesse [21] zur Anwendung. Das Prozessmodell, basierend auf dem Modell flexibler Transaktionen [26], beinhaltet Aktivitäten als Basisentitäten, die wiederum Diensten, die in Subsystemen ausgeführt werden, entsprechen. Eine wesentliche Voraussetzung für alle Dienste ist, dass sie grundlegende Transaktionseigenschaften aufweisen (z.B. muss jeder Dienst atomar sein; außerdem muss gegebenenfalls ein zusätzlicher Dienst bereitgestellt werden, der es erlaubt, die Effekte bereits ausgeführter Dienste semantisch rückgängig zu machen, etc.) diese Transaktionseigenschaften vom Koordinationsagenten des jeweiligen Subsystems erbracht werden. Diese Dienste ermöglichen die Bereitstellung von Ausführungsgarantien auf Prozessebene, die sowohl die korrekte Behandlung von Fehlern als auch die Berücksichtigung von Parallelität, d.h. dem Zugriff mehrerer Prozesse auf gemeinsame Ressourcen beinhalten. Dabei werden Prozesse als Transaktionen auf höherer semantischer Ebene betrachtet [20], indem einzelne Transaktionen, angeboten von den unterliegenden Subsystemen, in einem erweiterten, systemübergreifenden Kontext kombiniert werden.

Neben einer Verallgemeinerung der klassischen "Alles-oder-Nichts"-Semantik von Atomarität in der genau eine von potentiell mehreren gültigen Prozessausführungen garantiert wird, betrachtet die Theorie transaktionaler Prozesse zudem die korrekte Parallelisierung durch die Anwendung der vereinheitlichten Theorie von Concurrency Control und Recovery [3].

3 Monitoring

3.1 Informationen für das Monitoring

Um das Monitoring unternehmens– und systemübergreifender Prozesse realisieren zu können, muss Information über die Struktur und den aktuellen Zustand aller Aktivitäten verfügbar sein.

Die Struktur einer Aktivität ist — einmal definiert und veröffentlicht — statisch. Es ist zwar möglich, dass aufgrund interner Optimierungen gewisse kleinere Änderungen vorgenommen werden können, doch sollten diese nicht die nach aussen sichtbaren Bereiche betreffen (vergleiche Kapitel 3.3). Die Komplexität der Dienste kann sehr unterschiedlich sein, so dass je nach Dienst die Komplexität der Strukturinformation sehr stark variieren kann.

Anders als für die Struktur werden die Zustandsdaten instanzabhängig geführt, d.h. es kann pro Dienst eine Menge von Zuständen geben, die jeweils eine Ausführung repräsentieren. Der Zustand beschreibt sowohl die einzelne Aktivität mit Werten wie "wartend", "aktiv", "beendet", usw., wie auch die Parameter, mit der die Aktivität gestartet wurde.

3.2 Monitoring Software

Im globalen Prozess repräsentieren die einzelnen Aktivitäten jeeinen komplexen Dienst des darunterliegenden Systems. Die Dienste sind reale Programmteile und Prozesse in den angeschlossenen Subsystemen. Diese Dienste können je nach System sowohl einfache Funktionsaufrufe, als auch ganze Prozesse im Subsystem sein. Dabei können subsystem-spezifische Modelle wie ereignisgesteuerte Prozessketten (z.B. SAP R/3 [4]), Petri–Netze [17] oder andere verwendet werden.

Prinzipiell gibt es zwei mögliche Arten, wie man solche heterogenen Prozessbeschreibungen integrieren kann: Entweder bietet man in der Monitoring–Software die Möglichkeit, jedes Modell in seiner eigenen Darstellung anzuzeigen, oder man bildet die verschieden Modelle in eine vereinfachte Darstellung der Prozesse ab. Da es wünschenswert ist, eine möglichst einheitliche Sicht auf den unternehmensübergreifenden Prozess bereit zu stellen, bietet sich die zweite Option als Lösung an. In unserem Ansatz wird dabei ein Petri–Netz–Modell für eine einheitliche Darstellung verwendet. Die dadurch bedingte Abbildung in die verwendete Petri–Netz Darstellung kann bei einigen Systemen trivial sein, bei anderen müssen unter Umständen Knoten oder Kanten aufgebrochen, neu kombiniert oder einfach ignoriert werden (so dass eventuell auch Information verloren gehen kann). Diese Abbildung muss für jedes Subsystem bzw. für jedes Modell, das in einem Subsystem verwendet wird, durchgeführt werden.

Die Informationen für die Darstellung laufender Prozesse müssen von der Monitoring–Software über den Prozess–Koordinator von den Subsystemen angefordert werden. Die Monitoring–Software soll den Status der Prozesse in einer allgemeinen Sicht anzeigen und dabei die verteilte Ausführung transparent darstellen. Hierzu übersetzt idealerweise der Prozess–Koordinator bzw. der subsystem–spezifische Koordinationsagent die spezifische Darstellung in das Modell der Monitoring–Software und kann so von einer zentralen Stelle konsistente Daten in einem einheitlichen Format liefern. Obwohl es in einigen Fällen auch möglich wäre, diese Abbildung im jeweiligen Subsystem durchzuführen, ist die externe Transformation die allgemeinere und stellt weniger Anforderungen an das System.

3.3 Schatten–Prozesse

Die vorherigen Kapitel beschäftigten sich damit, möglichst viel verlässliche Informationen über den Zustand und die Struktur von Subprozessen zur Verfügung zu stellen. Diese Möglichkeiten können für einige Teilnehmer in einem unternehmensübergreifenden Prozess zu weit gehen. Eine gewisse Vertrauensbasis ist zwar für die Kooperation in einem virtuellen Unternehmen nötig, jedoch sind einige Details der aktuellen Ausführung vertraulich und nicht für fremde Augen bestimmt. So ist es im eingangs vorgestellten Beispiel nicht zulässig, dass die Bank erfährt, mit welchen externen Informationsquellen das Beraterunternehmen zusammenarbeitet.

Trotzdem möchte eine Firma gerne bedeutende Zwischenzustände eines Prozesses in Form von Meilensteinen nach aussen sichtbar machen. Zu diesem Zweck kann eine vereinfachte Sicht des Prozesses modelliert werden, in welcher der Ablauf mit Hilfe dieser Meilensteine dargestellt ist. Dieses Prinzip kann über das Konzept der *Schatten–Prozesse* realisiert werden. Ein solcher Schatten–Prozess gibt, wie ein herkömmlicher Schatten, die Umrisse des Originalprozesses wieder; allerdings bleiben die Details des Originalprozesses innerhalb des Schattens verborgen. Der Zustand einer solchen vereinfachten Prozess–Darstellung muss vom

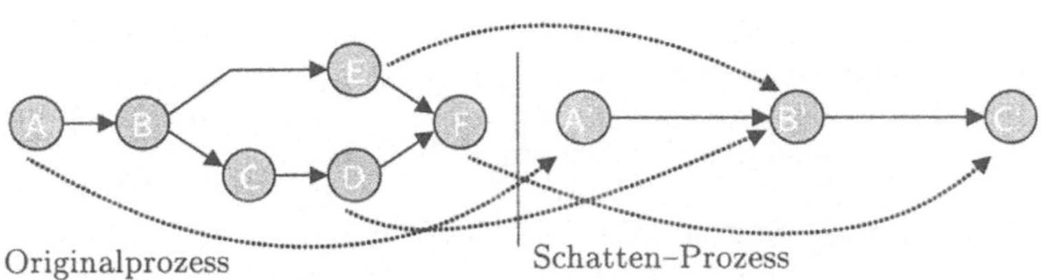

Abbildung 4. *Schatten-Prozess*

Zustand des realen Prozesses abgeleitet werden können. Dazu braucht es eine Zuordnung von Aktivitäten des Originalprozesses (also Aktivitäten, die tatsächlich ausgeführt werden) zu den Aktivitäten im Schatten–Prozess. Abbildung 4 zeigt Abhängigkeiten eines Prozesses, dessen Aktivitäten B und C sowie die alternativen Ausführungspfade nicht nach aussen sichtbar sein sollen. Diese Schattenprozesse werden ähnlich wie die Originalprozesse im jeweiligen Subsystem spezifiziert. Insbesondere können dabei die jeweiligen Strategien (welche Zustände sollen global sichtbar sein) direkt berücksichtigt werden.

4 Realisierung

Die oben beschriebenen Konzepte werden gegenwärtig im Rahmen eines konkreten Kontexts implementiert. Ausgangspunkt ist der transaktionale Prozess–Koordinator WISE [1, 14], an den das betriebswirtschaftliche Anwendungs– und Informationssystem SAP R/3 [19, 5] mit Hilfe eines speziellen Koordinationsagenten [23] angebunden wurde. Um nun das Monitoring von WISE–Prozessen, das auf dem kommerziellen Prozessdefinitions- und Simulationswerkzeugs Ivy-Frame [11] aufbaut, auf SAP R/3 Business Workflows [24, 4] als Aktivitäten globaler WISE–Prozesse zu auszudehnen, muss das bestehende System erweitert werden. Die dazu implementierten Funktionen lassen sich in zwei Gruppen einteilen: Eine Menge von ABAP-Funktionen [16] bieten eine Schnittstelle, über welche sich Strukturinformationen über Business Workflows abfragen lassen. Andere ABAP–Funktionen leiten Ereignisse von laufenden Workflows nach aussen weiter.

4.1 Strukturinformationen über SAP R/3 Business Workflows

Um die Struktur eines SAP R/3 Business Workflows in der Monitoring-Software darstellen zu können, müssen im SAP R/3–System geeignete Schnittstellen-Funktionen zur Verfügung gestellt werden. Über diese Funktionen kann der Koordinator die statische Strukturinformation eines Workflows, der dort als Dienst deklariert ist, beziehen.

Das SAP R/3 Business Workflow-Modell besteht aus Schritt–, Ereignis– und Operatorknoten. Die Informationen über diese Knoten und deren Abhängigkeiten werden in SAP–Tabellen verwaltet und im unterliegenden relationalen Datenbanksystem gespeichert. Diese Daten beschreiben die Struktur eines SAP R/3 Workflows und können an den Koordinator exportiert werden. Hierzu sind entsprechende ABAP–Funktionen zu entwickeln, die, vom Prozess–Koordinator über den SAP-Gateway aufgerufen, die Strukturinformationen aus den SAP–Tabellen auslesen und zurückliefern. Der Koordinationsagent übernimmt dabei die Konvertierung in das Modell, welches die Monitoring–Software darstellen kann.

Um nicht jeden beliebigen Workflow auf diese Weise zugänglich zu machen, regelt eine Tabelle die Sicherheitseinstellungen, d.h. welche Workflow-Definitionen über die hinzugefügten ABAP–Funktionen exportiert werden dürfen. In dieser Tabelle wird auch ein Verweis auf einen Schattenworkflow angegeben, falls ein solcher spezifiziert ist. Dieser Schattenworkflow kann mit dem herkömmlichen internen SAP R/3-Workflow–Editor erstellt werden. Allerdings kann dieser Workflow nicht ausgeführt werden, sondern nimmt lediglich den entsprechenden Zustand des eigentlichen Workflows zur Laufzeit an. Über eine Kopplungtabelle werden, wie in Kapitel 3.3 beschrieben, die jeweiligen Knoten des realen Workflows auf die entsprechenden des Schattenworkflows abgebildet.

4.2 Zustandsinformationen im SAP R/3 System

Für einen veröffentlichten Dienst muss jede Zustandsänderung zu Monitoring-Zwecken nach aussen propagiert werden. Um dies zu erreichen, muss die Navigationsfunktion des SAP R/3 Workflow-Managers um eigenen Programmcode erweitert werden. Dieser sendet dann relevante Informationen nach aussen. Diese Informationen, in Verbindung mit den exportierten statischen Strukturinformationen, können somit zur grafischen Darstellung des aktuellen Zustands oder der abstrakten Sicht auf diesen Zustand verwendet werden.

In der SAP R/3 internen Programmiersprache ABAP lässt sich dieser eigene Programmteil elegant mittels eines Customer Exits (in SAP R/3 vorgesehene Stelle, an der optional eigener Programmcode eingefügt werden kann) realisieren[1]. Dieser analysiert bei jeder Zustandsänderung eines Workflowschrittes, ob diese Änderung für das Monitoring relevant ist oder nicht. Bei Verwendung eines Schatten–Workflows dürfen Zustandsänderungen von zusammengefassten Schritten nicht einzeln zugänglich gemacht werden, da sonst interne Details nach aussen gelangen würden. Im Beispiel von Abbildung 4 bedeutet dies, dass beispielsweise die Beendigung von Aktivität C nicht nach aussen propagiert wird, wohl aber die Beendigung einer der Aktivitäten D oder E (in Form des Ereignisses "Aktivität B′ beendet").

5 Verwandte Arbeiten

Die meisten Arbeiten im Kontext der Unterstützung unternehmensübergreifender Prozesse konzentrieren sich auf die Anbindung verteilter und heterogener Subsysteme, also Anwendungen, die einzelne Dienste bereitstellen. In der Regel ist dies auf die Bereitstellung der im Referenz-Modell der Workflow Management Coalition [10] beschriebenen Anwendungs-Agenten beschränkt (ein Beispiel hierfür sind die Adapter für betriebswirtschaftliche Anwendungen im Rahmen der Enterprise Application Integration (EAI) [15]). Monitoring-Funktionalität,

[1] An dieser Stelle ist in der Standard–Version von SAP R/3 kein solcher Customer Exit vorgesehen; dieser kann bei SAP AG angefordert werden. Als Alternative zum Customer Exit muss an der entsprechenden Stelle die Anwendungslogik des SAP R/3–Systems geändert werden

obwohl auch im Referenz-Modell beschrieben, wird zumeist nur für globale Prozesse und nicht für einzelne, komplexe Aktivitäten bereitgestellt.

In [13] wird ein Ansatz zur Modellierung unternehmensübergreifender Prozesse vorgestellt, der von einem gegebenen Prozess ausgeht und Teile des Prozesses an einzelne Dienstanbieter delegiert. Ohne die interne Struktur einzelner Aktivitäten zu kennen ist dabei zumindest die Struktur der Teilprozessesse bekannt, die von einem Partner ausgeführt werden, so dass diese Information auch zum Monitoring verwendet werden kann.

Das RosettaNet-Konsortium [18] hat zum Ziel, eine einheitliche Schnittstelle für den unternehmensübergreifenden Daten- und Nachrichtenaustausch zu spezifizieren. Obwohl dies aufgrund der gemeinsamen Schnittstelle die technische Voraussetzung für die Übermittlung von Zustandsinformationen über komplexe Dienste für Monitoring-Zwecke ermöglicht, bleibt es jedem Teilnehmer nach wie vor überlassen, welche Sicht auf interne Prozesse nach aussen durch entsprechende Statusmeldungen publiziert werden soll.

6 Zusammenfassung und Ausblick

In diesem Beitrag zeigen wir die Notwendigkeit der Überwachung langdauernder unternehmensübergreifender Prozesse auf. Dabei sollen neben Status- und Strukturinformationen zu globalen Prozessen auch Informationen über einzelne Aktivitäten, die als Prozesse in Subsystemen implementiert sind, zugänglich gemacht werden. Um jedoch die Veröffentlichung unternehmenskritischer Details zu verhindern, erlaubt das Konzept der Schattenprozesse die Definition einer externen Sicht auf Prozesse in Subsystemen. Damit können wesentliche Prozessfortschritte in Form von Meilensteinen propagiert werden, während gleichzeitig die konkrete Struktur und Implementierung dieser Prozesse verborgen bleibt.

Gegenwärtig werden diese Konzepte in SAP R/3 implementiert, um das Monitoring von SAP R/3 Business Workflows als Aktivitäten unternehmensübergreifender Prozesse zu ermöglichen. Darüber hinaus sollen diese Konzepte auch auf weitere Systeme, wie z.B. MQSeries Workflow, die durch Koordinationsagenten bereits an das WISE-System angebunden sind, ausgedehnt werden. Dabei soll vor allem auch die Fragestellung im Mittelpunkt stehen, bis zu welchem Grad diese Unterstützung generisch bereitgestellt werden kann bzw. welche Funktionalität speziell auf die einzelnen Subsysteme zugeschnitten werden muss.

Literatur

1. G. Alonso et al. WISE: Business to Business E-Commerce. In *Proc. of the 9th RIDE-VE*, pages 132–139, Australia, March 1999.
2. G. Alonso and C. Mohan. *Workflow Management: The Next Generation of Distributed Processing Tools*, chapter 2. In: [12]. Kluwer Academic Publishers, 1997.
3. G. Alonso, R. Vingralek, D. Agrawal, Y. Breitbart, A. El Abbadi, H.-J. Schek, and G. Weikum. Unifying Concurrency Control and Recovery of Transactions. *Information Systems*, 19(1):101–115, March 1994.
4. A. Berthold, U. Mende, and H. Schuster. *SAP Business Workflow — Konzept, Anwendung, Entwicklung*. Addison-Wesley, 1999.
5. R. Buck-Emden. *Die Technologie des SAP R/3 Systems.* Addison-Wesley, 1999.

6. F. Casati et. al. Adaptive and Dynamic Service Composition in *eflow*. In *Proc. of the 12th Int. Conf. on Advanced Information Systems Engineering (CAiSE)*, 2000.
7. A. Elmagarmid, editor. *Database Transaction Models for Advanced Applications*. Morgan Kaufmann Publishers, 1992.
8. D. Georgakopoulos, H. Schuster, A. Cichocki, D. Baker. Managing Process and Service Fusion in Virtual Enterprises. *Information Systems*, 24(6):429–456, 1999.
9. H. Goranson. *The Agile Virtual Enterprise–Cases, Metrics, Tools*. Quorum, 1999.
10. D. Hollingsworth. *Workflow Management Coalition: The Workflow Reference Model*. Workflow Management Coalition, January 1995. `http://www.wfmc.org`.
11. IvyTeam, Zug, Switzerland. `http://www.ivyteam.com`.
12. S. Jajodia and L. Kerschberg, editors. *Advanced Transaction Models and Architectures*. Kluwer Academic Publishers, 1997.
13. J. Klingemann, J. Wäsch, and K. Aberer. Deriving Service Models in Cross-Organizational Workflows. In *Proceedings of the 9th International Workshop on Research Issues in Data Engineering. Information Technology for Virtual Enterprises (RIDE-VE'99)*, pages 100–107, Sydney, Australia, March 1999.
14. A. Lazcano, G. Alonso, H. Schuldt, and C. Schuler. The WISE Approach to Electronic Commerce. *International Journal of Computer Systems Science & Engineering*, 15(5):343–355, September 2000. Special Issue on Flexible Workflow Technology Driving the Networked Economy.
15. D. Linthicum. EAI — Application Integration Exposed. *Software Magazine*, February/March 2000. `http://www.softwaremag.com`.
16. B. Matzke. *ABAP/4. Die Programmiersprache des SAP-Systems R/3*. Addison-Wesley, 1998.
17. A. Oberweis. *Modellierung und Ausführung von Workflows mit Petri–Netzen*. Teubner Verlag, Leipzig, 1996.
18. Rosettanet. `http://www.rosettanet.org`.
19. SAP AG, Walldorf, Germany. `http://www.sap.com`.
20. H.-J. Schek, K. Böhm, T. Grabs, U. Röhm, H. Schuldt, and R. Weber. Hyperdatabases. In *Proceedings of the 1st International Conference on Web Information Systems Engineering (WISE'00)*, pages 14–23, Hong Kong, China,
21. H. Schuldt, G. Alonso, and H.-J. Schek. Concurrency Control and Recovery in Transactional Process Management. In *Proceedings of the 18th ACM Symposium on Principles of Database Systems (PODS'99)*, pages 316–326, Philadelphia, Pennsylvania, USA, May/June 1999. ACM Press.
22. H. Schuldt, H.-J. Schek, and G. Alonso. Transactional Coordination Agents for Composite Systems. In *Proceedings of the 3rd International Database Engineering and Applications Symposium (IDEAS'99)*, pages 321–331, Montréal, Canada, 1999.
23. C. Schuler, H. Schuldt, G. Alonso, and H.-J. Schek. Workflows over Workflows: Practical Experiences with the Integration of SAP R/3 Business Workflows in WISE. In *Tagungsband des Informatik'99 GI-Workshops Unternehmensweite und unternehmensübergreifende Workflows: Konzepte, Systeme, Anwendungen*, pages 65–71, Paderborn, Deutschland, October 1999.
24. H. Wächter et al. Modellierung und Ausführung flexibler Geschäftsprozesse mit SAP Business Workflow 3.0. In *GISI 95 – Herausforderungen eines globalen Informationsverbundes für die Informatik*, pages 197–204. Springer Verlag, 1995.
25. H. Wächter and A. Reuter. *The ConTract Model*, chapter 7, pages 219–263. In: [7]. Morgan Kaufmann Publishers, 1992.
26. A. Zhang et al. Ensuring Relaxed Atomicity for Flexible Transactions in Multidatabase Systems. In *Proc. of the ACM SIGMOD Int. Conf. on Management of Data (SIGMOD)*, pages 67–78, USA, 1994.

How Does the Observation Strategy Influence the Correctness of Alerting Services?

Annika Hinze

Freie Universität Berlin, Germany
hinze@inf.fu-berlin.de

Abstract Application fields of alerting services range from digital libraries to air traffic control. The services therefore underly different requirements regarding correctness, response time and completeness of information about observed events. This paper shows the influence of applied observation and timestamping strategies on the correctness of the event notifications. Several time systems have been evaluated. We show the implications of exemplary combinations of time systems and observation strategies.

1 Introduction

Alerting services inform its users about new events that occurred on providers' sites. Examples of events are the publishing of a new journal in a publishers database (digital library, e.g. [7]), greenhouse data obtained by a sensor (remote monitoring [5]), and airplanes arriving at an airport (traffic control, e.g., [1]). User interests are defined in profiles, which can consist of queries regarding single events, their time and order of occurrence, and of composite events, which are formed by temporal combinations of events (see [2]). Events therefore have to be reliably detected by the service; their partial and global order has to be obtained in order to match them properly to the users profiles. The events an alerting service supports can be defined based on an event algebra. We define as correctness of an alerting service as *how good* the service represents the algebra. The quality of the representation will be measured my means of information accuracy and information delay. Different applications underly different requirements regarding correctness, response time and completeness of information about observed events: remote monitors or stocktickers need a high accuracy with minimal delay whereas for digital libraries no tight time-requirements apply.

The ordering of events within a single process is easily understood. One can distinguish between causal and temporal order, whereas causal order implies temporal order, so an event e_A causing the event e_B must have happened before e_B. Considering events in a distributed system it is sometimes impossible to say that one of two events occurred first. For the observation and evaluation of events happening at different providers' sites it is essential to determine the point in time the event happened, thus giving not only a local (partial) order of events but relating them to a global time ("Notify, if the database was changed after

1:00 a.m. GMT"). Given a system of processes at distributed sites (providers) and a set of events at the various sites we are therefore interested in the following information:

- Occurrence of events
- Order of events: Partial temporal order of events, Partial causal order of events, Global temporal order of events, Global occurrence time of events, Global causal order of event
- Completeness of event information at a given point in time

In this paper we study these requirements under different observation and time-stamping methods and evaluate the influence of the underlying time systems. We show the resulting restrictions regarding the completeness and correctness of event information that have to be considered within the alerting services and show options to improve the obtained results.

In Section 2 we study various options for an alerting service to obtain the occurrence time of events. In Section 3 a simple time system is presented, which forms the basis for the obtained event timestamps. In Section 4 we exemplary combine the information from the preceding Section with the observations of time-assigning methods from Section 2, the influences on the system correctness are analyzed in Section 5. Section 6 gives a summary of our results and indicates further research steps.

2 Obtaining Timestamps

In this section we study the methods for obtaining occurrence times of observed events. We assume that on given events on the same site the timestamp allows a *happened before* relation $\rightarrow$ and a *concurrent* relation $||$ for events. The following simple scenario is used: An invoker process ip causes an event e on an object repository at time $t(e)$. An observer learns about the occurrence of the event at time $t > t(e)$. We define the following terms as basis of our evaluation:

Event-time $t(e)$ defines the point in time the event e is caused by an invoker process ip - this is the time the alerting service is interested in,

Timestamp $ts(e,p)$ describes the point in time that has been associated with the event by process p to indicate its occurrence time;

Detection Interval I_{det} is defined by two point in time, that form upper and lower boundary for the event-time,

The Timestamp Delay $tdl(e,p) = ts(e,p) - t(e)$ indicates the error of the timestamp,

Perception Time $pc(e,p)$ defines the point in time a process p (e.g., the alerting service) learns about the occurrence of an event,

Perception Delay $pdl(e,p) = pc(e,p) - t(e)$ describes the time between event and perception of the event by a process p; with $pdl(e,p) \geq 0, \forall e,p$.

Since the event-time is often not directly known to the alerting system, time-stamp delay and perception delay are relevant measures to estimate the correctness of the information an alerting service obtains about the occurrence time of events. Therefore, we are interested in an estimation of that values. Additionally we are interested in the possible completeness of the obtained information. Completeness is defined as the ratio of received information to observable event information regarding a certain time interval.

What are possible ways to associate a timestamp to the event? Events can be reported in two different ways: they can be observed by active observers or they are reported to a passive observer by the invoker.

2.1 Active Observation

An active observer process p retrieves events on an object by sending requests to the object repository at time t_i^{obs}, $i \in \mathbb{N}$. The event is detected at $t_i^{det}(e)$ and reported to the observer p at time $pc(e,p)$ (see Fig. 1). Let us consider a scheduled observer that actively retrieves events periodically. Events are not detected twice, they are assigned to a certain detection interval. We additionally define the following terms: the Observation Delay *odl* defines the time period between the start of the actual observation (e.g., sending a query to the database) and the time of perception $pc(e,p)$ of the event by a process. The upper bound for the Observation Delay is referred to as $maxOdl = max_i(odl(t_i^{obs}))$, $i \in \mathbb{N}$. The Observer Period Δ^{obs} is the length of the time interval between two observations, assuming a scheduled observer. The timestamps can be attached in the following ways (see Fig. 1):

Timestamp by Object: The invocation time t(e) of an event is attached to the object (e.g., a file is changed at $t(e)$, the last-modified value contains the time $t(e)$). Here the timestamp contains exactly the time of event occurrence (see (1) in Fig. 1). Here, the following properties hold:

- $ts(e,p) = t(e)$
- $I_{det} = [t(e), t(e)]$
- $tdl(e,p) = 0$
- $pc(e,p) = t_i^{obs} + odl(t_i^{obs})$.
- $pdl(e,p) = t_i^{obs} + odl(t_i^{obs}) - t(e) \leq odl(t_i^{obs}) + odl(t_{i-1}^{obs}) \leq 2 * maxOdl$

If the observer period is longer than the observation delay ($\Delta^{obs} \geq maxOdl$) it follows $pdl(e,p) \leq 2\Delta^{obs}$.

Note, that new events can possibly overwrite or change the effects of older events. The observer retrieves the correct timestamp of the (last) event on a certain object within the last observer period. The occurrence times and therefore the partial order of the events can be determined from the timestamp regardless of varying perception delays. If observer delays do not have an upper bound it is not possible to ensure the completeness of the event information for the observer at a given point in time. The incompleteness is known to the observer from the difference in the number of requests and answers.

Timestamp by Observer: If the timestamp is set by the observer, the following points in time can be assigned to the event: the moment of detection, the moment of starting to retrieve the event, or the moment the answer

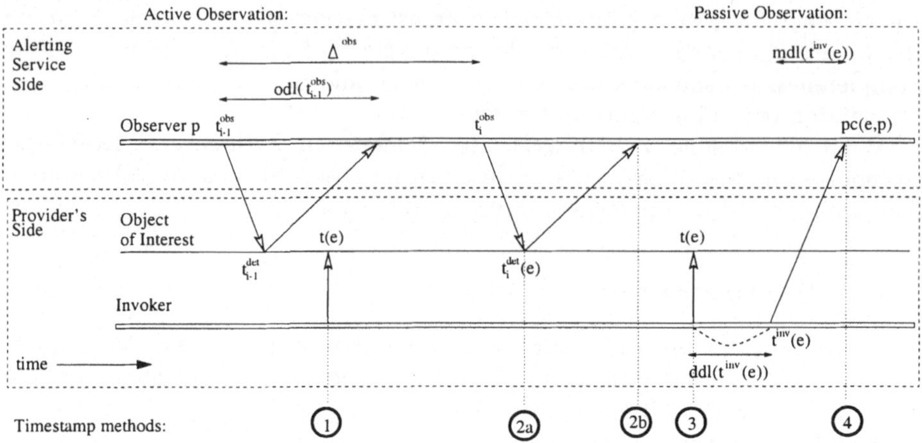

Figure 1. Observation of events on provider's site

is reaching the observer. Defining timestamps as *start time of a query* leads to timestamps indicate a time earlier as the event time. Therefore, that approach is not practicable. The choice certainly depends on the accessible times, here we exemplary consider the Detection Time t_i^{det}(see $(2a)$ in Fig. 1). The parameters then evaluate as follows:

- $ts(e,p) = t_i^{det}, \forall e : t(e) \in I_{det}$
- $I_{det} = (t_{i-1}^{det}, t_i^{det}]$
- $tdl(e,p) \leq t_i^{det} - t_{i-1}^{det}$
- $pc(e,p) = t_i^{obs} + odl(t_i^{obs})$
- $pdl(e,p) = t_i^{obs} + odl(t_i^{obs}) - t(e) \leq t_i^{obs} + odl(t_i^{obs}) - t_{i-1}^{det} \leq \Delta^{obs} + maxOdl$

If the observer period is longer than the observation delay ($\Delta^{obs} \geq maxOdl$), then holds $pdl(e,p) \leq 2\Delta^{obs}$ and $tdl(e,p) \leq 2\Delta^{obs}$.

If the detection time is not accessible the timestamp has to be defined based on the perception time (see Fig. 1: $(2b)$); incomplete correlation to the start point of the query can cause further difficulties.

Similar to the first method, not all single events are detected – but the combination of all events on an particular object within the last observer period. The logical order of the events within the detection interval is unknown. Since detection intervals do not overlap the events from different detection intervals are in the same order as their timestamps. If observer delays do not have an upper bound, it is impossible to ensure the completeness of the event information for the observer at a given point in time.

2.2 Passive Observation

The invoker of the event reports its action to the observer. Here, we only briefly list the possible timestamping methods:

Timestamp by Invoker The invoker actively reports the event and the time of event invocation $t(e)$ to the observer (see Fig. 1: (3)). All occurring events will therefore be observed by the alerting service. The partial order and the occurrence times of the events can be determined from the timestamp regardless of varying perception delays. If displacement time and message delay do not have an upper bound is not possible to ensure the completeness of the event information for the observer at a certain point in time.

Timestamp by Observer The invoker reports the event to the observer at a certain time $pc(e,p)$ without stating the time of invocation (see Fig. 1: (4)). A variation is the active object that informs the observer about the event (e.g. by using an active database as repository). If detection delay *ddl* and message delay *mdl* are not bound the partial order and the occurrence time of the events cannot be determined. The Timestamp Delay can only be estimated as $tdl(e,p) \leq pc(e,p) - t_{start}$. Additionally, it is not possible to ensure the completeness of the event information for the observer at a certain point in time.

3 Example Time System

In this section we give a short introduction to a timestamping system that is most widely used in decoupled systems cooperating via the Internet: the employment of local system clocks that do not have an external synchronization source. A system clock ST at site s is defined by the function $ST_s(t) : RT \rightarrow \mathbb{N}$ that maps an arbitrary reference (real) time RT to a certain system time ST. A hardware clock typically consists of an oscillator and a counting register that is incremented by the ticks of the oscillator. The clock has a granularity g by which the counter can be incremented. For a local hardware clock to be correct, we require a bounded drift rate:

Linear Envelope : Let s,t be two reference times $s,t \in RT$ with $s \leq t$. Then holds $(1-\rho)(t-s) - g \leq ST(t) - ST(s) \leq (1+\rho)(t-s) + g$, where the constant ρ describes the drift and g the granularity of the local time.

An order on local timestamps *lts* can be defined, if two events on the same site are more than the granularity apart ($lts(e_i) < lts(e_j)$ implicates $e_i \rightarrow e_j$). The order of two events is called *uncertain* $e_i \perp e_j$ if the timestamps cannot be ordered. Independent system clocks can neither provide causal relationships nor a temporal order between events at different sites. For events happening on the same site they define a temporal order. Obtaining real-time occurrence of events is impossible without employment of additional synchronization mechanisms.

4 Observation vs Time System

In this section we will exemplary evaluate the implications of unsynchronized clocks on the timestamping methods as evaluated in Section 2. Here we assume invoker and object repository to reside on a single site of the system and the observer as part of the alerting service on a different site.

We introduce the notion of *timestamp accuracy* and *perception time accuracy*. Whereas timestamp delay and perception time delay describe the time between timestamping (resp. time of perceiving the event information) and event time, the accuracy describes the divergence of timestamp value and event time. Let's consider an independent system clock residing on each site of the system: ST_{obs} and ST_{inv} with their individual granularity g, and drifts ρ. We define the following extension of the linear envelope:

Relation of real-time vs. local time

$$t \geq t^{synch} + \frac{ST - t^{sync} - g}{1+\rho} + \phi$$
$$t \leq t^{synch} + \frac{ST - t^{sync} + g}{1-\rho} + \phi$$
$$ST \geq t^{sync} + (1-\rho)(t - t^{sync} - \phi) - g$$
$$ST \leq t^{sync} + (1+\rho)(t - t^{sync} - \phi) + g$$

where t denotes a point in real-time, ST the same point expressed in local system time. t^{sync} denotes the last time of synchronization of the system clock with an external source; ϕ defines the initial phase shift (see Fig. 2).

We exemplary illustrate the first method *Timestamp by object*; further methods are not shown here, due to the analogy of the calculations. The object carries the time of invocation as timestamp according to ST_i. The timestamp delay tdl is zero but the timestamp accuracy $t(e) - lts(e)$ depends on the local clock accuracy on invoker's site. The observer retrieves the timestamp at $pc(e,p) = ST_{obs}(t_i^{obs} + odl(t_i^{obs}))$, the accuracy of the perception time depends on the accuracy of the local observer clock. Since no external synchronization is provided, the accuracies of the local clocks do not have to be bound. Generally, we could assume a very low accuracy border for any file system, such as several hours. The Timestamp Accuracy is then calculated as follows:

$$\begin{aligned} t(e) - ts &= t(e) - ST_i(e) \\ &\leq t_i^{sync} + \frac{ST_i(e) - t_i^{sync} + g_i}{1-\rho_i} + \phi_i - ST_i(e) \\ &= \frac{ST_i(e) - \rho_i t^{sync} + \rho_i + g}{1-\rho_i} + \phi_i =: \alpha^+ \end{aligned}$$

$$\begin{aligned} t(e) - ts &= t(e) - ST_i(e) \\ &\geq t_i^{sync} + \frac{ST_i(e) - t_i^{sync} - g_i}{1+\rho_i} + \phi_i - ST_i(e) \\ &= \frac{\rho_i t^{sync} - \rho_i + ST_i(e) - g}{1+\rho_i} + \phi_i =: \alpha^- \end{aligned}$$

Therefore, we can estimate the time for the event occurrence as $t(e) \in [ts + \alpha^-; ts + \alpha^+]$.

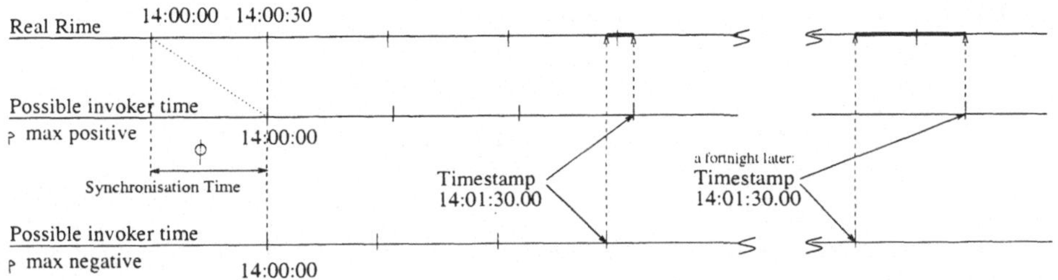

Figure 2. Timestamping using unsynchronized system clocks

Example 1. Lets consider an invoker with the following typical clock parameters: t^{sync} = 14:00:00.00, given in real-time format hh:mm:ss; $\phi_i = 30s$, $\rho_i = 0.0001$, and $g = 10ms$ (see Fig. 2). The *timestamp by object* for the event e_1 reads with ts = 14:01:30.00 the same day. We estimate the correct time of the event with : $\alpha_1^- = 30.001s, \alpha_2^+ = 30.013s$ and therefore $t(e_1) \in [14{:}02{:}00.001_{rt}; 14{:}02{:}00.013_{rt}]$ and $\alpha_1^{inv} = 0.012s$. The divergence of timestamp and real-time grows with the length of the interval $[t^{sync}; t(e)]$: Consider the event e_2 with timestamp ts = 14:01:30 a fortnight after the synchronization. Then $t(e_2)$ is estimated with α^+ = -00:01:30.97, α^- = 00:02:30.95 and $t(e_2) \in [13{:}59{:}59.03_{rt}; 14{:}04{:}00.95_{rt}]$ and $\alpha_2^{inv} = 336.92s$. □

Keep in mind that the drift ρ does not have to be reached by the system continuously and that the time contortions therefore do not have to be linear but within the linear envelope.

Here the occurrence time has been estimated according to real time. But the observer has its own local clock that also has divergences from real-time. This inconsistence has to be considered as well. The procedure is similar to the one shown above. Either all observer times are translated to real-time intervals or the real-time interval for the timestamp has to be translated into an interval of observer time. We have shown the procedure of time system adjustment for the very simple case of timestamping by object. For the other timestamping methods introduced in Section 2 we have to take into account the additional problem of timestamp delays. Lets consider the case of *Timestamp by Observer* (2*a*), obtained e.g. by actively querying the provider's repository via search interface. The response contains the time of observation (e.g actual access time to the database) but expressed in local time of the provider site. Here the timestamp accuracy includes two portions: the length of the interval between event occurrence and observation (timestamp delay) and additional the time system error. The timestamp delay has been estimated as $tdl(e,p) \leq \Delta^{obs} + maxOdl$ which is given in observer time. The timestamp delay and time system error (given in real-time) cannot be simply added. The varying length of intervals under different time systems have to be considered.

In addition, we evaluated alternative time systems such as Logical Times [3], which provides information about the causal order of events; the 2g Precedence-

Model by Schwiderski [6] based on internally synchronized clocks, and the NTP [4], which defines an Internet Standard for external clock synchronization.

5 Analysis of Time System Dependencies

The effects of the use of different time systems for the correctness of alerting services, exemplary shown for the case of timestamps by invoker, can be summarized as follows:

Occurrence of events: The underlying time system does not affect the number of observable events. The problem of event observation remains: Events can affect each other, delete-events can be missed by the observer. The observed event is the combination of all former events on that object since the last observation.

Order of events: The local ordering of events can be obtained by the timestamp. Granularity and displacement values of the internal clocks effect the global ordering of the events. Each event is mapped to a time interval. Only events in disjoint intervals can be globally ordered. The alerting service therefore has to store both local time information by object and global time interval. To filter events according to user profiles, the event data have be determined also according to alerting system and user time system. Observation accuracies depend on local invoker time and the local observer time. Access to information about the used time systems on provider's site is therefore crucial. If the observer has no access to that information the timestamps can only be used as event counters with no relation to real-time. Therefore the observation times should additionally be stored as in (2*b*) to enable time estimation based on observer time. The real-time equivalents can only be identified with an accuracy that depends on the underlying time systems. The matching of primitive or composite events with time constraints (e.g. sequences of events) can therefore only be decided with a certain error bound. The error bound for a system with a given event algebra depends on observation interval and time granularity and accuracy. The observation interval length and the granularity of the time system also give a measure for the discrimination of events. The service has to implement a strategy to cope with events of undetermined order, time, or duration of a state. Events can otherwise be misjudged as matching a profile or vice versa. The error bounds mentioned before define a measure for the quality of the alerting service as well as the discrimination.

Completeness: The completeness of the event information at a given point in time depends on the observation method and the transmission delays. It is not directly affected by the time system, but in the cooperation of alerting services in a network the time systems can influence the transmission delay. Additional use of logical clocks could partially indicate missed events.

6 Conclusion and Outlook

Our paper provides an overview of event observation and timestamping methods usable for alerting services. Under the assumption of correct timestamps the achievable correctness of alerting services using the different observation modes has been pointed out. We indicated the restrictions caused by the underlying time systems employed by providers and service. The influence of time system on the correctness of alerting systems has been shown for the example of unsynchronized system clocks.

It has been emphasized, that timestamps should not only be stored on base of the alerting systems time system but also regarding providers' time systems and real-time in order to achieve best result for the partial and global ordering of events. For that purpose, an extension of the languages used for profile description is necessary in order to enable the exchange of time system information between user and service and alerting service and providers. Our parameters for the different timestamping methods and time systems enable verification of a system environment according to requirements defined by certain application domains.

The evaluation of a very restricted part of the possible event orders and combinations has been shown. Possible future directions are the evaluation of additional time systems of combinations of time systems. The next step is to include all types of possible events such as new, updated, deleted object; passive and time-events based on a specific event algebra. The detailed consideration of composite events and therefore the simultaneous handling of objects on different sites of the system is planned.

The goal is to develop recommendations for combinations of timesystems within a single system to ensure a certain precision and completeness of event information and to verify the results within a system simulation and implementation for selected applications.

References

1. A. Buchmann C. Liebig, M. Cilia. Event composition in time-dependent distributed systems. In *Proc. of the Fourth IFCIS Conference on Cooperative Information Systems, Edinburgh, Scotland*, 1999.
2. A. Hinze and D. Faensen. A Unified Model of Internet Scale Alerting Services. In *Proc. of the 5th International Computer Science Conference, Hong Kong, China*, volume 1749 of *LNCS*, 1999.
3. F. Mattern. Virtual time and global states of distributed systems. In *Proceedings of Parallel and Distributed Algorithms*, 1988.
4. D.L. Mills. Network Time Protocol (Version 3) specification, implementation and analysis. Report RFC-1305, University of Delaware, March 1992.
5. F. Olken, H.-A. Jacobsen, and C. McParland. Middleware requirements for remote monitoring and control. In *IOMG-DARPA-MCC Workshop on compositional software architectures.*, January 1998.
6. S. Schwiderski. *Monitoring the Behaviour of Distributed Systems.* PhD thesis, Selwyn College, University of Cambridge, 1996.
7. Springer Link Alert. `http://link.springer.de/alert`.

Sitzung 3:

Datenbanken im Internet

Verteilte Metadatenverwaltung für die Anfragebearbeitung auf Internet-Datenquellen

Markus Keidl[1] Alexander Kreutz[1] Alfons Kemper[1] Donald Kossmann[2]

[1] Universität Passau, Fakultät für Mathematik und Informatik
D-94030 Passau
⟨*last name*⟩@db.fmi.uni-passau.de
[2] Technische Universität München, Institut für Informatik
D-81667 München
kossmann@in.tum.de

Zusammenfassung Durch die Zunahme von E-Commerce-Anwendungen verstärkt sich die Bedeutung der verteilten Datenverarbeitung von Datenquellen im Internet. Viele Firmen schließen sich zu virtuellen Unternehmen zusammen oder gründen gemeinsam virtuelle Marktplätze. Dabei erschweren ständige Veränderungen der verfügbaren Ressourcen (z. B. Datenquellen) und ein permanent fluktuierender Teilnehmerkreis das Auffinden relevanter Informationen. In dieser Arbeit präsentieren wir die Metadatenverwaltung MDV, deren Publish/Subscribe-Mechanismus die Dynamik im Bereich E-Commerce adressiert. Ein Backbone mit wenigen öffentlichen MDVs übernimmt die Registrierung und Verteilung von Metadaten im RDF-Format. Lokale MDVs abonnieren Metadaten von einem Backbone. Wir zeigen anhand des offenen, verteilten Anfragebearbeitungssystems ObjectGlobe, wie die MDV das Auffinden wichtiger Ressourcen für die Anfragebearbeitung auf Internet-Datenquellen ermöglicht. Eine weitere zentrale Herausforderung in der Entwicklung unternehmensübergreifender Datenverarbeitungsanwendungen ist Sicherheit, insbesondere Authentifizierung und Autorisierung. Aus diesem Grund gehen wir näher auf den Einsatz der MDV zur Speicherung von Sicherheitsinformationen in ObjectGlobe ein.

1 Einleitung

Durch die Zunahme von E-Commerce-Anwendungen verstärkt sich die Bedeutung der verteilten Datenverarbeitung von Datenquellen im Internet. Die Dynamik in diesem Bereich veranlasst viele Firmen dazu, sich zu virtuellen Unternehmen zusammenzuschließen oder gemeinsam virtuelle Marktplätze zu gründen. Dabei erschweren ständige Veränderungen der verfügbaren Ressourcen (z. B. Datenquellen) und ein permanent fluktuierender Teilnehmerkreis das Auffinden relevanter Informationen. Inkonsistenzen und die schnelle Alterung der Daten tragen zusätzlich zu diesem Problem bei.

Wir nehmen uns dieser Herausforderung im Rahmen von ObjectGlobe an, einem offenen und verteilten Anfragebearbeitungssystem, das die begrenzten Fähigkeiten des Internets bezüglich Anfragebearbeitung erweitert, indem es einen offenen Marktplatz für Daten und Anfrageoperatoren schafft. Die Art der Anfragebearbeitung, wie sie ObjectGlobe anbietet, ist eine unverzichtbare Technik für skalierbare Internetanwendungen wie etwa Business-to-Business (B2B) E-Commerce-Systeme. Ein Beispiel für ein solches System ist der virtuelle Marktplatz mySAP.com [SAP99].

Wir haben die Metadatenverwaltung MDV als eine Basistechnologie für Systeme wie ObjectGlobe oder E-Commerce-Anwendungen entwickelt. Sie wird in ObjectGlobe hauptsächlich zur Verwaltung von Ressourcen für die Internet-Anfragebearbeitung verwendet. Trotz ihrer verteilten Architektur wertet die MDV Anfragen ausreichend schnell aus, um während des Parsens und Optimierens von Anfragen eingesetzt werden zu können. Die MDV besteht aus wenigen öffentlichen Servern, genannt *öffentliche MDVs*, und einer beliebigen Zahl von lokalen Servern, *lokale MDVs* genannt. Letztere ermöglichen durch Caching den effizienten Zugriff auf gespeicherte Metadaten. Eine Publish/Subscribe-Komponente erlaubt lokalen MDVs die explizite Auswahl der zu puffernden Metadaten. Dazu abonnieren sie Metadaten von öffentlichen MDVs mit Hilfe einer Regelsprache. Die Publish/Subscribe-Komponente sorgt außerdem für die Erhaltung der Cache-Konsistenz. Öffentliche MDVs verteilen Änderungen an ihren Metadaten automatisch an alle lokalen MDVs, basierend auf den Abonnement-Regeln. Da die Zahl der Regeln sehr groß werden kann und — theoretisch — alle ausgewertet werden müssten, entwickelten wir einen Vorfilter-Algorithmus. Basierend auf den geänderten Metadaten bestimmt dieser eine Obermenge der Abonnement-Regeln, die ausgewertet werden müssen. Dadurch wird eine effiziente Verteilung der geänderten Metadaten erreicht. Wir verwenden RDF (Resource Description Framework) als Metadatenmodell und die empfohlene XML-Syntax zur Speicherung von RDF-Dokumenten [LS99]. RDF wurde vom W3C entwickelt, um eine standardisierte Beschreibung von Metadaten aller Art - vor allem im Internet - zu ermöglichen.

Auch andere Metadaten-Managementsysteme verwenden RDF und XML zur Speicherung von Metadaten, etwa das Middleware-System MOCHA [RMR00]. Dieses nutzt eine (zentrale) Metadatenverwaltung, um Code in Form von Java-Klassen und die dazugehörige Dokumentation in RDF zu verwalten. UDDI (Universal Description, Discovery and Integration) [UDD00], ein kommerzielles Projekt mehrerer Firmen, verwaltet Informationen über allgemeine, im Internet zur Verfügung stehende Dienste im XML-Format; es stellt allerdings keinen Mechanismus zur automatischen Propagierung von Änderungen zur Verfügung. Web-Semantics [MRT98] ist eine Metadatenverwaltung, die das Internet nach HTML-Dateien durchsucht, die Metainformationen über Datenquellen enthalten, und sie zu Katalogen zusammenfasst. Der Secure Service Discovery Service [CZH+99] speichert Metadaten über Netzwerkdienste im XML-Format. Ähnliche Service-Discovery-Dienste sind JINI [Arn99], UPnP [UPN00] und SLP [GPVD99]. Die Idee, im Vorfilter Teile von Regeln zusammenzufassen, stammt aus NiagaraCQ [CDTW00]. Dieses System ermöglicht, wie auch [LPT99, TGNO92], die kontinuierliche Auswertung von Anfragen auf einer Datenbank. Der Vorfilter der MDV entspricht den Matching-Algorithmen, die in Publish/Subscribe-Systemen verwendet werden [PFLS00, ASS+99, YGM99, AF00]. Allerdings erlaubt er die Verwendung von Referenzen zwischen den Daten, die verteilt werden. Dies ermöglicht unseres Wissens nach kein anderer Algrithmus.

Sicherheit spielt im Internet eine zunehmend wichtigere Rolle. Für E-Commerce-Anwendungen und virtuelle Marktplätze ist ein effizientes Sicherheitssystem eine Notwendigkeit, um Daten und Privatsphäre der Benutzer zu schützen. Wir beschreiben in dieser Arbeit deshalb den Einsatz der MDV zur Speicherung von Informationen im Rahmen des Sicherheitssystems von ObjectGlobe und zur Verteilung von lokalen Sicherheitsinformationen, um sie bei der Anfragebearbeitung auf Internet-Datenquellen zu verwenden.

In föderierten DBMSen [SL90, CSS99], die Ähnlichkeiten mit ObjectGlobe aufweisen, unterscheidet man zwischen dem globalen Sicherheitssystem der Föderation und den lokalen Sicherheitssystemen der einzelnen Komponenten-DBMSen. Auf globaler Ebene werden häufig Views eingesetzt, um Rechte für globale Datenobjekte anzugeben [SL90, TLW87, WS87]. Dort wie auch in [WL93, Per92] und [JD95, JD93, SST+99] werden (globale) Anfragen zuerst auf dieser Ebene überprüft. Nach Zerlegung der globalen Anfrage werden die einzelnen lokalen Teilanfragen nochmals von den jeweiligen lokalen Sicherheitssystemen überprüft. Der zweite Verifikationsvorgang kann, abhängig von der Art des DBMSs, entfallen. Die Anforderungen in unserem verteilten und offenen Anfragebearbeitungssystem ObjectGlobe gehen über die Problemstellung in föderierten DBMSen allerdings hinaus. Beispielsweise ist der Kreis der Anbieter ständigen Veränderungen unterworfen, d. h. immer wieder kommen neue Anbieter (etwa von Datenquellen) hinzu oder Alte fallen weg. Außerden besitzen die verschiedenen Anbieter keinen gemeinsamen Benutzerkreis und keine gemeinsame Sicherheitspolitik, es existiert also keine zentrale Verwaltung.

Der Rest dieser Arbeit ist wie folgt gegliedert: Abschnitt 2 präsentiert einen Überblick über das ObjectGlobe-System. Abschnitt 3 erläutert die Metadatenverwaltung MDV, ihren Publish/Subscribe-Mechanismus und ihren Vorfilteralgorithmus. Abschnitt 4 beschreibt das Sicherheitssystem von ObjectGlobe und die Verteilung und Integration von Sicherheitsanforderungen durch die MDV. Abschnitt 5 beschließt diese Arbeit mit einer Zusammenfassung.

2 Das ObjectGlobe-System für verteilte Anfragebearbeitung

In dieser Arbeit verwenden wir ObjectGlobe, ein offenes, verteiltes Anfragebearbeitungssystem für Internet-Datenquellen, als einen möglichen Klienten der MDV, anhand dessen wir die einzelnen Komponenten beschreiben. Das Ziel beim Entwurf von ObjectGlobe war die Entwicklung eines Systems, mit dem im Internet jede Art von Anfrageoperator auf jedem Rechner ausgeführt und auf jede Art von Daten angewendet werden kann. Die zugrunde liegende Idee ist die Schaffung eines offenen Marktes für drei Arten von Anbietern, auch *Provider* genannt: *Data-Provider* bieten Daten an, *Function-Provider* stellen Anfrageoperatoren zur Verfügung, mit denen Daten verarbeitet werden können, und *Cycle-Provider* stel-

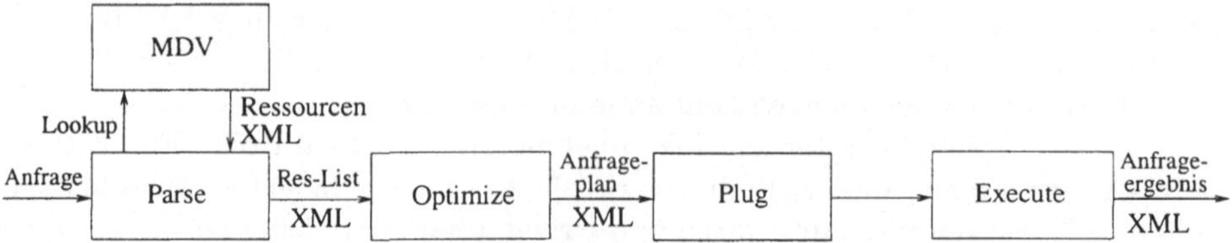

Abbildung 1. Ausführen einer Anfrage in ObjectGlobe

len Rechenzeit zur Ausführung von Anfragen zur Verfügung. Es ist zwar möglich, dass ein einzelner Rechner alle drei Dienste anbietet, für den Rest dieser Arbeit werden die Provider aber als getrennte Einheiten betrachtet. Eine ausführliche Beschreibung des ObjectGlobe-Systems ist in [BKK+99a] zu finden.

2.1 Anfragebearbeitung in ObjectGlobe

Die Auswertung einer Anfrage erfordert in ObjectGlobe vier Schritte (Abbildung 1):

1. Lookup: In dieser Phase werden von der MDV Metadaten über alle Datenquellen, Cycle-Provider und Operatoren angefordert, die bei der Ausführung der Anfrage nützlich sein könnten. Zusätzlich stellt die MDV Sicherheitsanforderungen zur Verfügung (siehe Abschnitt 4). Diese legen die Ressourcen fest, auf die der Benutzer Zugriff hat, der die Anfrage gestartet hat.
2. Optimize: Ein kostenbasierter Optimierer erzeugt aus den Informationen, die im Lookup-Schritt bestimmt wurden, einen gültigen Anfrageplan (soweit es die bekannten Sicherheitsanforderungen betrifft). Der Plan ist mit Informationen annotiert, welcher Operator auf welchem Cycle-Provider ausgeführt werden soll und von welchem Function-Provider externe Operatoren geladen werden sollen.
3. Plug: Der Anfrageplan wird an alle im Plan aufgeführten Cycle-Provider verteilt. Die externen Operatoren werden von den Function-Providern geladen und instanziiert. Außerdem werden die Kommunikationsverbindungen (d. h. Sockets) aufgebaut. Wenn gewünscht, werden Daten verschlüsselt und authentifiziert übertragen.
4. Execute: Der Plan wird entsprechend dem Iteratormodell [Gra93] ausgeführt. Zusätzlich zu den externen Operatoren, die von Function-Providern geladen werden, stellt ObjectGlobe interne Operatoren zu Verfügung, etwa für Selektion, Projektion, Join, Union, Nesting, Unnesting, Senden und Empfangen von Daten. Die Ausführung des Plans wird ständig überwacht, sodass auf Fehler reagiert werden kann, indem der Plan angehalten und notfalls abgebrochen wird.

Das ObjectGlobe-System ist aus zwei Gründen in Java implementiert: Zum einen ist Java plattformunabhängig, sodass ObjectGlobe auf verschiedensten Rechnern mit wenig Aufwand installiert werden kann. Zum anderen bietet Java die Funktionalität, um ObjectGlobe dynamisch und auf sichere Art und Weise erweitern zu können [BKK+99a].

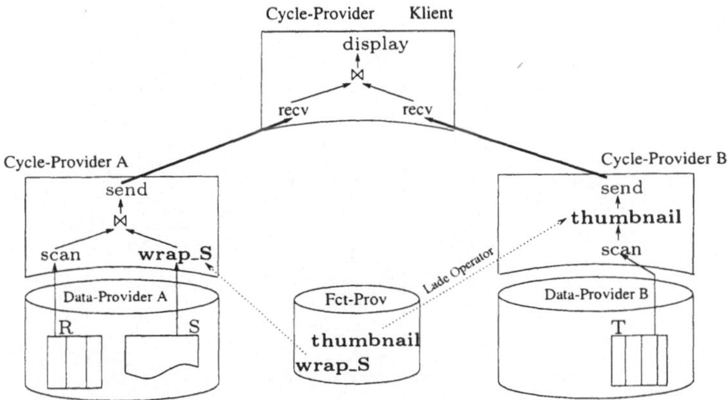

Abbildung 2. Verteilte Anfragebearbeitung in ObjectGlobe

2.2 Ein Beispiel

Zur Illustration der Anfragebearbeitung in ObjectGlobe dient das Beispiel aus Abbildung 2. Es zeigt zwei Data-Provider, A und B, und einen Function-Provider. Wir nehmen an, dass die Data-Provider zugleich Cycle-Provider sind, sodass auf den Rechnern von A und B das ObjectGlobe-System installiert ist. Außerdem agiert der Klient in diesem Beispiel als Cycle-Provider. Data-Provider A stellt zwei Datenquellen zur Verfügung, eine relationale Tabelle R und eine Datenquelle S, die ein Wrapper in ein für die Anfragebearbeitung passendes Format umwandelt. Data-Provider B besitzt eine (geschachtelt) relationale Tabelle T. Der Function-Provider bietet zwei Anfrageoperatoren an: einen Wrapper (*wrap_S*), um S in das interne Datenformat des Anfrageprozessors (ein geschachtelt relationales Format) umzuwandeln, und einen Kompressionsalgorithmus (*thumbnail*), der z. B. auf ein Bildattribut von T angewendet werden kann.

2.3 Der ObjectGlobe-Optimierer

Die Aufgabe des Optimierers ist die Erzeugung eines effizienten Anfrageplans unter Berücksichtigung von Informationen darüber, welche Rechte ein Benutzer bei den Providern besitzt. Im Folgenden bezeichnen wir diese Informationen als *Sicherheitsanforderungen.* Normalerweise wird vor der Optimierung überprüft, ob ein Benutzer eine bestimmte Anfrage ausführen darf. Zu diesem Zeitpunkt sind aber weder die tatsächlichen Anfrageoperatoren bekannt noch die Cycle-Provider, die in der Anfrage benutzt werden. Da somit vor der Optimierung keine Autorisierung möglich ist, muss der Optimierer während der Optimierung neben anderen Randbedingungen (z. B. Antwortzeit oder Quality-of-Service-Parameter) auch Sicherheitsanforderungen berücksichtigen.

Einige Randbedingungen werden vom Benutzer vorgegeben (Quality-of-Service-Parameter) und dem Optimierer zusammen mit der Anfrage übergeben. Andere Randbedingungen, etwa die Ressourcen einzelner Provider (Größe des Haupt- und Hintergrundspeichers), werden bei der Registrierung des Providers

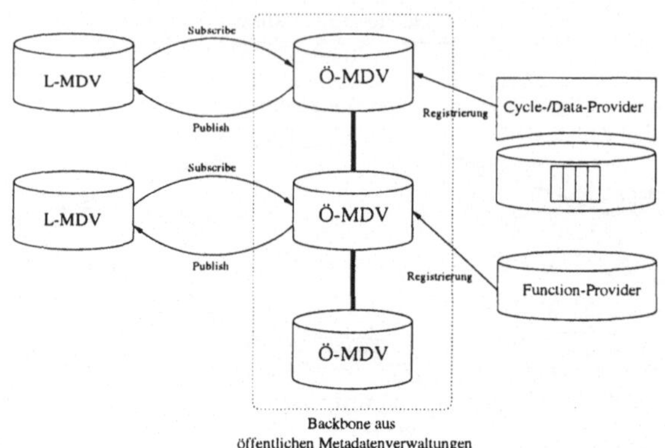

Abbildung 3. Die Architektur der Metadatenverwaltung MDV

in der MDV angegeben. Die MDV enthält außerdem Informationen über verfügbare Relationen, Anfrageoperatoren, Cycle-Provider usw. Diese Daten werden vor dem Optimierungsvorgang bei der MDV angefordert und zur Optimierung verwendet.

Das Sicherheitssystem von ObjectGlobe verwendet lokale Autorisierung, d. h. ein Provider entscheidet autonom, ob er die lokale Ausführung einer Anfrage erlaubt. Die Sicherheitsanforderungen liegen also lokal bei einem Provider. ObjectGlobe benutzt die Metadatenverwaltung MDV, um Sicherheitsanforderungen für die Anfrageoptimierung zugänglich zu machen (siehe Abschnitt 4).

3 Die Metadatenverwaltung

Die Metadatenverwaltung MDV bietet einen verteilten Dienst zur Registrierung, Verwaltung und Abfrage von Metadaten an. Die MDV verwendet RDF zur Spezifikation sowohl des *Schemas der Metadaten* als auch der *Metadaten selbst*. Mit RDF Schema [BG99] wird das Metadaten-Schema definiert, das aus einer Menge von Klassen und ihren Attributen (in RDF Properties genannt) besteht. Jede MDV besitzt genau ein Metadaten-Schema, mit dem Metadaten konform sein müssen, wenn man sie registrieren will. Das ObjectGlobe-Schema [BKK+00] definiert beispielsweise die Klassen `CycleProvider`, `DataProvider`, `Partition`, `FunctionProvider`, usw. Die Metadaten selbst werden durch RDF-Dokumente repräsentiert. Jedes RDF-Dokument definiert eine Menge von Objekten (in RDF auch Ressourcen genannt), die Instanzen der Klassen des Metadaten-Schemas sind. Jedes Objekt besitzt eine innerhalb des Dokuments eindeutige ID. Zusammen mit der URL des RDF-Dokuments ist diese ID global eindeutig.

Die Skalierbarkeit des Systems garantiert eine zweistufige Architektur. Abbildung 3 zeigt neben dieser auch einen Cycle-/Data- und einen Function-Provider des ObjectGlobe-Systems, die gerade Metadaten registrieren.

Öffentliche Metadatenverwaltungen: Das Backbone aus öffentlichen Metadatenverwaltungen (Ö-MDVs) speichert globale Metadaten, die im Internet frei zugänglich sind. Die Metadaten der Backbone-MDVs werden stets konsistent gehalten, d. h. sie sind auf den Ö-MDVs des Backbones repliziert. Änderungen an einer Ö-MDV werden an die anderen Ö-MDVs des Backbones propagiert.

Lokale Metadatenverwaltungen: Eine lokale Metadatenverwaltung (L-MDV) *abonniert* einen Teil der Metadaten eines Backbones. Die Auswahl der Metadaten erfolgt mit Hilfe einer Menge von Regeln, die die L-MDV bei einer Ö-MDV registriert (*Subscribe*-Schritt). Die abonnierten Daten werden in einem lokalen Puffer gespeichert[1]. Anhand der registrierten Regeln erkennt eine Ö-MDV, welche L-MDVs von neu registrierten, geänderten oder gelöschten Metadaten benachrichtigt werden müssen (*Publish*-Schritt). Zusätzlich speichert eine L-MDV auch lokale Metadaten, die nicht einer breiten Öffentlichkeit zugänglich sein sollen. Diese Metadaten werden *nicht* an das Backbone weitergeleitet.

Die MDV stellt eine (deklarative) Anfragesprache[2] zur Verfügung. Anfragen in dieser Sprache werden *Lookup-Anfragen* genannt und von L-MDVs ausgewertet, die dabei sowohl lokale als auch gepufferte Metadaten verwenden.

Die MDV ist in Java implementiert und setzt auf ein relationales DBMS auf. In einer Initialisierungsphase wird das Metadaten-Schema in ein relationales Schema transformiert. Beim Einfügen werden die Metadaten eines RDF-Dokuments aufgeteilt und als Tupel in die verschiedenen Relationen eingefügt. Lookup-Anfragen werden von der MDV in SQL-Joinanfragen über mehrere Relationen umgewandelt.

3.1 Registrieren, Ändern und Löschen von Metadaten

Die Registrierung von Metadaten in Form eines RDF-Dokuments besteht aus drei Schritten:

1. Die Ö-MDV, bei der registriert wird, prüft die neuen Metadaten auf ihre syntaktische Korrektheit und Konsistenz. Anschließend fügt sie die Daten in ihre Datenbank ein und benachrichtigt alle weiteren Ö-MDVs des Backbones von der Registrierung.
2. Im nächsten Schritt bestimmt die Ö-MDV alle L-MDVs, die sie basierend auf der registrierten Regelmenge von der Metadaten-Registrierung benachrichtigen muss. Das sind alle L-MDVs, bei denen die Auswertung ihrer Regelmenge mit den neuen Metadaten ein nicht-leeres Ergebnis liefert. Zur effizienten Ermittlung der Regeln, die von der Registrierung neuer Metadaten betroffen sind, wird ein Vorfilteralgorithmus eingesetzt. Aus diesen Regeln können anschließend die betroffenen L-MDVs bestimmt werden.

[1] Der Puffer einer L-MDV kann prinzipiell als Menge von materialisierten Sichten [GMS93, BLT86, LHM+86, Han87] betrachtet werden (mit den Regeln als Sicht-Definitionen).

[2] Die Anfragesprache wird aus Platzgründen nicht vorgestellt. Sie ähnelt allerdings stark der Regelsprache, die in Abschnitt 3.2 erläutert wird.

3. Im letzten Schritt werden die neuen Daten an die ermittelten L-MDVs übertragen.

Das Ändern oder Löschen von Metadaten wird analog durchgeführt. Dabei können immer nur komplette `RDF`-Dokumente modifiziert oder gelöscht werden.

3.2 Das Regelsystem

Mit einer Regelmenge legt eine L-MDV fest, welche Metadaten abonniert und lokal gepuffert werden. Der Administrator einer L-MDV gibt eine Grundmenge von Regeln entsprechend den lokalen Bedürfnissen vor; Benutzer der L-MDV können außerdem gezielt Ressourcen (z. B. eine bestimmte Datenquelle oder Anfrageoperatoren eines speziellen Function-Providers im Falle von ObjectGlobe) auswählen, die zusätzlich gepuffert werden sollen. Die L-MDV überträgt die Regelmenge an die Ö-MDV, die sie auswertet und die Ergebnisse an die L-MDV zurückschickt. Regeln haben die folgende Syntax:

`search` $Class_1\ c_1,\ Class_2\ c_2,\ \ldots,\ Class_n\ c_n$ `register` c_i
`where` $Bedingung(c_1,\ c_2,\ \ldots,\ c_n)$

Eine L-MDV legt damit fest, dass sie alle Objekte der Klasse $Class_i$ puffern will, die die Bedingung $Bedingung(c_1,\ c_2,\ \ldots,\ c_n)$ erfüllen. Die Bedingung besteht aus einem Bool'schen Ausdruck mit Objekten der Klassen $Class_1$ bis $Class_n$ und den Operatoren `AND`, `()`, `=`, `<`, `>` und `contains` (prüft, ob der String auf der linken Seite den String der rechten Seite enthält). Die derzeitige Implementierung unterstützt kein `OR`, man kann allerdings eine Regel mit `OR`-Operator mit Hilfe der Bool'schen Algebra leicht in mehrere Regeln aufteilen, die kein `OR` enthalten.

Als Beispiel diene folgende Regel, mit der eine L-MDV alle ObjectGlobe-Datenquellen (Partitionen) abonniert, die das Thema *Hotels* haben und mehr als 1000 Tupel enthalten:

```
search Partition p register p
where  ( p.theme.themeName = 'Hotels' AND p.cardinality > '1000' )
```

3.3 Der Vorfilteralgorithmus

Die Zahl der registrierten Regeln in einer Ö-MDV kann sehr groß werden, da zum einen sehr viele L-MDVs Metadaten einer Ö-MDV abonnieren und zum anderen schon die Regelmenge einer einzelnen L-MDV sehr umfangreich werden kann. Wenn Metadaten registriert, geändert oder gelöscht werden, müssen theoretisch alle registrierten Regeln ausgewertet werden. Da dies zu aufwendig ist, verwendet die MDV einen Vorfilteralgorithmus, der die Menge der auszuwertenden Regeln einschränkt. Außerdem erfolgt die Auswertung der Regeln inkrementell, d. h. sie werden – soweit möglich – nur unter Verwendung der neuen, geänderten oder zu löschenden Daten ausgewertet. Im Folgenden werden die einzelnen Schritte des Vorfilteralgorithmus näher beschrieben.

Zerlegung der Regeln Jede registrierte Regel wird in *atomare Teilregeln* zerlegt. Ursprünglich stammt die Idee, Teile von Anfragen zusammenzufassen und gemeinsam auszuwerten, aus [CDTW00]. Dort werden identische Teilpläne mehrerer XML-QL-Anfrageplänen zu Gruppen zusammengefasst und gemeinsam ausgewertet. Der Ansatz der MDV unterscheidet sich durch die Verwendung einer eigenen Regelsprache allerdings stark von dem in [CDTW00] beschriebenen, sodass nur noch die ursprüngliche Idee erhalten geblieben ist, Teilausdrücke von Anfragen zusammenzufassen. Wir unterscheiden drei Arten atomarer Teilregeln:

Auslösende Teilregeln: Eine derartige Teilregel bezieht sich ausschließlich auf eine Klasse, benötigt keine Ergebnisse anderer Teilregeln und verwendet keine Pfadausdrücke. Die Teilregel enthält also nur Attributzugriffe und möglicherweise den ?-Operator. Der ?-Operator kann nur auf mengenwertige Attribute angewendet werden und repräsentiert ein beliebiges Element des mengenwertigen Attributs[3]. Ein Beispiel für auslösende atomare Teilregeln sind RegelB, RegelD und RegelF aus Beispiel 1 (siehe weiter unten).

Abhängige Teilregeln: Wie eine auslösende Teilregel bezieht sich eine abhängige Teilregel ausschließlich auf eine Klasse und enthält keine Pfadausdrücke. Allerdings benötigt sie das Ergebnis mindestens einer anderen Teilregel. Ein Beispiel für eine abhängige atomare Teilregel ist RegelG aus Beispiel 1.

Jointeilregeln: Eine Jointeilregel beinhaltet einen Join zwischen zwei Klassen mit einem Joinprädikat. Die Teilregel darf keine weiteren Prädikate (etwa Selektionen) enthalten. RegelC aus Beispiel 1 ist eine atomare Jointeilregel.

Bei der Zerlegung von Regeln werden einzelne Teilregeln benannt und können dann zusammen mit Klassen im `search`-Teil von anderen Teilregeln verwendet werden. In diesem Fall wird die entsprechende Variable nicht an *alle* Objekte einer Klasse gebunden, sondern nur an diejenigen, die sich als Ergebnis der Teilregel ergeben. Jede Regel kann nach folgendem Schema schrittweise in atomare Teilregeln zerlegt werden (Die Zerlegungsschritte sind nach absteigender Priorität geordnet):

1. **Regeln ohne Bedingung:**
   `search` *Class* c `register` c
   Eine derartige Regel ist bereits eine auslösende atomare Teilregel, d. h. sie ist nicht weiter zerlegbar.
2. **Regeln mit einer Konjunktion einfacher Vergleiche:**
   `search` *Class* c `register` c
   `where` c.x ∘ `String AND` c.y ∘ `String` ...
   (mit ∘ ∈ {`=`, `<`, `>`, `contains`}). Derartige Regeln sind ebenfalls auslösende atomare Teilregeln.
3. **Regeln mit ? in einem Pfadausdruck:**
   `search` *Class* c `register` c `where` c.x.?.Path ∘ `String`
   Regeln dieser Art werden zerlegt in eine Teilregel der Form

[3] Mengenwertige Attribute in der MDV sind typisiert, d. h. alle Elemente der Menge müssen denselben Typ besitzen. In `RDF` ist dies nicht zwingend erforderlich.

RegelA: `search` *Class(c.x.?)* d `register` d `where` d.Path ∘ `String`
und die abhängige atomare Teilregel
`search` *Class* c, RegelA a `register` c `where` c.x.? = a
Class(c.x.?) bezeichnet hier die Klasse der Elemente des mengenwertigen Attributs c.x.

4. **Regeln mit Pfadausdrücken ohne ?:**
`search` *Class* c `register` c `where` c.x.Path ∘ `String`
Eine solche Regel wird zerlegt in die Teilregel
RegelA: `search` *Class(c.x)* d `register` d `where` d.Path ∘ `String`
und die abhängige atomare Teilregel
`search` *Class* c, RegelA a `register` c `where` c.x = a
5. **Regeln mit einer Konjunktion zweier Bedingungen:**
`search` *Class* c `register` c `where` $Bedingung_1(c)$ `AND` $Bedingung_2(c)$
Eine solche Regel wird zerlegt in die Teilregeln
RegelA: `search` *Class* c `register` c `where` $Bedingung_1(c)$
RegelB: `search` *Class* c `register` c `where` $Bedingung_2(c)$
und die abhängige atomare Joinregel
`search` RegelA a, RegelB b `register` a `where` a = b
Regeln mit mehr als zwei Bedingungen können durch eine entsprechende Klammerung auf diesen Fall zurückgeführt werden.
6. **Joinregeln:**
`search` $Class_1$ c, $Class_2$ d `register` c
`where` $Bedingung_1(c)$ `AND` $Bedingung_2(d)$ `AND` $Joinbedingung(c, d)$
Regeln dieser Art werden zerlegt in Teilregeln der Form
RegelA: `search` $Class_1$ c `register` c `where` $Bedingung_1(c)$
RegelB: `search` $Class_2$ d `register` d `where` $Bedingung_2(d)$
und die Joinregel
`search` RegelA a, RegelB b `register` a `where` $Joinbedingung(a, b)$
Ist eine Bedingung leer, wird die entsprechende Teilregel ohne `where`-Teil erzeugt. Im Falle einer leeren Joinbedingung wird also ein Kreuzprodukt berechnet. Joins über mehrere Klassen können analog den Zerlegungsregeln 1-5 zerlegt werden.

Beispiel 1 Als Beispiele diene die bereits weiter oben verwendete Regel:

`search` Partition p `register` p
`where` (p.theme.themeName = 'Hotels' AND p.cardinality > '1000')

Diese Regel wird in drei Schritten in atomare Teilregeln zerlegt. Zuerst löst man die Konjunktion auf (5. Zerlegungsregel):

RegelA: `search` Partition p `register` p
`where` p.theme.themeName = 'Hotels'
RegelB: `search` Partition p `register` p `where` p.cardinality > '1000'
RegelC: `search` RegelA a, RegelB b `register` a `where` a = b

RegelB ist eine auslösende atomare Teilregel, RegelC eine atomare Jointeilregel. Beide können nicht mehr weiter zerlegt werden. RegelA enthält einen Pfadausdruck und muss deshalb entsprechend der 4. Zerlegungsregel aufgeteilt werden (mit Class(p.theme) = Theme):

RegelD: **search** Theme t **register** t **where** t.themeName = 'Hotels'
RegelE: **search** Partition p, RegelD d **register** p **where** p.theme = d

RegelD ist eine auslösende atomare Teilregel, RegelE ist eine Jointeilregel, die in ihrer **search**-Klausel eine Klasse referenziert. Sie muss entsprechend der 6. Zerlegungsregel aufgeteilt werden:

RegelF: **search** Partition p **register** p
RegelG: **search** RegelD d **register** d
RegelH: **search** RegelF f, RegelG g **register** f **where** f.theme = d

Insgesamt ergeben sich also die atomaren Teilregeln:

RegelB: **search** Partition p **register** p **where** p.cardinality > '1000'
RegelC: **search** RegelH h, RegelB b **register** h **where** h = b
RegelD: **search** Theme t **register** t **where** t.themeName = 'Hotels'
RegelF: **search** Partition p **register** p
RegelG: **search** RegelD d **register** d
RegelH: **search** RegelF f, RegelG g **register** f **where** f.theme = g

Erstellung eines Abhängigkeitsgraphen Der Abhängigkeitsgraph repräsentiert *alle* atomaren Teilregeln und die Abhängigkeiten, die bei der Zerlegung der registrierten Regeln entstanden sind. Jede Kante bedeutet, dass die atomare Teilregel des Zielknotens der Kante das Ergebnis der atomaren Teilregel des Quellknotens benötigt.

Bei der Zerlegung wird für jede Regel ein Abhängigkeitsgraph aufgebaut. Dieser wird anschließend in einen globalen Abhängigkeitsgraphen eingefügt, der alle bereits zerlegten Regeln enthält. Gleiche Teilgraphen werden zusammengefasst, dadurch müssen gleiche Teilregeln nur einmal ausgewertet werden.

Jeder Knoten kann noch folgende Annotationen besitzen:

isTrigger: Knoten von auslösenden Teilregeln besitzen diese Annotation. Solche Knoten sind Blattknoten im Abhängigkeitsgraphen. Für eine solche Teilregel muss beim Registrieren überprüft werden, ob sie neu ausgewertet werden muss.
Knoten, die keine Blattknoten sind, müssen nur neu ausgewertet werden, wenn sich das Ergebnis einer Teilregel ändert, von der sie abhängig sind.

isTerminal: Das Ergebnis der Teilregel eines solchen Knotens ist ein Endergebnis, d. h. die Teilregel liefert das Ergebnis einer registrierten Regel. Diese Teilregel (auch Endteilregel genannt) bildet die Wurzel des Graphen, der durch die Zerlegung einer registrierten Regel in atomare Teilregeln entstanden ist.

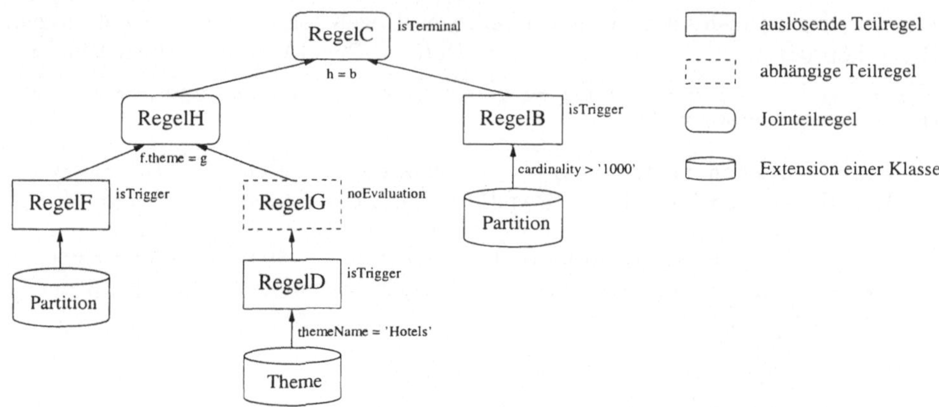

Abbildung 4. Abhängigkeitsgraph für die Regel aus Beispiel 1

isMaterialized: Eine Teilregel mit dieser Annotation materialisiert die Ergebnistupel, die bei der Auswertung dieser Teilregel berechnet werden.
Diese Annotation dient nur der Leistungssteigerung, etwa bei der Auswertung von Jointeilregeln nach einer Änderung. Für die Korrektheit des Algorithmus ist sie nicht notwendig.

noEvaluation: Die Teilregel dieses Knotens darf nur von einer anderen Teilregel verwendet werden und kann keine Endteilregel sein. Wenn sie ausgelöst wird, löst sie sofort die abhängige Teilregel aus, die die Bedingung dieser Teilregel mitprüfen muss. Dadurch entfällt die Erzeugung von unnötigen Zwischenergebnissen.

Beispiel 2 Abbildung 4 zeigt den Abhängigkeitsgraphen, der sich aus den atomaren Teilregeln von Beispiel 1 ergibt. Rechts neben jedem Knoten des Abhängigkeitsgraphen stehen die gesetzten Annotationen. Unterhalb der Jointeilregel-Knoten sind die Joinprädikate ($f.theme = g$ und $h = b$) und unter den auslösenden Teilregel-Knoten sind die Selektionsprädikate ($cardinality >$ '1000' und $themeName =$ *'Hotels'*) notiert.

Erzeugung der Vorfiltertabellen Aus den Regeln, den atomaren Teilregeln und dem globalen Abhängigkeitsgraphen werden relationale Tabellen für den Vorfilter erzeugt. Wenn eine L-MDV Metadaten abonniert oder ihre Regelmenge modifiziert, werden diese Tabellen angepasst. Aus Platzgründen werden in dieser Arbeit nur die Tabellen erläutert, die für den Vorfilteralgorithmus benötigt werden.

Für jeden der Vergleichsoperatoren `=`, `>`, `<` und `contains` wird eine eigene Tabelle mit folgendem Schema erzeugt:

Prefilterrules[EQ|LT|GT|CON] : {[query_id : integer, class : varchar,
predicate : varchar, value : varchar]}

Eine auslösende Teilregel wird abhängig vom Vergleichsoperator, der in ihr verwendet wird, in die entsprechende Tabelle eingefügt. Das Attribut `query_id` enthält die ID der Teilregel, `class` bezeichnet den Namen der Klasse, die in der Teilregel referenziert wird. Die Spalte `predicate` enthält den Namen des Attributs, auf das sich die Teilregel bezieht, und `value` speichert die Stringkonstante, auf die der Operator angewendet wird. Folgende Tabelle zeigt dies für RegelB aus Beispiel 1:

PrefilterrulesGT			
query_id	class	predicate	value
1	Partition	cardinality	1000

Atomare auslösende Teilregeln ohne `where`-Teil werden in einer eigenen Tabelle mit folgendem, vereinfachtem Schema gespeichert:

$$\text{Prefilterrules} : \{[\text{query\_id} : \text{integer}, \text{class} : \text{varchar}\ ]\}$$

Die Prefilterrules-Tabellen dienen als Indexe auf die eingetragenen Regeln, um effizient zu gegebenem Attribut und Wert alle relevanten auslösenden Teilregeln zu finden. Ein ähnlicher Ansatz wird in [PFLS00] verwendet, allerdings im Rahmen eines reinen Hauptspeicheralgorithmus.

Bei der Registrierung von Metadaten trägt der Vorfilteralgorithmus die Objekte des registrierten RDF-Dokuments in die Tabelle Prefilterdata ein. Die Tabelle besitzt folgendes Schema:

$$\begin{aligned}\text{Prefilterdata} : \{[&\text{object\_id} : \text{varchar}, \text{class} : \text{varchar},\\ &\text{predicate} : \text{varchar}, \text{value} : \text{varchar}]\}\end{aligned}$$

In diese Tabelle wird für jedes Objekt ein Tupel eingefügt, das die Objekt-ID sowie den Klassennamen enthält. (Die Attribute `predicate` und `value` werden auf `rdf#type` bzw. den Klassennamen gesetzt.) Für jedes Attribut eines Objekts wird ein Tupel mit Objekt-ID, Klassenname des Objekts, Attributname und Attributwert eingetragen.

Beispiel 3 Folgender Auszug aus einem ObjectGlobe-RDF-Dokument

```
<Partition rdf:ID="HotelBookPartition">
  <cardinality>30000</cardinality>
</Partition>
```

wird von der MDV in diese Prefilterdata-Tabelle umgewandelt:

object_id	class	predicate	value
...#HotelBookPartition	Partition	rdf#type	Partition
...#HotelBookPartition	Partition	cardinality	30000

Ermittlung relevanter auslösender Teilregeln Mit *einem* Join der Prefilterdata-Tabelle mit allen Prefilterrules-Tabellen bestimmt man alle auslösenden Teilregeln, die von einer Registrierung betroffen sind. Der Join übernimmt dabei nur auslösende Teilregeln, deren Bedingungen erfüllt sind. Aus Gründen der Übersichtlichkeit beschränkt sich die folgende Anfrage auf die PrefilterrulesEQ-Tabelle. Die Tabelle Subclasslist wird verwendet, um Vererbung zu berücksichtigen. Diese ist in RDF-Schemata möglich und wird von der MDV unterstützt. Die Tabelle speichert zu jeder Klasse alle im RDF-Schema definierten Unterklassen. Folgende SQL-Anfrage bestimmt alle betroffenen auslösenden Teilregeln und fügt ihre ID und die ID des auslösenden Objekts in die Tabelle Tempviews ein:

```
insert into Tempviews
select r.query_id, d.object_id
from Prefilterdata d, PrefilterrulesEQ r, Subclasslist s
where r.class = d.class and r.predicate = d.predicate
      and r.value = d.value
      and r.type = s.baseclass and d.type = s.subclass
```

Iteratives Auswerten aller relevanten Teilregeln In einer Schleife werden abhängige Teilregeln solange ausgewertet, bis die Tabelle Tempviews leer ist, d. h. bis keine abhängigen Teilregeln mehr ausgelöst werden. Anschließend kann das Endergebnis generiert werden. Jeder Schleifendurchlauf besteht aus folgenden Schritten:

1. **Materialisierung von Auswertungsergebnissen:** Jedes Tupel aus der Tabelle Tempviews, dessen zugehörige Teilregel mit *isMaterialized* annotiert ist, wird materialisiert.
2. **Sichern der Tabelle Tempviews:** Die Tabelle Tempviews wird am Ende des Durchlaufs mit neuen Daten gefüllt, deshalb werden die Tupel von Tempviews in der Tabelle Resultviews gesammelt.
3. **Auswerten abhängiger Teilregeln:** Entsprechend dem Abhängigkeitsgraphen werden nun diejenigen Teilregeln ausgewertet, die durch Teilregeln ausgelöst werden, die in der Tabelle Tempviews enthalten sind. Dazu wird der Regeltext jeder abhängigen Teilregel in SQL umgewandelt und ausgeführt (auf den materialisierten Daten – wenn nötig – und der Tabelle Resultviews). Ergebnistupel (ID des Ergebnisobjekts und Teilregel-ID) werden in die Tabelle Tempviews geschrieben.

Der Abhängigkeitsgraph, aus dem die Prefilterrules-Tabellen erzeugt werden, ist azyklisch und seine Höhe ist endlich. Der Algorithmus terminiert also, da mit jedem Schleifendurchlauf – ausgehend von den Blättern des Graphen – mindestens eine Ebene des Graphen abgearbeitet wird. Zur Bestimmung der Ergebnisse nach der Termination werden aus der Tabelle Resultviews alle Objekt-IDs ausgelesen, die durch eine Endteilregel eingetragen wurden. Die zu den Objekt-IDs gehörenden Objekte werden an alle L-MDVs übertragen, die die entsprechende Regel registriert haben.

4 Der Einsatz der MDV im Sicherheitssystem von ObjectGlobe

4.1 Das Sicherheitssystem von ObjectGlobe

Das ObjectGlobe-System delegiert jede Sicherheitsüberprüfung bezüglich Authentifizierung und Autorisierung an einen speziellen Anbieter, genannt *Security-Provider*. Ein Security-Provider verwendet eine MDV, um Sicherheitsinformationen als *lokale Metadaten* zu speichern[4] – unabhängig von den sonstigen dort gepufferten öffentlichen Metadaten.

ObjectGlobe verwendet als Zugriffskontrollmodell die rollenbasierte Zugriffskontrolle (RBAC) [SCFY96]. Die Administration des Sicherheitssystems übernimmt ein lokaler Sicherheitsadministrator. Dieser ist dafür verantwortlich, Benutzer einzurichten, ihnen Rollen zuzuweisen, usw. Für den Security-Provider wurde das Metadaten-Schema von ObjectGlobe erweitert, um Sicherheitsinformationen speichern zu können [KK00]. Folgender Auszug zeigt die Sicherheitsinformationen eines Benutzers *Otto Normal* im `RDF`-Format[5]:

```
<User rdf:ID="Normal" userName="Otto Normal">
  <authenticationType>password</authenticationType>
  <authenticationData>qZ8uiXFEePpGu</authenticationData>
  <assignedRoles><rdf:Bag>
     <rdf:li rdf:resource="file:/home/og/RBAC.rdf#Manager" />
  </rdf:Bag></assignedRoles>
</User>
```

Jeder Provider des ObjectGlobe-Systems befragt vor der lokalen Instanziierung eines Anfrageplans den ihm zugeordneten Security-Provider, ob der im Plan angegebene Benutzer authentifiziert werden kann und ob er die notwendigen Rechte zur Ausführung des lokalen Teilplans besitzt. Folgende Überprüfungen nimmt ein Security-Provider vor der lokalen Instanziierung eines Anfrageplans im Einzelnen vor:

Authentifizierung des Benutzers: Jeder Anfrageplan ist gegebenenfalls mit Authentifizierungsinformationen des Benutzers annotiert, der die Anfrage gestartet hat. Der Security-Provider entnimmt dem Anfrageplan diese Informationen (Name des Benutzers und Signatur des Plans). Er fordert von der MDV die zum Namen passenden Authentifizierungsdaten an und verifiziert damit die mitgelieferte Signatur. Sind die beiden Signaturen gleich, ist der Benutzer authentifiziert. Ansonsten wird der Plan abgewiesen.

Autorisierung des Plans: Der Security-Provider bestimmt aus dem Teilplan, der lokal ausgeführt werden soll, eine Liste von Rechten, die der Benutzer benötigt. Für den Beispielplan aus Abschnitt 2.2 benötigt der Benutzer *Otto Normal* auf Cycle-Provider *A* folgende Rechte:

---

[4] Statt der MDV könnten prinzipiell auch andere Systeme verwendet werden, z. B. ein RDBMS oder ein LDAP-Repository [WHK97].

[5] Passwörter (Inhalt der Property `authenticationData`) werden verschlüsselt abgespeichert.

```
<ExecutePermission operatorName="iterators.NestedLoops" />
<ExecutePermission operatorName="iterators.Scan" />
<ReadPermission><partitionName>R</partitionName></ReadPermission>
<ReadPermission wrapperName="wrappers.wrap_S">
  <partitionName>S</partitionName>
</ReadPermission>
```

Eine `ReadPermission` (Recht zum Lesen einer Datenquelle) schließt dabei stets eine `ExecutePermission` (Recht zum Ausführen eines Operators) für die Ausführung des dazugehörigen Wrappers ein.
Der Security-Provider vergleicht die benötigten Rechte mit den Rechten, die für den Benutzer in der MDV gespeichert sind. Folgende Anfrage bestimmt beispielsweise, ob der Benutzer *Otto Normal* das Recht besitzt, den Wrapper *wrappers.wrap_S* auszuführen, um die Datenquelle *S* zu lesen:

```
search User u, Role r, ReadPermission p select p
where u.userName='Otto Normal' AND
      u.assignedRoles.?=r AND r.assignedPermissions.?=p AND
      p.partitionName='S' AND p.wrapperName='wrappers.wrap_S'
```

Fehlt ein benötigtes Recht, wird die Anfrage abgelehnt.

4.2 Externe Sicherheitssysteme

Wrapper ermöglichen in ObjectGlobe den Zugriff auf externe Datenquellen, die über ein eigenes Sicherheitssystem verfügen können (etwa im Falle eines RDBMS oder eines Web-Servers). ObjectGlobe unterstützt die Übergabe von Authentifizierungsinformationen aus einem Anfrageplan an ein externes Sicherheitssystem, sodass Authentifizierung und Autorisierung bezüglich des Benutzers von diesem externen Sicherheitssystem übernommen werden können.

4.3 Optimierung und Sicherheit

Bei der Anfrageoptimierung benötigt ein ObjectGlobe-Optimierer Sicherheitsanforderungen, d. h. Informationen darüber, auf welche Datenquellen ein Benutzer zugreifen, auf welchen Cycle-Providern er Pläne ausführen und welche Anfrageoperatoren er laden darf. Er benötigt diese Anforderungen von *allen* Providern, die bei der Generierung des Plans berücksichtigt werden sollen.

ObjectGlobe verwendet den Publish/Subscribe-Mechanismus der MDV, um Sicherheitsanforderungen zu verteilen. In diesem Fall bildet die MDV des Security-Providers ein eigenes Backbone. Abonnenten sind die MDVs, die von Optimierern genutzt werden. Die Regeln zum Abonnement von Sicherheitsanforderungen werden nicht von den Abonnenten selbst vorgegeben, wie es beim Abonnement von öffentlichen Metadaten der Fall ist, sondern vom Administrator des Security-Providers, dessen Sicherheitsanforderungen abonniert werden können. Die Entscheidung darüber, welche Sicherheitsanforderungen abonniert werden dürfen, müssen die Anbieter von Security-Provider und Optimierer aushandeln. Sie wird hauptsächlich von der unternehmensinternen Sicherheitspolitik des Security-Provider-Anbieters bestimmt.

Beispiel 4 Folgende beiden Regeln abonnieren sämtliche Daten des Benutzers *Otto Normal* (inklusive seiner Rechte):

- `search` User u `register` u `where` u.userName = 'Otto Normal'
- `search` Permission p, Role r, User u `register` p
  `where` u.userName='Otto Normal' `AND`
  u.assignedRoles.?=r `AND` r.assignedPermissions.?=p

Änderungen, die diesen Benutzer betreffen, etwa Änderungen an den ihm zugewiesenen Rechten, werden damit automatisch an den Abonnenten propagiert.

4.4 Sicherheitsanforderungen externer Sicherheitssysteme

Bei externen Sicherheitssystemen ist zu beachten, dass sich deren Sicherheitsanforderungen initial nicht in der MDV befinden. Änderungen an den Daten finden *nicht* in der MDV, sondern im externen Sicherheitssystem statt. ObjectGlobe unterstützt die Integration derartiger Sicherheitsanforderungen durch das Java-Interface `Extractor`, das die zur Extraktion von Sicherheitsanforderungen notwendige Funktionalität definiert. Jeder Provider, der ObjectGlobe die Extraktion seiner Sicherheitsanforderungen ermöglichen will, muss eine Klasse zur Verfügung stellen, die dieses Interface geeignet implementiert (analog der Implementierung des Wrapper-Interfaces zur Integration einer Datenquelle).

Beim erstmaligen Zugriff auf einen Provider wird der passende Extractor (falls vorhanden) benutzt, um sämtliche verfügbaren Sicherheitsanforderungen aus dem externen Sicherheitssystem zu extrahieren und in der MDV des Security-Providers zu speichern. Durch den Publish/Subscribe-Mechanismus gelangen die Daten zu den MDVs, die von den Optimierern benutzt werden. Änderungen an den externen Sicherheitsanforderungen werden auf folgende Arten erkannt:

1. Die Anfrage eines Wrappers wird vom externen Sicherheitssystem der Wrapper-Datenquelle abgelehnt. Der Optimierer hat also offensichtlich die Anfrage mit veralteten Sicherheitsanforderungen generiert. Der Wrapper meldet diese Tatsache an den ihn ausführenden Cycle-Provider, der zum einen den Abbruch der Anfrage veranlasst, zum anderen den passenden Extractor benutzt, um die geänderten Sicherheitsanforderungen aus dem externen Sicherheitssystem zu extrahieren und die lokalen Metadaten der MDV anzupassen.
2. Der Administrator des externen Sicherheitssystems benachrichtigt die Cycle-Provider, die per Wrapper auf den Provider zugreifen dürfen, von der Änderung. Per Extractor extrahieren diese die geänderten Daten und integrieren sie in die MDV ihres Security-Providers.
3. Ein Cycle-Provider überprüft in periodischen Abständen mit dem passenden Extractor, ob sich im externen Sicherheitssystem Daten geändert haben.

5 Zusammenfassung

In dieser Arbeit haben wir die verteilte Metadatenverwaltung MDV präsentiert, die im Rahmen von ObjectGlobe, einem offenen und verteilten Anfragebearbeitungssystem für Internet-Datenquellen, entwickelt wurde. Wir haben zuerst ihre verteilte Architektur erläutert, die aus wenigen öffentlichen MDVs und vielen lokalen MDVs besteht und eine effiziente Auswertung von lokalen Anfragen erlaubt. Die Registrierung von Metadaten im RDF-Format erfolgt an den öffentlichen MDVs. Durch eine geeignete Regelmenge abonnieren lokale MDVs relevante Metadaten basierend auf dem Inhalt der Daten und puffern diese lokal. Die Auswertung von Anfragen an die Metadaten erfolgt lokal, um unnötige Verzögerungen durch Kommunikation über das Internet zu vermeiden. Die Aktualität und Konsistenz der gepufferten Metadaten gewährleistet ein Publish/Subscribe-Mechanismus, der bei der Modifikation von Metadaten automatisch die entsprechenden Abonnenten benachrichtigt. Detailliert haben wir den mit bestehender relationaler DB-Technologie implementierten Vorfilter der MDV beschrieben, der aus den registrierten Regeln bestimmt, welche lokalen MDVs von modifizierten Metadaten benachrichtigt werden müssen.

Die MDV wird in ObjectGlobe nicht nur zur Registrierung von Ressourcen eingesetzt, sondern auch zur Verwaltung von Sicherheitsanforderungen, insbesondere haben wir ihre Verwendung bei der Verteilung von lokalen Sicherheitsinformationen beschrieben. Dabei werden die lokalen Daten aus externen Sicherheitssystemen extrahiert und in lokale MDVs integriert. Der Publish/Subscribe-Mechanismus überträgt sie an andere MDVs, sodass sie bei der Anfragebearbeitung auf Internet-Datenquellen verwendet werden können. Anschließend haben wir verschiedene Möglichkeiten aufgezeigt, um Änderungen an externen Sicherheitsinformationen zu erkennen und die Daten der lokalen MDVs automatisch anzupassen.

Das ObjectGlobe-Projekt, in dessen Rahmen die hier beschriebene MDV entstand, startete vor etwa drei Jahren. Eine erste Demonstration (über unsere WWW-Seiten erreichbar) wurde auf der SIGMOD 99 [BKK99b] vorgeführt. Diese stellt eine vereinfachte E-Commerce-Plattform für Reiseagenturen dar. Die MDV wurde im Rahmen einer Diplomarbeit implementiert, die Integration in das ObjectGlobe-System wurde vor kurzem abgeschlossen. Für die Zukunft sind ausführliche Benchmarkmessungen geplant, um die Skalierbarkeit der MDV und die Effizienz des Vorfilteralgorithmus zu untersuchen.

Literatur

[AF00] M. Altinel und M. J. Franklin: *Efficient Filtering of XML Documents for Selective Dissemination of Information.* In: *Proc. of the Conf. on Very Large Data Bases (VLDB)*, Seiten 53–64, Cairo, Egypt, September 2000.

[Arn99] K. Arnold: *The Jini(TM) Specification (The Jini(TM) Technology Series).* Addison-Wesley, Reading, MA, USA, 1999.

[ASS+99] M. K. Aguilera, R. E. Strom, D. C. Sturman, M. Astley und T. D. Chandra: *Matching Events in a Content-Based Subscription System.* In: *Proceedings of the Eighteenth Annual ACM Symposium on Principles of Distributed Computing*, Seiten 53–61. ACM, 1999.

[BG99] D. Brickley und R. V. Guha: *Resource Description Framework (RDF) Schema Specification.* http://www.w3.org, March 1999.

[BKK+99a] R. Braumandl, M. Keidl, A. Kemper, D. Kossmann, A. Kreutz, S. Pröls, S. Seltzsam und K. Stocker: *ObjectGlobe: Ubiquitous Query Processing on the Internet.* Technischer Bericht MIP-9909, Universität Passau, 94030 Passau, Germany, 1999.

[BKK99b] R. Braumandl, A. Kemper und D. Kossmann: *Database Patchwork on the Internet (Project Demo Description).* In: *Proc. of the ACM SIGMOD Conf. on Management of Data*, Seiten 550–552, Philadelphia, PA, USA, Juni 1999.

[BKK+00] R. Braumandl, M. Keidl, A. Kreutz, S. Seltzsam und K. Stocker: *Das Metadaten-Schema von ObjectGlobe.* `http://www.db.fmi.uni-passau.de/~objglobe/ObjectGlobe-Metaschema.rdf`, 2000.

[BLT86] J. A. Blakeley, P.-Å. Larson und F. W. Tompa: *Efficiently Updating Materialized Views.* In: *Proc. of the ACM SIGMOD Conf. on Management of Data*, Seiten 61–71, Washington, D.C., 1986.

[CDTW00] J. Chen, D. J. DeWitt, F. Tian und Y. Wang: *NiagaraCQ: A Scalable Continuous Query System for Internet Databases.* In: *Proc. of the ACM SIGMOD Conf. on Management of Data*, Seiten 379–390, Dallas, Texas, USA, Juni 2000.

[CSS99] S. Conrad, G. Saake und K.-U. Sattler: *Informationsfusion - Herausforderung an die Datenbanktechnologie.* In: *Proc. GI Conf. on Database Systems for Office, Engineering, and Scientific Applications (BTW)*, Informatik aktuell, New York, Berlin, etc., 1999. Springer-Verlag.

[CZH+99] S. Czerwinsky, B. Zhao, T. Hodes, A. Joseph und R. H. Katz: *An Architecture for a Secure Service Discovery Service.* In: *Proc. of ACM MOBICOM Conference*, Seiten 24–35, Seattle, WA, August 1999.

[GMS93] A. Gupta, I. S. Mumick und V. S. Subrahmanian: *Maintaining Views Incrementally.* In: P. Buneman und S. Jajodia (Herausgeber): *Proc. of the ACM SIGMOD Conf. on Management of Data*, Band 22, Seiten 157–166, Mai 1993.

[GPVD99] E. Guttman, C. Perkins, J. Veizades und M. Day: *Service Location Protocol, V. 2.* `http://www.rfc-editor.org/rfc/rfc2608.txt`, Juni 1999.

[Gra93] G. Graefe: *Query Evaluation Techniques for Large Databases.* ACM Computing Surveys, 25(2):73–170, Juni 1993.

[Han87] E. Hanson: *A Performance Analysis of View Materialization Strategies.* In: *Proc. of the ACM SIGMOD Conf. on Management of Data*, Seiten 440–453, San Francisco, CA, Mai 1987.

[JD93] D. Jonscher und K.R. Dittrich: *Access Control for Database Federations: a discussion of the state-of-the-art.* In: *Proc. DBTA Workshop on Interoperability of Database Systems and Database Applications*, 1993.

[JD95] D. Jonscher und K.R. Dittrich: *Argos - A Configurable Access Control System for Interoperable Environments.* In: D. L. Spooner, S. A. Demurjian und J. E. Dobson (Herausgeber): *Database Security IX: Status and Prospectus*, Amsterdam, 1995. Elsevier Science Publishers B.V.

[KK00] M. Keidl und A. Kreutz: *Das Metadaten-Schema des Security-Providers von ObjectGlobe.* `http://www.db.fmi.uni-passau.de/~objglobe/ObjectGlobe-Metaschema-SecurityProvider.rdf`, 2000.

[LHM+86] B. G. Lindsay, L. M. Haas, C. Mohan, H. Pirahesh und P. F. Wilms: *A Snapshot Differential Refresh Algorithm.* Seiten 53–60, 1986.

[LPT99] L. Liu, C. Pu und W. Tang: *Continual Queries for Internet Scale Event-Driven Information Delivery.* IEEE Transactions on Knowledge and Data Engineering, 11(4):610–628, 1999.

[LS99] O. Lassila und R. R. Swick: *Resource Description Framework (RDF) Model and Syntax Specification.* `http://www.w3.org`, Feb 1999.

[MRT98] G. A. Mihaila, L. Raschid und A. Tomasic: *Equal Time for Data on the Internet with WebSemantics.* In: *Proc. of the Intl. Conf. on Extending Database Technology (EDBT)*, Band 1377 der Reihe *Lecture Notes in Computer Science (LNCS)*, Seiten 87–101, Valencia, Spain, März 1998. Springer-Verlag.

[Per92] G. Pernul: *Canonical Security Modeling for Federated Databases.* In: *Proceedings of the IFIP WG 2.6 Database Semantics Conference on Interoperable Database Systems*, Seiten 207–222, 1992.

[PFLS00] J. Pereira, F. Fabret, F. Llirbat und D. Shasha: *Efficient matching for web-based publish/subscribe systems.* In: *Proc. of the IECIS International Conference on Cooperative Information Systems*, Israel, September 2000.

[RMR00] M. Rodriguez-Martinez und N. Roussopoulos: *Automatic Deployment of Application-Specific Metadata and Code in MOCHA.* In: *Proc. of the Intl. Conf. on Extending Database Technology (EDBT)*, Band 1777 der Reihe *Lecture Notes in Computer Science (LNCS)*, Konstanz, Germany, März 2000. Springer-Verlag.

[SAP99] SAP: *Business Networking in the Internet Age.* Technischer Bericht SAP White Paper, Sep 1999. `http://www.sap-ag.de/germany/products/mysap/pdf/bus_networking.pdf`.

[SCFY96] R. S. Sandhu, E. J. Coyne, H. L. Feinstein und C. E. Youman: *Role-Based Access Control Models.* IEEE Computer, 29(2):38–47, 1996.

[SL90] A. Sheth und J. Larson: *Federated Database Systems for Managing Distributed, Heterogeneous, and Autonmous Databases.* ACM Computing Surveys, 22(3):183–236, September 1990.

[SST+99] K. Schwarz, I. Schmitt, C. Türker, M. Höding, E. Hildebrandt, S. Balko, S. Conrad und G. Saake: *Design Support for Database Federations.* In: *Conceptual Modeling - ER '99, 18th Int. Conf. on Conceptual Modeling*, Band 1728 der Reihe *Lecture Notes in Computer Science (LNCS)*, Seiten 445–459. Springer-Verlag, November 1999.

[TGNO92] D. B. Terry, D. Goldberg, D. Nichols und B. M. Oki: *Continuous Queries over Append-Only Databases.* In: *Proc. of the ACM SIGMOD Conf. on Management of Data*, Seiten 321–330, San Diego, CA, USA, Juni 1992.

[TLW87] M. Templeton, E. Lund und P. Ward: *Pragmatics of Access Control in Mermaid.* IEEE Data Engineering Bulletin, 10(3):33–38, 1987.

[UDD00] *UDDI Technical White Paper.* White Paper, Ariba, Inc., IBM Corp., and Microsoft Corp., September 2000. `http://www.uddi.org/`.

[UPN00] *Universal Plug and Play Device Architecture.* Document, Microsoft Corporation, Juni 2000. `http://www.upnp.org`.

[WHK97] M. Wahl, T. Howes und S. Kille: *Lightweight Directory Access Protocol (v3).* `ftp://ftp.isi.edu/in-notes/rfc2251.txt`, Dezember 1997.

[WL93] T. Y. C. Woo und S. S. Lam: *Authorizations in Distributed Systems: A New Approach.* Journal of Computer Security, 2(2-3):107–136, 1993.

[WS87] C.-Y. Wang und D. L. Spooner: *Access Control in a Heterogeneous Distributed Database Management.* In: *Proc. of the Symposium on Reliability in Distributed Software and Database Systems*, Seiten 84–92, März 1987.

[YGM99] T. W. Yan und H. Garcia-Molina: *The SIFT Information Dissemination System.* ACM Trans. on Database Systems, 24(4):529–565, 1999.

Web-Enabling Geographic Data with Object-Relational Databases

Carsten Kleiner and Udo W. Lipeck

Universität Hannover
Institut für Informatik
Lange Laube 22
30159 Hannover
ck|ul@informatik.uni-hannover.de

Abstract. We show how geographic data sets that are available in a proprietrary file format only, can be web-enabled by using an object-relational database system. In particular we propose a database schema for official cartographic-topographic (ATKIS) base data implemented in Oracle8*i* to store and manage such data sets in an object-structured way. We have implemented an import routine for such data into the database, and for inspection and selection purposes we have developed a visualization tool for arbitrary spatial data residing in an object-relational database. In order to exchange cartographic-topographic data sets over the internet, we introduce an XML-based document type definition along with some general rules on how to design DTDs for data strongly structured according to a database schema. Finally we describe how to generate files for data exchange according to the DTD. We claim that our techniques can be used as a reference pattern for similar tasks on other data formats or in other domains as well.

Keywords: spatial data, object-relational database system, XML, ATKIS, cartographic-topographic data, web database

1 Introduction

In Germany cartographic-topographic base data is recorded in the so-called **ATKIS** (***a**mtliches **t**opographisch-**k**artographisches **I**nformations**s**ystem*; official topographic-cartographic information system). This is not a *physical* information system, but rather a collection of formats, rules, and descriptions that define how landscape and terrain data is to be recorded. Attributes of the landscape objects to be recorded and their possible values as well as *layers* to which these objects belong are standardized in the ATKIS documentation ([7]). Moreover for certain scales a catalog of standard object kinds is defined which states the objects to be recorded at that scale.

Extracts from these data sets which are maintained by the sixteen federal states of Germany (there is also a large scale extract which is maintained federally) can be ordered at governmental agencies in these states. Data is usually exchanged in the so-called **EDBS**[1] (***e**inheitliche **D**aten**b**ank**s**chnittstelle*; unified database interface) format:

[1] There are also other formats used for interchange, but they are semantically weaker in the sense that they contain only geometric shapes and no thematic information

this format has been used for several years and was developed in order to minimize file size for exchange. Therefore one of its main goals was minimal redundancy in contents. To record, for instance, agricultural areas the borderline geometry between the areas is stored once only, and it carries reference attributes telling which objects are to the left and right of the line. Since the original ATKIS landscape model is object-structured itself, it is difficult to restore the landscape objects from an EDBS data set.

Another interesting aspect of ATKIS is that the landscape model itself is almost completely separated from its presentation: there is an additional *signature catalogue* defining rules on how to generate standard maps from the ATKIS landscape model data. One could, e. g., define different rules on how to create a large scale map and a small scale map using the same basic landscape model. This integrates very well with **XML** and **XSL**: these two languages can also be used to describe the data itself (XML) and its presentation for a certain audience (XSL). In this view ATKIS is still a conceptually very modern scheme and could therefore be used as a pattern in other countries as well.

Despite its conceptual advantages, obtaining and using ATKIS data is very inefficient. One has to define exactly which data extracts from a fixed set of possible ranges are desired in cooperation with the supplier, order the desired data sets and then operate on the file-based data. If the data is to be used in a different format, a parser and converter has to be written. For this task one needs to understand the grammar of the exchanged files in addition to knowledge about the ATKIS format itself.

In order to increase efficiency in the use of ATKIS data we propose a database schema for an object-relational database system in Sect. 2. It is influenced by a relational schema for ATKIS data presented in [8]. This enables easy maintenance and extract generation on the supplier side as well as almost object-oriented usage of data on the customer side with full database functionality, especially support for querying. For portability reasons we have implemented an import routine from file-based EDBS data into the proposed database schema.

We have also implemented a simple visualization tool on top of the DBMS which can be used on either the supplier or the customer side to visualize data sets or parts thereof. It is briefly described in Sect. 3. The tool allows a selection of data to be displayed in several layers, each of them user-definable by an arbitrary SQL query. On the one hand, it can be used to visualize ATKIS data in the proposed schema by providing special display features standardized for such data. On the other hand, it is able to visualize spatial data in any object-relational database system in general as long as the system stores spatial information according to the OpenGIS specifications ([9]) and provides the required JDBC support for such data. In the current implementation the tool is written in Java and is directly based on data in the object-relational database. In a future version (as depicted in Fig. 1) the visualization will no longer connect directly to the database, but rather operate on XML files generated from the database and use XSL to display them.

Finally and as the major contribution of this article we propose ATKIS-ML and ATKIS-META-ML for future data interchange in Sect. 4. These are XML DTDs, based on our database schema as well as the original ATKIS information. They can be used for interchange of ATKIS data sets and standardized reference information for ATKIS, respectively. In addition along the way we present some general ideas on how to gener-

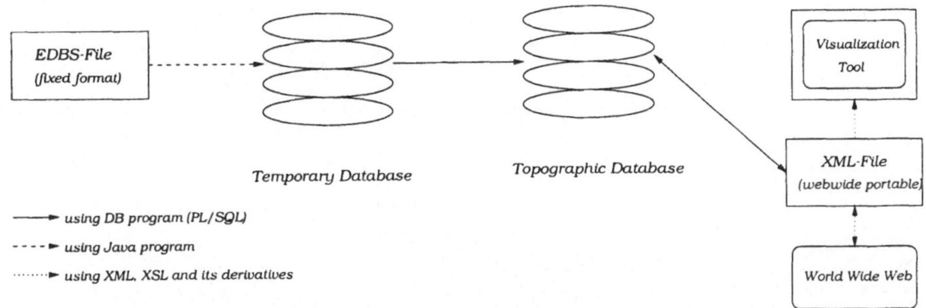

Fig. 1. Architecture of ATKIS data management system

ate DTDs for exchange of data from object-relational database schemas. Moreover we also describe prototype implementations of database programs to generate such XML documents from the database schema and ideas on how to import information from XML documents into the database.

An overview of the proposed architecture of a cartographic-topographic data management and exchange system is shown in Fig. 1. As stated above we have implemented all components in our systems according to that figure except for the visualization which is operating directly on the database rather than on XML files generated from the database. A summary and conclusion with some ideas for future research directions can finally be found in Sect. 5.

2 Object-Relational Databases for Managing Cartographic Data

2.1 Conceptual Data Model

To store ATKIS digital landscape data in an object-relational database system we need to create a database schema for all objects to be stored. We present a UML class diagram of all relevant classes in Fig. 2. We include all ATKIS landscape objects from the original standard ([7]) together with their attributes, names and layers. We also include complex objects and overpasses.

Central to this model is the class ATKISObject[2]. It represents any landscape feature to be recorded in ATKIS. Standardized attributes of ATKISObject are modeled by associations with the classes modeling this standard information: there is exactly one ObjectKind for each ATKISObject (1:n-association belongs to in Fig. 2). Similarly an association between ATKISObject and Layer is defined. Objects can optionally carry different types of names which is modeled by the association denotes. For each of these names one can define one or more positions where these names should appear on a map, e. g. an interstate highway number will appear on more than one place on a map.

[2] We try to emphasize the difference between objects in the object-oriented sense (instance of a class) and in the ATKIS sense (some landscape feature of the real world) by denoting the latter ATKISObject. But in some cases where the context should be clear we omit the prefix ATKIS even for objects in the ATKIS sense.

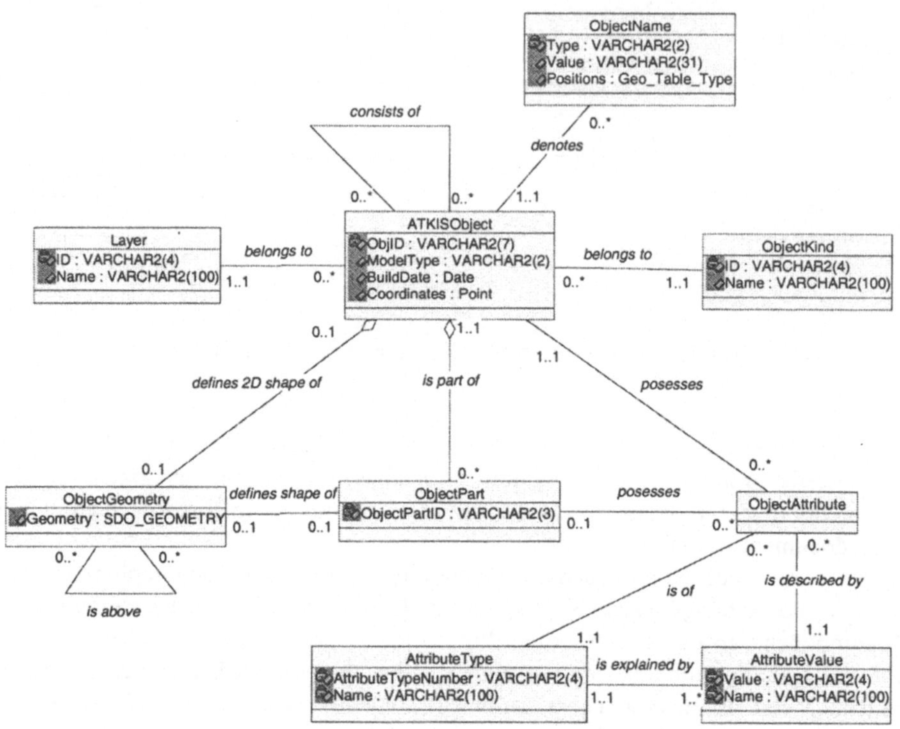

Fig. 2. **Conceptual data model for ATKIS**

Complex objects (objects that consist of several objects themselves, e. g. a railroad network consisting of railroad tracks) are modeled by the $n{:}m$-association consists of. Another way of structuring ATKIS-objects is by using object parts. The difference between the two is of thematical nature and is described in detail in [7]. The geometric shape of objects can be attached to the object itself or to its object parts; therefore we introduce ObjectGeometry as a class of its own. I. e. for a particular object either the association between ObjectGeometry and ATKISObject or the one to ObjectPart is instantiated.

Similar to the modeling of complex objects we model overpass information by the $n{:}m$-association is above; this association is between ObjectGeometry and itself since this information is attached to the two-dimensional geometric information of objects or object parts.

Finally information about the ATKIS-objects (called *attributes*[3]) are modeled by class ObjectAttribute and associations posesses. The classes AttributeType and AttributeValue are used to record standardized attributes and their values (of course, some

[3] The term *attribute* is also overloaded in this article. It appears in three contexts but with similar meanings: an attribute in the object-oriented sense is a property of an instance of a class, an ATKIS attribute is a standardized property of an ATKIS landscape obje t, and finally an attribute in the XML sense is a property of an XML element

types like the width of a street don't have standardized values). The associations is of and is described by ensure that attributes for ATKIS-objects observe these standards.

2.2 The Object-Relational Database Schema

The conceptual data model in the last subsection has been implemented in the object-relational database management system Oracle8*i*[4] using the extension for spatial data (Oracle Spatial). The transformation of the conceptual model into an object-relational model follows standard rules for such transformations (see e. g. [11] for details). The database schema we obtain is shown in Fig. 3.

Layer (LayerNo:VARCHAR2(3), Name:VARCHAR2(100))
ObjectKind (ObjKindNo:VARCHAR2(4), Name:VARCHAR2(100))
AttributeType (AttTypeNo:VARCHAR2(4), Name:VARCHAR2(100))
AttributeValue (TypeNo→*AttributeType*, Value:VARCHAR2(7), Name:VARCHAR2(100))

ATKISObject (ObjNo:VARCHAR2(7), LayerNo→*Layer*, ObjectKindNo→*ObjectKind*, Coordinate:Point_Type, Actual:VARCHAR2(2), ModType:VARCHAR2(2), BuildDate:Date)
ObjectGeometry (ObjectNo→*ATKISObject*, ObjectPartNo:VARCHAR2(7), Geometry:SDO_GEOMETRY)
Overpass (TopNo→*ATKISObject*, TopPartNo:VARCHAR2(3), DownNo→*ATKISObject*, DownPartNo:VARCHAR2(3))
ComplexObject (BigNo→*ATKISObject*, SmallNo→*ATKISObject*)
ObjectName (ObjectNo→*ATKISObject*, TypeNo:VARCHAR2(2), Value:VARCHAR2(31), Geo:GEO_TABLE_TYPE)
ObjectAttribute (ObjectNo→*ATKISObject*, ObjectPartNo:VARCHAR2(3), Type→*AttributeType*, Value→*AttributeValue*)

Fig. 3. Object-relational database schema for ATKIS

The classes for standardized information are directly transformed into relations of the same name. The association between AttributeValue and AttributeType is realized by a foreign key constraint.

The geometry information in class ObjectGeometry is mapped to relation *ObjectGeometry*. It can be stored in one single attribute of type SDO_GEOMETRY which is the type for spatial data supplied by Oracle8*i* Spatial (it follows the recommendation of the OpenGIS consortium, [9]).

[4] We have chosen Oracle8*i* for availability reasons not based on a comparison with other systems.

All other information about a single object can be found in relations *ATKISObject*, *ObjectName*, and *ObjectAttribute*. The class ObjectName carries an attribute of a complex type; this attribute is modeled in the object-relational schema by a user-defined type (*Geo_Table_Type*). This type is defined to be a table of positions (a *nested table type* in object-relational terminology) and enables storing multiple positions for each name.

The relation *ObjectAttribute* models the class of the same name. It has no attributes of its own (except for the *ObjectPartNo*) but rather references the standardized attributes and values via foreign keys.

Finally n:m-associations consists of and above are modeled by their own relations: *ComplexObject* and *Overpass* which denote the thematic information carried by these associations. In order to ensure data integrity we again have used foreign keys (an object overpassing another object must be present in the data set).

In this schema we used complex datatypes for columns of database tables. These types do not only combine different attributes, but also provide type-specific methods. This is close to object-oriented data modeling where real-world objects described by their attributes are integrated with their behaviour described by methods. Moreover we used a *nested table type* for storing the positions of object names on a map, since one does not know their cardinality in advance. These features are specific to object-relational databases and could not be used in purely relational systems. We did not use other object-oriented concepts such as inheritance or polymorphism since they are not supported by the current version of the object-relational database system used and since the schema is still supposed to be *object-relational* and not *object-oriented.* In fact, the necessity and benefits of the use of these concepts at this stage is not immediately obvious; modeling without more object-oriented concepts seems to be fully sufficient.

2.3 The Temporary Data Model

Usually ATKIS landscape data are supplied in EDBS-files as explained in Sect. 1. In order to import data in this format into our database system we need to first import it into a temporary database schema by means of a Java program and invocations of the SQL-Loader utility. After that we use database progams in PL/SQL to transform it into the final schema. This transformation is not trivial since data in EDBS format is not stored object-wise. Thus e. g. geometries of the objects have to be reconstructed from wide-spread borderline information in the EDBS format by means of path tracing. The implementation of this transformation is described in [5].

3 Visualizing ATKIS and Other Spatial Data

Data in a database can usually be queried only textually and results are shown in text format. Especially spatial data and thematic information for spatial data should be visualized graphically to the user in order to be valuable. ATKIS data is used by German governmental agencies to produce digital maps. Other users use ATKIS data for various different tasks. In order to show that data in the database can as well be visualized easily we have implemented a prototype visualization tool in Java. The visualization tool has special features for ATKIS data as well as very general features in the sense that geometric results of arbitrary database queries can be displayed. Our emphasis, of course, is on rapid and flexible data inspection, not on high-quality map production as supported by viewers of specialized geo-information systems.

For ATKIS data we use a standard color map to display query results which conforms to part of the so-called *signature catalogue* (these are documents that define how to display ATKIS data in an official map). Since that catalogue is very detailed and usually users don't want a perfect map on the screen we constrained our use of the defined signatures to some representative extract. A picture of the result obtained by this program[5] is shown in Fig. 4.

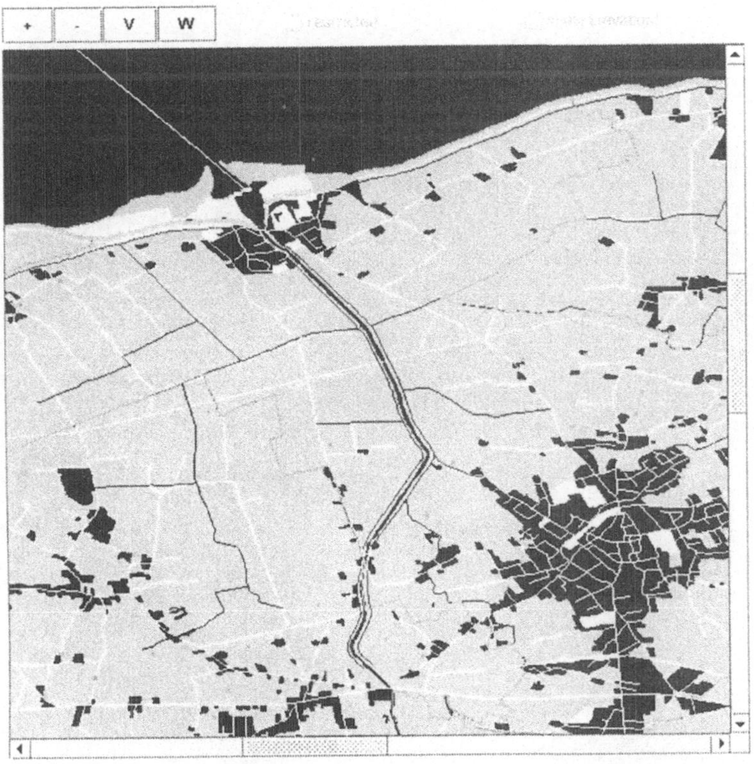

Fig. 4. Screenshot of visualization of ATKIS data

On the other hand we have kept the visualizer so general as possible to be able to use it for any kind of spatial data in the database. The tool displays *layers*[6] each of

[5] Source: ATKIS®-DLM25-Daten der LGN - Landesvermessung + Geobasisinformation Niedersachsen

[6] layers in a more general sense than predefined ATKIS layers

which can be user-defined by an arbitrary database query. The only restriction is that exactly one of the result columns must be of type SDO_GEOMETRY which will be used for displaying. Each layer can be assigned its specific color and the order of layers can be changed arbitrarily which has an impact on the visibility since at each pixel only the highest layer in the ranking providing a geometry for that pixel can be seen. As an example we show a screenshot from an application in physical geography in Fig. 5 which presents the available field capacity in different stages where darker colors mean higher capacity and white represents null values. This picture uses five layers, one for each range of capacity.

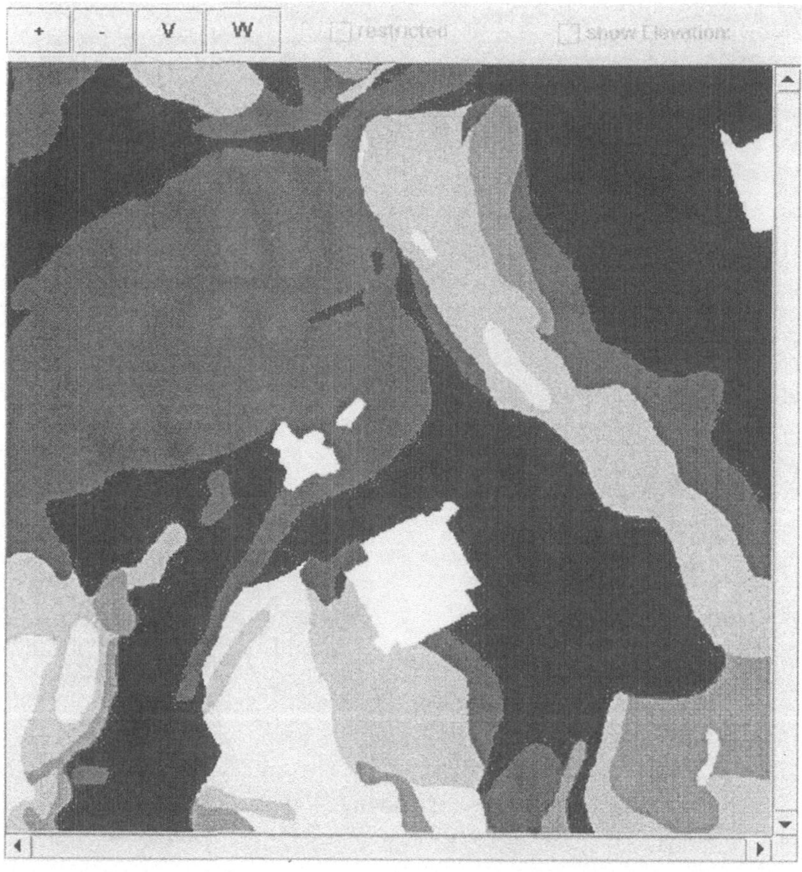

Fig. 5. Screenshot of visualization of an application in physical geography

4 Exchanging Cartographic Base Data over the Web

The database support described in Sect. 2 is already useful for managing geospatial data within a single company or organization; the visualizer from Sect. 3 shall allow remote data inspection. With the growing demand for exchange of data over the web nevertheless the system needs to be extended to enable web support for the data stored as well. As of now XML seems to become *the* standard for exchange of data over the web. It allows the definition of the format of documents containing a certain kind of information according to a standard syntax (called ***D**ocument **T**ype **D**efintion*); a proposal for such a DTD for ATKIS data is presented in Sect. 4.1 along with some general ideas on how to create a DTD from an object-relaional database schema. For the export and import of XML files according to the proposed DTD we present database programs in Sect. 4.2 which finally facilitate the database-supported exchange of cartographic-topographic base data over the web.

There has already been some work on the connection between databases and the web using XML. In [3] there is a general overview on the topic of database and XML interoperability, while [13] and [6] discuss mappings between pure relational databases and XML in some detail. These approaches are only applicable to a certain degree here since they do not deal with complex datatypes which are newly introduced with the object-relational model.

4.1 Proposal of a DTD for Cartographic Base Data

In this section we propose DTDs for both the standardized attributes of the ATKIS digital landscape model (in the next paragraph) as well as for a particular cartographic data set (in the main part of this subsection).

A DTD for Standardized Attributes. One of the most important products of the ATKIS working group was the standardization of a so-called object catalogue. It groups all landscape objects into certain layers and object kinds. Moreover it defines certain standard attribute classes and standard values within these classes. Since these standards are very stable one should not include the information in every single data set that is exchanged. Rather than that one needs to define an XML format for the exchange of these standards itself which can then be used as reference for a particular ATKIS-ML datafile.

The derivation of an XML-based language for this part is straightforward from the object-relational schema in Fig. 3. We present its DTD called ATKIS-META-ML in Fig. 6.

The four relations from Fig. 3 *Layer*, *ObjectKind*, *AttributeType* and *AttributeValue* contain standardized information. The first three of them are included within top-level elements in the DTD. Since possible values of attributes are different for different attribute types we include the elements `StndrdAttributeValue` as subelements of `StndrdAttributeType`. In general it is a good technique to map foreign key associations (as *AttributeValue* on *AttributeType*) to subelements in the DTD: the element modeling the primary relation gets subelements for all relations having foreign keys on it. This directly transfers the validity of the foreign key constraint from the database to the XML document, since without a valid reference the parent element would not exist and therefore also the child element could not be included. That way we can model foreign key constraints within the same XML document (but not across different documents, as we will see later).

```
<!- Top Level Element ===================================== ->
<!ELEMENT ATKISStandard (StndrdLayers, StndrdObjectKinds,
          StndrdAttributeTypes)>

<!- Shortcuts for common attributes ->
<!ENTITY % primKeyNo "No ID #REQUIRED">
<!ENTITY % nameAtt "Name CDATA #IMPLIED">

<!- Standardized Elements ->
<!ELEMENT StndrdLayers ( StndrdLayer* ) >

<!ELEMENT StndrdObjectKinds ( StndrdObjectKind* ) >

<!ELEMENT StndrdAttributeTypes ( StndrdAttributeType* ) >

<!ELEMENT StndrdLayer EMPTY>
<!ATTLIST StndrdLayer %primKeyNo;>
<!ATTLIST StndrdLayer %nameAtt;>

<!ELEMENT StndrdObjectKind EMPTY>
<!ATTLIST StndrdObjectKind %primKeyNo;>
<!ATTLIST StndrdObjectKind %nameAtt;>

<!ELEMENT StndrdAttributeType ( StndrdAttributeValue* ) >
<!ATTLIST StndrdAttributeType %primKeyNo;>
<!ATTLIST StndrdAttributeType %nameAtt;>

<!ELEMENT StndrdAttributeValue EMPTY>
<!ATTLIST StndrdAttributeValue Value CDATA #REQUIRED>
<!ATTLIST StndrdAttributeValue %nameAtt;>
```

Fig. 6. DTD for ATKIS-META-ML

The order of the three elements in the top level element is not important, it should be fixed in some way, however, to provide for a better readability of the resulting XML file. Since the documents are derived from a database schema they show an extremely high structure; this is reflected in the DTD by all lowest level elements being empty elements. That means there is no unstructured data necessary in ATKIS-META-ML documents.

Since the metainformation to be exchanged according to this DTD is standardized and stable, an XML document containing this information should once be generated by a standardizing organization and then made available for reference by XML-files containing particular datasets over the web.

The task of generation of this file can also be done by using the routines we implemented. This can be useful to obtain such an XML document as long as a standard one is not available over the web, or for experimenting purposes with, e. g. new elements of `StndrdAttributeValue` that are only included in the current data set but not in the standard yet.

A DTD for a Cartographic Dataset. In this paragraph we present the most important parts of a DTD for the actual ATKIS data. The definition is generated directly from the database schema shown in Fig. 3. We therefore claim that some of the methods used in this derivation are generally applicable for the definition of a DTD from a database schema. We will try to highlight these methods in the discussion.

After defining the root element for the DTD we define the document to consist of `ATKISObjects`, `Overpasses` and `ComplexObjects` as shown in Fig. 7.

```
<!- ATKIS digital landscape model elements ->
<!ELEMENT ATKISContents ( ATKISObject*,
          (Overpass | ComplexObject)* )>
<!ELEMENT ATKISObject ( ATKISObjectPart*, ObjectKind, Layer,
          Position, ( ObjectName | ObjectAttribute )* )>
<!ATTLIST ATKISObject ObjectNo ID #REQUIRED>
<!ATTLIST ATKISObject Actuality CDATA #REQUIRED>
<!ATTLIST ATKISObject ModelType CDATA #REQUIRED>
<!ATTLIST ATKISObject BuildDate CDATA #IMPLIED>
```

Fig. 7. ATKIS DTD top level part

The class ATKISObject was the central class of the data model which was reflected in the database schema by the relation *ATKISObject* having no foreign keys on other relations except for the relations *Layer* and *ObjectKind* containing values for standardized attributes. Since these are not stored in the ATKIS-ML document of a particular data set itself but rather in a different document providing standard values for ATKIS data (cf. first paragraph of Sect. 4.1), we can forget about them for a moment. In general it seems to be a good starting point when defining a DTD from a database schema to start with an element for the central relations (i. e. the relations without foreign keys). This is due to the fact that these relations in a sense model the most essential objects of the real world for this application. These objects should thus appear on a higher level in the hierarchical XML document. That exactly means that the corresponding elements should be at a high level in the DTD. The other attributes of relation *ATKISObject* having standard datatypes are modeled as attributes of element `ATKISObject`.

The other two elements on the main level correspond to relations *Overpass* and *ComplexObject*. These relations were introduced to model the general *n:m*-associations of classes Object and ObjectGeometry, respectively. Such relations can only be modeled without redundancy on the top level in ATKIS-ML documents. Since they need to reference ATKISObjects we should (though this is not necessary, if using XLinks for references) include them after `ATKISObject` elements in the DTD. More details can be found at the end of this paragraph.

```
<!ELEMENT ObjectAttribute
          ( AttributeValueReference | ValueAttribute ) >
<!ATTLIST ObjectAttribute
          xlink:type (simple) #FIXED "simple"
          xlink:href CDATA #REQUIRED
          xlink:role CDATA #FIXED "Reference Data"
          xlink:title CDATA "Object Attribute Type Pointer">

<!ELEMENT AttributeValueReference EMPTY>
<!ATTLIST AttributeValueReference
          xlink:type (simple) #FIXED "simple"
          xlink:href CDATA #REQUIRED
          xlink:title CDATA "Object Attribute Value Pointer">

<!ELEMENT ValueAttribute EMPTY>
<!ATTLIST ValueAttribute Value CDATA #REQUIRED>
```

Fig. 8. ATKIS DTD attributes referencing standard data

How the standardized ATKIS-object attributes from the first paragraph of Sect. 4.1 are used is shown in Fig. 8. We propose to realize the references to the file containing standard attributes by use of **XLinks** ([16]). The object attribute type is defined by a simple XLink to the standards file. One would like to ensure that this link really points to an element of type `StndrdAttributeType` in that file, but to our knowledge that is currently not possible[7]. The values of the objects attributes can be either simple XLinks to the standards file (element `AttributeValueReference`), in case these values are standardized, or any information in `CDATA` format for non-standardized attribute values (element `ValueAttribute`). Again for integrity reasons one could imagine to define exactly for which attribute types standard values are expected and control that in these cases a correct XLink is provided. As a general rule for the transformation of foreign key constraints in databases into XML DTDs we suggest to use an XLink and/or an XPointer attribute. Validating XML parsers will then be able to control the correct specification of these constraints (but not that the pointer points to an element of the correct type since such restrictions cannot be specified in a DTD without using additional techniques such as RDF, [15], or XSchema, [19, 20]). The `ATKISObject` subelements `Layer` and `ObjectKind` are translated into the markup language in the same way as the object attributes and are therefore omitted.

The object-relational concept of nested tables was used in the database schema to model the different positions at which a name of an ATKIS-object should appear on a map. In the DTD this is translated as subelement (cf. Fig. 9): the element `ObjectName` consists of subelements `Position` which contain all information from the nested table *Geo* of relation *ObjectName*. In this case we require at least one position for each object name since that was the way these positions were defined in the ATKIS standard ([7]).

[7] This will change in the next version of our system. There we plan to make use of the XSchema Language ([18]) which is currently in the working draft stage. Together with the XLink/XPointer Language ([16, 17]) and the namespaces defined in XSchema it will be possible to define such references and to enforce them by use of a validating XML parser.

The other columns of table *ObjectName* are modeled as CDATA attributes of element ObjectName as before.

```
<!ELEMENT ObjectName ( Position+ )>
<!ATTLIST ObjectName NameType CDATA #REQUIRED>
<!ATTLIST ObjectName NameValue CDATA #REQUIRED>
```

Fig. 9. ATKIS DTD for nested table of names

We suggest to transform nested table types by introducing a new element type for the tables contents in general. This element type should be included as subelement (with cardinality * or + as desired) in the element corresponding to the relation containing the nested table type. The reason for that is that a nested table within another table already in itself forms a hierarchy. The corresponding hierarchical construct in XML is the subelement which can occur with cardinality since the nested table can also contain multiple entries for each row of the parent table. Therefore we obtain the translation of nested tables as subelements with cardinality * in general.

Finally we need to show how relations in the database schema modeling *n:m*-associations from the class model are included into the DTD. As an example we present the DTD for relation *ComplexObject* in Fig. 10. The relation *Overpass* is modeled similarly. A complex object consists of one reference to the major object and references to the minor objects forming the complex object. Since references to an ATKIS-object are used more than once we use a new element ObjRef. The complex object itself is an extended link (cf. [16]), since it consists of subelements which are links themselves. The object reference is modeled as a locator type XLink, since it is used to locate an ATKISObject element within the same document. In the data file this locator link will be formed using the XPointer ([17]) language. This has the advantages of a minimal redundancy in the document, since the objects are stored only once and just references to them are used thereafter, as well as enforcement of the validity of the referenced objects to a certain degree. We are not able to pose as strong restrictions on the XPointers as we can use in the database system, but still valid references are reasonably enforced.

```
<!ELEMENT ComplexObject (ObjRef, ObjRef+)>
<!ATTLIST ComplexObject
          xlink:type (extended) #FIXED "extended"
          xlink:title CDATA #FIXED "Complex Object">
<!ELEMENT ObjRef EMPTY>
<!ATTLIST ObjRef
          xlink:type (locator) #FIXED "locator"
          xlink:href CDATA #REQUIRED
          xlink:title CDATA #IMPLIED
          xlink:role CDATA #IMPLIED>
```

Fig. 10. ATKIS DTD for relation modeling n:m-association

The relation *ObjectGeometry* is included in the DTD in a straightforward manner (cf. Fig. 11): since the only attribute in the conceptual model was the geometry itself we can simply use a subelement of an `object part` for Geometry. We do so by using the DTD of the **GML** language ([10]) proposed by the OpenGIS Consortium for the exchange of geographic information as additional external subset in the `<!DOCTYPE>`-clause of the produced XML documents. In particular we use element `GeometryCollection` from the **GML**. This can be done as the datatype SDO_GEOMETRY in Oracle8*i* is compliant with the OpenGIS SQL specification ([9]). In a future version the inclusion of element `GeometryCollection` from a URL at a standardizing organization could be done by using a different namespace for this attribute. By doing so one can ensure compliance with the most recent version of the defined standard.

```
<!ELEMENT ATKISObjectPart
          ( GeometryCollection, ObjectAttribute* )>
<!ATTLIST ATKISObjectPart ObjectPartNo CDATA #REQUIRED>
```

Fig. 11. ATKIS DTD for `ATKISObjectPart` using GML ([10])

4.2 Generating XML Documents from the Database

After the database schema and exchange language is fixed we need tools to produce files in ATKIS-ML from data in the database and also import tools that can read ATKIS-ML files and insert their contents into the corresponding database schema. Both tasks can be solved easily by using a database programming language or an external language which offers database support (like Java and JDBC). We have only implemented a tool to generate ATKIS-ML files from a database schema so far, but we feel that an import tool should be as easily implementable if desired.

We decided to use a database programming language (PL/SQL for Oracle8*i*) to be able to use the advantages of a tight SQL integration into the language. The export tool for a particular data set works its way through the ATKIS-ML definition (e. g. it starts with `ATKISObjects`) obtaining the desired data from the database tables using cursors. It generates an output file in text format containing the desired ATKIS-ML tags for elements detected. Their attributes are inserted with the values obtained from the database entries by the cursor. For subelements subcursors are used: cursors within the outer cursor using information from that outer cursors current state for selection. The tool consists of a single PL/SQL procedure which has to be installed in the users schema and can then be executed to generate the desired file. Once the procedure is completed and hence the file contains all the information, it is a well-formed and valid XML document.

The export tool for the standardized information works in exact the same way on ATKIS-META-ML instead of ATKIS-ML. We checked the correctness of the generated documents by using a validating XML parser. Both export procedures have a prototype flavor in that they are specialized to work with the database schema from Sect. 2 and the markup languages from the preceding subsections. It is probably desirable to design a more general tool that generates markup language files given a database schema and the language DTD, or even a tool that generates the DTD as well from only the database schema. The XML files that we generated could be used by other geographic databases to import the cartographic base data that is supplied. These systems do not need to implement a specialized import tool for a special file format; instead they only have to be able to read the output document tree of a validating XML parser. Tools that perform this task are already available for some database systems.

5 Conclusion and Future Work

5.1 Summary

In this article we have shown how to use an object-relational database management system to make geographic data web-wide available. In particular we developed and implemented a database schema for the german cartographic-topographic information system in Oracle8*i* and provided an import routine for data in the EDBS exchange format into the database. We have described a visualization tool for data in this database schema as well as any geographic data in the object-relational DBMS Oracle8*i*. Moreover we have proposed an XML-based markup language for the exchange of cartographic data over the web embedding the standardized GML language ([10]) for geometric features to provide maximum portability. We finally have shown how to generate files in this ATKIS-ML for exchange of data resident in the database system. Along the way we stated some general rules on how to define an XML document type defintion for the strongly structured data in an object-relational database schema.

5.2 Future Work

Some topics in this context deserve further investigation: firstly the generation of general rules for generating a DTD from a database schema for exchange of data in a database would be very interesting. This is even more important in the context of the development of the XSchema language, which is specially designed for the interchange of schemas. Therefore tools to generate a schema description in XSchema from a particular database schema will be very helpful. Once such tools are available (and XSchema has reached the recommendation stage) the DTD based data exchange we proposed would have to be compared with an XSchema based technique.

More specifically the ATKIS-ML and other two-dimensional geographic formats demand an extension to include three-dimensional data. As a first step we have included elevation marks into a database for a standard cartographic data set (so-called 2.5 dimensions). The DTD has to be extended as well.

We mentioned that we only implemented the generation of ATKIS-ML files from database content and not the database import. This would be an interesting addition. But probably this would also demand the development of more general tools for importing XML files into object-relational databases. Several efforts in this direction are undertaken, see e. g. [4]. To this end the further development of XSchema might also play a key role. It should be able to generate a database schema directly from an XSchema description and then populate this schema with the contents of a valid XML file according to this schema. All these tasks should be performed automatically, i. e. independently of the particular schema and data file.

Displaying data in XML format is usually described by XSL specifications. In the context of ATKIS the signature catalogue for map generation is the central idea how to display landscape data. So it seems natural to develop an XSL specification for ATKIS conforming to the signature catalogue. This could then be extended to different specifications for different user groups and scales of the map. One could even imagine a preview-like specification that potential customers of the data supplying agencies could view without cost before making a decision about obtaining ATKIS data sets.

References

[1] S. Abiteboul, P. Buneman, D. Suciu: *Data on the Web: From Relations to Semistructured Data and XML*. Morgan Kaufmann Publishers, San Francisco, 2000.

[2] F. Arcieri, C. Cammino, E. Nardelli, M. Talamo, A. Venza: The Italian Cadastral Information System: a Real-Life Spatio-Temporal DBMS (Extended Abstract). In M. Böhlen, C. Jensen, M. Scholl (eds.), *Spatio-Temporal Database Management – Int. Workshop STDBM'99, Edinburgh, Sept. 10-11, 1999*, LNCS 1678, Springer-Verlag, Berlin, 1999, 79–99.

[3] S. Ceri, P. Fraternali, S. Paraboschi: XML: Current Developments and Future Challenges for the Database Community. In C. Zaniolo, P. C. Lockemann, M. H. Scholl, T. Grust (eds.), *Advances in Database Technology – EDBT 2000 - 7th Int. Conference on Extending Database Technology, Konstanz, March 2000*, LNCS 1777, Springer-Verlag, Berlin, 2000.

[4] D. Florescu, D. Kossmann: Storing and Querying XML Data using an RDMBS. *Data Engineering 22:3 (1999)*, 27–34.

[5] C. Kleiner, S. Falke, U. W. Lipeck: Verwaltung geographischer Basisdaten durch objektrelationale Datenbanken am Beispiel von ATKIS und Oracle8i. *Informatik-Berichte DB-02/2000*, Institut für Informatik, Universität Hannover, Hannover, 2000.

[6] G. Kappel, E. Kapsammer, S. Rausch-Schott, W. Retschitzegger: X-Ray - Towards Integrating XML and Relational Database Systems. In A. Laender, S. Liddle, V. Storey (eds.), *Conceptual Modeling - ER 2000 - 19th Int. Conference on Conceptual Modeling, Salt Lake City, Utah, USA, October 9-12, 2000*, LNCS 1920, Springer-Verlag, Berlin, 2000.

[7] E. Kophstahl, H. Sellge (eds.): *Das Geoinformationssystem ATKIS und seine Nutzung in Wirtschaft und Verwaltung, anlässlich des 2.AdV–Symposiums ATKIS, am 27. und 28. Juni 1995*. Kopie, Niedersächsisches Landesverwaltungsamt, Hannover, 1995.

[8] K. Neumann, H. Koch: Ein experimentelles Informationssystem für ATKIS-Daten. *Nachrichten aus dem Karten- und Vermessungswesen 113:1 (1995)*, 179–190.

[9] OpenGIS Consortium: *OpenGIS Simple Features Specification for SQL*. Technical Report 99-049, Open GIS Consortium, 1999 (`www.opengis.org/techno/specs/99-049.pdf`).

[10] OpenGIS Consortium: *Geography Markup Language (GML) 1.0*. OpenGIS Consortium Inc., OGC Recommendation 12-May-2000 (`www.opengis.org/techno/-specs/00-029/GML.html`).

[11] M. Stonebraker, P. Brown: *Object-Relational DBMSs – Tracking the Next Great Wave (Second Edition)*, 2nd edition. The Morgan Kaufmann Series in Data Management Systems, Morgan Kaufmann Publishers, San Francisco, 1999.

[12] S. St. Laurent, R. Biggar: *Inside XML DTDs: Scientific and Technical*. McGraw-Hill, New York, 1999.

[13] J. Shanmugasundaram, E. J. Shekita, R. Barr, M. J. Carey, B. G. Lindsay, H. Pirahesh, B. Reinwald: Efficiently Publishing Relational Data as XML Documents. In A. E. Abbadi, M. L. Brodie, S. Chakravarthy, U. Dayal, N. Kamel, G. Schlageter, K. Y. Whang (eds.), *VLDB 2000 - Proceedings of 26th International Conference on Very Large Data Bases, September 10-14, 2000, Cairo, Egypt*, Morgan Kaufmann Publishers, 2000.

[14] W3Consortium: *Extensible Markup Language (XML) 1.0.* World Wide Web Consortium, 1998. W3C Recommendation 10-Feb-98 (www.w3.org/TR/1998/REC-xml-19980210).

[15] W3Consortium: *Resource Description Framework (RDF) Model and Syntax Specification.* World Wide Web Consortium, 1999. W3C Recommendation 22-Feb-1999 (www.w3.org/TR/REC-rdf-syntax).

[16] W3Consortium: *XML Linking Language (XLink) Version 1.0.* World Wide Web Consortium, 2000. W3C Candidate Recommendation 03-Jul-2000 (www.w3.org/TR/xlink).

[17] W3Consortium: *XML Pointer Language (XPointer) Version 1.0.* World Wide Web Consortium, 2000. W3C Candidate Recommendation 07-Jun-2000 (www.w3.org/TR/xptr).

[18] W3Consortium: *XML Schema Part 0: Primer.* World Wide Web Consortium, 2000. W3C Candidate Recommendation 24-October-2000 (www.w3.org/TR/xmlschema-0).

[19] W3Consortium: *XML Schema Part 1: Structures.* World Wide Web Consortium, 2000. W3C Candidate Recommendation 24-October-2000 (www.w3.org/TR/xmlschema-1).

[20] W3Consortium: *XML Schema Part 2: Datatypes.* World Wide Web Consortium, 2000. W3C Candidate Recommendation 24-October-2000 (www.w3.org/TR/xmlschema-2).

[21] J. Widom: Data Management for XML: Research Directions. *Data Engineering 22:3 (1999)*, 44–53.

Eine Architektur zur XML-basierten Repräsentation von bewegten Geo-Objekten
(Kurzbeitrag)

Thomas Brinkhoff und Jürgen Weitkämper

Institut für Angewandte Photogrammetrie und Geoinformatik (IAPG)
Fachhochschule Oldenburg/Ostfriesland/Wilhelmshaven
Ofener Str. 16/19, D-26121 Oldenburg
{Thomas.Brinkhoff,Weitkaemper}@fh-oldenburg.de

Zusammenfassung. Das Forschungsgebiet der Geo-Datenbanksysteme wird derzeit durch die Entwicklung geeigneter Datenmodelle und Algorithmen für raum-zeitbezogene Daten geprägt, um zum Beispiel bewegte Geo-Objekte für Anwendungen der Verkehrstelematik verwalten zu können. Einen generellen Trend stellt die Nutzung von XML zur Repräsentation von Daten dar, insbesondere – aber nicht nur – für Internet-Applikationen. In diesem Beitrag sollen die beiden Entwicklungen in einer Architektur zur XML-basierten Repräsentation von bewegten Geo-Objekten zusammengeführt werden. Dies erfolgt speziell in Hinblick auf heterogene Web-Anwendungen. Nach Darstellung der Anforderungen werden die einzelnen Komponenten einer solchen Architektur und deren Zusammenspiel vorgestellt. Dabei zeigt sich, dass der Aufbau einer geeigneten Infrastruktur die Lösung einer Reihe von Fragestellungen erfordert, die in einer konventionellen Architektur nicht auftreten. Davon sind sowohl die Clients als auch die Server- und Datenbank-Komponenten betroffen.

1 Einleitung

Während sich in der letzten Dekade die Forschungsaktivitäten im Bereich von Geo-Daten insbesondere auf den Entwurf und die Entwicklung von Architekturen, Datenstrukturen und Anfragestrategien zur effizienten Behandlung *statischer* Geo-Daten konzentriert haben, ist das derzeitige Forschungsgeschehen sehr stark durch die Betrachtung von *raum-zeitbezogenen Daten („Spatiotemporal Data")* geprägt. Hierzu sei u.a. auf das EU-Projekt "Chorochronos" [15] verwiesen. Motivation für diese Entwicklung ist insbesondere das Aufkommen neuer Anwendungen zum Beispiel aus dem Bereich der Verkehrstelematik ([2], [25]), die die Verwaltung von bewegten Objekten (z.B. von Verkehrsteilnehmern) erfordern.

Ein weiterer Trend im Bereich der Verwaltung von Geo-Daten betrifft deren Präsentation mittels des World Wide Webs. Nahezu jedes *Geoinformationssystem (GIS)* bietet Aufsätze an, die es ermöglichen, Karten und andere raumbezogene Daten im Internet einer breiten Öffentlichkeit bereitzustellen; auch wurden spezielle Geo-Server-Architekturen für die Nutzung von GIS-Funktionalität über das Internet entwickelt [6]. Eine Problematik, die alle Internet-Anwendungen, die mit Geo-Daten arbeiten, zu lösen haben, ist die Repräsentation und Darstellung dieser Daten. Da HTML standardmäßig nur Rasterdaten, aber keine Vektorgrafiken unterstützt, führt dies entweder zu funktionalen Einschränkungen oder zu Lösungen, die die Nutzung solcher Anwendungen für große Nutzergruppen erschwert [3].

Eine Lösung dieses Problems zeichnet sich durch die Verwendung von *XML (Extensible Markup Language)* ab, einer Metagrammatik für kontextfreie Grammatiken, mit der sich die Syntax von Auszeichnungssprachen definieren lässt [21]. Ziel von XML ist es, flexibel die Struktur von Dokumenten zu definieren, die im World Wide Web übertragen werden. Durch den Einsatz von XML lassen sich anwendungsspezifische Dokumente beschreiben, für die HTML zu restriktiv ist.

Auch im Geoinformationswesen ist zu erwarten, dass XML eine bedeutende Rolle zur Repräsentation und Übermittlung von Dokumenten im Internet einnehmen wird. Gerade wurde durch das OpenGIS-Konsortium (OGC) eine XML-Spezifikation, die *Geography Markup Language (GML)*, erarbeitet, die zur Repräsentation einfacher geographischer Merkmale dient [13]. Es sind bereits erste Geoinformationssysteme auf dem Markt bzw. angekündigt, die GML unterstützen (z.B. [8], [16]). Im Bereich von Vektorgrafiken wird derzeit der neue, XML-basierte Grafikstandard *SVG (Scalable Vector Graphics)* normiert [24]. SVG eignet sich wesentlich besser zur Darstellung kartografischer Informationen als bisherige Datenformate des WWW [12].

Der Bereich der XML-basierten Web-Anwendungen erfährt zur Zeit eine rasante Entwicklung. Mehrere Frameworks sind im Aufbau begriffen, die die Entwicklung solcher Anwendungen unterstützen sollen (siehe u.a. Sun Microsystems *XML at Sun* [18], das *Apache XML Project* [1], *Microsoft .NET Framework* [11]). Daraus ergibt sich eine breite Basis an Werkzeugen, die jeweils für die speziellen Belange angepasst und erweitert werden können.

Die Verbindung der genannten Trends soll im angelaufenen Projekt "Der Einsatz von XML zur Repräsentation und Visualisierung von bewegten Geo-Objekten" erfolgen. Dazu wurde eine Architektur entwickelt, die eine XML-basierte Repräsentation von bewegten Geo-Objekten erlaubt. Diese Architektur umfasst die Kette vom Client, der für die Visualisierung der Daten und die Nutzerinteraktion verantwortlich ist, bis hin zu einem *spatiotemporalen Datenbanksystem*. Dabei wurden insbesondere die Implikationen betrachtet, die sich aus dem Einsatz von Clients ergeben, die sich in ihrer Präsentations- und Kommunikationstechnologie voneinander unterscheiden, z.B. für die Unterstützung von mobilen Applikationen. Weitere Fragestellungen betreffen die geeignete Repräsentation von bewegten Geo-Objekten und deren Visualisierung.

In diesem Beitrag werden zunächst die Anforderungen an eine solche Architektur präsentiert. Abschnitt 3 stellt die Architektur komponentenweise vor. Den Abschluss bilden eine Zusammenfassung und ein Ausblick auf künftige Aktivitäten.

2 Anforderungen an die Architektur

2.1 Der Client

Hauptaufgaben von Internet-Clients sind die Präsentation der Web-Inhalte und die Interaktion mit dem Nutzer. Aus Sicht eines Datenbanksystems stellt der Client spatiotemporale Anfragen und nimmt die Anfrageergebnisse entgegen. Zusätzlich ist der Client für die Kommunikation mit dem Internet-Server verantwortlich.

Schon bei der Darstellung von reinen HTML-Seiten tritt das Problem auf, dass sich die Darstellung von Client zu Client unterscheidet. Ursachen sind typischerweise der Einsatz unterschiedlicher Browser, Betriebssysteme und Hardware, wobei insbesondere die Bildschirmeigenschaften einen wesentlichen Einflussfaktor darstellen. Gegenwärtig verschärft sich die Problematik durch den Einsatz von Endgeräten, die bislang nicht für die Darstellung von Web-Inhalten geeignet waren. Zu herkömmlichen PCs und Workstations treten nun u.a. Fernsehkonsolen, PDAs und Mobiltelefone in Konkurrenz. Diese Vielfalt von Endgeräten mit signifikant unterschiedlichen Hardware-Eigenschaften erfordert es, unterschiedliche Visualisierungs- und Interaktionstechniken zu unterstützen. Daneben können die Endgeräte auch hinsichtlich der vorhandenen Basis-Software differieren, z.B. bezüglich der Verfügbarkeit von Plugins oder von Java-Editionen; beispielsweise könnte auf PDAs die Java 2 Micro Edition [17] anstelle der üblichen Standard Edition installiert sein.

2.2 Internet- und Map-Server, Verwaltungsdatenbank

Der *Internet-Server* wickelt zunächst das HTTP-Protokoll ab. HTTP als zustandsloses Protokoll bietet keine Möglichkeit, eine Client-Verbindung über HTTP-Requests hinweg zu identifizieren. Für die Verwaltung der aktuell bestehenden offenen Clientabfragen wird daher eine separate *Verwaltungsdatenbank* benötigt.

Daneben ist die Umsetzung der Daten in das vom Client benötigte Datenformat Aufgabe des Internet-Servers. Alle weitergehenden Aufgaben werden üblicherweise einer anderen Komponente, dem Map-Server, übertragen [6].

Hauptaufgabe eines *Map-Servers* (auch *Geo-Server* genannt) ist das Zusammenspiel mit einem Geo-Datenbanksystem; in kommerziellen Lösungen wird die Rolle des Geo-Datenbanksystems meist von einem Geoinformationssystem (oft in Zusammenspiel mit Standard-Datenbanksystemen) übernommen [3]. Für ein System, das raum-zeitbezogene Daten verwaltet und bereitstellt, wird die Rolle des Geo-Datenbanksystems durch ein spatiotemporales Datenbanksystem wahrgenommen. Außerdem kann es unabhängig davon auch erforderlich sein, weitere (Standard-) Datenbanksysteme anzusprechen. Der Map-Server leitet die Anfragen an das bzw. die Datenbanksysteme weiter und bereitet die Anfrageresultate auf.

2.3 Das spatiotemporale Datenbanksystem

Ein spatiotemporales Datenbanksystem hat primär zwei Aufgaben: 1. die effektive Speicherung und Aktualisierung der temporalen Geo-Daten und 2. die effiziente Bearbeitung von spatiotemporalen Anfragen. Wir gehen in der nachfolgend vorgestellten Architektur davon aus, dass die Aktualisierung der Datenbank nicht über die Komponenten erfolgt, die dem Internet-basierten Zugriff dienen, sondern über andere (interne) Schnittstellen. In diesem Sinne ist die Architektur auskunftsorientiert.

2.4 Zeitliche Aktualisierung

Spatiotemporale Anfragen produzieren über ein – gegebenenfalls unendlich langes – Zeitintervall immer wieder Ergebnisse (s. a. Abschnitt 3.1.2). Prinzipiell können sowohl der Client, als auch der Server die Initiative zur Aktualisierung der Daten übernehmen. Da der Client nicht weiß, wann und in welchem Umfang sich Daten verändert haben, ist es zweckmäßig, dass die Initiative von der Server-Seite ausgeht. (s. Abschnitt 3.1.3).

2.5 Datenrepräsentation

Benötigt werden zwei ergänzende XML-Anwendungen. Zunächst muß eine Sprache zur Beschreibung der zeitlichen Aspekte definiert werden („Temporal GML"). Einen Ansatz dafür könnte die für Multimedia-Anwendungen entwickelte XML-Anwendung SMIL (*Synchronized Multimedia Integration Language*) bieten [22]. Ferner müssen Änderungen bestehender XML-Daten geeignet repräsentiert werden.

3 Die Architektur

Das in Bild 1 dargestellte Diagramm gibt schematisch die wesentlichen Komponenten und Abläufe in unserer Architektur zur XML-basierten Repräsentation von bewegten Geo-Objekten wieder. Nachfolgend werden die einzelnen Komponenten erläutert.

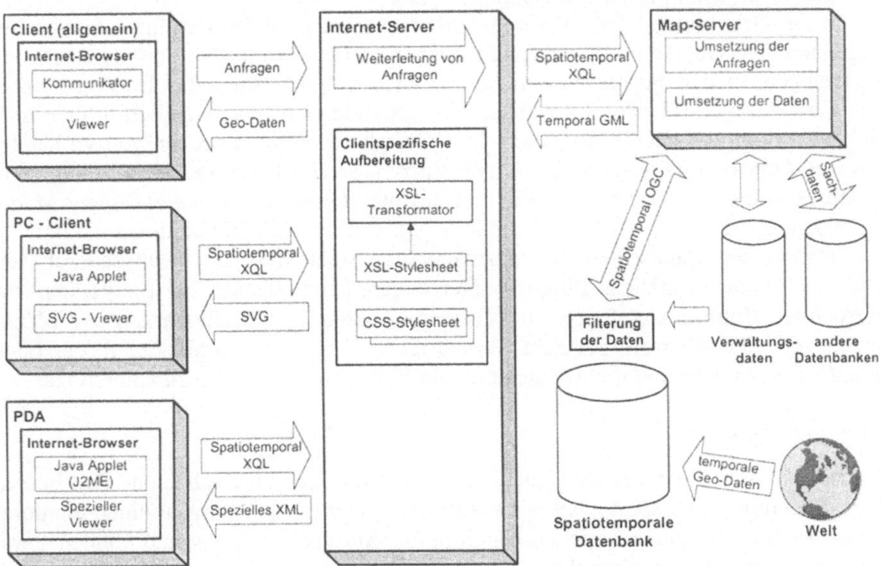

Bild 1. Architektur zur XML-basierten Repräsentation von bewegten Geo-Objekten

3.1 Der Client

Betrachtet werden nachfolgend die Visualisierung sich bewegender Geo-Objekte, die typischen Anfragen und die Kommunikation des Clients mit dem Internet-Server.

3.1.1 Visualisierung

Bei temporalen Geo-Daten handelt es sich primär um Vektordaten. Wie erwähnt, steht für die Darstellung von Vektorgrafiken bislang kein einheitlicher, allgemein anerkannter Standard zur Verfügung. Typische Lösungen für diese Problematik im GIS-Umfeld sind folgende:

- Die Verwendung von Rasterformaten, die dynamisch auf der Server-Seite generiert werden (z.B. [4]). Die Folge ist eine eingeschränkte Funktionalität auf der Client-Seite und ein hohes Datenübertragungsvolumen.
- Eine zweite Lösung ist der Einsatz von Zusatz-Software, die die Funktionalität des Internet-Browsers erweitert. Je nach Einsatzfeld liegt diese Software als Java-Applet oder als Active-X-Komponente vor. Insbesondere ad-hoc-Nutzer von Internet-Anwendungen mit Geo-Daten werden durch solche Lösungen abgeschreckt.
- Vergleichbar zur zweiten Lösung ist der Einsatz von proprietären Formaten wie z.B. Macromedia Flash [10], die aber Einschränkungen für kartografische Anwendungen aufweisen [12] und in keiner Weise standardisiert sind.

Ziel ist also ein gleichermaßen flexibles wie auch standardisiertes Format für Vektorgrafiken. Damit bietet sich der Einsatz eines XML-basierten Datenformats an. Ein guter Kandidat dafür ist der Grafikstandard SVG (Scalable Vector Graphics), der zur Zeit in der Version 1.0 den Status einer Candidate Recommendation des WWW-Konsortiums hat [24]. SVG bietet eine Reihe von Eigenschaften, die die Darstellung kartografischer Informationen unterstützen [12].

Um ein Grafikformat (und die zugehörigen Viewer) zur Darstellung von sich bewegenden Geo-Objekten verwenden zu können, ist es erforderlich, dass nachträglich Änderungen an den bislang übertragenen Daten möglich sind; das Einfügen neuer Geo-Objekte, die Veränderung existierender Objekte primär hinsichtlich ihrer Position, aber prinzipiell auch hinsichtlich ihrer Gestalt sowie das Löschen von vorhandenen Geo-Objekten ist clientseitig zu unterstützen. SVG erlaubt diese Modifikationen, indem es einen vollständigen Zugriff auf das hierarchische *Document Object Model (DOM)* zulässt und über Skripte Veränderungen in diesem Objektbaum unterstützt.

Während bei Standard-Browsern zu erwarten steht, dass sie in absehbarer Zeit SVG auch ohne zusätzliche Plug-ins unterstützen, kann dagegen bei Endgeräten wie PDAs oder Mobilfunktelefonen zur Zeit keine Aussage zur Verfügbarkeit und Mächtigkeit von SVG-Viewern gemacht werden. Daher muss die Architektur in der Lage sein, flexibel andere (möglichst auch XML-basierte) Grafikformate zu unterstützen.

3.1.2 Anfragen

Prinzipiell können wir verschiedene Typen von Anfragen unterscheiden. Von besonderer Bedeutung sind *spatiotemporale Anfragen.* Diese haben sowohl einen temporalen als auch einen raumbezogenen Anteil in der Anfragebedingung und können somit vom spatiotemporalen Datenbanksystem optimiert bearbeitet werden. Der Client erhält die augenblicklich oder für einen beliebigen Zeitpunkt oder -raum gültigen

Geo-Objekte, die beispielsweise in einem bestimmten Anfragerechteck liegen. Sollten Objekte für einen Zeitraum angefragt worden sein, ist die Aufbereitung der Ergebnisdaten, um die Bewegung der Daten darzustellen, Aufgabe des Clients bzw. des Viewers. *Temporale Anfragen* ohne eine raumbezogene Anfragebedingung können auch auftreten, sind aber für spatiotemporale Datenbanksysteme eher untypisch.

Für die Darstellung sich bewegender Geo-Objekte gibt es eine wichtige Variante von spatiotemporalen Anfragen, bei denen das Zeitintervall alle Daten vom aktuellen Zeitpunkt bis in die unbegrenzte Zukunft umfasst. In diesem Fall werden zunächst alle aktuellen Daten (z.B. eines Gebiets) an den Client übertragen und dort angezeigt. Danach findet eine *kontinuierliche Aktualisierung* statt: Sobald es geboten ist (dazu mehr in Abschnitt 3.4), werden Informationen über neue, geänderte und gelöschte Daten von dem spatiotemporalen Datenbanksystem entdeckt und übertragen.

Um spatiotemporale Anfragen formulieren zu können, bedarf es einer Grundlage, auf der die bewegten Objekte repräsentiert und angefragt werden können. Eine grundlegende Arbeit in dieser Richtung stellt der Artikel von Güting et al. [7] dar, in dem spatiotemporale Datentypen und Operationen vorgestellt und in eine Anfragesprache eingebettet werden. Eine Umsetzung in ein diskretes Datenmodell findet sich in [5]. In einem XML-basierten Umfeld ist eine Übertragung dieser oder vergleichbarer Ergebnisse in eine XML-Notation zweckmäßig. Dies ist in Bild 1 durch den Begriff „Spatiotemporal XQL“ angedeutet.

3.1.3 Kommunikation mit dem Internet-Server

Für das Bearbeiten der Anfragen ist eine Kommunikation mit dem Internet-Server erforderlich. Dies ist Standardfunktionalität. Zu betrachten ist aber die kontinuierliche Aktualisierung von Geo-Objekten, die sich so nicht in vergleichbaren Geo-Server-Architekturen findet. Da der Client nicht weiß, wann und in welchem Umfang sich Daten verändert haben, ist es zweckmäßig, dass die Initiative dazu von der Server-Seite ausgeht. Auf abstrakter Ebene wird in diesem Fall also die Rolle zwischen Server und Client ausgetauscht.

Für die serverseitig initiierte Auffrischung der Daten steht die Server-Push-Technologie zur Verfügung, die auf Basis einer festen TCP-Verbindung beruht und bei der zur Aktualisierung die komplette HTML-Seite oder -Seiten neu übertragen werden. Diese Technik belastet durch die vielen aktiven Verbindungen den Server sehr. Dazu kommt, dass für die hier betrachteten Aufgaben i.d.R. nur eine kleine Teilmenge der bereits beim Client vorhandenen Daten verändert werden muss. Eine komplette Neuübertragung wäre damit eine Verschwendung von Übertragungskapazität.

Im Rahmen der hier vorgestellten Architektur wird statt dessen innerhalb eines Applets ein "clientseitiger" Server gestartet, der beim Web-Server registriert wird. Dieser Mechanismus ermöglicht zusätzlich eine Identifizierung der Clients über einzelne HTTP-Requests hinweg: in der oben bereits erwähnten Verwaltungsdatenbank werden zur Identifizierung die IP- und Portnummer dieses Servers registriert. In Bild 1 ist dies durch die Komponente „Kommunikator“ beim Client angedeutet. Zu untersuchen bleibt die Fragestellung, ob diese Lösung für das gewünschte Anwendungsumfeld hinreichend skalierbar ist.

3.2 Der Internet-Server

Der Internet-Servers ist ein handelsüblicher HTTP-Server zur Behandlung der Seitenanforderungen der Clients. Darüber hinaus werden die Anfragen der Clients an den Map-Server weitergeleitet und die Resultate der Anfragen in die clientspezifischen Daten- und Stilformate umgesetzt.

3.2.1 Aufbereitung der Anfrageresultate

Wie bereits erwähnt, muss davon ausgegangen werden, dass die Clients unterschiedliche Grafikformate benötigen. Dabei nehmen wir an, dass diese Formate über XML definiert sind. Andererseits sollte der Map-Server zur Minderung der Komplexität mit nur einem Datenformat arbeiten. Auch hier ist es zweckmäßig, XML zur Beschreibung der Daten zu verwenden. Für die Repräsentation von Geo-Daten wurde durch das OpenGIS-Konsortium (OGC) eine XML-Spezifikation, die *Geography Markup Language GML*, erarbeitet [13]. Damit steht eine Kerndefinition zur Verfügung, die für eine einheitliche Darstellung von spatiotemporalen Daten (unter Verwendung der gleichen Datentypen wie bei der Definition der Anfragesprache) angepasst und erweitert werden kann. Diese „Temporal GML“ wäre damit das Datenformat, in dem der Map-Server die Daten zur Verfügung stellt.

Für eine Umsetzung zwischen zwei XML-Datenformaten ist der Einsatz von XSL-Transformationen angebracht. Der Transformationsteil von *XSL (Extensible Style Language)* [23] überführt ein XML-Dokument unter Verwendung von XSL-Stylesheets in ein anderes XML-Dokument. Um unterschiedliche Datenformate der Clients zu unterstützen, müssen unterschiedliche XSL-Stylesheets beim Internet-Server bereitgehalten werden. Die Integration des XSL-Transformators in den Server kann als Java-Servlet erfolgen. Prinzipiell ist es auch möglich, die XSL-Transformation erst beim Client auszuführen. Allerdings ist insbesondere für leistungsschwächere Endgeräte eine serverseitige Transformation vorzuziehen. Über die Verwendung unterschiedlicher CSS-Stylesheets kann eine client- oder benutzerspezifische Formatierung der Daten erreicht werden.

Im Vergleich zu Binärformaten blähen XML-Dokumente das Datenvolumen sehr stark auf. Allerdings wird dieses Problem durch eine gute Komprimierbarkeit größtenteils wieder wettgemacht. Vorläufige Ergebnisse haben gezeigt, dass bei gleichen Daten eine ZIP-Komprimierung GML-Dateien etwa um einen Faktor 20, SVG-Daten etwa um den Faktor 7,5 und Binärdateien ungefähr um den Faktor 2,5 komprimiert.

3.3 Der Map-Server

Hauptaufgabe eines *Map-Servers* ist die Koordinierung des Zusammenspiels mit dem oder den Datenbanksystemen. Der Map-Server leitet die Anfragen an das jeweilige System weiter und bereitet die (Anfrage-) Resultate auf. Da bei spatiotemporalen Datenbanksystemen die Verwaltung der Daten im wesentlichen nach räumlichen und zeitlichen Kriterien erfolgt, kann nicht davon ausgegangen werden, dass die Daten in der Datenbank in XML vorliegen oder über XML angefragt werden können. Damit sind seitens des Map-Servers einerseits die Anfragen in datenbankspezifische Anfragesprachen und Datenmodelle umzusetzen und andererseits die Anfrageresultate in

Temporal GML als einheitliches Datenformat zu überführen. Aus Effizienzgründen kann dies aber durchaus im Rahmen eines Datenbankprozesses erfolgen.

3.4 Das spatiotemporale Datenbanksystem

Zum Themenkomplex spatiotemporale Datenbanksysteme sind in den letzten Jahren eine Reihe von Arbeiten entstanden. Insbesondere die Themen Datenmodellierung und Definition von Anfragen (z.B. [19], [7]) sowie Indizierung (z.B. [20], [9], [14]) wurden betrachtet. Eine Reihe von Aspekten, die die Speicherung von spatiotemporalen Daten betreffen, wurde hingegen bislang noch nicht vertieft untersucht. Zu nennen sind z.B. eine geeignete Clusterbildung und spezifische Pufferungsstrategien.

3.4.1 Kontinuierliche Anfrageweiterbearbeitung

Die kontinuierliche Aktualisierung der Clients erfordert, dass die Bearbeitung einer Anfrage nicht nach Zusammenstellung des Resultats abgeschlossen ist, sondern fortgesetzt werden muss, bis ein gesonderter Befehl zur Beendigung der Anfrage beim spatiotemporalen Datenbanksystem eintrifft.

Ein erster Ansatz besteht darin, dass das Datenbanksystem, sobald Änderungen vorliegen, diese auf ihre Auswirkungen auf die vorliegenden, kontinuierlich weiterzubearbeitenden Anfragen prüft und ggf. Änderungen an den Map-Server weiterleitet. Eingeleitet werden kann dieser Prozess durch entsprechende Trigger. Dieser Ansatz berücksichtigt allerdings nicht, dass die Kommunikationsverbindungen zwischen dem Server und den Clients hinsichtlich der Geschwindigkeit und des Durchsatzes stark voneinander differieren können. Dies gilt bereits für das herkömmliche Internet und noch stärker für mobilfunkbasierte Netztechnologien. Zudem können sich die Clients in ihren Rechenleistungen stark voneinander unterscheiden. Damit besteht die Gefahr, dass die Weiterleitung aller geänderter Daten die Clients bzw. die vorhandenen Übertragungskapazitäten überfordert.

Ein weiterer Aspekt, der die Bearbeitung von kontinuierlichen Aktualisierungen beeinflusst, ist die vom Client geforderte Auflösung der Änderungen bezüglich Zeit und insbesondere Raum. So kann z.B. aufgrund einer beschränkten visuellen Auflösung es für einen bestimmten Client zweckmäßig sein, nur Veränderungen zu übertragen, die einen gegebenen Mindestabstand übersteigen.

Damit sich das Datenbanksystem auf die genannten Eigenschaften einstellen kann, ist es erforderlich, dass der Client seine *Verbindungs- und Verarbeitungseigenschaften* bekannt gibt und diese in der Verwaltungsdatenbank für den Zeitraum der Anfragebearbeitung gespeichert werden. Hierbei lassen sich zwei prinzipielle Fälle unterscheiden: 1. die Eigenschaften ändern sich über die Laufzeit der Anfrage nicht und 2. die Eigenschaften ändern sich beispielsweise wegen geänderter Auflösungsanforderungen (z.B. durch eine Zoom-Operation) oder aufgrund veränderter Übertragungseigenschaften; so hängt bei UMTS die Übertragungsgeschwindigkeit von der Entfernung des Endgerätes zur nächsten Sende- und Empfangsstation ab.

Die Verbindungs- und Verarbeitungsinformationen können nun zur Filterung von Daten im Rahmen der kontinuierlichen Aktualisierung eines Clients genutzt werden. Im wesentlichen beeinflussen 1. das Ausfiltern von nichtsignifikanten Änderungen, 2. die Einhaltung von Mindestzeiträumen zwischen zwei Aktualisierungen und 3. die

Beschränkung des Übertragungsvolumens die Filterung von Daten. Damit ist erforderlich, dass das Datenbanksystem Anfrageergebnisse clientspezifisch puffert und ggf. vor einer Übertragung verändert oder gar verwirft. Eine Konsequenz aus einer solchen Zwischenspeicherung ist, dass 1. eine geeignete Selektion von Daten, die übertragen werden sollen, erfolgt und dass 2. zur Begrenzung des Speicherbedarfs beim Datenbanksystem auch Aktualisierungen mit (vermeintlich) geringerer Relevanz für den Client aus dem Puffer entfernt werden. Für diese *Auswahlmechanismen* sind geeignete Heuristiken zu entwickeln und im Rahmen der vorgestellten Architektur näher zu untersuchen. Durch diesen Auswahl- und Verzögerungsprozess können in der Antwortmenge, die der Client erhält, entweder Informationen fehlen oder erst zeitverzögert übermittelt werden. Damit ist es auch erforderlich, ein geeignetes Maß zur Beschreibung der Qualität der Antwort zu entwickeln und zu überprüfen.

4 Zusammenfassung und Ausblick

In diesem Beitrag wurde eine Architektur zur XML-basierten Repräsentation von bewegten Geo-Objekten vorgestellt. Wichtige Aspekte dieser Architektur sind die Berücksichtigung unterschiedlicher Endgeräte auf der Client-Seite, die Verwendung von XML-basierten Daten- und Anfrageformaten für spatiotemporale Daten, die Unterstützung von spatiotemporalen Anfragen und einer kontinuierlichen Aktualisierung der Clients.

Wesentliche Aufgabe ist es nun, für die vorgestellten Konzepte eine Feinspezifikation vorzunehmen. Dies betrifft insbesondere die Datenrepräsentation in „Temporal GML", die Definition von Anfragen („Spatiotemporal XQL") und die Untersuchung von Heuristiken zur Datenfilterung. Auf Grundlage der vorgestellten Architektur soll die weitere Fortentwicklung und Untersuchung ausgewählter Komponenten insbesondere zur kontinuierlichen Anfragebearbeitung erfolgen.

5 Literatur

1. Apache Software Foundation: XML at Apache, http://xml.apache.org/
2. Brinkhoff T.: "Requirements of Traffic Telematics to Spatial Databases". *Proceedings 6th International Symposium on Large Spatial Databases*, Hong Kong, China, 1999, in: Lecture Notes in Computer Science, Vol.1651, Springer, 365-369.
3. Brinkhoff T.: "The Impacts of Map-Oriented Internet Applications on Internet Clients, Map Servers and Spatial Database Systems", *Proceeding 9th International Symposium on Spatial Data Handling*, Beijing, China, 2000.
4. ESRI Inc.: "ArcView Internet Map Server", 1999, http://www.esri.com/software/arcview/extensions/imsext.html
5. Forlizzi L., Güting R.H., Nardelli E., Schneider M.: "A Data Model and Data Structures for Moving Objects Databases", *Proceedings ACM SIGMOD International Conference on Management of Data*, Dallas, TX, 2000, 319-330.
6. Friebe J.: "Eine GeoServer-Architektur zur Nutzung von GIS-Funktionalität über Internet-Technologie", *Proceedings GI-Fachtagung Datenbanksysteme in Büro, Technik und Wissenschaft*, Freiburg, Germany, 1999, in: Informatik aktuell, Springer, 164-184.

7. Güting R.H., Böhlen M.H., Erwig M., Jensen C.S, Lorentzos N.A., Schneider M., Vazirgiannis M.: "A Foundation for Representing and Querying Moving Objects", *ACM Transactions on Database Systems*, Vol. 25, No.1, 2000, 1-42.
8. Intergraph Corp.: „Intergraph Announces GeoMedia 4.0 Product Suite", Nov. 2000, http://www.intergraph.com/gis/newsroom/press00/gm40_rlsf.asp
9. G. Kollios, D. Gunopulos, V.J. Tsotras: "On Indexing Mobile Objects", *Proceedings ACM Symposium on Principles of Database Systems*, Philadelphia,.PA, 1999, 261-272.
10. Macromedia Inc.: "Macromedia Flash", 2000, http://www.macromedia.com/software/flash/
11. Micrososft Inc.: "Microsoft .NET Framework", http://www.microsoft.com/net
12. Neumann A., Winter A.: „Kartographie im Internet auf Vektorbasis, mit Hilfe von SVG nun möglich", *carto:net*, Version 2.0, 09/2000, http://www.carto.net/papers/svg/index.html
13. OpenGIS Consortium: "Geography Markup Language, v1.0", May 2000, http://www.opengis.org/techno/specs.htm
14. Pfoser D., Jensen C.S., Theodoridis Y.: „Novel Approaches to the Indexing of Moving Object Trajectories", *Proceedings 26th International Conference on Very Large Databases*, Cairo, Egypt, 2000.
15. Sellis T.: "Research Issues in Spatio-temporal Database Systems". *Proceedings 6th International Symposium on Large Spatial Databases*, Hong Kong, China, 1999. In: Lecture Notes in Computer Science, Vol.1651, Springer, 5-11.
16. Smallworld: "Smallworld Internet Application Server: Product Overview", Nov. 2000, http://www.gesmallworld.com/english/products/internet/SIAS.pdf
17. Sun Microsystems Inc.: "Java^{TM} 2 Platform, Micro Edition (J2ME^{TM})", 2000, http://java.sun.com/j2me/
18. Sun Microsystems Inc.: "XML at Sun", http://xml.sun.com/
19. Sistla A.P., Wolfson O., Chamberlain S., Dao S.: "Modeling and Querying Moving Objects", *Proceedings 13th International Conference on Data Engineering*, Birmingham, UK, 1997, 422-432.
20. Theodoridis Y., Sellis T., Papadppoulos A.N., Manolopoulos Y.: "Specifications for Efficient Indexing in Spatiotemporal Databases", *Proceedings 10th International Conference on Scientific and Statistical Database Management*, Capri, Italy, 1998, 123-132.
21. World Wide Web Consortium: "EXtensible Markup Language, W3C Recommendation", Febr. 1998, http://www.w3.org/TR/REC-xml
22. World Wide Web Consortium: "Synchronized Multimedia Integration Language (SMIL) 1.0 Specification", http://www.w3.org/TR/REC-smil
23. World Wide Web Consortium: "XSL Transformations (XSLT), Version 1.0, W3C Recommendation", Nov. 1999, http://www.w3.org/TR/xslt
24. World Wide Web Consortium: "Scalable Vector Graphics (SVG) 1.0 Specification, W3C Candidate Recommendation", Aug. 2000, http://www.w3.org/TR/2000/CR-SVG-20000802/
25. Wolfson O., Sistla A.P., Chamberlain S., Yesha Y.: "Updating and Querying Databases that Track Mobile Units", *Distributed and Parallel Databases*, Vol. 7, No. 3, 1999, 257-287.

Query Preprocessing for Intergrated Search in Heterogeneous Data Sources

Ruxandra Domenig and Klaus R. Dittrich

Database Technology Research Group,
Department of Information Technology, University of Zürich, Switzerland
{domenig|dittrich}@ifi.unizh.ch

Abstract. SINGAPORE (**SING**le **A**ccess **PO**int for heterogeneous data **RE**positories) is a system for querying heterogeneous data. One of its particular features is that new sources may be registered at runtime. For this reason it does not rely on a predefined global integrated schema, but users can integrate data from the underlying sources when querying. Since formulating such queries may be a demanding task, our system allows the formulation of fuzzy queries, which are easier to formulate, at the expense of possibly producing less exact results. As a consequence, input queries need special treatment, called *query preprocessing*, which generates complex *target* queries that effectively return the results for the initial user queries. In this paper we discuss the importance of query preprocessing in our system, present heuristics for implementing it and show how techniques from database management systems and information retrieval can be combined in the process of query transformation.

1 Introduction

With the growing amount of data available on-line, searching for information in an effective way is becoming increasingly important. In particular, unified querying of various data sources by means of combining information, which we call *integrated search*, is often required. Additionally, sources and their data are highly heterogeneous. Data models are diverse (like relational, object-oriented, record-based) and consequently query capabilities vary as well. Furthermore, sources are heterogeneous from the content and semantic point of view. In our system SINGAPORE we consider structurally heterogeneous data, i.e. sources containing structured, semistructured and unstructured data and aim at offering a *flexible* way to perform integrated search, in the following sense:

– Users must be able to express their information need in both, an *exact* and a *fuzzy* way. In other words, we want to offer the possibility to express various kinds of queries, ranging from "approximate" ones, where no knowledge about the structure and the characteristics of the underlying data sources is available, to more exact ones, where users know the underlying data sources and their query capabilities as well as the (kind of) information they can expect.

- The system must be extensible. The registration of new data sources into the system at run-time should be easy, i.e. making new data available for querying, should require only little implementation work.

In order to fulfill these requirements, SINGAPORE offers several particular features:

- *Query Language.* The query language allows to query structured, semistructured and unstructured data, to integrate data and to formulate a wide range of queries, from exact to fuzzy ones.
- *User views of data.* Though for some application domains and for exact information needs, the availability of a global integrated schema is very important, a global schema negatively affects the extensibility of the system, because it is rigid and cannot be easily adjusted when new data is made available in the system. For this reason, we do not offer a global integrated schema, but support the integration of data when querying, through the query language.
- *Metadata.* Information about sources, their structure - if available - and their query capabilities must be stored in the system. Additionally, offering the possibility to integrate data when querying is obviously not trivial and requires a lot of meta information to be available. Recall the traditional case of schema integration, where a lot of work is done beforehand, by manually analyzing the participating schemas, extracting information and applying it during the integration process. This process cannot be fully automated. In our system, we store integration information for two purposes: first, for supporting users in formulating queries which combine data form different sources, and second, for transforming such queries.

Another important feature of our system is *query transformation*, parts of which we present in more detail in this paper. Allowing users to formulate fuzzy queries and the nonexistence of an integrated global schema leads to an easier way of formulating input queries. However, these may express only vaguely *what* information to search for and in *which* sources. For this reason, SINGAPORE translates an input query into new, more complex, exact ones, called *target queries*. The main motivation behind this transformation is that, in our context, searching for data means in fact searching for target queries which return results that best fulfill users' information needs. We focus in this paper on this step of query transformation, called query preprocessing, show its importance and present algorithms to implement it.

Other approaches like Garlic [ROH99], DIOM [LPL96], DISCO [TRV98] and TSIMMIS [GMPQ+97] do not need preprocessing. They offer a global schema or tools for defining such a schema at run-time and consequently support exact search only. An example of integrated search where queries are preprocessed are metasearch engines like for example MetaCrawler [SE95], which offers a querying interface to different search engines. Queries are built out of keywords and usually heuristics for transforming them into semantically equivalent keywords are applied. However, our approach integrates structured, semistructured and unstructured data - i.e. not just unstructured data as in metasearch engines - and for this reason query preprocessing involves more advanced heuristics, since the (partial) structure from structured and semistructured data must be considered.

The paper is structured as follows. In Section 2 we give an overview on SINGAPORE: we give a short presentation of the architecture, the user's view on data and the query language. In Section 3 we present the main contribution of our paper, query preprocessing, and Section 4 concludes the paper.

2 A quick round-trip of SINGAPORE

In the following we present some features of our system which are relevant for query preprocessing.

2.1 The architecture

Figure 1 gives an overview of the SINGAPORE architecture. Users submit input queries through a *presentation layer*. The *mediation layer* has two important tasks: to process queries and to register new sources into the system. When a query is entered, it is passed to the `query transformer` component where the `query preprocessor` parses it and handles the "fuzzy" part, and the `core query processor` generates subqueries. These are sent through the `wrapper manager` to the *source layer*. This contains `wrappers`, which perform mainly two transformations. First, they translate subqueries into the query language (or the procedural query interface) of each source. Second, they translate the returned results from the sources particular data model into the SINGAPORE data model. The wrapper manager sends partial results to the `query postprocessor`, which combines them to produce the overall result. The `source registration` component is responsible for connecting and disconnecting sources. One of the main components is the `metadata repository` which stores information about the underlying data sources. This information is used by all system components (query transformer, query postprocessor and source registration) as well as by users when formulating queries.

2.2 The data space

In this section, we present the conceptual view of data we use in SINGAPORE which in particular defines (sets of) data against which queries can be formulated.

We regard data stored in an underlying source as class extensions (in the spirit of object-orientation) and consider these as sets which can be queried. Furthermore, we also offer more general queriable data sets, which typically comprise more than just one data source. For this reason, we consider unions of extensions according to classifications based on various criteria like the kind of data, the particular contents of sources, etc. The resulting structure is called the *data space*. It contains two kinds of members (nodes). Most of them are *unions*

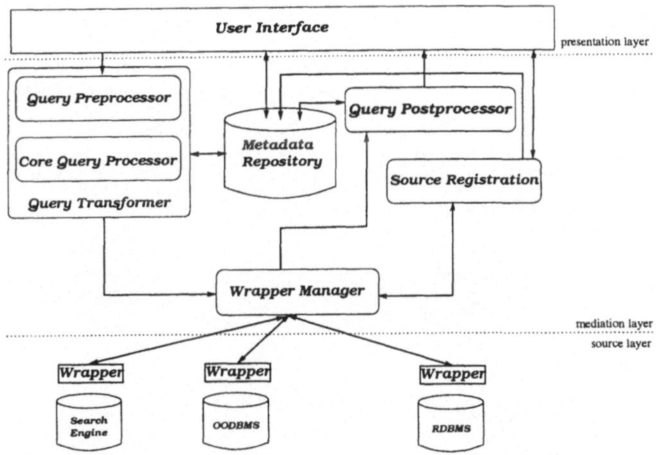

Fig. 1. The coarse architecture of SINGAPORE

(of extensions) of data items of their subordinate nodes. Nodes which represent the contents of data sources are the *composition* of their subordinate nodes.

The explanation above suggests that the data space may comprise many levels. The lowest (first) level contains schema definitions of data items stored in the connected sources[1]. The second level contains the data sources, each identified by a unique name. Higher levels represent various classifications and appropriate roots ("entry points") for them. Note that nodes from the second level can have more than one ancestor nodes. Apart from the structure of data which may be automatically extracted from sources, all other information of the data space is defined by the system administrator. In particular, classifications are defined according to particular user requirements.

In Figure 2 we present an example of a data space, which contains four levels. On level 3, we have classified data available for querying according to its "structuredness". Examples in the rest of the paper are always referring to this data space.

2.3 The SINGAPORE query language: SOQL

The query language of SINGAPORE supports heterogeneous sources which manage structured, semistructured or unstructured data, and provides for the integration of data from various sources, at the time the system is queried.

[1] Though there is no "schema" for unstructured data sources, we use this notion for such sources as well and regard the functionality exported by an unstructured source as a function (e.g. a stored procedure in a DBMS) which has as input parameters the query (e.g. keywords) and as output the result set.

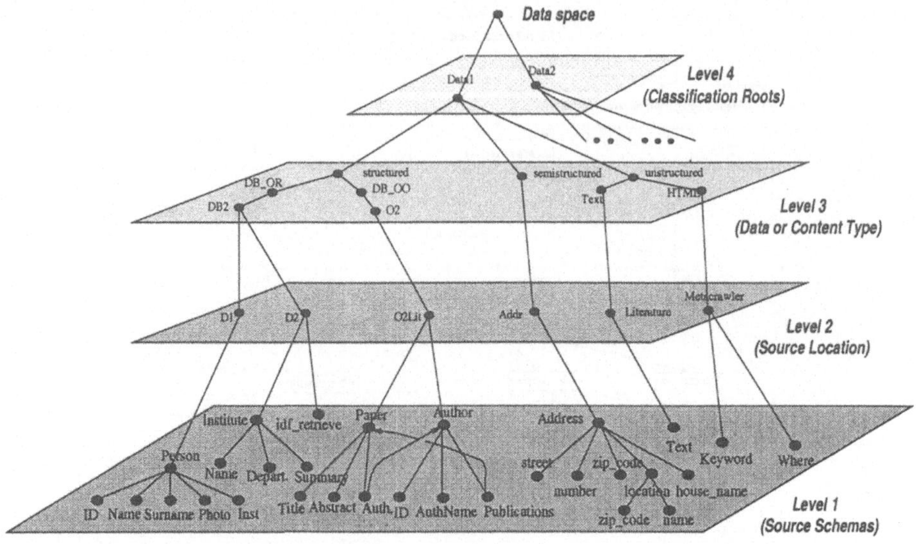

Fig. 2. The data space

We define SOQL starting from a language for structured data, in our case OQL, and extend it with features for unstructured and semistructured data, and for integrating data.

Our major extensions to OQL are as follows:

- *Operator* CONTAINS. This operator supports the keyword kind of search. It takes as arguments keywords and sends them as they are entered to data sources.
- *Regular path expressions.* A path expression is used to specify a succession of nodes in the data space. *Regular* path expressions are introduced for specifying arbitrary paths by using two specific syntactic elements:
  - "*", if none, one or more nodes are left unspecified in a path, and
  - "?", if exactly one node is unspecified.

  Note that query languages for semistructured data usually provide such features.
- *Operator* LIKE. This allows to formulate queries using the structure of the data, even if it is not fully known. If an attribute (or a path in the data space) has to be specified but its exact name is not known, LIKE applied to a related name triggers a keyword search in the entire data space.
- *Specification for union* { } *and cartesian product* [ ]. These are used in the FROM part of a query to specify how the results returned by the sources must be integrated: { } builds the union and [ ] produces the cartesian product.

We also offer some other features like *type coercion* (i.e. implicit type cast), navigation operators in the structure of the data, etc., which have been introduced in [DD00a].

3 Query preprocessor

When a query is submitted to SINGAPORE, a parse tree is generated and the syntax is checked. The semantical check contains special steps:

1. Handling the special operators defined in the query language.
2. Generation of paths for structural specifications in the query.
3. Generation of consistent queries. This step eliminates inconsistencies in queries which might have been generated during the previous two preprocessing steps.

In the remainder of the paper we present step 1 and 3 in more detail (step 2 is quite obvious). For an input query, these steps are successively applied. Note that each preprocessing step generates one or more queries which are further sent to the next step.

Preprocessing makes extensive use of the data space, in particular of a special inclusion relationship between paths, which we define below.

Definition 1. *Consider two paths* $p_1 = n_{11}.\dots.n_{1a}$ *and* $p_2 = n_{21}.\dots.n_{2b}$. p_1 *is included in* p_2 *if:*

- $n_{2b} = n_{11}$ *is a data source name, or*
- $n_{21} = n_{11}$ *is a data source name,* $a > b$ *and* $\forall k,\ k \leq b,\ n_{2k} = n_{1k}$.

For example, for the data space in Figure 2, D1.Person.Name is included in structured.DB_OR.DB2.D1 because of the first condition, and D2.Institute.Name is included in D2.Institute and in D2 because of the second condition.

We further consider two sets of paths $a = \{a_1, \dots, a_n\}$ and $b = \{b_1, \dots, b_m\}$. We define an intersection operation which considers the inclusion as defined before:

Definition 2. *The* include_intersection *of* a *and* b *is the set* $c = \{c_1, c_2, \dots, c_k\}$ *if* $\forall i,\ 0 < i \leq k, \exists j, 0 < j \leq n,\ \exists w, 0 < w \leq m$ *such that*

$$c_i = \begin{cases} a_j, & \text{if} \quad a_j \text{ is included in } b_w \\ b_w, & \text{if} \quad b_w \text{ is included in } a_j \end{cases}$$

The algorithm for computing this intersection is as follows:

```
include_intersect(l1, l2)
0: res_set = empty
1: for each path p1i in l1
2:  for each path p2j in l2
3:  if p1i is_included_in p2j then res_set = res_set union p1i
4:  if p2j is_included_in p1i then res_set = res_set union p2j
```

3.1 Processing of special operators

LIKE. The operator LIKE triggers a keyword search in the data space. In order to achieve best retrieval results, we index the data space. In information retrieval systems, indexing means to analyze the documents to be searched, by separating the words, transforming them (for example by applying stemming, word decomposition). Finally an inverted file is generated, i.e. a data structure which stores for each transformed word (also called *indexing term*) a set of its occurrences in the documents:

<term> <d1, d2, ... , dn>,

where d1, d2, ... , dn are the documents in which the term appears. For our case, these are paths in the data space. Names that appear in a path are called *terms*. As already discussed in Section 2.2, level 2 contains names of sources, each identified by a unique name. Consequently, for a term we generate paths in the inverted file, which either start or end with a source name, according to the following rules:

- If the term appears on level 3 or higher, all paths starting with this term and ending with a data source name (i.e. on level 2) are considered as documents. As an example, assume a search for "structured". After indexing, the following entry is introduced in the inverted file:

```
<structur>  <structured.DB_OR.DB2.D1, structured.DB_OR.DB2.D2,
             structured.DB_OO.O2.O2Lit>
```

  Note that we have applied a stemming algorithm (Porter suffix stemming algorithm, [Por80]) and for this reason "structured" was transformed into "structur".
- If the term appears on level 1, all paths ending with it and starting with a data source name (i.e. on level 2) are considered. As an example, we assume a search for "name". After transforming it, we get the following entry in the inverted file:

```
<name> <D1.Person.Name, D1.Person.Surname, D2.Institute.Name,
       O2Lit.Author.AuthName, Addr.Address.house_name,
       Addr.Address.location.name>
```

Having this information available when searching, we are now able to produce an algorithm for transforming the expression LIKE($n_1.n_2. \dots .n_p$), where $n_1.n_2. \dots .n_p$ is a path in the data space.

```
0:   result_set = empty
1:   for each name ni in the input path
2:     li = get the set of paths for ni from the inverted file
3:     result_set = result_set union li
4:   result = empty_set
5:   for each li in the result_set
6:     result = include_intersect(result, li)
```

Consider as an example LIKE(Author.Name). Following this transformation algorithm, the first step is to return the inverted file entries for Author and Name (lines 1-3 in the algorithm). For Author we assume entries

```
<Author> <D1.Person,
          O2Lit.Author>
```

since the indexing algorithm uses a thesaurus which considers "Person" and "Author" as related terms. The next step (lines 5 and 6 in the algorithm) is to execute the include_intersect operation on the two sets, i.e.:

```
include_intersect({D1.Person, O2Lit.Author}, {D1.Person.Name,
    D1.Person.Surname, D2.Institute.Name, O2Lit.Author.AuthName,
    Addr.Address.house_name,  Addr.Address.location.name})
```

According to the previous definition, D1.Person.Name and D1.Person.Surname are included in D1.Person, and additionally O2Lit.Author.AuthName is included in O2Lit.Author. As a consequence, the result of the include_intersect operation is:

```
D1.Person.Name, D1.Person.Surname, O2Lit.Author.AuthName.
```

Regular path expressions. For processing the wildcards "*" and "?", our system offers the possibility to navigate in the data space, i.e. for a given node, its successors and predecessors can be retrieved. However, processing wildcards in connection with LIKE is not obvious (for example LIKE(node1.*.node2)). The LIKE algorithm given before does additionally consider the distance between nodes. We define the distance between two nodes node1 and node2 in one path as the number of nodes between them. For node1.node2, distance(node1, node2)=0. For regular path expressions, the following conditions must hold:

- For node1.*.node2, distance(node1, node2) > 0.
- For node1.?.node2, distance(node1, node2) $= 1$.

For processing wildcards in connection with LIKE, we have extended the algorithm for include_intersect to also take the distance between nodes into account. To calculate the distance, we extend the inverted file in the following way:

```
<term> <(path1, pos1), (path2, pos2), ... , (pathn, posn)>
```

where $\forall i, 0 < i \leq n$, posi is the position of the term in the pathi.

CONTAINS. CONTAINS usually appears in the WHERE part of a query and takes as argument keywords which are sent to the involved sources[2]. However, the query preprocessor must first transform the query according to the query capability of each source. For example, there are sources (like search engines) which accept keywords as queries. In this case, no further preprocessing must

[2] CONTAINS can also appear in the FROM part when the keywords are sent to the metadata repository.

be done. For sources which do not accept keywords as queries, further transformations are necessary. For example, searching for a keyword in a database table triggers a search in each textual attribute of the table and returns the tuples which contain this string. For the input query

```
SELECT * from D1.Person WHERE CONTAINS(''Meier'');
```

the following output query is generated:

```
SELECT * FROM D1.Person WHERE Name = ''Meier'' OR
    Surname = ''Meier'' OR Inst = ''Meier''
```

since the only textual attributes in table Person are Name, Surname and Inst.

We have specified the preprocessing of CONTAINS for common data sources like database management systems and Web sources[3]. If a new source is registered into the system which needs a new specification for processing CONTAINS, the query preprocessor has to be extended accordingly.

3.2 Generation of consistent queries

The algorithms presented so far are rather simple, but may unfortunately produce inconsistencies in the resulting queries, for example by generating paths in the SELECT part which represent projections on attributes of entities which do not appear in the FROM part. This problem is handled in a separate step. For example, if an input query reads:

SELECT Like(Name) FROM D1.Person,

then several queries are generated after the first and second steps, including also:

SELECT D2.Institute.Name FROM D1.Person.

This is inconsistent, since the projection attribute Name does not belong to the entity specified in the FROM part, i.e. D1.Person, but to D2.Institute.

For this reason, we introduce a preprocessing step in which the SELECT, FROM and WHERE parts of the generated target queries are checked whether they correspond to each other. In this way we generate semantically correct queries, which we call *consistent queries.* We developed a systematic way to transform queries resulting from the second preprocessing step into consistent queries. See [DD00b] for full details about all rules used in SINGAPORE.

4 Conclusions and future work

We have presented query preprocessing in our approach of querying integrated heterogeneous data sources. Effective preprocessing allows users to formulate

[3] We consider Web sources databases connected to Web which offer a tabular interface, like HTML-Forms, for querying their data.

simple input queries, and the retrieved results still fulfill their information need. We have shown how our system, for a given input query, searches for target queries. However, these queries may not always return results with the highest retrieval effectiveness. For this reason, we of course also allow users to directly formulate target queries, by-passing query preprocessing. Nevertheless, this implies that users must know many details about data sources and their query capabilities for formulating the right queries, and this may not always be possible.

We have implemented in SINGAPORE the preprocessing algorithms presented in this paper. Our work will next focus on query planning and optimization where we intend to use techniques form multidatabase systems. However, planning and optimization may already occur during preprocessing, so more complex semantics must be considered.

5 Acknowledgments

We thank Anca Vaduva for her help during the preparation of this paper. We also thank the reviewers for their comments on the paper.

References

[DD00a] Ruxandra Domenig and Klaus R. Dittrich. A query based approach for integrating heterogeneous data sources. *Proc. 9th Int'l Conf. on Information and Knowledge Management, Washington, DC*, November 2000.

[DD00b] Ruxandra Domenig and Klaus R. Dittrich. Singapore: A query based approach for integrating heterogeneous data sources. *Technical Report of the Institute of Information Technology, University of Zürich*, 2000.

[GMPQ+97] H. Garcia-Molina, Y. Papakonstantinou, D. Quass, A. Rajaraman, Y. Sagiv, J. Ullman, V. Vassalos, and J. Widom. The TSIMMIS approach to mediation: Data models and languages. *Journal of Intelligent Information Systems*, 1997.

[LPL96] L. Liu, C. Pu, and Y. Lee. Adaptive query mediation across heterogeneous information sources. In *Proceedings of the International Conference on Cooperative Information Systems (CoopIS)*, 1996.

[Por80] M. F. Porter. An algorithm for suffix stripping. *Program*, 14(3), July 1980.

[ROH99] M. Roth, F. Ozcan, and L. Haas. Cost models do matter: Providing cost information for diverse data sources in a federated system. *Proceedings of the international Conference on VLDB*, 1999.

[SE95] E. Selberg and O. Etzioni. Multi-service search and comparison using the MetaCrawler. In *Proceedings of the 1995 World Wide Web Conference*, 1995.

[TRV98] A. Tomasic, L. Raschid, and P. Valduriez. Scaling access to heterogeneous data sources with Disco. In *IEEE Transactions on Knowledge and Data Engineering*. IEEE, September/October 1998.

Sitzung 4:

Data Warehousing und Datenintegration

Analytische Bestimmung einer Datenallokation für Parallele Data Warehouses

Thomas Stöhr

Universität Leipzig, Institut für Informatik, Postfach 920, D-04009 Leipzig
stoehr@informatik.uni-leipzig.de
http://dbs.uni-leipzig.de

Zusammenfassung. Die stark wachsende Bedeutung der Analyse von Data Warehouse-Inhalten und bequemere Anfrageschnittstellen für Endbenutzer erhöhen das Aufkommen an OLAP-Queries signifikant. Bei der Reduktion des Arbeitsumfanges und dem Erreichen kurzer Antwortzeiten für diese komplexen Anfragen ist neben der Nutzung von Verarbeitungs- und I/O-Parallelität eine adäquate Datenallokation der Schlüssel zu guter Leistungsfähigkeit. Allerdings ist die Bestimmung einer geeigneten Fragmentierung und Allokation für große Datenmengen, wie sie z.B. in Form von Faktentabellen oder Indexstrukturen in relationalen Sternschemas vorliegen, ein schwieriges Problem. Hierfür existiert heutzutage praktisch keine Werkzeugunterstützung. Wir präsentieren daher einen Ansatz zur analytischen Bestimmung einer passenden multi-dimensionalen, hierarchischen Datenallokation. Unser Ansatz dürfte recht einfach in ein Werkzeug zur automatischen Unterstützung des Allokationsproblems integriert werden können.

1 Einleitung

Data Warehouses integrieren massive Datenmengen aus vielen, heterogenen Datenquellen. In diesem Umfeld werden komplexe, analytische Anfragen, insbesondere OLAP- (On-line Analytical Processing-) Queries, durchgeführt [3]. Auch um der gesteigerten Nutzerzahl und dem Mehrbenutzerbetrieb Rechnung zu tragen, bedarf es eines kombinierten Einsatzes verschiedener leistungssteigernder Ansätze, wie z.B. voraggregierte Daten, spezielle Indexstrukturen (Bitmaps) und dem Einsatz von Parallelität. Die in Data Warehouses gespeicherten Datenmengen erreichen häufig den Multi-TeraByte-Bereich, wodurch der Erreichbarkeit angemessener Performance-Ziele für solche Anfragen und insbesondere der Bestimmung einer adäquaten *Datenallokation* in Parallelen Datenbanksystemen (PDBS) eine Schlüsselbedeutung zukommt [8].

Der Datenallokationsprozeß für ein Data Warehouse ist eine äußerst komplexe Aufgabe. Bei den häufig zugrundeliegenden *relationalen, denormalisierten Sternschemas* müssen unterschiedlich skalierte und referenzierte Allokationseinheiten (sehr umfangreiche Faktentabellen, kleine Dimensionstabellen, umfangreiche Indexstrukturen), DBMS-Spezifika, Hardware-Parameter etc. und nicht zuletzt Lastbalancierungsaspekte berücksichtigt werden. Aufgrund der großen Datenmengen muß hier eine Reduktion des Arbeitsaufwandes für die typischen aggregierenden Anfragen auf Sternschemas, sog. *Star Queries*, verbunden mit einer angemessenen Unterstützung durch I/O- und Anfrageparallelität im Vordergrund stehen.

Aufgrund der Komplexität und Bedeutung dieser Aufgabe für die Performance wäre eine entsprechende Tool-Unterstützung oder eine automatische Bestimmung einer Datenallokation enorm hilfreich. Leider gibt es heutzutage praktisch noch keine Werkzeuge für den Data Warehouse- oder Datenbankadministrator, um den Datenallokationsprozeß zu unterstützen oder gar (P)DBS, die Self-Tuning-Fähigkeiten auf diesem Sektor entwickelt haben.

Diese Lücke gilt es zu füllen. Wir stellen in diesem Papier eine Methode zur analytischen Bestimmung einer Datenallokation für parallele Data Warehouses vor. Die Überlegungen basieren auf der Anwendung einer multi-dimensionalen, hierarchischen Fragmentierungsstrategie *MDHF* [29], welche den entsprechenden inhärenten Charakter relationaler Schemas ausnutzt. Durch *MDHF* kann häufig eine signifikante Reduktion des Arbeitsaufwands für alle Star Queries erreicht werden, die mindestens eine Dimension des Sternschemas referenzieren, welche auch in der Fragmentierung involviert wird. Dabei muß, im Gegensatz zu anderen Strategien, die Fragmentierungsdimension nicht exakt auf dem Fragmentierungsattribut referenziert werden, um diesen Vorteil zu erzielen. Durch eine fragmentbezogene Allokations- und Verarbeitungsstrategie unterstützen wir gleichzeitig die Ausnutzung von sowohl Inter- und Intra-Query- als auch I/O-Parallelität. Wir beziehen uns insbesondere bei der Speicherung von Fragmenten auf Platten auf den Einsatz einer Shared-Disk-(SD-)/Shared-Everything-(SE-) Architektur, weil diese durch die Möglichkeit des Zugriffs von allen Verarbeitungsknoten auf alle Platten eine höhere Allokationsflexibilität bei geringeren Kommunikationskosten im Vergleich zu Shared-Nothing-(SN-)Systemen ermöglichen [23, 25, 26, 30]. Unser Ansatz kann allerdings mit geringem Aufwand auch auf eine SN-Umgebung adaptiert werden.

Mit Hilfe eines in diesem Papier vorgestellten Kostenmodells bestimmen wir diejenige(n) Fragmentierung(en) bzw. Fragmentierungsattribute, welche für einen gegebenen Star Query-Mix minimalen Arbeitsaufwand und minimale Antwortzeit ermöglichen. Wir wenden eine entsprechende kombinierte Metrik an, welche Aufwands- und Antwortzeitziele, die häufig gegenläufige Effekte bewirken, gemeinsam berücksichtigt. Wir quantifizieren mit Hilfe unseres Modells, wie *MDHF* die Query-Verarbeitung beeinflußt und bestimmen daraus eine passende Fragmentierung. Das vorgestellte Modell läßt sich in ein Werkzeug zur automatischen Bestimmung einer passenden Fragmentierung und Allokation für parallele Data Warehouses integrieren, welches wir zur Zeit entwickeln.

Das Papier gliedert sich wie folgt: nach einem Überblick über verwandte Arbeiten (Abschnitt 2) skizzieren wir in Abschnitt 3 ein Sternschema, Star Query-Typen und Indexverfahren, welche wir als Beispielszenario für unsere Überlegungen verwenden. In Abschnitt 4 präsentieren wir die Fragmentierungsstrategie *MDHF* und erläutern unser fragmentbasiertes Anfrageverarbeitungs- und Datenallokationsmodell, welches sowohl Inter- und Intra-Query- als auch I/O-Parallelität unterstützt. In Abschnitt 5 präsentieren wir unser Kostenmodell und die Metrik zur Abschätzung des Aufwandes und der Antwortzeiten für OLAP-Anfragen unter *MDHF*. Abschnitt 6 zeigt anhand eines Beispiels die Bestimmung einer passenden Fragmentierung mit Hilfe unseres Modells. Anschließend fassen wir zusammen und schließen mit einen Ausblick auf zukünftige Aktivitäten.

2 Verwandte Arbeiten

In relationalen PDBS basiert die Datenallokation üblicherweise auf einer horizontalen Fragmentierung von Tabellen, typischerweise als *Round-Robin-*, *Hash-* oder *Bereichsfragmentierung* [8, 24]. Bei Round Robin werden die Tupel einfach gemäß ihrer Einfügereihefolge verteilt, während bei Hash- und Bereichsfragmentierungen eine entsprechende Partitionierungsfunktion auf den Fragmentierungsattributen angewendet wird. Es wurden Studien über solche logischen, i.d.R. 1-dimensionalen Fragmentierungsstrategien durchgeführt, vorwiegend für die SN-Architektur [7, 10, 17]. Eine solche Strategie erlaubt eine Reduktion des Arbeitsaufwandes lediglich für Anfragen auf dem Fragmentierungsattribut, welches auch eine Komposition mehrerer Attribute sein kann, d.h. der multi-dimensionale und hierarchische Charakter von Sternschemas wird nicht berücksichtigt. In [16] wurde ein analytisches Modell zur Bestimmung eines optimalen Parallelitätsgrades für Scan- und Join-Anfragen, basierend auf einer einfachen Allokation, für den Einbenutzerbetrieb vorgestellt, welches ebenfalls eine SN-Architektur voraussetzte.

In [11] wurde eine „echte" multi-dimensionale Strategie vorgeschlagen, die allerdings den hierarchischen Charakter einer Sternschemaumgebung nicht berücksichtigt. Auch [31] beschränkt sich auf SN-Systeme und nutzt hierarchische Attribute nicht aus.

Einige Studien haben sich mit den Aspekten *physischer* Datenallokation auf Block-Level beschäftigt, um I/O-Parallelität zu unterstützen [6, 14, 15, 28]. Es wurden analytische Modelle entwickelt, um für eine I/O-Last adäquate Parallelitätsgrade zu bestimmen [15, 28]. Allerdings erlaubt eine physische Datenverteilung typischerweise keine Vorhersage bzgl. zu referenzierender Platten durch den Query-Optimierer. Dies kann ggf. zu Plattenkonkurrenz durch Subqueries führen. Weiterhin kann der Zugriff auch nicht auf eine Untermenge der Partitionen begrenzt werden, wie es für logische Fragmentierungen der Fall ist. Damit können diese Ansätze nur eingeschränkt zur Bestimmung einer Allokation für Sternschemas herangezogen werden.

Die Notwendigkeit von Self-Tuning-Fähigkeiten für DBMS wird aktuell propagiert [5]. Es existieren bereits Implementierungen, welche dynamisch Indexe bzw. materialisierte Sichten vorschlagen [1, 4]. Für den Datenallokationsbereich, auch im Data Warehouse-Sektor, existiert nach unserem Wissen noch keine Lösung.

Kommerzielle PDBS. Die meisten kommerziellen PDBS bieten spezielle Unterstützung für Data Warehousing wie Bitmap-Indexe und Star Queries, z.B. ORACLE8i [22], IBM DB2 UNIVERSAL DATABASE (UDB) [2], RED BRICK WAREHOUSE [27] und INFORMIX DYNAMIC SERVER [12]. INFORMIX und ORACLE ermöglichen zudem eine Reihe von Fragmentierungsoptionen, welche auch eine multi-dimensionale Bereichsfragmentierung umfassen [13, 21].

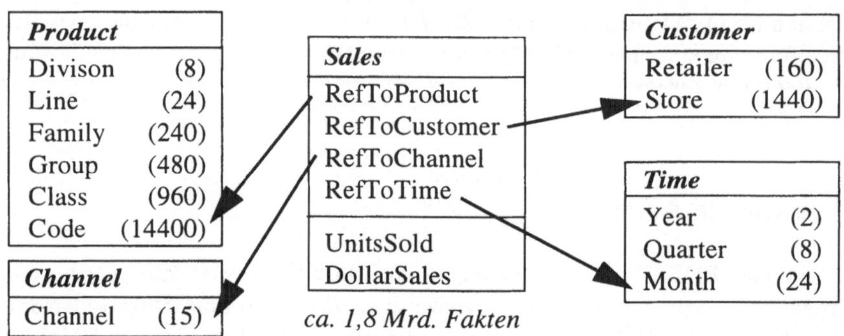

Abb. 1. Betrachtetes Sternschema (abgeleitet aus APB-1 Benchmark-Spezifikation)

Leider bleibt hier weitgehend unklar, wie diese multi-dimensionale Fragmentierung eingesetzt werden kann, um die Query-Arbeit zu reduzieren. Die hierarchische Struktur der Dimensionsattribute wird ebenfalls nicht ausgenutzt. Keiner der genannten Anbieter bietet eine ausreichende Hilfestellung oder gar Werkzeugunterstützung, um eine Datenallokation zu bestimmen. ORACLE z.B. bietet aufgrund seiner SD-Architektur zwar das Potential, Indexstrukturen unabhängig von Tabellenstrukturen zu partitionieren und zu allozieren, beschränkt sich aber auf zu allgemeine Hinweise in den Manuals, wie dies auszunutzen sei.

3 Zugrundeliegendes Sternschema

3.1 DB-Schema und Queries

Für unsere weiteren Betrachtungen beziehen wir uns auf ein relationales Sternschema, das wir aus der Spezifikation des Application Processing Benchmark 1 (APB-1) des OLAP Council abgeleitet haben [19]. Das Schema repräsentiert eine typische mehrdimensionale Struktur zur Verwaltung von Verkaufskennzahlen und umfaßt die Dimensionen *Product*, *Customer*, *Channel* und *Time*. Abb. 1 zeigt das Schema und die Kardinalitäten der Attribute (in Klammern). Alle Dimensionen sind *hierarchisch* organisiert. So werden z.B. alle Produkte in 8 Divisionen (*Division*) eingeteilt, die wiederum jeweils 3 Produktlinien umfassen (insgesamt 24 *Lines*) usw. Die Faktentabelle *Sales* speichert die Faktenattribute *UnitsSold* und *DollarSales*, welche auf nichtaggregierter Stufe vorliegen. Ein Faktum verwaltet also die entsprechenden Verkaufszahlen, den Umsatz etc. für eine Kombination eines *Code*, *Channel*, *Month* und *Store*. Die Verknüpfungen zwischen Faktentabelle und Dimensionstabellen werden über entsprechende Fremdschlüssel (*RefToProduct*, ...) realisiert. Bzgl. der Skalierung orientieren wir uns ebenfalls an der APB1-Spezifikation. Dort wird ein Dichtefaktor für die Faktentabelle angenommen, welcher den Anteil der gespeicherten Fakten an der Anzahl maximal möglicher Kombinationen festlegt. Unsere Konstellation umfaßt einen Zeitraum von 2 Jahren und eine Anzahl von ca. 1,8 Mrd. Fakten.

Wir unterstellen typische Star Queries, welche Fakten über eine oder mehrere Dimensionen auf verschiedenen Hierarchieebenen aggregieren. Eine Beispielanfrage $Q_{GroupMonth}$ (in SQL-Notation)

```
SELECT SUM(UnitsSold),SUM(DollarSales)
FROM Sales S, Product P
WHERE   S.RefToTime= MONTH
AND     P.Group= PRODUCTGROUP
AND     S.RefToProduct = P.Code
```

stellt also ein 2-dimensionale Anfrage dar, welche *UnitsSold, DollarSales* für *eine Produktgruppe* innerhalb *eines Monats* aggregiert. Die im Query-Namen vermerkten Hierarchieattribute verweisen dabei auf die referenzierten Hierarchieebenen.

Im Folgenden konzentrieren wir uns auf Queries ohne Gruppierung, so daß ein expliziter Join zwischen Fakten- und Dimensionstabelle zur Bestimmung der Gruppenelemente vermieden wird (z.B. Bestimmung aller *Product Classes* innerhalb einer *Group*). Der zusätzliche Aufwand wäre auch, verglichen mit Index- und Faktentabellenverarbeitung (s.u.), vernachlässigbar.

3.2 Indexe

Als Zugriffstrukturen unterstellen wir die in Data Warehouse-Umgebungen vorherrschenden *Bitmap-Indexe* (BMI) [20]. Üblicherweise enthält eine Bitmap eines BMI pro Attributwert ein Bit, welches anzeigt, ob das assoziierte Tupel diesen Wert besitzt oder nicht (*Standard*-Bitmaps). Für Attribute hoher Kardinalität nutzen wir zwei Erweiterungen dieses Konzeptes, um Verarbeitungs- und Speicheraufwand zu sparen. Zum einen sind dies *kodierte* Bitmaps, bei denen herkömmliche Verfahren die N Ausprägungen eines Attributes durch $\lceil \log_2(N) \rceil$ Bits (und Bitmaps) kodieren. Dies reduziert die Anzahl zu speichernder Bitmaps signifikant, erhöht allerdings den Verarbeitungsaufwand, da alle Bitmaps jeder Anfragedimension zunächst dekodiert werden müssen. Eine Verbesserung stellt die *hierarchische* Kodierung dar [32], bei der die Werte innerhalb einer Dimension *relativ zum nächsthöheren Hierarchie-Level* kodiert werden. Sollen z.B. Fakten einer bestimmte Produktgruppe per Bitmap bestimmt werden, so würden 2 + 3 + 2 + 3 = 10 Bitmaps (statt maximal 15) gelesen[1]: es existieren 4 *Groups* pro *Family*, welche durch $\lceil \log_2(4) \rceil = 2$ Bit kodiert werden. Pro *Line* existieren wiederum 5 *Families*, welche 3 Bits zur Kodierung benötigen usw. Dies erhöht die Anzahl der zu speichernden Bitmaps unwesentlich gegenüber dem nichthierarchischen Verfahren, reduziert aber den Leseaufwand, da die Bitmaps der Attribute zu feineren Hierarchiestufen - bezogen auf den Anfrage-Level - *nicht* dekodiert werden müssen. Für unser APB1-Beispielschema erreichten wir für die Dimensionen höherer Kardinalität *Customer* und *Product* eine Reduktion von 15.840 Standard-Bitmaps über alle Hierarchieebenen auf insgesamt lediglich 27 kodierte Bitmaps. Für die *Time*- und *Channel*-Dimensionen unterstellen wir Standard-Bitmaps.

---

[1] Durch das Kodierungsverfahren werden für insgesamt ca. 16,000 Attributwerte aller Hierarchieebenen (14,400 Produkt-Codes, 960 Produktklassen usw.) 15 Bitmaps erzeugt

Als weitere Optimierung nutzen wir Bitmaps, welche das Ergebnis vorausgeführter Joins (Bitmap Join Indices, [20]) zwischen Fakten- und Dimensionstabelle darstellen. Hierbei zeigt ein Bit einer Bitmap an, ob ein Attribut eines Faktentupels dem Wert eines *Dimensionsattributs*, also einer bestimmten Hierarchieebene, entspricht. So ist zur Bestimmung von Fakten z.B. einer Produktgruppe, die in unserem Beispiel nichtaggregiert auf der tieferen *Product::Code*-Ebene repräsentiert sind, kein expliziter Join zwischen Fakten- und Dimensionstabelle notwendig, falls die entsprechende vorgenerierte Bitmap vorliegt.

4 Multi-dimensionale, hierarchische Fragmentierung

In [29] haben wir eine *multi-dimensionale, hierarchische Fragmentierungsstrategie (MDHF)* vorgestellt, welche die für Sternschemas inhärente multi-dimensionale, hierarchische Datenorganisation zur signifikanten Reduktion des Arbeitsaufwandes einer großen Menge typischer Star Queries ausnutzt. Bei diesem Ansatz werden ein oder mehrere *Fragmentierungsattribute* aus der Menge der Attribute der Dimensionstabellen ausgewählt, wobei aus jeder Dimensionstabelle *maximal ein Attribut* verwendet wird. Jedes Attribut repräsentiert eine Hierarchiestufe einer involvierten Dimension (vgl. Abb. 1). Auf jedem dieser Attribute kann anschließend eine *Bereichsverteilung* spezifiziert werden. Die so gebildeten Fragmente umfassen damit genau die Menge der Tupel, welche bzgl. ihrer Attributwerte genau einem solchen (mehrdimensionalen) Wertebereich zugeordnet sind.

Zur Vereinfachung wurden sog. „Punkt"fragmentierungen angenommen, bei denen jedes Werteintervall eines Fragmentierungsattributs genau einen Attributwert umfaßt. Dies vereinfacht die Bestimmung geeigneter Wertebereiche und damit das Fragmentierungsproblem erheblich. Hierarchie-Attribute bezeichnen wir in der Form '*d::h*', wobei *d* die Dimension bezeichnet und *h* die Hierarchieebene. So bezeichnet z.B. eine Fragmentierung $F_{MonthGroup}$ = *{Time::Month, Product::Group}* eine 2-dimensionale Fragmentierung auf der Zeit- und Produktdimension, deren Attribute *Month* bzw. *Group* als Fragmentierungsattribute ausgewählt wurden. Durch $F_{MonthGroup}$ werden einem Fragment genau die Fakten zugeordnet, welche bzgl. ihrer Attributwerte *einen bestimmten Monat* und *eine bestimmte Produktgruppe* repräsentieren. Die Fragmente umfassen implizit auch die Tupel, die sich auf einer im Vergleich zum Fragmentierungsattribut *feineren Hierarchiestufe* der Fragmentierungsdimensionen befinden, z.B. die einer Produktgruppe assoziierten Produktklassen und denen zugeordneten Produkt-Codes gemäß der Hierarchie aus Abb. 1. Die Anzahl der generierten Fragmente ergibt sich bei Punktfragmentierungen aus dem Produkt der Kardinalitäten der entsprechenden Fragmentierungsattribute.

4.1 Query-Verarbeitung unter MDHF

Betrachten wir ein Beispiel, bei dem die Anfrage $Q = Q_{QuarterCode}$, welche die Fakten bezogen auf ein einzelnes Produkt über den Zeitraum eines Quartals aggregiert, unter unserer Beispielfragmentierung $F = F_{MonthGroup}$ ausgeführt wird (Abb. 2). F erzeugt

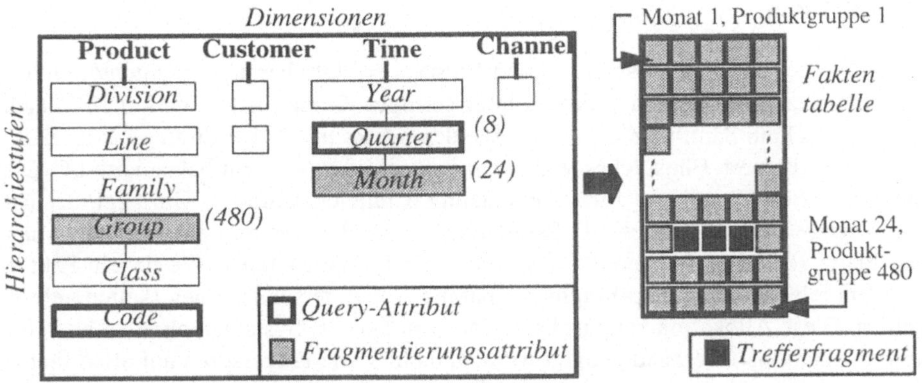

Abb. 2. Query $Q_{QuarterCode}$ unter Fragmentierung $F_{MonthGroup}$

11520 Fragmente (480 Produktgruppen x 24 Monate). *Q* benötigt unter *F* lediglich die Verarbeitung von 3 Fragmenten. Alle *Product::Code*-bezogenen Tupel befinden sich innerhalb der Fragmente, die mit der übergeordneten Produktgruppe assoziiert sind. Bzgl. der Zeitdimension müssen pro Produktgruppe lediglich die 3 „Monatsfragmente" verarbeitet werden, die das betrachtete Quartal umfaßt. Somit wird eine Reduktion der Anzahl der zu verarbeitenden Fragmente um den Faktor 480 x 8 (480 Produktgruppen x 8 Quartale) = 3840 erreicht.

MDHF ermöglicht die Reduktion der zu verarbeitenden Fragmente für alle Queries, welche auf *mindestens einer der Fragmentierungsdimensionen* arbeiten. Es ist dabei nicht erforderlich, daß eine Query exakt das Fragmentierungsattribut nutzt: Zugriffe auf Attribute der Fragmentierungsdimensionen, die eine feinere Hierarchiestufe repräsentieren, erreichen denselben Reduktionsfaktor wie Zugriffe auf den Fragmentierungsattributen. Zugriffe auf höheren Stufen bringen auch eine Reduktion, wenn auch im geringeren Umfang. Zudem werden Anfragen entlang *aller* durch die Fragmentierung und Query involvierten Dimensionen durch Arbeitsreduktion unterstützt, *ohne Beachtung der Reihenfolge* der Fragmentierungsattribute.

Trotz der Einschränkung auf lediglich 3 zu verarbeitende Fragmente ist die o.g. Beispielfragmentierung nicht unbedingt ein „gute" Fragmentierung. Die Verarbeitung weniger Fragmente birgt ein zu geringes Parallelisierungspotential. Den Trade-off zwischen den Zielen (i) Reduktion des Arbeitsaufwandes durch Clustering der Treffer in *wenigen* Fragmenten und (ii) der Reduktion der Antwortzeit durch Parallelverarbeitung auf *vielen*, verteilten Fragmenten gilt es bei der Wahl der Fragmentierung Rechnung zu tragen (s. 5.3).

Neben *MDHF* unterstellen wir eine fragmentorientierte Anfrageverarbeitung. Eine Query gemäß 3.1 wird dabei in *Subqueries* aufgeteilt, welche jeweils ein Faktenfragment und dessen assoziierte Bitmap-Fragmente verarbeiten. Diese lesen, falls sinnvoll, zunächst die Bitmap-Fragmente *parallel* ein, bestimmen durch Boole'sche Verknüpfungen die Lokalisation der Treffer im Faktenfragment und lesen die relevanten Daten von der Platte, um diese nachfolgend zu aggregieren. Damit werden sowohl Inter- als auch Intra-Query-Parallelität unterstützt.

4.2 Allokation

Die Allokation der Faktentabelle(n) und Bitmaps erfolgt ebenfalls fragmentorientiert. Dimensionstabellen werden aufgrund ihrer geringen Größe (insgesamt < 1 MB) nicht weiter betrachtet. Sämtliche Fragmente werden per *Round-Robin*-Strategie konsekutiv auf Platten alloziert. Ein solches Verfahren erreicht i.d.R. eine gut balancierte I/O-Last und eine hohen Verteilgrad zur Unterstützung paralleler Anfragen. Um bzgl. der Bitmap-Verarbeitung zusätzlich I/O-Parallelität zu erzielen, werden alle Bitmaps um je eine Platte versetzt („staggered“) gespeichert [29]. Somit können alle für ein Faktenfragment relevanten Bitmap-Fragmente parallel von unterschiedlichen Platten gelesen werden. Diese Allokation kann insbesondere von SD-/SE-Systemen ohne zusätzlichen Kommunikations-Overhead genutzt werden, da hier alle Prozessoren auf allen Platten arbeiten können. Sie ist aber auch für SN-Systeme mit geringem Adaptionsaufwand anwendbar.

5 Kostenmodell

In diesem Abschnitt stellen wir ein Kostenmodell sowie eine Metrik vor, mit deren Hilfe wir die Güte einer Fragmentierung für Star Queries bzgl. des resultierenden *Arbeitsaufwandes* und der *Antwortzeiten* bewerten. Queries, welche nicht auf voraggregierte Daten bzw. materialisierte Sichten zurückgreifen können, werden durch die durchzuführende I/O dominiert. Daher diskutieren wir zunächst den Einfluß von *MDHF* auf das I/O-Verhalten und entwickeln anschließend Formeln, welche die Teilkomponenten unserer Metrik bestimmen. Wir legen dabei das im vorigen Abschnitt vorgestellte Verarbeitungs- und Datenallokationsmodell nebst existierender Bitmap-Join-Indexe für alle Hierarchieattribute zugrunde. Anschließend definieren wir unsere Metrik auf Basis der hergeleiteten Kostenformeln.

5.1 Einfluß von MDHF auf die Query-I/O

Star Queries lassen sich bzgl. ihrer I/O-Anforderungen unter *MDHF* grob in zwei *I/O-Klassen, IOC1* und *IOC2, einteilen*:

IOC1. Dieser Klasse werden sämtliche Queries zugeordnet, welche bzgl. der Hierarchieebenen der Fragmentierungsattribute ausschließlich *gleiche* oder *höhere* Hierarchie-Level referenzieren. Für eine Query $Q \in IOC1$ ergeben sich folgende Eigenschaften mit Bezug auf die I/O-Kosten:

- Treffer liegen innerhalb der Fragmente (und den entsprechenden DB-Seiten) *geclustert* vor
- *Bitmap*-Zugriff ist *nicht* erforderlich, da Treffer aufgrund des Clustering nicht per Bitmap lokalisiert werden müssen
- Eine Einschränkung der Fragmentzahl wird auf *jeder* durch Q referenzierten Dimension erreicht

Durch das Clustering wird eine sehr gute I/O-Effizienz, d.h. ein gutes Verhältnis erzielter Treffer zu gelesenen DB-Seiten, erreicht. Desweiteren wird I/O eingespart, da keine Bitmaps einzulesen sind.

Ein Vertreter dieser Klasse ist z.B. die Anfrage $Q_{LineQuarter}$ unter der Fragmentierung $F_{MonthGroup}$, welche Fakten bezogen auf eine Produktlinie (*Line*) innerhalb eines Quartals aggregiert. Da sämtliche Tupel bezogen auf eine Produktgruppe und einen Monat innerhalb eines Fragmentes gebündelt vorliegen, muß diese Query 20 x 3 = 60 Fragmente verarbeiten (eine *Line* umfaßt 20 *Groups,* ein Quartal 3 Monate). Referenziert Q exakt die Fragmentierungsattribute, so wird genau ein Fragment verarbeitet. Dies stellt zwar den minimalen Arbeitsaufwand für eine Query dar, es ergibt sich aber ein ungenügendes Parallelisierungspotential.

IOC2. Diese Klasse umfaßt alle übrigen Queries. $Q \in IOC2$ referenziert daher *mindestens eine Dimension* auf einer Hierarchieebene, welche *feiner* als der entsprechende Fragmentierungs-Level ist. Insbesondere beinhaltet dies den Fall, daß Q eine Dimension involviert, welche F *nicht* umfaßt. Die Treffer liegen somit nicht mehr geclustert vor. So sind z.B. bei Zugriff auf *Product::Code* unter $F_{GroupMonth}$, gemäß der Kardinalitäten aus Abb. 1, lediglich $1/30$ der Tupel eines Fragmentes bzw. einer DB-Seite Treffer[2]. Die I/O-Eigenschaften von $Q \in IOC2$ sind folgendermaßen zu charakterisieren:

- Durch fehlendes Clustering sind die Treffer über eine größere Anzahl Seiten (und Fragmente) verteilt, d.h. die I/O-Effizienz sinkt.
- Bitmap-Zugriff kann notwendig/sinnvoll werden, um die Treffer innerhalb der Fragmente bzw. Seiten zu lokalisieren und damit Verarbeitungs- und I/O-Aufwand auf der Faktentabelle zu sparen.
- Teilen sich Q und F keine Dimensionen, so erfolgt auch keine Reduktion der Anzahl zu verarbeitender Fragmente für Q. Gegebenenfalls sind auch alle für eine Query benötigten Bitmaps vollständig zu lesen, um die Treffer zu lokalisieren. Dieser „teure" Fall sollte vermieden werden, da die Query-Antwortzeiten in die Größenordnung derjenigen von „Full Scans" steigen.

5.2 Bestimmung der I/O-Zugriffszeiten

In diesem Abschnitt leiten wir die Formeln zur Bestimmung von I/O-Zugriffszeiten für eine Query unter einer Fragmentierung her, welche die Basisgrößen zur Bewertung von Fragmentierungen in unseren Metriken darstellen. Die wesentlichen zu bestimmenden Größen sind in Tab. 1 aufgeführt.

Tab. 1. Größen zur Bestimmung der I/O-Zugriffszeiten (jeweils für Q unter F)

F_{FT}	Anzahl zu verarbeiteter Faktentabellenfragmente
$NoBM$	Anzahl zu verarbeitender Bitmaps
$FrgAcc_{FT}$	Zugriffszeit für die Verarbeitung eines Faktentabellenfragments
$FrgAcc_{BM}$	Zugriffszeit für die Verarbeitung eines Bitmap-Fragments

[2] Annahme der Gleichverteilung von Treffern auf Fragmente und DB-Seiten.

$FrgAcc_{FT}$ bzw. $FrgAcc_{BM}$ liefern die Gesamtzugriffszeiten für ein Faktentabellen- bzw. Bitmap-Fragment unter Berücksichtigung der Anzahl der durchzuführenden I/Os pro Fragment und der Zugriffskosten für eine I/O mit oder ohne Nutzung von *Prefetching*. Wie diese Größen in die Bewertungsmetrik eingehen, zeigt 5.3.
Wir unterstellen folgende Basisannahmen für unser Modell:

- Wir verwenden die in [19] eingeführte Hierarchiestufe *TOP*, ein Wurzelelement für jede Dimension *dim*. Die Kardinalität dieses Elementes wird mit 1 angenommen (*card(dim::TOP)* = 1). Die Nichtberücksichtigung einer Dimension durch *Q* oder *F* entspricht der Involvierung auf *TOP*-Level. Dies reduziert die Anzahl der Fallunterscheidungen bzgl. der Abhängigkeiten von *Q* und *F* und erhöht so die Lesbarkeit.
- Die Treffer einer Query werden als über die Fragmente und DB-Seiten *gleichverteilt* angenommen (kein Daten-Skew).
- Wir betrachten Punktfragmentierungen und -Queries. Somit bleibt der Berechnungaufwand auch bei umfangreicheren Starschemas gering.

Tab. 2 zeigt die relevanten Parameter und Größen für unseren Algorithmus sowie abgeleitete Basisgrößen, die in den folgenden Abschnitten eingesetzt werden. Die (wenigen) benötigten Eingabeparameter bzw. die gewählte Fragmentierung als Ausgabe des Algorithmus sind kursiv hervorgehoben. *S* beschreibt ein Dimensionenschema, wobei jede Dimension durch ein Tupel aus seinen Hierarchieattributen in der Form '*dimension::hierarchy*' beschrieben wird.

Plattenzugriff. Wir schätzen die Zugriffskosten für einen einzelnen Plattenzugriff (*disk access*) ab durch

$$Dacc(pf) = pos + tra \cdot pf \tag{1}$$

pf quantifiziert das *Prefetching-Granulat*, also die Anzahl Seiten, die pro I/O gelesen werden. Wird kein Prefetching genutzt, so ist *pf* = 1 zu setzen. *pos* bezeichnet die mittlere Plattenpositionierungszeit (seek time, rotational delay, settle time), *tra* die Zugriffszeit für eine DB-Seite inkl. Kontroller- und Übertragungszeit. Je höher *pf* gewählt wird, desto größer die I/O-Effizienz. Allerdings ist zu beachten, daß speziell für den Mehrbenutzerbetrieb ein einzelner I/O-Job nicht zu groß ausfallen sollte, um die Plattenwartezeiten zu reduzieren. Daher haben wir in unseren späteren Experimenten eine Prefetching-Obergrenze angenommen. *pf* sollte für Faktentabellen- und Bitmap-Zugriffe unterschiedlich gewählt werden können, da sich die Fragmentgrößen $PgsFrg_{FT}$ bzw. $PgsFrg_{BM}$ um Größenordnungen unterscheiden.

Bestimmung der Anzahl Fragmente. Die Anzahl zu verarbeitender Fragmente F_{FT} für *Q* unter *F* ergibt sich als

$$F_{FT} = NoFrgs_{FT} / \left(\prod_{\forall d \in Dim(S)} min(card(f_d), card(q_d)) \right) \tag{2}$$

Der Klammerausdruck bestimmt den Reduktionsfaktor bzgl. der Anzahl zu verarbeitender Fragmente, der für *Q* unter *F* erreicht werden kann. q_d bzw. f_d bezeichnen dabei das Query- bzw. Fragmentierungsattribut für Dimension *d*. Für $hier(q_d) > hier(f_d)$ erreicht der Reduktionsfaktor für Dimension *d* die Kardinalität von q_d, sonst diejenige von f_d. Eine „echte" Reduktion (Faktor > 1) wird auf allen Dimensionen erreicht, welche Q und F gemeinsam berücksichtigen. So erreicht $Q_{QuarterCode}$ aus Abschnitt 4.1 unter Fragmentierung $F_{MonthGroup}$ auf der Produktdimension eine Reduktion um den Faktor 480 (= min(card({*Product::Group*}), card({*Product::Code*})), auf der Zeitdimension entsprechend eine Reduktion von 24, also eine Gesamtreduktion um den Faktor 3840.

I/O-Zugriffszeiten pro Faktentabellenfragment. Diese Größe ergibt sich aus der Anzahl durchzuführender I/O pro Fragment und der Zugriffskosten pro I/O als

$$FrgAcc_{FT} = IO_{FT} \cdot Dacc(PF_{FT}) \tag{3}$$

Tab. 2. Relevante Größen / Paramter für Kostenmodell und Metriken

Schema S			
S	$= ((d_0::TOP, d_0:h_1, ..d_0::h_k), ..,(..), ... (d_{dmx}::TOP, ..))$		
dmx	Anzahl Dimensionen	hier(a)	Hierarchieebene von a
$Dim(S)$	Dimensionen von S	$card(a)$	*Attributkardinalität* ($a \in S$)
Query Q			
Q_{mix}	*Query-Mix* (Q_i: *Query*, w_i: *Gewicht*) =	$\{(Q_1, w_1), (Q_2, w_2), ..\}$,	
q_d	*QA auf Dimension d*	p_{TS}	Wahrscheinlichkeit Trefferseite
$NoBM_{st}$	# verarbeitete Standard-BM	IO_{FT}	# I/Os (FT-Fragment)
$NoBM_{en}$	# verarbeitete kodierte BM	IO_{BM}	# I/Os (BM-Fragment)
NoHits	# Treffer (Gesamt)	**Datenbank & Platten**	
NoHitsFrg	# Treffer (Fragment)	N	*# FT-Tupel (Gesamt)*
Fragmentierung F		tpp	*# FT-Tupel (pro Seite)*
f_d	***FA auf Dimension d***	$PgSize$	*DB-Seitengröße (Bytes)*
$NoFrgs_{FT}$	Anzahl FT-Fragmente	$NoDisk$	*# Platten*
$NoFrgs_{BM}$	Anzahl BM-Fragmente	$Dacc(pf)$	*Kosten I/O (pf Seiten)*
A_{en}	Kodierte Bitmap-Attribute	pos	*Plattenpositionierungszeit*
A_{st}	Standard-Bitmap-Attribute	tra	*I/O-Transfer für Seite*
$PgsFrg_{FT}$	# FT-Fragment (in Seiten)	PF_{FT}	*Prefetching-Granulat (FT)*
$PgsFrg_{BM}$	# BM-Fragment (in Seiten)	PF_{BM}	*Prefetching-Granulat (BM)*
Ableitung von Basisgrößen			
$NoHits = N / \prod_{\forall f \in DimF} card(q_d)$		$PgsFrg_{FT} = \lceil N/(tpp \cdot NoFrgs_{FT}) \rceil$	
		$NoHitsFrg = Hits/NoFrgs$	
$NoFrgs_{FT} = \prod_{\forall f \in Dim(F)} card(f_d)$		$NoFrgs_{BM} = NoFrgs_{FT}/(8 \cdot SzTplFT)$	

Abk.: FT= Faktentabelle, BM=Bitmap, FA=Fragmentierungsattribut, QA=Query-Attribut. Eingabeparameter *kursiv*, Ausgabewerte ***kursiv/fett***

Bei vorliegendem Clustering von Treffern (*IOC1*) bzw. durch den Einsatz von Bitmaps sind die Seiten, welche die für eine Query relevante Treffer enthalten (*Trefferseiten*), a priori bestimmbar. Somit können wir unterstellen, daß jede Faktentabellen-I/O mit einer Trefferseite „startet" und ggf., je nach Größe von PF_{FT} und Trefferwahrscheinlichkeit, noch weitere Trefferseiten einliest. Trefferlose Seiten können zudem häufig ausgespart werden.

IO_{FT} bestimmen wir daher aus dem Verhältnis der Abschätzung der Anzahl der *Trefferseiten* eines Fragments zu der Anzahl *Trefferseiten pro Prefetching-I/O* als

$$IO_{FT} = \frac{p_{TS} \cdot PgsFrg_{FT}}{1 + p_{TS} \cdot (PF_{FT} - 1)} \tag{4}$$

p_{TS} bezeichnet die Wahrscheinlichkeit des Ereignisses „Seite ist Trefferseite", d.h. die Wahrscheinlichkeit, daß eine Seite innerhalb eines Fragmentes *mindestens ein Treffertupel* enthält. Wir bestimmen p_{TS} mit Hilfe einer Approximation der *Yao-Formel* [9, 33], welche diese bei Gleichverteilung von t Treffern innerhalb einer Seitenmenge s mit dem Blockungsfaktor b (Anzahl Tupel pro Seite) abschätzt mit

$$p_{TS} = 1 - \overline{p_{TS}} = 1 - \left(1 - \frac{t}{b \cdot s}\right)^{b} \tag{5}$$

Die daraus resultierende Anzahl Trefferseiten innerhalb s Seiten wird bestimmt mit

$$s \cdot p_{TS} \tag{6}$$

$\overline{p_{TS}}$ $(= 1 - p_{TS})$ berechnet die Wahrscheinlichkeit des Auftretens einer *trefferlosen* Seite innerhalb des Fragments. Dazu wird die mittlere Wahrscheinlichkeit des Ereignisses „Tupel enthält keinen Treffer" über alle b Tupel einer Seite akkumuliert. Die Approximation geht vereinfachend von der Unabhängigkeit dieses Ereignisses von dem „Trefferzustand" der übrigen Tupel aus.

In unserem Falle gilt $t = NoHitsFrg$ und $b = tpp$. Zur Bestimmung der Anzahl Trefferseiten eines Fragmentes setzen wir $s = PgsFrg_{FT}$ in (6) ein. Zur Abschätzung der Anzahl Treffer pro Prefetching-I/O unterstellen wir die erste Seite als Trefferseite und schätzen die Anzahl zusätzlich gelesener Trefferseiten ab indem wir $PF_{FT} - 1$ für s in (6) einsetzen.

Erste Validierungsergebnisse zeigen eine sehr gute Approximation der analytisch bestimmten Anzahl von I/Os an entsprechende Simulationsresultate. Für den Spezialfall *IOC1* (Treffer-Clustering, $p_{TS} = 1$) ergibt sich $IO_{FT} = PgsFrg_{FT}/PF_{FT}$, d.h. alle Seiten eines Fragments werden in Granulaten von PF_{FT} Seiten gelesen.

I/O-Zugriffskosten für Bitmaps. Wir gehen davon aus, daß für alle Hierarchieebenen entweder Standard-Bitmaps oder, für Dimensionen hoher Kardinalität (z.B. *Product*, *Customer*), hierarchisch kodierte Bitmaps gemäß 3.2 vorliegen.

Für *IOC1-An*fragen gilt Treffer-Clustering innerhalb der Faktentabellenfragmente. Daher benötigen diese keinen Bitmap-Zugriff zum Auffinden von Treffern. Für *IOC2*-Anfragen gehen wir davon aus, daß Bitmaps genutzt werden, um die Treffer zu lokalisieren. Dies bedeutet, daß Bitmaps verarbeitet werden, falls

$$\exists q_d \in Q | hier(q_d) > hier(f_d) \quad (7)$$

gilt, d. h. mindestens eine Fragmentierungsdimension auf *feinerem Hierarchie-Level* referenziert wird als das jeweilige Fragmentierungsattribut vorgibt.

Anzahl verarbeiteter Bitmaps (NoBM). Die Anzahl zu lesender Standard-Bitmaps $NoBM_{st}$ für eine Query ist 1 Bitmap pro referenzierter Attributausprägung und Attribut $q_d \in A_{st}$, für welches (7) gilt. Für Punktanfragen resultiert dies also in 1 Bitmap pro referenziertes Attribut aus A_{st}.

Die Anzahl zu betrachtender *hierarchisch kodierter* Bitmaps $NoBM_{en}$ auf Attributen mit umfangreicher Domain ergibt sich für alle $q_d \in A_{en}$ zu:

$$NoBM_{en} = \sum_{q_d \in A_{en}} \sum_{hier(q_d) \geq h > hier(f_d)} \lceil \log_2(card(h)/card(h-1)) \rceil \quad (8)$$

A_{en} bezeichnet die Anzahl der Fragmentierungsattribute der Dimensionen, für die kodierte Bitmaps vorliegen. *h-1* bezeichnet die *nächstgröbere Hierarchiestufe* zu *h*, also gilt z. B.: *h = product::class ⇒ h-1 = product::group.*
Um $e = card(h)/card(h-1)$ Elemente des Level *h* relativ zu Level *h-1* zu kodieren (z. B. $e = 15$ Produkte innerhalb einer Produktklasse), werden $\lceil \log_2(e) \rceil$ Bits benötigt. Es werden Bitmaps für alle Hierarchie-Level *auf und oberhalb* des Levels der Query-Attribute und *unterhalb* des entsprechenden Fragmentierungs-Level benötigt. Insbesondere müssen bei Nichtinvolvierung einer Query-Dimension durch eine Fragmentierung die Bitmaps aller Ebenen ab Query-Level und unterhalb des TOP-Level gelesen werden.
Die Gesamtmenge der zu lesenden Bitmaps ergibt sich somit zu

$$NoBM = 0 \qquad \text{für } Q \in IOC1 \quad (9a)$$

$$NoBM = NoBM_{st} + NoBM_{en} \qquad \text{für } Q \in IOC2 \quad (9b)$$

Die Anzahl zu verarbeitender Bitmap-*Fragmente* $NoFrgs_{BM}$ beträgt $NoBM \cdot F_{FT}$, da pro Faktentabellenfragment und pro Bitmap je ein Bitmap-Fragment verarbeitet wird.

I/O-Zugriffszeiten pro Bitmap-Fragment. Ein Bitmap-Fragment ist um Größenordnungen kleiner als das entsprechende Faktentabellenfragment[3], so daß ein vom für Faktentabellenfragmente abweichendes Prefetching-Granulat i.d.R sinnvoll ist. Die Anzahl I/O zur Verarbeitung eines Bitmap-Fragmentes IO_{BM} mit Prefetching-Granulat PF_{BM} ergibt sich zu

$$IO_{BM} = \lceil PgsFrg_{BM}/PF_{BM} \rceil \quad (10)$$

Die Gesamt-I/O-Kosten pro Fragment betragen

$$FrgAcc_{BM} = IO_{BM} \cdot Dacc(PF_{BM}) \quad (11)$$

[3] Der Größenunterschied beträgt $8 \cdot (\lfloor PgSize/tpp \rfloor)$, da jedes Bit einer Bitmap mit jeweils einem Faktentupel der Größe $\lfloor PgSize/tpp \rfloor$ (in Bytes) korrespondiert.

5.3 Bewertungsmetrik

Das Ziel unserer Bewertung ist es, diejenigen Fragmentierungen zu bestimmen, für die ein Mix von Anfragen möglichst geringen *Aufwand* verursachen und dabei zusätzlich eine möglichst geringe *Antwortzeit* durch Parallelisierung erreichen. Da die betrachteten Star Queries durch I/O dominiert werden, konzentrieren wir uns auf die Bestimmung des *I/O-Aufwandes* und schätzen die Antwortzeit von Star Queries über ihre *I/O-Antwortzeit* ab.

Wir verwenden eine kombinierte Metrik, da die Minimierung des I/O-Aufwandes bzw. der Antwortzeiten alleine ist i.d.R. nicht ausreicht bzw. den vorhandenen *Trade-off* zwischen beiden Zielen nicht berücksichtigt. Bei einem Fokus auf die Reduktion des Aufwandes würden Fragmentierungen ermittelt, welche eine sehr gute I/O-Effizienz durch einen hohen Grad an *Treffer-Clustering* erreichen und entsprechend geringe Kosten verursachen. Die daraus resultierende *geringere Anzahl an Fragmenten* bietet aber ein niedrigeres Verteilungs- und Parallelisierungspotential, welches höhere Antwortzeiten zur Folge hat und das erzielte I/O-Reduktionspotential ggf. „verpuffen" läßt. Ein ähnliches Problem ergäbe sich für eine reine Antwortzeit-, also „Einbenutzermetrik". Hier würden ggf. Fragmentierungen bestimmt, die durch einen hohen Parallelitätsgrad zwar niedrigste Antwortzeiten erreichen, allerdings um den Preis einer höheren Gesamtbelastung der Ressourcen durch Involvierung vieler Platten. Dies würde im Mehrbenutzerbetrieb zu schlechterem Gesamtdurchsatzverhalten und mehr I/O-Umfang führen.

Wir schlagen daher eine zweistufige I/O-Metrik *IOM* vor, welche den IO-Aufwand und die durch Parallelisierung erreichbare I/O-Antwortzeit berücksichtigt. Für die kombinierte Berücksichtigung dieser Kriterien gibt es mehrere Möglichkeiten (u.a. geometrisches Mittel). Da insbesondere im Hinblick auf Mehrbenutzerbetrieb einem geringen I/O-Aufwand eine besondere Bedeutung zukommt, bestimmen wir zunächst Fragmentierungskandidaten, die den I/O-Aufwand minimieren (Metrik IOA'_Q). In einem zweiten Schritt ermitteln wir aus den so ermittelten „besten" Fragmentierungen bzgl. Aufwand diejenigen, die eine minimale I/O-Antwortzeit erreichen (Metrik $IORT_Q$).

Tab. 3 zeigt die innerhalb der Metriken verwendeten Bezeichnungen. Auf die Darstellung der Abhängigkeit der Größen von Q und F haben wir aus Gründen der Übersichtlichkeit verzichtet.

Tab. 3. In Kostenmetriken verwendete Größen

IOA_Q	*Gesamt-I/O-Aufwand für Q unter F*
IOA_{Mix}	*Gesamt-I/O-Aufwand für einen Query-Mix unter F*
IOA_{FT}	*I/O-Aufwand (Faktentabelle) für Q unter F*
IOA_{BM}	*I/O-Aufwand (Bitmaps) für Q unter F*
$IORT_Q$	*Gesamt-I/O-Antwortzeit für Q unter F*
$IORT_{Mix}$	*Gesamt-I/O-Antwortzeit für einen Query-Mix unter F*
$IORT_{FT}$	*I/O-Antwortzeit (Faktentabelle) für Q unter F*
$IORT_{BM}$	*I/O-Antwortzeit (Bitmaps) für Q unter F*

IO-Aufwandsmetriken IOA_Q, IOA_{Mix}. Der Gesamtaufwand für eine Anfrage ergibt aus der Addition der I/O-Zugriffszeiten für die Faktentabellenverarbeitung (= Produkt der Anzahl Fragmente mit den Zugriffszeiten pro Fragment) und entsprechendes für die Bitmap-Verarbeitung, wobei F_{FT} Fragmente *pro relevanter Bitmap* zu verarbeiten sind. Daher gilt für eine Query Q unter F:

$$\begin{aligned} IOA_Q &= IOA_{FT} + IOA_{BM} \\ &= F_{FT} \cdot FrgAcc_{FT} + F_{FT} \cdot NoBM \cdot FrgAcc_{BM} \end{aligned} \tag{12}$$

Zur Berücksichtigung der unterschiedlichen Relevanz von Anfragetypen in einem Data Warehouse (z.B. Ausführung „teurer" Berechnungen von Gesamtverkaufszahlen einmal im Quartal, dagegen häufigere Adhoc-Aggregierungen über ein Produkt an einem Tag usw.) haben wir entsprechende *Gewichte* in unsere Kostenformel integriert. So gilt für einen Query-Mix Q_{Mix} (vgl. Tab. 2):

$$IOA_{Mix} = \sum_{\forall Q_i \in Q_{Mix}} w_i \cdot IOA_{Q_i} \tag{13}$$

I/O-Antwortzeitmetriken $IORT_Q$, $IORT_{Mix}$. Wir nehmen an, daß die Verarbeitung der Gesamtmenge der Faktentabellen- bzw. Bitmap-Fragmente optimal I/O-parallelisierbar ist, also ein maximaler Verteilgrad der relevanten Fragmente erreicht werden kann. Dies ist i.d.R. gewährleistet, da Round Robin-Allokationen eine sehr gute I/O-Balancierung erreichen. Es gilt daher

$$\begin{aligned} IORT_Q &= IORT_{FT} + IORT_{BM} \\ &= FrgAcc_{FT} \cdot \left\lceil \frac{F_{FT}}{NoDisk} \right\rceil + FrgAcc_{BM} \cdot \left\lceil \frac{NoBM \cdot F_{FT}}{NoDisk} \right\rceil \end{aligned} \tag{14}$$

Wir schätzen die Antwortzeit einer Query für die Faktentabellenverarbeitung mit der I/O-Antwortzeit ab, da diese nahezu ausschließlich den stark dominierenden Anteil an der Antwortzeit der für uns interessanten „teuren" OLAP Queries darstellen. Aufgrund des unterstellten optimalen I/O-Parallelisierungspotential setzen wir die Gesamt-I/O-Antwortzeit mit denen im Mittel sequentiell zu verarbeitenden Fragmente *pro Platte* gleich. Verarbeitet eine Anfrage z.B. insgesamt 150 Fragmente, die auf einer Anzahl $NoDisk = 100$ unterschiedlichen Platten alloziert sind, so berücksichtigen wir die Antwortzeit mit derjenigen für die Verarbeitung von $\lceil 150/100 \rceil = 2$ Fragmenten auf *einer* Platte. Vergleichbares gilt für die Bitmap-Verarbeitung, wobei zusätzlich die Anzahl zu bearbeitender Bitmaps *NoBM* für eine Query als Faktor einfließt. Die exakte Bestimmung der Antwortzeit ist nicht notwendig, da die Metrik nur der groben Vergleichbarkeit zwischen Alternativen dient.

Zur Bestimmung der Antwortzeit für einen Query-Mix wird deren Gewichtung in derselben Weise wie bei IOA_{Mix} berücksichtigt:

$$IORT_{Mix} = \sum_{\forall Q_i \in Q_{Mix}} w_i \cdot IORT_{Q_i} \tag{15}$$

Wir arbeiten aktuell an der Validierung des vorgestellten Modells mit Hilfe unseres Simulators für PDBS, welchen wir mit Hilfe der CSIM-Simulationsbibliothek [18] an unserem Lehrstuhl implementiert haben [29]. Dieser ist umfangreich parametrisierbar und bildet verschiedenste Architekturen (SD, SE, SN), Lastbalancierungs- und Allokationsstrategien ab. Dabei werden Lastgenerierung und -verarbeitung, Sperrverwaltung, Pufferverwaltung, Netzwerkaspekte, CPU-, Platten-Server etc. detailliert repräsentiert.

6 Bestimmung einer Fragmentierung

Abschließend wollen wir die Wirkungsweise der vorgeschlagenen Methode zur Bestimmung einer guten mehrdimensionalen Fragmentierung anhand eines Experiments illustrieren. Die wesentlichen Parameterbelegungen und Beispiel-Queries zeigt Tab. 4. (Bedeutung der Größen: vgl. Tab. 2). Als Prefetching-Granulat wählen wir von den dort aufgeführten Werten jeweils den größtmöglichen Wert, den die jeweilige Fragmentgröße für eine berechnete Fragmentierung erlaubt. Wir legen das Sternschema aus Abb. 1 mit den dort spezifizierten Kardinalitäten der Hierarchieebenen zugrunde.

6.1 Beispiel Q_{store}

Zunächst bestimmen wir Fragmentierungskandidaten für eine einzelne Query Q_{store}. Diese 1-dimensionale Anfrage referenziert alle Faktentupel, welche einem *Store* der Dimension *Customer* zugeordnet sind. Die Trefferselektivität innerhalb der Faktentabelle beträgt 0.0007, so daß ca. 1.3 Mio. Tupel gelesen werden.

Aus Gründen der Übersichtlichkeit verwenden wir eine Notation zur Bezeichnung der Fragmentierungen, welche jeweils den Hierarchie-Level pro Dimension numerisch anzeigt. Level 0 bezeichnet dabei den TOP-Level (=Nichtinvolvierung), Level 6 steht z.B. für den *Code*-Level der *Product*-Dimension. Die Reihenfolge der Dimensionen innerhalb der Notation haben wir mit *Product, Customer, Time, Channel* gewählt. „0 2 0 0" bezeichnet demnach *{Customer::Store}*, „4 0 3 0" *{Product::Group; Time::Month}* usw. Es sei hier betont, daß die Reihenfolge der Dimensionen aufgrund des multi-dimensionalen Charakters von *MDHF keinerlei Einfluß* auf den Effekt einer Fragmentierung auf Star Queries bzw. auf die erzielten Resultate der Metriken hat.

Tab. 4. Parameterbelegungen für Experimente zur Bestimmung einer Fragmentierung

Datenbank		**I/O**	
N	1.866.240.000	Dacc(PF)	$= 13ms + PF \cdot 1ms$
PgSize	4 KB	NoDisk	100
Größe FT (Seiten)	9.148.236 (ca. 37 GB)	PF_{FT} (in Seiten)	1, 4, 8, 16, 32
Queries		**Notation**	**Fakten**
Q1 =	{*Customer::Store*}	0 2 0 0	1.296.000
Q2 =	{*Product::Group; Time::Month*}	4 0 3 0	162.000
Q3 =	{*Customer::Retailer; Time::Quarter*}	0 1 2 0	1.458.000

Tab. 5 zeigt die Ergebnisse der „Top"-Fragmentierungen, die bzgl. der Einzelmetrik für den I/O-Aufwand (IOA_Q) und der kombinierten Metrik (*IOM*) ermittelt wurden. Bezüglich des Arbeitsaufwandes liefert die Fragmentierung *{Customer::Store}* die besten Ergebnisse. Sämtliche Treffer werden in einem Fragment geclustert und können somit mit höchster I/O-Effizienz gelesen werden. Außerdem ist kein Bitmap-Zugriff notwendig. Auf den weiteren Plätzen folgen jeweils Fragmentierungen, die neben dem Query-Attribut zusätzliche Dimensionen involvieren. Die Treffer liegen dadurch immer noch geclustert vor, da kein gröberer Hierarchie-Level der *Customer*-Dimension durch die Fragmentierungen involviert wird, der die Lokalisation von Treffern (und dadurch zusätzliche I/O) durch Bitmaps nötig machen würde. Die Treffer werden allerdings nun auf 2, 8, 16 usw. Fragmente verteilt, je nach Kardinalität der involvierten Dimensionen. Dadurch ergibt sich ggf. ein „Verschnitt"-Overhead, da durch Verteilung der Treffer auf mehrere Fragmente nun u.U. mehr I/Os durchgeführt werden müssen. Sind z.B. für die Verarbeitung von 1000 Seiten eines Fragmentes mit $PF_{FT} = 8$ Seiten nur 125 I/Os notwendig, so sind bei Verteilung auf z.B. 4 Fragmente mit jeweils 250 Seiten 32 I/O pro Fragment, also insgesamt 128 I/Os notwendig. Dies, und das bei sehr kleinen Fragmentgrößen geringere und damit ineffizientere Prefetching-Granulat begründen den höheren I/O-Aufwand verglichen mit *{Customer::Store}*.

Unter *IOM* wurden Aufwand und Antwortzeit derart kombiniert, daß die „Top 20%"-Fragmentierungen bzgl. IOA_Q gemäß der besten erreichten Antwortzeiten ausgewählt wurden. Die bzgl. Aufwand optimale Fragmentierung *{Customer::Store}* findet sich erst auf Platz 34. Dies begründet sich damit, daß durch die Reduktion auf 1 Fragment unsere Beispiel-Query nicht parallelisierbar ist, und somit eine schlechtere Antwortzeit erzielt. Die bzgl. *IOM* „beste" Fragmentierung „3 2 1 0" erzielt eine um den Faktor 66 bessere Antwortzeit, bei lediglich 20% mehr Aufwand. Es ist festzuhalten, daß mehrdimensionale Fragmentierungen vorgeschlagen werden, welche einerseits durch Berücksichtigung des Hierarchie-Levels des Query-Attributes Treffer-Clustering erlauben und Bitmap-Zugriff vermeiden, andererseits einen solchen Feinheitsgrad erreichen, daß ein ausreichendes Parallelisierungspotential gewährleistet ist.

Es sei erwähnt, daß ein herkömmlicher „Full Scan" bei einem angenommenen Plattendurchsatz von 10 MB/s und maximaler Parallelität, auch ohne Bitmap-Zugriff, für

Tab. 5. Ergebnisse für Q_{store}

IO-Aufwand				kombinierte IO-Metrik				
Rang	Fragmentierung	F_{FT}	IOA_Q (in s)	Rang	Fragmentierung	F_{FT}	$IORT_Q$ (in s)	IOA_Q (in s)
1	0 2 0 0	1	8.96	1	3 2 1 0	240	0.135	10.8
2	0 2 1 0	2	9.0	2	1 2 1 1	240	0.135	10.8
3	1 2 0 0	8	9.0	3	4 2 0 0	480	0.146	13.9
4	0 2 2 0	8	9.0	4	2 2 3 0	576	0.175	16.7
5	1 2 1 0	16	9.36	5	0 2 2 1	360	0.180	10.8
14	3 2 1 0	240	10.8	34	0 2 0 0	1	8.96	8.96

Tab. 6. Ergebnisse für IOM (Query-Mix)

IOM			
Platz	Fragmentierung	$IORT_{Mix}$ (in s)	IOA_{Mix} (in s)
1	3 2 2 0	1.37	133.6
2	3 2 3 0	1.72	168.9
3	2 2 3 0	1.82	178.1

die ca. 37 GB große Faktentabelle auf 100 Platten ca. 37s I/O-Zeit benötigen würde, also um einen Faktor 275 langsamer wäre.

6.2 Query-Mix

Tab. 6 zeigt das Ergebnis für einen Query-Mix, bestehend aus den Anfragen Q1=*{Customer::Store}*, Q2=*{Product::Group; Time::Month}* und Q3=*{Customer::Retailer; Time::Quarter}*. Es werden insgesamt 2.916.000 Fakten bzgl. der 3 Dimensionen *Product*, *Customer* und *Time* auf unterschiedlichen Hierarchieebenen referenziert. Die Anfragen wurden alle identisch gewichtet.

Alle „Top 3“-Fragmentierungen führen zu einem Clustering der Treffer und zu einer Verteilung auf > 100 (= Anzahl Platten) Fragmente für die Queries Q1 und Q3, wodurch sich gute Aufwands- und Antwortzeitergebnisse durch Parallelisierung erzielen lassen. Für Q2 wird durch Referenzierung des *Group*-Level auf der *Product*-Dimension und des *Month*-Level auf der *Time*-Dimension Bitmap-Zugriff eingeführt. Dieser Aufwand ist allerdings wesentlich geringer als der Negativeffekt welcher die Wahl der feingranulären Fragmentierung „4 2 3 0“ implizieren würde, die Bitmap-Zugriff für den Mix generell vermeidet. Diese Fragmentierung erzeugt Faktentabellenfragmente der Größe < 1 Seite, was zu inakzeptablen Ineffizienz der I/O-Zugriffe führt. Für die ermittelten besten Fragmentierungen kann dagegen ein 16- bzw. sogar 32-Seiten Prefetching eingesetzt werden. Alle aufgeführten Fragmentierungen führen Bitmap-Zugriff lediglich für Q2 ein, welche aufgrund ihrer geringen Trefferanzahl auch die unkritischste Anfrage im Mix darstellt.

7 Zusammenfassung und Ausblick

Wir haben einen Ansatz zur automatischen Bestimmung einer multi-dimensionalen, hierarchischen Fragmentierung für Data Warehouses präsentiert. Auf Basis von Kostenformeln haben wir eine Metrik entwickelt, welche die Güte einer Fragmentierung bzgl. der für Star Queries sehr häufig dominanten IO-Zugriffszeiten bestimmt. Unsere kombinierte Metrik berücksichtigt neben der Reduktion des I/O-Arbeitsaufwandes auch die I/O-Antwortzeiten, welche durch Einsatz von Parallelität erreicht werden können. Erste Ergebnisse zeigen, daß mit unserem Modell gute Fragmentierungskandidaten bestimmt werden.

Aktuell arbeiten wir an der detaillierten simulativen Validierung des Modells und an seiner Verfeinerung. Erste Tests zeigen anhand von Simulationsergebnissen eine sehr gute Approximation der I/O-Kosten durch unser Modell. Zur Plattenbalancierung von Fragmenten, deren Größe durch z.B. Skew stark variieren kann, haben wir eine „hitze“basierte Allokationsstrategie in unserem Simulationssystem implementiert, welche zukünftig auch im Kostenmodell reflektiert werden soll. In weiterenen Schritten sollen neben der Integration von CPU-Kosten auch Nichtpunktfragmentierungen/-anfragen berücksichtigt werden. Das beschriebene Modell wird derzeit in einem Werkzeug mit GUI-Oberfläche implementiert, welches basierend auf Sternschema-informationen und DB-Größen für einen gewichteten Query-Mix eine passende Datenallokation automatisch vorschlägt.

Danksagung. Der Autor bedankt sich bei Herrn Prof. Erhard Rahm für detaillierte Anmerkungen und Verbesserungsvorschläge, bei Herrn Holger Märtens für die Diskussion des Kostenmodells sowie bei den Gutachtern für ihre hilfreichen Kommentare.

Literatur

1. Agrawal, S., Chaudhuri, S., Narasayya, V.R.: Automated Selection of Materialized Views and Indexes in Microsoft SQL Server. Proc. 26th Intl. VLDB Conference: 496 – 505, Cairo, Egypt, 2000.
2. Brobst, S., Vecchione, B.: DB2 UDB: Starburst Grows Bright. Database Programming & Design, 1998.
3. Chaudhuri, S., Dayal, U.: An Overview of Data Warehousing and OLAP Technology. SIGMOD Record 26(1): 65-74, 1997.
4. Chaudhuri S., Narasayya, V.: An Efficient, Cost-Driven Index Selection Tool for Microsoft SQL Server. Proc 23rd Intl. VLDB Conference: 146 – 155, Athens, Greece, 1997.
5. Chaudhuri, S., Weikum, G.: Rethinking Database System Architecture: Towards a Self-Tuning RISC-Style Database System. Proc. 26th Intl. VLDB Conference: 1 – 10, Cairo, Egypt, 2000.
6. Chen, P.M., Lee, E.L., Gibson, G.A., Katz, R. H., Patterson, D. A.: RAID: High-Performance, Reliable Secondary Storage. ACM Computing Surveys 26 (2): 145 – 185, 1994.
7. Copeland, G., Alexander, W., Boughter, E., Keller, T.: Data Placement in Bubba. Proc. ACM SIGMOD Conference, Chicago, 1988.
8. DeWitt, D.J., Gray, J.: Parallel Database Systems: The Future of High Performance Database Systems. Comm. ACM 35 (6): 85-98, 1992.
9. Gardy, D., Némirovski, L.: Urn Models and Yao's Formula. Proc. 7th ICDT Conference, Jerusalem, 1999.
10. Ghandeharizadeh, S., DeWitt, D.J.: A Multiuser Performance Analysis of Alternative Declustering Strategies. Proc. 6th Intl. Conference on Data Engineering, Los Angeles, 1990.
11. Ghandeharizadeh, S., DeWitt, D.J., Qureshi, W.: A Performance Analysis of Alternative Multi-Attribute Declustering Strategies. Proc. ACM SIGMOD Conference: 29 - 38, 1992.
12. Informix Corporation: Informix Decision Support Indexing for the Enterprise Data Warehouse. White Paper, 1998.

13. Informix Corporation: INFORMIX-OnLine Dynamic Server: Administration Guide. Manual, 2000.
http://www.informix.com/answers/oldsite/answers/pubs/pdf/811xpsu/7624.pdf
14. Katz, R.H., Hong, W.: The Performance of Disk Arrays in Shared-Memory Database Machines. Distr. and Parallel Databases 1 (2): 167 – 198, 1993.
15. Lee, E.K., Katz, R.: An Analytic Performance Model of Disk Arrays, Proc. ACM SIGMETRICS Conference, 98 – 109, Santa Clara, 1993.
16. Marek, R.: Ein Kostenmodell der parallelen Anfragebearbeitung in Shared-Nothing-Datenbanksystemen, Proc. GI-Fachtagung 'Datenbanken in Büro, Technik und Wissenschaft' (BTW'95): 232 – 251, Informatik aktuell, Dresden, 1995.
17. Mehta, M., DeWitt, D.J.: Data Placement in Shared-Nothing Parallel Database Systems. VLDB Journal 6 (1), 1997.
18. Mesquite Software Inc: User's Guide CSIM18 Simulation Engine. Manual, 1996.
19. OLAP Benchmark, Release II. OLAP Council, 1998.
htpp://www.olapcouncil.org/research/bmarkly.htm
20. O'Neil, P., Graefe, G.: Multi-Table Joins Through Bitmapped Join Indices. ACM SIGMOD Record 24 (3), 1995.
21. Oracle Corporation: Oracle 8i Administrator's Guide. Manual, 2000.
http://www.irm.vt.edu/oracle_816_docs/server.816/a76956/index.htm
22. Oracle Corporation: Star Queries in Oracle8. White Paper, 1997.
23. Rahm, E.: Parallel Query Processing in Shared Disk Database Systems. Proc. 5th HPTS Workshop, Asilomar, 1993.
http://dbs.uni-leipzig.de/abstr/Ra93.HPTS.ps
24. Rahm, E.: Mehrrechner-Datenbanksysteme. Grundlagen der verteilten und parallelen Datenbankverarbeitung. Addison-Wesley-Verlag, 443 S., 1994.
http://dbs.uni-leipzig.de/buecher/mrdbs.html
25. Rahm, E., Märtens, H., Stöhr, T.: On Flexible Allocation of Index and Temporary Data in Parallel Database Systems. Proc. 8th HPTS Workshop, Asilomar, 1999.
http://dol.uni-leipzig.de/pub/1999-23
26. Rahm, E., Stöhr, T.: Analysis of Parallel Scan Processing in Parallel Shared Disk Database Systems. Proc. EURO-PAR Conference, Stockholm, LNCS 966, Springer, 1995.
http://dol.uni-leipzig.de/pub/1995-22
27. Red Brick Systems, Inc.: Star Schema Processing for Complex Queries. White Paper, 1998.
28. Scheuermann, G. Weikum, P. Zabback: Data Partitioning and Load Balancing in Parallel Disk Systems, VLDB Journal 7 (1): 48 – 66, 1998.
29. Stöhr, T., Märtens, H., Rahm, E.: Multi-Dimensional Database Allocation for Parallel Data Warehouses. Proc. 26th Intl. VLDB Conference: 273 – 284, Cairo, Egypt, Sep. 2000.
30. Stöhr, T.: Indexallokation in Parallelen Datenbanksystemen. Proc. 11. GI-Workshop "Grundlagen von Datenbanken", Luisenthal/Thüringen, 1999.
31. Sun, J., Grosky, W.I.: Dynamic Maintenance of Multidimensional Range Data Partitioning for Parallel Data Processing. Proc. First ACM Intl. Workshop on Data Warehousing and OLAP (DOLAP), Washington D.C.: 72 – 79, 1998.
32. Wu, M.-C., Buchmann, A.P.: Encoded Bitmap Indexing for Data Warehouses. Proc. 14th Proc. Intl. Conference on Data Engineering (ICDE), Orlando, 1998.
33. Yao, S.B.: Approximating Block Accesses in Data Base Organizations. Comm. ACM 20 (4), 1977.

Datenqualitätsmanagement in Data Warehouse–Umgebungen

Holger Hinrichs

Oldenburger Forschungs- und Entwicklungsinstitut
für Informatik–Werkzeuge und –Systeme (OFFIS),
Escherweg 2, 26121 Oldenburg
holger.hinrichs@offis.de

Zusammenfassung Mit Data Warehouse–Systemen hat in den letzten Jahren eine neue Klasse von Informationssystemen stark an Bedeutung gewonnen. Eine zentrale Herausforderung bei Aufbau und Pflege eines Data Warehouse–Systems ist die Qualitätssicherung von Daten, die aus heterogenen Quellen integriert werden.
In dieser Arbeit präsentieren wir einen Überblick über das Forschungsprojekt CLIQ, das sich mit Konzepten für ein umfassendes Datenqualitätsmanagement und der Umsetzung dieser Konzepte in ein Software–System beschäftigt. Dieses System basiert auf formalen Datenqualitätsmetriken und einem wohldefinierten Vorgehensmodell für das Datenqualitätsmanagement in Data Warehouse–Umgebungen. Eine umfassende Nutzung von Metadaten in einem standardkonformen Format ermöglicht dabei eine flexible Anpassung an verschiedene Anwendungsbereiche.

1 Einführung

Dieser Abschnitt enthält Grundlagen aus den für das weitere Verständnis der Arbeit wichtigen Themenbereichen Datenintegration und Datenqualität.

1.1 Datenintegration

In modernen Informationssystemen spielt die Integration von Daten aus heterogenen Quellen eine immer größere Rolle, da viele Anwendungen (z. B. die strategische Entscheidungsunterstützung) eine gemeinsame Betrachtung verschiedener Datenquellen erfordern (z. B. Marketing–, Geo– und Börsendaten). Dabei werden Daten zunehmend zu Zwecken genutzt, für die sie ursprünglich nicht vorgesehen waren. Dies bringt eine Reihe von Problemen mit sich, die wir im folgenden Abschnitt vorstellen werden.

Ein typisches Beispiel für integrierte Informationssysteme stellen Data Warehouse–Systeme (DWS) [BG00] dar. Die wesentlichen Anforderungen an ein DWS sind:

- Flexible, effiziente, interaktive Analysen
- Verwaltung großer, integrierter, historisierter Datenbestände hoher Qualität.

Um der erstgenannten Anforderung zu genügen, werden Daten in einem DWS physisch repliziert, speziell repräsentiert sowie über besondere Zugriffstechniken abgefragt [BG00]. In dieser Arbeit konzentrieren wir uns auf die zweitgenannte Anforderung, insb. auf die qualitätsgesicherte Datenintegration.

1.2 Datenqualität

Die Integration von Daten aus heterogenen Quellen offenbart häufig Konflikte, die von inkonsistenten, redundanten, unvollständigen, ungenauen, veralteten oder semantisch mehrdeutig definierten Daten herrühren. Die Anzahl bzw. der Schweregrad solcher Unzulänglichkeiten in einem Datenbestand beeinflusst dessen „Qualität".

Der Begriff „Qualität" ist nach [DIN00] definiert als „die Gesamtheit von Merkmalen einer Einheit bzgl. ihrer Eignung, festgelegte und vorausgesetzte Erfordernisse zu erfüllen". Qualität ist damit nichts Absolutes, sondern hängt immer von den Erwartungen und Anforderungen der jeweiligen Nutzer bzw. Kunden ab. Der „Einheit" nach obiger Definition entspricht im Kontext dieser Arbeit ein bestimmter Ausschnitt eines Datenbestands, im folgenden *Datenobjekt* genannt. Die Merkmale eines solchen Datenobjekts - auch Datenqualitätsdimensionen genannt - können unterschiedliche Ausprägungen (Erfüllungsgrade) besitzen, die es zur Bestimmung der Qualität des Datenobjekts zu messen und zu bewerten gilt.

In der Forschungsliteratur [JJQV98,Wan98,NLF99] werden zahlreiche Klassifikationen von Datenqualitätsdimensionen vorgeschlagen, die meist aus empirischen Studien (Befragungen von Informationssystem-Nutzern etc.) hervorgegangen sind. Abbildung 1 zeigt eine recht gebräuchliche Klassifikation. In Abschnitt 2.2 gehen wir näher auf einige der dargestellten Dimensionen ein.

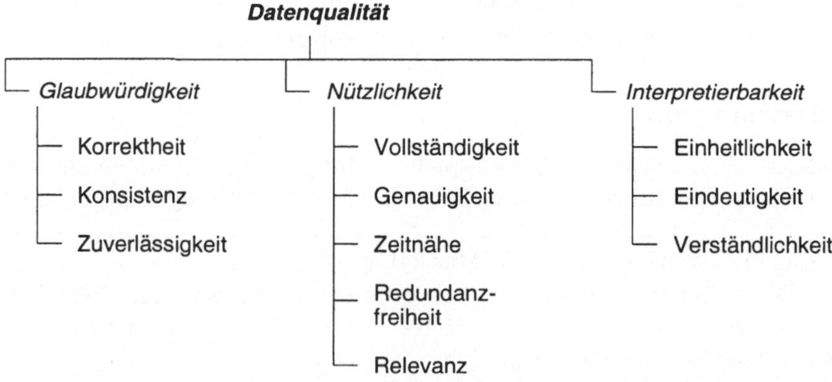

Abbildung 1. Dimensionen von Datenqualität (frei nach [Wan98])

DeLone und McLean [DM92] identifizierten die Qualität von Daten bereits 1992 als entscheidenden Faktor für den Erfolg eines Informationssystems (siehe Abb. 2). Zusammen mit dem Faktor der Systemqualität habe die Datenqualität einen entscheidenden Einfluss auf den Nutzungsgrad und damit auf die Zufriedenheit der Nutzer mit dem Informationssystem. Leider wurde diese Erkenntnis in der Praxis lange vernachlässigt. Erst der große Anteil an vollständig oder teilweise gescheiterten DWS–Projekten (41% laut [Met99]) in den vergangenen Jahren hat einen Sinneswandel bewirkt. In einer aktuellen Studie der Meta Group zu Erfolgsbarrieren im Data Warehousing [Met99] war „Datenqualität" neben „Management der Nutzererwartungen" das mit Abstand am häufigsten genannte Problem (113 von insgesamt 521 Nennungen, Studienteilnehmer: Organisationen mit DWS–Projekterfahrung).

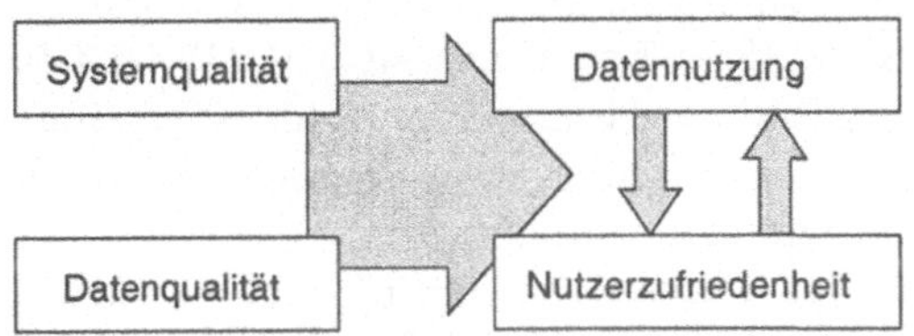

Abbildung 2. Ausschnitt aus dem Information System Success Model [DM92]

Datenqualität ist ein erheblicher Kostenfaktor: zum einen sind Maßnahmen zur Qualitätssicherung selbst kostenintensiv, zum anderen können Daten mangelhafter Qualität bei Auswertungen zu folgenschweren strategischen Fehlentscheidungen führen („garbage in, garbage out"). In denjenigen DWS–Projekten, die sich der Bedeutung von Datenqualität bewusst sind, bindet die Phase der Qualitätssicherung von Daten oft einen überproportional hohen Anteil an finanziellen und zeitlichen Ressourcen. Vor allem mangelt es an einer methodischen Vorgehensweise. Stattdessen dominieren kurzfristig angelegte, proprietäre Lösungen, die häufig aus einer Mischung von Shellskripten und sonstigen Codefragmenten bestehen und daher praktisch nicht an veränderte Systemumgebungen und Anwendungsgebiete adaptierbar sind.

Im Gegensatz zum Qualitätsmanagement von (materiellen) Produkten und Dienstleistungen (vgl. Normenreihe ISO 9000:2000 [DIN00]) gibt es für das Qualitätsmanagement von Daten bisher keine etablierten Lösungen. Die auf dem Markt angebotenen Werkzeuge zur Datenbereinigung in DWS – sog. Extraction–Transformation–Loading (ETL) Tools[1] – können hier kaum Abhilfe schaffen: Sie bieten i. allg. lediglich Funktionen zur syntaktischen Standardisierung an, unterstützen aber weder eine Datenintegration auf semantischer Ebene (z. B. Ausnutzung domänenspezifischer Metadaten) noch ein methodisch fundiertes DQM (z. B. Qualitätsplanung, –messung und –bewertung).

Auch in der wissenschaftlichen Literatur finden sich nur relativ wenige Ansätze, die sich intensiv mit dem Thema DQM auseinandersetzen. Bereits seit 1992 läuft das Forschungsprogramm Total Data Quality Management (TDQM) an der MIT Sloan School of Management [Wan98]. Ziel von TDQM ist es, eine

[1] Eine relativ aktuelle Zusammenstellung kommerzieller ETL Tools findet sich in [Eng99].

theoretische Basis im Forschungsgebiet Datenqualität zu schaffen und daraus für die Praxis Verfahren zur Verbesserung von Datenqualität abzuleiten. Dieses Ziel konnte bisher nur teilweise erreicht werden. Insbesondere mangelt es nach wie vor an praxistauglichen Qualitätsmetriken und an automatisierbaren Verfahren zur Datenqualitätssicherung.

Ähnliches gilt für das Esprit–Projekt Foundations of Data Warehouse Quality (DWQ) [JJQV98], allerdings stand das Thema Datenqualität hier auch nicht im Fokus der Betrachtung. Im DWQ–Projekt wurde eine Entwurfsmethode entwickelt, die Qualitätsanforderungen möglichst aller DWS–Beteiligten berücksichtigt. Dabei ist Datenqualität neben der Qualität der Systemarchitektur (Skalierbarkeit etc.), Software–Qualität sowie Schemaqualität nur ein Einzelaspekt.

Das Projekt WHIPS (Stanford University) [LZW+97] beschäftigt sich vor allem mit den Themen Update–Monitoring, Datenextraktion, Wartung materialisierter Sichten sowie Ladeverfahren, insgesamt also klassischen ETL–Aspekten, lässt Datenqualitätsfragen jedoch außen vor.

In HiQiQ (Humboldt–Universität Berlin) geht es vorwiegend um die Einbeziehung von Qualitätsinformationen in die Anfrageverarbeitung in verteilten Datenbanken [NLF99].

Dasjenige Projekt, das noch am ehesten in Richtung eines automatisierten DQM abzielt, ist CARAVEL (Inria, Frankreich) [GFSS00]. Im Rahmen von CARAVEL wurde das metadatengestützte Data Cleansing–System AJAX entwickelt, welches aus einer Spezifikations–, einer Optimierungs–, einer Ausführungs– und einer Erklärungskomponente besteht. Allerdings konzentriert sich AJAX im wesentlichen auf die Identifizierung und Eliminierung von Duplikaten im Datenbestand und vernachlässigt dabei andere Datenqualitätsaspekte.

	Adaptierbarkeit	Automatisierbarkeit	Systemunabhängigkeit	Ganzheitlichkeit	Metriken	Vorgehensmodell	Tool–Unterstützung	Metadatenstandard	Evaluierung
TDQM (MIT) [Wan98]	+	–		+	o	o	–		+
DWQ (Esprit) [JJQV98]	+	o	+	+	o	o	+	–	o
WHIPS (Stanford) [LZW+97]	+	+	+	o		o	+	–	+
HiQiQ (Humboldt Uni Berlin) [NLF99]	+	o	+	o	o		+	o	o
CARAVEL/AJAX (Inria) [GFSS00]	+	+	+	o		o	+	o	+

Tabelle 1. Forschungsarbeiten zum DQM (leeres Feld = k. A.)

Wie Tab. 1 zusammenfassend zeigt[2], mangelt es den genannten Ansätzen vor allem an praxistauglichen Datenqualitätsmetriken, einem sauber definierten,

[2] Die Bewertungskriterien wurden subjektiv – vor dem Hintergrund der Ziele der eigenen Arbeit – ausgewählt und erheben keinen Anspruch auf Vollständigkeit.

den gesamten Datenintegrationsprozess strukturierenden Vorgehensmodell sowie der Orientierung an einem Metadatenstandard. Der in dieser Arbeit vorgestellte Ansatz soll diese Defizite weitestgehend ausräumen.

Der verbleibende Teil der Arbeit besitzt folgenden Aufbau: Abschnitt 2 skizziert zunächst elementare Anforderungen an ein Datenqualitätsmanagement in Data Warehouse–Umgebungen. Anschließend stellen wir einige exemplarische Metriken zur Bewertung von Datenqualität sowie ein Vorgehensmodell zum DQM vor. Abschnitt 3 beschäftigt sich mit der Frage, wie die genannten DQM–Konzepte in einem Software–System realisiert werden können. Dabei legen wir einen Schwerpunkt auf die Modellierung von Metadaten zum DQM. Abschnitt 4 enthält einen Ausblick auf zukünftige Arbeiten.

2 Datenqualitätsmanagement

In diesem Abschnitt geben wir einen Überblick über die im Rahmen des OFFIS–Forschungsprojekts CLIQ (Data Cleansing mit intelligentem Qualitätsmanagement) [Hin00b] entwickelten DQM–Konzepte. Die wesentlichen Alleinstellungsmerkmale des CLIQ–Ansatzes sind:

- Bereitstellung von Metriken für eine Reihe von Datenqualitätsmerkmalen auf verschiedenen Granularitätsebenen
- Bereitstellung eines Vorgehensmodells für den gesamten Prozess der Datenintegration
- Durchgängige software–technische Unterstützung des Integrationsprozesses
- Berücksichtigung eines Metadatenstandards für DWS.

2.1 Anforderungen

Grundvoraussetzung für die Etablierung von DQM ist die Klärung der Frage, wie Datenqualität gemessen, bewertet und verbessert werden kann. Im Rahmen unserer Forschungsarbeiten wurde deutlich, dass ein Mangel an formal fundierten Verfahren zur Messung von Datenqualität besteht. Die Leitsätze „You cannot control what you cannot measure.“ (Tom DeMarco, 1982) und „What is not measurable make measurable.“ (Galileo Galilei) verdeutlichen die Notwendigkeit, obige Frage zu beantworten. Folgende zusätzliche Anforderungen an das DQM wurden in CLIQ identifiziert [Hin00b]:

- *Automatisierung:* Aufgrund großer Datenvolumina in DWS–Umgebungen (typischerweise Gigabytes bis zu Terabytes) ist ein hoher Automatisierungsgrad unerlässlich, sowohl bei der Qualitätsmessung als auch bei der Qualitätsverbesserung.
- *Berücksichtigung von anwendungsspezifischem Wissen:* In Praxisapplikationen ist i. allg. eine Einbeziehung von Domänenwissen sinnvoll, um bessere Ergebnisse beim DQM zu erzielen. Dieses Wissen muss in angemessener Weise repräsentiert und zugreifbar sein, idealerweise in einem Metadaten–Repository, das auch von anderen DWS–Komponenten genutzt werden kann.

- *Integration von DQM in bestehende Informationssystem–Architekturen:* Das DQM ist so in ein gegebenes (Data Warehouse–)System zu integrieren, dass dessen Organisationsstrukturen und Prozessabläufe nicht maßgeblich umgestellt werden müssen und der Routinebetrieb des Systems nicht negativ beeinflusst wird.
- *Interoperabilität:* Um den Austausch von Metadaten zwischen Software–Komponenten zu erleichtern, empfiehlt es sich, das Metadatenmanagement auf einen etablierten Standard (z. B. Open Information Model [MDC00], Common Warehouse Metamodel [OMG00]) auszurichten.

Im Projekt CLIQ haben wir ein Software–System zum Datenqualitätsmanagement entwickelt, das im DWS–Backend angesiedelt ist (genauer: zwischen Extraktions- und Ladephase) und den obigen Anforderungen weitestgehend gerecht werden soll.

2.2 Entwicklung von Metriken zur Qualitätsmessung

Aufbauend auf einer Hierarchie von Datenqualitätsdimensionen (konzeptuelle Ebene, siehe Abb. 1) haben wir Metriken (logische Ebene) für ausgewählte Qualitätsdimensionen definiert (siehe unten). Da im Backend–Bereich von DWS meist relational modelliert wird [Kim98], setzen unsere Metriken auf einem relationalen Datenbankschema (mindestens 3. Normalform) auf. Zur besseren Skalierbarkeit wurden diese bottom–up für unterschiedliche Granularitätsebenen (Attributwert, Tupel, Tabelle, Datenbank) entwickelt, d. h. eine Metrik auf Ebene $n+1$ (z. B. Vollständigkeit auf Tupelebene) wird auf Basis einer zuvor definierten Metrik auf Ebene n (hier: Vollständigkeit auf Attributwertebene) definiert. Für die feinste Ebene wurde jeder Qualitätsdimension mindestens ein Messverfahren (physische Ebene) zugeordnet, das die zugehörige Metrik operationalisiert. Auf den gröberen Ebenen werden die so ermittelten Messwerte dann gewichtet und gemittelt.

	Attributwert	Tupel	Tabelle	Datenbank
Korrektheit	•	•	•	•
Konsistenz		•	•	•
Redundanzfreiheit			•	•
Vollständigkeit	•	•	•	•
Genauigkeit	•	•	•	•
Zeitnähe		•	•	•

Tabelle 2. Metriken für Qualitätsdimensionen und Granularitätsebenen

Bisher wurden in CLIQ die in Tabelle 2 aufgeführten Qualitätsdimensionen betrachtet. Die übrigen Dimensionen werden entweder bereits in anderen Forschungsgebieten ausgiebig untersucht (Relevanz: Information Retrieval [Rij79], Verständlichkeit: User Satisfaction [CDN88]) oder ließen sich mit keinen operationalisierbaren Messkriterien belegen (Einheitlichkeit und Eindeutigkeit der

Repräsentation). Tabelle 2 zeigt weiterhin, für welche Kombinationen von Qualitätsdimension und Granularität Metriken definiert wurden.

Es folgt nun eine kurze Charakterisierung der betrachteten Dimensionen:

- *Korrektheit:* die Eigenschaft, dass die Attributwerte eines Datenobjekts (im Informationssystem) mit denen der modellierten Entitäten (in der Realwelt) übereinstimmen.
- *Konsistenz:* die Eigenschaft, dass die Attributwerte eines Datenobjekts keine logischen Widersprüche aufweisen.
- *Redundanzfreiheit:* die Eigenschaft, dass innerhalb eines Datenobjekts keine Duplikate (also Tupel, die dieselbe Entität der Realwelt beschreiben) vorkommen.
- *Vollständigkeit:* die Eigenschaft, dass die Attribute eines Datenobjekts mit Werten belegt sind, die semantisch vom Wert „unbekannt" abweichen.[3]
- *Genauigkeit:* die Eigenschaft, dass die Attributwerte eines Datenobjekts in der jeweils maximalen Stelligkeit – abhängig von der jeweiligen Attributdefinition – vorliegen.
- *Zeitnähe:* die Eigenschaft, dass die Attributwerte bzw. Tupel eines Datenobjekts mit dem momentanen Realweltzustand übereinstimmen.

Es ist leicht einsehbar, dass der Erfüllungsgrad der jeweiligen Eigenschaften bei einem gegebenen Datenobjekt beliebig variieren kann und dass ein optimaler Erfüllungsgrad unter Praxisbedingungen einerseits oft nicht erreicht werden kann, andererseits von den auf dem Datenobjekt arbeitenden Auswertungsverfahren aber auch nicht gefordert wird bzw. werden darf. Vielmehr müssen je nach Auswertungsverfahren Mindestsollwerte spezifiziert werden, die einer notwendigen „Mindestqualität" entsprechen. Diesem Zweck dienen die in CLIQ entwickelten Metriken.

Alle diese Metriken sind normiert auf ein Intervall $]0,1]$. Dies vereinfacht die Aggregierung von Metriken zu gröberen Granularitätsebenen sowie den Austausch von Metriken (Kapselung). Weiterhin weisen alle Metriken mindestens den Skalierungstyp „ordinal" (siehe auch [FP97]) auf, d. h. sie verhalten sich monoton steigend bei steigender Qualität in der betrachteten Dimension. Damit sind Vergleichsoperatoren wie „ist größer als" anwendbar. Ein Abstandsmaß (Skalierungstyp „Intervall" nach [FP97]) wird hingegen nicht eingeführt, so dass Operatoren wie „liegt näher bei ... als bei..." nicht verwendet werden können. Für unsere Zwecke sind ordinale Metriken ausreichend, da für das DQM eher Operationen typisch sind, die ermitteln, ob eine gegebene Mindestqualität erreicht wird oder nicht.

Im folgenden werden exemplarisch die Metriken für die Dimension Redundanzfreiheit vorgestellt, beginnend mit der feinstmöglichen Granularitätsebene (hier: Tabelle).

---

[3] Eine weitere, in diesem Papier nicht näher betrachtete Charakterisierung von Vollständigkeit ist die Eigenschaft, dass alle im modellierten Realweltausschnitt vorkommenden Entitäten im Informationssystem repräsentiert sind.

Redundanzfreiheit auf Tabellenebene

Sei E die Extension eines Entitätstyps der Realwelt und T eine Tabelle (oder eine Sicht auf mehrere Tabellen), die E in einem Informationssystem beschreibt.[4]
Sei $Cnt(T)$ die Anzahl der Elemente in T mit $Cnt(T) > 0$.
Sei $Rep(T, E)$ die Anzahl der Elemente in E, für die (mindestens) ein korrespondierendes Tupel in T existiert.
Sei $Dup(T, E)$ die Anzahl der Duplikate in T bzgl. E, also:

$$Dup(T, E) = Cnt(T) - Rep(T, E).$$

Den Qualitätswert $Q_{Red}(T, E)$ für die Redundanzfreiheit von T bzgl. E definieren wir nun wie folgt:

$$Q_{Red}(T, E) = \frac{Rep(T, E)}{Cnt(T)} = 1 - \frac{Dup(T, E)}{Cnt(T)}$$

Aus $Cnt(T) > Dup(T, E) \geq 0$ folgt $0 < Q_{Red}(T, E) \leq 1$. Außerdem ist $Q_{Red}(T, E)$ streng monoton steigend bei sinkender Anzahl Duplikate.
$Cnt(T)$ kann einfach per SQL–Anfrage berechnet werden, $Dup(T, E)$ hingegen ist i. allg. eine unbekannte Größe. Sie kann jedoch mit Hilfe sog. *Record Linkage–Verfahren* geschätzt werden (siehe Abschnitt 2.3).

Redundanzfreiheit auf Datenbankebene

Sei D eine Datenbank, die durch eine disjunkte Überdeckung einer Menge von Tabellen (bzw. mehrelementigen Sichten auf Tabellen)[5] $T_k \in D \quad (k = 1, ..., p)$ definiert ist:

$$D = T_1 \cup T_2 \cup ... \cup T_p \text{ mit } T_1 \cap T_2 \cap ... \cap T_p = \emptyset$$

Sei g_k die relative Gewichtung der Tabelle T_k bzgl. Redundanzfreiheit mit $g_k \in]0, 1]$. (Mittels der g_k lässt sich modellieren, dass bestimmte Tabellen einen größeren Einfluss auf die Bewertung der Redundanzfreiheit einer Datenbank haben als andere.)

Den Qualitätswert $Q_{Red}(D)$ der Redundanzfreiheit von D definieren wir durch das gewichtete arithmetische Mittel der Qualitätswerte $Q_{Red}(T_k, E_k)$ der in D enthaltenen Tabellen (bzw. mehrelementigen Sichten auf Tabellen) T_k bzgl. ihrer Extensionen E_k:

---

[4] Natürlich kann die Repräsentation einer Entität auch auf mehrere Tabellen verteilt sein. Wir nehmen aber vereinfachend an, dass umgekehrt mit jeder Tabelle genau eine Entität assoziiert ist. Eine (in der Praxis übliche) Zusammenfassung zweier Entitätstypen, die in einer 1:1–Beziehung stehen, zu einer Tabelle wird also von unserem Ansatz bisher nicht unterstützt.

[5] Die Forderung nach Disjunktheit verhindert, dass Tabelleninhalte über verschiedene Sichten mehrfach in die Bewertung eingehen.

$$Q_{Red}(D) = \frac{\sum_{k=1}^{p} Q_{Red}(T_k, E_k) g_k}{\sum_{k=1}^{p} g_k}$$

Auch $Q_{Red}(D)$ ist normiert auf $]0,1]$. Dies folgt aus $g_k > 0$ und der Normierung von $Q_{Red}(T_k, E_k)$. Bei steigender Qualität auf Tabellenebene verhält sich $Q_{Red}(D)$ ebenfalls streng monoton steigend.

Weitere Metriken

Im folgenden soll nun noch kurz auf die Kernideen der übrigen, in diesem Papier nicht detailliert vorgestellten Metriken eingegangen werden:

- *Korrektheit* wird gemessen über die Ähnlichkeit (also den Grad der Übereinstimmung, berechnet per Abstandsmaß) zwischen Attributwerten eines Datenobjekts und den Merkmalswerten der jeweils repräsentierten Entität.[6] Ab Tupelebene wird gewichtet arithmetisch gemittelt.
- *Konsistenz* wird gemessen über die Anzahl und den jeweiligen Schweregrad von Regelverletzungen, die aus einer domänenspezifischen Wissensbasis inferiert werden. Ab Tabellenebene wird arithmetisch gemittelt.
- *Vollständigkeit* wird gemessen über das (Nicht–)Vorhandensein eines semantisch von „unbekannt" abweichenden Wertes pro Tupelattribut. Ab Tupelebene wird gewichtet arithmetisch gemittelt.
- *Genauigkeit* wird gemessen über das Verhältnis der Stelligkeit eines Attributwertes zur maximal möglichen Stelligkeit des zugehörigen Attributs (muss als Metadatum vorliegen). Mit „Stelligkeit" ist hier nicht (nur) die Anzahl der Nachkommastellen (bei numerischen Attributen) gemeint, sondern (bei symbolischen Attributen) die Position eines Wertes in einer gegebenen Klassifikationshierarchie: Je weiter ein Wert von der Wurzel der Hierarchie entfernt ist, desto höher ist seine Stelligkeit. Attributen, bei denen man nicht nach Genauigkeit differenzieren kann (z. B. Fließtextattribute), ist die Default–Stelligkeit 1 zugeordnet. Ab Tupelebene wird gewichtet arithmetisch gemittelt.
- *Zeitnähe* wird gemessen über das „Befunddatum" eines Datenobjekts (muss als Metadatum vorliegen) im Verhältnis zur Update–Häufigkeit des jeweiligen Attributs (Metadatum auf Attributebene). Auf diese Weise kann die Dynamik von Wertänderungen angemessen berücksichtigt werden. Ab Tabellenebene wird arithmetisch gemittelt.

2.3 Entwurf eines Vorgehensmodells zum DQM

Das CLIQ–Vorgehensmodell schreibt ein methodisches Vorgehen bei der (inkrementellen) Datenintegration in einem typischen DWS fest (siehe Abb. 3). Für das DQM spielen dabei ausschließlich Arbeitsschritte im DWS–Backend eine Rolle,

[6] Aufgrund großer Datenvolumina kann ein solcher Realweltabgleich i. allg. nur stichprobenartig erfolgen.

wobei die Data Warehouse–Datenbank die zentrale Datensenke darstellt.[7] Im Backend–Bereich orientieren wir uns am klassischen ETL–Phasenmodell [BG00], in das wir das DQM einbetten. Wir setzen weiterhin voraus, dass die Umsetzung des Vorgehensmodells von organisatorischen Qualitätssicherungsmaßnahmen begleitet wird, insb. einer klaren Festlegung von Zuständigkeiten, einer Schulung und Motivation beteiligter Mitarbeiter sowie einer Pflege von Metadaten.

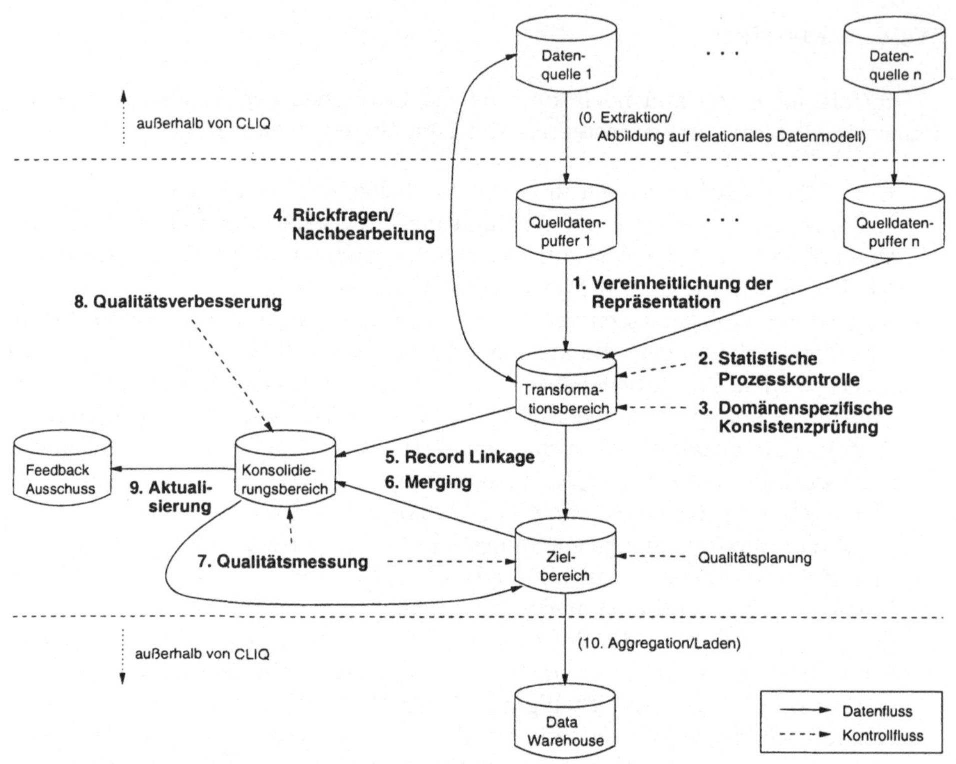

Abbildung 3. DQM–Vorgehensmodell für DWS

Wir konzentrieren uns vor allem auf die Transformationsphase, nehmen also an, dass die Extraktion von Daten aus den Quellen sowie das Laden von Daten (inkl. Aggregierung) in das Data Warehouse dem CLIQ–Vorgehensmodell vor– bzw. nachgeschaltet ist. Wir gehen davon aus, dass die Ergebnisse einer Extraktion pro Quelle in eine gesonderte Datenhaltungskomponente, den sog. *Quelldatenpuffer*, geschrieben werden. Jeder Quelldatenpuffer implementiere ein relationales Datenbankschema, auf das die Quelldaten (per Wrapper) abgebildet werden. Quelldatenpuffer dienen dazu, das in den jeweiligen Quellen verwendete Datenmodell (relational, objektorientiert, flat file–basiert etc.) zu kapseln und somit eine einheitlich relationale Sicht auf die Quelldaten anzubieten.

[7] Im Frontend–Bereich eines DWS erfolgen „nur“ lesende Datenzugriffe (OLAP etc.), die somit keinen Einfluss auf die Qualität von Daten haben.

Schritt 1: Vereinheitlichung der Repräsentation

Unser DQM–Vorgehensmodell erwartet also relational gespeicherte Eingabedaten in den einzelnen Quelldatenpuffern. In Schritt 1 des Vorgehensmodells wird eine Datenmigration aus den Quelldatenpuffern in den sog. *Transformationsbereich* (auch: Staging Area [Kim98]) vorgenommen. Der Transformationsbereich weise ein globales, relationales Schema auf, das bereits aus den Quellschemata integriert wurde. Die wesentliche Aufgabe der Datenmigration ist die Vereinheitlichung der Repräsentation von Quelldaten. Dazu gehören u. a. folgende Teilaufgaben:

- Erzeugung von globalen Primärschlüsseln (Surrogate)
- Syntaktische Vereinheitlichung von Zeichenketten (bzgl. Umlauten, White Spaces etc.)
- Semantische Vereinheitlichung von Zeichenketten (bei Synonymen)
- Dekomposition komplexer in atomare Attributwerte (z. B. Adressangaben)
- Aggregierung atomarer zu komplexen Attributwerten (z. B. Datumsangaben)
- Konvertierung von Codierungen (z. B. für Geschlecht, Nationalität etc.)
- Konvertierung von Maßeinheiten und Skalierungen (z. B. inch in cm).

Schritt 2: Statistische Prozesskontrolle

Auf den Daten des Transformationsbereichs findet anschließend eine Statistische Prozesskontrolle (SPC) statt [Hin00a]. Diese basiert auf der klassischen SPC–Theorie von Shewhart [She31], adaptiert an den Kontext der Datenverarbeitung. Die Kernidee dabei ist, zu den Daten im Transformationsbereich - differenziert nach Datenquellen - attributspezifische statistische Kennzahlen (Mittelwert, Varianz etc.) zu berechnen und über die Zeit zu protokollieren. Die jeweils neu berechneten Kennzahlen werden dann mit Erfahrungswerten verglichen, um z. B. Übertragungsfehler oder quellenspezifische Fehler frühzeitig, also vor den weiteren Verarbeitungsschritten, erkennen zu können. Bei Bedarf, d. h. wenn a priori festgelegte attributspezifische Schwellenwerte (sog. Control Limits) über- bzw. unterschritten werden, ist eine intervenierende Maßnahme durchzuführen mit dem Ziel, den Datenintegrationsprozess wieder „unter statistische Kontrolle“ zu bringen. Da der Einflussbereich des DQM in CLIQ die Datenquellen nicht umfasst (typisch für DWS–Umgebungen, insb. bei externen Quellen), sind solche Interventionen meist darauf beschränkt, die verantwortliche Datenquelle über die Entwicklung zu informieren und ggf. eine Neulieferung von Daten zu veranlassen.

Schritt 3: Domänenspezifische Konsistenzprüfung

In Schritt 3 werden die Tupel im Transformationsbereich mittels einer domänenspezifischen Wissensbasis auf ihre Konsistenz geprüft. Das Domänenwissen kann dabei unterschiedlich repräsentiert sein. Üblich sind vor allem folgende Repräsentationsformen:

- *(Geschäfts-)Regeln*, z. B. „WENN lieferdatum < bestelldatum DANN Fehler mit Schweregrad 0.2"
- *Lookup-Tabellen*, z. B. Bankleitzahlregister
- *Reguläre Ausdrücke*, z. B. für Artikelbezeichner
- Beliebige domänenspezifische Funktionen.

Geschäftsregeln sollten möglichst in einem für ein regelverarbeitendes System (im CLIQ–Prototypen: ILOG Rules [Ilo00], siehe Abschnitt 3) lesbaren Format vorliegen sowie einen Aktionsteil beinhalten, der im Falle einer entdeckten Inkonsistenz automatisch eine angemessene Maßnahme anstößt, z. B. die Generierung einer Fehler– oder Warnmeldung (je nach Tolerierbarkeit der Inkonsistenz) oder – falls möglich – eine automatisierte Korrektur der Inkonsistenz. Auch für die anderen Repräsentationsformen gilt, dass eine rechnergestützte Anwendung des Domänenwissens möglich sein sollte.

Schritt 4: Rückfragen/Nachbearbeitung

Werden in den beiden vorhergehenden Phasen „Fehler" in Form signifikanter Abweichungen von Kennzahlen oder schwerwiegender (d. h. nicht tolerierbarer) Inkonsistenzen in den Daten des Transformationsbereichs festgestellt, so können in dieser Phase Rückfragen an die Datenquellen gestellt werden. Die Beantwortung von Rückfragen kann eine Neulieferung der betroffenen Daten oder eine interaktive Nachbearbeitung einzelner Datensätze nach sich ziehen.

Schritt 5: Record Linkage

Liegen die in das Data Warehouse zu übertragenden Daten nun in einem einheitlichen Format (nach der Vereinheitlichung der Repräsentation) und in grundlegend bereinigter Form (nach den Konsistenzprüfungen) vor, wird ein Record Linkage durchgeführt. In diesen Prozess gehen sowohl die im Transformationsbereich befindlichen Quelldaten als auch die in der nachgeschalteten Datenhaltungskomponente, dem sog. *Zielbereich* (auch: Operational Data Store [Kim98]), gespeicherten, bereits konsolidierten Daten ein.

Es sind zwei Typen von Record Linkage–Prozessen zu unterscheiden: Im Idealfall kann eine Zuordnung anhand des übereinstimmenden (globalen) Schlüssels zweier Datensätze erfolgen. Dies trifft insbesondere auf inkrementelle Updates zu, d. h. auf Tupel, die Aktualisierungen bereits im Data Warehouse gespeicherter Tupel darstellen. Solche Updates können automatisiert in den Datenbestand integriert werden. Die aus dieser Integration resultierenden Tupel werden zunächst im sog. *Konsolidierungsbereich* (kein Pendant in der Literatur) abgelegt.[8] Diese Vorgehensweise stellt sicher, dass nur qualitätsgesicherte Daten in

[8] Die Integration der „neuen" Daten in den Zielbereich erfolgt erst im letzten Schritt des Vorgehensmodells.

den Zielbereich gelangen. Sollten „neue“ Daten bestimmte Qualitätsanforderungen nicht erfüllen, kann der alte Systemzustand auf einfache Weise wiederhergestellt werden, nämlich durch Löschen der betroffenen Daten im Konsolidierungsbereich. Des weiteren wird der laufende DWS-Betrieb nicht beeinträchtigt, da DQM-Zugriffe auf den Zielbereich minimiert werden und das DQM vollständig gegenüber den Warehouse-Zugriffen gekapselt ist.

Aufgrund der Heterogenität von Quellen ist eine Zuordnung von Datensätzen anhand ihrer Primärschlüssel nur in den o. a. Ausnahmefällen möglich. Ein beträchtlicher Anteil an Redundanz kann i. allg. nur durch einen Vergleich von Nicht-Schlüssel-Attributen identifiziert werden. Hierzu finden sich in der Literatur verschiedene Klassen von Record Linkage-Verfahren:

- Probabilistisches Record Linkage [Jar89]
- Basic resp. Duplicate Elimination Sorted-Neighbourhood Method [HS95]
- Neighbourhood Hash Joins [GFSS00].

Im CLIQ-Prototypen (siehe Abschnitt 3) wird ein probabilistisches Record Linkage-Verfahren eingesetzt. Dabei handelt es sich um ein abweichungstolerantes Verfahren, bei dem in Abhängigkeit von der Ähnlichkeit der Attributwerte zweier Datensätze Gewichte vergeben werden. Die Summe der Attributgewichte pro Datensatzpaar korreliert dann mit der Wahrscheinlichkeit der Korrektheit einer Zuordnung der beiden Datensätze.

Schritt 6: Merging

Gefundene Zuordnungen, die (automatisch oder ggf. manuell) bestätigt wurden, müssen nun konsolidiert werden. Dabei werden nach bestimmten Kriterien (Informationsgehalt, Quellenpriorität, Zeitnähe etc.) die jeweils „besten“ Informationen aus den beteiligten Datensätzen extrahiert und in einen Zieldatensatz eingefügt, der in den Konsolidierungsbereich geschrieben wird. Alle Tupel aus dem Transformationsbereich, für die keine passenden Zuordnungen gefunden werden konnten, werden 1:1 in den Konsolidierungsbereich übernommen. Anschließend werden alle Tupel aus dem Transformationsbereich entfernt. Der Konsolidierungsbereich stellt nun den Ausgangspunkt für alle weiteren DQM-Maßnahmen dar.

Schritt 7: Qualitätsmessung

Die Verdichtung von Datensätzen kann zu neuen Kombinationen von Attributwerten und damit zu neuen Inkonsistenzen führen. Aus diesem Grund sind die verdichteten, im Konsolidierungsbereich abgelegten Datensätze erneut einer Konsistenzprüfung zu unterziehen. Diese findet im Rahmen einer Qualitätsmessung statt, die auch andere Qualitätsdimensionen (vgl. Tab. 2) umfasst und zusätzlich den Zielbereich einbezieht, um eine globale Qualitätsbewertung zu erreichen. Qualitätsmessungen werden entsprechend einer zuvor spezifizierten

Qualitätsplanung vorgenommen, die Kunden-/Nutzeranforderungen festschreibt (siehe Abschnitt 3.1). In CLIQ bezieht sich eine Qualitätsplanung immer auf die Vereinigungsmenge der Daten aus Konsolidierungs- und Zielbereich. Qualitätsanforderungen an ein Datenaggregat im Data Warehouse müssen auf Anforderungen an die an dem Aggregat beteiligten Detaildaten im Ziel- bzw. Konsolidierungsbereich abgebildet werden. Detaillierte Ausführungen zur Qualitätsmessung in CLIQ finden sich in Abschnitt 3.

Schritt 8: Qualitätsverbesserung

Falls nötig und soweit möglich, kann die Datenqualität (insb. Konsistenz und Vollständigkeit) anschließend mit Hilfe von Data Mining-Verfahren optimiert werden. Die Idee dieser auch als *Data Auditing* bezeichneten Methode besteht darin, zunächst nach Regelmäßigkeiten im Datenbestand (hier: Vereinigungsmenge von Konsolidierungs- und Zielbereich) zu suchen und von diesen Regelmäßigkeiten abweichende Datensätze als verdächtig einzustufen. Die verdächtigen Datensätze können dann - falls sich z. B. eine Inkonsistenz bestätigt - ggf. anhand der gefundenen Regelmäßigkeiten korrigiert bzw. (bei fehlenden Angaben) vervollständigt werden.

Nach der Durchführung von Maßnahmen zur Qualitätsverbesserung ist erneut eine Qualitätsmessung (Wiederholung von Schritt 7) zu veranlassen, um die Auswirkungen der Verbesserungsmaßnahmen beurteilen zu können.

Schritt 9: Aktualisierung

Nach Abschluss aller DQM-Maßnahmen werden alle qualitätsgesicherten Daten aus dem Konsolidierungs- in den Zielbereich übertragen, wo sie nun für die weitere Nutzung - insb. zu Auswertungszwecken bzw. zum Laden in das Data Warehouse - zur Verfügung stehen. Falls Tupel aufgrund von Qualitätsdefiziten nicht in den Zielbereich übernommen werden sollen, sind sie aus dem Konsolidierungsbereich zu löschen. Die betroffenen Quellen sollten über die Löschung und deren Ursache informiert werden. Falls möglich, ist eine erneute Lieferung und Integration der (qualitativ überarbeiteten) Daten anzufordern.

Problematisch ist in diesem Schritt vor allem das Auftreten widersprüchlicher Nutzeranforderungen, die die Entscheidung erschweren, welche Daten in den Zielbereich zu übernehmen sind und welche nicht. Hierzu ist eine Heuristik zu entwickeln, die eine möglichst faire Behandlung aller beteiligten Nutzer umsetzt.

3 Entwicklung eines Software-Systems zum DQM

Dieser Abschnitt behandelt Entwurf und Implementierung eines sog. *Datenqualitätsmanagementsystems* (DQMS). Dabei spielt die Einbeziehung von Metadaten eine entscheidende Rolle.

3.1 Entwurf objektorientierter Metadatenschemata zum DQM

Um das DQM flexibel an verschiedene Anwendungsdomänen anpassen zu können, wurde in CLIQ ein metadatenbasierter Ansatz gewählt. Metadaten werden - je nach Typ - in einem der folgenden objektorientierten Metadatenschemata abgelegt:

- *Database Schema Elements Model:* Klassen zur Beschreibung relationaler Datenbankschemata
- *Data Transformations Elements Model:* Klassen zur Spezifikation von Transformationen zur Datenvereinheitlichung
- *Key Management Model:* Klassen zum Primärschlüsselmanagement, insb. zur Abbildung von lokalen Schlüsseln auf globale Schlüssel
- *Measurement Model:* Klassen zur Spezifikation von Qualitätsplänen und zur Speicherung von Messergebnissen
- *SPC Model:* Klassen zur Konfiguration von SPC–Prozessen und zur Speicherung von SPC–Ergebnissen
- *Record Linkage Model:* analog zum SPC Model
- *Data Auditing Model:* analog zum SPC Model.

Die beiden erstgenannten Modelle konnten dem Open Information Model (OIM) der Meta Data Coalition [MDC00] entnommen werden, die anderen wurden im Rahmen von CLIQ selbst entworfen.

Das OIM stellt einen Standard zur Repräsentation von Metadaten, insb. für DWS–Umgebungen, dar. Die Entscheidung zugunsten des OIM wurde infolge einer vergleichenden Untersuchung von OIM und seinem Konkurrenzstandard Common Warehouse Metamodel (CWM) [OMG00] getroffen. Das auf UML basierende OIM erwies sich als besser für CLIQ geeignet als CWM, da es zahlreiche vordefinierte Datenstrukturen enthält (zur Beschreibung von Datenbankschemata, Transformationen, Geschäftsregeln, Thesauri etc.) und als freie Implementierung bereits verfügbar ist (Metamodelle und Repository werden mit Microsoft SQL Server ausgeliefert).[9]

Im folgenden soll stellvertretend für die in CLIQ entwickelten Metadatenschemata das Measurement Model vorgestellt werden.

Measurement Model

Abbildung 4 zeigt beispielhaft das Measurement Model, wie es im CLIQ–Prototypen implementiert ist. Die zentrale Klasse ist *DQMDataObject*, welche - von der OIM–Klasse *Query* abgeleitet - Datenobjekte in Form von SQL–Anfragen beschreibt. Jedes so spezifizierte Datenobjekt (Ausschnitt des Datenbestandes im Ziel- bzw. Konsolidierungsbereich) kann dann Betrachtungsgegenstand beliebig vieler Qualitätsprüfungen sein. Jedem Datenobjekt ist eine Granularitätsebene zugeordnet (Klasse *DQMGranularity*). So repräsentiert z. B.

[9] Momentan werden OIM und CWM zu einem gemeinsamen Standard integriert.

„SELECT wohnort FROM kunde" ein Datenobjekt auf der Granularitätsebene „Tabelle". Durch die Verwendung von WHERE–Klauseln können analog Datenobjekte auf den Ebenen „Tupel" und „Attributwert" beschrieben werden. Ein Datenobjekt auf der Ebene „Datenbank" wird durch eine Menge von Datenobjekten auf der Ebene „Tabelle" definiert.

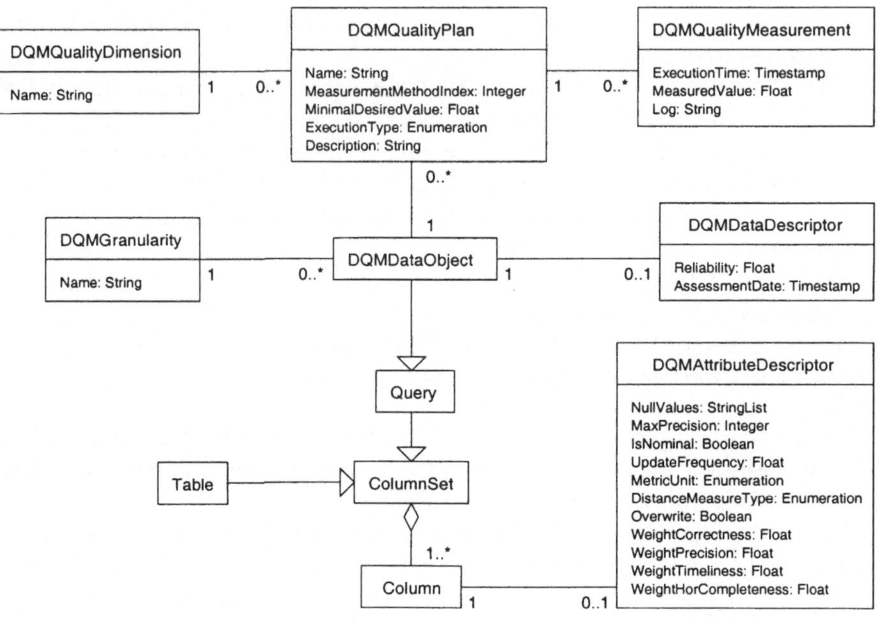

Abbildung 4. Klassendiagramm des Measurement Model

Für ein gegebenes Datenobjekt können Qualitätsanforderungen in Form sog. *Qualitätspläne* erstellt werden, um Anforderungen von Kunden bzw. Nutzern an Datenobjekte zu spezifizieren. Dabei bezieht sich jeder Qualitätsplan (Klasse *DQMQualityPlan*) auf genau eine Qualitätsdimension (Klasse *DQMQualityDimension*), vorausgesetzt, für die resultierende Kombination von Qualitätsdimension und Granularität existiert eine Metrik (siehe Tab. 2). In jedem Qualitätsplan ist ein minimaler Sollwert (Attribut *MinimalDesiredValue*) gespeichert, den die Qualität des Datenobjekts bzgl. der jeweiligen Metrik nicht unterschreiten sollte. Der Zeitpunkt der Ausführung eines Plans (z. B. periodisch, manuell oder ereignisgesteuert) wird im Attribut *ExecutionType* festgelegt. Da jeder Metrik prinzipiell verschiedene Messverfahren zugeordnet sein können, ist im Attribut *MeasurementMethodIndex* eines dieser Verfahren auszuwählen. Wird ein Plan aktiviert, d. h. eine Qualitätsmessung mit dem spezifizierten Verfahren auf dem Datenobjekt durchgeführt, so resultiert dies in einem Messergebnis (Klasse *DQMQualityMeasurement*), das den Zeitpunkt der Durchführung (Attribut *ExecutionTime*), den Messwert (Attribut *MeasuredValue*) sowie einen Log–Text mit Zusatzinformationen (Attribut *Log*) enthält. Letztere betreffen insbesondere Konsistenzmessungen, bei denen protokolliert wird, welche Datensätze welche Inkonsistenzen aufweisen, und Redundanzmessungen, bei denen die gefundenen Duplikate (gemäß probabilistischem Record Linkage) aufgelistet werden.

Die Mehrzahl der in CLIQ realisierten Messverfahren nutzt Metainformationen, die auf intensionaler (Schema) oder extensionaler Ebene angesiedelt sein können. Zur Speicherung von intensionalen, attributbezogenen Informationen dient die mit der OIM-Klasse *Column* assoziierte Klasse *DQMAttributeDescriptor*. Zu jedem Attribut einer Tabelle sollte ein Objekt dieser Klasse, ein sog. *Attributdeskriptor*, existieren, der Metainformationen speichert, die weit über herkömmliche Data Dictionary-Angaben hinausgehen. Dazu gehören:

- *NullValues:* eine Liste von Attributwerten, die semantisch mit NULL gleichzusetzen sind (z. B. -1 oder „X", insb. relevant für Legacy-Datenbanken)
- *MaxPrecision:* die maximale Stelligkeit eines Attributs, erforderlich für Messungen entlang der Dimension „Genauigkeit"
- *IsNominal:* eine Angabe, ob die Werte in diesem Attribut nominal oder ordinal sind
- *UpdateFrequency:* die Anzahl der zu erwartenden Updates pro Tag, wobei sowohl sehr große (z. B. bei Börsenkursen) als auch sehr kleine (z. B. 0 bei Geburtsdatum) Werte auftreten können, erforderlich für Messungen entlang der Dimension „Zeitnähe"
- *MetricUnit:* die Maßeinheit, in der die Attributwerte angegeben sind (z. B. „cm", „inch", „kg" etc.), erforderlich für die Vereinheitlichung der Repräsentation in Schritt 1 des Vorgehensmodells (siehe Abschnitt 2.3)
- *DistanceMeasureType:* eine Angabe, welches Abstandsmaß – falls vorhanden – auf den Attributwerten definiert ist (z. B. Betrag der Differenz, Editierabstand, Soundex etc.), erforderlich für Messungen entlang der Dimension „Korrektheit"
- *Overwrite:* eine Angabe, ob im Falle eines Update in diesem Attribut eine Historisierung oder ein Überschreiben des betroffenen Tupels erfolgen soll (inkrementelles Update)
- *Weight*$< X >$: das Gewicht, das das Attribut bei Messungen entlang der Dimension X relativ zu den anderen Attributen der Tabelle haben soll.

Attributdeskriptoren sind vom Datenschema- bzw. Datenqualitätsbeauftragten einmalig zu erfassen und können dann im Rahmen des DQM genutzt werden.

Metainformationen auf extensionaler Ebene werden in sog. *Datendeskriptoren* beschrieben (Klasse *DQMDataDescriptor*), die mit Datenobjekten (vornehmlich auf Tupelebene oder gröberen Granularitäten) assoziiert sind. Ein Datendeskriptor enthält einen Indikator zur (datenquellenabhängigen) Zuverlässigkeit des Datenobjekts (Intervall $]0,1]$) sowie einen Zeitstempel, der das Datum der Erfassung des Datenobjekts (Befunddatum) bezeichnet. Datendeskriptoren sind in den Datenquellen zu erfassen und zusammen mit den Fachdaten an das DWS zu übertragen.

3.2 Die Schichtenarchitektur des DQMS

Das in CLIQ entwickelte DQMS verknüpft das DQM–Vorgehensmodell (siehe Abschnitt 2.3) mit den DQM–Metadatenschemata (siehe Abschnitt 3.1) und bietet so eine durchgängige, weitgehend automatisierte software–technische Unterstützung des Datenintegrationsprozesses. Dabei kommen eine Reihe kommerzieller und frei verfügbarer Software–Komponenten zum Einsatz. Weitere Module wurden im Rahmen von CLIQ konzipiert und implementiert. Abbildung 5 zeigt die Schichtenarchitektur des DQMS.[10]

In Schicht 1 befinden sich die Datenhaltungskomponenten. In der aktuellen Version des Prototypen werden die Fachdaten (Transformations–, Konsolidierungs– und Zielbereich) in Oracle8i–Datenbanken gehalten. Metadaten werden vom Microsoft SQL Server 7 verwaltet. Schicht 2 enthält Schnittstellen zu den Datenhaltungskomponenten. Dabei erfolgt der Fachdatenzugriff über das im OFFIS entwickelte Datenbank–Interface YADI, der Metadatenzugriff über das COM–basierte Microsoft Repository [Ber97]. Die Schichten 4 und 5 stellen den Kern des DQMS dar. Ihre Submodule sind jeweils für einzelne Schritte des DQM–Vorgehensmodells verantwortlich (Data Migrator: Schritt 1, Data Linker: Schritte 5 und 6, Data Auditor: Schritt 8, Rule Editor/Measurement Engine: Schritte 3 und 7, SPC Engine: Schritt 2). Dabei machen sie sich die Funktionalität der kommerziellen Werkzeuge und Bibliotheken aus Schicht 3 zunutze. Dazu gehören die Microsoft Data Transformation Services [AL99], das ETL–Werkzeug Integrity von Vality Inc. [Val00], die Data Mining–Klassenbibliothek MLC++ [KSD96] sowie die Regel–Engine von ILOG Rules [Ilo00].

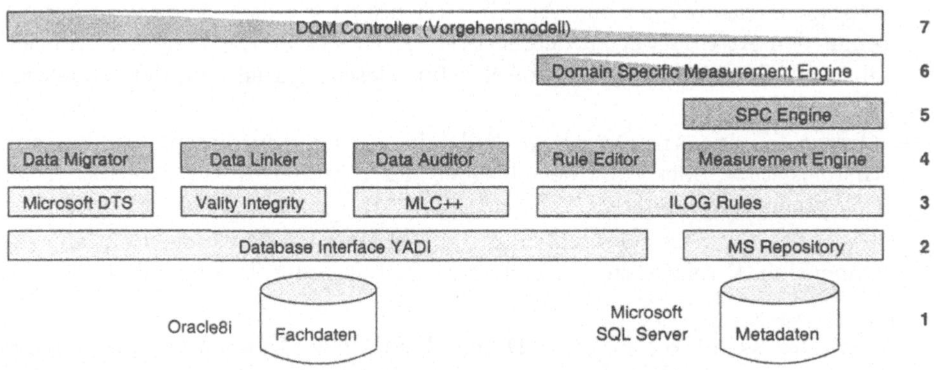

Abbildung 5. Schichtenarchitektur des DQMS

Bis einschließlich Schicht 5 sind alle Module vollständig domänenunabhängig. Die intensive Nutzung von Metadaten erlaubt eine interaktive Konfiguration zur Laufzeit. Allerdings erfordern einige DQM–Maßnahmen die Hinzunahme domänenspezifischer Informationen, so sind z. B. Konsistenzregeln, die auf

[10] Legende: dunkel = bereits implementiert, halb/halb = teilweise implementiert, hell = Fremdkomponente.

Geschäftsregeln basieren, per se domänenspezifisch. Aus diesem Grunde wurde in Schicht 6 des DQMS eine sog. *Domain Specific Measurement Engine* integriert, die die Funktionalität der darunterliegenden Engines nutzen kann und zusätzlich domänenspezifische DQM–Maßnahmen unterstützt.

Das DQM–Vorgehensmodell wird von dem DQM Controller in Schicht 7 realisiert. Dieser koordiniert das Zusammenspiel der einzelnen Submodule, indem sog. *DQM–Jobs* (z. B. „Integration der Verkaufszahlen des Jahres 2000 aus Filiale XY") durch den Integrationsprozess begleitet werden. Im Problemfall nimmt der DQM Controller Eingriffe des Nutzers entgegen und setzt anschließend – soweit möglich – die Bearbeitung fort. Betrachtet man das DQMS im Hinblick auf Automatisierbarkeit, so stellt man fest, dass manuelle Eingriffe auf die folgenden Bereiche beschränkt sind:

- Erfassung von schemabezogenen Metadaten (einmalig pro Datenschema)
- Spezifikation von Datenintegrationsprozessen (einmalig pro Datenquelle)
- Spezifikation von Qualitätsplänen (einmalig pro Auswertungstyp)
- Bearbeitung von Antworten auf Rückfragen an Datenquellen
- Auflösung von Konflikten beim Verschmelzen von Datensätzen
- Untersuchung von Data Auditing–Ergebnissen bzgl. Inkonsistenzen.

Diese interaktiven Elemente sind so in das DQMS integriert, dass ein möglichst reibungsloser Ablauf der Datenintegration gewährleistet ist. Die Implementierung aller selbstentwickelten DQMS–Module erfolgte mit Visual C++ 6.0.

4 Ausblick

In dieser Arbeit haben wir Konzepte für ein ganzheitliches, methodisch fundiertes, metadatengestütztes Datenqualitätsmanagement in DWS vorgestellt. Der aus diesen Konzepten hervorgegangene Software–Prototyp wird zur Zeit im Epidemiologischen Krebsregister Niedersachsen (EKN) im Hinblick auf Kriterien wie Adaptierbarkeit, Automatisierungsgrad und Grad der Qualitätsverbesserung getestet. Das EKN eignet sich in besonderer Weise für eine Evaluierung, da die Software–Architektur des EKN einem typischen DWS entspricht. Bevor an das EKN gelieferte Daten in epidemiologische Studien eingehen können, sind sie einer umfassenden Qualitätssicherung zu unterziehen. Diese arbeitsintensive, bisher hochgradig manuelle Aufgabe soll in Zukunft durch den DQMS–Einsatz erheblich effizienter und damit kostengünstiger gelöst werden.

Literatur

[AL99] Awalt, D., Lawton, B. K.: Introduction to Data Transformation Services. In: *SQL Server Magazine*, **1** (1): 34–36, 1999.

[Ber97] Bernstein, P. A. et al.: The Microsoft Repository. In: *Proc. of the 23rd Intl. Conf. on Very Large Databases (VLDB '97), Athens, Greece*, 1997.

[BG00] Bauer, A., Günzel, H. (Hrsg.): *Data Warehouse Systeme – Architektur, Entwicklung, Anwendung.* dpunkt–Verlag, Heidelberg, 2000.

[CDN88] Chin, J. P., Diehl, V. A., Norman, K. L.: Development of an Instrument Measuring User Satisfaction of the Human–Computer Interface. In: *Proc. of CHI'88 „Human Factors in Computing Systems"*, S. 213–218, ACM Press, New York, 1988.

[DM92] DeLone, W. H., McLean, E. R.: Information Systems Success: The Quest for the Dependent Variable. In: *Inf. Systems Research*, **3** (1): 60–95, 1992.

[DIN00] Deutsches Institut für Normung: *DIN EN ISO 9000: Qualitätsmanagementsysteme – Grundlagen und Begriffe.* Beuth, Berlin, 2000.

[Eng99] English, L. P.: *Improving Data Warehouse and Business Information Quality.* Wiley, New York, 1999.

[GFSS00] Galhardas, H., Florescu, D., Shasha, D., Simon, E.: Declaratively Cleaning your Data using AJAX. In: *Journ. Bases de Données Avancées*, Oct. 2000.

[FP97] Fenton, N. E., Pfleeger, S. L.: *Software Metrics: A Rigorous and Practical Approach.* 2nd Ed., Intl. Thomson Computer Press, London, 1997.

[HS95] Hernandez, M. A., Stolfo, S. J.: The Merge/Purge Problem for Large Databases. In: *Proc. of the 1995 ACM SIGMOD Conference*, 1995.

[Hin00a] Hinrichs, H.: Statistical Quality Control of Warehouse Data. In: *Proc. of the 4th IEEE Intl. Baltic Workshop on Databases and Information Systems, Vilnius, Lithuania*, S. 125–139, Technika Press, Vilnius, 2000.

[Hin00b] Hinrichs, H.: CLIQ – Intelligent Data Quality Management. In: *Proc. of the 7th Doct. Cons. CAiSE*00, Stockholm*, S. 25–36, FU Berlin, 2000.

[HW00] Hinrichs, H., Wilkens, T.: Metadata–Based Data Auditing. In: *Data Mining II (Proc. of the 2nd Intl. Conf. on Data Mining, Cambridge, UK)*, S. 141–150, WIT Press, 2000.

[Ilo00] Ilog Inc.: *http://www.ilog.com/products/rules*, 2000.

[JJQV98] Jarke, M., Jeusfeld, M. A., Quix, C., Vassiliadis, P.: Architecture and Quality in Data Warehouses. In: *Proc. of the 10th Intl. Conf. CAiSE*98, Pisa, Italy*, S. 93–113, Springer, Berlin, 1998.

[Jar89] Jaro, M. A.: Advances in Record Linkage Methodology as Applied to Matching the 1985 Census of Tampa, Florida. In: *Journal of the American Statistical Association*, **84**: 414–420, 1989.

[Kim98] Kimball, R.: *The Data Warehouse Lifecycle Toolkit.* Wiley, N. Y., 1998.

[KSD96] Kohavi, R., Sommerfield, D., Dougherty, J.: Data Mining using MLC++ – A Machine Learning Library. In: *Tools with AI 1996*, S. 234–245, 1996.

[LZW+97] Labio, W. J., Zhuge, Y., Wiener, J. L. et al.: The WHIPS Prototype for Data Warehouse Creation and Maintenance. In: *Proc. of the 1997 ACM SIGMOD Conference, Tuscon, Arizona*, 1997.

[MDC00] Meta Data Coalition: *http://www.MDCinfo.com*, 2000.

[Met99] Meta Group: *Data Warehouse Scorecard*, 1999.

[NLF99] Naumann, F., Leser, U., Freytag, J. C.: Quality–driven Integration of Heterogeneous Information Sources. In: *Proc. of the 1999 Intl. Conf. on Very Large Databases (VLDB '99), Edinburgh, UK*, 1999.

[OMG00] Object Management Group: *Common Warehouse Metamodel (CWM) Specification*, 2000.

[Rij79] Rijsbergen, C. J. Van: *Information Retrieval.* Butterworth, London, 1979.

[She31] Shewhart, W. A.: *Economic Control of Quality of Manufactured Product.* D. Van Nostrand, New York, 1931.

[Val00] Vality Technology Inc.: *http://www.vality.com*, 2000.

[Wan98] Wang, R. Y.: A Product Perspective on Total Data Quality Management. In: *Communications of the ACM*, **41** (2): 58–65, 1998.

LDAP-based Ontology for Information Integration

Lule Ahmedi, Pedro José Marrón and Georg Lausen

Universität Freiburg
Institut für Informatik
Georges-Köhler-Allee, Geb. 51
79110 Freiburg, Germany
{ahmedi,pjmarron,lausen}@informatik.uni-freiburg.de

Abstract. The increase in popularity of the Internet has lead to the proliferation of heterogeneous information systems that could be better utilized if they operated under a common query interface. The purpose of this paper is to describe the representation formalism of ontologies in an LDAP-based information integration system, and to point out the advantages of such an approach over traditional systems. The simplicity, coherence and uniformity of the LDAP model allows us to seamlessly integrate source data, schemata discrepancies, and semantic information under a common framework, that is, by design, able to reconcile integration and data processing issues.

1 Introduction

Since the conception of the LDAP protocol version 3 in 1997 [WHK97], the use of lightweight directories to store information has been steadily gaining momentum. Today, many universities and research centers, like AT&T, use LDAP servers as a means to manage information about their members, organizations, networks, etc., and companies like Netscape or Microsoft offer LDAP support even in their Internet browsers.

At the same time, due to the ubiquity of the Internet, information integration and, particularly, the use of ontologies to ease the task of data integration is receiving more and more attention by the research community [MKSI00,DEFS99,AK93]. With the increase in popularity of LDAP servers, traditional problems in the field of information integration should be revisited to accommodate the new technology, especially, if this technology is so tied to network and distribution channels, as it is the case with LDAP technology that, by design, offers distribution capabilities not present in more traditional databases [WHK97].

In this paper, we present a new integration approach, targeted to the ontologies model, but adapted to LDAP technology, which promises to be able to easily solve all classical integration problems along with the LDAP advantageous network behavior features. In Sect. 2, we give a brief overview of the capabilities offered by LDAP servers, suitable for use in our model. Section 3 goes into the details of our approach, leaving the comparison to other systems for Sect. 4. Section 5 discusses future work, and finally, Sect. 6 concludes this paper.

2 LDAP Overview

An LDAP server can be considered a semistructured database with limited transaction capabilities, made up of the following main components:

Directory Schema: Defines a finite set of classes, attributes and types. Each attribute must have a type, and each class specifies a set of `required` and `allowed` attributes.

Directory Instance: Contains a finite set of entries organized in a forest, where: (1) Each entry belongs to at least one class; (2) has a non-empty set of (possibly) multi-valued attribute-value pairs that conform to the schema definition; (3) defines at least attributes *oc* and *dn*, where *oc* determines what classes the entry belongs to, and *dn* provides a unique distinguished name for the entry; and (4) is placed in the instance hierarchy based on their distinguished name.

In addition, LDAP offers a query facility based on filter definitions consisting of the following four components:

Base: The distinguished name of the entry in the directory instance where the search will start.

Scope: Can be `base`, if the search is to be restricted to just the first node, `onelevel`, if only the first level of nodes is to be searched, or `subtree`, if all nodes under the base should be considered by the filter expression.

Filter Expression: Defined as the boolean combination of atomic filters of the form $(a\ op\ t)$, where: a is an attribute name, op is a comparison operator out of the set $\{=, \neq, <, \leq, >, \geq\}$, and t is an attribute value.

Projection: Defines the set of attributes to be returned.

For more detailed information about the LDAP protocol, see either [HSG99] for an informal description, or [JLM+99] for a formal one. For the purpose of this paper, we are mostly interested in the schema definition capabilities, which we will use to model ontologies, as discussed in the next section.

3 Ontology Model

3.1 Basics

According to Gruber [Gru93], an **ontology** is an explicit specification of an abstract, simplified view of the world of interest, also called a conceptualization. Information integration systems often make use of ontologies to specify a global conceptualization that describes both, a set of terms and the relationships between them.

The integration system provides, via the ontology definition, a common query domain for all users that abstracts the underlying heterogeneous sources, independently of the particular query model each sub-system defines. All queries performed at the domain level are answered by reformulating them into source-level queries, and then transforming the results into the terms of the unified view.

The LDAP model described in the previous section has support, not only for the integration process we just referred to, but also for the standard ontology design requirements, namely:

Modeling capabilities: LDAP provides primitives for concepts (by means of classes), roles (by means of attributes), key roles, subclass relationships and general constraints.

Flexibility and Maintainability: Changes to an LDAP-based ontology are easily made, allowing for the upgrade of concepts and roles in a flexible manner, as opposed to fixed ontology systems.

Manipulation facilities: LDAP provides manipulation operators on top of which operators aimed at integration can be defined.

Schema querying: Since the LDAP data model is self-describing, concept and role names are allowed as part of the result of a query.

Proper design techniques and important issues for the creation of ontologies for heterogeneous sources are discussed elsewhere [Usc96,UG96], and are out of the scope of our work. The purpose of this paper is to show in detail, and as a particular aspect of the breadth of functionality of our LDAP-based integration system, how ontologies can be represented in the LDAP model.

3.2 LDAP Representation Formalism

As a running example to describe in more detail our representation, we use the Mondial ontology extracted from the Geography subontology in CYC [LG90]. Figure 1 provides a textual representation that uses indentation to indicate the subconcept relationship and parenthesis to indicate properties; Fig. 2 provides its (partial) LDAP-based representation constructed following the formalisms described in this section.

```
Geography(Continent,GeopoliticalEntity,Mountain,BodyOfWater,Desert,Island)
Continent(name,area)
GeopoliticalEntity(name,population)
  Country(area,car_code,population_growth,infant_mortality,gdp_total,
         gdp_agri,gdp_ind,gdp_serv,inflation,government,encompassed,
         ethnicgroup,religion,language,border,StateGeopolitical,City)
    IndependentCountry(indep_date)
  StateGeopolitical(area,City)
  City(longitude,latitude,located)
```

Fig. 1. Mondial ontology

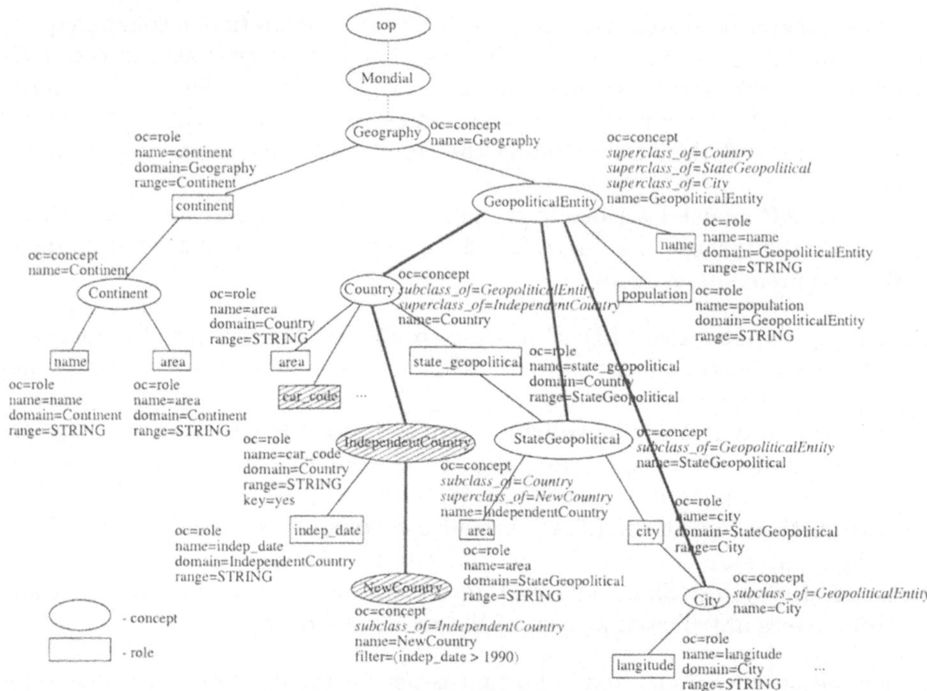

Fig. 2. Mondial ontology in LDAP; shaded components are referred in the text

The main constructs of an ontology, namely *concepts* and *roles*, together known as *terms*, are introduced in our LDAP-based ontology as subclasses of the special top class with the following structure:

```
term OBJECT-CLASS ::= {
   SUBCLASS OF {top}
   MUST CONTAIN {oc,name}                // required attributes
   TYPE oc OBJECT-CLASS
   TYPE name STRING }
concept OBJECT-CLASS ::= {
   SUBCLASS OF {term}
   MAY CONTAIN {subclass_of,superclass_of,filter,link,
                synonym,hypernym_of,hyponym_of}
                                         // allowed attributes
   TYPE subclass_of,superclass_of DN(concept)
   TYPE filter LDAP-Filter
   TYPE link DN(source term)
   TYPE synonym,hypernym_of,hyponym_of DN(concept) }
role OBJECT-CLASS ::= {
   SUBCLASS OF {term}
   MUST CONTAIN {domain,range}
   TYPE domain DN(concept)
```

```
MAY CONTAIN {key,link,synonym,hypernym_of,hyponym_of}
TYPE range DN(concept), STRING
TYPE key {YES}
TYPE link DN(source term)
TYPE synonym,hypernym_of,hyponym_of DN(role) }
```

Each class contains a set of attributes, which can be categorized as either *basic schema constructs*, *concept hierarchy constructs*, *integration constructs* or *interontology relationship constructs*. The purpose of these attributes is explained in the sequel.

Basic Schema Constructs. The basic schema constructs define properties that are fundamental for every LDAP-based ontology schema, namely: the `oc` and `name` attributes, that are required and represent the class (or classes) the entry belongs to, and the name of the entry, respectively; the `domain` and `range` attributes, that, for a *role* declaration, specify the concept it belongs to and the type of its values respectively; the `key` attribute, that indicates whether or not a given *role* can uniquely identify a concept for which it is defined; and the `filter` attribute that specifies general constraints imposed on a particular *role* or *concept* to define the so-called **defined terms**.

For example, in Fig. 2, the `car_code` node is defined by stating that it belongs to the class `oc=role`, its `domain` is `Country`, its `range`, any string, and it is a `key` of `Country`. As an example of a **defined term** definition, the `NewCountry` node has a constraint of the form `filter=(indep_date > 1990)` that indicates that only independent countries whose independence date is greater than 1990 are considered `NewCountry`.

Concept Hierarchy Constructs. The `subclass_of` and `superclass_of` attributes express the subclass and superclass relationships between concepts in the system. In Fig. 2, this relationship is additionally depicted by the thicker lines that connect two or more concepts, where, for example, `NewCountry` is defined as a subclass of `Country`.

Integration Constructs. The `link` attribute is used to enable the integration of different information source schemas into a single LDAP directory instance. It indicates that a given `term` in the ontology is terminologically equivalent with the term in the LDAP source model it (its value) references to. Before the annotation of the domain ontology with `link` attributes takes part, the transformation of each source schema into the corresponding LDAP representation should be done. The specific details of the principal architecture of integration and its key part of specifying and considering link attributes, as well as its concrete advantages are out of the scope of this paper, but it is important to emphasize that by using the `link` attribute our system is able to resolve most of the conflicts existing between distinct heterogeneous sources.

Interontology Relationship Constructs. In order to capture the semantic subtleties, differences and similarities among ontologies, we use the `synonym`, `hypernym_of` and `hyponym_of` attributes. The `synonym` attribute indicates that two concepts with different names are equivalent, and should be treated as such, whereas the `hypernym_of` and `hyponym_of` specify a subsumption relationship that defines whether a term is more general than another, as defined by the former, or more specific, as defined by the latter.

Note that the specification of all these constructs including `link` correspondences between ontology and data sources is part of the application design.

4 Feature Comparison

Although extensive work has been done in the area of modeling ontologies for data integration, most researchers use logic-based languages like description logics, F-Logic or ODL to describe them and benefit from the reasoning abilities of well-established logic systems. Our approach, on the other hand, uses a relatively simple model with a clear syntax that allows us to provide a unified formal framework to be used for both, ontology definition and information integration using the standard and well-established LDAP technology. An subsumption reasoning mechanism is not excluded and may be added to the system.

Furthermore, due to the hierarchical and flexible structure of LDAP, we can very easily integrate not only structured data, but also semistructured data, as opposed to systems like SIMS [AK93] or OBSERVER [MKSI00] that are limited to the expressive power of their ontology description languages and are only able to deal with relational and flat file databases. Not even systems like FLORID [HKL+98], ONTOBROKER [DEFS99] or MOMIS [BCV99], which combine the reasoning capabilities of logic systems with the expressive power of an object-oriented model are able to describe XML data as naturally as we do in our system. The lack of a tree-like modeling structure forces them to map XML into an artificial structure not particularly well suited for such graphs, whereas our model is based on a tree structure that resembles that of XML.

TSIMMIS [GMPQ+97] addresses the above deficiencies by taking a similar approach to ours, namely using the OEM data model to describe mediated views and sources, as opposed to our LDAP-based information model, which offers, by design, additional benefits derived by the nature of the LDAP directory services. Directory-based stores of data support a ubiquitous Internet access standard, giving a guarantee to almost any user connected to the network to get access to this data.

Some other approaches, like [BGL+99,CCS00] use XML as their common model for data exchange and integration, but fail to consider the use of ontologies as an integral part of the system. Our LDAP-based model, on the other hand, provides seamless integration with ontologies, which allows us to scale our system both from the source and from the user perspective, of paramount importance for the Web.

These advanced features, combined with the fact that the hierarchical LDAP namespace allows us to implicitly distinguish nodes belonging to different source trees without incurring in any additional work, makes LDAP an ideal candidate for the field of integration.

5 Future Work

A preliminary version of the system is already in the works and providing very promising results, as detailed in [ML01]. Nevertheless, the system is far from finished. We plan to continue development on it by making the following additions:

Query Rewriting Operators: To transform the ontology level query to source level queries.

Schematic Reconciliation: To resolve the schematic differences that exist between semantically similar terms in the ontology and in the sources. This involves the definition and implementation of more `link`-like attributes.

Ontology Partitioning: To allow for distribution and replication of ontologies where needed.

Hierarchical Ontology Management: To allow for more complex relationships to be defined among distributed ontologies that go beyond the synonym, hyponym, and hypernym relationships.

6 Conclusion

In this paper, we have presented an LDAP-based representation formalism for ontologies which provides obvious advantages with respect to more classical integration system because of the simplicity, coherence and uniformity of the LDAP formalism.

Furthermore, our system is, to the best of our knowledge, the only system that combines the advantages of a hierarchical data model, on which, for example, XML documents could be mapped, and those of ontologies as the integration basis.

The integration of several relational databases by means of LDAP directories is supported by [Inc00]; however, the problem of integrating heterogeneous objects is not considered, in particular.

Acknowledgments

We would like to thank reviewers for their helpful suggestions.

References

[AK93] Y. Arens and C. Knoblock. SIMS: retrieving and integrating information from multiple sources. *SIGMOD Record (ACM Special Interest Group on Management of Data)*, 22(2):562–563, June 1993.

[BCV99] S. Bergamaschi, S. Castano, and M. Vincini. Semantic integration of semistructured and structured data sources. SIGMOD Record, Special Issue on Semantic Interoperability in Global Information, Vol. 28, No. 1, March 1999.

[BGL+99] C. Baru, A. Gupta, B. Ludaescher, R. Marciano, Y. Papakonstantinou, and P. Velikhov. XML-based information mediation with MIX. In Demo Session, ACM-SIGMOD'99, Philadelphia, PA, 1999.

[CCS00] V. Christophides, S. Cluet, and J. Sim'eon. On Wrapping Query Languages and Efficient XML Integration. Proceedings of ACM SIGMOD Conference on Management of Data, Dallas, Texas, May 2000.

[DEFS99] S. Decker, M. Erdmann, D. Fensel, and R. Studer. Ontobroker: Ontology based access to distributed and semi-structured information. In R. Meersman et al., editor, DS-8: Semantic Issues in Multimedia Systems. Kluwer Academic Publisher, 1999.

[GMPQ+97] H. Garcia-Molina, Y. Papakonstantinou, D. Quass, A. Rajaraman, Y. Sagiv, J. D. Ullman, V. Vassalos, and J. Widom. The TSIMMIS approach to mediation: Data models and languages. *Journal of Intelligent Information Systems*, 8(2):117–132, 1997.

[Gru93] Thomas R. Gruber. A translation approach to portable ontology specifications. *Knowledge Aquisition*, 5(2):199–220, 1993.

[HKL+98] Rainer Himmeröder, Paul-Th. Kandzia, Bertram Ludäscher, Wolfgang May, and Georg Lausen. Search, analysis, and integration of web documents: A case study with florid. In *Proc. Intl. Workshop on Deductive Databases and Logic Programming (DDLP'98)*, pages 47–57, Manchester, UK, 1998.

[HSG99] T. A. Howes, M. C. Smith, and G. S. Good. *Undestanding and Deploying LDAP Directory Services.* Macmillan Network Architecture and Development. Macmillan Technical Publishing U.S.A., 1999.

[Inc00] Radiant Logic Inc. RadiantOne version 1.0. http://www.intelligententerprise.com/000301/products.shtml, 2000.

[JLM+99] H. V. Jagadish, Laks V. S. Lakshmanan, Tova Milo, Divesh Srivastava, and Dimitra Vista. Querying network directories. In *SIGMOD 1999, Proceedings ACM SIGMOD International Conference on Management of Data, June 1-3, 1999, Philadephia, Pennsylvania, USA*, pages 133–144. ACM Press, 1999.

[LG90] Douglas B. Lenat and R. V. Guha. *Building Large Knowledge-Based Systems: Representation and Inference in the CYC Project.* Addison-Wesley, Reading, Massachusetts, 1990.

[MKSI00] E. Mena, V. Kashyap, A. Sheth, and A. Illarramendi. OBSERVER: An approach for query processing in global information systems based on interoperation across pre-existing ontologies. *Distributed and Parallel Databases*, 8(2):223–271, 2000.

[ML01] Pedro José Marrón and Georg Lausen. HLCaches: An ldap-based distributed cache system for xml. Submitted, 2001.

[UG96] M. Uschold and M. Gruninger. Ontologies: principles, methods, and applications. Knowledge Engineering Review, 11(2), 93–155, 1996.

[Usc96] Mike Uschold. Building ontologies: Towards a unified methodology. In *16th Annual Conf. of the British Computer Society Specialist Group on Expert Systems*, Cambridge, UK, 1996.

[WHK97] M. Wahl, T. Howes, and S. Kille. Lightweight directory access protocol (v3). RFC 2251, December 1997.

Version Propagation in Federated Database Systems*

Martin Schönhoff[1], Markus Strässler[2], and Klaus. R. Dittrich[1]

[1] Database Technology Research Group, Department of Information Technology, University of Zurich, Switzerland, mschoen@ifi.unizh.ch

[2] ABB Corporate Research Ltd., Baden–Dättwil, Switzerland, straessl@ifi.unizh.ch

Short Paper

Abstract Integrated engineering environments, based on federated database technology, are, among others, a means to control the integrity of and dependencies between product data created in many different engineering applications. Most of these applications support the management of versions of a product and its parts, continuing the engineers' tradition of keeping different versions of drawings and documents. Consequently, federations in engineering environments have to provide version management on their global layer as well.
This paper introduces the concepts for a flexible and customisable realisation of the federated database management system's version propagation service. This service is responsible to make a new *local* version "visible" at the *global* layer of the federation and vice versa. It tries to identify properties like a new version's history and predecessor automatically. We show how these properties can (and sometimes must) be completed or updated if they are incomplete, inapplicable, or even contradictory. We conclude that the customisation overhead is inevitable for any general solution bridging highly heterogeneous versioning models.

1 Introduction

The collection of all database objects and document files describing an industrial product and its engineering and manufacturing process (e.g., CAD drawings, 3D models, finite element analyses, fluid dynamic simulations) are considered as *product data*. Many different heterogeneous engineering applications produce various *versions* of this product data while the design team is looking for the optimal solution. Therefore, support of *version management* is needed in engineering environments which integrate different data sources.

In the IDEE project (Integration of Data in Engineering Environments) [SSD97], we integrate heterogeneous engineering applications and data repositories into a tightly coupled database federation using an object-oriented global

* Work reported in this paper was done within project IDEE (Integration of Data in Engineering Environments, see http://www.ifi.unizh.ch/dbtg/IDEE), which was part of the Swiss Priority Programme for Information and Communication Structures (SPP ICS, 1996–2000) sponsored by the Swiss National Science Foundation under project number 5003–045354.

data model and operational integration. Imposed by the requirements of the engineering domain, versioning of design data and system-wide consistency of versions are our main goals. To our knowledge, the implications of versioned data in database federations have not been investigated before.

A federated database system (FDBS) *with* version management offers additional functionality on its federation layer compared to an "unversioned" federation, e.g., improved tracking of the status of an ongoing engineering design project. A federated database management system (FDBMS) for such "versioned" FDBS must provide the propagation of new versions between the local and the global federation layers. This paper's main contributions are the concepts for a flexible and customisable realisation of the additional services required for a federation with version management compared to an unversioned one. Our *versioning* goals are to provide a powerful global version model (not just the least common denominator of all local version models) that allows homogeneous access to integrated data from CDMS with different versioning capabilities as well as system-wide consistency of version histories, especially consistent local and global successor-predecessor relationships.

Details of the global version model are only in our interest as far they are related to propagation issues. Specific versioning problems like change propagation and notification (e.g., [Kat90]), or topics like transaction management or access control (apart from what can be achieved through workspaces) are not in the scope of our work. Furthermore, concrete examples for our general concepts, set within a gas turbine design environment, can be found in [SS99].

The following Sect. 2 introduces the technological background and our terminology for the remainder of the paper. In Sect. 3, local-to-global version propagation is investigated, introducing the required infrastructure and discussing the propagation process. Global-to-local version propagation is covered in Sect. 4 simply by giving the rationale why the concepts of the inverse direction can be applied. Section 5 concludes the paper.

2 Technology and Terminology

2.1 Basic Version Management Concepts

A widely accepted unified model or at least a common terminology for database- or engineering-oriented versioning approaches do not exist, although attempts have been made [Kat90]. Nevertheless, these versioning approaches are mostly built around the concept of a real-world *design object*, for which one or more *versions* (or *version objects*) can exist.[1] The *product space* is an unversioned view on design objects (and their relationships), which is refined in the *version space* into version objects (and their relationships). A design object's versions are connected by binary *predecessor-successor relationships* resulting in a *version history* graph. Various kinds of graph are possible. A linear history represents

[1] Our *terminology*, however not our *version model*, is mostly adopted from the CoMa model [Wes96].

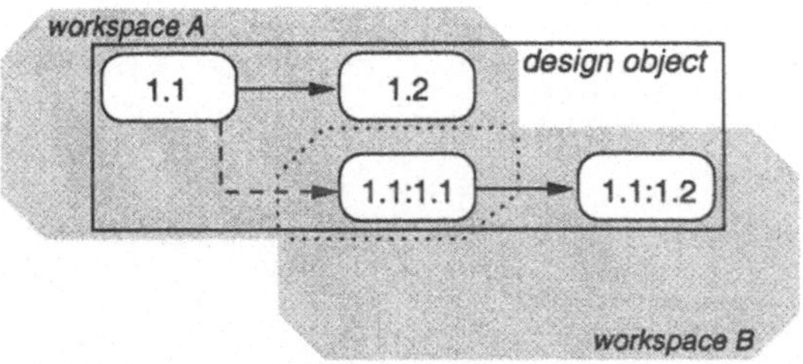

Figure 1. Workspaces containing versions of the same design object

a sequence of *revisions*, i.e., corrected or improved replacements for their predecessors. Branches in a history tree are called *variants*, several of which can be used in parallel. A DAG-like history allows several roots, a disconnected graph as well as the *merging* of branches. Unversioned design objects have a single version object that is replaced at each update.

Workspaces are areas to both share and restrict access to design objects and to their versions; they represent a kind of view mechanism on the product space as well as the version space. Workspaces are often organised hierarchically such that several people of a working group can import the same version from their group's shared workspace to their private workspaces via a *check-out* operation. There they can work on this version in parallel, but shielded from each other. When work is finished, the version can be moved back into the group's workspace (*check-in*) to join and share the results.

The check-in operation from outside the version database (the so-called *scratch area*; e.g., a file system or main memory) into a workspace creates a new version. Subsequent check-in, check-out, and delete operations determine in which workspaces the version is visible. Although a version already exists before a check-in operation, we still say it is "new", thus taking the target workspace's point of view. Once stored in the database, a version cannot be modified there. Instead, the version must be *copied* into the scratch area, modified there, and then checked in as a new version..

We distinguish five *derivation types* (or *derivations* for short) that are specified as check-in modes: A new version can become an initial (root) version without a predecessor or a revision or variant of its unique predecessor. If branches are merged, the new version becomes a revision or variant of its *main* predecessor and a merge successor of the other predecessors. For symmetry reasons, we furthermore speak of an in-place derivation if the single version of an unversioned design object is replaced.

Figure 1 shows a design object with a tree-like version history. Version 1.1 has a revision 1.2 and a variant 1.1:1.1 as successors. These three versions are contained in workspace A. Version 1.1:1.1 is furthermore contained in workspace B, where another revision 1.1:1.2 is present, which is invisible in workspace A.

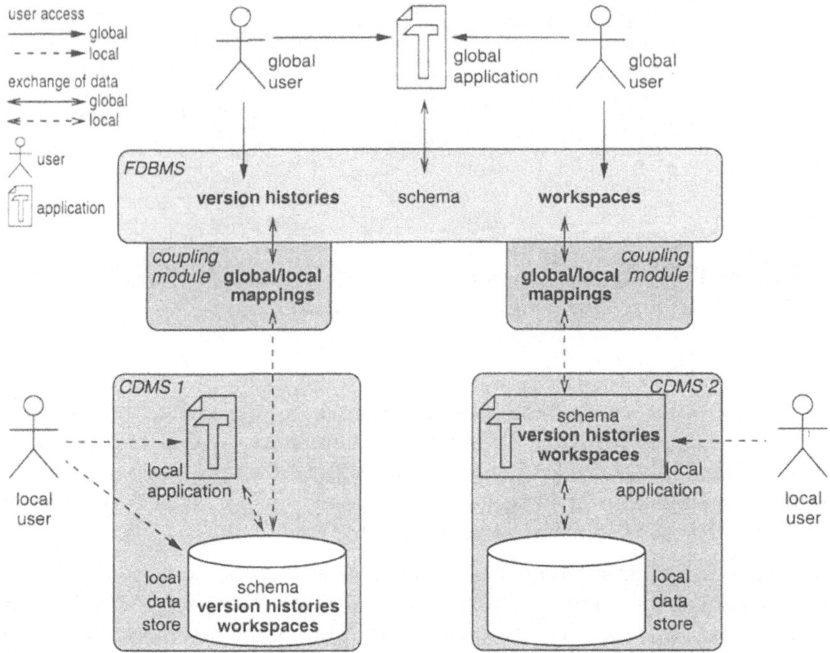

Figure 2. Overview of an FDBS with version management

2.2 Federated Database Systems with Version Management

Figure 2 depicts the coarse architecture of a tightly-coupled database federation [SL90] with version management as it was realised in the IDEE project. Labels in **boldface** font are elements specific for a *versioned* federation.

So far isolated systems (comprising applications, their data stores and possibly a separate version management system) are now called the *component data management systems* (CDMS) of the federation. A typical CDMS would be a CAD application based on an object-oriented DBMS (with version management), a bill of materials application (with built-in version control) on top of a relational DBMS, or a calculation routine working on flat files versioned with a file versioning tool like RCS [Tic85]. An unversioned CDMS provides access to its data organised according to a schema (database schema or file structure here). A versioned CDMS additionally offers version histories and workspaces, versioning functionality can be accessible exclusively via the user interface and/or API of the local application (shown for CDMS 2 in Fig. 2), or independent of the application (CDMS 1).

An important consequence of the variety of versioning systems used in the CDMS is that local versions are most likely organised in different kinds of version history graphs. This fact clashes with the global users' wish to treat all global versions homogeneously. Our approach to handle this problem is to provide a *usability specification* for each global design object [SS99]. The usability specification (non-versionable, revisionable, or fully versionable) implies restrictions on its use, e.g., no variants can be created for revisionable design objects. However, global operations can still be applied homogeneously to any version of any usability specification, because the FDBMS knows how to execute them for any usability specification. For example, a new global variant (i.e., new branch in a global version history) can be mapped onto a new linear history on a revisions-only CDMS.

The FDBMS appears to global users and global applications like a versioning-capable object-oriented DBMS. In the *operational integration* approach [BNPS89, GCO90] taken in IDEE, all mappings between global and local data and version model concepts are implemented individually in *coupling modules* for each CDMS. The coupling modules have a common interface to the FDBMS. They map each (read or write) access operation to global objects into appropriate access to local database objects, database tuples, file records etc. Since no local (attribute) data is replicated on the global layer, a *virtual* integration of distributed, heterogeneous local data results.

2.3 Object Propagation in FDBS

Object propagation in FDBS is the process of making a new local object *globally visible* and vice versa. Local-to-global object propagation begins when the coupling module detects (during the execution of a global access operation or through polling) or is notified about (e.g., via a messaging mechanism) the creation of a new object in the CDMS.[2] Global-to-local object propagation can be triggered by a global operation or, if data is redundantly represented in more than one CDMS, by local-to-global propagation.

A local object is "globally visible" if an *object mapping* between a global and a local object identifier (the latter may be a relational key or a file name/record number pair, for instance) exists. We can regard a *global object* as a proxy object for one or possibly several local objects (even in different CDMS).[3] We thus assume that *permanent identification* [HD92] of local objects is possible. Nevertheless, our approach extends to local objects with *temporal* (valid only during a single transaction) and even *imaginary* (read-once, e.g., from an input stream) identification if the propagation process described below can be executed fully automatically on demand. However, these weaker forms of identification are rarely required in engineering environments.

Object propagation in versioning-unaware FDBS does not deliver any information about an object's versioning-related associations, which identify the object as a version. Hence a simple combination of object propagation and global version management is not possible.

---

[2] What kind of notification mechanism can be realised, and, likewise, how any local information can be extracted or inserted through the coupling module of a specific CDMS is beyond the scope of this paper. [SSD97] sketches approaches for typical CDMS in engineering environments.

[3] The global object itself need not be persistent if it can be (re)constructed on demand from the global mapping information.

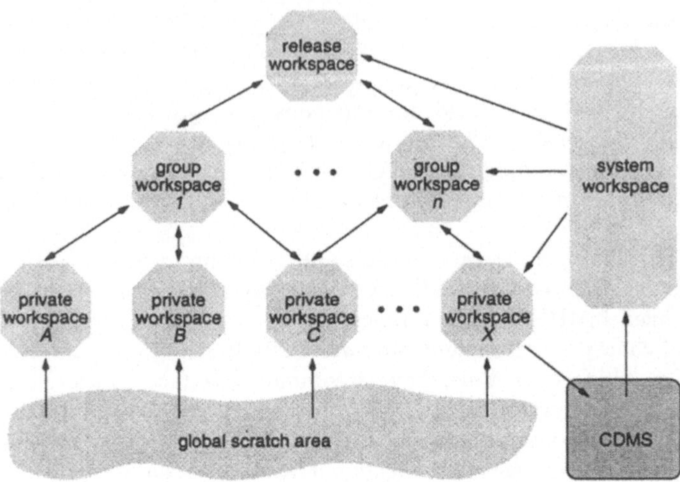

Figure 3. Check-in/check-out between the global workspace hierarchy, the system workspace, and a CDMS

3 Local-to-global Version Propagation

Local-to-global propagation of a new version must be split into two steps. In the first step, the coupling module extracts propagation information (design object, predecessor, ...) from the CDMS and maps it to "global terms" such that it can subsequently be processed on the global layer. Since the propagation information is generally incomplete at this point, the new version cannot be placed within the global workspace hierarchy yet. Instead, we introduce the concept of a distinguished *system workspace*, in which the version is "parked" while it is in its intermediate state before the second step concludes.

The system workspace is orthogonal to the layers of the workspace hierarchy as shown in Fig. 3. Check-ins are possible to every other workspace. Check-outs into the system workspace from the workspace hierarchy are not possible (denoted by the unidirectional arrows in Fig. 3). Only the FDBMS (and not a global user) places new versions from CDMS into the system workspace as the result of the first step of the local-to-global version propagation.

If the propagation information acquired in the first step is complete and the results are not contradictory, the version is automatically placed in the workspace hierarchy in a second step. Otherwise, the propagation information has to be completed and/or updated by a user before the version can be placed in the workspace hierarchy. We investigate the two steps in more detail next.

3.1 Step 1: From the CDMS into the System Workspace

Once it has detected a new local version, the coupling module must infer (from the version's local workspace, for instance) whether the new version needs to be propagated at all. If the new version *definitely* does not need to be propagated, its propagation process ends right here. If the version *must* or *may* be propagated, the coupling module creates a global representation for this version (a global proxy object or an entry in a local/global mapping table, for instance). We sloppily call this global counterpart the *global version* for short. For the sake of simpler presentation, we thereby assume that a uniform (i.e., CDMS- and design object type-independent) version-version mapping is achieved, e.g., by using or extending the underlying FDBMS's object-object mapping service.

Next, the global propagation information for the new version, called *propagation properties* in the sequel, must be determined by the coupling module. The propagation properties comprise the global design object, the global predecessor(s) and derivation(s), as well as the global workspace of the new version.

If the local version is the initial version of a design object, the design object's global representation (the *global design object*) must be created (similar to the global version earlier). If another version of the design object was previously propagated, the global design object must be searched, e.g., using the FDBMS's object-object mapping. If no global design object can be determined through either of these two ways, a new design object is created.

If possible, the new version's local predecessor (or predecessor*s* in the case of a merge operation) should be found and mapped to yield the *global predecessor(s)*. Their *global derivation* to the new version is the same as the derivation between the local counterparts.

As the last propagation property, the global workspace must be determined from the local workspace, usually through a bijective workspace mapping defined in the coupling module. In some cases, however, no or several global workspaces may be the result (exemplified in [SS99]).

Now that the propagation properties have been determined as far as possible, the coupling module sends the new global version together with its propagation properties to the system workspace. From here on, all information used for the propagation is "global".

3.2 Step 2: From the System Workspace into the Workspace Hierarchy

When we now present how a version is checked from the system workspace into its place within the workspace hierarchy, we avoid the discussion of possible policies, which may be applied. These policies range from letting the user change or double-check "everything" to replacing any user interaction by an automated "best guess". The former policy is needed to support "semantic enrichment", e.g., the mapping of several linear local version histories to a single global history tree. The latter policy, however, is bound to lead to global/local inconsistencies. For the sake of the presentation, we assume that those parts of this step that may be executed automatically, *are* in fact executed automatically. Thus a fully automated step 2 is *possible*, if and only if a path without any user interaction *can* be pursued in the sequel.

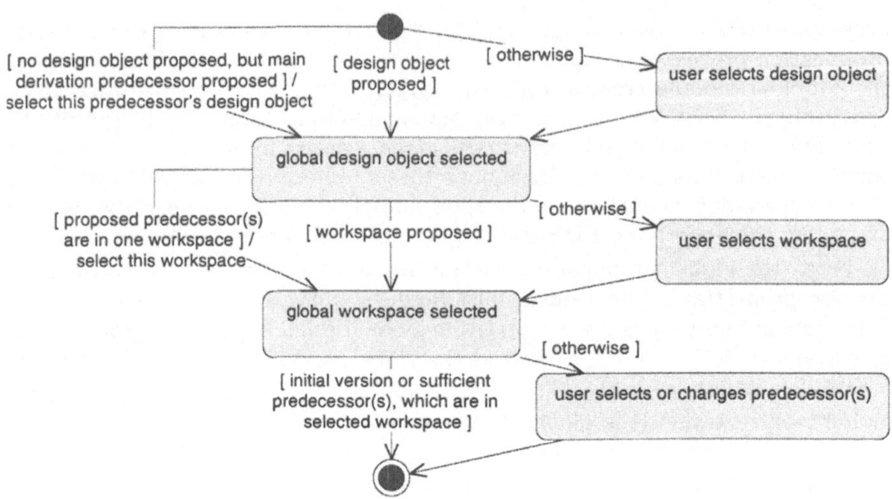

Figure 4. Decision graph for proposal completion (design object, workspace, predecessor)

Incomplete global propagation information, caused through a lack of data available to the coupling module, must be completed or updated in the second step. In general, any combination of the following cases is imaginable and must be covered below:

- The design object is known or unknown. If known, the usability specifications of the design object may be fully versionable, revisionable, or non-versionable.
- The workspace is known or unknown.
- The predecessor is known, unknown or not required (initial version). If the predecessor is known, it may or may not be contained in the given workspace (if that one is known).
- The new version's derivation may be initial, revision, variant, in-place, merge, or anytype (unknown or *don't care*).

Figure 4 shows a state diagram guiding through the selection of design object, workspace, and predecessor(s). The propagation properties collected in step 1 are treated as *proposed* properties here, whereas the *selected* properties will finally be applied.

The diagram shows three similar stages above one another, leading to the selection of the design object, the workspace, and the predecessor(s), respectively. The path leading straight downwards from the initial state (black bubble) to the end state (encircled black bubble) is taken in the ideal case of complete proposed properties. The two state transitions on the left indicate automated selections. If no design object has been proposed, but a (main or single) predecessor has, this predecessor's design object is selected. Similarly, the workspace can be automatically selected if exactly one workspace contains all predecessors (which need to be proposed, of course). The right hand side of the diagram displays the transitions taken when no automated selection is possible and user interaction is required.

When the end state is reached, an initial version can be placed in the selected workspace. If predecessors exist, the design object's usability specification has to be considered for their derivation as well as the proposed derivation type.

non-versionable The new version replaces its predecessor for all derivation types. In merge-in operations, the new version thus becomes a version of *several* design objects.

revisionable For all but variant derivation, the new version becomes a new revision of its predecessor if no revision exists so far. Otherwise, the user must decide to take the latest revision as a revision predecessor (most likely introducing a local/global predecessor-successor inconsistency), or to make the new version the initial version of a new "branch" design object.

fully versionable A variant derivation can always be realised. An in-place, revision, or anytype derivation leads to a new revision, if neither a revision nor a merge derivation existed before. Otherwise a variant is created, giving a consistent predecessor/successor relationship preference over consistent derivation types. Similarly, merge derivations can also only be created in the absence of a revision or a merge derivation. Otherwise, the user may choose to merge the latest revision of the predecessor's branch or to ignore the merge.

4 Global-to-local Version Propagation

A global-to-local propagation is initiated when a global user or a local-to-global propagation process caused a global versioning operation. The FDBMS sends appropriate requests to all affected coupling modules. The coupling modules then operate independently from each other.

During the global-to-local propagation process, the same problems must be solved as in the inverse direction. Again, appropriate mappings and policies must be individually developed for each CDMS at integration-time. From our experience, this is much easier for global-to-local propagation, because the coupling modules have unrestricted access to global information (however often not to local information), thus no complications like incomplete propagation properties can occur in this case.

5 Conclusions

We have presented the version propagation approach for FDBS as it was realised in the IDEE project. It was shown that propagation problems (e.g., determining the propagation properties) are handled in a flexible and customisable way. The propagation process can be adapted on a per-design object type or per-CDMS basis. Propagation policies can be established which range from full user control to fully automatic "best guesses". If version propagation cannot (or should not) be executed fully automatically, the version history information resulting from user interaction must be stored on the global layer, thus requiring permanent identification between local versions and their global representations.

We have learned that a general solution as ours *inevitably* requires costly customisations of propagation mappings and policies, and may still need user interaction at runtime due to the heterogeneity of version models. Fortunately, traditional engineering environments, which are the main target of our work, tend to evolve slowly such that the initial realisation cost can pay off over a long period of time. We have also prepared a prototypical implementation of our integration framework and showed the feasibility of our approach within a simplified engineering environment. Furthermore, the results of the IDEE project have been transfered to follow-up projects at ABB.

References

[BNPS89] E. Bertino, M. Negri, G. Pelagatti, and L. Sbattella. Integration of heterogeneous database applications through an object–oriented interface. *Information Systems*, 14(5):407–420, 1989.

[GCO90] R. Gagliardi, M. Caneve, and G. Oldano. An operational approach to the integration of distributed heterogeneous environments. In *Proceedings of the International Conference on Databases, Parallel Architectures, and Their Applications (PARBASE 90), Miami Beach, Florida*, pages 368–377, March 1990.

[HD92] M. Härtig and K. R. Dittrich. An object–oriented integration framework for building heterogeneous database systems. In *Proceedings of the IFIP DS-5 Conference on Semantics in Interoperable Database Systems, Lorne, Australia*, pages 33–53, November 1992.

[Kat90] R. H. Katz. Toward a unified framework for version modeling in engineering databases. *ACM Computing Surveys*, 22(4):375–408, December 1990.

[SL90] A. P. Sheth and J. A. Larson. Federated database systems for managing distributed, heterogeneous, and autonomous databases. *ACM Computing Surveys*, 22(3):183–236, September 1990.

[SS99] M. Schönhoff and M. Strässler. Global version management for a federated turbine design environment. In *Proceedings of the Fourth International Workshop on Next Generation Information Technologies and Systems (NGITS'99), Zikhron-Yaakov, Israel*, Lecture Notes in Computer Science 1649, pages 203–220. Springer-Verlag, July 1999.

[SSD97] M. Schönhoff, M. Strässler, and K. R. Dittrich. Data integration in engineering environments. In *Engineering Federated Database Systems (EFDBS'97) - Proceedings of the International CAiSE'97 Workshop, Barcelona, Spain*, Computer Science Preprint 6/1997, pages 45–56, University of Magdeburg, Germany, June 1997.

[Tic85] W. F. Tichy. RCS – a system for version control. *Software Practice and Experience*, 15(7):637–654, July 1985. Revised version 1991 (comes with RCS distribution).

[Wes96] B. Westfechtel. A graph-based system for managing configurations of engineering design documents. *International Journal of Software & Knowledge Engineering*, 6(4):549–583, December 1996.

Sitzung 5:

Technische Aspekte, Leistungsmessung

Leistungsuntersuchung von ORDB-gestützten objektorientierten Anwendungssystemen

Weiping Zhang, Norbert Ritter

Universität Kaiserslautern
Postfach 3049, 67653 Kaiserslautern
{wpzhang | ritter}@informatik.uni-kl.de

Zusammenfassung: Objektorientierte Programmiersprachen (OOPL), wie z. B. C++, Java, SmallTalk, etc., haben sich in der Entwicklung komplexer Softwaresysteme durchgesetzt. Mit der Integration objektorientierter Konzepte und Erweiterungsmechanismen verfolgen objekt-relationale Datenbankverwaltungssysteme (ORDBVS) das Ziel, komplexe Softwaresysteme der neuen Generation, die überwiegend mit OOPL entwickelt werden, besser und effektiver zu unterstützen. In diesem Beitrag berichten wir über unseren Ansatz, die Fähigkeiten eines (beliebigen) ORDBVS zur Unterstützung von OOPLs (in der Entwicklung komplexer Softwaresysteme) zu bewerten und zu quantifizieren. Zu diesem Zweck werden zunächst Modellierungs- und operationale Aspekte sowohl des objektorientierten als auch des objekt-relationalen Paradigmas betrachtet, um die noch immer zu beobachtende Lücke zwischen diesen beiden Paradigmen aufzuzeigen. Die dabei getroffenen Aussagen werden dann mit Hilfe von Leistungsmessungen belegt, die mit einem neuartigen Benchmark-Ansatz durchgeführt wurden, den wir zur Analyse des Leistungsverhaltens von ORDBVS unter besonderer Berücksichtigung ihrer Fähigkeiten bei der Unterstützung von OOPL in der Entwicklung komplexer Softwaresysteme entwickelt haben. Neben dem Ziel, das Leistungsverhalten von ORDBVS entsprechend quantifizieren zu können, setzt sich dieser Ansatz das Langzeitziel, die weitere Entwicklung der objekt-relationalen Datenbanktechnologie dahingehend zu beeinflussen, dass die Anforderungen der objektorientierten Systementwicklung angemessener als bisher erfüllt werden können.

1 Motivation

Objektorientierte Programmiersprachen (OOPL), wie z. B. C++, Java, SmallTalk, etc., haben sich in der Entwicklung komplexer Softwaresysteme durchgesetzt. Ebenso wie die Struktur dieser Systeme gestalten sich auch die Strukturen der von diesen Systemen zu verwaltenden Objekte als sehr komplex. Die von OOPL angebotenen objektorientierten Konzepte und Mechanismen eignen sich zunächst zur Manipulation dieser komplex strukturierten Objekte. Darüberhinaus bestehen jedoch weitere Anforderungen, wie z. B. Persistenz und transaktionsgeschützte Manipulation, die nur durch Integration von Datenbankverwaltungssystemen (DBVS) erreicht werden können. Somit gehört die Datenbanktechnologie zu den Kerntechnologien der modernen Systementwicklung.

Dennoch ist im Gegensatz zu objektorientierten Datenbanksystemen (OODBVS) die Nutzung von RDBVS in der objektorientierten Systementwicklung aufgrund des *impedance mismatch* [4, 11] als problematisch zu beurteilen. Dieser besagt, dass komplexe Objektstrukturen und navigierende Verarbeitung auf Seiten der OOPL nur schwerlich auf die einfachen Datenstrukturen und die mengenorientierte, deskriptive Anfragesprache (SQL) von RDBVS abgebildet werden können. Hier ist jedoch zu betonen, dass dieses Problem nicht zu einer verstärkten Nutzung von OODBVS führte. Diese wurden aufgrund anderer Probleme [4], auf die wir in diesem Papier nicht eingehen können, nicht ausreichend akzeptiert.

Mit der Integration objektorientierter Konzepte und Mechanismen verfolgen objekt-relationale Datenbankverwaltungssysteme (ORDBVS, [16]) das Ziel, komplexe Softwaresysteme der neuen Generation, die überwiegend mit OOPL entwickelt werden, besser und effektiver als bisher zu unterstützen. Das objekt-relationale Datenmodell und seine Erweiterungsmechanismen haben zunächst die Kluft zwischen DBVS und OOPL entscheidend verringert. Dennoch ist die gewünschte, direkte Zuordnung von Strukturen und Verhalten zwischen OOPL und ORDBVS (noch) nicht möglich. Dies hat seine Ursache vor allem darin, dass die DB-Schnittstelle (SQL:1999, [18, 19]) die Aufspaltung der im ORDBVS gehaltenen, objektorientierten Strukturen in traditionelle, relationale Strukturen erzwingt. Insgesamt lässt sich die Lücke zwischen OOPL und ORDBVS auf eine Reihe von Modellierungs- und operationalen Aspekten zurückführen, wie wir im nachfolgenden Kapitel näher betrachten werden.

Es existieren bisher zahlreiche kommerzielle Systeme, die objektorientierte Strukturen auf RDBVS abbilden [2, 10, 12, 13, 15, 17]. Ein solches System wird auch als "Persistent Object System built on Relation" (kurz *POS*) bezeichnet. Mit der Verfügbarkeit von ORDBVS stellt sich nun die Frage, inwieweit man durch Ausnutzung von OR-Technologie eine effektivere Abbildung objektorientierter Strukturen auf DBVS erreichen kann, um so die objektorientierte Systementwicklung besser zu unterstützen.

Die Beantwortung dieser Frage erfordert sowohl eine konzeptionelle als auch eine empirische Betrachtung. Die konzeptionelle Betrachtung soll Aussagen darüber liefern, inwieweit das mit SQL:1999 standardisierte Datenmodell mit dem von OOPL korrespondiert und welche generellen Abbildungsregeln angemessen sind. Die empirische Betrachtung soll ähnlich wie ein Benchmark-System [8] die Beurteilung eines gegebenen ORDBVS hinsichtlich seiner Fähigkeiten zur Unterstützung der objektorientierten Systementwicklung durch Vergabe von Leistungskennzahlen ermöglichen. Neben der Bewertung einzelner ORDBVS sollte ein solcher neuer Benchmark-Ansatz dann auch die angemessene(re) Berücksichtigung der Anforderungen der objektorientierten Systementwicklung bei der weiteren Entwicklung von ORDBVS fördern.

Bei der empirischen Betrachtung eines gegebenen ORDBVS hinsichtlich seiner Fähigkeiten zur Unterstützung der objektorientierten Systementwicklung müssen folgende Fragen beantwortet werden:

1. Welcher (Mindest-)Aufwand ist zur Abbildung der Objektstrukturen (Schematransformation) und zur Transformation von (POS-)Anfragen (in SQL-Anfragen) zu kalkulieren?
2. Welches Leistungsverhalten zeigt das betrachtete DBVS in der Verarbeitung typischer, durch die in 1. angesprochene Transformation (dynamisch) erzeugter SQL-Anfragen?

Während die zweite Frage (vom Ansatz her) mit herkömmlichen Benchmark-Systemen [8] beantwortet werden kann, ist zur Einbeziehung der ersten Frage ein Überdenken der traditionellen Benchmark-Ansätze unerlässlich, wie bereits in [1, 24] ausgeführt.

In diesem Artikel wollen wir sowohl die angesprochene konzeptionelle Betrachtung der Möglichkeiten einer Unterstützung der objektorientierten Systementwicklung durch ORDBVS vornehmen (Kapitel 2), als auch unseren ersten Ansatz eines konfigurierbaren Benchmark-Systems vorstellen, der versucht, die beiden oben angeführten Fragen zu beantworten (Kapitel 3). Erste Messergebnisse mit zugehörigen Analysen werden in Kapitel 4 vorgestellt, bevor wir dann mit einer Zusammenfassung und einem Ausblick schließen.

2 Konzeptionelle Betrachtung

Es existiert eine Vielzahl von Objektdatenmodellen, wie z. B. ODMG [7], UML [22], COM [2], C++ und Java. Alle diese Modelle unterstützen das Paradigma der Objektorientierung, weisen aber gewisse Unterschiede auf. Weitgehend unabhängig von der in der objektorientierten Softwareentwicklung benutzten Modellierungssprache (z. B. UML) muss SQL:1999 an eine konkrete OOPL gebunden werden. Aufgrund ihrer Relevanz und der konzeptionellen Nähe ihrer Objektmodelle orientieren wir uns an C++ und ODMG und vergleichen diese mit dem SQL:1999-Standard [9, 18, 19].

2.1 Modellierungsaspekte

Objektorientierung in OOPL

Das Konzept des Objektes stellt die Grundlage des objektorientierten Paradigmas dar. Ein ***Objekt*** ist die ***Kapselung*** von Daten, die eine reale Einheit in ihren Strukturen/Werten und ihrem Verhalten repräsentieren [14]. Eine ***Klasse*** implementiert einen Objekttyp (***Klassifizierung***), der durch einen Namen sowie eine Menge von Attributen und Methoden charakterisiert ist. Jedes Attribut hat einen bestimmten Datentyp, der wiederum einwertig oder mehrwertig (***Kollektionstypen***) sein kann. Darüberhinaus können Datentypen skalar (z. B. Integer, Boolean, String, etc.) oder komplex sein. Im letzteren Fall kann es sich um Referenzen (***Assoziation***) oder Objekte anderer Klassen (***Aggregation***) handeln, so dass komplexe Strukturen modelliert werden können. Eine Klasse kann Methoden (***Verhalten***) implementieren, die Objektzustände verändern können. Klassen können in einer ***Generalisierung***shierarchie angeordnet werden, entlang derer

Struktur und Verhalten vererbt wird bzw. verfeinert (***Spezialisierung***) werden kann. Auf eine detailliertere Betrachtung der Konzepte des objektorientierten Paradigmas wollen wir an dieser Stelle verzichten. Im folgenden soll vielmehr herausgearbeitet werden, inwieweit das (O)R-Datenmodell diese objektorientierten Konzepte umfasst.

Objektorientierung in SQL:1999

Nachdem im relationalen Datenmodell (SQL2) semantische Modellierungskonzepte nicht ausreichend unterstützt wurden, besteht die fundamentale Erweiterung des SQL:1999-Standards in der Unterstützung von strukturierten benutzer-definierten Datentypen (***user-defined types, UDT***, [9]), die als Objekttypen betrachtet und darüberhinaus in der gleichen Weise wie vordefinierte Datentypen (***built-in types***, Basistypen) benutzt werden können. Somit ist das Typsystem von SQL:1999, ähnlich wie das Typsystem von OOPL, ***erweiterbar***. UDTs können komplex strukturiert sein und somit nicht nur vordefinierte Datentypen sondern auch mehrwertige Attribute (***Kollektionstypen***) und sogar auch andere UDTs (***Aggregation***) bzw. Referenzen (***Assoziation***) enthalten. Offenbar sind UDTs mit den Klassen des objektorientierten Paradigmas vergleichbar, sie müssen nach dem SQL:1999-Standard jedoch mit Tabellen assoziiert werden. Der Mechanismus der ***typisierten Tabelle*** (auch als ***Objekttabelle*** bezeichnet) erlaubt, Instanzen von einem bestimmten UDT in einer Tabelle zu verwalten. Jedes Tupel einer solchen Tabelle repräsentiert eine Instanz (***Objekt***) des entsprechenden UDT's und bekommt einen (benutzer- oder systemvergebenen) Identifikator (OID, ***Objektidentität***). Neben instanziierbaren UDTs sieht der SQL:1999-Standard auch nicht-instanziierbare UDTs vor, die den abstrakten Klassen der OOPLs entsprechen. Es sei an dieser Stelle noch einmal betont, dass sich UDTs nicht explizit von Basistypen unterscheiden, d. h., UDTs können genauso wie Basistypen als Datentypen von Attributen definiert werden. Darüberhinaus können UDTs mit Methoden ausgestattet werden, die ihr Verhalten repräsentieren, und sie können in einer Vererbungshierarchie angeordnet werden. Somit unterstützt SQL:1999 Polymorphie und Substituierbarkeit; Mehrfachvererbung ist jedoch nicht vorgesehen. Im wesentlichen aufgrund der Assoziation von UDTs mit Tabellen sieht der SQL:1999-Standard keine Kapselung im Sinne des objektorientierten Paradigmas vor. Folglich gibt es auch für die von OOPLs her bekannten Kapselungsgrade (***public, protected, private***) kein Pendant.

Beziehungen zwischen UDTs können durch Referenzen abgebildet werden (***Assoziation***). Durch die Nutzung von mehrwertigen Referenzattributen können auf einfache Weise (n:m)-Beziehungen dargestellt werden. Während der SQL:1999-Standard fordert, dass Referenzen die Eigenschaft "***scoped***" aufweisen müssen, d. h., ausschließlich Objekte genau einer vorgegebenen Objekttabelle referenzieren dürfen, erlauben manche kommerziell verfügbaren ORDBVS auch freie ("***unscoped***") Referenzierung. Laut SQL:1999-Standard sind Referenzen unidirektional, obwohl bidirektionale Referenzen die Erhaltung der Datenintegrität und die Erreichbarkeit von Objekten während der Verarbeitung erleichtern würden.

2.2 Allgemeine Verarbeitungsaspekte

Neben den grundlegenden, oben diskutierten Modellierungsmöglichkeiten sind auch operationale Aspekte zu untersuchen, um den "konzeptionellen Abstand" zwischen OOPLs und SQL:1999 zu erfassen. Zu diesem Zweck halten wir die nachfolgend angeführten Aspekte für relevant.

Navigation vs. deskriptive Anfragen

Während in OOPLs navigierende Verarbeitung unterstützt wird, bietet SQL mengenorientierte, deskriptive Verarbeitung an der Schnittstelle des ORDBVS. Eine direkte Unterstützung der Navigation besteht in der Bereitstellung eines über seine OID angesprochenen DB-Objektes als Instanz einer in der jeweiligen OOPL definierten Klasse. Die meisten ORDBVS unterstützen die Navigation nicht direkt. Eine naive Kopplung einer OOPL mit SQL, die vorsieht, zum Zeitpunkt einer Dereferenzierung *GetObject(**Ref**)* das benötigte Objekt mit einer entsprechenden SQL-Anfrage (siehe Abb. 1) vom DB-Server anzufordern, führt unweigerlich zu einem schlechten Laufzeitverhalten, da die Kosten der Transformation zu einer Anfrage, der Evaluation dieser Anfrage durch das DBS und der Client/Server-Kommunikation sehr hoch sein können. Offensichtlich müssen geeignetere Kooperationsmechanismen zwischen OOPL und DBVS gefunden werden, die zumindest einen mengenorientierten DB-Zugriff vorsehen. Letzteres ist insbesondere bei Ingenieuranwendungen, in denen vorab bekannte, geschlossene Verarbeitungskontexte auftreten, möglich, aber auch andere Anwendungen können von einem geeigneten Prefetching selbstverständlich profitieren.

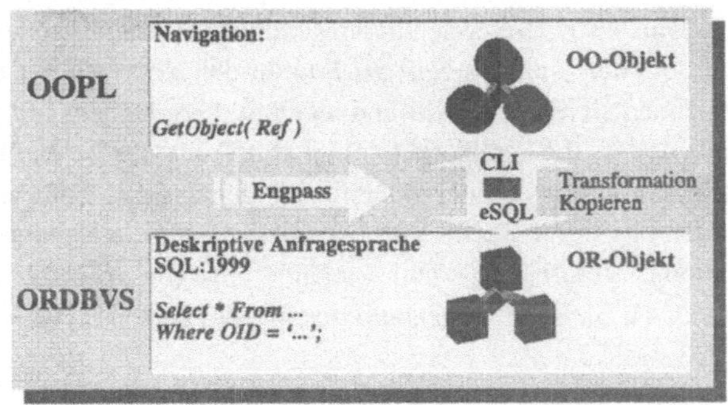

Abb. 1: Engpass zwischen OOPL und ORDBVS

Strukturierte Anfrageergebnisse

Wie oben bereits mehrfach motiviert, unterstützen OOPL komplex strukturierte Objekttypen, insbesondere durch die Möglichkeiten der Schachtelung von Typen sowie der Nutzung von Kollektionstypen und Referenzen. Wir haben ebenfalls bereits an früherer Stelle angesprochen, dass diese Konzepte der Komplex-Objekt-Bildung auch im SQL:1999-Standard berücksichtigt worden sind. Leider gehen aufgrund der traditionellen Grundprinzipien von SQL komplexe Strukturen an der Schnittstelle des DBVS verloren, da SQL nur flache Tupelmengen als Ergebnisse liefert. Daher ist es im Falle der Kopplung von OOPL und (O)RDBVS häufig notwendig, einfach strukturierte Bestandteile von komplexen Objekten durch mehrere SQL-Anfragen vom DB-Server anzufordern, und die komplexe Struktur dann im Programm wieder aufzubauen (siehe Abb. 1). Das angesprochene Problem verschlimmert sich, wenn nicht einzelne, komplex strukturierte Objekte sondern komplexe Strukturen (Objektgraphen) bestehend aus mehreren, durch Referenzen verbundenen Objekten als Einheiten selektiert werden sollen.

Caching

Im Abschnitt "Navigation vs. deskriptive Anfragen" haben wir bereits angesprochen, dass insbesondere Ingenieuranwendungen geschlossene Verarbeitungskontexte aufweisen, die i. allg. bereits zu Beginn der Verarbeitung bekannt sind. Darüberhinaus zeichnen sich solche Anwendungen durch eine sehr hohe Lokalität der Verarbeitung aus, so dass die applikationsseitige Pufferung der Daten für die Dauer der Verarbeitung sehr sinnvoll ist. Leider unterstützen die zur Zeit verfügbaren ORDBVS nicht über applikationsseitige Cache-Komponenten, die eine anwendungsgesteuerte, explizite Einlagerung, Verarbeitung und Propagierung von Verarbeitungskontexten ermöglichen. Auch der SQL:1999-Standard macht dazu keinerlei Aussagen.

2.3 (DB-)Anwendungsspezifische Aspekte

Während wir in den vorangegangenen Abschnitten den "Abstand" zwischen OOPL und SQL:1999 anhand der auf beiden Seiten vorherrschenden, allgemeinen (d. h., von einer bestimmten, zu betrachtenden Miniwelt unabhängigen) Modellierungs- und Verarbeitungsaspekte untersucht haben, wollen wir in diesem Abschnitt herausfinden, inwieweit die vom (Daten-)Modellierer DB-seitig erfasste Anwendungssemantik bei einer Verarbeitung von DB-Daten in der OOPL genutzt bzw. gesichert werden kann. So umfassen die operationalen Aspekte natürlich auch die Ausnutzung von DB-seitig realisiertem Objektverhalten. Diese Methoden (UDRs) sind oft bereits aufgrund der Art ihrer Realisierung nur Server-seitig aufrufbar bzw. zeigen unter Umständen andere, möglicherweise unerwünschte Seiteneffekte, wenn sie (oder spezielle Pendants) in der OOPL aufgerufen werden. Darüber hinaus wird die Anwendungssemantik zu einem nicht unerheblichen Teil DB-seitig durch verschiedenartige Integritätsbedingungen erfasst, deren Prüfung in die SQL-basierte, DB-seitige Verarbeitung automatisch durch das DBVS eingeflochten werden kann, die aber OOPL-seitig nur schwer oder sogar aufgrund ihrer Reichweite überhaupt nicht gesichert werden können. Den auf diese Art und Weise beim Übergang vom ORDBS zur OOPL entstehenden Verlust an Anwendungssemantik bezeichnen wir als *semantische Lücke*. Dies ist relevant, da oft der mit der OOPL arbeitende Programmierer diese semantische Lücke genau kennen muss, um mit dem Gesamtsystem geeignet arbeiten zu können. Im Wissen um die Anwendungssemantik muss er bereits im Programm Vorkehrungen treffen, die eine integritätserhaltende Propagierung der im Programm manipulierten DB-Daten am Ende der Verarbeitung anstreben.

2.4 Weitere Aspekte

Wir möchten an dieser Stelle darauf hinweisen, dass in diesem Papier nicht alle Aspekte von ORDBVS hinsichtlich eines potentiellen Nutzen in der objektorientierten Software betrachtet werden können. Mit den oben beschriebenen meinen wir die wichtigsten erfasst zu haben. Natürlich können auch weitere Mechanismen nützlich sein, wie z. B. die Möglichkeiten der Integration heterogener Daten, die es erlauben, (aus Sicht des DBVS) extern liegende Daten in die DB-Verarbeitung miteinzubeziehen. Damit können dem (OOPL-)Programmierer sinnvolle, weniger aufwendige Alternativen zum direkten Zugriff auf externen Daten von der OOPL aus angeboten werden. Aus Platzgründen verzichten wir auf eine Diskussion solcher Mechanismen, die indirekt die Kopplung von OOPL und ORDBVS beeinflussen können.

3 Leistungsuntersuchungen

Im vorangegangenen Kapitel haben wir festgestellt, dass bzgl. der Datenmodellierung nur kleinere, aber bzgl. der Verarbeitungsmechanismen und der Applikationssemantik (semantische Lücke) deutliche Diskrepanzen zwischen den Welten der OOPL und der ORDBVS anzutreffen sind. Um diese Distanz bzw. den zu ihrer Überbrückung notwendigen Aufwand quantitativ zu erfassen, verfolgen wir einen konfigurierbaren Benchmark-Ansatz [16, 24]. Vor der Erläuterung dieses Ansatzes sei jedoch noch einmal betont, dass es nicht Ziel der vorliegenden Arbeit ist, ORDBVS mit OODBVS in ihren Fähigkeiten zur Unterstützung von OOPL zu vergleichen. Wir wollen vielmehr der Beobachtung Rechnung tragen, dass ORDBVS verstärkt in diesem Bereich eingesetzt werden, aber zugehörige Leistungskennzahlen noch nicht erhoben werden können. Daher ist auch der OO7-Benchmark [6], der auf die Beurteilung objektorientierter Systeme ausgelegt ist, für unsere Zwecke nicht relevant. Er ist 'lediglich' ein Beispiel eines Standard-Benchmarks [8], mit deren Hilfe bisher das Leistungsverhalten verschiedenartiger DBVS evaluiert werden konnte. Weitere Vertreter sind der Wisconsin-Benchmark [3], die TPC-Benchmarks [21] und der Bucky-Benchmark [5]. Diese Benchmark-Ansätze erlauben es jedoch nicht, die durch das Potential des DBVS bestimmte (zwischen OOPL und DBS benötigte) Abbildungsschicht bzw. deren Leistungsverhalten in die Gesamtbetrachtung miteinzubeziehen. Außerdem ist zu beachten, dass die zu verwaltenden Datentypen und die typischen Operationen in den Zielanwendungen von ORDBVS stark variieren (double-edged sword [5, 20]), so dass *ein* Standard-Benchmark das gesamte Spektrum nicht abdecken kann. Um, wie bereits angesprochen, das Gesamtsystem (inkl. Abbildungsschicht) in seinem Leistungsverhalten hinsichtlich seiner typischen Anwendungen angemessen beurteilen zu können, halten wir ein offenes, konfigurierbares Benchmark-System für notwendig. Dies wird uns auch helfen, zukünftig spezielle Aspekte, wie z. B. die Unterstützung navigierender Operationen, genauer zu untersuchen, da ein Benchmark-System, das zumindest hinsichtlich der Generierung von Benchmark-Daten und zu betrachtenden -Anfragen (Last) offen und konfigurierbar ist, den allgemeinen Untersuchungsaufwand reduzieren sollte. Unsere ersten Ansätze werden im folgenden kurz erläutert. Details finden sich in [1, 24].

3.1 Benchmark-System

Ein offenes, konfigurierbares Benchmark-System muss nicht unbedingt schwer zu handhaben sein, wie wir an unserem Ansatz verdeutlichen wollen. Unser gegenwärtiger Prototyp bietet 3 Standardkonfigurationen (*small*, *medium* und *large*), um ausreichend skalierbar zu sein. Strukturierungsmöglichkeiten und Datenmengen der 3 Standardkonfigurationen wurden in einer Kooperation mit einem der führenden Hersteller betrieblicher Standardsoftware ermittelt und sollen ein breites Spektrum der typischen Anwendungsdomainen repräsentieren. Das Benchmark-System kann hinsichtlich der speziellen Anforderungen einer konkreten Anwendung einfach konfiguriert werden. Abb. 2 gibt einen Überblick über die Architektur des gegenwärtigen Systems. Bei der Generierung der Benchmark-Datenbank beispielsweise kann der Benutzer unter anderem Einfluss nehmen auf die Datenmenge, die Komplexität der Klassenhierarchie und die Komplexität der einzelnen Objekte, um so die Anforderungen seiner Zielanwendung zu berücksichtigen. Nach der Generierung der Benchmark-Daten kann der Benutzer verschiedene Benchmark-Anfragen aus einer vordefinierten Menge von typischen Anfrage-Templates [1, 24] wählen. Darüber hinaus können weitere Anfrage-Templates hinsichtlich einer geeigneten Berücksichtigung der typischen Operationen der Zielanwendung hinzugefügt werden. Weiterhin kann durch entsprechende Parametrisierung auf die Generierung der eigentlichen Last (siehe Lastgenerator in Abb. 2) Einfluss genommen werden. Der Messtreiber setzt zur Durchführung der Messungen die in der Last enthaltenen Anfragen an das Klassensystem ab. Zur Erhebung von Messdaten können vielfältige Messpunkte gesetzt werden; in jedem Fall werden die zur Bearbeitung einer Anfrage im DBVS sowie in der Abbildungsschicht benötigten Zeiten festgehalten und nach Beendigung des Messlaufs in der Datenbank zu Analysezwecken gespeichert.

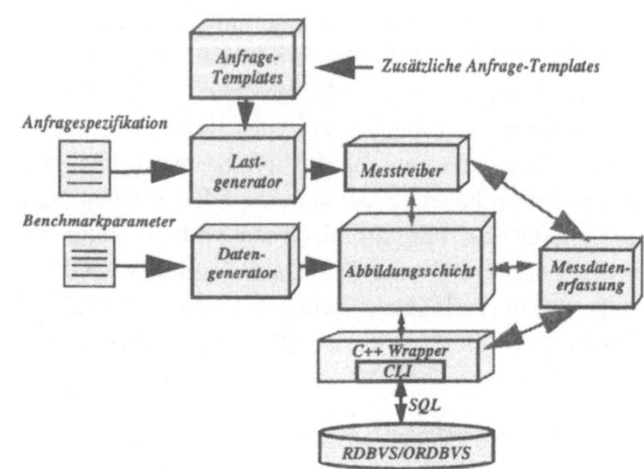

Abb. 2: Architektur des Benchmark-Systems

Wie in [1, 24] näher erläutert, besteht die besondere Herausforderung dieses Benchmark-Ansatzes einerseits darin, ein bzgl. seiner Anwendbarkeit in der objektorientierten Systementwicklung geeignet gestaltetes POS zu berücksichtigen, und andererseits eine im Hinblick auf die Möglichkeiten eines bestimmten, zu evaluierenden ORDBVS optimale Abbildung (d. h. Realisierung des POS) zu garantieren. Die Erarbeitung entsprechender Regeln ist Gegenstand aktueller Arbeiten.

3.2 Benchmark und Messungen

Um angemessene Aussagen über das Leistungsverhalten von ORDBVS hinsichtlich der Unterstützung von OOPL zu erhalten, konzentrieren wir uns auf folgende Fragenstellungen, die in diesem Abschnitt näher motiviert und im nachfolgenden Kapitel anhand von empirischen Untersuchungen beantwortet werden sollen:

1. Welchen (zusätzlichen) Aufwand verursacht die Abbildungsschicht und wie verhält sich der Zusatzaufwand bei unterschiedlichen Anfragen?
2. Welche Leistungsvorteile bieten ORDBVS im Vergleich zu RDBVS hinsichtlich ihrer Nutzung in der objektorientierten Softwareentwicklung?
3. Wie wirken sich die Fähigkeiten der DB-Programmierschnittstelle aus?

Um die erste und die zweite Frage beantworten zu können, haben wir in Zusammenarbeit mit einem der führenden Hersteller betrieblicher Standard-Software eine Reihe typischer Anfragen (auf objektorientierten Klassenhierarchien) ausgewählt. Darauf aufbauend haben wir unter Nutzung eines der führenden, gegenwärtig kommerziell verfügbaren ORDBVS eine rein relationale mit einer objekt-relationalen Abbildung (Nutzung der objektorientierten Modellierungskonzepte des objekt-relationalen Modells) verglichen. Derartige Untersuchungen sollen quantitative Aussagen darüber liefern, inwieweit die objektorientierte Softwareentwicklung durch Ausnutzung objekt-relationaler Modellierungskonzepte (strukturierte UDTs, Referenzen, etc.) profitieren kann. Die Anfragen sind in folgenden Kategorien gruppiert:

a) Navigierende Operationen: Operationen wie *GetObjekt(OID)* werden in der Regel nicht direkt bzw. effizient von (O)RDBVS unterstützt. Die Betrachtung solcher Operationen hilft, das Leistungsverhalten bei der Unterstützung von Navigation zu erfassen.

b) Anfragen mit einfachen Prädikaten unterschiedlicher Selektivität: Diese Gruppe von Anfragen dient hauptsächlich dazu, Abhängigkeiten des Leistungsverhaltens von der Kardinalität der jeweiligen Treffermenge zu bestimmen.

c) Anfragen auf UDTs: Durch Betrachtung dieser Art von Anfragen, kann die Effizienz der Abbildung von UDTs auf das (O)RDBVS untersucht werden. UDTs können im ORDBVS auf unterschiedliche Weise (*named row type, opaque type*) direkt abgebildet werden. Da im rein relationalen Fall keine direkte Abbildung möglich ist, wurden spezielle Methoden [2, 10, 12, 13, 15, 17] zur Abbildung von objektorientierten Strukturen auf das relationale Datenmodell entwickelt. Die von den meisten POS-Anbietern [2, 10, 12, 13, 15] gewählte Methode sieht vor, alle einfach strukturierten, sowohl originären als auch ererbten Attribute einer Klasse auf genau eine Tabelle abzubilden und für komplexe Attribute eigene Tabellen vorzusehen. Unsere Voruntersuchungen [1] zeigen, dass diese Methode i. allg. den leistungsfähigsten Weg darstellt.

d) Anfragen auf mengenwertigen Datentypen: Diese (und auch die nachfolgend beschriebene) Gruppe von Anfragen erlaubt die Untersuchung der Auswirkungen komplexer Attributtypen auf das Leistungsverhalten bei der Anfrageauswertung. ORDBVS unterstützen wiederum die direkte Abbildung mengenwertiger Datentypen, wohingegen im relationalen Fall weitere, über Primär-/Fremdschlüssel-Konstrukte zu integrierende Tabellen angelegt werden müssen.

e) Anfragen auf Referenztypen: Mit der Betrachtung dieser Gruppe von Anfragen werden ähnliche Ziele verfolgt wie bei der vorgenannten. Hier geht es um die Auswirkungen der verschiedenen Methoden der Abbildung von Referenzen im objekt-relationalen und im rein relationen Fall.

f) Anfragen mit komplexen Prädikaten: Anhand dieser Gruppe von Anfragen soll das Optimierungspotential des (O)RDBVS untersucht werden.

g) Anfragen auf der Klassenhierarchie (auch transitive Instanzen): Anhand dieser Anfragen kann die Effizienz der Abbildung einer Generalisierungshierarchie in die Leistungsuntersuchung miteinbezogen werden.

Die dritte, zu Beginn dieses Abschnitts angeführte Frage befasst sich mit der Thematik, wie sich die Fähigkeiten der DB-Programmierschnittstelle auswirken. Hier geht es uns insbesondere darum, inwieweit neben dem (traditionellen) mengenorientierten Zugriff auf einfach strukturierte Objekte auch komplex strukturierte Objekte zurückgeliefert werden können bzw. inwieweit Navigation adäquat unterstützt werden kann. Insbesondere um solche Fragestellungen empirisch untersuchen zu können, haben wir Messungen auf zwei verschiedenen (kommerziell erfolgreichen) ORDBVS durchgeführt, wobei eines eher die traditionelle SQL-Schnittstelle anbietet, während das andere bereits über eine rudimentäre Unterstützung von komplex strukturierten Objekten verfügt.

Alle Messungen wurden mit einer Benchmark-Datenbank mit 100 Klassen und insgesamt 250000 Instanzen (Konfiguration *Medium*) vorgenommen. Dabei haben wir die DB-Zeit und die Gesamt-Systemzeit festgehalten. Die DB-Zeit einer SQL-Anfrage ist die Zeit zwischen dem Absenden der Anfrage an die Datenbank und dem Erhalt der Ergebnismenge (Cursor öffnen, Iterator durchlaufen). Sie beinhaltet die Client/Server-Kommunikationszeit zwischen dem Datenbankserver und der Abbildungsschicht (POS) und die Zeit zur Evaluation der Anfrage durch das DBS. Die Gesamt-Systemzeit ergibt sich damit zur Summe von DB-Zeit und der Zeit, die zusätzlich von der Abbildungsschicht benötigt wird.

Insgesamt sind wir der Ansicht, dass die zu Beginn dieses Abschnitts angeführten Fragen zu beantworten sind, bevor darüber nachgedacht werden kann, wie ORDBVS-Technologie weiterentwickelt werden sollte, um eine bessere Unterstützung von OOPL zu erreichen. Im nachfolgenden Kapitel berichten wir über die Ergebnisse der von uns durchgeführten Messungen.

4 Ergebnisanalyse

4.1 Leistungscharakteristika der Abbildungsschicht

Um das Leistungsverhalten der Abbildungsschicht zu charakterisieren, haben wir zunächst einfache Anfragen mit verschiedener Selektivität betrachtet. Die zugehörigen Ergebnisse sind in Abb. 3 dargestellt. Wie bereits in Kapitel 2 erwähnt, unterstützen Programmierschnittstellen von (O)RDBVS navigierenden Zugriff nicht direkt, so dass eine navigierende Operation wie *GetObject(**Ref**)* von der Abbildungsschicht zu einer DB-Anfrage "*Select * From ... Where OID = **Ref***" transformiert werden muss. Eine solche Vorgehensweise führt bei intensiver Nutzung von Navigationsoperationen unweigerlich zu hohen Verarbeitungskosten durch das Datenbanksystem sowie ebenfalls sehr hohen Kommunikationskosten (über 70% der gesamten Systemzeit; siehe Abb. 3, links). Betrachten wir den mengenorientierten Zugriff, so ist mit steigender Treffermenge nur ein leichter Anstieg der DB-Kosten zu verzeichnen, während der zusätzliche Aufwand der Abbildungsschicht rasant anwächst. Bei einer Treffmenge von 1250 Objekten kann man sogar feststellen, dass die von der Abbildungsschicht benötigte Zeit knapp 86% der Gesamt-Systemzeit ausmacht (siehe Abb. 3, rechts). Diese Beobachtung kann darauf zurückgeführt werden, dass die von RDBVS an ORDBVS "vererbte", traditionelle DB-Programmierschnittstelle keine komplexen Objekte unterstützen kann, so dass jedes angefragte komplexe Objekt zuerst in skalare Werte zerlegt werden muss, und anschließend in der Abbildungsschicht wieder zusammengesetzt werden muss. Die Kosten dieses Vorgangs steigern sich mit zunehmender Kardinalität der Treffermenge und beeinträchtigen so die gesamte Systemeffizienz sehr stark.

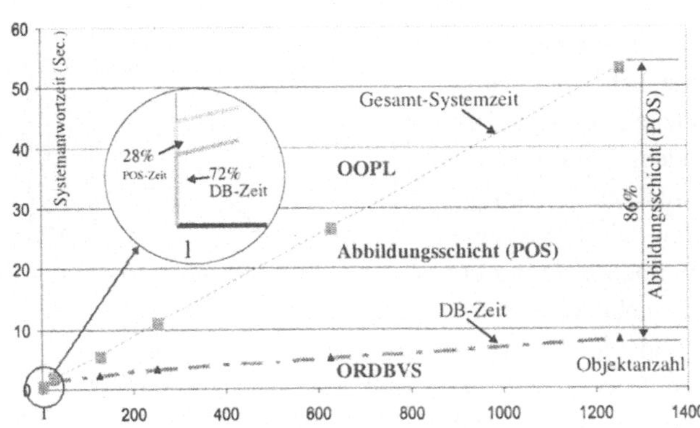

Abb. 3: Messergebnisse I

Aus den angesprochenen Messungen kann man folgende Schlussfolgerung ziehen. Um navigierenden Zugriff besser unterstützen zu können, sollte die (OR)DB-Programmierschnittstelle navigierende Operationen wie *GetObject(OID)* direkt unterstützen, so dass die Transformation einer navigierenden Operation zu einer Select-Anfrage durch die Abbildungsschicht und die Evaluationskosten dieser Select-Anfrage durch das DBS vermieden werden können. Weiterhin sollte die DB-Programmierschnittstelle Möglichkeiten anbieten, komplexe Objekte als Einheiten zu selektieren. Derartige

Verbesserungen lassen nach auf unseren Messergebnissen beruhenden Schätzungen eine Steigerung der gesamten Systemeffizienz um bis zu ca. 400% zu.

4.2 ORDBVS vs. RDBVS

In einer zweiten Messreihe haben wir unter Nutzung eines der führenden, gegenwärtig kommerziell verfügbaren ORDBVS eine rein relationale mit einer objekt-relationalen Abbildung verglichen. Dabei wurde natürlich das Ziel verfolgt, den Nutzen der objektorientierten Erweiterungen des objekt-relationalen Modells näher zu quantifizieren.

Abb. 4 stellt die zugehörigen Messergebnisse in groben Zügen dar. Leider ist es uns aus Platzgründen nicht möglich, unsere Ergebnisse in allen Details anzuführen. Wir konnten bei der Untersuchung beobachten, dass die objekt-relationale Ab-bildung in allen Anfragekategorien ein besseres Leistungsverhalten zeigt (siehe Abb. 4). Bei kleineren Treffermengen ist jedoch nur ein sehr kleiner Vorsprung der objekt-relationalen Abbildung festzustellen. Insbesondere bei Anfragen, die mehrere Klassen einer Klassenhierarchie betreffen und größere Treffermengen haben, ist ein Leistungsgewinn von bis zu 40% zu verzeichnen. Diese Beobachtungen lassen sich wohl darauf zurück-

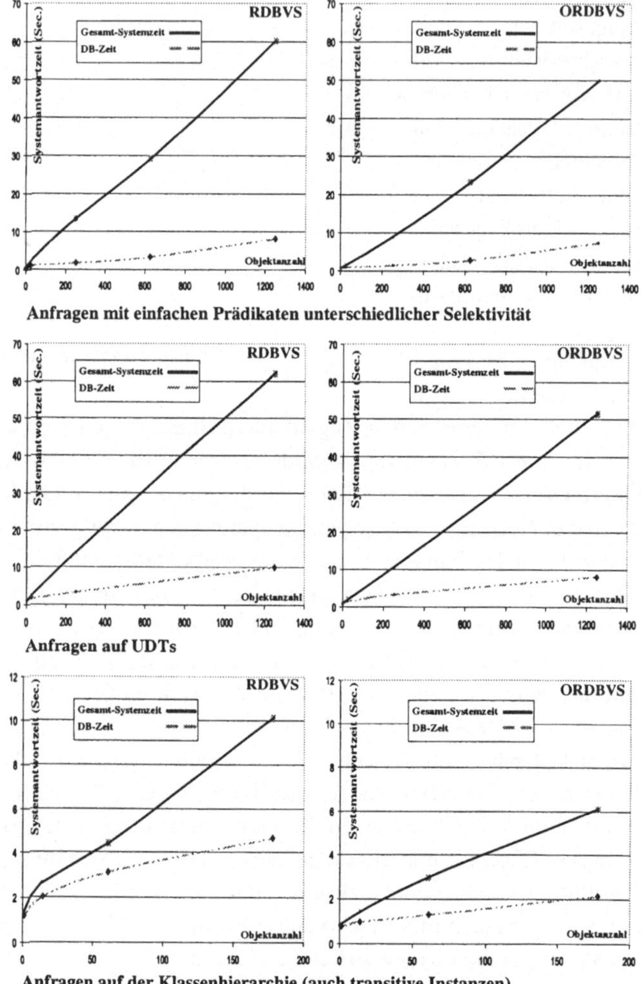

Abb. 4: Messergebnisse II

führen, dass die um objektorientierte Konzepte erweiterten Datenmodellierungs- und Anfragemöglichkeiten von ORDBVS dazu beitragen, die Komplexität der Abbildungsschicht (und den zu deren Entwicklung nötigen Aufwand) und die Client/Server-Kommunikation gering halten.

Im rein relationalen Fall ist es nicht möglich, eine (komplexe) Klasse auf genau eine Tabelle abzubilden. Um mehrwertige Attribute, Aggregationen und (m:n)-Beziehungstypen abzubilden, ist es im Gegensatz zur objekt-relationalen Abbildung notwendig, mehrere, über Primär-/Fremdschlüssel-Beziehungen miteinander verbundene Tabellen vorzusehen. Dies führt dazu, dass zur Selektion der Instanzen *einer* Klasse mehrere Anfragen notwendig sind, was wiederum höhere DB-Zeiten sowie höhere Kommunikationskosten impliziert. Darüber hinaus wirkt sich auch der in der Abbildungsschicht zur Anfragetransformation und zur Rekonstruktion der Objektstrukturen anfallende Aufwand insgesamt leistungsmindernd aus (im Vergleich mit einer semantisch äquivalenten objekt-relationalen Abbildung). Dieser Effekt wird außerdem dadurch verstärkt, dass weitere, in ORDBVS vorhandene Dienste, wie Indexstrukturen, auf die objektorientierten Erweiterungen zugeschnitten sind und so eine insgesamt bessere Abbildung unterstützen.

Da in unseren Messungen Client und Server auf derselben Maschinen liefen, sind die Kommunikationskosten zwischen dem DB-Server und der Abbildungsschicht relativ gering. Es ist zu erwarten, dass bei einer Verteilung von Client und Server eine weitere Vergrößerung der Unterschiede in den Messergebnissen entsteht und so die oben getroffenen Aussagen weiter verstärkt werden. Während in früheren Messungen [5, 23] objekt-relationale Systeme in vielen Kategorien noch schlechter abschnitten als relationale, scheint die objekt-relationale Technologie mittlerweile ausgereifter zu sein, zumindest was das in unseren Messungen betrachtete kommerzielle ORDBVS betrifft.

4.3 Unterstützung komplexer Objekte

Wie bereits an früherer Stelle angesprochen, wirkt sich der Mangel an direkter Unterstützung von komplexen Objekten und navigierendem Zugriff durch die DB-Programmierschnittstelle äußerst negativ hinsichtlich der Unterstützung von OOPL aus. Dies gilt insbesondere für RDBVS, wie aus Abschnitt 4.1 hervorgeht, aber auch für ORDBVS, wie die Diskussion in Abschnitt 4.2 zeigt. Es gibt diesbezüglich jedoch Unterschiede zwischen den verfügbaren ORDBVS. Einer der führenden ORDBVS-Hersteller bietet bereits eine erweiterte Aufrufschnittstelle, die Navigation und darüberhinaus, wie wir weiter unten sehen werden, auch die Selektion von Objektgraphen unterstützt. Navigation wird dadurch ermöglicht, dass ein möglicherweise komplex strukturiertes Objekt automatisch als Instanz einer C-Struktur zu Verfügung gestellt werden kann, was die Abbildung auf OOPL, wie z. B. C++, erheblich vereinfacht. Dies ist zweifellos ein Schritt in die richtige Richtung, obwohl auch dieser Mechanismus noch nicht die gewünschte nahtlose Kopplung (transparente Transformation eines DB-Objektes in eine Instanz einer OOPL-Klasse) unterstützt. Die angesprochene Unterstützung komplexer Objekte an der DB-Programmierschnittstelle ermöglicht es, Objekte über ihre OID anzusprechen und ihre (Attribut-)Werte (ausschließlich strukturelle Information) aus der Datenbank in den Hauptspeicher zu laden. Dadurch wird die bei den in Abschnitt 4.1 beschriebenen Messungen betrachtete aufwendige Vorgehensweise vermieden. Hierbei ist zu betonen, dass bei den in Abschnitt 4.1 beschriebenen Messungen ein ORDBVS genutzt wurde, das nicht über die hier angesprochene, direkte Unterstützung komplexer Objekte verfügt.

Zum Vergleich und zur Untermauerung unserer Forderung nach einer geeigneten Unterstützung komplexer Objekte durch ORDBVS haben wir die in Abschnitt 4.1 beschriebenen Messungen auf dem ORDBVS, das komplexe Objekte in der beschriebenen Art und Weise unterstützt, wiederholt. Abb. 5 illustriert die Messergebnisse. Es kann eindeutig festgestellt werden, dass der durch die Abbildungsschicht entstehende Aufwand nun unabhängig von der Kardinalität der Treffermenge der Anfrage ist. Daraus ergibt sich ein deutlicher Leistungsgewinn durch die Unterstützung komplexer Objekte.

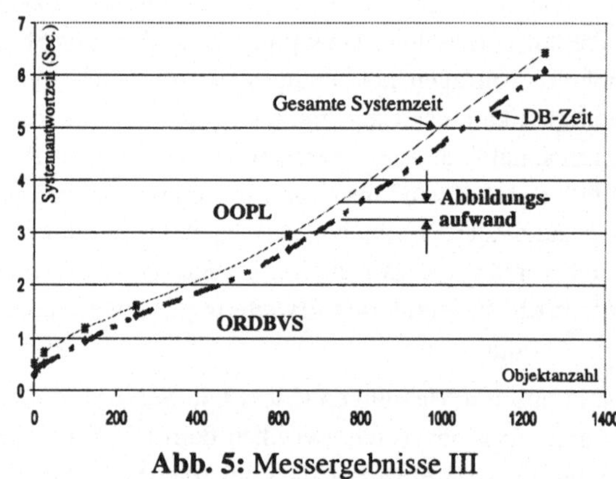

Abb. 5: Messergebnisse III

Die angesprochene Unterstützung von navigierendem Zugriff an der DB-Programmierschnittstelle, d. h., über OID(s) ist ein(e Reihe von) Objekt(en) direkt ansprechbar ("*GetObject*"), vermeidet die durch die Programmierschnittstelle anderer (O)RDBVS erzwungene Vorgehensweise (Anfragetransformation, Datenkonvertierung und Objektrekonstruktion) und trägt so dazu bei, das Leistungsverhalten zu verbessern. Abb. 6a zeigt einen relativen Vergleich zwischen einer Anfragestrategie, die auf der Nutzung von Anweisungen der Form "*Select * From ... Where OID = '...';*" beruht, und der Navigationsstrategie, die Operationen der Form

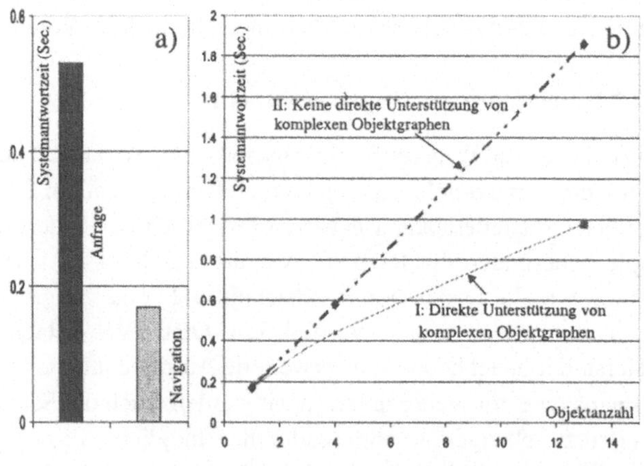

Abb. 6: Messergebnisse IV

"*GetObject(OID)*" nutzt. Der Unterschied ist deutlich zu erkennen. Durch direkte Unterstützung von navigierendem Zugriff steigt die gesamte Systemeffizienz um etwa 200%.

In objektorientierten Anwendungen ist es darüber hinaus oft wünschenswert, dass eine Menge von durch Referenzen verbundenen Objekten (Objektgraph) mit einer einzigen DB-Interaktion als Einheit geladen werden kann. Abb. 6b zeigt die Ergebnisse eines Vergleichs zweier Strategien der Selektion komplexer Objektgraphen. In diesen Messungen wurde auch wieder das bereits oben angesprochene ORDBVS verwendet, das sowohl Navigation als auch komplexe Objektgraphen direkt unterstützt. Es ist deutlich zu erkennen, dass bereits bei einer Größe der Treffermenge von etwa 13 Objekten Strategie I, die die Fähigkeiten der Selektion von Objektgraphen nutzt, ein um 100% besseres Leistungsverhalten aufweist.

Natürlich ist das Design einer neuen DB-Programmierschnittstelle, die komplex strukturierte Objekte unterstützt, nicht einfach und erfordert generische Methoden, denn benutzerdefinierte Datentypen können willkürlich sein und z. B. andere komplexe Datentypen, wie weitere UDTs, Referenzen und mengenwertige Attribute, enthalten. Auch aufgrund der geforderten Multi-Lingualität (alle gängigen OOPLs sollen unterstützt werden) wird es immer schwierig sein, das Beste beider Welten (ORDBVS und OOPL) anzubieten.

5 Zusammenfassung und Ausblick

In diesem Beitrag haben wir die Notwendigkeit der Untersuchung von ORDBVS hinsichtlich ihrer Fähigkeiten der Unterstützung von OOPL motiviert. Dazu haben wir ORDBVS und OOPL zunächst hinsichtlich Modellierungs- und operationalen Aspekten qualitativ betrachtet. Während sich das OR-Datenmodell (SQL:1999) und das objektorientierte Datenmodell wesentlich näher gekommen sind, ist die operationale Distanz zwischen den beiden Welten nach wie vor gravierend, so dass nicht nur eine zusätzliche Abbildungsschicht notwendig ist, sondern auch die gesamte Systemeffizienz dadurch erheblich (negativ) beeinträchtigt werden kann. Zusätzlich haben wir versucht, anhand von quantitativen Untersuchungen das Leistungsverhalten von ORDBVS hinsichtlich der Unterstützung von OOPL zu beurteilen und damit den durch den Paradigmenwechsel in Kauf zu nehmenden Verlust zu beziffern. Mittelbar sollen diese Messungen dazu beitragen, die optimale Nutzung gegenwärtig verfügbarer ORDBVS in der objektorientierten Systementwicklung zu erleichtern und die weitere Entwicklung von ORDBVS so zu beeinflussen, dass die Unterstützung von OOPL weiter verbessert werden kann.

Hinsichtlich der Leistungsuntersuchungen haben wir die Notwendigkeit eines offenen, konfigurierbaren Benchmark-Ansatzes motiviert, denn nicht nur die Performanz des ORDBVS selbst sondern auch der zusätzliche Aufwand, der zur Überbrückung der konzeptionellen und operationalen Distanz zwischen ORDBVS und OOPL nötig ist, müssen in die Untersuchung miteinbezogen und charakterisiert werden. Durch die Messungen wurde deutlich, dass objekt-relationale Datenbanktechnologie mittlerweile nicht nur konzeptionell (Datenmodell, Anfragesprache), sondern auch unter Leistungsgesichtspunkten auf dem Vormarsch ist. Die Fähigkeit, komplexe Objekte direkt im ORDBVS zu modellieren, trägt dazu bei, die Abbildungsschicht im Gegensatz zu RD-BVS „dünn" zu halten. Dies reduziert einerseits den Implementierungsaufwand, andererseits kann ein besseres Leistungsverhalten erreicht werden. Trotz der sich positiv auswirkenden objektorientierten Erweiterungen, die einen eindeutigen Gewinn durch ORDBVS im Vergleich zu RDBVS mit sich bringen, ist das gesamte Potential der OR-Technologie unserer Ansicht nach noch nicht ausgeschöpft, da die DB-Programmierschnittstelle bisher zu wenig in der Lage ist, die objektorientierten Prinzipien nach aussen nutzbar zu machen. Die DB-Programmierschnittstelle der meisten ORDBVS kann nach wie vor navigierende Operationen und komplexe Objektstrukturen nicht direkt unterstützen, so dass Softwaresysteme der neuen Generation nicht in optimaler Weise von der OR-Technologie profitieren können.

Durch unsere Untersuchungen wurde deutlich, dass eine neue DB-Programmierschnittstelle, die navigierende Operationen und komplexe Objektstrukturen direkt unterstützt, dringend notwendig ist. Natürlich ist die Ausstattung von ORDBVS mit einer solchen Schnittstelle nicht trivial. Beispielsweise muss eine solche Schnittstelle multi-lingual sein. Zur Beantwortung der Frage, wie benutzerdefinierte Datentypen am effektivsten auf der OOPL-Ebene repräsentiert werden können, sind noch weitere Forschungsarbeiten nötig. Insgesamt ist die Frage zu beantworten, wie man SQL:1999 nahtlos und effektiv an OOPL wie C++ anbinden kann. Unsere zukünftige Arbeit wird sich hauptsächlich auf die Beantwortung dieser Frage beziehen. Weiterhin planen wir, ORDBVS zur Unterstützung von navigierendem Zugriff verstärkt zu untersuchen, denn im Gegensatz zu OODBVS weisen ORDBVS hier deutliche Leistungsnachteile auf. Auch hierbei besteht das Ziel, nach einer genaueren Charakterisierung Konzepte vorzuschlagen, die zur der Steigerung des Leistungsverhaltens von ORDBVS beitragen können.

Literatur

[1] R.Bernhard, M. Flehmig, A. Mahdoui, N. Ritter, H-P. Steiert, W.P. Zhang: "*Abbildung des Klassensystems auf (O)RDBMS - Konzepte und Bewertung*", Interner Bericht, 1999.

[2] P. A. Bernstein, B. Harry, P.J. Sanders, D. Shutt, J. Zander, "*The Microsoft Repository*", Proc. 23th. VLDB Conf., 1997, pp. 3-12.

[3] D. Bitton, D. DeWitt, and C. Turbyfill: "*Benchmarking database systems: A systematic approach*", Proc. VLDB, 1983.

[4] M. J. Carey, D. J. DeWitt: "*Of Objects and Databases: A Decade of Turmoil*", Proc. 22th. VLDB Conference Mumbai(Bombay), India, 1996.

[5] M. J. Carey, D.J. DeWitt, J.F. Naughton, M. Asgarian, P. Brown, J.E. Gehrke, D.N. Shah: "*The Bucky Object-Relational Benchmark*", Proc. 1996 VLDB Conf., pp. 135-146.

[6] M. J. Carey, D. J. DeWitt, C. Kant, J. F. Naughton: "*A status report on the OO7 OODBMS benchmarking effort*", Proc. ACM OOPSLA, Portland, OR, USA, 1994, pp. 414-426.

[7] R. G. G. Cattell, D. Barry, D. Bartels, et al: "*The Object Database Standard:ODMG 2.0*", Morgan-Kaufman Publishers, San Mateo, 1997.

[8] J. Gray: "*The Benchmark Handbook for Database and Transaction Processing Systems*", Morgen Kaufmann Publishers, San Mateo, CA, USA, 2nd Ed., 1993.

[9] P. Gulutzan, T. Pelzer: "*SQL-99 Complete, Really*", R&D Publications, 1999.

[10] A. Keller, R. Jensen and S. Agrawal: "*Persistence Software: Bridging Object-Oriented Programming and Relational Database*", Proc. 1993 ACM SIGMOND Conf., pp. 523-528.

[11] W. Mahnke, H-P. Steiert: "*Zum Einsatzpotential von ORDBVS in Entwurfsumgebungen*", Proc. CAD 2000, Berlin.

[12] Ontos Business Data Server, *http://www.ontos.com.*

[13] Poet Object Server,POET Software, POET SQL Object Factory, *http://poet.com/.*

[14] B. R. Rao: "*Object-oriented Databases: Technology, Applications, and Products*", McGraw-Hill, New York, 1994.

[15] RogueWave Software, DBTools.h++, *http://www.roguewav3e.com/products/dbtools/.*

[16] H. Schreiber: "*JUSTITIA: A Generic Benchmark for the OODBMS Selection*", Intl. Conference on Data and Knowledge Systems in Manufacturing and Engineering, Tokyio, 1994.

[17] T. Scheller: "*Funktionalität des Klassensystems im System R/3*", Funktionsbeschreibung, Version 0.9, Dez. 1997.

[18] SQL99: ANSI/ISO/IEC 9075-1-1999 Database Launguages SQL Part 1 Framework.

[19] SQL99: ANSI/ISO/IEC 9075-2-1999 Database Languages SQL Part 2 Foundation

[20] M. Stonebraker, P. Brown, D. Moor: "*Object-relational DBMSs - The Next Wave*", Morgan Kaufmann, 2nd Ed., 1998.

[21] TPC: Transaction Processing Performance Council, Standard Specification 1.0, May 1995, *http://www.tpc.org.*

[22] UML, Rational Software Corp. Unified Modeling Language, *http://www.rational.com/.*

[23] W.P. Zhang: "*Evaluation of the First Generation ORDBMSs by Using Bucky Benchmark*" Interner Bericht, 1998.

[24] W.P. Zhang, N. Ritter: "*Measuring the Contribution of (O)RDBMS to Object-Oriented Software Development*", Proc. IDEAS 2000, Yakohama, Japan.

Middleware-Antwortzeitgarantien für e-Services

Achim Kraiß[*], Frank Schön[*], Gerhard Weikum[+], Uwe Deppisch[*]

[*]Dresdner Bank AG
Konzernstab Informationstechnologie
IT Research und Standards
{achim.kraiss, frank.schoen,
uwe.deppisch}@dresdner-bank.com

[+]Universität des Saarlandes
Fachrichtung Informatik
-Datenbanken und
Informationssysteme-
weikum@cs.uni-sb.de

Zusammenfassung

Message-orientierte Middleware (MoM) ist eine zunehmend eingesetzte Basistechnologie, um die Backend-Serversysteme eines Unternehmens in eine Vielzahl moderner e-Services zu integrieren. Bestandteil der Quality-of-Service (QoS) dieser e-Services, z.B. im Online- und mobile Banking, muss die Gewährleistung akzeptabler anwenderklassenspezifischer Antwortzeiten für e-Service-Transaktionen sein. Aus dieser Forderung ergeben sich besondere Anforderungen an die Antwortzeiten von Aufträgen an den integrierten Backend-Serversystemen. Ein Antwortzeitziel könnte beispielsweise sein, dass bestimmte e-Service-Transaktionen eine vorgegebene mittlere Antwortzeit am Backend-Server nicht überschreiten dürfen oder dass 95 Prozent der Transaktionen eine vorgegebene maximale Antwortzeit nicht überschreiten dürfen. In der Praxis bieten MoM-Produkte zur Steuerung anwenderklassenspezifischer Antwortzeiten das Setzen verschiedener Auftragsprioritäten an. Die Frage, wie die Auftragsprioritäten gesetzt werden müssen, um vorgegebene Antwortzeitziele zu erreichen, bleibt jedoch unbeantwortet. In diesem Artikel wird ein Verfahren vorgestellt, um von vorgegebenen Antwortzeitzielen für Aufträge verschiedener Anwenderklassen zu einer automatisch bestimmten Priorisierung der Aufträge am Server zu gelangen. Grundlage des Verfahrens ist die Modellierung des Performance-Verhaltens durch ein stochastisches Warteschlangenmodell. Auf Basis der Resultate dieses Modells wird die Funktionalität eines Tools entwickelt, das das bezüglich der Antwortzeitziele "Machbare" in Architekturen vorhersagt und dynamisch die Prioritäten von Aufträgen in der MoM setzt, um die vorgegebenen Antwortzeitziele während des Betriebs aufrecht zu erhalten.

1. Einführung

1.1 Performance-Garantien für e-Services

Moderne Service-Unternehmen werden in Zukunft ihre Services zusätzlich zu den konventionellen Vertriebswegen auch über Call-Center und insbesondere über eine breite Palette von e-Services via Internet und mobile Endgeräte anbieten (e-Commerce- und m-Commerce-Anwendungen). Für diese Online-Anwendungen müssen die existierenden Backend-Systeme eines Unternehmens integriert werden und damit immer weiteren Anwendungsfeldern und Benutzergruppen geöffnet wer-

den [Sch00, IEEE00]. So müssen zentrale Backend-Systeme wie Kundendatenbanken, Dispositionssysteme, Bestandsführungssysteme und Directory-Services in das ganze Spektrum neuer e-Services integriert werden.
Die um Größenordnungen wachsende Benutzerzahl von e-Services, verbunden mit deren Interaktivität, sowie die heutzutage sehr viel schwächere Bindung zwischen der Kundin und ihrem Dienstanbieter stellen höchste Anforderungen an die Performance (Antwortzeiten) der Architekturen [Sch00, MA98, IEEE00, GWWK00]. Mangelnde Performance, d.h. zu hohe Antwortzeiten, sind insbesondere bei e-Services, wo der Benutzer durch wenige Klicks den e-Service der Konkurrenz in Anspruch nehmen kann, unmittelbar mit finanziellem Verlust verbunden. Die Sicherstellung akzeptabler Antwortzeiten für e-Services ist deshalb essentielles Ziel beim Architekturdesign und dem Systembetrieb bei typischerweise stark wechselnden Lasten.

Ein wesentlicher Aspekt bei der Berücksichtigung von Antwortzeiten ist die Unterscheidung nach Anwenderklassen. Je nachdem, wie wichtig niedrige Antwortzeiten für einzelne Benutzergruppen oder Services sind oder ob sogar bestimmte Service-Level-Agreements über zu garantierende Antwortzeiten Bestandteil des Serviceangebotes sind, müssen anwenderspezifische Antwortzeitziele berücksichtigt werden. Beispielsweise könnte es wichtiger sein, den Kunden kostenpflichtiger Services niedrigere Antwortzeiten zu garantieren als Benutzern von kostenlosen Services. Oder Benutzern mobiler Endgeräte könnten wegen der höheren Verbindungskosten niedrigere Antwortzeiten garantiert werden als PC-Benutzern. Ein wesentliches Ziel beim Design der Architekturen von Online-Anwendungen ist es daher, Antwortzeitziele in Abhängigkeit bestimmter Anwenderklassen vorzugeben und sicherzustellen.

Wesentlichen Einfluss auf die Antwortzeiten in Online-Anwendungen haben die im Anwendungsmittelpunkt stehenden und damit immer stärker belasteten Backend-Systeme, auf die aus den Anwendungen heraus zugegriffen wird. Die Antwortzeiten z.B. von Abfragen zentraler Kundendatenbanken, Transaktionen in Dispositionssystemen und in der Bestandsführung tragen entscheidend zu der Antwortzeit einer e-Service-Transaktion bei. Die Antwortzeitvorhersage und -kontrolle an den Backend-Systemen ist deshalb elementare Voraussetzung für die Antwortzeitvorhersagen in e-Services insgesamt.

1.2 Rolle von Message-orientierter Middleware (MoM)

Typischerweise sind die Backend-Systeme eines Unternehmens über stark heterogene und geographisch verteilte Plattformen verteilt, weshalb Middleware-Technologien eingesetzt werden müssen, um die Backend-Systeme in e-Service Anwendungen zu integrieren. Leistungsfähige Middleware-Technologien werden vielfach als die zukünftig entscheidende Infrastruktur für e-Services zur Automatisierung von Geschäftsprozessen über das Internet angesehen [IDC99].

Message-orientierte Middleware (MoM) ist eine zunehmend eingesetzte Basistechnologie, um heterogene Systeme effizient und unter Wahrung von Transaktionseigenschaften zu integrieren [BN96, LR00, Ran99]. Die MoM bietet dem Anwender eine einfache Schnittstelle zum asynchronen Senden (put) und Empfangen (get) von

Nachrichten (Messages) zwischen den Warteschlangen (Message Queues) der integrierten Systeme und sorgt für den effizienten und ausfalltoleranten Austausch der Nachrichten.

MoM-Systeme wie IBM's MQSERIES [IBM00, Lew99], Microsofts MSMQ [Mic00] und TIBCO's TIB/Rendezvous [Tib00] bieten die Möglichkeit, durch die Zuordnung von Prioritäten zu Nachrichten die Reihenfolge des Auslesens der Nachrichten aus den Message-Queues zu steuern. Die Aufträge für Backend-Systeme können durch diese elementare Middleware-Funktionalität so gesteuert werden, dass anwenderklassenspezifische Antwortzeiten am Server realisiert werden können, ohne dass die Backend-Anwendungsprogramme modifiziert werden müssen. Die MoM-Systeme bieten jedoch keine Unterstützung, um ausgehend von Antwortzeitzielen geeignete Prioritäten bestimmen zu lassen. Die "richtige" Zuordnung von Prioritäten zu den einzelnen Nachrichtenklassen obliegt somit vollständig dem Architekten bzw. der Anwendung, weshalb in der Praxis sehr vorsichtig mit dem Setzen von Nachrichtenprioritäten umgegangen wird, da das Verständnis über resultierende Antwortzeiten fehlt. Beim Setzen der "richtigen" Prioritäten kommt es nicht nur auf die mittleren Antwortzeiten an, sondern auch auf die Varianz und letztlich die gesamte Antwortzeitverteilung. Denn nur eine möglichst genaue Bestimmung der Antwortzeitverteilung gewährleistet, dass man mit möglichst hoher Wahrscheinlichkeit "gute" Antwortzeiten erhält, z.B. in 95 oder 99 Prozent aller e-Service-Transaktionen.

1.3 Beitrag und Gliederung des Artikels

In dieser Arbeit wird ein Ansatz vorgestellt, um von anwenderklassenspezifischen Antwortzeitzielen automatisch zu einer Priorisierung von Aufträgen an der Message-Queue eines Servers zu gelangen. Grundlage dafür ist ein in diesem Beitrag entwickeltes stochastisches Modell, mit dem Momente und Quantile der Antwortzeitverteilung für eine gegebene Prioritätszuordnung vorhergesagt werden können. Basierend auf den Resultaten des Modells wird ein Tool entwickelt, das als Eingabe elementare Lastparameter sowie die gewünschten Antwortzeiten pro Anwenderklasse erhält und daraufhin geeignete Prioritäten für die Aufträge der Anwenderklassen bestimmt. Während in [KW00] der elementare Rahmen unserer Arbeit skizziert wurde, stellen wir in dieser Arbeit das stochastische Modell und bisher auf Basis einer Prototypimplementierung gewonnene experimentelle Ergebnisse im Detail vor.

In Kapitel 2 werden dazu die zugrunde liegende Systemarchitektur und der Lösungsansatz anhand eines Beispielszenarios vorgestellt. In Kapitel 3 wird das zur Lösung der Problemstellung angewendete stochastische Modell vorgestellt. In Kapitel 4 werden Implementierungsaspekte und erste experimentelle Ergebnisse präsentiert. Kapitel 5 enthält abschließend eine Zusammenfassung der bisherigen Resultate und gibt einen Ausblick auf unsere zukünftige Arbeit.

2. Systemarchitektur und Problemstellung

In Abbildung 1 ist eine Beispielarchitektur dargestellt, die die zugrunde liegende Systemarchitektur und ein beispielhaftes Anwendungsszenario zur Präzisierung der behandelten Problemstellung skizziert. Es ist ein Backend-Server dargestellt, der eine Depotdatenbank verwaltet. Auf dem Server befindet sich eine Input-Message-Queue der MoM, an die Aufträge (Requests) beispielsweise zur Abfrage und zum Update von Depotdaten geschickt werden. Aufgabe des Servers ist es, die Aufträge nacheinander abzuarbeiten und die resultierende Antwort über die MoM an den Auftraggeber zurückzusenden. In dem Beispielszenario hat der Server die Aufträge von vier Anwenderklassen zu unterscheiden: Mitarbeiter im Call-Center (z.B. Aufträge zur Veränderung von Aktiendepots), Nutzer kostenpflichtiger e-Services (z.B. Aufträge zur Abfrage und Pflege von Aktiendepots), Nutzer kostenloser e-Services (z.B. Aufträge zur Abfrage von fiktiven Aktiendepots) und Sachbearbeiter in der Verwaltung (z.B. Aufträge zur Abfrage der Aktiendepots für Abrechnungs- und statistische Zwecke).

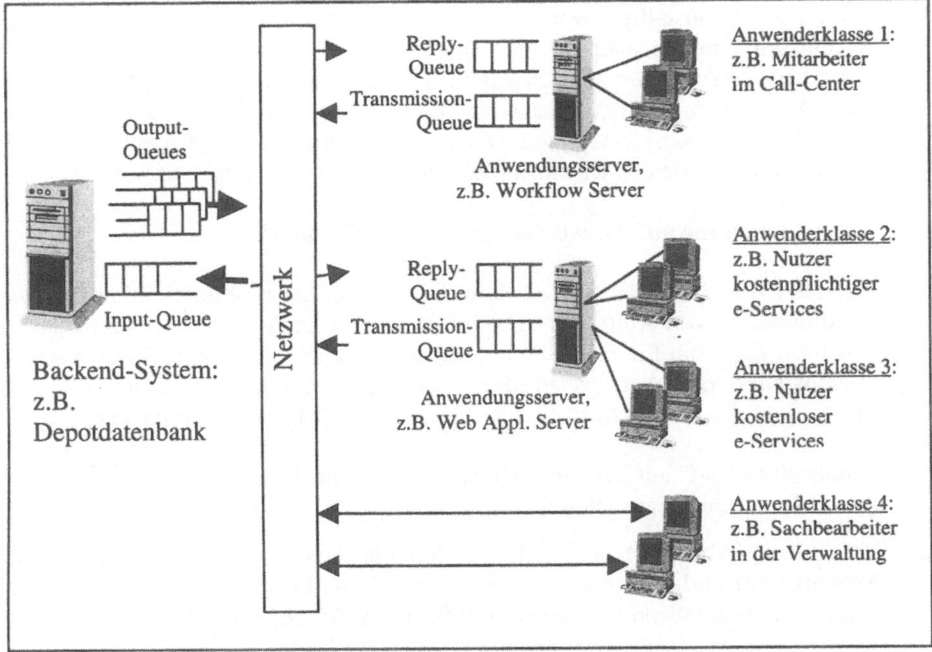

Abbildung 1. Systemarchitektur und Beispielszenario

Die Anwenderklassen 1 bis 3 benutzen Anwendungsserver wie Workflow-Server und Web-Application-Server, auf denen die Geschäftslogik realisiert ist. Werden innerhalb der Geschäftslogik Anfragen an die Depotdatenbank gestellt, so wird dies durch das Senden (put) eines Auftrags in die Input-Queue des Depotdatenbank-Servers realisiert. Die MoM realisiert diesen Aufruf zunächst durch das temporäre Ablegen des

Auftrags in einer lokalen Transmission-Queue, bevor der Auftrag an die Ziel-Queue (die Input-Queue der Depotdatenbank) übertragen wird und nach erfolgreicher Übertragung aus der Transmission-Queue entfernt wird. Das temporäre Ablegen von Nachrichten dient der Realisierung einer ausfallsicheren Übertragung von Nachrichten. Der Auftraggeber kann nach der Ablage der Nachricht in der lokalen Transmission-Queue (asynchron) mit der Abarbeitung des Programmes fortfahren, da die MoM in der Zwischenzeit für die Auslieferung der Nachricht an die Ziel-Queue sorgt. Zum Empfangen der Nachricht mit der Antwort auf den Auftrag (z.B. die angeforderten Depotdaten) besitzen die Anwendungsserver eine Reply-Queue, an die die Backend-Anwendung die Antwort sendet. Zum Senden der Antwort von der Depotdatenbank an den Auftraggeber wird die Antwort zunächst in eine dem Auftraggeber zugewiesene Output-Queue auf dem Backend-Server abgelegt, bevor die Antwort in die Reply-Queue des Auftraggebers übertragen wird und nach erfolgreicher Übertragung aus der Output-Queue entfernt wird. Neben der Übertragung von Nachrichten über Transmission-Queues können (Thin-) Clients typischerweise auch direkt Nachrichten in die Ziel-Queue eines Servers senden und auch direkt Nachrichten aus Queues auf dem Server empfangen. Dies hat den Vorteil, dass auf dem Client weniger MoM-Funktionlität installiert werden muss, da keine lokalen Queues eingerichtet werden müssen. Im Beispielszenario ist dieser Fall für die Anwenderklasse 4 skizziert. Die Anwendungen auf den Client-Rechnern der Anwenderklasse 4 senden ihre Aufträge direkt in die Input-Queue des Backend-Servers. Die Antworten werden in eine für die Anwenderklasse eingerichtete Output-Queue auf dem Backend-Server abgelegt, von wo sie von den Clients mittels eines get-Aufrufs abgeholt werden.

2.1 Einflussnahme auf Antwortzeiten durch Prioritäten

Im Folgenden wird beschrieben, wie durch reine Middleware-Funktionlität Einfluss auf die Antwortzeit von Aufträgen genommen werden kann. Unter Antwortzeit verstehen wir die Zeit vom Eintreffen eines Auftrags in der Input-Queue des Servers bis zum Bereitstellen der Antwort in der Output-Queue. Das Programm auf dem Backend-Server, das die Antwortzeiten bestimmt, führt folgende Schritte aus:

1. Mittels eines "get" auf der Input-Queue wird der nächste auszuführende Auftrag aus der Input-Queue ausgelesen.
2. Der Auftrag (Abfrage oder Update der Depotdatenbank) wird ausgeführt und die Antwort wird in die im Auftrag angegebene Reply-Queue (bzw. Output-Queue) abgelegt. Anschließend wird erneut mit Schritt 1. fortgefahren.

Typischerweise werden die Aufträge in der Reihenfolge ihres Eintreffens aus der Warteschlange ausgelesen (First-Come-First-Served, FCFS). Durch die relativ hohe Belastung des Backend-Servers können für die Aufträge in der Input-Queue hohe Wartezeiten entstehen. In der Praxis ist es wünschenswert, auf diese Wartezeiten zielgerichtet Einfluss zu nehmen, um bestimmten Anwenderklassen niedrigere Antwortzeiten zu ermöglichen als anderen. Die MoM stellt hierzu neben dem Auslesen von Nachrichten in FCFS-Reihenfolge das prioritätsbasierte Auslesen zur Verfügung. Beim prioritätsbasierten Auslesen von Nachrichten aus Message-Queues wird stets der nächste in der Message-Queue vorhandene Auftrag mit höchster Priorität ausgelesen, wobei Aufträge mit gleicher Priorität in FCFS-Reihenfolge ausgelesen werden. Die Aufträge müssen hierbei vor dem Ablegen in der Message-Queue von der Anwendung mit Prioritäten versehen werden.

2.2 Vorgabe von Antwortzeitzielen

Durch das Zuweisen von Prioritäten zu den Aufträgen der Anwenderklassen und das prioritätsbasierte Auslesen der Aufträge aus der Input-Queue des Servers kann Einfluss auf anwenderklassenspezifische Antwortzeiten genommen werden. Die Schwierigkeit besteht nun darin, von gewünschten Antwortzeitzielen zum "richtigen" Setzen der Prioritäten zu gelangen. Für das Beispielszenario in Abbildung 1 könnten beispielsweise folgende Antwortzeitziele vorgegeben werden:

1. Aufträge aus dem Call-Center an das Backend-System (Anwenderklasse 1) sollen mit einer Wahrscheinlichkeit von mindestens *95%* eine Antwortzeit von maximal *200 Millisekunden* erfahren, um dem Kunden unangenehmes Warten in der "Warteschleife" und damit verbundene Telefonkosten weitgehend zu vermeiden.
2. Aufträge der Anwenderklasse 2 sollen mit einer Wahrscheinlichkeit von mindestens *85%* eine Antwortzeit von maximal *300 Millisekunden* erfahren. Diese ebenfalls "harte" Forderung trägt dem Umstand Rechnung, dass die Nutzer für diesen Service zahlen.
3. Aufträge der Anwenderklasse 3 sollen (lediglich) eine mittlere Antwortzeit von *300 Millisekunden* mit einer Standardabweichung von 200 Milisekunden nicht überschreiten.
4. Aufträge der Anwenderklasse 4 sollen (lediglich) eine mittlere Antwortzeit von *500 Millisekunden* nicht überschreiten.

Daraus ergeben sich folgende Fragestellungen:

- Wie können die Aufträge der Anwenderklassen bei bekannten Lasten und Bedienzeiten für die Aufträge am Server so mit Prioritäten versehen werden, dass ein prioritätsbasiertes Bearbeiten der Aufträge am Server zu den gewünschten Antwortzeitzielen führt? Die Antwortzeitziele können dabei in Form von Quantilen vorgegeben werden (wie in Antwortzeitziel 1. und 2.) oder in Form von Antwortzeitmomenten (Vorgabe vom ersten und implizit zweiten Moment in Antwortzeitziel 3., Vorgabe vom ersten Moment in Antwortzeitziel 4.).
- Wenn die Antwortzeitziele nicht erreichbar sind, wie müssten die Lasten bzw. Bedienzeiten gesenkt werden, damit die Ziele erreicht werden können? Die Beantwortung dieser Frage kann den Softwarearchitekten darin unterstützen, frühzeitig über die Verwendung von Server-Clustern, Caches oder sonstigen Mechanismen zur Lastumverteilung nachzudenken.

Ein pragmatischer Ansatz zur Beantwortung der Fragestellungen wäre, den Nachrichten der Anwenderklassen in der Reihenfolge 1 bis 4 zunächst absteigende Prioritäten zuzuordnen und das Backend-System seine Message-Queue prioritätsbasiert auslesen zu lassen. In einer praktischen Evaluierungsphase oder im laufenden Betrieb kann dann festgestellt werden, ob die vorgegebenen Ziele erreicht sind und gegebenenfalls bei der Prioritätenvergabe "nachgebessert" werden, um die Nachbesserung anschliessend erneut zu evaluieren. In der Praxis wird diese sehr zeitaufwendige Trial-and-Error Methode häufig angewendet. Es ist jedoch zu beachten, dass es durch die Möglichkeit, den Aufträgen mehrerer Anwenderklassen dieselbe Priorität zuzuweisen, bereits bei vier Anwenderklassen 75 und bei fünf Anwenderklassen 541 zu unterscheidende Zuordnungen von Prioritäten (Priorisierungen) gibt. Wegen der hohen Anzahl möglicher Priorisierungen und weil diese bei längerfristigeren Lastwechseln immer wieder neu bestimmt werden müssen, ist eine zielgerichtetere Vorgehensweise wünschenswert.

2.3 Lösungsansatz

In diesem Artikel wird ein Ansatz vorgestellt, um das Performance-Verhalten am Backend-Server durch ein stochastisches Warteschlangenmodell zu modellieren und analytische Resultate des Modells anzuwenden, um die folgenden Größen analytisch zu bestimmen:

1. *Erwartungswerte und Varianzen für Antwortzeiten.* Basierend auf einer angenommenen Priorisierung von Aufträgen und gegebener Lastparameter werden die resultierenden ersten beiden Momente für die Antwortzeiten der einzelnen Anwenderklassen vorhergesagt. Aus den ersten beiden Antwortzeitmomenten können direkt die Mittelwerte und die Varianzen der Antwortzeiten ermittelt werden.
2. *Abschätzung von Antwortzeitquantilen.* Während die Bestimmung von Momenten und damit Erwartungswerten und Varianzen ein wünschenswerter erster Schritt in Richtung der Garantie von Antwortzeitzielen ist, so ist eine Abschätzung von Antwortzeitquantilen von noch größerem Vorteil. Bei der Bestimmung von Antwortzeitquantilen kann für jede Anwenderklasse diejenige Antwortzeit bestimmt werden, die mit einer vorgegebenen Wahrscheinlichkeit nicht überschritten wird. Wir wenden weitere Resultate aus der stochastischen Analyse an, um Abschätzungen für Antwortzeitquantile pro Anwenderklasse zu gewinnen.

Die analytische Vorhersage von Antwortzeitmomenten und Antwortzeitquantilen wird in einem Software-Tool verwendet, das

- "offline" beim Design von Architekturen eingesetzt werden kann, um Performance-Engpässe von Architekturen möglichst frühzeitig zu erkennen und
- "online" an die MoM angebunden werden kann, Lastparameter der MoM misst und daraufhin die Prioritäten bei Lastwechseln dynamisch so anpasst, dass die vorgegebenen Antwortzeitziele möglichst aufrecht erhalten werden bzw. um den

Administrator zu informieren, wenn Lasten auftreten, unter denen die Antwortzeitziele nicht mehr garantiert werden können.

Im folgenden Kapitel wird das verwendete stochastische Warteschlangenmodell vorgestellt.

3. Analytisches Modell

Das Verhalten eines Serverprozesses mit prioritätsbasiertem Auslesen von Aufträgen aus seiner Message-Queue kann durch ein M/G/1-Warteschlangenmodell mit Prioritäten und nicht-verdrängendem (non-preemptive) Service modelliert werden (siehe Abbildung 2) [Tak91].

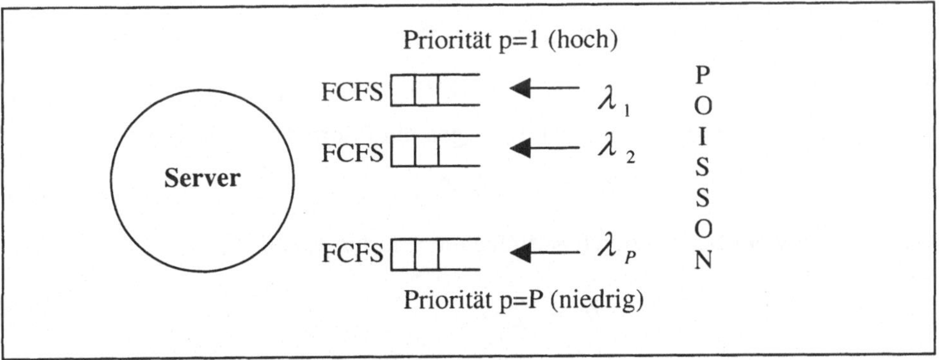

Abbildung 2. M/G/1-Warteschlangenmodell mit Prioritäten

Beim diesem Modell wird davon ausgegangen, dass ein einzelner Server Aufträge mit beliebig verteilten Bedienzeiten nacheinander vollständig abarbeitet, wobei das Eintreffen von Aufträgen am Server durch einen Poisson-Prozess beschrieben wird [Kle75, Nel95, Tak91]. Die Beschreibung des Ankunftsprozesses von Aufträgen an einer Warteschlange durch einen Poisson-Prozess ist für viele praktische Anwendungen gerechtfertigt, bei denen mehrere Quellen unabhängig voneinander Aufträge an den Server schicken. Beim M/G/1-Modell *mit Prioritäten* besitzt der Server für die Aufträge verschiedener Prioritäten $p=1..P$ jeweils eine eigene Warteschlange. Der Server arbeitet die Warteschlangen in der Reihenfolge $1,2,..,P$ ab, d.h. beginnend mit der höchsten Priorität $p=1$ wird die Warteschlange der Priorität p vollständig abgearbeitet, bevor die Warteschlange der Priorität $p+1$ abgearbeitet wird. Aufträge innerhalb derselben Warteschlange werden in First-Come-First-Served (FCFS) Reihenfolge abgearbeitet.

Das M/G/1-Warteschlangenmodell mit Prioritäten eignet sich gut, um das Performanceverhalten von Serverprozessen zu beschreiben, die prioritätsbasiert ihre Message-Queue abarbeiten. Die analytischen Resultate dieses Modells werden von uns angewendet, um basierend auf bestimmten Eingabegrößen die Momente für Warte- und Antwortzeiten in der Queue am Backend-Server zu bestimmen bzw. um Quantile abzuschätzen. In den folgenden Abschnitten wird die Anwendung der analytischen Resultate diskutiert.

3.1 Bestimmung von Wartezeitmomenten

Die Antwortzeit eines Auftrags am Server setzt sich aus seiner Wartezeit in der Warteschlange und seiner Bedienzeit zusammen. Mit W_p bezeichnen wir im folgenden die Zufallsvariable für die Wartezeit eines Auftrags mit Priorität *p* am Server, und mit B_p bezeichnen wir die Zufallsvariable für die Bedienzeit eines Auftrags mit Priorität *p* durch den Server.

Sei λ_p die Ankunftsrate von Aufträgen mit Priorität *p* und sei $E[B_p^i]$ das *i*-te Moment der Bedienzeit für Aufträge mit Priorität *p*, wobei $E[B_p] = E\ [B_p^1]$ der Erwartungswert für die Bedienzeit von Aufträgen mit Priorität *p* ist. Dann ist

$$\rho_p = \lambda_p * E[B_p] \tag{3.1}$$

die Auslastung des Servers durch Aufträge mit Priorität *p*, und

$$\rho_p^+ = \sum_{k=1}^{p} \rho_k \tag{3.2}$$

ist die (akkumulierte) Auslastung des Servers durch Aufträge mit (hohen) Prioritäten *k=1..p*.

Aus der Analyse des M/G/1-Warteschlangenmodells mit Prioritäten und nicht-verdrängendem (non-preemptive) Service ergibt sich für den Erwartungswert $E[W_p]$ der Wartezeit eines Auftrags mit Priorität $p \in [1..P]$ [Tak91, All90]:

$$E[W_p] = \frac{\sum_{i=1}^{P} \lambda_i * E[B_i^2]}{2 * (1 - \rho_{p-1}^+) * (1 - \rho_p^+)} \tag{3.3}$$

Für das zweite Moment der Wartezeit eines Auftrags mit Priorität *p*, $E[W_p^2]$, liefert die Analyse des Warteschlangenmodells ebenfalls eine geschlossene Formel, in die zusätzlich zu den Eingabegrößen für die Bestimmung von $E[W_p]$ das dritte Moment der Bedienzeit, $E[B_p^3]$, einfließt [All90, Tak91]. Bei gegebenen Ankunftsraten für Aufträge mit assoziierten Prioritäten und den ersten drei Momenten der Bedienzeiten können also die ersten zwei Momente der Wartezeiten für Aufträge am Server mittels der analytischen Resultate (3.1) bis (3.3) des Warteschlangenmodells vorhergesagt werden. Da allgemein für die Varianz $Var[W_p]$ einer Zufallsvariablen W_p die Gleichung

$$Var[W_p] = E[W_p^2] - (E[W_p])^2 \tag{3.4}$$

gilt, können aus den ersten beiden Momenten der Wartezeiten auch die Varianzen und Standardabweichungen bestimmt werden.

Im folgenden Abschnitt wird beschrieben, wie die Aussagen zu Wartezeitvorhersagen für die Vorhersage von Antwortzeiten erweitert werden können.

3.2 Bestimmung von Antwortzeitmomenten

Da sich die Antwortzeit eines Auftrags am Server aus der Wartezeit und der Bedienzeit zusammensetzt, ist der Erwartungswert für die Antwortzeit eines Auftrags mit Priorität *p* am Server, $E[R_p]$, gegeben durch die Summe aus dem Erwartungswert für die Wartezeit und dem Erwartungswert für die Bedienzeit [All90, Nel95]:

$$E[R_p] = E[W_p] + E[B_p] \tag{3.5}$$

Wegen der Unabhängigkeit von Warte- und Bedienzeit können auch die Varianzen der Warte- und Bedienzeiten addiert werden, woraus für das zweite Moment der Antwortzeit, $E[R_p^2]$, gilt [All90, Nel95]:

$$E[R_p^2] = E[W_p^2] + E[B_p^2] + 2 * E[W_p] * E[B_p] \tag{3.6}$$

Analog zu der Varianz der Wartezeiten in (3.4) können aus (3.5) und (3.6) auch die Varianzen der Antwortzeiten bestimmt werden.

3.3 Zusammenfassung mehrerer Anwenderklassen

Wir haben bisher gezeigt, wie die ersten beiden Antwortzeitmomente für Aufträge mit verschiedenen Prioritäten bestimmt werden. In der Praxis kann es sinnvoll sein, dass den Aufträgen mehrerer Anwenderklassen dieselbe Priorität zugewiesen wird. Beispielsweise könnte mehreren Klassen dasselbe Antwortzeitziel vorgegeben werden oder es könnte mehr Anwenderklassen als unterschiedliche Prioritäten geben. Das Zusammenfassen der Aufträge mehrerer Anwenderklassen zu einer Auftragsklasse mit derselben Priorität im Warteschlangenmodell basiert auf dem Zusammenfassen (Join) mehrerer Poisson-Prozesse zu einem einzigen Poisson-Prozess.

Seien λ_1, λ_2, .., λ_n die Ankunftsraten und $E[B_1^{(i)}]$, $E[B_2^{(i)}]$, .., $E[B_n^{(i)}]$ die *i*-ten Bedienzeitmomente der *n* Anwenderklassen *1* bis *n*. Dann ergibt sich die Ankunftsrate λ_{ges} der zusammengefassten Anwenderklassen einfach aus der Summe der einzelnen Ankunftsraten [All90]:

$$\lambda_{ges} = \sum_{k=1}^{n} \lambda_k \tag{3.7}$$

und die i-ten Bedienzeitmomente $E[B_{ges}^{(i)}]$ der zusammengefaßten Anwenderklassen ergeben sich aus der anteilig am Ankunftsprozess gewichteten Summe der einzelnen Bedienzeitmomente [All90]:

$$E[B_{ges}^{(i)}] = \sum_{k=1}^{n} \frac{\lambda_k}{\lambda_{ges}} * E[B_k^{(i)}] \tag{3.8}$$

Die auf diese Weise bestimmte Ankunftsrate λ_{ges} und die Bedienzeitmomente $E[B_{ges}^{(i)}]$ können in der Analyse als Auftragsklasse mit einer Priorität behandelt werden.

Die analytischen Resultate, die wir bisher vorgestellt haben, ermöglichen es, bei bekannten Ankunftsraten von Aufträgen verschiedener Anwenderklassen und den ersten drei Bedienzeitmomenten der Aufträge die ersten beiden Antwortzeitmomente für eine Priorisierung vorherzusagen. Die Vorhersage basiert auf der effizienten Auswertung geschlossener Formeln. Diese effiziente Auswertung erlaubt es, bei vorgegebenen Antwortzeitmomenten für die Anwenderklassen jede mögliche Priorisierung von Aufträgen auszuwerten, um diejenige Priorisierung auszuwählen, die die Antwortzeitziele erfüllt.

Im folgenden Kapitel skizzieren wir weitere analytische Resultate, die für die Vorhersage von Antwortzeitquantilen angewendet werden.

3.4 Bestimmung von Antwortzeitquantilen

Zur Bestimmung von Antwortzeitquantilen benötigt man die Information über die Verteilung der Antwortzeiten. Leider ist die Verteilungsfunktion für die Antwortzeit von Aufträgen mit Priorität p nicht bekannt. Aus diesem Grunde müssen Approximationen angewendet werden, um die Antwortzeitquantile zu bestimmen. Eine "gute" Approximation für Quantile bietet die Chernoff-Schranke [Kle75, Nel95]. Die Chernoff-Schranke liefert eine obere Schranke für die Wahrscheinlichkeit dafür, dass eine Zufallsvariable (hier: die Antwortzeit R_p eines Auftrags mit Priorität p) einen vorgegebenen Wert $r_{\max}$ überschreitet. Es gilt [Kle75, Nel95]:

$$P[R_p \geq r_{\max}] \leq \min_{\nu \geq 0} \left\{ e^{-\nu * r_{\max}} * R_p^*(-\nu) \right\} \tag{3.9}$$

für $\nu \geq 0$. Die Chernoff-Schranke ist durch das Produkt $e^{-\nu * r_{\max}} * R_p^*(-\nu)$ gegeben, wobei die Funktion $R_p^*(\nu)$ die Laplace-Stieltjes-Transformation (LST) der Antwortzeitverteilung für Aufträge mit Priorität p ist [Kle75, Nel95]. Die LST enthält die vollständige Information einer Verteilung in transformierter Form und eignet sich durch ihre "angenehmeren" Eigenschaften insbesondere zur Berechnung von Faltungen und zur Bestimmung höherer Momente. So ergibt sich die LST der Antwortzeitverteilung $R_p^*(v)$ aus dem Produkt der LST der Wartezeitverteilung $W_p^*(v)$ und der LST der Bedienzeitverteilung $B_p^*(v)$, d.h. es gilt $R_p^*(v) = W_p^*(v) * B_p^*(v)$.

Die LST $W_p^*(v)$ für die Wartezeitverteilung von Aufträgen mit Priorität p im M/G/1-Warteschlangenmodell mit Prioritäten ist bekannt und in [Tak91] gegeben. Zur Bestimmung von $W_p^*(v)$ muss zusätzlich zu den Ankunftsraten und den ersten drei Bedienzeitmomenten auch die LST $B_p^*(v)$ der Bedienzeitverteilung von Aufträgen der Priorität p bekannt sein. Hierzu nehmen wir eine hyperexponentialverteilte Bedienzeit an, die so parametrisiert wird, dass sie in den ersten drei Momenten mit der realen Bedienzeitverteilung übereinstimmt [Tij94]. Die LST der Hyperexponentialverteilung ist ebenfalls bekannt [All90].

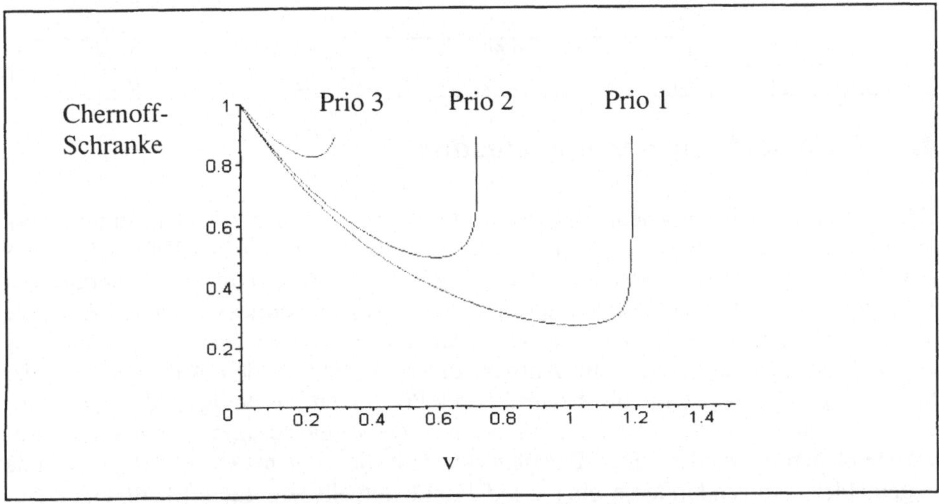

Abbildung 3. Beispielplot zur Chernoff-Schranke

In Abbildung 3 sind zur Illustration die Chernoff-Schranken für drei verschiedene Prioritäten in einer Beispielkonfiguration geplottet. Dazu wurde das analytische Framework im Softwaretool MAPLE [SC00] ausgewertet, die Eingabegrößen mit fiktiven Beispielwerten belegt und die Chernoff-Schranke geplottet. In diesem Beispiel wurden *5* verschiedene Prioritäten mit verschiedenen Ankunftsraten und Bedienzeitmomenten angenommen. Es wurde für jede Priorität eine Hyperexponentialverteilung für die Bedienzeitverteilung verwendet. Tabelle 1 enthält die angenommenen Ankunftsraten und Bedienzeitmomente der fünf Auftragsklassen.

Die "krummen" Werte für die Bedienzeitmomente sind dadurch entstanden, dass die Hyperexponentialverteilung nicht direkt mit den Momenten parametrisiert wurde [All90, Nel95]. Für jede Priorität wurde dieselbe maximale Antwortzeit von $r_{max} = 2s$ gesetzt. Die Kurven zeigen also eine obere Schranke für die Wahrscheinlichkeit dafür, dass Aufträge der Prioritäten *1, 3* und *5* eine Antwortzeit von *2* Sekunden überschreiten. Die Prioritäten 1, 3 und 5 wurden gewählt, um die Unterschiede deutlicher hervorzuheben. Durch Bestimmung des Wertes $v \geq 0$ in Gleichung (3.9), der zum minimalen Wert der Chernoff-Schranke führt, erhalten wir die "schärfste" obere Schranke. Diese obere Schranke liegt im Falle unserer Beispielkonfiguration aus Abbildung 3 für die (höchste) Priorität *1* bei *27,4* Prozent, für Priorität 3 bei *49,8* Prozent und für Priorität *5* bei *82,5* Prozent.

Tabelle 1. Ankunftsraten und Bedienzeitmomente der Auftragsklassen

Priorität der Aufträge	Ankunftsrate [1/s]	Erstes Bedienzeit-moment [s]	Zweites Bedienzeit-moment [s^2]	Drittes Bedienzeit-moment [s^3]
1	0.05	0.65	0.84	1.66
2	0.1	0.62	0.79	1.52
3	0.15	0.60	0.74	1.38
4	0.2	0.60	0.74	1.38
5	0.1	0.71	1.02	2.18

4. Implementierung und Evaluation

Das in Kapitel 3 besprochene analytische Framework wird zur Zeit in einem Tool umgesetzt, das implementiert wird, um die Auftragsprioritäten in IBM's MQSERIES [IBM00] zu steuern. Abbildung 4 zeigt die generelle Architektur zur Steuerung der Prioritäten. Mehrere Clients aus unterschiedlichen Anwenderklassen senden Aufträge an die Input-Queue des Backend-Servers. Der Backend-Server bearbeitet nacheinander die Aufträge und sendet die Antwort(daten) zurück an den Auftraggeber. Der Server PRIOSERVER ist für die Kontrolle der Prioritäten zuständig. Jede Client-Anwendung muss ihre Anwenderklassen beim PRIOSERVER zusammen mit ihren Antwortzeitzielen anmelden. Der PRIOSERVER teilt der Client-Anwendung für jede angemeldete Anwenderklasse eine UserClassId mit, die zur Identifikation der Anwenderklasse beim Backend-Server dient und in den Messages an die Input-Queue enthalten sein muss.

4.1 Bestimmung der Eingabegrößen

Aufgrund der UserClassId ermittelt der MONITOR die Eingabegrößen, die zur Bestimmung der Prioritäten benötigt werden:

- *Ankunftsraten.* Durch Abfrage eines Zeitstempels (putTime), der den Zeitpunkt des Versendens einer Nachricht enthält, ermittelt der MONITOR die mittlere Differenz zweier aufeinander folgender Nachrichten derselben Anwenderklasse.

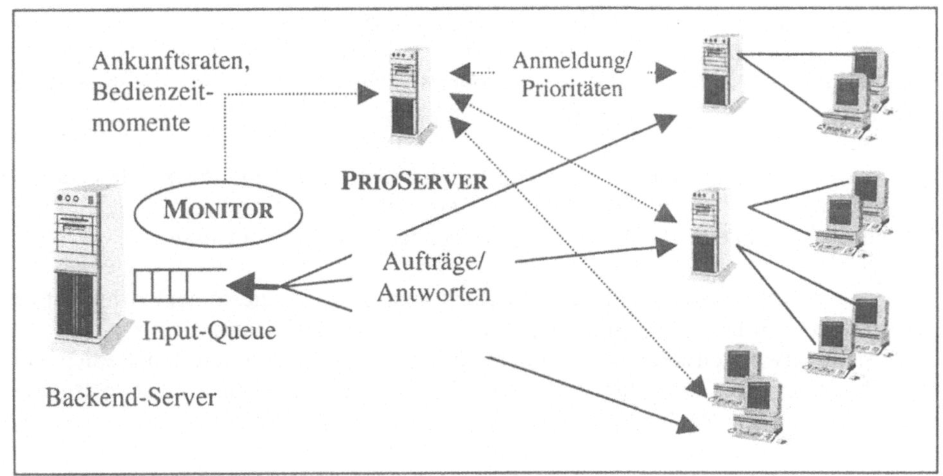

Abbildung 4. Architektur zur Kontrolle der Prioritäten

Durch exponentielles Glätten der Differenzen wird ein gleitender Mittelwert der Zwischenankunftszeit und damit der Ankunftsraten bestimmt und in bestimmten Zeitabständen an den PRIOSERVER gemeldet.

- *Bedienzeitmomente.* Nach jedem Auslesen eines Auftrags (*get*) aus der Input-Queue ermittelt der MONITOR die Zeitdauer bis zur Ausführung des nächsten *get* als Bedienzeit des ausgelesenen Auftrags. Durch exponentielles Glätten wird auch hier für jede Anwenderklasse ein gleitender Mittelwert für die ersten drei Bedienzeitmomente bestimmt und an den PRIOSERVER gemeldet.

4.2 Bestimmung der Prioritäten

Der PRIOSERVER erhält vom MONITOR für jede Anwenderklasse die aktuelle Ankunftsrate der Aufträge und die aktuellen Momente der Bedienzeiten. Bei jedem signifikanten Wechsel dieser Parameter, z.B. durch signifikante Lastwechsel zwischen Tag- und Nachtbetrieb, werden die Prioritäten durch den PRIOSERVER neu bestimmt. Dazu wird für jede mögliche Priorisierung der Aufträge mittels des in Kapitel 3 vorgestellten analytischen Modells vorhergesagt, ob die in den Antwortzeitzielen vorgegebenen Antwortzeitmomente bzw. Antwortzeitquantile unter der aktuellen Last mit der angenommenen Priorisierung erreichbar sind.

Da in der Praxis typischerweise nur eine einstellige bis höchstens (kleine) zweistellige Anzahl Benutzerklassen mit verschiedenen Antwortzeitzielen zu unterscheiden ist, ist der Suchraum über die verschiedenen Priorisierungen genügend klein, um effizient vollständig ausgewertet werden zu können. Hinzu kommt, dass Heuristiken verwendet werden können, um den verbleibenden Suchraum nach Auswertung einer Priorisierung zu reduzieren. Hat man z.B. in einer Priorisierung *Z1* der Benutzerklasse *k* die Priorität *p* zugeordnet und hat die Vorhersage der Antwortzeiten ergeben, dass die Klasse *k* in *Z1* ihre Ziele nicht erreicht, so scheiden auch alle Priorisierungen Z2 aus, bei denen die Klasse *k* ebenfalls Priorität *p* hat, jedoch in Z2 im Vergleich zu Z1 zusätzliche Benutzerklassen mit Priorität *1..p* hinzukommen. Denn durch Hinzunahme von Aufträgen mit höherer und/oder gleicher Priorität kann die Antwortzeit von Klasse *k* nur noch höher werden.

Hat der Algorithmus eine Priorisierung bestimmt, die die Antwortzeitziele erfüllt, so wird diese dann vom PRIOSERVER den entsprechenden Anwendungen mitgeteilt, die die neuen Prioritäten zukünftig ihren ausgehenden Aufträgen zuweisen.

Sollten die Antwortzeitziele nicht erreichbar sein, so kann dies einem Administrator signalisiert werden. Der Administrator kann dann auf Basis des PRIOSERVERs "offline" Antwortzeitvorhersagen mit modifizierten Ankunftsraten und Bedienzeiten berechnen, um ein Gefühl für verkraftbare Höchstlasten, erreichbare Antwortzeitziele und notwendige Architekturanpassungen (z.B. reduzierte Bedienzeiten durch Lastbalancierung zwischen zwei Backend-Servern) zu entwickeln.

4.3 Messergebnisse

In diesem Abschnitt präsentieren wir erste Messergebnisse zur Evaluation des angewendeten analytischen Modells für die praktische Problemstellung. Wir haben hierzu auf einem Windows NT Server einen MQSERIES Queue Manager mit einer (Input-) Queue eingerichtet und ein für Messzwecke entwickeltes Server-Programm ablaufen lassen, das kontinuierlich Aufträge aus der Queue liest und eine Bedienung des Auftrags durch ein *Sleep* simuliert. Die Dauer des *Sleep* wird gemäß einer Exponentialverteilung zufällig gewählt. Ein Client-Rechner sendet in exponentialverteilten Zeitabständen Aufträge verschiedener Prioritäten an die Queue des Servers. Der MONITOR im Server-Programm ermittelt durch Auswertung der durch MQSERIES gesetzten Zeitstempel die Ankunftsraten und Bedienzeitmomente der einzelnen Prioritäten und liefert diese an den PRIOSERVER. Der PRIOSERVER liefert auf Basis des Warteschlangenmodells eine "Vorhersage" der ersten beiden Antwortzeitmomente am Server.

Der MONITOR misst für die Evaluation zusätzlich für jede Priorität die ersten beiden Antwortzeitmomente. Die Antwortzeiten werden auf Basis des *putTime*-Zeitstempels ermittelt. Dieser Zeitstempel wird durch MQSERIES gesetzt und enthält den Zeitpunkt des Ablegens der Nachricht in der Queue des Servers. Die Antwortzeit des Auftrags ist durch die Differenz zwischen dem Zeitpunkt nach Abarbeitung des Auftrags (vor Ausführung des nächsten get-Befehls) und der putTime des Auftrags gegeben.
Durch den Vergleich der Vorhersage der Antwortzeitmomente durch den PRIOSERVER mit den tatsächlich gemessenen Antwortzeitmomenten durch den MONITOR erhalten wir eine Aussage zur Übereinstimmung der Modellvorhersagen mit dem praktischen Verhalten in MQSERIES. Es wurden pro Messung jeweils Aufträge mit fünf Prioritäten an den Server geschickt.

In Abbildung 5 sind die Messergebnisse und die analytischen Vorhersagen für die ersten beiden Momente der Antwortzeit unter sechs verschiedenen Lastkonfigurationen gegenüber gestellt. Tabelle 2 enthält der Vollständigkeit halber die gesetzten Pa-

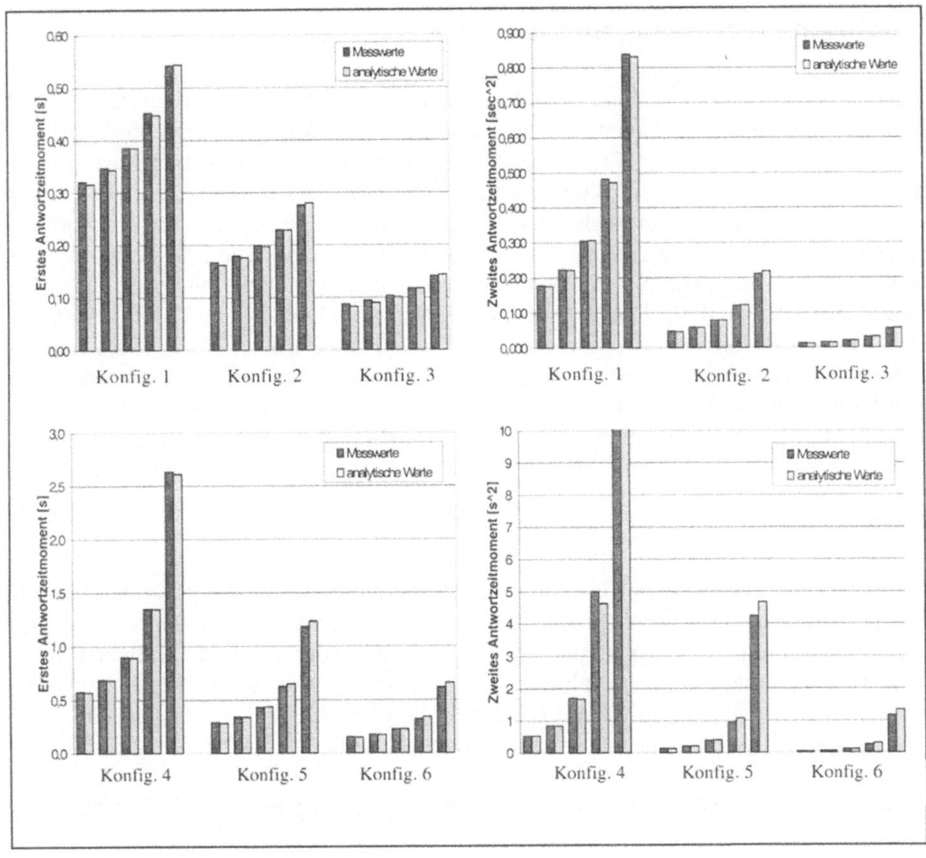

Abbildung 5. Exemplarische Messergebnisse

rameter für die sechs Konfigurationen, wobei in diesem Experiment die Absenderate der Aufträge vom Client an den Server jeweils für alle fünf Prioritäten gleich gewählt wurde. Die mittlere Sleep-Zeit ist der Mittelwert für die exponentialverteilte Zeit, die der Server-Prozess zur simulierten "Bedienung" eines Auftrags benötigt. Aus den gesetzten Parametern ergibt sich eine intendierte Gesamtauslastung des Servers von 50 Prozent für die Konfigurationen 1 bis 3 und 75 Prozent für die Konfigurationen 4 bis 6.

Tabelle 2. Parameter der Konfigurationen

Konfiguration	Absenderate [1/s]	Mittlere Sleep-Zeit [s]
Konfig. 1	0.5	0.2
Konfig. 2	1.0	0.1
Konfig. 3	2.0	0.05
Konfig. 4	0.5	0.3
Konfig. 5	1.0	0.15
Konfig. 6	2.0	0.075

5. Zusammenfassung und Ausblick

In dieser Arbeit wurde ein Ansatz vorgestellt, um ausgehend von Antwortzeitzielen in Form von Antwortzeitmomenten und -quantilen für Aufträge verschiedener Anwenderklassen zu einer geeigneten Priorisierung der Aufträge in einer Server-Message-Queue zu gelangen. Eine derartige Kontrolle von Antwortzeiten an zentralen Backend-Servern eines Unternehmens ist elementare Voraussetzung für Antwortzeitgarantien in e-Services. Kern der Vorhersage ist die Modellierung des Performance-Verhaltens am Server durch ein M/G/1-Warteschlangenmodell mit Prioritäten. Basierend auf den analytischen Resultaten dieses Modells wird in IT Research des Konzernstabs Informationstechnologie der Dresdner Bank AG ein Softwaretool entwickelt, das "offline" verwendet werden kann, um bei bekannten Lastparametern resultierende Antwortzeitmomente und Abschätzungen für Quantile vorherzusagen und um damit das Architekturdesign und die Kapazitätsplanung zu unterstützen. Außerdem kann das Tool "online" eingesetzt werden, um bei signifikanten Lastwechseln automatisch eine geeignete Priorisierung zu bestimmen und diese den Anwendungen mitzuteilen.

Wir haben in ersten Experimenten mit IBMs Middleware MQSERIES [IBM00] gezeigt, dass das verwendete Modell sehr gut geeignet ist, um Antwortzeitmomente vorherzusagen und damit geeignete Prioritäten bei vorgegebenen Antwortzeitmomenten zu bestimmen. Die Evaluation der Anwendbarkeit bei vorgegebenen Antwortzeitquantilen ist unser nächster Schritt. Aktuell arbeiten wir daran, die durch MAPLE [SC00] gewonnenen analytischen Ergebnisse in das Tool zu integrieren.

In Zukunft sollen zusätzlich folgende Erweiterungen vorgenommen bzw. untersucht werden:

- *Garantien für Auftragssequenzen.* Komplexe e-Services bestehen typischerweise aus Auftragssequenzen über unterschiedlichen Backend-Services. So könnte ein Brokerage-Service zuerst die benutzerspezifischen Depotdaten auf einem Datenbankserver abfragen und anschliessend auf einem anderen Server die aktuellen Aktienkurse ermitteln. In diesem Fall interessieren wir uns für die Vorhersage der Antwortzeit der Auftragssequenz insgesamt. Durch die Unabhängigkeit der Serveranwendungen können hierzu einfach die pro Server vorhergesagten ersten Antwortzeitmomente sowie -varianzen addiert werden. Zur Vorhersage von Quantilen können die Laplace-Stieltjes-Transformationen (LSTs) der einzelnen Antwortzeitverteilungen multipliziert werden, um die LSTs der Gesamtantwortzeitverteilung zu erhalten. Die auf diesen analytischen Erweiterungen basierende Behandlung von Auftragssequenzen soll zusätzlich in das Softwaretool integriert werden.

- *Mehrere Serverprozesse an einer Message-Queue.* Bei Multiprozessor-Architekturen ist es sinnvoll, dass mehrere Serverprozesse parallel Aufträge aus einer Message-Queue auslesen und abarbeiten. Hier müssen M/G/n Warteschlangenmodelle mit Prioritäten angewendet werden, um das Verhalten bei Vorhandensein von n Serverprozessen zu modellieren. Es soll untersucht werden, inwieweit geeignete Resultate aus der Analyse dieser Modelle existieren, um auch in diesem Fall von Antwortzeitzielen zu Prioritäten zu gelangen.

- *Abarbeiten von Batches.* In der Praxis haben Serverprozesse häufig mit der Abarbeitung eines Mixes von Aufträgen aus Online- und Batchanwendungen zu tun. In großen Unternehmen wurde bisher traditionell die Nacht zur Abarbeitung grosser Batchaufträge verwendet, um den Online-Betrieb tagsüber nicht zu beeinträchtigen. Bei e-Services in weltweit operierenden Unternehmen, bei denen Benutzer aus aller Welt 24 Stunden am Tag auf Server zugreifen können, gewinnt die gemischte Verarbeitung von Batches und Online-Anwendungen stark an Bedeutung. In dieser Arbeit haben wir nur den Fall modelliert, in dem der Server lediglich Aufträge von Online-Anwendungen abarbeiten muss, deren Ankunft dementsprechend durch einen Poisson-Prozess beschrieben wird. Es existiert jedoch eine Erweiterung des in dieser Arbeit betrachteten Warteschlangenmodells, das M/G/1-Warteschlangenmodell mit Prioritäten und sogenannten *Vacations.* Bei diesem erweiterten Modell geht der Server für eine bestimmte Zeit in "Urlaub" (engl.: vacation), sobald keine (Online-)Aufträge mehr zur Abarbeitung vorliegen. Der Urlaub im Modell kann der Abarbeitung eines Batchauftrages am Server entsprechen. Durch Anwendung der analytischen Resultate dieses Modells ist es möglich, Batchaufträge sozusagen im Hintergrund unter Aufrechterhaltung vorgegebener Antwortzeitziele für die Online-Aufträge und unter Vorhersage der Batchlaufzeit abzuarbeiten.

- *Nutzung weiterer MoM-Funktionalität.* Unsere bisherige Architektur zur Kontrolle der Nachrichtenprioritäten erfordert, dass die Anwendung über die neue Zuordnung von Prioritäten zu Nachrichten informiert wird, damit sie die Prioritäten den ausgehenden Nachrichten zuordnen kann. Eine denkbare alternative Realisierung wäre, Nachrichten beim oder unmittelbar nach Eingehen am Server die (neue) Priorität zuzuordnen bzw. Nachrichten direkt basierend auf ihrer Anwenderklasse (UserClassId) aus der Queue auszulesen. Der Vorteil wäre, dass die neue Priorisierung einer Anwenderklasse lokal am Server vorgenommen werden kann und die Anwendungen keine Kenntnis von geänderten Prioritäten haben müssen. Es soll untersucht werden, inwieweit existierende MoM-Produkte diese Möglichkeit effizient unterstützen.

- *Alternative Schedulingstrategien.* Der in unserer Arbeit verfolgte Ansatz zum Erzielen anwenderklassenspezifischer Antwortzeiten basiert auf dem prioritätsbasierten Auslesen von Nachrichten aus einer Message Queue, da dieses Scheduling von existierenden MoM-Produkten bereits angeboten wird und damit keine eigene Schedulingstrategie realisiert werden muss. Deadline-orientierte Schedulingstrategien wie Earliest-Deadline-First könnten im Prinzip ebenfalls angewendet werden, um anwenderklassenspezifische Antwortzeiten zu erzielen. Derartige Schedulingstrategien berücksichtigen jedoch typischerweise keine stochastischen Antwortzeitziele, sondern versuchen lediglich, möglichst viele Deadlines einzuhalten. Es wäre interessant zu untersuchen, wie deadline-orientierte Schedulingstrategien erweitert werden können, um stochastische Antwortzeitziele zu erreichen und diese Schedulingstrategien unserem Ansatz gegenüberzustellen.

Literatur

[All90] Allen, A.: *Probability, Statistics and Queueing Theory*, Academic Press, San Diego, USA, 1990

[BN96] Bernstein, P.E.; Newcomer, E.: *Principles of Transaction Processing*, Morgan Kaufmann, 1996

[GWWK00] Gillmann, M.; Weissenfels, J.; Weikum, G.; Kraiss, A.: *Performance and Availability Assessment for the Configuration of Distributed Workflow Management Systems*, 7th Conf. on Extending Database Technology (EDBT), Konstanz, Germany, March 2000

[IBM00] IBM (Hrsg.): *IBM MQSERIES Family*, http://www.ibm.com/software/ts/mqseries, 2000

[IDC99] Gantz, J.; Giraldo, A.; Glasheen, C.; Sullivan-Trainor, M.: *Internet Futures Spending Model, 1997-2002: Business Gears Up for E-Commerce*, IDC report, January 1999

[IEEE00] IEEE (Hrsg.): *Bulletin of the IEEE Computer Society Technical Committee on Data Engineering*, Special Issue on Database Technology in E-Commerce, Vol. 23(1), 2000

[Kle75] Kleinrock, L.: *Queueing Systems - Volume 1*: Theory, John Wiley & Sons, New York, USA, 1975

[KW00] Kraiß, A.; Weikum, G.: *Zielorientiertes Performance-Engineering auf Basis von Message-orientierter Middleware*, Workshop zum Performance-Engineering in der Software-Entwicklung, Darmstadt, Mai 2000

[Lew99] Lewis, R.: *Advanced Messaging Applications with MSMQ and MQSERIES*, QUE Professional, 1999

[LR00] Leymann, F.; Roller, D.: *Production Workflow - Concepts and Techniques*, Prentice Hall, New Jersey, USA, 2000

[MA98] Menascé, D.A.; Almeida, V.A.F.: *Capacity Planning for Web Performance*, Prentice Hall, New Jersey, USA, 1998

[Mic00] Microsoft (Hrsg.): *Microsoft Message Queueing*, http://www.microsoft.com/msmq/, September 2000

[Nel95] Nelson, R.: *Probability, Stochastic Processes, and Queueing Theory*, Springer-Verlag, Heidelberg, Germany, 1995

[Ran99] Ranadivé, V.: *The Power of Now*, McGraw-Hill, New York, NY, USA, 1999

[SC00] Scientific Computers (Hrsg.): *MAPLE6*, http://www.scientific.de, September 2000

[Sch00] Scholz, G.: *Digitalbanking - Die 2. E-Commerce Generation*, 5. Internationale Handelsblatt-Jahrestagung - Banken im Umbruch, September 2000

[Tak91] Takagi, H.: *Queueing Analysis - Volume 1: Vacation and Priority Systems (Part 1)*. Elsevier Science Publishers, Amsterdam, The Netherlands, 1991

[Tib00] Tibco Software (Hrsg.): *TIB/Rendezvous*, http://www.tibco.com, September 2000

[Tij94] Tijms, H.C.: *Stochastic Models- An Algorithmic Approach*, John Wiley & Sons, New York, USA, 1994

XMach-1: A Benchmark for XML Data Management

Timo Böhme Erhard Rahm

University of Leipzig, Germany
http://dbs.uni-leipzig.de

Abstract. We propose a scaleable multi-user benchmark called XMach-1 (*X*ML Data *Ma*nagement ben*ch*mark) for evaluating the performance of XML data management systems. It is based on a web application and considers different types of XML data, in particular text documents, schema-less data and structured data. We specify the structure of the benchmark database and the generation of its contents. Furthermore, we define a mix of XML queries and update operations for which system performance is determined. The primary performance metric, Xqps, measures the query throughput of a system under response time constraints. We will use XMach-1 to evaluate both native XML data management systems and XML-enabled relational DBMS.

1 Introduction

The need to efficiently store and manage large amounts of XML data is rapidly increasing due to the growing use of XML as an improved web format, as the native data format for a variety of applications and as a standard interchange format especially in the e-business domain. Two main types of systems are promoted to manage such XML data, namely native XML data stores [GMW99] [GMD99] [SAG00], and relational/object-relational DBMS augmented with an extension to store and manipulate XML data [DFS99] [FK99] [SKWW00] [STHZ99]. Native data stores are tailored to XML requirements and thus promise performance benefits and improved support for specific XML requirements (e.g., complex document structure, fast path navigation, text search). Relational and object-relational systems, on the other hand, typically provide good scalability and a large repertoire of performance-improving techniques, e.g. for query processing, that can be exploited for at least certain usage forms of XML data. Furthermore, they may avoid having separate data management systems for SQL and XML. An overview of currently available or announced XML data management systems can be found in [Bou00].

In this paper we propose a multi-user benchmark called XMach-1 (*X*ML Data *Ma*nagement ben*ch*mark) to realistically evaluate the performance of the different approaches to handle XML data. The benchmark should allow us to identify advantages and shortcomings of available XML data management approaches and to quantify their respective performance impact. Identifying major performance factors for XML storage and query processing also helps devising enhanced mechanisms for XML data management and is thus useful for both research and development.

In the next section we briefly discuss related benchmark work, in particular TPC-W. We then discuss major requirements for an XML data management benchmark. Next, we present the specification of XMach-1 which is based on a web-oriented usage scenario of XML data. We specify the structure and generation of the benchmark database as well as the workload mix consisting of XML queries and update operations. Furthermore, we present the XMach-1 performance metrics.

2 Related Work

So far a comprehensive benchmark for evaluating different approaches for XML data management has not been proposed. In [FK99] a benchmark is used to compare alternative mapping schemes for storing XML data in a relational database. The benchmark is not based on a real world application and uses a single synthetically created XML document. Only single-user response times for various query types and update functions on a small database (80 MB) are determined. One observation was that short response times can be achieved for the considered queries while reconstruction of an XML document takes a very long time. The benchmark does not measure throughput performance which is of key importance for XML data management having to support many users. This can only be captured by a multi-user benchmark.

There are numerous domain-specific database benchmarks, e.g., for OLTP (TPC-C), decision support (TPC-H, TPC-R, APB-1), information retrieval, spatial data management (Sequoia) etc. [Gra93] [SFGM93] [ON97] [OLA98] [TPC00] [Cha00]. Furthermore, specific benchmarks have been proposed for object-oriented (OO1, OO7) and object-relational databases (Bucky) [CDN93] [CDN97] [CS92]. In early 2000, the e-commerce benchmark TPC-W was released by the leading database benchmark committee TPC [TPC00]. TPC-W represents a comprehensive multi-user web benchmark for evaluating sustained peak performance and cost-effectiveness for a complete e-commerce installation. It defines in detail various web interactions (browsing, ordering, ...) resulting in the invocation of several transaction types on a backend database. Peak performance is measured in WIPS (web interactions per second) when at least 90% of the interactions meet a certain response time limit ranging from 3 to 20 s depending on the interaction type. Cost effectiveness is measured in $/WIPS taking into account the cost of the entire system (hardware, software, etc.) over 3 years. TPC-W is currently not tailored to XML but defined for a relational database (relational schema, relational data generator). The database structure and workload mix are largely OLTP-oriented and do thus not cover specific XML features such as support for complex document structures.

3 Requirements

In [Gra93], Gray argues for the use of domain-specific database benchmarks which should be relevant (measuring the performance of typical operations for the respective domain), portable to different platforms, scaleable (applicable to small and large computer systems) and simple. For XML data management this translates into the use of a web-based application domain, storage of XML documents and data, and measurement of throughput and response time performance for a variety of XML operations. To support scalability, different database sizes and load volumes should be supported.

This section analyses the XML-specific requirements w.r.t. data organization and operations in more detail to motivate the design of the XMach-1 benchmark. It seems tempting to require that the benchmark should capture most features of the released or soon-to-be-released XML-based specifications of the World Wide Web Consortium [WWW00][XQR00]. However, this would make it difficult to achieve a "simple" benchmark. Moreover, it would not be possible to run the benchmark with currently available systems which typically lack many features. In the first version of the benchmark we thus concentrate on basic XML features and rather simple operations that are supported by available systems. For instance, we do not require support for XML schema, XML namespaces, CDATA sections, entities and a particular XML query language. We expect that future versions of the benchmark will include additional features.

With respect to data storage the main usage forms of XML should be captured by the benchmark. In particular, text and non-text documents/data should be supported. As shown in Table 1, these document types differ w.r.t content type and preservation of element order. In both cases, the documents may or may not conform to a schema or DTD (document type definition). Schema-less XML data is feasible due to the self-describing character of XML.

Text documents contain natural language text marked up in its structure by XML tags. Obviously the order of elements in these documents is important (e.g. order of chapters, paragraphs). An important difference to other types of XML data is the possibility of mixed content [BPS98] meaning that there may be subelements or links embedded within text (character data), e.g. as commonly found in web pages. To support the hypertext character of XML web documents it is desirable that the benchmark includes link elements.

	schema (DTD)	Content type	order preservation
Text documents	yes / no	mixed content, natural language	yes
Non-text documents	yes / no	element content	yes / no

Table 1: Types of XML data

For data-centric (non-text) applications, we also may have schema-less or schema-based data. Here the schema-based case is referred to as *structured data.* Structured XML data is similar to conventional database data but often more complex in structure; interchange data in XML belongs to this category. In contrast to text documents, element content prevails where element types may either only contain child elements or only character data [BPS98]. While the XML specification requires element order be preserved, many applications do not depend on it. The benchmark should thus specify when order preservation is not required so that this relaxation may be used by the DBMS to improve performance.

The benchmark should define a set of "typical" update operations and queries on these types of XML data to determine overall performance of an XML data management system. In particular, new XML documents should be loaded into the database and existing documents should be deleted or replaced. The query mix should cover hierarchical, sequence (order) -based and set-oriented queries as well as information retrieval tasks such as text search for phrases. Also desirable are XML-specific queries such as search for metadata (children/parents of an element, elements having a specific attribute or name part, ...). There should be different result sizes for queries ranging from single elements to complex element hierarchies. Also desirable are queries requiring the reconstruction of results in a new structure. Furthermore, typical database functionality such as join, sort and aggregation should be captured.

4 Benchmark description

The XMach-1 benchmark is based on a web application in order to model a typical use case of a XML data management system. The system architecture shown in Figure 1 consists of four parts: the XML database, application servers, loaders and browser clients. The database contains a directory structure and XML documents that are assumed to be loaded from various data sources in the internet by loader programs (e.g. robots crawling the web or a registration tool where web-site authors can add documents to the database). Every document has a unique URL which is maintained together with document metadata in the directory structure. The application servers run a web (HTTP) server and other middleware components to support processing of the XML documents and to interact with the backend database.

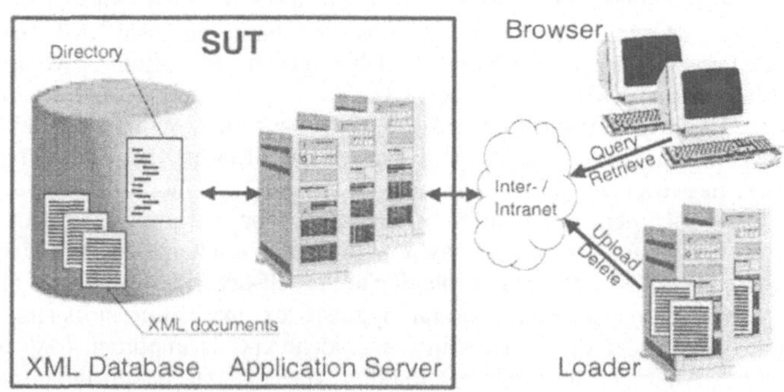

Figure 1: Components of benchmark architecture

Figure 1 shows the System under Test (SUT) for which response time and throughput performance is determined. It includes both database and application servers similar to TPC-W. The XMach-1 benchmark is not meant to evaluate all kinds of XML-related processing but primarily XML data management. We feel that this does not allow restricting measurements to the database server because database processing is increasingly spread across the database backend and application servers in order to allow for improved throughput, scalability, load balancing and caching. For instance, mapping XML data to a relational format may be performed either at the database backend or on the application server.

The number of database and application servers is not predetermined but can be chosen according to the performance goals. Caching of XML data at the application server is allowed but queries must see current data. Analogously to the TPC-W definition of "web page consistency" we require that query results only contain transaction consistent XML data and that an update must be reflected in query results within 30 s after the update is committed.

The query and update workload is generated by virtual (emulated) browsers and loaders. The number of these clients is not predetermined but can be chosen according to the throughput goals. Interaction with the application server is via a HTTP interface. The clients and the connection with the application servers are not part of the SUT so that the corresponding processing times and communication delays are not included in query response times. Response times are measured at the application server and cover the time duration between query arrival and sending the result in XML format to the client. We do thus not measure client-oriented transformations of XML data, e.g. between XML and HTML.

Our benchmark measures throughput performance for a mix of queries and update operations that have to be executed within specific response time limits. Two benchmark variants are distinguished depending on whether the XML documents are schema-less or conform to DTDs or schemas. This allows us to run the benchmark with systems only supporting one of the two cases. If both variants are possible, we can evaluate the performance impact of having schema support.

In the following we first describe the database structure and data generation in more detail. In 4.3 we present the workload model. Finally we discuss the XMach-1 performance metrics.

4.1 Database structure

The XML database contains both structured data and text documents. The directory contains metadata about all text documents. It represents structured data as it is schema-based and holds element content only. Such a structured representation of metadata is found in many XML applications (e.g., product catalogs for e-commerce). The text documents collected from the web are referred to as managed documents. Depending on whether we run the schema-based or schema-less variant of the benchmark they either all conform to a DTD (well-formed and valid documents) or they are assumed to be schema-less (well-formed but not valid documents).

4.1.1 Directory document

The DTD of the directory document is given in Figure 2. It maintains a unique URL for each managed document as well as other metadata such as document id, insert time, update time etc.

We do not restrict the directory to a flat relational structure but use a hierarchical XML representation for URLs. For this purpose, URL components are stored as separate elements (host, path). In Figure 3 the directory structure of two documents with URLs http://www.test-company.com/products/overview.xml and http://support.test-company.com/-help.xml are shown. The sequence of the

```
<!ELEMENT   directory    (host+) >
<!ELEMENT   host         (host+ | path+) >
<!ATTLIST   host
  name      CDATA        #REQUIRED >
<!ELEMENT   path         (path+ | doc_info) >
<!ATTLIST   path
  name      CDATA        #REQUIRED >
<!ELEMENT   doc_info     EMPTY >
<!ATTLIST   doc_info
  doc_id       ID        #REQUIRED
  loader       CDATA     #REQUIRED
  insert_time  NMTOKEN   #REQUIRED
  update_time  NMTOKEN   #IMPLIED >
```

Figure 2: Directory DTD

host address components is reversed to allow for a hierarchical representation of the URLs with little redundancy. The URLs in the example are for illustration purposes only. The benchmark generates URLs with other naming conventions as described in subsection 4.2.1.

Preservation of element order is not required since the order of elements per hierarchy level is immaterial.

```
<directory>
  <host name="com">
    <host name="test-company">
      <host name="www">
        <path name="products">
          <path name="overview.xml">
            <doc_info doc_id="2"
              loader="robot1"
              insert_time="20000110152530"/>
          </path>
        </path>
      </host>
      <host name="support">
        <path name="help.xml">
          <doc_info doc_id="3"
            loader="robot1"
            insert_time="20000612094430"/>
        </path>
      </host>
    </host>
  </host>
</directory>
```

Figure 3: Example directory document

4.1.2 Managed documents

Most of the benchmark data consists of managed documents. These text documents are generated synthetically to support almost arbitrary numbers of documents with well-defined contents. Each document has a unique document id. It is added to the original XML document during insert. This id is also kept in the directory and can be used for join operations.

In the schema-based version of XMach-1 the documents conform to the generic DTD shown in Figure 4. Thus the text documents consist of chapters, sections and paragraphs for which order preservation is required. In order to enable specific queries some of the documents will contain an author tag or link tags to other documents. The link tag should be specified according to the XLink specification [DMT00]. Since this specification is not yet finalized and current XML databases may not support it, we allow to replace the xlink attributes by an attribute with name href. Since paragraphs contain both text and links we have mixed element content.

Having only one DTD for all documents is unlikely to be realistic for larger collections of documents coming from different sources. To simulate multiple DTDs we thus differentiate several variations of the generic DTD of Figure 4 by adding an integer number to all tag names but 'author' and 'link'. For instance, the 17th DTD will have elements named document17, chapter17, author, section17, etc.

In the schema-less variant of XMach-1 we use the same documents than for the schema-based case but no DTDs are kept by the data management system. This allows us to compare the performance for the two variants to quantify the impact of using DTDs.

```
<!ELEMENT  document  (title, chapter+)>
<!ATTLIST  document
   author    CDATA    #IMPLIED
   doc_id    ID       #IMPLIED>
<!ELEMENT  author    (#PCDATA)>
<!ELEMENT  title     (#PCDATA)>
<!ELEMENT  chapter   (author?, head, section+)>
<!ATTLIST  chapter
   id        ID       #REQUIRED>
<!ELEMENT  section   (head, paragraph+, section*)>
<!ATTLIST  section
   id        ID       #REQUIRED>
<!ELEMENT  head      (#PCDATA)>
<!ELEMENT  paragraph (#PCDATA | link)*>
<!ELEMENT  link      EMPTY>
<!ATTLIST  link
   xlink:type (simple) #FIXED "simple"
   xlink:href CDATA    #REQUIRED>
```

Figure 4: DTD for managed documents

4.2 Database population and scaling

The XML database is populated with an initial number of managed documents before the benchmark is executed. To support scaling to different system configurations, four database sizes are possible with an initial document number of 10.000, 100.000, 1.000.000 or 10.000.000. Due to insert operations in the workload mix (see below) the number of documents will increase during benchmark execution.

Database population includes adding generated documents to the database and corresponding entries to the directory document. The generation process uses a random number generator (RNG) for uniformly distributed numbers. In the following we outline how to generate URLs, text, documents and search phrases for XMach-1.

4.2.1 URL generation for new managed documents

Every document added to the database gets a unique URL and a document id. The URLs do not use real world names such as com or edu. Instead they are made up of easy to generate strings following generic rules. This is necessary in order to predict result sets of operations on the directory structure.

A URL consists of three host elements and one to four path elements with the last path element termed document name. Generated URLs have to conform to the following regular expression syntax:

ahost{1-3}. bhost{1-(*N*/100)}.chost{1-5}/[apath{1-3}/[bpath{1-3}/[cpath{1-3}]]]*NAME*

In this expression, curly braces contain ranges of numbers from which one has to be chosen by RNG, square brackets denote optional parts. The number of path elements is determined by RNG. N stands for the initial number of managed documents in the database. The document name is generated from the document and loader ids: NAME=DOC_ID+LOADER_ID+'.xml'.

4.2.2 Data generation for text (#PCDATA)

In order to get realistic performance results the synthetically generated text within the managed documents should have similar properties than natural language text (NLT). Words in NLT are commonly non-uniformly distributed according to Zipf's Law [Zip35]. We use a word list of the 10,000 most common English words and choose words randomly by applying Zipf's Law as described in [GSEB94].

4.2.3 Document generation

The structure of new documents follows the DTDs described in section 4.1.2. We use an algorithm generating document trees of variable (skewed) depth and size. The generation process is controlled by the parameters and their settings listed in Table 2. If a range is specified the actual value has to be chosen by a self similar distribution generator following the 80-20 rule as described in [GSEB94]. The tree generation algorithms first determines the total number of sections and uses probabilities at every node level to create a new child or to go back to the parent node. An additional rule ensures that every paragraph has at least one section element. For an average word length of 6 characters (including the space delimiter) the mean size of a document is about 10 kB corresponding to the typical size of current web documents.

The probability of having an author attribute or element is 0.5. Author names are uniformly chosen from a list

Document generation parameter	Value
number of sections per document	5 – 150
number of paragraphs per section	1 – 15
number of sentences per paragraph	2 – 30
number of words per sentence	3 – 30
probability of having an author attribute/element	0.5
number of words per head or title element	2 – 12
probability of having a phrase within a sentence	0.01
probability of having a link element within a paragraph	0.05
number of documents per DTD	2 – 100

Table 2: Document generation parameters

of 20,000 last names and 8,000 first names. In order to ensure a reasonable number of documents per author we do not generate author names randomly from all possible combinations of first and last names. If N is the total number of managed documents, LN the total number of last names and FN the total number of first names, we choose the last name from range $\left[1\ldots\mathrm{MIN}\left(\mathrm{LN};2\cdot\sqrt{1/10}\cdot\sqrt{\mathrm{N}}\right)\right]$ and first name from $\left[1\ldots\mathrm{MIN}\left(\mathrm{FN};\cdot\sqrt{1/10}\cdot\sqrt{\mathrm{N}}\right)\right]$. This results in about N/5 different author names.

The contents of title and head elements as well as sentences making up the contents of a paragraph element are generated using the method described in section 4.2.2. The first word of a sentence starts with an uppercase character. A dot marks the end of a sentence. With a specified probability a phrase is inserted after the first word of a sentence from a phrase list (see next subsection). Furthermore, a link element is inserted within a paragraph after the first sentence according to the link probability. All links must point to a managed document.

For the schema-based version of XMach-1, each document is assigned to one of the DTD variants according to the specified range for the number of documents per DTD. It is up to the implementation whether a reference to an external DTD definition is provided or the complete DTD is included within the document.

4.2.4 Phrase list generation

The XMach-1 operation mix contains searches for phrases in documents. In order to get comparable results we have to know what phrases we can search for and how many hits we get on average. Therefore a list of search phrases is generated where each phrase is a word triple. The number of phrases is 1/10th of the initial number of documents. With the values defined in the previous subsection we will have about one phrase per document so that a specific phrase is contained in about 10 documents on average. Word triples are chosen from the word list starting with index position 1,000 to prevent having possible stop words in the phrase.

4.3 Operations

The XMach-1 workload mix consists of eight query types and three update types. We define the operations merely verbally since no XML query standard has been released so far. However, all operations can be carried out by most available XML data management systems either by using their respective query language or by an appropriate application program (executed on the application server that is included in the SUT).

4.3.1 Queries

The query types are listed in Table 3. The operations cover a wide range of processing features on both structured data and text documents considering the requirements of Section 3. Settings for query parameters such as URL, author and doc_id are randomly chosen from the values available in the database. To simulate broken links we require that 5% of the URL requests refer to undefined URLs.

To illustrate that the queries can be expressed by current language proposals we show the definitions of Q1 for URL /ahost1.bhost2.chost3/001_loader1.xml and Q4 for doc_id '123' in Quilt syntax [CRF00]:

```
Q1: FOR $a IN /directory
        $b IN /*
    WHERE $a/host[@name="chost3"]/host[@name="bhost2"]/host[@name="ahost1"]/
    (wrapped) path[@name="001_loader1.xml"]/doc_info/@doc_id = $b/@doc_id
    RETURN $b

Q4: FOR $a IN /*[@doc_id="123"]//*[starts-with(name(),"section")]/head
    RETURN $a
```

ID	Description	Comment
Q1	Get document with given URL	Return a complete document (complex hierarchy with ordering preserved)
Q2	Get doc_id and URL from documents containing a given phrase in paragraph elements	Text retrieval query. The phrase is chosen from the phrase list. Join needed to get URL for qualifying documents
Q3	Start with first element which name starts with 'chapter' and recursively follow first element which name starts with 'section'. Return each of the 'section' elements	Simulates navigating a document tree using sequential operators
Q4	Return flat list of head elements which are children of elements whose names start with 'section' from a document given by doc_id	Restructuring operation simulating creation of a table of contents
Q5	Get document name (last path element in directory structure) from all documents which are below a given URL fragment	Browse directory structure. Operation on structured unordered data
Q6	Get doc_id and id of parent element of author element with given content	Find chapters of a given author. This tests efficiency of index implementation
Q7	Get doc_id from documents which are referenced by at least four other documents	Get important documents. Needs some kind of group by and count operation
Q8	Get doc_id from the last 100 updated documents having an author attribute	Needs count, sort, join and existential operations and accesses metadata

Table 3: Query operations

4.3.2 Data manipulation operations

Three types of manipulation operations are executed during the XMach-1 benchmark to insert, delete and update XML documents (Table 4). All operation types change the directory document. They must be carried out within transactions to guarantee database consistency. Documents are generated as described in Section 4.2. For the schema-based variant of the benchmark new DTDs are also added to maintain the same average number of documents per DTD.

ID	Description	Comment
M1	Insert document with given URL	The loader generates a document and URL and sends them to the HTTP server
M2	Delete a document with given doc_id	A robot requests deletion, e.g. because the corresponding original document no longer exists on the web
M3	Update URL and update_time for a given doc_id	Update directory entry

Table 4: Data manipulation operations

4.3.3 Operation mix

In order to get comparable performance results for different SUTs there must be a fixed composition of the workload w.r.t. the introduced operation types. Table 5 defines the shares for the 11 operation types. Q1 (get complete XML document for given URL) is the main operation type which will also be used for determining throughput. Its share should be 30% or less. For the other operation types, the percentages given in Table 5 indicate the minimal shares. They can be higher but would then reduce the Q1 share and thus throughput.

Only 2% of the operations are updates. Since we have three times as many insert (M1) than delete (M2) operations, the total number of documents increases during the benchmark proportionally to the throughput and execution time. This stresses transaction and cache consistency management as well as query processing, e.g., to efficiently process newly added documents.

Operation ID	Percentage
Q1	<= 30
Q2	>= 20
Q3, Q4, Q5, Q6	>= 10 each
Q7, Q8	>= 4 each
M1	>= 0,75
M2	>= 0,25
M3	>= 1

Table 5: Operation mix composition

4.4 Performance metrics and benchmark execution

XMach-1 is a multi-user benchmark so that throughput is our primary performance metric. For the schema-based version of XMach-1 throughput is measured in

Xqps (XML queries per second)

In the schema-less case we measure throughput in $Xqps_{sl}$ (Xqps schema less). In both cases we only consider the number of executed Q1 queries since the fixed workload composition guarantees a corresponding number of executions for the other operation types. Only Xqps values referring to the same database size (initial number of documents) can be compared with each other. The benchmark execution time has to be at least one hour.

The throughput must be obtained while guaranteeing short response times since it is rather easy to increase throughput without response time limits. Analogously to the TPC specifications we require that for all query types (Q1-Q8) and M3 90% of the operations be executed under 3 s. The insert and delete operations M1 and M2 are not time critical so that we set the 90th percentile response time limit to 20 s. As discussed above, the response times include the execution times at the database and application server but not at the client.

To achieve a true multi-user environment with a realistic number of concurrent clients we require that each browser and loader runs at most one operation at a time. Furthermore, after completing an operation there is a think time between 1 and 10 s (chosen by RNG) before the next operation is started. The benchmark results to be reported include the throughput performance, for all operation types their execution frequency and 90% response times, the time to load the database as well as the sizes of the XML database and index structures.

Cost effectiveness in $/Xqps ($ / $Xqps_{sl}$) can be measured by determining the $ cost of the SUT and dividing it by the throughput in Xqps ($Xqps_{sl}$). For a specification of how to determine system cost we refer to the TPC-W specification [TPC00].

5 Summary and outlook

We have presented the design of XMach-1, a scaleable multi-user benchmark for evaluating the performance of XML data management systems. It measures the throughput of a generic XML-based web application consisting of a XML database and middleware components. The database contains both structured data and text documents. Two benchmark variants with separate throughput metrics, Xqps and $Xqps_{sl}$, are distinguished for schema-based and schema-less XML documents. We have specified the structure of the benchmark database and its population. Furthermore, we defined a workload mix consisting of eight query and three update types. The proposal borrows several elements from proven TPC benchmarks.

We believe XMach-1 meets the general benchmark requirements of relevance, portability, scalability and simplicity as well as the XML-specific requirements discussed in section 3. In particular, by focussing on basic XML features it can be run for available systems, both XML-enabled relational DBMS and native XML data management systems, to compare their performance. Also, it will be easy to define XMach-1 in terms of standardized versions of XML schema and XML query once they are available.

We have started to develop a XMach-1 benchmark environment for different XML data management systems and expect to have performance results soon available.

Acknowledgements: We would like to thank Jim Gray, Phil Bernstein, Ralph Busse and the reviewers for helpful comments.

References

[Bou00] R. Bourret: XML Database Products. Nov. 2000. http://www.rpbourret.com/xml/XMLDatabaseProds.htm

[BPS98] T. Bray, J. Paoli, C. M. Sperberg-McQueen: Extensible Markup Language (XML) 1.0. http://www.w3.org/TR/REC-xml, 1998

[CDN93] M. J. Carey, D. J. DeWitt, J. F. Naughton: The OO7 benchmark. In *ACM SIGMOD Conference*, pp. 12-21, Washington, 1993

[CDN97] M. Carey, D. DeWitt, J. Naughton, et al.: The Bucky Object-Relational Benchmark. In *Proc. ACM SIGMOD Conf.*, pp. 135-146, Tucson, AZ, 1997

[CRF00] D. D. Chamberlin, J. Robie, D. Florescu: Quilt: An XML Query Language for Heterogeneous Data Sources. In *Proc. 3rd ACM SIGMOD WebDB workshop*, 2000

[Cha00] A. B. Chaudhri: Benchmarks. 2000. http://www.soi.city.ac.uk/~akmal/html.dir/benchmarks.html

[CS92] R. Catell, J. Skeen: Object operations benchmark. In *ACM Transactions on Database Systems*, 17(1), pp. 1-31, 1992

[DFS99] A. Deutsch, M. Fernandez, D. Suciu: Storing semistructured data with STORED. In *Proc. ACM SIGMOD Conf.*, pp. 431-442, Philadephia, 1999

[DMT00] S. DeRose, E. Maler, D. Orchard, B. Trafford: XML Linking Language (XLink) Version 1.0. http://www.w3.org/TR/xlink/, 2000

[FK99] D. Florescu, D. Kossmann: Storing and Querying XML Data using RDBMS. In *IEEE Data Engin. Bulletin, Special Issue on XML*, 22(3), pp. 27-34, 1999

[GMD99] GMD: GMD-IPSI XQL Engine. http://xml.darmstadt.gmd.de/xql/, 1999

[GMW99] R. Goldman, J. McHugh, J. Widom: From Semistructured Data to XML: Migrating the Lore Data Model and Query Language. In *Proc. 2nd ACM SIGMOD WebDB workshop*, pp. 25-30, Philadelphia, 1999

[Gra93] J. Gray ed.: The Benchmark Handbook. Morgan Kaufmann, San Mateo, CA, 1993. http://www.benchmarkresources.com/handbook/

[GSEB94] J. Gray, P. Sundaresan, S. Englert, K. Baclawski, P. Weinberger: Quickly generating billion-record synthetic databases. In *Proc. ACM SIGMOD Conf.*, 1994

[OLA98] OLAP Council: APB-1 OLAP Benchmark Release II. , 1998. http://www.olapcouncil.org/research/bmarkly.htm

[ON97] P. E. O'Neil: Database Performance Measurement. In *The Computer Science and Engineering Handbook*, CRC Press, 1997: 1078-1092

[SFGM93] M. Stonebraker, J. Frew, K. Gardels, J. Meredith: The Sequoia 2000 Benchmark. *SIGMOD Conference*, pp. 2-11, 1993

[SKWW00] A. Schmidt, M. L. Kersten, M. Windhouwer, F. Waas: Efficient Relational Storage and Retrieval of XML Documents. In *Proc. 3rd ACM SIGMOD WebDB workshop*, pp. 47-52, Dallas, 2000

[SAG00] Software AG: Tamino - The Information Server for Electronic Business. http://www.softwareag.com/tamino/, 2000

[STHZ99] J. Shanmugasundaram, K. Tufte, G. He, C. Zhang, D. DeWitt, J. Naughton: Relational Databases for Querying XML Documents: Limitations and Opportunities. In *Proc. 25th VLDB conf.*, pp. 302-314, Edinburgh, 1999

[TPC00] Transaction Processing Performance Council. http://www.tpc.org, 2000

[WWW00] World Wide Web Consortium (W3C): Extensible Markup Language (XML). http://www.w3.org/XML, 2000.

[XQR00] D. Chamberlin, P. Fankhauser, M. Marchiori, J. Robie: XML Query Requirements. W3C Working Draft, http://www.w3.org/TR/xmlquery-req, 2000

[Zip35] G. K. Zipf: The Psychobiology of Language. Houghton Mifflin, Boston, 1935

On Parallel Join Processing in Object-Relational Database Systems

Holger Märtens*, Erhard Rahm

Universität Leipzig, Institut für Informatik, Postfach 920, D–04009 Leipzig, Germany
{maertens|rahm}@informatik.uni-leipzig.de
http://dbs.uni-leipzig.de

Abstract. So far only few performance studies on parallel object-relational database systems are available. In particular, the relative performance of relational vs. reference-based join processing in a parallel environment has not been investigated sufficiently. We present a performance study based on the *BUCKY* benchmark to compare parallel join processing using reference attributes with relational hash- and merge-join algorithms. In addition, we propose a data allocation scheme especially suited for object hierarchies and set-valued attributes.

1 Introduction

Object-relational database systems (ORDBS) [18] are gaining importance as OR features are covered in the latest SQL standard and more and more vendors include OR capabilities in their DBS products. The latter comprise a number of *parallel database systems* (PDBS) suited for large-scale, enterprise databases. Despite these advances in practical application, only few studies have investigated the performance of parallel query processing in ORDBS. For instance, there are different views to what extent relational data allocation and processing methods can be used and whether reference-based navigation and query processing results in a high communication overhead and disk contention [6, 14].

In this paper, we investigate these trade-offs for parallel join processing by comparing the performance of relational hash and sort-merge joins with object-oriented joins based on *reference-valued attributes.* Broadly speaking, relational joins usually offer efficient, set-oriented access to base relations but tend to read a superset of the required data. In contrast, reference-based *assembly* strategies can minimize tuple access by following only relevant pointers but may yield inefficient I/O (high disk contention) and/or high communication overhead. Note that object references are not limited to representing explicit object relationships (*associations*) but are also useful for implementing detached (often set-valued or just very large) attributes and *is-a* relationships within generalization hierarchies [19, 11]. Aggregating along these references thus corresponds to the processing of *implicit joins.*

* Supported by the Deutsche Forschungsgemeinschaft (http://www.dfg.de) under grant Ra 497/10.

Our study focuses on *shared-disk* PDBS which typically provide a good combination of scalability and load balancing [15]. Here, reference-based joins (assembly methods) do not result in extra messages since each processing node can directly access all disks. On the other hand, irregular data access patterns may lead to high disk contention depending on the data allocation and query characteristics. Relational join processing, in turn, may itself require a high communication overhead for data redistribution. Our performance study is based on simulation and uses database characteristics from the *BUCKY* benchmark featuring large sets of objects in comparatively flat and uniform structures. We consider such characteristics typical of business applications for which the OR approach is of increasing interest, owing primarily to its convenience in modeling compared to the established relational model. This is in contrast to previous studies on reference-based join processing assuming complex object structures, e.g., for CAD processing (as exemplified in the *OO7* benchmark).

The remainder of this short paper is organized as follows: Sect. 2 briefly mentions some related work from the literature. Sect. 3 presents the different join methods applied in our study and proposes a data allocation scheme supporting efficient reference navigation and parallel query processing. Preliminary simulation results are detailed in Sect. 4 before we conclude.

2 Related Work

We are not aware of any previous work on join processing specifically addressing OR systems. There are, however, a number of relevant studies on relational DBS as well as object-oriented and other 'complex-object' data models where the basic problem of object assembly has been discussed extensively.

For OODBS, a comparison of pointer-based vs. value-based join techniques showed that pointer-based variants of sort-merge and hash joins are superior to naive object assembly methods that track individual pointers one-at-a-time, often leading to inefficient I/O [16]. It was suggested to augment the latter by collecting and ordering references before following them, thus optimizing disk access [13]. These findings were confirmed by other authors, who also proposed new solutions specially geared towards (nested) sets of references [1, 20]. All these studies, however, were limited to sequential processing, so we cannot simply extrapolate from their results.

For the parallel case, pointer-based hash, sort-merge, and nested-loop joins were modeled analytically, but not compared directly [3]. Also, new algorithms were presented without comparison to existing solutions [4, 7].

A cost model exists to estimate page I/O during parallel navigation in complex objects, but it is restricted to a single partition of a single object type [8]. A related model using abstract 'processing costs' indicates that assembly techniques may be preferable to explicit joins in parallel environments due to high flexibility and better load balancing [9].

Finally, there is an enormous body of research on joins in relational PDBS that cannot be detailed here for lack of space. However, we will build on the fact that hash join is usually the most efficient technique [10]. An obvious exception occurs if both inputs are already sorted on the join attribute, in which case a merge join (without a separate

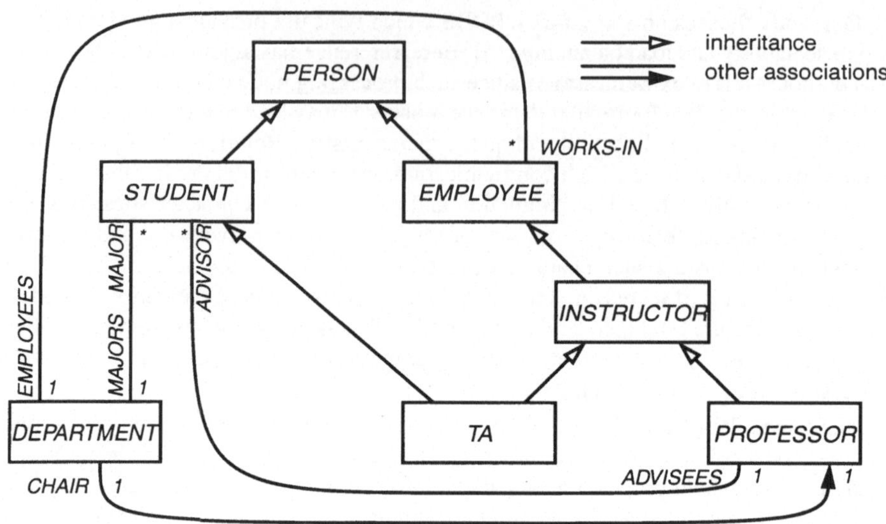

Fig. 1. BUCKY database schema (excerpt)

sorting step) is preferable. This situation has not been considered in any of the complex-object studies cited above.

Note also that most of the work mentioned is concerned with very complex composite-object graphs such as the *OO7* benchmark. This approach differs considerably from the more business-oriented scenarios we have in mind, which may lend themselves more easily to parallel processing. Other aspects not addressed sufficiently in the aforementioned articles include: joins across class hierarchies, disk contention and message overhead in parallel environments, as well as issues of data allocation and load balancing.

3 Data Allocation and Query Processing

This section discusses the allocation and processing approaches used in our simulation study, which is based on the *BUCKY* benchmark proposal [5]. *BUCKY* defines a university scenario including students, professors, courses etc. that has all the characteristics required for our study. In particular, there are class hierarchies expressing *is-a* relationships (e.g., *PERSON-STUDENT*, *PERSON-EMPLOYEE-INSTRUCTOR-PROFESSOR*), set-valued attributes (e.g., *KIDS* of *PERSON*s) and other associations (e.g., *STUDENT*s advised by *PROFESSOR*s and enrolled in *COURSE*s). A subset of the model is shown in Fig. 1.

3.1 Data Allocation

Data allocation in a parallel environment is a very complex issue even in relational DBMSs, and it is compounded by the special properties of the OR model such as non-atomic or reference-typed attributes and class hierarchies. The three most fundamental decisions discussed in the following concern the (de)clustering of object components,

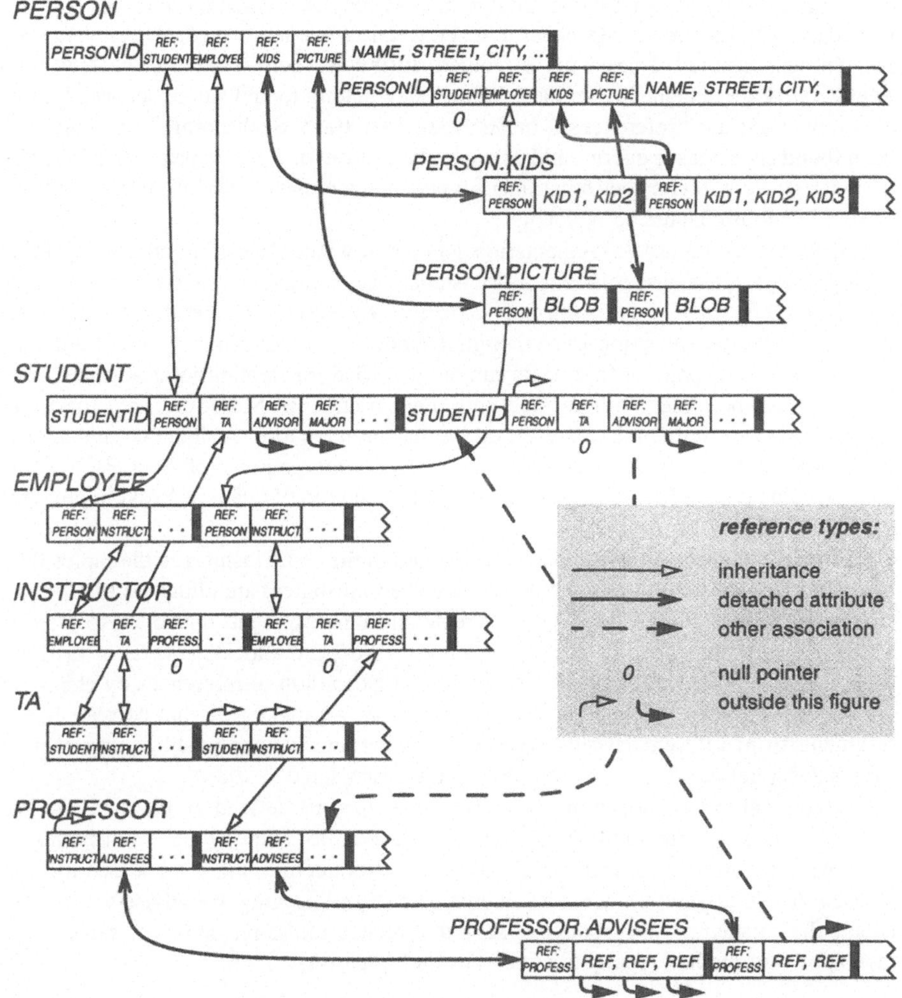

Fig. 2. **Storage model of the *BUCKY* database (excerpt)**

the fragmentation of relations, and the allocation of fragments to disks. While these parameters can be optimized for any given query type, mixed workloads will usually also contain some poorly supported queries, which will be considered in our study.

To implement the *BUCKY* schema for our study, we chose a declustered storage strategy based on references as illustrated in Fig. 2. Class hierarchies are decomposed such that all attributes materialize in the relation where they first occur. For instance, all *PERSON* attributes are stored in the *PERSON* relation but not in *EMPLOYEE*, *STUDENT* etc. Consequently, each object of a derived class is represented by a tuple in the associated relation but also has tuples in all its base relations. (For simplicity, we treat object classes and the relations implementing them as synonymous.) All these tuples are connected using bidirectional references, e.g., between associated *INSTRUCTOR* and *PROFESSOR* entries. Similarly, large or set-valued attributes such as *PERSON.PICTURE* and *PERSON.KIDS* are detached from the relations they belong to and stored separately; this also applies to sets of references as in *PROFESSOR.ADVISEES*. Such storage strategies have been found superior for queries addressing only a subset of a class's properties [19, 12]. In contrast, we will consider other query types that necessitate implicit join operations across the required class components.

Furthermore, we use a fragmentation scheme in which derived relations are stored analogously to their base relations. For instance, assuming that *PERSON* is range-partitioned based on the *PERSONID* attribute, *STUDENT*, *EMPLOYEE* etc. are all fragmented on the same (inherited) attribute, even though it is not materialized in the derived relations themselves. Thus, pairs of fragments can be identified for implicit joins across hierarchies that can be joined without involving other fragments. Moreover, we propose to keep all relations in the hierarchy sorted on the fragmentation attribute to enable efficient, ordered access within fragments especially for merge joins (cf. Sect. 3.2). Alternatively, clustered indices on *PERSONID* might be used for all relations to avoid physical sorting.

Similarly, detached attributes are fragmented in the same fashion as the tuples they belong to. All *datasets* (i.e., relations or detached attributes) are allocated to all disks (full declustering). For each dataset, we create far more fragments than disks to provide a smaller granule for load balancing (cf. next section) and allocate several of them on each device. We alleviate potential skew in the distribution of references by changing the allocation pattern between datasets. In addition, we make sure that corresponding fragments from different datasets never reside on the same device, enabling parallel I/O, for instance, between a *PERSON* fragment and its associated *STUDENT*s.

Orthogonal to the allocation, arbitrary indices may be defined on the datasets. We merely assume a clustered index on *PERSON.PERSONID* for some of our experiments.

Note that, while developed for a shared-disk architecture, the same allocation can be used in shared-everything environments. For shared-nothing, we advise to first distribute the data across the processors such that related tuples reside on the same node, then apply our method locally if a node has multiple disks.

3.2 Query Processing

The basis of processing is a *scan* operator that is parallelized based on the fragmentation of the data. Thus, a *local scan* (executed by a single processor) works exclusively on a single fragment of a dataset. On top of this scan method, we consider the following three join algorithms; the first two are well known from relational DBMSs whereas the third is borrowed from the object-oriented model:

- The *hash join* first scans the inner dataset to build hash tables on all processors, then probes the outer dataset against the hash tables. This may imply full redistribution of one or both inputs unless their fragmentation attributes are identical to the join attribute.
- The *merge join* scans both datasets simultaneously such that associated fragments are scanned by the same processor and joins are executed locally. This algorithm

depends on its input being sorted on the join attribute and cannot be used for unordered datasets. It can join more than two datasets at a time.

- The *deref(erencing) join* scans one dataset and follows its references to the other dataset one-at-a-time. If more than two datasets are involved, this process is nested in a depth-first manner. An explicit scan is performed only on the first dataset; access to other datasets is limited to relevant tuples referenced from the first.

4 Simulation Setup and Results

We investigate the different join methods within the *SIMPAD* simulation system that has been used successfully in previous studies [17]. *SIMPAD* (*Sim*ulation of *Pa*rallel *D*atabases) is based on the *CSIM/C++* simulation library and provides a full hardware environment with processors, disks, and networks (modeled as server-type facilities) as well as lock and buffer management services. We have developed an object-relational extension on top of the existing relational model, adding an OR database schema as well as query generation and processing modules [2].

For our experiments, we use a simulated shared-disk environment of 5 processing nodes and 20 disks. Each node has 2000 pages of main memory. Scaling the original *BUCKY* schema by a factor of 10, the sizes of the relevant datasets are as follows:

PERSON	1000000 tuples	17860 pages
PERSON.KIDS	3000000 tuples	15960 pages
STUDENT	500000 tuples	3420 pages
PROFESSOR	250000 tuples	1900 pages

For each query, a *coordinator* node is selected that controls its execution and collects the final result. All processing is fully parallelized if a sufficient number of fragments is involved. An adjustable number of *jobs* (local scans or joins) can run concurrently on the same processor. Disk contention is minimized by estimating the I/O required per job and disk, then scheduling together those jobs that show minimal overlap. More details on the implementation and its parameters can be found in [2].

We have evaluated the performance of the three join methods for three common cases of implicit, reference-based joins: hierarchies, detached attributes, and arbitrary associations. We expect the following factors to become manifest in the simulation results:

- The merge join will access both datasets simultaneously, whereas the hash join must do so sequentially, which is probably less efficient. The deref join follows an intermediate strategy by interleaving access to both inputs.
- The merge- and hash-join methods read full data fragments from start to end. Using prefetching, this is very efficient and produces little disk contention but may include tuples irrelevant to the query. The deref join will – by definition – access only required tuples, at least on the 'target' side of a reference, but may be inefficient and contention-prone especially for unordered access.

- The hash join requires a certain amount of main memory for its hash tables, whereas its competitors can allocate all storage to their I/O buffers. The deref join may suffer from low hit rates in a small buffer due to its potentially random access pattern, causing multiple I/O on the same data. This is no problem for hash and merge joins reading sequentially.
- The hash join incurs an additional communication overhead when data redistribution is required.

4.1 Hierarchy References

Our first series of experiments targets hierarchy references between the *PERSON* and *STUDENT* relations. Due to our storage model, queries referring to both personal and student-specific information of a student will have to access both relations and use the references between the two tuples in order to assemble the original object.

Since both relations are sorted and partitioned on the same key (*PERSONID*), we can employ the merge-join technique from the relational model, using the references as a join attribute. The hash join can be ruled out as inferior (cf. Sect. 2). As a comparison, we use the object-oriented deref join. Since references exist for both *PERSON* to *STUDENT* and *STUDENT* to *PERSON*, this requires us to define the 'direction' in which to process the query. We make this decision depending on the selection predicate so as to start evaluation with the relation that undergoes the stricter selection. No such decision is necessary for the merge-join operator, which reads both relations (and applies all given selections) simultaneously.

***PERSON* to *STUDENT*.** Consider the query

Find all students with PERSONID in range R.

Fig. 3a shows the comparison of merge join to deref join for this query where the selection range *R* was varied to achieve different selectivities. Since the selection takes place on a *PERSON* attribute, a deref join has to read *PERSON* tuples and follow all non-zero references to *STUDENT* (i.e., for all persons that are students). Using the clustered index on *PERSON.PERSONID*, both algorithms can restrict access to *PERSON* to the absolute minimum. For the deref operator, it follows that only relevant *STUDENT* tuples are accessed as well. The merge join, by contrast, must always process full fragments of *STUDENT* but can exclude those for which the associated *PERSON* fragment is found to be irrelevant.

The graph shows for both algorithms the same basic development of response times in relation to selectivity, owing to their similar access patterns. But the merge join is generally faster due to its efficiency in sequential disks access. Deref join cannot compete here as it must interleave access to both relations and can initiate I/O to the next page only after evaluating a reference. At best, it can be on par with merge join for low selectivity values, where it avoids some unnecessary I/O. Note that optimizing the deref join's order of disk access as discussed in Sect. 2 is useless since references are already sorted.

***STUDENT* to *PERSON*.** We now vary the query to

Find all students with STUDENTID in range R.

Selection now takes place on a *STUDENT* attribute that can no longer be supported by a clustered index (because both relations are fragmented by *PERSONID*, which is unrelated

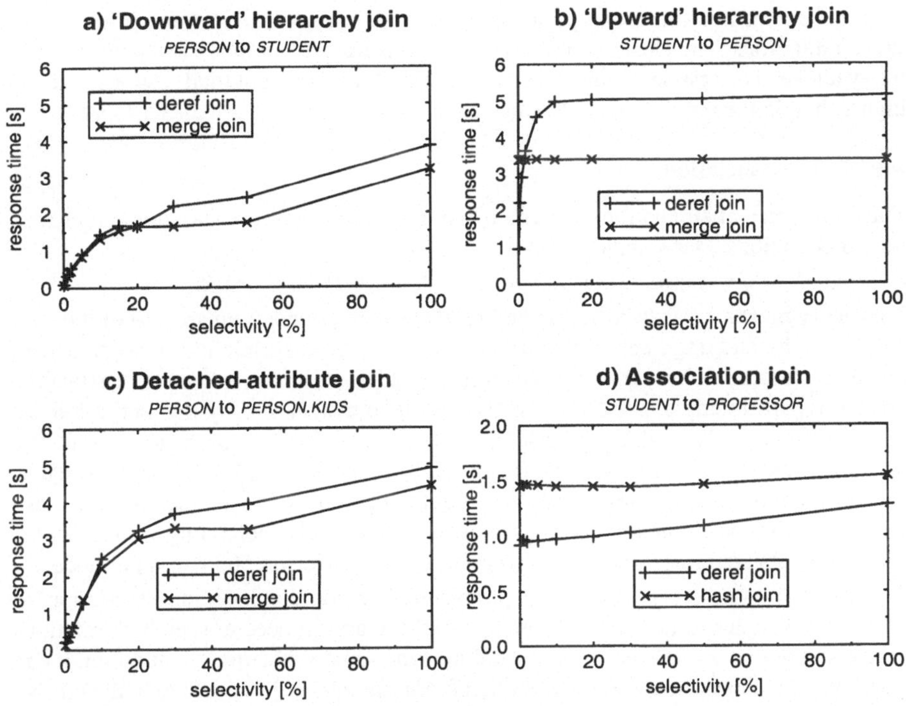

Fig. 3. Simulation results.

to *STUDENTID*). In fact, we assume no index at all although a non-clustered one might be of use for very small selectivity factors. As Fig. 3b shows, execution times are now almost constant for the merge-join operator, which has to perform full scans on both relations in all cases. The deref algorithm, on the other hand, performs a full scan only on *STUDENT* (which is smaller than *PERSON* by a factor of 6) and must access only those pages of *PERSON* that contain relevant tuples. As a consequence, response times – which are otherwise higher than for merge joins as in the previous case – drop sharply for low percentages of selectivity, with the break-even point around 2 %. Below this point, deref join is more efficient than merge join.

4.2 Detached Attributes

Next, we examine the implicit join between a relation and one of its detached attributes, using the query

Find all persons with PERSONID in range R and their children,

which involves relation *PERSON* and its set-valued, detached attribute *KIDS*. Since we assume detached attributes to be ordered and partitioned in the same way as the relations they belong to, we compare only the merge-join and deref-join methods as in Sect. 4.1. Basic circumstances being the same, we expect similar results in the simulations.

Fig. 3c confirms this assumption, showing only one direction of execution due to space limitations. The clustered index on *PERSON* is used as for the *PERSON*-to-*STUDENT* query above. The response time difference is about the same but total response time is higher than in the previous case because the *KIDS* dataset is larger than *STUDENT*.

4.3 Other Associations

The final series of simulations presented here considers reference-based joins on arbitrary associations. Our sample query is

Find all professors advising students with STUDENTID in range R.

This query must access the *STUDENT* and *PROFESSOR* relations. Both are part of the *PERSON* hierarchy and fragmented accordingly, and there is no correlation between person IDs of professors and those of the students they advise. Hence, we cannot assume the order and partitioning of *STUDENT* and *PROFESSOR* to match, making the merge-join algorithm unusable. We will use a hash join instead and compare it to the deref join. The latter will scan the *STUDENT* relation first to perform the selection on *STUDENTID* early, and additionally read the *PROFESSOR* tuples referenced by selected students. The hash join will redistribute both relations based on the join key, also beginning with *STUDENT*. As both inputs are rather small, we have reduced the buffers to 500 pages per node.

Fig. 3d shows the results of our experiments. We find that hash join is inferior for all selectivities due to its message passing overhead and its need to scan both relations in full. (Note that a sort-merge join would face the same problems.) In addition, it can read only one dataset at a time whereas deref join can interleave access to both and also save some I/O on *PROFESSOR*. Disk contention appears to be no problem for the deref join even though its access pattern on *PROFESSOR* is highly irregular. We ascribe this to our allocation scheme that enables effective load balancing on the disks of the system. This aspect, however, must be validated for a wider range of parameters as the unordered access to *PROFESSOR* raises concerns of buffer thrashing that have yet to be studied thoroughly. Note, though, that in contrast to the previous cases, an optimization of disk access is likely to increase the deref join's advantage over relational methods.

5 Conclusions and Future Work

Although our study is still in an early stage, preliminary results are quite interesting. We found that, as in relational PDBS, merge join is the preferred method when both inputs are fragmented and ordered on the join attribute. In this case, the deref join can compete only for low selectivity factors on non-indexed attributes, where it requires less total I/O than the merge operator. When inputs are ordered differently, however, the deref operator beats relational joins by saving some communication overhead while avoiding disk contention owing to our data allocation. Due to its efficacy, we propose our fragmentation and allocation scheme as a basis of future work.

Further research on parallel OR query processing will have to include the following aspects: First, our workload must be extended with additional query types. Second, our allocation needs to be compared to alternative schemes. Finally, scale-up and speed-up as well as multi-user experiments should be performed to validate previous conclusions.

References

1. Braumandl, R., Claußen, J., Kemper, A.: Evaluating Functional Joins Along Nested Reference Sets in Object-Relational and Object-Oriented Databases. Proc. VLDB Conf., New York, 1998.
2. Bessonow, L.: Simulation objektrelationaler Join-Verfahren in parallelen Datenbanksystemen. Diplomarbeit, Universität Leipzig, 2000.
3. Buhr, P.A., Goel, A.K., Nishimura, N., Ragde, P.: Parallel Pointer-Based Join Algorithms in Memory-mapped Environments. Proc. ICDE Conf., New Orleans, 1996.
4. Bassiliades, N., Vlahavas, I.: Hierarchical Query Execution in a Parallel Object-Oriented Database System. Parallel Computing 22(7), 1996.
5. Carey, M.J., DeWitt, D.J., Naughton, J.F., Asgarian, M., Brown, P., Gehrke, J., Shah, D.: The BUCKY Object-Relational Benchmark (Experience Paper). Proc. ACM SIGMOD Conf., Tucson, 1997.
6. DeWitt, D.J.: Combining Object Relational & Parallel: Like Trying to Mix Oil & Water? Presentation on Object-Relational Summit, 1996. Available at: http://www.cs.wisc.edu/~dewitt/.
7. DeWitt, D.J., Naughton, J.F., Shafer, J.C., Venkataraman, S.: Parallelizing OODBMS traversals: a performance evaluation. VLDB Journal 5(1), 1996.
8. Gesmann, M.: A Cost Model for Parallel Navigational Access in Complex-Object DBMSs. Proc. DASFAA Conf., Melbourne, 1997.
9. Gesmann, M., Härder, T.: Supporting Parallel Navigation in Object-Relational DBMSs. Manuscript available at http://wwwdbis.informatik.uni-kl.de/.
10. Graefe, G.: Sort-Merge-Join: An Idea Whose Time Has(h) Passed? Proc. ICDE Conf., Houston, 1999.
11. Härder, T., Rahm, E.: Datenbanksysteme: Konzepte und Techniken der Implementierung. Springer-Verlag, Berlin, 1999.
12. Keßler, U., Dadam, P.: Benutzergesteuerte, flexible Speicherungsstrukturen für komplexe Objekte. Proc. BTW Conf., Braunschweig, 1993.
13. Keller, T., Graefe, G., Maier, D.: Efficient Assembly of Complex Objects. Proc. ACM SIGMOD Conf., Denver, 1991.
14. Olson, M.A., Hong, W.M., Ubell, M., Stonebraker, M.: Query Processing in a Parallel Object-Relational Database System. Data Engineering Bulletin 19(4), 1996.
15. Rahm, E.: Dynamic Load Balancing in Parallel Database Systems. Proc. Euro-Par Conf., Lyon, 1996.
16. Shekita, E.J., Carey, M.J.: A Performance evaluation of Pointer-Based Joins. Proc. ACM SIGMOD Conf., Atlantic City, 1990.
17. Stöhr, T., Märtens, H., Rahm, E.: Multi-Dimensional Database Allocation for Parallel Data Warehouses. Proc. 26th VLDB Conf., Cairo, 2000.
18. Stonebraker, M.: Object-relational DBMSs: the next great wave. Morgan Kaufman Publishers, San Francisco, 1996.
19. Teeuw, W.B., Blanken, H.M., Complex Object Joins in a Distributed Database. Proc. CSN Conf., Amsterdam, 1991.
20. Wang, Q., Maier, D., Shapiro, L.: Revisiting Reference Materialization Techniques for Object Query Processing. Technical report CSE-99-004, Oregon Graduate Institute, 1999.

Sitzung 6:

Erweiterbarkeit und Verteilung

Entwurf von Client/Server- und Replikationssystemen

Alexander Oppel[1] und Klaus Meyer-Wegener[2]

[1] Hybris GmbH, Görlitzer Straße 48, 01199 Dresden
oppel@hybris.de
[2] Institut für Systemarchitektur, Fakultät Informatik,
Technische Universität Dresden
kmw@inf.tu-dresden.de

Zusammenfassung Diese Arbeit soll einen Beitrag zur Lösung des Problems leisten, wie in einer verteilten Datenbank-Anwendung eine geeignete Replikationsstrategie ausgewählt werden kann. Es wird ein Modell aufgestellt, mit dem die Kosten für die verschiedenen Strategien abgeschätzt werden können. Dabei werden auch die Verfügbarkeit und die Kosten, die durch veraltete Daten entstehen können, einbezogen. Das Modell ist vielseitig parametrisierbar. Zur Plausibilitätsprüfung wurde der heute weit verbreitete Fall des Web-Shops modelliert. Tatsächlich sind zwei Strategien, Fernzugriff vom Web-Shop auf die operationalen Daten und Replikation in den Web-Shop, in der Praxis bereits anzutreffen, und es ist offen, welche der beiden im allgemeinen als die bessere anzusehen ist. Das Modell kann helfen, hier zu quantitativen Aussagen zu kommen.

1 Einleitung

Techniken zur synchronen und asynchronen Replikation von Daten bei verteilter Datenhaltung sind seit längerem bekannt, siehe etwa [Rah94, OV91, Dad96]. Offen geblieben ist dabei aber weitestgehend, wie diese Techniken für eine konkrete Anwendung sinnvoll genutzt werden können, wie also ein konkretes Replikationsschema für eine Anwendung entworfen werden kann. Tatsächlich findet sich in vielen Anwendungen die asynchrone Replikation, die wesentlich effizienter ist, dafür aber eine Verminderung der globalen Konsistenz mit sich bringt. Die wenigen Entwurfsverfahren, die es überhaupt gibt, beziehen dies meist nicht mit ein.

In vielen praktischen Fällen steht man konkret vor der Frage, ob ein Fernzugriff auf die Daten eines anderen Knotens zu realisieren ist oder statt dessen die synchrone oder asynchrone Replikation auf den eigenen, lokalen Knoten. Ein oft eher gefühlsmäßig eingesetztes Argument ist dabei die Verfügbarkeit, die im lokalen, replizierten Fall natürlich besser ist. Sie wird aber meist nicht den Kosten der Replikation einerseits und dem Konsistenzverlust andererseits gegenübergestellt.

Ziel dieser Arbeit ist die Entwicklung eines Kostenmodells zur Erfassung möglichst aller Kosten, die durch eine spezifische Allokation hervorgerufen werden. Damit kann dieses Modell als effektives Planungshilfsmittel während des Entwurfs verteilter und replizierter Datenbanksysteme verwendet werden.

Bei der Berechnung der einzelnen Kostenwerte ist die Ermittlung der Antwortzeiten und der Verfügbarkeit von größter Bedeutung, da verteilte und replizierte Systeme gerade diese beiden Datenbankaspekte verbessern sollen.

Für die Verwendung als Planungshilfsmittel, also zur Ermittlung einer optimalen Allokation, ist es nicht nötig, die einzelnen Kostenwerte (z.B. Antwortzeiten) genau zu quantifizieren, sondern es genügt, die Differenz der Kostenwerte beliebiger Allokationen zu ermitteln. Somit muß durch die Kostenfunktion $cost(a)$ die Menge der Allokationen $\mathcal{A}$ genauso bzgl. $\leq$ geordnet werden wie durch die realen Kosten $real(a)$:

$$\forall a_1, a_2 \in \mathcal{A} \quad real(a_1) \leq real(a_2) \rightarrow cost(a_1) \leq cost(a_2) \tag{1}$$

Dazu wird im Abschnitt 2 das dem Berechnungsalgorithmus zugrundeliegende Modell, bestehend aus den Teilmodellen für Systemumgebung, Zugriffsmuster und Allokation, vorgestellt. Mit Hilfe dieses Modells werden im Abschnitt 3 Formeln für die Abschätzung verschiedener Kosten hergeleitet, wobei Antwortzeiten und Verfügbarkeit im Vordergrund stehen. Das darauf folgende Beispiel demonstriert die Leistungsfähigkeit der vorgestellten Algorithmen.

Das Allokationsproblem verteilter Datenbestände ist bereits in vielen Arbeiten untersucht worden. Dabei wurde schon recht früh festgestellt, daß die Komplexität des Problems eine Modellerstellung unter Beachtung aller relevanten Einflußgrößen nahezu unmöglich macht. Deshalb wurde in den ersten Optimierungsmodellen nur die Allokation ganzer Dateien in Form des File-Allocation-Problems (FAP) betrachtet [YSLC83]. Für diesen Ansatz existieren zwar Lösungsvorschriften, er ist aber nicht auf verteilte Datenbanksysteme anwendbar. Die Beschränkung auf ganze Dateien mißachtet die Abhängigkeiten zwischen einzelnen Fragmenten, also verteilte Anfragen, Joins und Maßnahmen zur Integritätsicherung. Des weiteren beziehen sich Zugriffe in Datenbanksystemen meist nicht auf das gesamte Datenobjekt, sondern nur auf einen kleinen Teil. Andere Arbeiten erweiterten diese Modelle zur Behandlung des Data-Allocation-Problems (DAP), in dem die oben genannten Beschränkungen aufgehoben sind [Ape88, BHY91, Sem93, MBS88]. Um eine Lösung zu ermöglichen, müssen allerdings weiterhin Vereinfachungen und Heuristiken eingesetzt werden.

In allen bisher aufgeführten Modellen werden Übertragungskosten berechnet, die einen abstrakten Wert für den zusätzlichen Aufwand verteilter gegenüber zentralisierten Datenbanken verdeutlichen. Zu diesem zusätzlichen Kommunikationsaufwand werden meist die Anzahl der Nachrichten und der zu übertragende Datenumfang gezählt. Einen wesentlich realistischeren Vergleichswert erhält man durch Einbeziehen der durch den Synchronisationsaufwand verursachten Kosten, z.B. der Antwortzeiten von Transaktionen.

Bei der Modellierung der Synchronisation in verteilten Systemen [YDL93, GM81, NI85, MM99, CDY90, HLC96, SM90] besteht das Berechnungsproblem in den Abhängigkeiten der Haltezeiten von Sperren einzelner Zugriffe. Diese Zeiten sind durch das strikte Zwei-Phasen-Sperrprotokoll potentiell von den Haltezeiten aller anderen Sperren an beliebigen Knoten abhängig. Da eine exakte

Berechnung damit nicht möglich ist, werden in allen Arbeiten vereinfachende Annahmen bzgl. Verteilung, Replikation und Zugriffsmustern gemacht. In [Muk89] werden die Auswirkungen dieser Vereinfachungen auf die Leistungsmessung, die Komplexität und die Genauigkeit der Bewertung ermittelt. Ein weiterer Überblick über die unterschiedlichen Ansätze zur Leistungsbewertung von Replikationssystemen wird in [NJ99] gegeben.

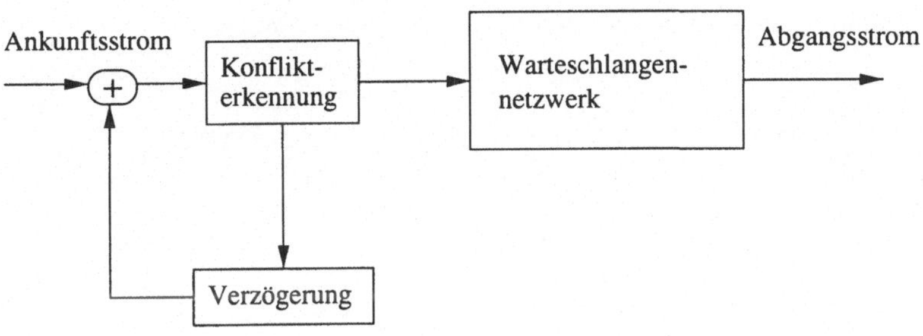

Abbildung 1. Modellierung der Blockierungsverzögerung

Eine effektive Möglichkeit, Blockierungsverzögerungen (Abbildung 1) nachzubilden, wird in [Kan92] und [Muk89] aufgezeigt. Hier werden Sperranforderungen, die mit einer bereits gewährten Sperre im Konflikt stehen, abgewiesen und eine bestimmte Zeit t_{Block} verzögert. Die Größe des Zeitintervalls t_{Block} kann dabei konstant [Kan92] oder eine Zufallsvariable [Muk89] sein.

Ein anderer Ansatz wird in [YDL93] verfolgt. Hier wird die Haltezeit t_H einer Sperre durch einen iterativen Ansatz bestimmt. Dazu werden die einzelnen Bestandteile von t_H genau analysiert. Neben den Verzögerungszeiten durch die Ein- und Ausgabe wird t_H durch die Haltezeiten der blockierenden Sperren bestimmt. Der iterative Berechnungsprozeß startet nun, indem für die Haltezeiten die Ein-/Ausgabeverzögerungen gesetzt werden. In den darauf folgenden Schritten werden die Haltezeiten der blockierenden Sperren mit einbezogen, deren Blockierzeiten wiederum von anderen Sperren abhängig sein können. Der Prozeß wird so lange wiederholt, bis sich die Änderungen von t_H unter einer festgelegten Grenze befinden.

Die Entwicklung und der Einsatz verteilter und replizierter Datenbanken begründet sich vor allem durch die Erhöhung der Verfügbarkeit und die Verringerung der Transaktionsantwortzeiten. Im Gegensatz zu den existierenden Bewertungs- und Entwurfsverfahren werden in dieser Arbeit außer diesen Aspekten auch noch eventuelle Konsistenzverluste im Modell bzw. in der Kostenformel berücksichtigt. Durch die Verwendung eines möglichst allgemeinen Modells für die Abbildung der Zugriffsmuster können die Kosten der Verwendung verschiedener synchroner und asynchroner Synchronisationsmaßnahmen berücksichtigt werden.

2 Modellbeschreibung

2.1 Systemumgebung

Die Systemumgebung beinhaltet die Eigenschaften der Hard- und Software, die zur Verarbeitung der Aufgaben in dem zu modellierenden verteilten Datenbanksystem notwendig sind. Dabei wird eine Aufteilung in Knoten zur Speicherung und Verarbeitung der Daten und in Verbindungen zur Datenübertragung zwischen diesen Knoten vorgenommen.

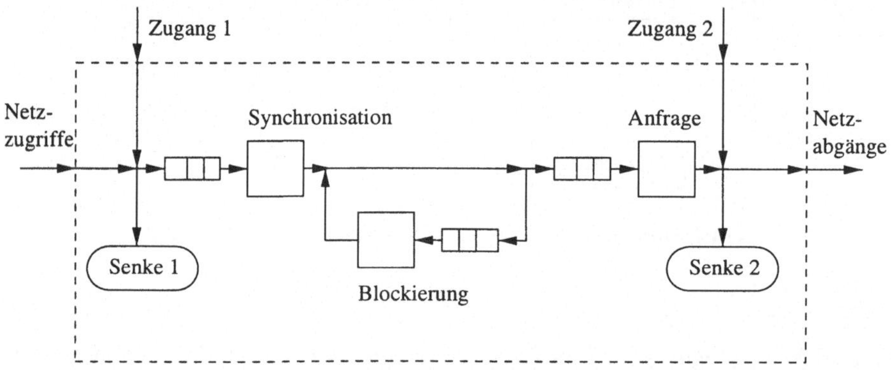

Abbildung 2. Warteschlangenmodell der Rechnerknoten

Zur Beschreibung des Modells der Systemumgebung werden Warteschlangennetze des in [Jac57] definierten Typs verwendet. Deren Knoten werden zur eindeutigen Unterscheidung von den Knoten des verteilten Datenbanksystems als Bedienstationen bezeichnet. Diese sind durch eine First-In-First-Out-Bedienstrategie und eine exponentielle Verteilung der Bedien- und Zwischenankunftszeiten mit der mittleren Ankunftsrate als jeweiligem Parameter charakterisiert. In diesem Netzwerktyp wird nur eine einzige Auftragsklasse verwendet, was die Modellierung von Aufträgen mit unterschiedlichem Aufwandsbedarf erschwert, sich aber durch eine geringe Berechnungskomplexität auszeichnet. Die Modellierung von Zugriffen mit unterschiedlichem Berechnungsaufwand wird in Abschnitt 2.2 erläutert.

Jeder Knoten des Netzwerks wird durch ein Warteschlangennetz (Abbildung 2) abbgebildet. Dabei werden diesem Speicherkapazität, Rechenleistung und Zuverlässigkeit zugeordnet. Aufträge gelangen entweder vom Netz oder von außerhalb des Modellsystems in den Knoten. Sie durchlaufen zuerst einen Synchronisationsalgorithmus. Danach erhalten die Aufträge mit der Wahrscheinlichkeit $1 - \mathcal{P}_{Block}$ Zugriff auf das Objekt. Mit der Wahrscheinlichkeit $\mathcal{P}_{Block}$ durchlaufen sie die Blockierungsstation. Diese verzögert die Aufträge um einen konstanten Zeitraum t_{Block}. Beträgt die Ankunftsrate an der Synchronisierungsstation λ, so beträgt die Ankunftsrate an der Blockierungsstation:

$$\lambda_{Block} = p(\lambda + \lambda_{Block}) = \lambda \frac{\mathcal{P}_{Block}}{1 - \mathcal{P}_{Block}} \quad . \tag{2}$$

Mit diesem Modell wird angenommen, daß die Zwischenankunftszeit der Aufträge, die die Anfragestation erreichen, exponentialverteilt ist. Dies entspricht einer Poisson-Verteilung der pro Zeiteinheit ankommenden Aufträge. Die Annahme ist nur gültig, falls t_{Block} im Vergleich zur Zwischenankunftszeit sehr groß ist [Kan88]. In der Anfragestation werden die Ein-/Ausgabevorgänge nachgebildet.

Die Wahrscheinlichkeit des Zugriffs auf einen gesperrten Block ergibt sich nach [YDL93] unter der Annahme der Gleichverteilung der Zugriffe aus der Ankunftsrate λ, der Objektgröße *objsize* und der Haltezeit t_H. Diese wird mit der Bedienzeit der entsprechenden Bedienstation gleichgesetzt.

$$\mathcal{P}_{Sperre} = \frac{\lambda \cdot t_H}{Objektgröße} \tag{3}$$

Die Blockierungswahrscheinlichkeit ergibt sich aus Formel 3 und dem Anteil der exklusiven Sperranforderungen $\mathcal{P}_X$ aller Anforderungen auf ein physisches Objekt durch:

$$\mathcal{P}_{Block} = \mathcal{P}_X \cdot \mathcal{P}_{Sperre} + \mathcal{P}_X \cdot (1 - \mathcal{P}_X) \cdot \mathcal{P}_{Sperre} \quad . \tag{4}$$

2.2 Allokation

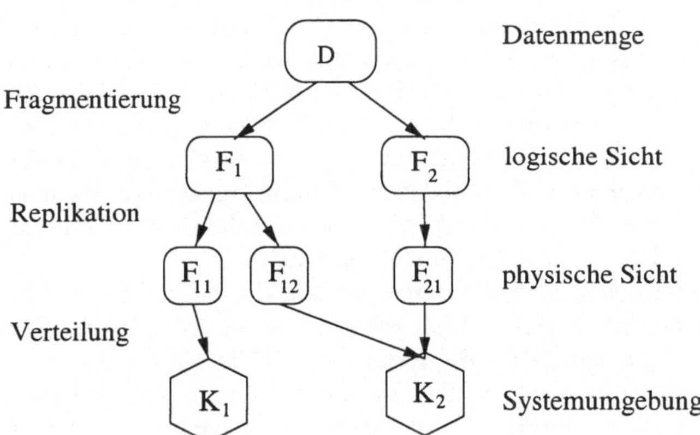

Abbildung 3. Allokationsbeispiel

Dieser Teil des Modells beschreibt Fragmentierung, Replikation und Verteilung der Gesamtdatenmenge, wie in Abbildung 3 beispielhaft dargestellt. Dazu wird eine Aufteilung in zwei Datensichten vorgenommen. Die logische Sicht beschreibt die Zusammenfassung aller Kopien eines Fragments zu einem logischem Objekt und ermöglicht damit die Berechnung zugehöriger Kosten wie der Verfügbarkeit. Dadurch wird die Gesamtdatenmenge in disjunkte Teilmengen – die Fragmente oder logischen Objekte – zerlegt. In der physischen Sicht werden dann die einzelnen Kopien der Fragmente als physische Objekte betrachtet. Diese sind jeweils einem logischen Objekt und einem Knoten der Systemumgebung zugeordnet. Jedes physische Objekt besteht wiederum aus einer Menge an Datensätzen, die als atomare Einheiten betrachtet werden. Zugriffe und somit Sperren erfolgen auf diese einzelnen Datensätze.

Gehören zu einem logischen mehrere physische Objekte, werden die Zugriffe darauf mittels eines Replikationsprotokolls, wie im folgendem Abschnitt beschrieben, synchronisiert.

2.3 Zugriffsmuster

Durch dieses Teilmodell werden die Menge der Datenzugriffe und die aus ihnen bestehenden Transaktionen im System abgebildet. Gleichzeitig werden die Auswirkungen der Anwendung verschiedener Synchronisationsmaßnahmen berücksichtigt.

Eine Transaktion besteht aus einer Menge von Zugriffen unterschiedlicher Selektivität jeweils auf genau ein physisches Objekt. Diese Operationen sind entweder Schreib- oder Lesezugriffe. Es exisitieren zwei ausgewählte Operationen, Begin of Transaction (BOT) und End of Transaction (EOT), zwischen denen alle Zugriffe sequentiell oder parallel angeordnet sind. Jeder Zugriff erfolgt nach seiner Selektivität *accsel* auf eine Menge von Datensätzen eines physischen Objekts und wird im Warteschlangennetz durch eine entsprechende Menge an Aufträgen, je Datensatz ein Auftrag, abgebildet. Dies ermöglicht die Verwendung von Warteschlangennetzen des durch Jackson definierten Typs. Die Ankunftsrate von Aufträgen an den einzelnen Knoten des Netzes $\lambda_{Node}(k)$ und an den Knotenverbindungen $\lambda_{Link}(n, k)$ kann nun aus der Aktivierungsrate der einzelnen Transaktionen und dem Aufbau des in Abbildung 2 gezeigten Modells berechnet werden (siehe [Opp00]). Die Verzögerungen durch konkurrierende Schreib- und Lesezugriffe werden durch die Formel 4 berücksichtigt.

Durch Synchronisationsmaßnahmen werden die Zugriffsmuster um zusätzliche Zugriffe erweitert. Dies ist abhängig vom verwendeten Protokoll und wurde in Abbildung 4 beispielhaft für die Read-Once-Write-All-Strategie gezeigt.

Im dargestellten synchronen Fall werden Schreibzugriffe auf ein physisches Objekt um parallele Zugriffe auf alle weiteren zu einem logischen Objekt gehörenden physischen Objekte erweitert. Des weiteren wurden zwei asynchrone Verfahren berücksichtigt: Primary Copy und Snapshot. Bei ersterem sind nur Änderungen auf der Primärkopie erlaubt. Diese werden asynchron nach Beendigung der Transaktion an alle weitere Kopien übertragen. Damit bewirkt jede Transaktion, die ein Element eines logischen Objekts ändert, die Aktivierung einer weiteren Transaktion, die diese Änderungen verbreitet. Beim Snapshot-Verfahren wird das Schnappschußobjekt in festgelegten Zeitabständen aktuali-

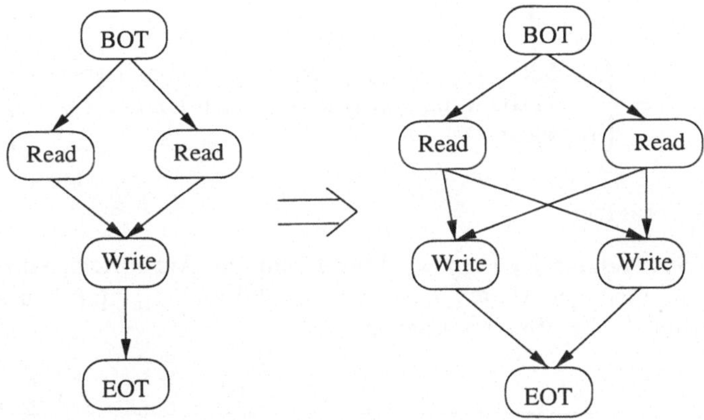

Abbildung 4. Erweiterung der Zugriffsmuster am Beispiel des ROWA-Protokolls

siert. Dadurch existiert für jedes dieser Objekte eine Transaktion, die diesen Aktualisierungsvorgang ausführt.

In [Opp00] sind die Algorithmen zur Berechnung der Zugriffserweiterungen für die Replikationsverfahren ROWA, Snapshot und Primary Copy angegeben.

3 Kostenberechnung

3.1 Nachrichtenanzahl und Datenumfang

Die Anzahl und der Umfang der pro Zeiteinheit über das Netz übertragenen Nachrichten sind ein Vergleichsmaß für die Effektivität von Datenbankkonfigurationen und werden meist unter dem Begriff der Übertragungskosten zusammengefaßt [Ape88, Dad96].

Die Anzahl der pro Zeiteinheit übertragenen Nachrichten ergibt sich aus der Anzahl der entfernten Zugriffe $remote_t$ einer Transaktion t und der an ihr beteiligten Knoten $nodes_t$ durch:

$$MSG = \sum_{t=1}^{trans} \underline{ratetrans}[t] \cdot 4 \cdot (nodes_t - 1) + 2 \cdot remote_t \quad . \tag{5}$$

Dabei bezeichnet $\underline{ratetrans}[t]$ die der Transaktion t zugeordnete Aktivierungsrate.

Der übertragene Datenumfang ergibt sich hier aus der Summe der Ankunftsraten aller Netzwerkverbindungen:

$$DATA = \sum_{n=1}^{nodes} \sum_{k=1}^{nodes} \begin{Bmatrix} \lambda_{Link}(n,k) & \text{, für } LINK[n,k] = 1 \\ 0 & \text{, sonst} \end{Bmatrix} \quad , \tag{6}$$

wobei gilt:

$$LINK[i,j] = \left\{ \begin{array}{l} 1 \text{ , falls } i \neq j \ \wedge \ i,j \leq nodes \ \wedge \text{ es existiert eine} \\ \quad \text{Verbindung von Knoten i nach Knoten j} \\ 0 \text{ , sonst} \end{array} \right\} . \quad (7)$$

3.2 Antwortzeiten

Durch die Verwendung der Formeln 2 bis 4 kann die Antwortzeit einzelner Objektzugriffe in alleiniger Abhängigkeit von der Haltezeit t_H und dem Anteil der Schreibzugriffe $\mathcal{P}_X$ berechnet werden:

$$W_{Obj}(po) = \frac{1}{\mu_{Syn}(k)(1 - \frac{\lambda_{Node}(k)}{\mu_{Syn}(k)})} + \frac{1}{\mu_{Anfr}(k)(1 - \frac{\lambda_{Node}(k)}{\mu_{Anfr}(k)})} + \frac{\frac{\mathcal{P}_{Block}(po)}{1-\mathcal{P}_{Bock}(po)}}{\mu_{Block}(k)} . \quad (8)$$

Dabei wird mit μ die mittlere Bedienzeit und mit λ die mittlere Ankunftsrate von Aufträgen an einer Station im Warteschlangennetz beschrieben. Zur Berechnung dieser Werte sei auf [Opp00] verwiesen.

Zur Abschätzung der Antwortzeiten einer Transaktion ist des weiteren die Berechnung der Verzögerungszeiten durch die Netzübertragung notwendig.

$$W_{Link}(k,l) = \left\{ \begin{array}{ll} 0 & \text{, falls } LINK[k,l] = 0 \\ \frac{1}{\mu_{Link}(k,l)(1 - \frac{\lambda_{Link}(k,l)}{\mu_{Link}(k,l)})} & \text{, sonst} \end{array} \right\} \quad (9)$$

Aus den Formeln 8 und 9 kann nun die Antwortzeit eines einzelnen Objektzugriffs einer Transaktion berechnet werden:

$$\begin{aligned} W_{Access}(o,t) = \big(&W_{Obj}(\underline{accobj_t}[o]) \\ &+ W_{Link}(\underline{accnode_t}[o], \underline{alloc}[\underline{accobj_t}[o]])\big) \cdot accsel[t] \quad (10) \end{aligned}$$

Dabei bezeichnen $\underline{accobj_t}[o]$ das durch den Zugriff o der Transaktion t referenzierte physische Objekt und $\underline{accnode_t}[o]$ den entsprechend referenzierten Knoten. Der Knoten, auf dem ein physisches Objekt o gespeichert ist, ergibt sich aus $\underline{alloc}[o]$.

Die Verzögerungszeit zur Ermittlung des Commit-Ergebnisses wird durch den Nachrichtenaustausch zwischen dem Koordinator und den Client-Knoten hervorgerufen. Für das Beenden der Transaktion sind jeweils zwei Nachrichten vom Koordinator zum Client (Prepare und Commit/Abort) und zwei Nachrichten vom Client zum Koordinator (Ready/Failed und Ack) notwendig. Damit ergibt sich für die Verzögerungszeit:

$$\begin{aligned} W_{Commit}(t) = &\ 2 \cdot MAX_{c \in CLIENTS(t)}(W_{Link}(\underline{accnode_t}[1], \underline{alloc}[\underline{accobj_t}[c]])) \\ &+ 2 \cdot MAX_{c \in CLIENTS(t)}(W_{Link}(\underline{alloc}[\underline{accobj_t}[c]], \underline{accnode_t}[1]))(11) \end{aligned}$$

Eine Transaktion besteht aus mehreren Objektzugriffen, die in einer bestimmten Reihenfolge zwischen BOT und EOT miteinander verbunden sind.

Daraus ergibt sich ein Ablaufgraph, dessen Knoten durch die Objektzugriffe und dessen gerichtete Kanten durch die Abhängigkeiten zwischen diesen Objektzugriffen bestimmt sind. Allen zu einem Knoten hinführenden Kanten kann nun die mittlere Antwortzeit des zugeordneten Objektzugriffs als Bewertung zugewiesen werden. Alle auf den Knoten EOT gerichteten Kanten erhalten dabei $W_{Commit}(t)$ als Wert (siehe Formel 11). Damit kann die mittlere Antwortzeit einer Transaktion als längster Pfad zwischen BOT und EOT bestimmt werden.

3.3 Verfügbarkeit

Die Schreibverfügbarkeit ergibt sich beim Primärkopie-Verfahren aus der Wahrscheinlichkeit, daß die Primärkopie k_{PC} verfügbar ist. Gelesen werden darf von einer beliebigen Kopie. Somit folgt:

$$AVAIL_R^{PC}(lo) = 1 - \prod_{k \in K} (1 - \underline{relnode}[k]) \tag{12}$$

$$AVAIL_W^{PC}(lo) = \underline{relnode}[k_{PC}] \tag{13}$$

$$K = \{\underline{alloc}[po] \mid \underline{rep}[po] = lo\} \quad \text{für alle} po \in (1, phyobj)$$

In Abhängigkeit von den Verfügbarkeiten der logischen Objekte lassen sich die Wahrscheinlichkeiten für die Ausführbarkeit einzelner Transaktionen berechnen. Diese ergeben sich für eine Transaktion t aus dem Produkt der Verfügbarkeiten der logischen Objekte, auf die zugegriffen wird, und der dazu benötigten Netzkomponenten, die durch $RELLINK[]$ angegeben sind.

$$AVAIL(t) = \begin{array}{l} \prod_{o \in ReadObj(t)} AVAIL_R(o) \times \\ \prod_{o \in WriteObj(t)} AVAIL_W(o) \times \\ \prod_{a=1,\ldots,objacc_t} RELLINK[\underline{accnode_t}[a], \underline{alloc}[\underline{accobj_t}[a]] \times \\ \prod_{a=1,\ldots,objacc_t} RELLINK[\underline{alloc}[\underline{accobj_t}[a], \underline{accnode_t}[a]] \end{array} \tag{14}$$

Dabei wird durch $ReadObj(t)$ die Menge der logischen Objekte, auf die von einer Transaktion t nur lesend zugegriffen wird, und durch $WriteObj(t)$ die Menge, auf die auch schreibend zugegriffen wird, bezeichnet.

Als Kostenmaß $AVAIL$ zur Berücksichtigung in der Gesamtkostenformel kann die Differenz in Prozent zu dem Idealwert 1 der Verfügbarkeit verwendet werden:

$$AVAIL = \sum_{t=1}^{trans} 100 \cdot (1 - AVAIL(t)) \tag{15}$$

3.4 Alter eines Datenobjekts

Bei Verwendung einer asynchronen Replikationsstrategie ist zu beachten, daß beim Lesen von einer beliebigen Kopie auf veraltete Daten zugegriffen werden kann. Durch diese Abschwächung der Datenkonsistenz werden erhebliche Kostenersparnisse bei der Netzlast und kürzere Antwortzeiten gegenüber dem synchronen Fall ermöglicht. Um diese Vorteile mit den Nachteilen durch die Alterung der Daten vergleichen zu können, ist die Berechnung der Wahrscheinlichkeit des Zugriffs auf Daten, die ein bestimmtes Alter erreicht haben, nötig.

Das maximale Alter eines physischen Objekts *po* bzgl. der letzten Aktualisierung entspricht beim Primärkopie-Verfahren der Zeit zwischen der Freigabe der Sperre der Schreibaktion auf dem Primärobjekt und der Gewährung der Sperre der Änderungstransaktion auf der Kopie. Diese Zeit t_{PC} setzt sich zusammen aus den Verzögerungszeiten, die durch Initialisierung der Transaktion t_{BOT} und durch Senden der Sperranforderung zum Speicherknoten der Kopie W_{LINK} verursacht werden.

$$t_{PC} = t_{BOT} + W_{LINK}(\underline{alloc}[\underline{pcobj}[lo]], \underline{alloc}[po])$$

Dabei muß für lo die Gleichung $\underline{primcopy}[lo] = \underline{rep}[po]$ gelten.

Damit ergibt sich für die Wahrscheinlichkeit, daß die referenzierte Kopie älter als a Zeiteinheiten ist:

$$\mathcal{P}^{PC}_{Age}(a, po) = \begin{Bmatrix} a \leq t_{PC} & , \frac{t_{PC}-a}{t_{PC}} \\ \text{sonst} & , 0 \end{Bmatrix} \tag{16}$$

Dabei wird die Annahme zugrundegelegt, daß die Propagierung der Änderung sofort nach dem Ende der Schreibtransaktion und insbesondere keine Bündelung mit anderen Änderungen auf demselben Objekt erfolgt.

3.5 Gesamtformel

Die Gesamtkostenformel vereint die Werte der fünf Kostentypen zu einem abstrakten Kostenwert, der als Maß für die Güte einer Konfiguration dienen kann. Dabei bezeichnet $RESP$ die Zusammenfassung der Antwortzeiten zu einem einzelnen Wert, $AVAIL$ die Zusammenfassung der Verfügbarkeiten und $CONS$ die Zusammenfassung des Alters eines Datenbankobjekts. Für eine detaillierte Darstellung dieser Teilformeln wird auf [Opp00] verwiesen.

$$\begin{aligned} COST = {} & \omega_{MSG} \cdot MSG + \omega_{DATA} \cdot DATA \\ & + \omega_{RESP} \cdot RESP + \omega_{AVAIL} \cdot AVAIL + \omega_{CONS} \cdot CONS \end{aligned} \tag{17}$$

Die Faktoren der einzelnen Kostentypen können als Gewichtungen betrachtet werden. Diese setzen die Kosten in frei wählbare Relation zueinander, so daß je nach Anwendungsbereich der Formel die Bedeutung der verschiedenen Typen gewählt werden kann.

4 Beispielrechnung

Anhand der in diesem Abschnitt gezeigten Beispielrechnung wird die Anwendbarkeit der Kostenformel gezeigt. Das Beispiel bezieht sich auf eine Anwendung der Replikation, die in allen Webshop-Lösungen eingesetzt wird. Hier wird ein Warenwirtschaftssystem als Teil eines ERP-Systems mit der Webshopsoftware verbunden, und die Artikel- und Kundenstammdaten werden repliziert und synchronisiert. In diesem Zusammenhang ist es von großer Bedeutung, für gegebene Lastverhältnisse die optimale Allokation und Synchronisationsstrategie zu ermitteln.

Systemumgebung: Die Systemstruktur besteht aus zwei miteinander verbundenen Knoten, auf denen die ERP- und die Webshopsoftware installiert sind.

Zugriffsmuster: Es werden fünf Transaktionen betrachtet:
1. Bestellungen über das ERP-System
2. Bestellungen über den Webshop
3. Anfragen an das ERP-System
4. Anfragen an den Webshop
5. Ablegen eines Artikels im Warenkorb

Dabei wird angenommen, da 90 % der gesamten Last, also Anfragen und Bestellungen, über den Webshop abgearbeitet werden. Das Verhältnis von Anfragen zu Bestellungen wird mit 10 : 1 festgelegt, so daß die einzelnen Transktionsankunftsraten von einer Gesamtrate *req* wie folgt abhängig gemacht werden können:

$$\underline{ratetrans} = [0.9 \cdot 0.1 \cdot req, 0.1 \cdot 0.1 \cdot req, 0.1 \cdot req, 0.9 \cdot req, 0.5 \cdot 0.9 \cdot req]$$

Allokation: Es existieren drei logische Objekte, Artikel- und Kundenstammdaten sowie temporäre Datensätze zur Zusammenstellung der Bestellungen.

Zur Veranschaulichung der Kostenformel werden im folgenden die vier in Tabelle 1 definierten Allokationen analysiert und verglichen. Der jeweilige Verlauf der Gesamtkosten in Abhängigkeit von der Gesamtankunftsrate wird in den Abbildungen 5 bis 8 dargestellt.

Die Zusammenfassung der Leistungswerte zum Gesamtkostenwert erfolgte unter Verwendung der folgenden Gewichtungen:

$$\begin{aligned}\omega_{MSG} &= 0.1\\ \omega_{DATA} &= 0.1\\ \omega_{RESP} &= 10\\ \omega_{AVAIL} &= 10\\ \omega_{CONS} &= 1\end{aligned}$$

Damit werden Antwortzeiten und Verfügbarkeit als wichtigste Kostentypen hervorgehoben. Die Wertigkeiten der einzelnen Transaktionen wurden so gewählt, daß an die Beantwortung der Anfragen und Bestellungen über den Webshop die höchsten Anforderungen gestellt werden. Die Unterschiede von zwei Größenordnungen in der Bewertung der einzelnen Kostentypen wird durch die Unterschiede in den Maßen der einzelnen Kosten hervorgerufen. So bewegen sich die Werte für Transaktionsantwortzeiten zwischen $0.05s$ und $1s$, die Werte für die übermittelte Datenmenge dagegen erreichen bis zu $40 Blöcke \cdot s^{-1}$.

In Allokation 1 wird das Primärkopie-Verfahren mit den höchsten Kosten bewertet. Da Schreibzugriffe auf den ERP-Knoten je einen lokalen und einen

Tabelle 1. Beispielallokationen

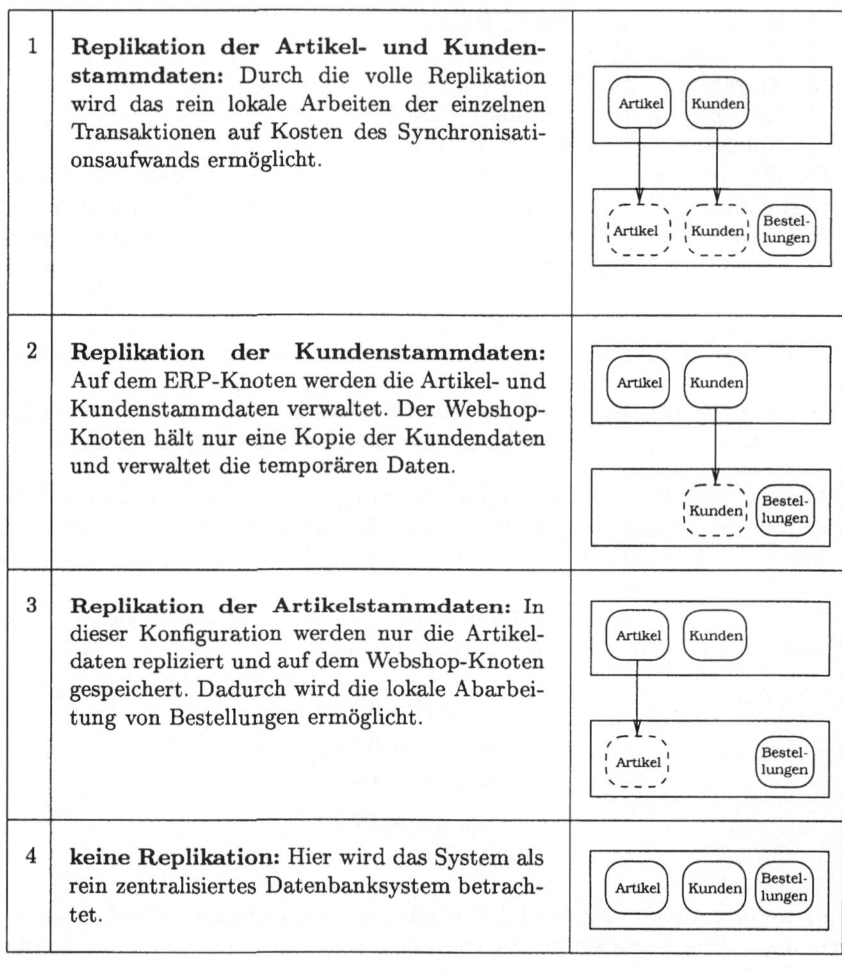

Nr.	Beschreibung
1	**Replikation der Artikel- und Kundenstammdaten:** Durch die volle Replikation wird das rein lokale Arbeiten der einzelnen Transaktionen auf Kosten des Synchronisationsaufwands ermöglicht.
2	**Replikation der Kundenstammdaten:** Auf dem ERP-Knoten werden die Artikel- und Kundenstammdaten verwaltet. Der Webshop-Knoten hält nur eine Kopie der Kundendaten und verwaltet die temporären Daten.
3	**Replikation der Artikelstammdaten:** In dieser Konfiguration werden nur die Artikeldaten repliziert und auf dem Webshop-Knoten gespeichert. Dadurch wird die lokale Abarbeitung von Bestellungen ermöglicht.
4	**keine Replikation:** Hier wird das System als rein zentralisiertes Datenbanksystem betrachtet.

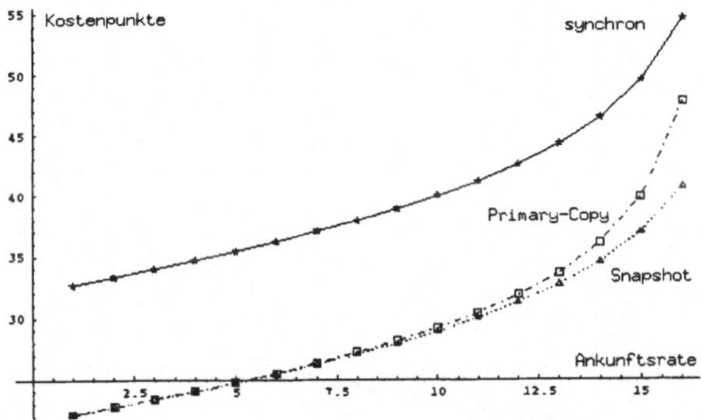

Abbildung 5. Kostenverlauf der Allokation 1

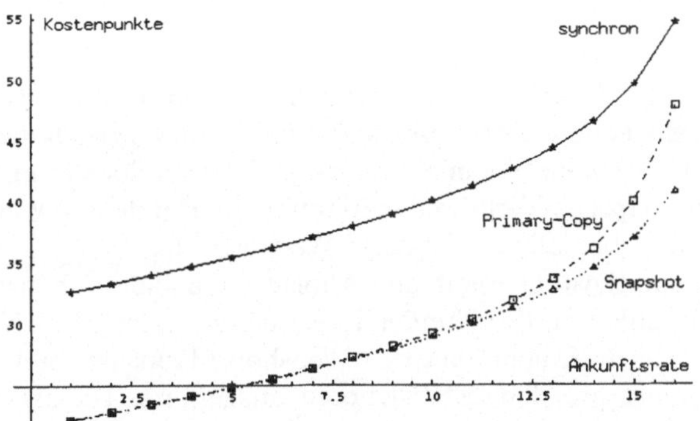

Abbildung 6. Kostenverlauf der Allokation 2

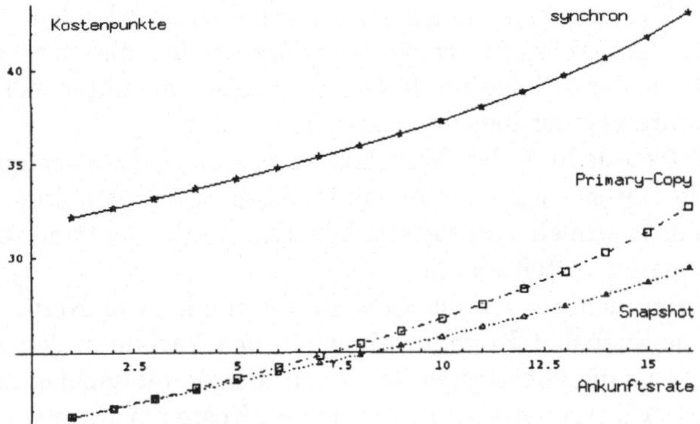

Abbildung 7. Kostenverlauf der Allokation 3

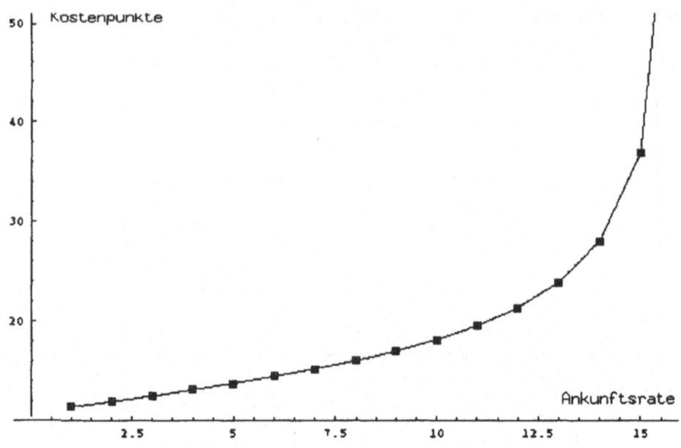

Abbildung 8. Kostenverlauf der Allokation 4

entfernten Zugriff sowie auf dem Web-Knoten zwei entfernte Zugriffe hervorrufen, treten hier sehr hohe Übertragungskosten auf. Im Vergleich dazu resultieren beim ROWA-Verfahren aus einem Schreibzugriff nur ein lokaler und ein entfernter Zugriff. Beim Snapshot-Verfahren wird durch die Bündelung von asynchronen Änderungsaktionen ebenfalls ein besserer Wert erreicht.

Aus dem Gesamtkostenverlauf der Allokation 2 läßt sich erkennnen, daß durch alleinige Replikation der Kundendaten keine wesentlichen Vorteile erzielt werden können. Alle Anfragen über den Webshop (Transaktion 4) werden über das Verbindungsnetz auf dem ERP-Knoten ausgeführt. Da diese Transaktionen sehr häufig aktiviert werden, steigt die dortige Transaktionslast enorm an. Aufgrund der hohen Antwortzeiten und Übertragungskosten werden sehr hohe Kostenwerte erreicht.

Da in Allokation 3 nur die Artikeldaten repliziert und mit den temporären Daten auf dem Webshop-Knoten gehalten werden, wird das lokale Lesen (Transaktion 4) über den Webshop ermöglicht. Dies erklärt die wesentlich geringeren Kosten als in der Allokation 1. Die Konfiguration unter Verwendung des Snapshot-Verfahrens weist hier die besten Werte auf.

Allokation 4 modelliert den Webshop in einem zentralisierten Datenbanksystem. Da alle Datenobjekte auf einem einzigen Server gehalten werden, wird dieser Knoten sehr schnell ausgelastet. Die Transaktionsantwortzeiten sind wesentlich höher als im verteilten Fall.

Vergleicht man den Verlauf der Gesamtkosten aller vier Konfigurationen, so erweisen sich die Snapshot-Konfigurationen in den Varianten der verteilten Datenhaltung stets als die günstigsten Versionen. Insgesamt wurden für die Version der zentralisierten Datenhaltung die geringsten Kosten ermittelt. Dies resultiert aus der Berücksichtigung der übertragenen Datenmenge und Nachrichten, die in diesem Fall nicht auftreten.

In Abbildung 9 werden noch einmal die Verläufe der Summen von Transaktionsantwortzeiten und Verfügbarkeiten für die Snapshot-Konfigurationen aller

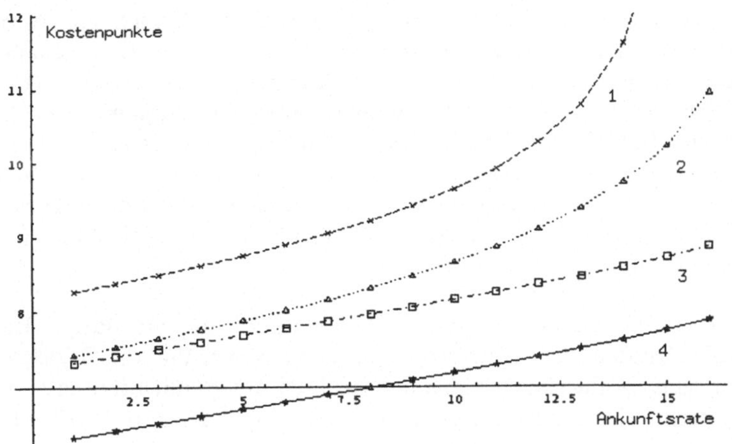

Abbildung 9. Gesamtkostenverlauf der Snapshot-Konfigurationen

vier Allokationen gezeigt. Die durch Linien verbundenen Kreuze stellen den Kostenverlauf des zentralisierten Datenbanksystems, die Dreiecke die Kosten der Allokation 2, die Rechtecke die der Allokation 3 und die Sterne den Kostenverlauf der Allokation 1 dar. Damit werden also durch Replikation der Artikel- und Kundenstammdaten die geringsten Kosten bzgl. der Transaktionsantwortzeiten und Verfügbarkeit verursacht. Durch alleinige Replikation der Kundendaten oder der Artikelstammdaten kann eine Verbesserung gegenüber dem zentralisierten System erreicht werden. Allerdings ist die Last auf dem ERP-Knoten dann wesentlich höher, was den steilen Anstieg der Kostenkurve im oberen Lastbereich erklärt.

5 Zusammenfassung und Ausblick

In der vorliegenden Arbeit wurde eine Kostenformel für verteilte und replizierte Datenbanken vorgestellt, die sowohl positive Kosten wie Erhöhung der Verfügbarkeit und Verringerung der Antwortzeiten als auch eigentliche Kosten wie Übertragungskosten berücksichtigt.

Die entwickelte Formel definiert eine Ordnung aller Konfigurationen, die nun dazu verwendet werden kann, die optimale Datenallokation unter den Maßgaben der Systemumgebung und der Zugriffsmuster zu finden. Dazu werden in [Opp00] mehrere Optimierungsansätze vorgestellt und deren Anwendung auf dieses Problem beschrieben.

Neben den hier vorgestellten lassen sich noch weitere Kosten mit diesem Modell ermitteln, so z.B. die Auslastung einzelner Komponenten, die mittlere Warteschlangenlänge und somit Engpässe im System. Dies wird in [Opp00] ausführlicher diskutiert.

Ansätze zu weiteren Arbeiten können im verwendeten Modell u.a. in der Berechnung der Blockierungsverzögerungen identifiziert werden. Eine genauere Berechnung der Antwortzeiten könnte z.B. durch Iteration und Anpassung des Werts der Sperrhaltezeit bzw. durch weitere analytische Verfahren erfolgen. Anregungen dazu sind in [YDL93, MW84, TR91] zu finden. Des weiteren wurde eine Gleichverteilung der Transaktionzugriffe innerhalb der Datensätze eines Fragments angenommen, was in vielen Fällen nicht dem realen Verhalten entspricht. Eine Untersuchung weiterer Verteilungen und Modellierungsmöglichkeiten könnte die Aussagefähigkeit des Modells erhöhen.

Danksagung: Die Autoren danken besonders Herrn Dipl.-Ing.oec. Jürgen Bittner, SQL GmbH Dresden, für die Anregung zu dieser Arbeit und die Begleitung mit vielen kritischen Anmerkungen aus der Realität des Replikationsentwurfs. Sie danken weiterhin den anonymen Gutachtern für die konstruktiven Hinweise zur Erstellung der endgültigen Fassung.

A Bezeichner

nodes $\in \mathbb{N}$ ... Anzahl der Knoten des Netzwerks.

scnode $\in \mathbb{N}^{(\mathbf{nodes})}$ ... Vektor der Speichergrößen der Netzwerkknoten. Die Größe des verfügbaren Speichers wird dabei in Blöcken angegeben.

relnode $\in [0,1]^{(\mathbf{nodes})}$ ... Vektor der Zuverlässigkeiten der Netzwerkknoten. Diese gibt für jeden Knoten die Wahrscheinlichkeit an, daß er zu einem beliebigen Zeitpunkt funktionsfähig ist.

perfnode $\in \mathbb{N}^{(\mathbf{nodes})}$ ... Vektor der Rechenleistungen der Knoten. Diese wird in der Anzahl von Blöcken angegeben, die der Knoten in einer Zeiteinheit verarbeiten kann.

LINK : **(nodes × nodes)** ... Matrix der Netzwerkverbindungen zwischen den Knoten.

$$LINK[i,j] = \left\{ \begin{array}{l} 1 \text{ , falls } i \neq j \ \wedge \ i,j \leq nodes \ \wedge \text{ es existiert eine} \\ \quad \text{Verbindung von Knoten i nach Knoten j} \\ 0 \text{ , sonst} \end{array} \right\}$$

RELLINK : **(nodes × nodes)** ... Matrix der Zuverlässigkeit der Verbindungen. Die Zuverlässigkeit gibt die Wahrscheinlichkeit an, mit der eine Nachricht bzw. ein Datenblock über diese Verbindung fehlerfrei übertragen wird.

$$RELLINK[i,j] = \left\{ \begin{array}{l} 1, \text{falls } i = j \\ 0, \text{falls } LINK[i,j] = 0 \\ \text{Zuverlässigkeit, sonst} \end{array} \right\}$$

RATELINK : **(nodes × nodes)** ... Matrix der Übertragungsrate der Verbindungen. Der Wert $RATELINK[k,l]$ gibt dabei die Anzahl der Blöcke an, die während einer Zeiteinheit über die Verbindung von Knoten k nach Knoten l maximal übertragen werden kann.

$$RATELINK_{[}ij] = \left\{ \begin{array}{l} 0, \text{falls } LINK[i,j] = 0 \\ \text{mittlere Übertragungsrate, sonst} \end{array} \right\}$$

logobj $\in \mathbb{N}$ ... Anzahl der logischen Datenobjekte.
phyobj $\in \mathbb{N}$ ... Anzahl der physischen Datenobjekte.
rep $\in [0, \mathbf{logobj})^{(\mathbf{phyobj})}$ ... Vektor, der die Zuordnung der physischen Objekte zu einem logischen Datenobjekt festlegt.
objsize $\in \mathbb{N}^{(\mathbf{logobj})}$ ... Vektor der Größe der logischen Objekte in Blöcken. Die Größe der physischen Objekte entspricht der Größe des jeweils zugeordneten logischen Objekts.
alloc $\in [0, \mathbf{nodes})^{(\mathbf{phyobj})}$ ... Vektor der Knoten, auf denen jeweils die physischen Objekte gespeichert sind.
trans $\in \mathbb{N}$ ... Anzahl der Transaktionen.
sigtrans $\in [0, \mathbf{1}]^{\mathbf{trans}}$ ... Dieser Vektor definiert die Wertigkeit der Transaktionen untereinander. Damit können den einzelnen Transaktionen unterschiedliche Bedeutungen zugewiesen werden, so daß eine Gewichtung der durch die Ausführung erzeugten Kosten erfolgen kann.
ratetrans $\in \mathbb{N}^{\mathbf{trans}}$ ... Vektor der Ankunftsraten der Transaktionen. Die Zwischenankunftszeiten einer Transaktion t werden damit als exponentiell verteilt mit dem Parameter $\underline{ratetrans}[t]$ angenommen.
objacc$_t > 2 \in \mathbb{N}$ ... Menge der Objektzugriffe einer Transaktion t. Die beiden ausgezeichneten Operationen *BOT* und *EOT* sind Bestandteil aller Transaktionen.
accnode$_t \in [0, \mathbf{nodes})^{(\mathbf{objacc}_t)}$ ... Vektor der Knoten, auf denen der Zugriff initiert wurde. Der Wert von $\underline{accnode_t}[1]$ und $\underline{accnode_t}[2]$ entspricht dabei dem Knoten, auf dem die Transaktion t gestartet wurde.
accobj$_t \in [0, \mathbf{phyobj})^{(\mathbf{objacc}_t)}$ ... Vektor der physischen Objekte, auf die die einzelnen Zugriffe erfolgen.
accsel$_t \in \mathbb{N}^{(\mathbf{objacc}_t)}$ ... Vektor der Selektivität der einzelnen Zugriffe.
acctype$_t \in \{\mathbf{r}, \mathbf{w}\}^{(\mathbf{objacc}_t)}$ ... Vektor des Operationstyps der Zugriffe.

$$\underline{acctype}_t[i] = \left\{ \begin{array}{l} r, \text{Leseoperation} \\ w, \text{Schreibzugriff} \end{array} \right\}$$

Literatur

[Ape88] APERS, P. M. G., *Data Allocation in Distributed Database Systems. ACM Trans. on Database Systems*, **13**(3):263–304, September 1988.

[BHY91] BLANKINSHIP, R.; HEVNER, A. R.; YAO, S. B., *An Iterative Method for Distributed Database Design*, in *Proc. 17th Int. Conf. on Very Large Data Bases, VLDB*, S. 389–400, September 1991.

[CDY90] CICIANI, B.; DIAS, D. M.; YU, P. S., *Analysis of Replication in Distributed Database Systems. IEEE Trans. on Knowledge and Data Engineering*, **2**(2):248–261, June 1990.

[Dad96] DADAM, P., *Verteilte Datenbanken und Client/Serversysteme: Grundlagen, Konzepte und Realisierungsformen*, Springer, 1996.

[GM81] GARCIA-MOLINA, H., *Performance of update algorithms for replicated data*, Band 5 von *Computer Science: Distributed Database Systems*, UMI Research Press, 1981.

[HLC96] HWANG, S.-Y.; LEE, K. K. S.; CHIN, Y. H., *Data Replication in a Distributed System: A Performance Study*, in Wagner, R. R.; Thoma, H. (editors), *Proc. 7th Int. Conf. on Database and Expert System Applications, DEXA*, Band 1134 von *Lecture Notes in Computer Science*, Springer, September 1996.

[Jac57] JACKSON, J. R., *Networks of Waiting Lines. Operations Research*, **5**(4):518–521, 1957.

[Kan88] KANT, K., *Application Level Modelling of Parallel Machines*, in *Proc. ACM SIGMETRICS Conf. on Measurement and Modeling of Computer Systems*, S. 83–93, May 1988.

[Kan92] KANT, K., *Introduction to Computer System Performance Evaluation*, McGraw-Hill Computer Series, McGraw-Hill, 1992.

[MBS88] MUKKAMALA, R.; BRUELL, S. C.; SHULTZ, R. K., *Design of Partially Replicated Distributed Database Systems: An Integrated Methodology*, in *Proc. ACM SIGMETRICS Conf. on Measurement and Modeling of Computer Systems*, S. 187–196, May 1988.

[MM99] MISRA, M.; MITRANI, I., *On the Propagation of Updates in Distributed Replicated Systems. Performance Evaluation*, **35**:131–144, 1999.

[Muk89] MUKKAMALA, R., *Measuring the Effects of Data Distribution Models on Performance Evaluation of Distributed Database Systems. IEEE Trans. on Knowledge and Data Engineering*, **1**(4):494–507, December 1989.

[MW84] MITRA, D.; WEINBERGER, P. J., *Probalistic Models of Database Locking: Solutions, Computational Algorithms, and Asymptotics. Journal of the ACM*, **31**(4):855–878, October 1984.

[NI85] NELSON, R. D.; IYER, B. R., *Analysis of a Replicated Database. Performance Evaluation*, **5**:133–148, 1985.

[NJ99] NICOLA, M.; JARKE, M., *Increasing the Expressivness of Analytical Performance Models for Replicated Databases*, in Beeri, C.; Buneman, P. (editors), *Proc. 7th Int. Conf. on Database Theory, ICDT*, Band 1540 von *Lecture Notes in Computer Science*, S. 131–149, Springer, Januar 1999.

[Opp00] OPPEL, A., *Entwurf von Client/Server- und Replikationssystemen*, Diplomarbeit, Technische Universität Dresden, Fakultät Informatik, Institut für Systemarchitektur, Professur für Datenbanken, 2000.

[OV91] ÖZSU, M. T.; VALDURIEZ, P., *Principles of Distributed Database Systems*, Prentice-Hall, 1991.

[Rah94] RAHM, E., *Mehrrechner-Datenbanksysteme: Grundlagen der verteilten und parallelen Datenbankverarbeitung*, Addison-Wesley, 1994.

[Sem93] SEMECZKO, G., *Replicated Fragment Allocation Using A Clustering Technique*, in *Proc. 5th Australian Database Conference*, S. 210–227, February 1993.

[SM90] SHAH, A.; MARZULLO, K., *Harary Networks: Architectural Support for Highly Available Distributed Databases*, Technischer Bericht TR 90-1070, Department of Computer Science, Cornell University, May 1990.

[TR91] THOMASIAN, A.; RYU, I. K., *Performance Analysis of Two-Phase Locking. IEEE Trans. on Software Engineering*, **17**(3):386–401, May 1991.

[YDL93] YU, P. S.; DIAS, D. M.; LAVENBERG, S. S., *On the Analytical Modeling of Database Concurrency Control. Journal of the ACM*, **40**(4):831–872, September 1993.

[YSLC83] YU, C.; SIU, M.; LAM, K.; CHEN, C., *File Allocation in Distributed Databases with Interaction between Files*, in *Proc. 9th Conf. on Very Large Data Bases, VLDB*, S. 248–259, 1983.

Towards Content-Related Indexing in Databases

Ralf Neubert, Otmar Görlitz, Wolfgang Benn*

Chemnitz University of Technology
Department of Computer Science
09107 Chemnitz, Germany

{Ralf.Neubert,Otmar.Goerlitz,Wolfgang.Benn}@informatik.tu-chemnitz.de

Abstract. Modern business applications require huge volumes of high-dimensional data to be stored. Explorative queries, typically used in these applications, select groups of objects with similar attributes or attribute combinations. In contrast to multidimensional index structures designed for spatial data that assume dimension independence and very often a uniform distribution, we have developed a new database indexing concept that discovers correlation patterns and takes the nonuniform distribution into consideration. The corresponding analysis is done on the subsymbolic level by applying a hierarchical artificial neural network. The trained neural network organises the data into a hierarchy of clusters. The clusters can be interpreted as groups of similar objects on the symbolic level. The hierarchy is finally used to derive the Intelligent Cluster Index (ICIx). In this paper we present a description of the Intelligent Cluster Index, it's creation and application as multidimensional index and as heuristic for a logical distribution schema. We describe first experimental results, showing that this new approach can significantly speed up the system performance.

1 Introduction

Today modern business applications redefine the demands on relational database systems. Data Warehousing, Data Mining applications, multimedia and geographical information systems as well as E-Commerce systems require huge volumes of high-dimensional data to be stored. Typical data in a geographical information system comprises between 10 and 20 features. A single picture in an image database is usually described by several hundred features. These figures make the high demands on database systems evident.

However, since the applications implement complex search functionality on the data, the highly optimized primary key retrieval of the database systems turns out to be insufficient for fulfilling the requests. Slice and drill operations in Data Warehouses, correlation analysis in Data Mining applications, or nearest neighbour queries in geographical systems – they all require the selection of

* This work is supported by the Deutsche Forschungsgemeinschaft (DFG) under contract reference SFB 457-00.

data by their attribute values or attribute combinations. Thus the database administrator has to create the appropriate secondary key indexes, in order to ensure a reasonable retrieval speed.

Unfortunately there is rarely a clear indication which attributes of a table should receive a secondary key index. In a data warehouse potentially all attributes are important enough for indexing, since they are all likely to occur in the analysing queries. The same situation can be found in image databases, where none of the several hundred features describing a picture can be prioritised. But creating a secondary key index on each attribute of aggregated tuples in a warehouse or on every image feature is not feasible.

To overcome the drawbacks of simple secondary key indexes, multidimensional indexing techniques are brought up again in database systems. A well known multidimensional index structure is the Grid File (for instance in [25]). The Grid File overlays the search space with a regular grid and uses the resulting hypercubes to index the data. Since the number of hypercubes grows exponentially with the number of attributes, Grid Files are reasonably applicable up to 10 dimensions.

An improvement over the Grid Files is the recursive, bipartite splitting of the search space. The resulting buckets are maintained in a tree-like structure. An example of this indexing mechanism is the Local Split Decision Tree (LSD-Tree) [15], [16].

Although these multidimensional indexing techniques provide a significant improvement over the basic secondary key index, they often cannot guarantee an optimal partitioning of the search space. The decision in which dimension and where to split the search space is either data dependent or distribution dependent. The data dependent split strategy chooses the next split plane by the current data distribution in the already existing buckets according to a fixed sequence of dimensions. Obviously the splitting is dependent on the insertion sequence of the data and can result in a degenerated tree, which is not suitable as index structure. The distribution dependent split strategy relies on a priori information about the data distribution. However in most cases no distribution information is available. Instead a uniform distribution is assumed. This often splits up groups of similar tuples and assigns them to different buckets in the index and eventually to different database pages. Since the applications we are concerned with usually have to retrieve those groups of similar tuples, which are elements of logical categories within the data set, splitting them up requires access to several database pages for each query. This decreases the performance drastically and should therefore be avoided.

From the understanding that groups of content-related tuples are central to the explorative queries of the described applications, we have derived the strategy for our content-based indexing mechanism. Instead of assuming a uniform data distribution, we search for groups of similar tuples in the data set, so called clusters. Our index structure, the Intelligent Cluster Index (ICIx), provides fast access to these groups.

Like other multidimensional indexing techniques, ICIx is used to decrease the search space for tuples relevant to a query. However by paying attention to the logical categories and not splitting up the belonging tuples, we were able to significantly increase the retrieval performance for explorative queries. In addition to the direct indexing of tuples, ICIx's information about logical categories can be used in decisions about the physical data distribution within the internal database schema. Database systems with huge data volumes often employ several independent secondary storage devices. This raises the question for an access-optimal distribution of the tuples across the secondary storages [9]. ICIx's information about content-related tuples provides a data-supported heuristic in this concern.

In the remainder of this paper we will introduce the Intelligent Cluster Index and its application. The next section discusses the fundamentals of the discovery of clusters within the data set. In section three we describe the procedure to create the ICIx for a data set and the application in direct indexing. In section four we sketch the principle concept how ICIx can be interpreted as logical distribution schema with respect to parallel and sequentially accessible secondary storages. We conclude with a short summary and a description of further research issues.

2 Content Based Clustering

The fundamental prerequisite of our content-based indexing approach is, of course, the discovery of groups of content-related tuples within the data set.

We consider two tuples as somehow related, if their attribute extensions, their features, are similar. If we would map the tuples in a k-dimensional data space, k being the number of attributes, then tuples with similar attribute extensions would accumulate at certain spots in this space. These accumulations are called clusters and the domain of artificial intelligence provides several techniques for the discovering them.

Besides statistical techniques, like the C-means algorithm, artificial neural networks have proven as successful tool in the cluster analysis. Zavrel [32] compared artificial neural networks against conventional techniques in the cluster analysis and found that neural networks generate significantly better results. Therefore in our approach we employ a self-organising, dynamically growing neural network for the discovery of clusters. The network has to be self-organising, i.e. unsupervised learning, because the clusters are unknown and a supervised training with a target clustering is impossible. The network should be dynamically growing, because this allows a better adaptation to the respective data set.

The application of neural networks to solve the clustering problem requires the mapping of the symbolic objects, the tuples in our case, to the subsymbolic level, because neural networks can only process subsymbolic data. The mapping is done by encoding the object's attribute extensions that define its symbolic meaning to numerical values. The concatenation of all encoded attribute values of the object generates a so-called feature vector. The feature vector is the subsymbolic representation of the object. Like the attribute extensions define the meaning of the object on the symbolic level, the position in the subsymbolic space, marked by the feature vector, represents the meaning of the object on the subsymbolic level. The encoding function has to guarantee that objects with similar attribute extensions are mapped close to each other in the subsymbolic space. Thus a similar meaning is represented by spatial closeness on the subsymbolic level.

The encoding step is not trivial. Different types of attributes, e.g. strings, integers, floating point values and enumerations, require different encoding functions. Care must be taken to maintain the statistical properties of the attribute extensions. Often a scaling of the values is required, in order to give all attributes an equal weight in the feature vector. Inappropriate encoding can distort the representation of similarities and consequently the clusters, and can even create ostensible similarities between objects. Bigus describes some encoding techniques and pitfalls of the encoding step [7]. Appropriate encoding for a correct representation of similarities requires considerable domain knowledge and is an area of research in itself. Therefore we will not further elaborate this subject in this paper.

We derived the ideas for ICIx's content-based clustering technique from two sources. The feature-based clustering properties of artificial neural networks are described in the work of several researchers in the domain of artificial intelligence and information retrieval. Ritter and Kohonen [29] showed that semantic relationships can be mapped to the subsymbolic level and there discovered and represented by a self-organising neural network. They used a fixed-structure Self-organising Map, the so-called SOM. This approach was continued in the WEB-SOM project [19] for the content-based clustering of USENET articles. Merkl used a hierarchical system of SOMs for the clustering of legal texts, mainly to speed up the training process [23]. Schulten and Martinez proposed a dynamically structured neural network, the Neural Gas (NG), for a more precise geometric approximation of clusters [22]. In the domain of information retrieval these neural network architectures are already successfully employed [33]. For instance the OASIS project [26] uses a variant of NG network.

The second source are our own previous investigations to employ neural networks in the database domain in the support of the schema integration process [12]. The result showed that neural networks can disclose valuable information about semantic relationships. However we used only schema level data, which proved to be a too small training set in order to acquire reliable information from neural networks. Li and Clifton included statistical information from the data level in their approach [21], [31] and were able to elicit semantic relationships in heterogeneous databases.

The idea to use a discovered clustering as logical distribution schema was described in [2]. We analysed the distribution of logical categories among several information sources. The goal was to support information agents with a map of promising sites to start their search. In this project we limited ourselves to the analysis and representation of an existing distribution of logical categories. The application of ICIx allows to extend this idea and create an access-optimal distribution of discovered logical categories among the secondary storage devices of a database system.

With this background we developed a method to generate a multi-dimensional index structure from a clustering of tuples [24],[13]. At first some general considerations. Tuples are considered related if their attribute extensions are similar. Which attributes should contribute to the relationship depends mainly on their meaning. Typically primary keys like account numbers or social insurance numbers do not contribute to a content-based similarity. But these attributes are usually ignored anyway in the explorative queries we are concerned with.

The size of the groups ICIx should index is difficult to determine a priori. Group size is used here in the sense of similarity, i.e. how similar have the attribute extensions to be to consider a tuple as belonging to a group. One solution is to obtain this group granularity from a number of representative queries, but this would limit the application of the index. A better solution is to use a clustering that allows to index large, unspecific groups as well as smaller, very specific groups. This requires the discovery of a hierarchy of clusters and their handling in a taxonomy-like structure. The top of the taxonomy represents large, abstract and unspecific categories. In the subsequent levels of the taxonomy tree these categories are refined to smaller, more specific subcategories. The leaves of the category tree represent the smallest, most distinct categories. There are two different approaches to determine the smallest reasonable granularity and thus the depth of the taxonomy tree. The semantic limit means that within the category no further distinguishing feature can be found. In the extreme case this leads to categories comprising only one object. Under the technical aspect this is unreasonable. The reasonable technical limit of the subdivision is reached if all objects (or tuples) belonging to the category fit on one database page. A problem with this approach can occur when a category is too large for a database page, but no distinguishing feature can be found. In this case we can return to the uniform distribution assumption and distribute the belonging tuples arbitrarily among several database pages. Another solution would be to employ the X-tree's more sophisticated concept of supernodes [3]. In case an X-tree's leaf overflows and the resulting split would lead to too much overlap of the Minimal Bounding Boxes (MBBs), tuples are inserted in supernodes which are subject to sequential scans. According to Beyer et al. [6], in high dimensional dataspaces a sequential scan may be an efficient alternative when point distances become unsignificant.

3 The Intelligent Cluster Index

The general objective of the Intelligent Cluster Index algorithm described in the following section is a data structure that arranges the data objects in similarity groups or clusters and organises these groups in a hierarchical way, which allows searching for objects with a certain combination of features. The resulting tree structure then should organise the data objects in an artificial taxonomy style.

The different branchings within the inner nodes of the hierarchy are determined by the different common feature combinations of the corresponding subtrees. A subtree itself represents a similarity group again. The division into these groups corresponds to a partitioning of the data space that does not partition the entire data space but only the data set embedded within.

In our approach the object set is top-down divided into several disjoint subsets. Each subset is divided again in a varying number of smaller subsets in the following steps, which finally results in a tree with varying branching factor. The recursive subdivision is stopped, if a certain granularity threshold is reached. Since the subsets can be treated independently, this divide and conquer principle inherently possesses an enormous potential for parallelization [20].

Self-organising artificial neural networks can serve as a flexible tool to detect the a priori unknown similarity groups (clusters). In particular we use the Growing Neural Gas network (GNG) proposed by Fritzke [10]. Training and evaluating a network delivers one level of the hierarchy. All feature vectors mapped to the same component of the neuron graph are interpreted as one detected cluster.

Although there are neural networks like SplitNet [27] or HiGCS [8], that directly grow in a tree-like manner, we adapt the scheme proposed by Merkl [23], due to its lower impacts on computational complexity. Merkl uses a predefined fixed hierarchy of Self-Organising Maps (SOM), where for every neuron a new subnet SOM is added to the structure.

Merkl's hierarchical SOM network consists of a fixed number of neurons connected in a grid like structure. The depth of the hierarchy and the number of neurons for each network have to be specified in advance, which requires very much insight into the data set to be organised. However each individual network is trained independently only with the feature vectors classified by neurons of the SOM above in the tree, following the divisive clustering strategy. This finally results in a fixed, static tree structure.

By replacing the SOMs with GNG-networks and changing the cluster interpretation from single neurons to components in the neuron graph we can make the structure more flexible.

Nevertheless the question persists how many neurons each GNG network can contain at most and when the deepening of the structure has to be stopped. The answers have to compromise between the technical database perspective and the semantic view of the data groups.

A stop criterion for the divisive clustering is simply the number of objects in a cluster/group that would fit one data page, which is plausible from a technical perspective. The implications of choosing a different criterion were explained earlier. We use a fixed number of neurons n for each network. This implies a maximum number of $\frac{n}{2}$ of components that can emerge in the neuron graph, which in turn delivers the same number of clusters. From the semantic point of view this decision seems to be problematic, because if there are too few neurons the network would regard two or more clusters in the data set as one category. The distinction of these clusters will be made on a deeper level in the hierarchy. However from the indexing point of view its not very important where in the hierarchy the distinction is made but that it is made at all. From the technical perspective the fixed number of neurons leads to a fixed maximum number of sons for each node in the tree and provides the base for a regular internal structure.

With these arrangements we have a mechanism that builds up hierarchical structures of groups and neural networks. The tree of neural networks cannot be used directly for searching, because no correct answer can be guarantied. The argument why not, is a combination of the subsymbolic cluster-representation and generalisation properties of the trained network. Rahmel gives a detailed discussion and proof of the argument [28].

Therefore we have to describe the groups detected by networks in a way that allows a correct answering of queries. The hierarchy of groups is available in symbolic and subsymbolic form.

The usage of the symbolic form would require the description of a leaf group by sets of rules that describe the common properties shared by all tuples in the group. The inner nodes would be simple disjunctions of the rule sets from the sons. It is obvious that the description of a single node can grow very large. In this sense a query would be regarded as rule. In the tree traversal process it must be tried to derive a contradiction between the query rule and the node rule sets to exclude the subtree from further investigation. The required analysis for extracting the rules and answering queries needs much computational effort, and is therefore impractical.

On the subsymbolic level a group description can be extracted much easier. One possible solution is the usage of minimum-maximum feature value ranges, which creates a minimum bounding box (MBB) enclosing the cluster. These boxes can be represented in a very compact way compared to the symbolic form. The MBB approach is already used by some geometric point data structures, like the R-tree and its variations [5]. Furthermore the mechanism for evaluating queries against such bounding boxes is computational less complex than a symbolic rule evaluation. A major consequence of representing the groups in a subsymbolic form is that the queries have to be encoded as well. We will elaborate on this issue in more detail in section 3.3 after we have formalised and summarised the sketched algorithm.

One intricacy of the MBB approach is the introduction of possible leaf overlaps. As described above, our neural network architecture divides the tuples into disjoint clusters. However the cluster approximation by MBBs is very simple but imprecise. Any cluster, despite of its possible irregular form, is represented by a hyperrectangle. Due to their shape, the hyperrectangles often include some space where no points of the cluster are located. This is usually called dead space. The increased volume of the cluster representation leads then to overlaps between the MBBs. The result is that some nodes of the index tree now "virtually" match a query and the performance of the index decreases.

This effect is common to all multidimensional index structures that employ minimum bounding boxes, most notably the R-tree and its variations [14], [1], [3]. Since in the R-tree the overlap is introduced by the splitting of overflowing nodes, a sophisticated split strategy is one method to reduce this problem. Another method is the approximation by more complex shapes. For instance the SR-tree [18] uses a combination of hyperspheres and hyperrectangles. A third method is to suppress the overlap. The data space is partitioned in non-overlapping cells. These cells are not necessarily related to existing tuples of clusters. At best they are also an imprecise representation. This invariably leads to a distribution of a cluster to different cells. The clusters are torn apart and thus the taxonomic representation within the index is disturbed.

In ICIx we have the option to change the area which we approximate with MBBs. As described above, the neural network represents clusters with components of at least two connected neurons. An approximation of the cluster shape with a MBB can include much dead space. The training process of the neural network places the neurons in the sub-centres of a cluster. In the next clustering step the receptive area around each neuron will most likely form a separate cluster on its own. Therefore we could approximate the receptive area around each neuron with a MBB rather than the receptive area of the whole component, i.e. the cluster. In our experiments this reduced the overlap remarkably. As a side effect, this "beforehand" splitting of network components can reduce the depth of the index tree. However it also leads to more leaves and a decreased utilization of data pages.

3.1 Formal Conventions

Before we summarise the algorithm for creating the ICIx structure in a pseudo code notation, we introduce the necessary formal conventions.

The set of the m objects to be indexed by ICIx is denoted by $\mathcal{O} = \{o_i\}$. The set $\mathcal{E} = \{\xi_i\}$ is the set of the corresponding d-dimensional feature vectors, where $\xi_i \in \mathbb{R}^d$ denotes the encoding of object o_i and ξ_{ij} its j-th component.

The clusters detected by the neural network are numbered in the order of their discovery with a pagekey $pk \in \mathbb{N}$. The cluster an object belongs to is referenced by $o_i.pk$ or $\xi_i.pk$. The set of all feature vectors belonging to the same cluster pk is expressed by $\mathcal{G}_{pk} \subseteq \mathcal{E}$. The set $\mathcal{CL} = \{\mathcal{G}_i\}$ represents the set of all clusters of feature vectors identified by the actual network.

Each node of the ICIx tree is described by the tuple $T = (pk, MBB, \mathcal{S}, F)$. The pagekey pk uniquely identifies the node and the corresponding cluster. F points to the father of the node and $\mathcal{S}$ is a set of references to its sons. The minimum bounding box $MBB = [L_1, U_1] \times [L_2, U_2] \times \ldots \times [L_d, U_d]$ is a hyperbox that approximates the region of the data space the cluster pk is located in. The lower (upper) bounds L_k, U_k of the feature value ranges are defined as $L_k = \min_{\forall \xi_i \in \mathcal{G}_{pk}} \xi_{ik}$ and $U_k = \max_{\forall \xi_i \in \mathcal{G}_{pk}} \xi_{ik}$. Let $MBB_{\mathcal{G}_{pk}}$ denote the minimum bounding box of the set of the encoded objects belonging to cluster $\mathcal{G}_{pk}$.

3.2 Initial Index Creation

The creation procedure is divided into two steps for the ease of presentation. In the first step (alg. 1) the root is created and all encoded objects are assigned to it.

Algorithm 1 create IClx-Index

```
pk := 0
root := T(pk ++, MBB_G0), ∅, ∅)
for all ξ ∈ G0 do
   ξ.pk := T.pk
end for
Expand(root)
```

This creates an IClx tree with one leaf node, that very likely violates the stopping criterion (a maximum number of tuples per datapage D_{max}). Therefore this node has to be further subdivided by a GNG-network, which is done by calling the procedure *Expand*.

Algorithm 2 Expand(*node*)

```
if |G_node.pk| ≤ D_max then
   return
end if
CL := ∅
CL :=Clustering with new GNG network(G_node.pk)
if |CL| = 1 then
   CL := arbitrary subdivision of G_node.pk
end if
for all G_i ∈ CL do
   son := T(pk ++, MBB_Gi, ∅, node)
   node.addSon(son)
   for all ξ ∈ G_i do
      ξ.pk := son.pk
   end for
   Expand(son)
end for
```

The procedure (alg. 2) first checks the stop condition. If the stop condition is not satisfied, the node is further divided into a set of clusters $\mathcal{CL}$, and corresponding son nodes are added to the tree structure. The second if-condition checks for the special case that there is no distinguishing feature left for the neural network to divide the input set $\mathcal{G}_{node.pk}$ into clusters. For the specialities and details of the GNG training and cluster evaluation we refer to GNG literature like [11]. For each new son the *Expand*-procedure is called recursively again.

The final output of the algorithms 1 and 2 is the IClx tree, which contains in its leafs at most D_{max} objects or tuples. The objects now can be stored on the same data page. The *pk*-Attribute serves as logical reference between the data page and its tuples. The data region containing their corresponding feature vectors is described by a minimum bounding box. An inner node has a minimum bounding box containing all hyperboxes of its sons. These boxes can be used to reduce the search space for queries efficiently.

3.3 Searching the Index

The general retrieval algorithm using an index has two steps. First, determine the candidate pages via the index and load them into main memory. Second, check the candidate pages and remove those tuples not exactly matching the query. Finally return the remaining tuple set as answer. The first step, which uses the index, has to guaranty completeness of the answer, while the second step provides correctness of the answer.

The technical connection between ICIx and a relational database system is realised following a scheme used by Henrich in the test of his LSD index [17]. The overall aim of searching trough the ICIx structure is to determine those leafs and their respective pagekeys pk, that might contain candidate tuples for the final result set. The search on the ICIx tree must guarantee a complete answer, the correctness can be regarded as given by the database system's internal query mechanism in this setup.

At the end of section 3 we already mentioned that the symbolic SQL statements must be mapped to the subsymbolic level. In the case of a SQL retrieval query in form of a select-statement, this means mainly the encoding of the *WHERE*-predicate combination into a semantically equivalent ICIx tree query. This has to be done using the encoding methods already used for creating the ICIx tree. The respective encoding information must therefore be stored in the data dictionary. The additional information comprises, to which feature vector component F_i an attribute A_i is mapped and the function $enc(val_{A_i})$ is used to encode the attribute values.

In particular the ICIx query describes a data region located somewhere in the subsymbolic data space. The criterion for the tree traversal is the following: *Can the bounding box of the node contain feature vectors belonging to the query region?* An equivalent reformulation of the criterion is: Do the query region described by Q_{Tree} and the node's minimum bounding box intersect $Q_{Tree} \cap MBB \neq \emptyset$?

Now we can sketch the ICIx retrieval procedure (alg. 3) for the first step of the general retrieval algorithm. The complete formulation is left out due to the space limitations. The input Q_{Tree} is an encoded SQL select statement. The output of the algorithm is a list of pagekeys $Result_{Q_{Tree}}$. T_0 denotes the root of the corresponding ICIx tree and n the actual node, while *queue* represents a set of nodes implemented as priority queue.

The described ICIx retrieval algorithm provides the base for more specialised search operations like exact nearest-neighbour searching or simple group searching, which means to omit the second step of the general retrieval algorithm and to return all found tuples. This opens up a way to enhance relational database systems with approximate query mechanisms, as all tuples on these pages belong to the same logical category. An approximate query mechanism is a feature today's databases still lack.

Algorithm 3 Answering of Q_{Tree}

```
n := T_0
queue.enque(n)
while (queue ≠ ∅) do
  n := queue.deque()
  if n.MBB ∩ Q_Tree ≠ ∅ then
    if n.S = ∅ then
      Result_Q_Tree := Result_Q_Tree ∪ {n.pk}
    else
      for all s ∈ n.S do
        queue.enque(s)
      end for
    end if
  end if
end while
return Result_Q_Tree
```

First tests were carried out in order to compare the retrieval performance of several variations of our index against standard indexes available in relational databases. One of these experiments is described in the remainder of this section in order to give a short impression of the potential of our indexing concept. We chose the comparison against a combination of B-tree indexes because most commercial systems use multiple secondary B-tree indexes to search multidimensional data and we aimed at a first estimation of ICIx's performance in a most general scenario. We generated a 10-dimensional relation with 2.1 million tuples. The data space had the range $[-10^4, 10^4]$ in each dimension. 10^5 clusters with 21 points each were randomly distributed in this space. Each of the hypersphere-shaped clusters had a radius of 250. The tuples were indexed with the ICIx system, 10 single B-tree indexes (one for each dimension) and finally one B-tree index with a composite key formed by a concatenation of all 10 dimensions. Furthermore our index was implemented as logical and primary data organisation. The results were obtained from an Oracle 8.0.3 database running on a Sun II Ultra Sparc Server. Further tests on other database systems revealed that the qualitative results are the same. Thus they can be regarded as independent of a particular database system. The retrieval properties of the structures were tested with sequences of explorative queries. We issued 7 series of 100 queries. Each query described a hypercube around a randomly chosen point with the condition that the hypercube intersected at least with one cluster. The sizes of the hypercubes were varied between the query series to obtain queries with different selectivities. The respective hypercube sizes are marked on the x-axis in figure 1. We measured the execution time and the number of I/O-operations and computed the average. The logical data organisation by the ICIx system resulted in an average speed up of 1:4.25 against the database's B-tree with a composite key index. ICIx as primary organisation resulted in a speed up of 1:20.86. The speed up factors against the 10 single B-trees are much higher.

This can be attributed to the fact that the cost based optimisers do not use all of them. It turned out that the Intelligent Cluster Index performed much better than conventional indexing methods for the examined type of query for both implementations. The reasons for the better performance can be analysed by inspecting the number of hard disk I/O-operations during the query execution.

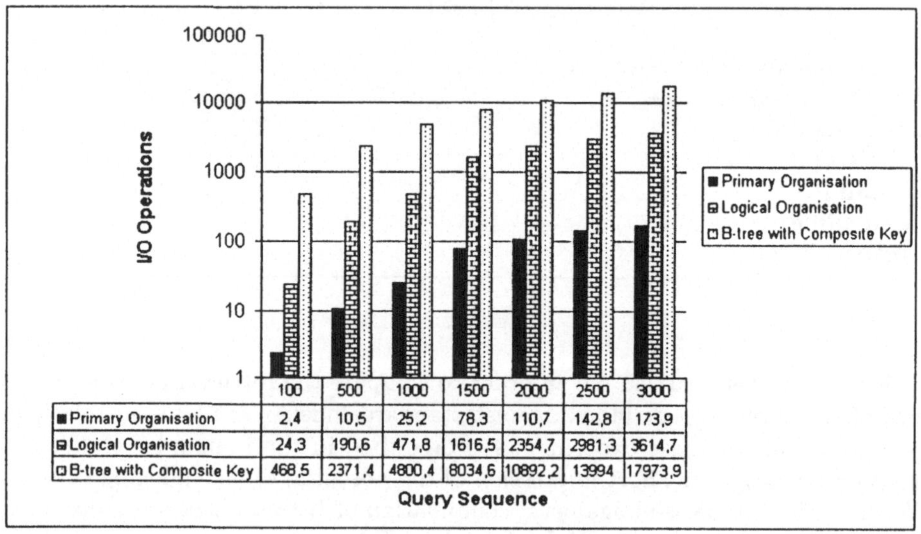

	100	500	1000	1500	2000	2500	3000
Primary Organisation	2,4	10,5	25,2	78,3	110,7	142,8	173,9
Logical Organisation	24,3	190,6	471,8	1616,5	2354,7	2981,3	3614,7
B-tree with Composite Key	468,5	2371,4	4800,4	8034,6	10892,2	13994	17973,9

Fig. 1. Number of I/O Operations

Figure 1 shows that number of I/O-operations needed by ICIx is approximately 1 to 2 orders of magnitude less than for the B-tree with the composite key. The performance difference between the logical and primary organisation was as expected. The primary organisation stores all tuples found in a leaf of the index tree on the same data page, instead of distributing them over more than one page like the logical organisation does. So if a leaf of the tree is selected, the primary organisation needs only one I/O-operation to read the associated tuples from disk.

These first results are a good reason to continue our work and to include really multidimensional indexes, like X-tree and LSD-tree etc., in the experiments to further evaluate the performance. Of course the ICIx structure should undergo some improvements prior to such a comparison. In the first implementation we did not include any tree optimization, like balancing, for the sake of a good taxonomic cluster representation. Additionally the cluster approximation by MBBs could be improved by including quantization schemes, introduced in the A-tree [30] or the IQ-tree [4]. We expect ICIx to outperform other multidimensional index structures in case of explorative queries due to its content-based partitioning of the search space.

3.4 Incremental Updates of the Index

In the intended field of application, which is primarily the area of data analysis applications like Data Mining or OLAP, incremental update operations occur less frequently than in transactional databases. Moreover they mostly occur in the form of very large bulk operations. However ICIx also supports insert and delete operations that can be applied after the initial bulk load. Due to space limitations we will restrict ourselves to a short informal description.

The insert-operation of ICIx works in principle as follows. First the new tuple is encoded into a feature vector. Then the leaf nodes that might take up the new tuple are searched with algorithm 3. Via a best-matching criterion, which is the distance between the feature vector and the minimum bounding box center, the tuple is assigned to the corresponding page. If the page is full, a local training step is executed. The tuples from this single page are read and a new ICIx subtree is generated by algorithm 1.

In case no leaf node can be found a new category must be created within the hierarchy. To place this new category, the inner nodes, whose bounding boxes could contain the new feature vector, are searched. The best-matching criterion is applied to the found inner nodes deepest in the tree. The inserted feature vector forms a new subcategory, a new son of the best-matching inner node. Here the X-tree's concept of supernodes can be applied too, creating a "supernode"-son, taking up all tuples inserted in this particular inner node. If this supernode-son is full, a local training step is executed reorganising the subtree rooted in this inner node.

In the worst case the inserted feature vector lies outside the bounding box of the root node. In this case a supernode-son is created under the root and the root's MBB is adapted.

The local training steps limit the degeneration of the ICIx-tree in case of incremental updates. Also, incremental inserts never change the MBBs of any node other than the root. Thus no MBB changes have to be propagated upwards.

The delete operation works similar. At first, tuples to be deleted are searched by the general retrieval algorithm. The tuples are deleted from the data pages. If this creates empty pages, then the corresponding leaf nodes are deleted in the ICIx tree too. For the non-empty pages bounding boxes are recomputed. The changes of the bounding box boundaries are then propagated in upward direction to update the ICIx tree.

This informal description makes clear that ICIx, at the moment, is more suited for a quasi-static environment, especially in light of the required first bulk load. But the class of Data Mining applications and OLAP, where we see ICIx's prime deployment, can be regarded as rather stationary environment.

4 Interpretation as Logical Distribution Schema

In the previous sections we have demonstrated that ICIx can generate a content-based clustering of the tuples in a relational database system. This clustering can be applied as a multi-dimensional index structure, improving the retrieval speed of the system. However in the problem scope we are concerned with, the data is usually not stored on a single secondary storage. For performance or administrative reasons the content of the database is distributed among several secondary storages. Often this distribution should be transparent to the user. He should still be able to issue queries against the global schema. Therefore a mechanism is required to process the query on the global level and distribute parts of the query to the respective local storages.

In this section we will discuss the advantage of establishing a logical distribution schema based on the ICIx, in addition to the technical distribution schema. The idea is that the clustering of content-related tuples that improved the performance in case of a single secondary storage can be applied in the distributed case with a comparable result. We can derive a logical distribution schema from ICIx's clustering information.

4.1 Parallel Secondary Storages

Database systems with large volumes of data often employ several parallel accessible secondary storage devices to increase their retrieval performance. The database server distributes the data among the available storage devices. The intent is to create a maximum parallelism in the retrieval. Optimally every storage should contribute to answer a query and therefore less tuples have to be read from each storage. This resembles a RAID (Redundant Array of Independent Disks) level 0, where a record (tuple) is sliced and stored on the individual stripes of the RAID, in order to read the parts in parallel. RAID level 0 involves no data redundancy. The difference is that parallel database systems usually partition horizontally, i.e. not the tuples are sliced and their parts are distributed, but the table is sliced and ranges of tuples are distributed.

It is obvious that ICIx's clustering information provides a valuable heuristic for the horizontal partitioning of tables. If queries are related to the clusters of tuples ICIx has discovered, and this is our basic assumption, then those clusters should be sliced and distributed among the secondary storages. Thus the query affects tuples on every secondary storage and a maximum parallel retrieval takes place. We can view this as an intra-group distribution. Within the individual storages the tuples belonging to one group should be clustered on the same database pages. This reduces the number of accessed pages on each individual storage and results in a decreased retrieval time, as we have shown in the case of a single storage device.

4.2 Distributed Secondary Storages

Besides database systems that employ parallel secondary storages there are also systems with distributed data sources. Examples are distributed database systems with cooperating servers and distributed information systems. In these systems no truly parallel data access is possible, because each data source, or location, may introduce an individual delay in the answer time. Thus the global instance has to wait for the slowest location in order to receive a complete answer to a query. This situation makes it desirable to reduce the number of locations involved in the query processing. The global instance should be able to decide which locations can contribute to an answer and pass the query to them only. To reduce the number of contributing locations, groups of content-related tuples should be stored as a whole on a location.

ICIx's clustering information can again serve as heuristic to determine the tuples that should be stored together. Since distributed systems focus on a partitioning based on semantic aspects rather than performance aspects, such subtrees of the ICIx structure should be identified that are suitable for storing at one location. Exchanging the pagekeys in the ICIx with location keys, ICIx can serve as global index. By issuing the query against the global ICIx, relevant locations can be identified. Since ICIx already guarantees the completeness of the answer, only the locations identified by ICIx have to be involved in the query processing. Thus the inter-group distribution ensures that a minimum number of locations has to be contacted. This implements the idea of a semantic navigation map in form of a logical distribution schema. Again a local clustering of a group's tuples to the same database pages is advised. A local ICIx can be employed for this purpose.

A special case of the distributed system is a post-integrated distributed database system. This means the different locations existed individually and were integrated to a global system. While it is possible to analyse the clustering of tuples and create a global ICIx, it is certainly not feasible to redistribute the tuples in order to create an optimal group-locality. In this case the logical distribution schema can only reflect the status quo. This resembles the situation we have described in [2].

5 Conclusion

In this article we have introduced a new multidimensional index structure for database systems, the Intelligent Cluster Index. The fundamental assumption in the development of ICIx was that explorative queries, typical for Data Mining and information retrieval systems, focus on groups of somehow content-related tuples. In contrast to other multidimensional indexing structures, ICIx does not assume a uniformly distributed data set. Rather it explicitly searches for clusters of tuples and uses the discovered cluster information for the indexing purpose.

The search for tuple-clusters is executed on the subsymbolic level by means of a self-organising, dynamically growing artificial neural network. The clustering information obtained from the neural network is conveyed into the multidimensional index structure in the above described procedure.

We have presented test results, indicating that ICIx can significantly improve the retrieval speed in comparison to traditional, on the uniform distribution assumption based index structures. The speed up results from two principles: First, ICIx compares the *WHERE*-predicate of a query against features of tuple-groups and not individual tuples. Thus it can quickly exclude not matching groups and thereby bypass the test of large volumes of tuples. Second, based on the cluster information a logical and physical ordering of the tuples is possible. This reduces the number of I/O-operations for queries having to read groups of similar tuples.

In the second part of this article we have discussed the application of ICIx as heuristic and global index structure for parallel and distributed database systems. ICIx's information about tuple-groups can be used to derive an access-optimal distribution of the data among parallel secondary storages or individual locations of a distributed system. ICIx therefore forms the basis of a logical distribution schema for the global instance. An urgent research issue in our approach is the encoding of the tuples for the transformation to the subsymbolic level. This is a complex task and requires careful preparation and much insight. Currently we are working on a semi-automatic encoding module that allows ICIx to process a wide range of data types more conveniently. This is an important prerequisite for the general application.

References

1. N. Beckmann et al., *The R*-tree: An Efficient and Robust Access Method for Points and Rectangles*, in: SIGMOD Record Vol. 19 (2), ACM Press, 1990
2. W.Benn, O.Görlitz, *Semantic Navigation Maps for Information Agents*, 2nd Int'l. Workshop on Cooperative Information Agents CIA-98. Paris, July 1998.
3. S. Berchtold et al., *The X-tree: An Index Structure for High-Dimensional Data*, in: Proc. of the 22nd VLDB Conf., Mumbay, India, Morgan Kaufmann 1996
4. S. Berchtold et al., *Independent Quantization: An Index Compression Technique for High-Dimensional Data Spaces*, in: Proc. of the 16th Int'l. Conf. on Data Engineering (ICDE), San Diego, USA, IEEE Computer Society, 2000
5. E. Bertino et al., *Indexing Techniques for Advanced Database Systems*, Kluwer Academic Publishers Boston, Dordrecht, London 1997
6. K. Beyer et al., *When Is "Nearest Neighbor" Meaningful?* in: Lecture Notes in Computer Science 1540, pp. 217-235, Springer 1999
7. J. P. Bigus, *Data Mining with Neural Networks*, The McGraw-Hill Companies, 1996
8. V. Burzevski, C. K. Mohan, *Hierarchical Growing Cell Structures*, Proc. IEEE Int'l. Conf. on Neural Networks, pp. 1658-63, 1996
9. P. Dadam *Verteilte Datenbanken und Client/Server-Systeme: Grundlagen, Konzepte, Realisierungsformen*, 1996, Springer Verlag Berlin
10. B. Fritzke, *A growing neural gas network learns topologies*, 1994, Proc. 1994 NIPS Conf., Denver
11. B. Fritzke, *Vektorbasierte Neuronale Netze*, 1998, Shaker Verlag
12. S. Gilg, R. Neubert, *Schemavergleich mit Hilfe Neuronaler Netze*, 1998, Studienarbeit, TU Chemnitz
13. O. Görlitz, R. Neubert, W. Benn, *Access to Distributed Environmental Databases with ICIx Technology*, Online Information Review Journal, Vol. 24 Issue 5, 2000 MCB University Press
14. A. Guttman, *R-Trees: A Dynamic Index Structure For Spatial Searching*, in: SIGMOD Record 14 (2) , pp. 47-57, ACM Press 1984

15. A. Henrich, *Der LSD-Baum: eine mehrdimensionale Zugriffsstruktur und ihre Einsatzmöglichkeiten in Datenbanksystemen*, 1990, Dissertation, FernUniversität - Gesamthochschule - Hagen
16. A. Henrich, H.-W. Six, *How to split buckets in spatial data structures*, 1991, Proc. Int'l. Conf. on Geographic Database Management Systems, Esprit Basic Research Series DG XIII, Springer Verlag
17. A. Henrich, A. Hilbert, P. Widmayer, *Anbindung einer räumlich clusternden Zugriffsstruktur für geometrische Attribute an ein Standard-Datenbanksystem am Bsp. Oracle*, 1991, Proc. GI-Fachtagung BTW 91, Springer Informatik Fachbericht 270, pp. 161-177
18. N. Katayama, S. Satoh, *SR-Tree: an index structure for nearest neighbor searching of highdimensional point data*, 1998, Journal: Systems and Computers in Japan, Vol. 29, Iss. 5, pp. 59-73
19. T. Kohonen, *Self-Organization of Very Large Document Collections: State of the Art*, 1998, Proc. Int'l. Conf. on Artifical Neural Networks ICANN-98
20. S. Krumbiegel, *Performanzvergleich künstlicher Neuronaler Netze bei unterschiedlicher Hardwareunterstützung*, 1999, Studienarbeit, TU Chemnitz
21. W. Li, C. Clifton, *Semantic Integration in Heterogeneous Databases Using Neural Networks*, Proc. of the 20th VLDB Conf., Santiago, Chile, 1994
22. T. Martinetz, K. Schulten, *A "neural gas" network learns topologies*, 1991, Artifical Neural Networks, North-Holland, Amsterdam, pp. 397-402
23. D. Merkl, *Exploration of Text Collections with Hierarchical Feature Maps*, 1997, Proc. ACM SIGIR 97, Philadelphia, USA
24. R. Neubert, O. Görlitz, W. Benn, *Incorporating Knowledge Technology in Databases – the Intelligent Cluster Index*, KnowTech 2000 Conference and Exihibition, http://www.knowtech.net
25. J. Nievergelt, H. Hinterberger, K. C. Sevcik, *The grid file: An adaptable, symmetric multikey file structure*, 1984, ACM Transactions on Database Systems, Vol 9 (1), pp. 38-71
26. *OASIS: Open Architecture Server for Information Search*, http://www.oasis-europe.org/
27. J. Rahmel, *SplitNet: Learning of Tree Structured Kohonen Chains*, 1996, Proc. ICNN 96, Washington
28. J. Rahmel, *On the Role of Topology for Neural Network Interpretation*, 1996 Proc. ECAI 96, John Wiley & Sons Ltd.
29. H. Ritter, T. Kohonen, *Self-Organizing Semantic Maps*, 1989, Biological Cybernetics 61:(4), pp. 241-254, Springer Verlag
30. Y. Sakurai et al., *The A-tree: An Index Structure for High-Dimensional Spaces Using Relative Approximation*, Proc. of the 26th VLDB Conf., Cairo, Egypt, 2000
31. P.Scheuermann, Wen-Syan Li, C. Clifton, *Multidatabase Query Processing with Uncertainty in Global Keys and Attribute Values*, 1998, Journal of the American Society for Information Science Vol. 49 (3), pp. 283-301
32. J. Zavrel, *Neural Information Retrieval*, 1995, Thesis, University of Amsterdam
33. J. Zavrel, *Neural Navigation Interfaces for Information Retrieval: Are they more than an Appealing Idea*, 1996, Artificial Intelligence Review 10, pp. 477-504

Komponenten-Middleware
Der nächste Schritt zur Interoperabilität von IT-Systemen

Jochen Rütschlin[1,2], Günter Sauter[1], Jürgen Sellentin[1], Klaudia Hergula[1],
Bernhard Mitschang[2]

[1]DaimlerChrysler AG
Forschung und Technologie
Labor IT for Engineering
Abt. Prozesskette Produktentwicklung
(FT3/EK)
Postfach 2360, D-89013 Ulm

[2]Universität Stuttgart
Institut für Parallele und Verteilte
Höchstleistungsrechner (IPVR)
Abt. Anwendungssoftware
Breitwiesenstraße 20-22,
D-70565 Stuttgart

{jochen.ruetschlin, guenter.sauter, juergen.sellentin, klaudia.hergula}
@DaimlerChrysler.com, bernhard.mitschang@informatik.uni-stuttgart.de

Kurzfassung: In diesem Papier stellen wir eine erste Konzeption für eine komponentenbasierte Middleware vor. Dabei verwenden wir neutrale Daten- und Beschreibungsmodelle, um eine Abstraktion bzgl. bestehender Komponentenmodelle zu erlangen. Kernpunkte in unserer Architektur sind die Komponentenschnittstellen, das auf SOAP basierende Kommunikationsprotokoll und ein *Corporate Repository*.

1 Motivation

Zu Beginn der rechnergestützten Informationsverarbeitung waren Anwendungen überwiegend voneinander unabhängig entwickelte, auf einen sehr begrenzten Bereich beschränkte Software-Lösungen. Die so entstandene Problematik der sog. Inselsysteme zog die Anforderung der Interoperabilität über Anwendungsbereiche hinweg nach sich. Dies wurde zum Einen durch die sog. Ein-System-Schnittstellen, zum Anderen durch Middleware-/Integrationslösungen adressiert.

Im Falle der Ein-System-Schnittstelle werden in steigendem Maße Standardsoftwareprodukte wie CATIA® von Dassault Systemes oder SAP/R3® von SAP verwendet. Obwohl diese Produkte ein sehr breites Anwendungsspektrum abdecken, erfordern wettbewerbsrelevante Spezialprobleme dennoch eigene Lösungen. Um ein erneutes Entstehen von Insellösungen durch das Nebeneinander von Standardsoftware und spezifischen Lösungen zu verhindern, wird ein Zusammenbringen dieser beiden Welten benötigt.

Auf der anderen Seite wird bei den Middleware- und Integrationslösungen versucht, bestehende Systeme trotz ihrer Heterogenität miteinander zu koppeln und durch Daten- und Funktionsintegration ein sog. *Single-System-Image* bereitzustellen [HH00, Sa98]. Dabei entsteht zum Einen das Problem, dass die Zusammenführung der Systeme nur über die Integrationsschicht erfolgen kann wodurch keine direkte Interaktion zwischen den Systemen möglich ist. Zum Anderen ist heute in den meisten Fällen bei diesen Ansätzen eine eindeutige Festlegung der Semantik sowohl von Daten als auch von Funktionen nicht gegeben.

Aus diesen Problemen heraus wollen wir uns die Frage stellen, wie Systemlandschaften in der Zukunft aussehen sollen, um die angesprochenen Schwierigkeiten bei der Systemerweiterung und -integration künftig zu vermeiden. Somit steht im Fokus dieser Arbeit nicht der Integrationsaspekt von bestehenden Altsystemen, sondern vielmehr der Anspruch, durch die Definition einer geeigneten Architektur die Interoperabilität zukünftiger Anwendungen sicher zu stellen. Schon aus der Problemstellung heraus scheint der Einsatz einer Komponentenarchitektur naheliegend. Eine der zentralen Ideen eines Komponentenmodells ist die Bereitstellung einer syntaktisch standardisierten Schnittstelle für einen bestimmten Funktionsumfang mit dem Ziel, die so entstehenden Komponenten einfach auf einer gleichberechtigten horizontalen Ebene miteinander verbinden zu können (im Gegensatz zum vertikalen Integrationsansatz).

Komponentenmodelle gibt es schon seit geraumer Zeit. Aber gerade die drei am weitesten verbreiteten Modelle CORBA (1991), DCOM (1996) und EJBs (1997) weisen einige Mängel auf, insbesondere bei der semantischen Beschreibung und der strikten Trennung zwischen Beschreibungs- und Ausführungsmodell. Hinzu kommt noch eine mehr oder weniger ausgeprägte Unverträglichkeit zwischen den Modellen, so dass wir versuchen, ein Komponentenmodell zu entwerfen, in dem diese Mängel nicht auftreten. Dazu müssen wir zum Einen die Frage nach einer geeigneten Komponentenschnittstelle, zum Anderen nach einem geeigneten Kommunikationsprotokoll zwischen den Komponenten klären.

In diesem Beitrag wollen wir aus der oben beschriebenen Problematik in Kapitel 2 die Anforderungen an unser Komponentenmodell ableiten und in Kapitel 3 kurz auf bereits bestehende Konzepte und Standards eingehen. Die Idee unseres Lösungsansatzes stellen wir in Kapitel 4 dar. Kapitel 5 schließt den Beitrag mit einer Zusammenfassung und dem Ausblick.

2 Anforderungen

In der Einleitung haben wir erkannt, dass die Architektur künftiger IT-Systeme auf einer Art Bausteinprinzip basieren sollte. Diese recht allgemeine Forderung wollen wir im Folgenden konkretisieren. In Anlehnung an die übliche Begriffsbildung wollen wir dabei den Begriff der Komponente verwenden. Da es bisher keine allgemeingültige Definition dieses Begriffes gibt, stellen die folgenden Anforderungen gleichzeitig unsere Definition von Komponente dar. Prinzipiell wollen wir bei der Diskussion zwei Bereiche unterscheiden: Die Beschreibung von Schnittstellen einzelner Bausteine/Komponenten sowie die Infrastruktur (sog. Middleware) zur Kommunikation zwischen diesen.

2.1 Beschreibung von Schnittstellen

Die Beschreibung der Funktionalität einer Komponente sollte im Wesentlichen über die Spezifikation ihrer Schnittstelle erfolgen (sog. *Black-Box*-Ansatz). Hierbei reicht es aber nicht aus, nur die Syntax von Funktionsaufrufen festzulegen. In diesem Fall bliebe das Verhalten (und damit auch die eigentliche Funktionalität) des Bausteines unbekannt. Vielmehr ist eine Beschreibung von Syntax und Semantik der enthaltenen Funktionalität nötig. Und genau hier entsteht eines der wesentlichen Probleme. Es gibt bereits einige Sprachen zur Definition der Syntax von Daten oder Funktionen (z. B. SQL [ANSI99] und EXPRESS [ISO94] für Daten oder die IDL von CORBA [OMG99b] für Signaturen). Allerdings fehlen technologie-unabhängige Standards oder Beschreibungsmodelle zur Spezifikation der Semantik von Daten und Signaturen. Unserer Meinung nach lassen sich praxistaugliche Verfahren zur (maschinenlesbaren und -interpretierbaren) Beschreibung der Semantik momentan nicht realisieren. Diese Ansätze lösen in der Praxis nicht einmal einfache Probleme [Sa98]; es sei hier nur das Synonym/Homonym Problem genannt. Insofern bleibt hier als Mindestanforderung nur die umgangssprachliche und damit fehleranfällige Beschreibung. Eine Verbesserung bei der Erfüllung der Anforderungen würde erreicht durch die Einführung von Klassifikationskriterien oder Standards.[1] Wichtig ist jedoch in beiden Fällen, dass sowohl die Syntax als auch die Semantik vom Ausführungsmodell neutral beschrieben werden kann, damit die Spezifikationen auch nach Einführung einer neuen Technologie ihre Gültigkeit behalten.

2.2 Kommunikationsinfrastruktur

Neben der Beschreibung einzelner Komponenten gilt es auch, die Interaktion zwischen diesen zu regeln. Im Wesentlichen erfordert dies die Definition eines Kommunikationsmodells mit zentralen Diensten. Letztere umfassen Funktionen, die aufgrund ihrer Koordinationsaufgaben zentral angeboten werden müssen. Dies sind beispielsweise Dienste wie die globale Verwaltung von Transaktionen, Sicherheitsfunktionen sowie ein *Corporate Repository* mit Metadaten zu allen verfügbaren Komponenten. Das Kommunikationsmodell zusammen mit den zentralen Diensten bezeichnen wir dann als Middleware-Lösung.

Bereits in der Einleitung haben wir erkannt, dass die Beschränkung auf eine Kommunikationstechnologie nicht ausreicht. So entstehen z. B. stetig neue Kommunikationstechniken. Um so bedeutender ist es, dass die gewählte Middleware-Lösung flexibel und erweiterbar bzgl. der zugrundeliegenden Technologien ist und damit einen gewissen Grad an Offenheit bietet. Durch diese Flexibilität kann auf einfache Systemanforderungen auch mit einfachen und schlanken Umsetzungen reagiert werden. Die Middleware-Lösung sollte insbesondere auch unabhängig von einer Programmiersprache oder einem Betriebssystem sein. Wir benötigen also ein relativ abstraktes Kommunikationsmodell (Beschreibungsmodell), das auf verschiedene Kommunikationstechnologien (Ausführungsmodell) abgebildet werden kann. Diese Abbildung muss natürlich auch die Informationen aus dem Beschreibungsmodell für einzelne Komponenten berücksichtigen (Abschnitt 2.1). In diesem Sinne kann man die zentralen Dienste auch als ausgezeichnete Komponenten betrachten.

[1] z. B. in Anlehnung an die CR-Klassifikation bei Fachliteratur [ACM98] oder das STEP Application Protocol 214 für Daten der Automobilindustrie [ISO97].

3 Diskussion bestehender Ansätze

Prinzipiell sind die im letzten Kapitel dargestellten Anforderungen (jede für sich) nicht neu. Insofern gibt es Lösungsansätze, die bereits einige unserer Anforderungen abdecken. Es stellt sich jedoch immer die Frage, wie sich die Gesamtheit aller Anforderungen abdecken lässt. In diesem Sinne wollen wir existierende Arbeiten betrachten und die Möglichkeiten und Grenzen ihres Einsatzes diskutieren.

3.1 Kommerzielle Komponentenmodelle

Betrachtet man den Markt für kommerziell verfügbare Software, so fallen im wesentlichen drei Konzepte/Produkte auf, die mit dem Anspruch eines Komponentenmodells antreten: CORBA (Component Object Request Broker Architecture, [OMG99b]), (D)COM (Distributed Common Object Model, [MS00]) und EJB (Enterprise JavaBeans, [Sun00]). Alle drei Ansätze bieten ein mehr oder weniger ausgeprägtes Beschreibungsmodell sowie grundlegende Schnittstellen für Basisfunktionalität von Komponenten. Auf den ersten Blick erfüllen sie damit einen Großteil unserer Anforderungen. Im Detail gibt es jedoch wesentliche Defizite [Se00]. So ist das Beschreibungsmodell jeweils zu stark mit dem Ausführungsmodell verknüpft. Es kann daher nicht die geforderte Abstraktion erreichen, um als globales Beschreibungsmodell zu dienen wie die folgende, exemplarische Zusammenstellung zeigt:

- EJBs werden direkt in der Programmiersprache Java beschrieben.
- Die Spezifikation der CORBA Interface Definition Language (IDL) und der CORBA Components [OMG99a] basiert zu stark auf dem verteilten Ausführungsmodell sowie den CORBA Services. So muss z. B. während der Modellierung mit IDL bereits das Schlüsselwort *oneway* verwendet werden, um für die Laufzeit einen eingeschränkten *Quality of Service* zu wählen. Positiv zu bewerten ist zwar der Ansatz, in Form sog. CORBA Facilities standardisierte Funktionalität für einzelne Anwendungsbereiche anzubieten. Deren Beschreibung ist aber viel zu sehr auf die CORBA-Technologie bezogen.
- Microsofts DCOM ist in das Betriebssystems Windows eingebettet. Insofern wird die Anforderung der Interoperabilität überhaupt nicht adressiert.

Obwohl die drei Ansätze jeweils nicht unsere Anforderungen erfüllen, sollten wir trotzdem bemüht sein, die zugrundeliegenden Ausführungsmodelle unterstützen zu können. Ein großer Teil der existierenden Software basiert auf diesen Technologien. Deswegen sollte es bidirektionale Abbildungen von unserem (quasi globalen) Beschreibungsmodell auf CORBA, EJBs und DCOM geben.

3.2 Forschungsansätze

Vergleichbar mit unserer Zielsetzung wurde von Wiederhold et al. das sog. Megaprogramming entwickelt [WWC92]. Die Funktionen einzelner Komponenten werden dabei als Anweisungen einer Mega-Programmiersprache angesehen, mit denen ein Mega-Programm geschrieben wird. Zur Ausführung gibt es eine eigene Laufzeitumgebung, welche die einzelnen Funktionsaufrufe an konkrete CORBA- oder DCOM-Komponenten leitet [MBSW99]. Insofern erfolgt auch hier eine klare Trennung zwischen Beschreibungs- und Ausführungsmodell. Entgegen unseren Ideen ist dieser Ansatz aber stark vertikal orientiert, d. h. übergeordnete Mega-Programme benutzen quasi untergeordnete Mega-Module. Wir möchten hingegen ein symmetrisches Modell definieren, bei dem sich gleichwertige Komponenten gegenseitig aufrufen können (vertikal und horizontal).

Natürlich gibt es weitere Arbeiten im Bereich Komponentenmodelle, die wir hier nicht alle aufzählen können. Die bisher betrachteten Ansätze haben jedoch keine gesamtheitliche Lösung unserer Anforderungen unterstützt.

4 Lösungsansatz

In diesem Abschnitt stellen wir einen Lösungsansatz für die in Kapitel 2 beschriebenen Komponenten und die Infrastruktur vor. Dabei verfolgen wir die grundlegende Idee, unseren Ansatz in ein Beschreibungs- und Ausführungsmodell aufzuspalten. Der Vorteil hierbei ist, dass mittels des Beschreibungsmodells von der tatsächlichen Implementierung (Ausführungsmodell) abstrahiert wird.

4.1 Schnittstellen der Komponenten

Bei den Komponenten konzentrieren wir uns auf das Beschreibungsmodell für die Schnittstellen, um alle Implementierungsmöglichkeiten offen zu halten. Ziel ist die Erarbeitung einer abstrakten Beschreibung der Komponentenschnittstelle, mit welcher jede Komponente in derselben Form beschrieben werden kann, unabhängig von ihrer Realisierung. Dies bedeutet, dass wir eine unabhängige (standardisierte) Beschreibungssprache benötigen. Da existierende standardisierte Sprachen meistens jedoch an ein bestimmtes Ausführungsmodell gekoppelt sind (wie z. B. IDL an CORBA), benötigen wir eine weiter abstrahierende Sprache, die im Folgenden erarbeitet wird.

Bei der Definition einer solchen Beschreibungssprache soll darauf geachtet werden, dass sie mit standardisierten Mitteln festgelegt wird, um proprietäre Lösungen zu vermeiden. Des Weiteren muss die Abbildung auf das Ausführungsmodell beschrieben werden können. Zur Erfüllung dieser Kriterien scheint der Einsatz von XML (*Extensible Markup Language*, [W3C98]) eine elegante Lösung darzustellen. XML ermöglicht nicht nur die standardisierte Definition einer eigenen Beschreibungssprache. Viel wichtiger ist die Entwicklung weiterer, verwandter Standards, welche die Anwendung von XML erweitern und erleichtern.

Bei der Definition unserer Beschreibungssprache greifen wir auf Ergebnisse von [HH00] zurück. In dieser Arbeit wurde eine Sprache entwickelt, mit welcher Funktionsaufrufe von Clients auf die APIs mehrerer heterogener Server abgebildet werden können. Wir haben uns zunächst für diesen Lösungsansatz entschieden, da er in der Lage ist, die Heterogenitäten der Server zu überwinden. Da man auch bei den Komponenten von sehr unterschiedlichen Realisierungen ausgehen muss, können wir demnach mittels der Abbildungssprache von den daraus resultierenden Heterogenitäten abstrahieren. In dieser Abbildungssprache wird die Beschreibung der einzelnen, zu integrierenden Systeme und ihrer Schnittstellen von der Beschreibung der eigentlichen Funktionsabbildung getrennt. Bezüglich des genauen Aufbaus der Sprache sowie erläuternden Beispielen verweisen wir den interessierten Leser auf [HH99]. Diese Systembeschreibung kann für unsere Komponentenschnittstellen übernommen werden. Auf diese Weise können wir zumindest die grundlegende Schnittstelle zum Aufruf von Funktionen der Geschäftslogik einer Komponente beschreiben.

Offensichtlich muss diese Sprache für unsere Anforderungen erweitert und angepasst werden, da neben reinen Funktionsaufrufen u. a. auch die GUI oder Transaktionen beschrieben werden sollen [Rü00]. Grundsätzlich stellt sich die Frage, ob diese Art von Schnittstellen nicht auf Funktionsaufrufe heruntergebrochen werden können. So beinhaltet eine Transaktionsschnittstelle z. B. Operationen wie *commit* und *abort*, die wiederum als Funktionen dargestellt werden können.

Wurde die Sprache gemäß den Anforderungen von Abschnitt 2.1 weiterentwickelt, so erhält man ein Beschreibungsmodell, das die Funktionalität einer Komponente vollkommen unabhängig von der zugrundeliegenden Technologie beschreibt. Um die Verbindung zwischen Beschreibungs- und Ausführungsmodell zu gewährleisten, muss außerdem eine Abbildung zum eingesetzten Ausführungsmodell erfolgen. Hier kann man auf XML-verwandte Standards wie XSLT (*Extensible Stylesheet Language Transformations*, [W3C99]) zurückgreifen, um eine entsprechende Transformation zu definieren und auszuführen.

4.2 Infrastruktur

Gemäß der in der Einleitung zu diesem Kapitel postulierten Unterscheidung zwischen einem Beschreibungs- und einem Ausführungsmodell, geben wir zunächst die abstrakte Beschreibung unserer Middleware-Architektur und gehen in dem darauffolgenden Abschnitt auf eine mögliche Realisierung der Architektur ein. Dabei soll der Fokus nicht so sehr auf die Realisierung der Basiskomponenten gelegt werden, sondern vielmehr auf das Kommunikationsprotokoll für die Interaktion zwischen den Komponenten eingegangen werden.

Architekturbeschreibung. Abbildung 1 zeigt den schematischen Aufbau der vorgeschlagenen Middleware-Lösung. Sie besteht aus fünf zentralen Basiskomponenten, wobei wir das *Component Registry*, *User Directory* und die *Authorization Database* unter dem Begriff des *Corporate Repository* zusammenfassen.

Das *Component Registry* (CR) enthält die Metadaten der Komponenten. Es ist vergleichbar mit dem *RMI registry* von Java oder dem *Naming Service* von CORBA. Nimmt eine Komponente ihren Dienst auf, so meldet sie sich bei dem *Registry* an. Dabei übermittelt sie ihre syntaktischen und semantischen Schnittstellenbeschreibungen dem CR.

Im *User Directory* werden die Benutzerkennungen zusammen mit den dazugehörigen Authentifizierungsinformationen gespeichert. Dabei können einem

Benutzer verschiedene Authentifizierungsinformationen zugeordnet sein, je nachdem von welchem Client-Typ (Endgerät) aus er sich anmeldet (z. B. vom PC mittels Zertifikat, vom PDA mit Passwort und vom WAP-Handy mit PIN).

Die *Authorization Database* enthält die Autorisierungsinformationen der Anwendungen. Im Normalfall werden diese Daten aus administrativen und Performanzgründen in der Anwendung selbst verwaltet. Diese Komponente soll es dennoch kleineren Anwendungen (auf welche diese Restriktionen nicht zutreffen oder die keine eigene Datenhaltung erlauben) ermöglichen, ihre Autorisierungsinformationen in dieser dedizierten Datenbank abzulegen.

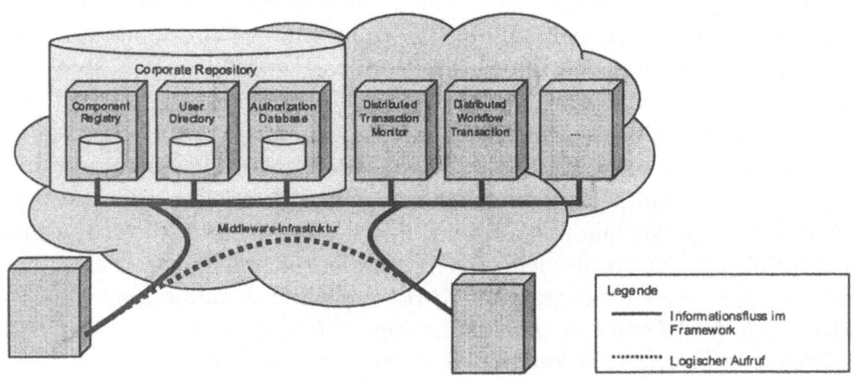

Abb. 1: Aufbau der Komponentenarchitektur (Middleware-Infrastruktur).

Zusätzlich zu dem *Corporate Repository* sind optional weitere Dienste denkbar wie z. B. für verteilte Transaktionen (zwischen den Komponenten) oder zur Koordination komponentenübergreifender Workflows (in diesem Aufsatz gehen wir nicht weiter auf sie ein).

Die zentralen Dienste stellen wieder Komponenten dar. Sie weisen somit – als Gegenstück – die gleichen Schnittstellen auf und unterscheiden sich von normalen Komponenten nur durch die Art der Dienste, die sie den anderen anbieten. Dadurch können wir auch für die Basiskomponenten den Beschreibungsansatz aus Abschnitt 4.1 verwenden und erhalten damit eine homogene Systemsicht.

Die Interaktion zwischen den Komponenten erfolgt über ein noch näher zu spezifizierendes Transportprotokoll (vgl. nächster Abschnitt). Als Grundfunktion kann der Austausch von Nachrichten bzw. der Funktionsaufruf betrachtet werden. Solch ein Aufruf soll in unserer Architektur über die semantische Beschreibung erfolgen („Es wird die Funktionalität *get_part* benötigt"). Dabei wendet sich eine Komponente mit ihrem Funktionsaufruf an das CR, welches mit der semantischen Beschreibung alle momentan verfügbaren Komponenten der gewünschten Funktionalität ermittelt und die Anfrage an diese weiterleitet.

Umsetzung der Architektur. Unsere bisherigen Betrachtungen zu einem konkreten Ausführungsmodell beschränken sich auf das *Corporate Repository* und das Kommunikationsprotokoll. Wie in Abb. 1 beschrieben gliedert sich das *Corporate Repository* in drei Subkomponenten. Für Benutzerinformationen (*User Directory*/Authentifizierung) bietet es sich wegen seiner großen Verbreitung in Unternehmen an, einen Verzeichnisdienst mit LDAP zu verwenden. Berücksichtigt man den Zugriffsmatrix-Charakter von Autorisierungsinformationen, so liegt es nahe, für die Autorisierung eine relationale Datenbank zu verwenden (*Authorization Database*). Für die Realisierung des *Component Registry* kommen unterschiedliche Standardvarianten in Frage (Dateien, Datenbanken, etc.), die allerdings nicht Gegenstand dieses Papiers sein sollen.

Als Kommunikationsprotokoll könnte man sich prinzipiell alle *Remote Procedure Call* (synchron) oder *Message Queuing* Technologien (asynchron) vorstellen. In unserem Ansatz wollen wir das von Microsoft (und IBM) ins Leben gerufene *Simple Object Access Protocol*, kurz SOAP [SOAP00], als Kommunikationsprotokoll verwenden. Dabei handelt es sich um einen in XML eingebetteten Funktionsaufruf, der oft – quasi als spezielle Ausprägung – in Zusammenhang gebracht wird mit einer Einbettung in HTTP. Als Vorteile dieses Ansatzes sehen wir die Möglichkeit einer direkten Verwendung unserer bereits in XML vorliegenden Metainformationen, die Unabhängigkeit von bestehenden Systemen und Komponentenarchitekturen (Abstraktion) sowie die Einfachheit und Erweiterbarkeit des Protokolls. Ein Nebeneffekt von SOAP über HTTP ist die Umgehung der Firewall-Problematik (nur HTTP-Port ist freigeschaltet).

```
<SOAP-ENV:Envelope xmlns:SOAP-
ENV="http://schemas.xmlsoap.org/soap/envelope/"
  SOAP-ENV:encodingStyle="http://schemas.xmlsoap.org/soap/encoding/">
  <SOAP-ENV:Header>
     <t:Transaction xmlns:t="some-URI" xsi:type="xsd:int"
       SOAP-ENV:mustUnderstand="1">
       0815
     </t:Transaction>
  </SOAP-ENV:Header>
  <SOAP-ENV:Body>
     <m:SetPartName xmlns:m="Some-URI">
        <no> A1638204661</no>
        <value>Leuchteneinheit rechts</value>
     </m:SetPartName>
  </SOAP-ENV:Body>
```

Abb. 2: Beispiel eines in SOAP gekapselten Funktionsaufrufes.

Wenden wir uns dem Aufbau von SOAP zu. Grundkonstrukt ist der *Envelope*, der die SOAP-Nachricht darstellt. Er besteht analog zur HTML-Spezifikation aus *Header* und *Body* (Abb. 2). Der optionale *Header* dient der Übermittlung ergänzender Informationen. Solche Ergänzungen sind beispielsweise Authentifizierungs- oder (wie in Abb. 2 gezeigt) Transaktionsinformationen. Des Weiteren bietet SOAP die Attribute *mustUnderstand* und *actor* für Header-Elemente an (für Details siehe [SOAP00]). Der *Body* enthält den eigentlichen Funktionsaufruf, wobei die Attribute des Funktionsaufrufes durch ein den Funktionsnamen repräsentierendes Tag geklammert werden (*SetPartName*). Der Aufbau der Funktionssignatur (also die Serialisierungsregeln einer SOAP-Nachricht) wird durch die hinter dem globalen XML-Attribut *encodingStyle* (Element Envelope) stehenden XML-Schema-Definition beschrieben. D. h., wir können die Typdefinitionen wie sie bereits bei der Funktionsbeschreibung in dem Ansatz von [HH00] verwendet wurden, (ggf. mit kleineren Anpassungen) direkt in SOAP nutzen.

Betrachtet man den Verlauf einer SOAP-Nachricht, so wird eigentlich kein Funktionsaufruf im herkömmlichen Sinne, sondern nur eine Einweg-Übertragung vom Sender zum Empfänger unterstützt. In Kombination mit der *Request/Response*-Funktionalität von HTTP und einem extra Funktionsaufruf als Resultat zurück an den Sender, kann ein synchroner Aufruf realisiert werden [SOAP00]. Durch Einsatz des *Corporate Repository* sind auch asynchrone Funktionsaufrufe möglich. Es kann nämlich durch seine Vermittlerfunktion beim Nachschlagen der angeforderten Funktionalität wie eine Art *Message Broker* fungieren.

5 Zusammenfassung und Ausblick

In diesem Papier stellen wir eine erste Konzeption für eine komponentenbasierte Middleware vor. Für eine solche Lösung benötigt man einerseits Mechanismen zur Beschreibung der Komponenten, andererseits eine geeignete Kommunikationsinfrastruktur. Konkret haben wir für die Beschreibung einen XML-basierten Ansatz gewählt, bei dem die syntaktischen und semantischen Schnittstelleninformationen in einem *Corporate Repository* abgelegt werden. Für die Kommunikation verwenden wir das bidirektionale *Request/Response*-Protokoll SOAP. Diesen eher statischen Charakterzügen des Ansatzes steht der dynamische Aspekt des Nachrichten-*En-/Decoding* gegenüber: plattformspezifische Funktionsaufrufe werden innerhalb der Komponente durch ein spezielles Modul in das plattformunabhängige SOAP-Format kodiert bzw. in umgekehrter Richtung dekodiert.

Als Vorteile dieses Ansatzes sehen wir die Verwendung von XML als Metasprache, durch deren Flexibilität einfache Anpassungen an unsere (oder auch neue) Anforderungen möglich sind. Dies kann u.U. bei einer Verwendung von XSLT beim *En-/Decoding* zum Tragen kommen. Durch den Einsatz von SOAP bleibt man in einer homogenen Beschreibungswelt (XML für die Komponentenbeschreibung als auch für die Kommunikation) und nutzt mit diesem Protokoll ein abstraktes/anpassbares Kommunikationsmodell. Insgesamt werden damit bereits vorhandene Technologien benutzt mit dem weiteren Vorteil, dass auf die dafür vorhandenen Werkzeuge zurückgegriffen werden kann.

Als nächsten Schritt wollen wir prüfen, ob der UDDI-Ansatz (*Universal Description, Discovery and Integration*, http://www.uddi.org/) – dem ja ein ähnlicher Gedanke zugrunde liegt, wie bei unserer Architektur – ergänzend oder auch alternativ zu unserem *Corporate Registry* verwendet werden kann.

Referenzen

ACM98: The ACM Computing Classfication System [1998 Version]. http://www.acm.org/class/1998/

ANSI99: American National Standards Institute, Inc. (1999). Database Languages – SQL – Part 2. Foundation (SQL/Foundation). ANSI/ISO/IEC9075-2-1999. In: Amercian National Standard for Information Technology, approved Dec-1999.

HH99: K. Hergula, T. Härder (1999) *Ein Abbildungsbeschreibung zur Funktionsintegration in heterogenen Anwendungssystemen.* Proc. 4. Workshop „Föderierte Datenbanken“. TU-Berlin, 1999, S. 71-88.

HH00: K. Hergula, T. Härder (2000) *A Middleware-Approach for Combining Heterogeneous Data Sources – Integration of Generic Query and Predefined Function Access.* In: Proc. of the 1st Int. Conf. on Web Information Systems Engineering (WISE). Seiten 22-29.

ISO94: ISO 10303 (1994). Industrial automation systems and integration – Product data representation and exchange – Part 11: „Description methods: The EXPRESS language reference manual“, International Standard.

ISO97: ISO CD 10303 (1997). Industrial Automation Systems and Integration – Product Data Representation and Exchange – Part 214: „Core Data for Automative Mechanical Design Processes“, Committee Draft.

MBSW99: L. Melloul, D. Beringer, N. Sample und G. Wiederhold (1999). *CPAM, A Protocol for Software Composition.* In: M. Jarke und A. Oberweis (Hrsg). Proc. of the 11th CAiSE, Heidelberg, Juni 1999. Nr. 1626 in LNCS, S. 317-332. Springer.

MS00: Mircosoft Corporation (2000). Microsoft COM Technologies – DCOM. http://www.microsoft.com/com/tech/DCOM.asp

OMG99a: The Object Management Group – OMG (Februar 1999). CORBA Components – Joint Revised Submission. OMG TC document 99-02-05. http://cgi.omg.org/cgi-bin/doc?orbos/99-02-05

OMG99b: The Object Management Group – OMG (Oktober 1999). The Common Object Request Broker: Architecture and Specification, Revision 2.3.1. http://cgi.omg.org/cgi-bin/doc?formal/99-10-07

Rü00: J. Rütschlin (2000) *The Requirements for a Component-based Architecture.* In: R. Anderl, C. Frick, A. Katzenbach und J. Rix (Hrsg.). Proc. of the ProSTEP Science Days 2000 „SMART Engineering“, 13./14. Sep. 2000 bei DaimlerChrysler, Stuttgart. S. 252-260. Darmstadt: ProSTEP e.V.

Sa98: G. Sauter (1998) Interoperabilität von Datenbanksystemen bei struktureller Heterogenität, Dissertation, infix Verlag.

Se00: J. Sellentin (2000). Datenversorgung komponentenbasierter Informationssysteme. Springer Verlag.

SOAP00: Simple Object Access Protocol (SOAP). W3C Note, 08. Mai 2000. http://www.w3.org/TR/SOAP/

Sun00: Sun Microsystems (2000). The Enterprise JavaBeans Technology. http://java.sun.com/products/ejb/

W3C98: World Wide Web Consortium (1998). Extensible Markup Language (XML) 1.0. W3C Recommendation. http://www.w3.org/TR/REC-xml

W3C99: World Wide Web Consortium (1999). XSL Transformations (XSLT) Version 1.0. W3C Recommendation. http://www.w3.org/TR/xslt

WWC92: G. Wiederhold, P. Wegner und S.1 Ceri (1992). Towards Megaprogramming: A Paradigm for Component-Based Programming. Communications of the ACM, 35 (11):89-99, November 1992.

Ansätze der Nutzung von Erweiterbarkeitsmechanismen zur Anwendungsintegration in ORDBS - Eine qualitative und quantitative Evaluierung -

Marcus Flehmig, Henrik Loeser

Universität Kaiserslautern, AG DBIS,
Postfach 3049, D-67653 Kaiserslautern
e-mail: {flehmig | loeser}@informatik.uni-kl.de
http://wwwdbis.informatik.uni-kl.de/

Kurzfassung: Objekt-relationale Datenbanksysteme (ORDBS) bieten heute zahlreiche Erweiterungsmöglichkeiten. Über Erweiterungsschnittstellen ist es möglich, Teile der sonst in der separaten Anwendung vorhandenen Funktionalität in das ORDBS zu integrieren. Mittlerweile lassen sich sogar komplette Anwendungsdienste in Form eines Servers in das ORDBS integrieren, um so eine datennahe Verarbeitung zu erzielen. In diesem Beitrag wollen wir anhand einer an die TPC-W-Spezifikation angelehnten Anwendungsdomäne, einem elektronischen Geschäft (Web-Shop, e-shop), untersuchen, ob und welche Vorteile die Verlagerung von Anwendungsfunktionalität in das ORDBS bringt.

Schlüsselwörter: Web-Informationssystem, Erweiterbarkeit, ORDBS, TPC-W-Benchmark

1 Einleitung

Objekt-relationale Datenbanksysteme (ORDBS) bieten heute zahlreiche Erweiterungsmöglichkeiten, angefangen von benutzerdefinierten Typen (*'user-defined types'*, UDTs) und Funktionen (UDFs) über abstrakte Tabellen bis hin zu benutzerdefinierten Indexstrukturen. Über Erweiterungsschnittstellen ist es möglich, Teile der sonst in der separaten Anwendung vorhandenen Funktionalität in das ORDBS zu integrieren und über die SQL-Schnittstelle anzusprechen. Mittlerweile lassen sich sogar komplette Anwendungsdienste in Form eines Servers in das ORDBS integrieren, um so eine datennahe Verarbeitung zu erzielen. Die Vorteile einer solchen Integration liegen in der Reduktion des Protokoll- und Kommunikationsaufwandes sowie in der leichteren Konsistenzsicherung zwischen Anwendungs- und Datenbankserver, z. B. im Hinblick auf Pufferungstechniken. Allerdings gibt es bisher wenig Erfahrungen und auch keine Entwurfsregeln für den Einsatz der objekt-relationalen Erweiterungsmöglichkeiten, insbesondere in Bezug auf die Integration von gesamten Anwendungsdiensten in ein ORDBS. Zudem weisen die verfügbaren ORDBS noch zahlreiche Einschränkungen auf.

Anhand einer konkreten Anwendungsdomäne wollen wir in diesem Beitrag untersuchen, ob die Dienste-Integration Vorteile bringt und worin diese möglicherweise liegen. Als Anwendungsgebiet betrachten wir dazu elektronische Geschäfte (Web-Shops, e-shops), speziell den im TPC-W [TPC00] spezifizierten Buchladen. Die vom TPC-W definierte Testumgebung für Web-basierte Verkaufssysteme wollen wir deshalb verwenden, weil hier ein realitätsnahes Szenario und geeignete Bewertungsmaßstäbe vorgegeben werden und zudem bereits erste Testprogramme (Lastgeneratoren) frei verfügbar sind.

Im nachfolgenden Kapitel stellen wir dazu die wichtigsten Merkmale des TPC-W-Benchmarks vor. In Kapitel 3 skizzieren wir die verwendeten Systemkomponenten und diskutieren mögliche Systemarchitekturen. Daran anschließend stellen wir die konkrete Messumgebung vor und präsentieren dann, in Kapitel 5, erste Messergebnisse, bewerten sie und erarbeiten auf der ORDBS-Integration beruhende Verbesserungen. Der Beitrag schließt mit einer Zusammenfassung sowie einem Ausblick auf die noch ausstehenden Arbeiten.

2 TPC-W-Benchmark-Spezifikation

Die jüngste Spezifikation des '*Transaction Processing Performance Council*', der TPC-Web, nimmt sich der Problematik der Leistungsbewertung von Web-basierten E-Commerce-Anwendungen an und berücksichtigt dabei auch transaktionale Gesichtspunkte [TPC00].

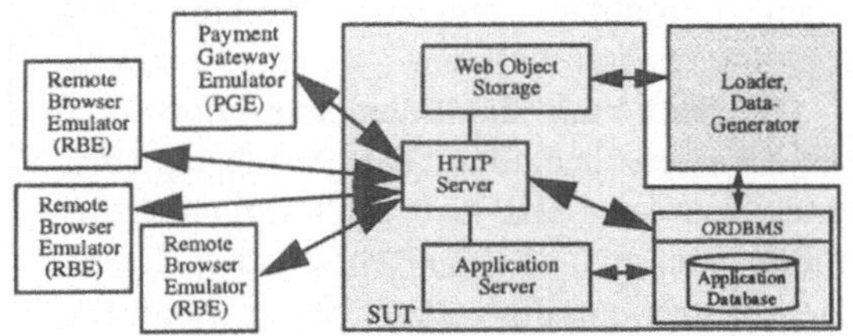

Abb. 1: SW-Komponenten des TPC-W-Szenarios

Die Spezifikation beschreibt ein typisches Web-basiertes Anwendungsszenario auf der Basis eines elektronischen Buchhandels ('*book stores*'). Drei Aspekte des TPC-W erscheinen für sein Verständnis besonders wichtig: die Software-Komponenten (siehe Abb. 1), die '*Book Store*'-Applikation mit den ihr zugehörigen Web-Interaktionen (Stöbern, Suchen, Bestellen usw.) und die zugrunde liegende Datenbasis.

2.1 Software-Komponenten: RBE, SUT

Der sog. '*Remote Browser Emulator*' (RBE) emuliert das typische Verhalten eines Benutzers. Basierend auf vorgegebenen Wahrscheinlichkeiten werden HTTP-Anfragen für die jeweiligen Web-Interaktionen generiert, die Antworten analysiert, daraufhin neue Anfragen generiert und die Antwortzeiten gemessen. Das zu testende System ('*system under test*', SUT) besteht aus den in Abb. 1 gezeigten Komponenten. Eingehende Anfragen werden vom HTTP-Server verarbeitet und, wenn nötig, an den Anwendungsserver weitergeleitet. Dabei können Strategien zur Lastbalancierung eingesetzt werden. Die Anwendungslogik kann sich sowohl im DBS als auch im Anwendungsserver befinden.

2.2 TPC-W-Beispielanwendung

Die 'Book Store'-Applikation unterteilt sich in vierzehn der sog. Web-Interaktionen. Drei unterschiedliche Web-Interaktionsmixe für die Simulation eines hauptsächlich durch Stöbern (*'browsing'*), gelegentliches Bestellen (*'shopping'*) oder häufiges Bestellen (*'ordering'*) geprägten Benutzerverhaltens werden definiert. Sie unterscheiden sich in der Gewichtung des nur lesenden und bestellbezogenen Anteils (*'browsing'* und *'ordering'*) und resultieren in drei Metriken zur Beschreibung des Leistungsverhaltens. Die Web-Interaktionen pro Sekunde (WIPS) beschreiben die Leistung innerhalb eines *'Shopping Interaction Mixes'*, WIPSb und WIPSo das Leistungsverhalten der anderen Mixe.

2.3 TPC-W-Datenbasis: DB-Skalierung und -Konfiguration

Das der TPC-W-Spezifikation zugrunde liegende DB-Schema ist ein einfaches relationales Schema und besteht aus acht Tabellen. In diesen werden die Daten zu Kunden, Adressen, Länderinformationen, Bestellungen sowie Bestellpositionen, Produkte (*'item'*), Autoren und Kreditkarten-Transaktionen (*'cc_xacts'*) verwaltet. Die Skalierung der Datenbank wird durch zwei Parameter beeinflusst. Die Anzahl der emulierten Browser (EBs) und die Kardinalität der Produktdatenrelation (*'item'*) bestimmen die initiale DB-Konfiguration. Diese beiden Parameter bilden die zwei Startwerte zur sukzessiven Berechnung weiterer Kardinalitäten (siehe Tabelle 1). Die Anzahl der zu betrachtenden Länder ist fest vorgegeben. Die übrigen Relationen müssen gemäß der Vorgaben vor der ersten Messung entsprechend gefüllt sein. Bei weiteren Messungen kann die Datenbank jeweils in den Initialzustand zurückgesetzt werden.

Table Name	Cardinality (in rows)
CUSTOMER	2880 * (number of EB)
COUNTRY	92 (fix)
ADDRESS	2 * CUSTOMER
ORDERS	0.9 * CUSTOMER
ORDER_LINE	3 * ORDERS
AUTHOR	0.25 * ITEM
CC_XACTS	1 * ORDERS
ITEM	1K, 10K, 100K, 1M, 10M

Tabelle 1: DB-Konfiguration

3 Komponenten und Architekturen

Nach der Übersicht über den TPC-W-Benchmark stellen wir im Folgenden die in der Regel zur Realisierung eines Web-Shops eingesetzten Komponenten genauer vor und diskutieren mögliche Systemarchitekturen, d. h. die Gruppierung von Komponenten zu Programmen und deren Verteilung auf Rechner.

3.1 Komponenten

Zum Erzeugen und zur Verarbeitung von Ressourcenanforderungen, d. h. das Anfordern, Erstellen und Ausliefern von Web-Seiten, kommen bei unseren Tests analog zum oben beschriebenen TPC-W-Benchmark vier große Komponenten zum Einsatz: RBE, HTTP-Server, Anwendungsserver, DBS. Der HTTP-Server greift typischerweise auf in einem Dateisystem gespeicherte Dateien oder auf andere, z. T. weit entfernte Dienste zu. Letztere können in Form von Erweiterungsmodulen des HTTP-Servers, separaten

Programmen oder (entfernten) eigenständigen Servern realisiert sein. Zusätzlich zu den beschriebenen vier werden noch zahlreiche kleinere Module benötigt. Sie handhaben u. a. die Kommunikation zwischen den Komponenten und ermöglichen den DB-Zugriff. In der Regel sind sie in Form von Bibliotheken in die größeren Module integriert.

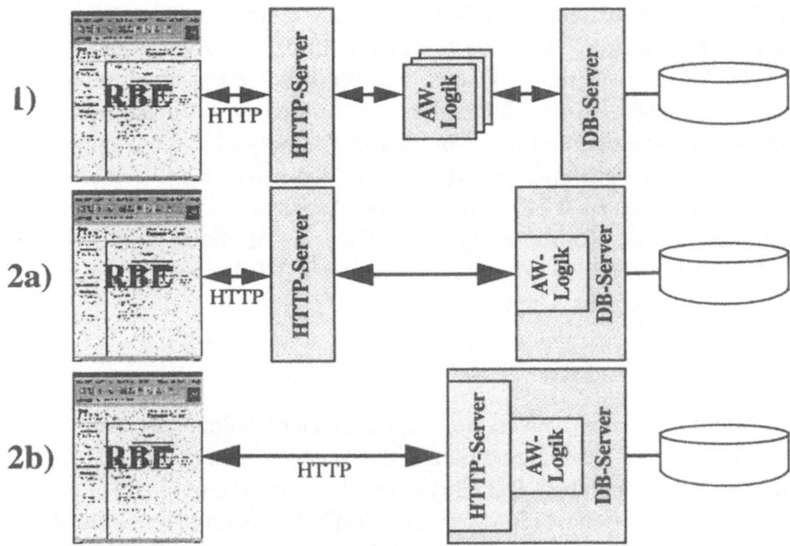

Abb. 2: Systemarchitekturen

3.2 Systemarchitekturen

Die oben vorgestellten Komponenten lassen sich nun aus Leistungssgründen auf mehrere Rechner verteilen. Dabei kann die Anwendungslogik sowohl unterschiedlichen Komponenten zugeordnet als auch diese mit Hilfe verschiedener Techniken miteinander verknüpft, an den HTTP-Server angebunden und, je nach Systemarchitektur, in das ORDBS integriert werden. Im Folgenden gehen wir kurz auf die von uns betrachteten Formen der Anbindung ein (siehe Abb. 2).

1. *Anwendungsserver*: Die entsprechende Funktionalität wird in einem eigenständigen Dienst realisiert, der auf eine separate Maschine verlagert werden kann. Der Anwendungsserver erzeugt ein entsprechendes Antwortdokument. Hierfür greift er auf das ORDBS zu.
2. *Volle Integration*: Die gesamte Anwendungsfunktionalität wird in Form eines Anwendungsservers (2a) oder eines HTTP-Servers mit Erweiterungsmodulen (2b) in das ORDBS integriert. Im Fall 2a) leitet der HTTP-Server, anstatt ein CGI-Programm oder ein Erweiterungsmodul aufzurufen, eingehende Ressourcenanforderungen direkt an den eingebetteten Server weiter.

Andere Systemarchitekturen wurden aus Gründen der Vergleichbarkeit von uns nicht berücksichtigt, da sie eine Re-Implementierung der TPC-W-Beispielanwendung erfordern würde. Die Beschränkung auf die oben genannten Architekturen hat den Vorteil, dass die TPC-W-Anwendung ohne nennenswerte Anpassungen in den verschiedenen

Architekturen eingesetzt werden kann. Es kann infolgedessen direkt auf den quantitativen Nutzen einer Anwendungsintegration geschlossen werden.

4 Messumgebung

Um das Leistungsverhalten beurteilen zu können, werden auf der Basis der TPC-W-Benchmark-Spezifikation Messungen durchgeführt, die einen Vergleich zwischen externer Ausführung (Variante 1) und interner bzw. server-integrierter Ausführung (Variante 2) erlauben. In den folgenden Abschnitten wird zunächst die eingesetzte Infrastruktur beschrieben und auf TPC-W-relevante Aspekte eingegangen. Für allgemeine Kriterien der Leistungsbewertung sei an dieser Stelle auf [Sch99] oder [LR00] verwiesen. Hinweise zu TPC-W-bezogenen Aspekten hingegen finden sich unter [TPC00] oder [PF00]. Konzepte und Ergebnisse zur Abbildung und Realisierung der TPC-W-Beispielanwendung auf objekt-orientierten DBS, sowie Hinweise zur Pufferung von Objekten sind in [Gup00] beschrieben.

4.1 Infrastruktur und Rechensysteme

Um ein möglichst reales Anwendungsszenario nachzubilden, werden Client (RBE), Web-Frontend (HTTP-Server) und Backend (Anwendungsserver und DBS) auf jeweils separaten Maschine betrieben. Der Client befindet sich auf einer SUN Ultra 2 mit 2 Prozessoren (300 MHz / 1 GByte RAM), das Web-Frontend auf einer SparcStation 20 mit einem Prozessor (60 MHz / 132 MByte RAM) und das Backend-System auf einer SUN Enterprise 450 mit 4 Prozessoren (300 MHz / 1 GByte RAM). Es handelt sich ausschließlich um Solaris V5.7 Systeme mit 10 MBit-Netzanbindung.

Das Web-Frontend dient neben dem Bereitstellen eines HTTP-Dienstes auch der Lastbalancierung. Die eher moderate Rechenleistung stellt hier kein einschränkendes Kriterium für den maximalen Leistungsdurchsatz dar, denn alle Anfragen werden an das Backend-System propagiert. Aufgrund der Vergleichbarkeit der Messungen verschiedener Architekturvarianten sind Anwendungsserver (Servlet-Engine) und das ORDBS zu einem System (Backend) zusammengefasst.

4.2 TPC-W-Aspekte

Die Trennung des HTTP-Servers von der Servlet-Engine hat den Vorteil, leistungsstarke HTTP-Server verwenden zu können, die auch in vielen anderen kommerziellen Systemen eingesetzt werden. Der Einsatz eines HTTP-Servers mit integrierter Servlet-Engine innerhalb eines DBS unter Benutzung von Java würde aber einen HTTP-Server erfordern, der wiederum auch in Java implementiert ist. Auch wenn Java-HTTP-Server bereits sehr leistungsstark sind, so sind sie Realisierungen in anderen Sprachen (C++) noch immer unterlegen [W3C98, W3C99]. Die entsprechende Architekturvariante wurde daher nicht weiter betrachtet. Einsatz finden vielmehr der sehr weit verbreitete Apache HTTP-Server (V1.3.12, [Apa00a]) sowie die zugehörige Servlet-Engine (Tomcat 3.2, [Apa00b]). Zusammen mit einem kommerziellen ORDBS[1], welches die Möglichkeit bietet, ganze Java-Anwendungen DBS-intern zu verarbeiten, bilden sie das SUT.

Der RBE und auch die '*Book Store*'-Applikation sind komplett in Java geschrieben und entstammen der frei verfügbaren TPC-W-Suite der PHARM-Gruppe der University of Wisconsin-Madison [PHA99], die nahezu unverändert übernommen wurde und alle spezifizierten Web-Interaktionen durch je ein eigenes Servlet realisiert. Das DB-Schema wurde durch einen selbst realisierten Generator in zwei unterschiedlichen Konfigurationen mit Daten gefüllt. Die Anzahl der emulierten Browser für die initiale DB-Konfiguration variierte zwischen den beiden Werten 10 und 30, die der Produktdaten betrug 10.000. Für die häufigsten Zugriffspfade wurden Indexstrukturen definiert. Fragmentierungsaspekte wurden zwar zunächst berücksichtigt, erwiesen sich aber bei den oben genannten Konfigurationen als nicht notwendig. Es wurde allein der '*Browsing Web Interaction Mix*' (WIPSb) betrachtet. Dessen Verwendung erlaubt die Variation der Anzahl der emulierten Browser bei unterschiedlichen Messungen unabhägig von der initialen DB-Konfiguration. Die Dauer eines Messintervalls betrug jeweils 30 Minuten.

Zwecks besserer Ausnutzung des Mehrprozessorbetriebs wurden drei Servlet-Engine-Instanzen bei den Messungen verwendet. Die drei Servlet-Engines konnten unverändert auch DBS-intern eingesetzt werden, wohingegen die DB-Komponente der Web-Anwendung in nur einem Aspekt eine Anpassung erfahren musste, um eine DBS-interne Kommunikation zu ermöglichen. DBS-intern liefen die Server-Prozesse innerhalb einer eigenen '*Java Virtual Machine*' (JVM) und konnten durch UDFs [SQLJ99] gestartet, administriert und beendet werden.

5 Bewertung und Verbesserungen

In der vorgestellten Umgebung wurden sowohl unter Verwendung eines externen als auch mit einem in das ORDBS integrierten Anwendungsserver Messungen durchgeführt. Im Folgenden stellen wir erst die Ergebnisse vor, anschließend bewerten und diskutieren wir sie. Danach wollen wir, basierend auf den Ergebnissen, durch die Integration des Anwendungs- in den DB-Server entstehende Verbesserungsmöglichkeiten erörtern.

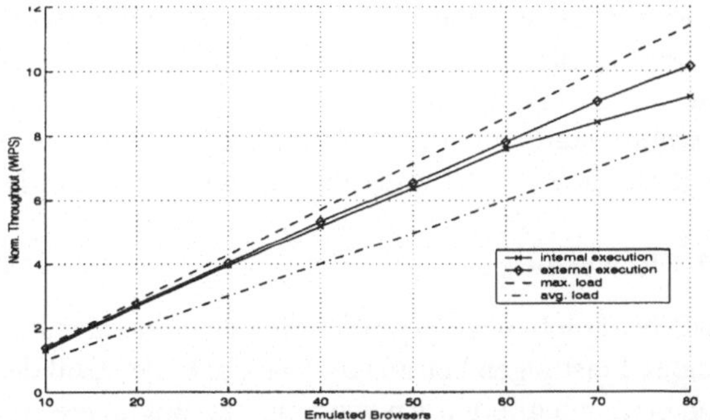

Abb. 3: Messung mit großer DB-Konfiguration (30 EBs)

5.1 Messergebnisse

Es wurden Messungen unter Berücksichtigung unterschiedlicher Skalierungen durchgeführt, wovon wir zwei exemplarisch aufgreifen. Abb. 3 zeigt den Vergleich zwischen interner und externer Ausführung in der Konfiguration für 30 EBs, also für 86.400 Kunden und 10.000 Produkte. Der Datendurchsatz ist nahezu gleich hoch. Allerdings

1. Eine Nennung des ORDBS-Herstellers ist aus lizenzrechtlichen Gründen leider nicht möglich.

erreicht die interne Verarbeitung im Bereich von 70 bzw. 80 EBs nicht mehr die Durchsatzrate der externen Verarbeitung. Der theoretische maximale Durchsatz, den der RBE zu erzeugen in der Lage ist, wird von beiden Lösungen nicht erreicht.

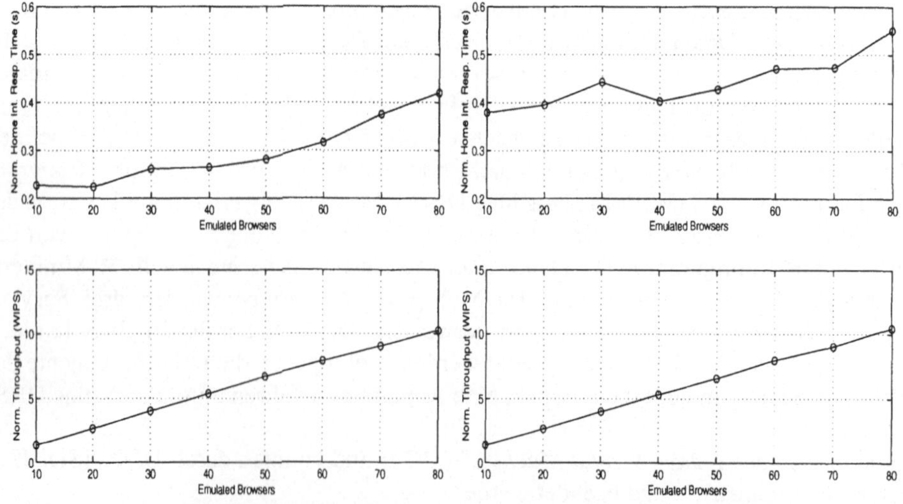

Abb. 4: Messung mit kleiner DB-Konfiguration (10 EBs)

Wie man den in Abb. 4 für eine kleine Skalierung (28.000 Kunden / 10.000 Produkte) gezeigten Messergebnissen entnehmen kann, ist das Leistungsverhalten unter bestimmten Bedingungen beim Einsatz der internen wie auch der externen Verarbeitungsvariante nahezu gleich. Dabei ist jedoch zu beobachten, dass die Antwortzeiten bei der internen Verarbeitung ein wenig geringer sind (siehe obere Grafiken). Die linke Grafik zeigt die Ergebnisse für die interne, die rechte für die externe Verarbeitung.

5.2 Bewertung

Die Messergebnisse zeigen für die beiden betrachteten Systemarchitekturen annähernd gleiche Leistungen beim Durchsatz, d. h. der Zahl der WIPS. Als einziger Unterschied sind beim integrierten Anwendungsserver kürzere Antwortzeiten festzustellen, was auf einen schnelleren Datenaustausch zwischen ORDBS und Anwendungsserver schließen lässt. Unklar ist, warum die kürzeren Antwortzeiten insgesamt nicht in einem höheren Durchsatz resultieren. Als Gründe kommen die (programmierten) Wartezeiten seitens des RBE und möglicherweise die damit verbundene Nichtauslastung des Anwendungsservers in Frage. Diesbezüglich bedarf es also noch der Klärung.

Der Leistungseinbruch bei der internen Verarbeitung in der größeren Konfiguration lässt sich mit der herstellerspezifischen Realisierung der Integrationsschnittstelle erklären. Sowohl die Anfrageverarbeitung als auch das Ausführen von Java-Routinen, d. h. der Anwendungslogik, finden in einem gemeinsamen Betriebssystem-Prozess statt, um die Möglichkeiten der DBS-internen Kommunikation voll auszuschöpfen, ohne hohen Realisierungsaufwand betreiben zu müssen. Parallelität ist damit aber nur über den Einsatz mehrerer paralleler Anwendungsserver-Instanzen (DBS-intern) möglich. Bei externer Verarbeitung können aber schon mit einer Anwendungsserver-Instanz Anfragen auf der DB-Ebene parallel ausgeführt werden. Mehrere Anwendungsserver-Instanzen verstärken den Grad der Parallelität weiter. Ferner lassen sich in einer Mehrprozessorumgebung bei einer externen Verarbeitung die verschiedenen Prozesse besser auf die physischen Prozessoren verteilen. Der Vorteil der DBS-internen Kommunikation allein kann diesen Nachteil nicht aufheben.

Berücksichtigt man, dass die Möglichkeiten zur Integration eines Anwendungsservers noch „jung" sind und die entsprechende Realisierung daher noch verbesserungsfähig ist, so ist es schon als positiv zu vermerken, dass durch die Integration in das ORDBS keine (deutlichen) Verschlechterungen auftreten. Durch die Wahl der Sprache Java erfolgte die Integration im Wesentlichen durch den Austausch des JDBC-Treibers und den initialen Aufruf des Anwendungsservers als UDF, am HTTP-Server mussten keine Änderungen vorgenommen werden. Insgesamt ist also der Umstellungsaufwand von einer externen zu einer integrierten Lösung gering, so dass ein Wechsel schnell vonstatten geht.

5.3 Mögliche Verbesserungen

Da sich die Leistungen der beiden unterschiedlichen Lösungen nur in der Antwortzeit unterscheiden, stellt sich die generelle Frage, wie durch die ORDBS-Integration für die untersuchte Anwendungsdomäne Leistungssteigerungen erzielt werden können. Erste Ansätze können sich z. B. durch die Nutzung der engen Integration für eine kohärente Pufferung von Anfrageergebnissen bzw. Fragmenten von Antwortseiten ergeben. So fallen bei genauer Betrachtung der im Rahmen des TPC-W spezifizierten DB-Anweisungen die für die Verkaufsförderung (*promotional*) verwendeten Anfragen auf. Sie erzeugen für einzelne Kategorien und Bücher oder auf globaler Ebene sortierte Listen mit Buchvorschlägen. Da diese Listen in jede generierte Seite eingebunden werden müssen, ist ihre Zwischenspeicherung als entsprechend vorgenerierte Dokumentenfragmente sinnvoll. Dabei muss sichergestellt werden, dass trotz einer Pufferung noch die jeweils aktuellen Daten in die generierten Dokumente eingebunden werden. Hierzu lassen sich die von ORDBS angebotenen Trigger nutzen, die nach einer Änderung relevanter Daten über einen UDF-Aufruf als Aktion die gepufferten Inhalte invalidieren.

Caching von Fragmenten und Invalidierung

Über die Möglichkeiten der Dienste-Integration in das ORDBS lässt sich ein entsprechender Cache für die verwandten Artikel, Bestseller und Neuerscheinungen integrieren (siehe Abb. 5). Mit Hilfe von DB-Triggern kann nach entsprechenden Änderungsoperationen eine Methode des Cache aufgerufen werden, um Inhalte, d. h. die relevanten Dokumentenfragmente zu invalidieren.

Auf diese Weise lassen sich ohne Probleme die sonst bei jeder Web-Interaktion zu erzeugenden Fragmente im Puffer vorhalten, ohne dass es zu Konsistenzproblemen kommt, die geforderten Transaktionseigenschaften werden erfüllt. Über die Pufferung und die hierdurch vermiedene Anfrageverarbeitung ist es möglich, die Antwortzeiten zu verkürzen und vermutlich einen höheren Durchsatz zu erzielen. Der vorgestellte Ansatz ist ähnlich der in [CID99] beschriebenen Systemarchitektur. Hier werden jedoch die verwendeten Komponenten (sog. *'Trigger Table'*, *'Cache Manager'* etc.) als separate externe Anwendungsdienste und nicht als in das ORDBS integrierte Module realisiert.

```
public class RelatedItemCache {
// a simple cache
    private static Hashtable cachedData;
        public static void invalidateCache() {
        // invalidate the Cache
    }
    public static Vector getRelatedItems(long item_id) {
// get the five related items together with their image data
        Long key = new Long(item_id);
        if (cachedData.contains(key)
            Vector cachedData = (Vector) cachedData.get(key);
            return cachedData;
        } else {
// Open direct DB connection and get Vector with related items
// put it into the cache and return new vector
            return newData;
        }
    }
}
create procedure inv_cache()
external name 'RelatedItemCache.invalidateCache()'
language java;
create trigger t01 update on items
after (execute procedure inv_cache());
```

Abb. 5: Integrierter Cache mit Trigger-basierter Invalidierung

DB-gesteuerte Cache-Aktualisierung

Weitere Verbesserungen lassen sich über die automatische Aktualisierung der im Cache verwalteten Fragmente erzielen. So ist es z. B. möglich, die Listen mit Kategorie-abhängigen Neuerscheinungen nach dem Einfügen neuer Artikel erneut zu generieren und dann im Cache abzulegen. Hierzu kommt das in [Loe00] vorgestellte Verfahren der ORDBS-gesteuerten Dokumentengenerierung zum Einsatz, nur mit dem Unterschied, dass die erzeugten Dokumente bzw. Fragmente nicht im Dateisystem oder im DBS, sondern im Cache abgelegt werden.

6 Zusammenfassung und Ausblick

In diesem Beitrag haben wir für eine konkrete Anwendungsdomäne, ein elektronisches Verkaufssystem, untersucht, ob die Integration eines Anwendungsdienstes in ein objekt-relationales DBS im Vergleich zu einem externen Dienst Vorteile bringt. Um hierfür schnell eine realitätsnahe Messumgebung einsetzen zu können, wurde der TPC-W-Benchmark verwendet. Die Integration des Anwendungsservers erfolgte durch den einfachen Austausch des JDBC-Treibers sowie durch das initiale UDF-basierte Starten des Dienstes. Ansonsten wurden keine Änderungen vorgenommen, so dass der Integrationsaufwand als sehr gering bezeichnet werden kann. Bei unseren ersten Tests zeigte sich, dass trotz des z. T. doch erst prototypischen Zustands der Erweiterungsschnittstellen des verwendeten ORDBS bei einer Integration des Anwendungsservers im Vergleich zu einem externen Anwendungsserver keine Leistungseinbußen auftreten. Nur bei sehr großer Last waren die derzeitigen Einschränkungen deutlich erkennbar.

Im Anschluss an die Diskussion der Messergebnisse haben wir mögliche Verbesserungen der integrierten Lösung diskutiert. Diesbezüglich erscheint besonders die Pufferung von Zwischenergebnissen bzw. Dokumentfragmenten und die Nutzung von Triggern für ihre Invalidierung bzw. Aktualisierung sehr interessant. Die diskutierten Verbesserungsmöglichkeiten bedürfen allerdings noch einer genaueren Evaluation in der Praxis. Neben weiteren Tests in der in diesem Beitrag vorgestellten Umgebung müssen aber auch noch andere verfügbare ORDBS bezüglich der Integration von Anwendungsdiensten untersucht werden. Aufgrund der stetig zunehmenden Bedeutung der objekt-relationalen DB-Technologie und der immer noch fehlenden Erfahrungen mit dem Einsatz der ORDBS-Erweiterungsschnittstellen halten wir dies auch für die Zukunft für ein interessantes Forschungsthema, das es zu behandeln gilt.

Literatur

[Apa00a] Apache Software Foundation: *Apache Web Server*, http://www.apache.org, 2000.

[Apa00b] Apache Software Foundation: *Jakarta/Tomcat*, http://jakarta.apache.org, 2000.

[CID99] J. Challenger, A. Iyengar, P. Dantzig: *A Scalable System for Consistently Caching Dynamic Web Data*, Proceedings of IEEE INFOCOM'99, New York, USA, März 1999.

[Gup00] M. Gupta: *TPC-W E-Commerce Benchmark Using Javlin/ObjectStore*, IEEE Bulletin of the Technical Committee on Data Engineering Volume 23(1): 43-48, März, 2000

[Loe00] H. Loeser: *Keeping Web Pages Up-To-Date With SQL:1999*, Int. Database Engineering and Applications Symposium (IDEAS 2000), pp. 219-223, Yokohama, Japan, September 2000.

[LR00] A. Labrinidis, N. Roussopoulos: *Generating Dynamic Content at Database-backed Web Servers: cgi_bin vs mod_perl*, ACM SIGMOD Record Volume 29(1): 26-31, 2000

[Sch99] A. Schmietendorf: *Leistungsbewertung von Web-Applikationen*, Vortrag im Rahmen der 12. CECMG Jahrestagung, Bremen, Deutschland, http://www.uni-magdeburg.de/schmiete/diplom/jtcecmg99.htm, 1999

[SQLJ99] *SQLJ: SQL Routines using the Java Programming Language*, http://www.sqlj.org, June 18, 1999.

[TPC00] Transaction Processing Performance Council: *TPC-W Benchmark Specification*, http://www.tpc.org, 2000.

[PF00] M. Poess, C. Floyd: *New TPC Benchmarks for Decision Support and Web Commerce*, ACM SIGMOD Record Web Edition, 2000

[PHA99] University of Wisconsin-Madison, Electrical & Computer Engineering (resp. Prof. Lipasti's Fall 1999 ECE 902 course), http://www.ece.wisc.edu/~pharm/tpcw.shtml, 1999.

[W3C98] World Wide Web Consortium: *Jigsaw Performance Evaluation*, http://www.w3.org/Jigsaw/User/Introduction/performance.html, May 27, 1998.

[W3C99] World Wide Web Consortium: *HTTP Performance Overview*, http://www.w3.org/Protocols/HTTP/Performance/, October 26, 1999.

Sitzung 7:

Multimedia und XML

SQL/MM Part 5: Still Image
– The Standard and Implementation Aspects –

Knut Stolze

Friedrich–Schiller–University Jena
Department of Mathematics and
Computer Science
Database and Information Systems Group
Ernst–Abbe–Platz 1–4
07743 Jena, Germany

stolze@informatik.uni-jena.de

IBM Silicon Valley Laboratory
Advanced Business Intelligence and
Database Technology
DB2 UDB Extenders Development
555 Bailey Ave.
San Jose, CA 95141, USA

stolze@us.ibm.com

Abstract. ISO/IEC 13249 SQL/MM is the effort to standardize SQL extensions. As the name suggests, this project focuses on multi media and application specific packages like text, spatial, and image together with extended search facilities for them. Part 1 is the framework, part 2 the full text standard, part 3 addresses spatial data, and part 5 still images. SQL extensions for data mining applications are handled in part 6. The withdrawn part 4 addressed general purpose facilities.
This paper presents the upcoming ISO/IEC 13249-5 SQL/MM Part 5: Still Image standard [ISO00a], its features and functionality. The standard is also discussed critically. A prototypical implementation of the standard, based on IBM's database system DB2 Universal Database Version 7.1, is presented. The prototype is designed with performance in mind and for standard conformance. Implications from this approach are described here.

1 Introduction

ISO/IEC 13249-5 SQL/MM Part 5: Still Image[1] is the international standard for storing, retrieving and searching still images using SQL. The intent was not to standardize the still images and their formats but rather the interface for managing them together with other data in database systems.

The SQL/MM: Still Image standard [ISO00a] is currently a Final Draft International Standard (FDIS). It is expected that the standard will progress to International Standard (IS) until spring 2001. An editing meeting was held in Santa Fe, NM, USA at the end of January, beginning of February in 2000. The author of this paper participated as a technical expert representing Germany. All open issues of the Final Committee Draft (FCD) could be solved at this meeting, and the produced document will be the upcoming standard.

[1] The terms "*SQL/MM: Still Image*" and "*SQL/MM*" are used as synonyms for *ISO/IEC 13249-5 SQL/MM Part 5: Still Image*.

The standard uses some of the terms defined in the JPEG standard [ISO94]. According to that standard, a *(digital) still image*, also simply called *image*, is a set of two-dimensional arrays of data. In most cases, the data comprised by the arrays is known as *pixels* of the still image. One array represents a component of a still image, for instance a base color like red in the RGB color space for the pixels in the still image.

In sect. 2, the paper describes briefly the facilities defined in the standard. This includes the basic data types and the operations provided for them as well as the database information schema. From an implementation's point of view, some aspects of the standard must to be discussed critically. This is done in sect. 3. A prototype of a standard conforming implementation is discussed in sect. 4. Finally, a summary will be given in sect. 5.

2 SQL/MM Part 5: Still Image

The SQL/MM: Still Image standard document is organized in 10 sections, so-called *clauses*. Clause 1 thru 4 are the base for all other clauses. They describe the scope of the standard, reference other standards, list definitions, notations and conventions, and explain the applicable image related concepts. The *SI_StillImage* data type and the operations provided for it are described in clause 5. The feature types and the operations for these are defined in clause 6. This clause also defines the *SI_Color* data type and its operations because it provides the facilities to handle color values, which are needed for some of the features. The remaining clauses 7 thru 10 describe the information and definition schema, list all status codes (SQLSTATEs) and define which facilities have to be provided by an implementation to be able to claim conformance to the SQL/MM Still Image standard.

This paper follows the order of the clauses in the standard and describes the still image data type in sect. 2.1, the features in sect. 2.2, and the information schema in sect. 2.3.

2.1 Clause 5, "Still Image Type"

Clause 5 in [ISO00a] defines the data type *SI_StillImage* to handle still images in a database. This type is defined as a structured type with methods that operate on the attributes. The attributes and the methods for the type *SI_StillImage* are outlined briefly.

Attributes The standard provides only "container" functionality to handle images . The reason for this approach is that way too many different image formats with different attributes, or different names for the same attributes, exist. Additionally, many image formats cannot be standardized for legal reasons and it might very well depend on the application which formats are important and which not [Sto00].

SQL/MM defines that the following five basic attributes have to be provided for the *SI_StillImage* data type; the last three of these attributes are denoted as the *inherent image characteristics*:

- *SI_content BINARY LARGE OBJECT*

- *SI_contentLength INTEGER*
- *SI_format CHARACTER VARYING*
- *SI_height INTEGER*
- *SI_width INTEGER*

SI_content is the attribute to store the *raw image* in. The raw image does not only contain the image data, i. e. all the pixels of the image, but also the header information, color lookup tables, or all other information provided by the image. That ensures that no information of the image is lost. For instance, the information of the *copyright* tag in a TIFF image can still be obtained from the value of the *SI_content* attribute. In short, the whole content of an image as it is stored in a file will be stored in this attribute.

The attribute *SI_contentLength* specifies the size of the content. Again, the size does not only include the image data but the header information and other information as well. In terms of storing an image in a file the value for this attribute equals the size of the file in bytes.

The attribute *SI_format* contains the format indication for an image. The format indication has to be a *supported format*, derived from the raw image, or a *user-supplied format*. For a supported format, the implementation must be able to read the raw image in that format and derive the inherent image characteristics from it. User-supplied formats can be used to store arbitrary images and treat them like images with supported formats. Note that a user-supplied format can be a supported format, in which case the rules for supported formats apply. If the format cannot be derived from the raw image and no user-supplied format is specified, the format indication will be set to the NULL value.

The last two attributes, *SI_height* and *SI_width*, might not be applicable to all image formats. For instance, vector images are not defined using bitmaps to represent the actual image data but rather using vectors, circles, rectangles and other geometric structures. Therefore, it is fairly easy to scale a vector image to the required size and many of these formats do not even define the height and width. An example would be the AutoCad DXF format [Mv96]. However, a large number of images are bitmap images. Search for images based on their size (height and width) is important considering the fact that thumbnail images, i. e. small images that don't exceed a given size, are very common today, for instance in web applications. Therefore, the height and the width are part of the *SI_StillImage* type.

Methods Besides the observer methods for each attribute, the following six methods are provided for the type *SI_StillImage*, each of them return an *SI_StillImage* value again:

- *SI_StillImage(BINARY LARGE OBJECT)*
- *SI_StillImage(BINARY LARGE OBJECT, CHARACTER VARYING)*
- *SI_setContent(BINARY LARGE OBJECT)*
- *SI_changeFormat(CHARACTER VARYING)*
- *SI_Thumbnail()*
- *SI_Thumbnail(INTEGER, INTEGER)*

Two methods are provided to construct a new *SI_StillImage*. The first one takes only the raw image as binary data (*BINARY LARGE OBJECT*) and the second takes additionally a user-supplied format indication (*CHARACTER VARYING*) as an input parameter. Each method derives the inherent image characteristics (if possible) and returns a new *SI_StillImage* value.

The method *SI_setContent* is intended to update an existing *SI_StillImage* value from a new raw image (*BINARY LARGE OBJECT*) of the same image format. The attributes for height, width, and content length are updated as well.

The method *SI_changeFormat* is provided to allow conversions of the raw image from one format to another. It converts the image from the format derived from the raw image stored in the *SI_StillImage* value to the target format (*CHARACTER VARYING*) specified as the only parameter for this method. Format conversions are possible only for supported formats, i. e. the source and the target format must be supported formats. The implementation has to define which format conversions are supported. The view `SI_IMAGE_FORMAT_CONVERSIONS` in the information schema (sect. 2.3) provides that information.

And, finally, two methods called *SI_Thumbnail* exist to derive thumbnail images, i. e. smaller versions of an existing image, as *SI_StillImage* values. The first method takes no input parameters and returns a thumbnail image with an implementation-dependent[2] height and width. For the second method, the height and width (*INTEGER*) of the thumbnail have to be specified. Thumbnails are defined to be of the same image format as the image they are derived from. If they should have another format, it is possible to convert the format either before the thumbnail computation or afterwards, using the method *SI_changeFormat* described above. The functionality to generate thumbnails is provided because thumbnails are widely used and accepted. Areas for their usage are web pages and image libraries [Cor00, Nat00].

2.2 Clause 6, "Feature Types"

A major part in the standard is concerned with image search. Features are used to describe the search argument (or query) for the image search. To that end, the standard defines the four basic features *SI_AverageColor*, *SI_ColorHistogram*, *SI_PositionalColor*, and *SI_Texture*. Values of each feature capture pictorial information of an image by means other than the inherent image characteristics. Additionally, a composite feature *SI_FeatureList* is defined which allows image search via weighted combinations of the four basic features.

Each of the four basic features and the composite feature will be explained below, followed by an outline of how the actual search for images by their content has to be done using the facilities provided by the standard. Finally, the handling of color values specified by the user is explained as well.

[2] *Implementation-dependent* elements do not have to be exposed to the user and can be changed internally if it is deemed necessary. Contrary, *implementation-defined* elements must be documented and cannot be changed at run time.

Average Color The *SI_AverageColor* feature characterizes an image by its average color. There are two constructor methods for this feature. The first takes a color value as a parameter which is interpreted as average color. The second method derives the average color value from an *SI_StillImage* value.

If the average color feature is derived from an image, according to the standard, each component of the colors of all pixels is summed up separately and the sum of each component is divided by the number of pixels in the image as the values of the components of the resulting average color value. In terms of the well known RGB color space, which represents colors using its red, green, and blue components, the red amounts of all pixels in the image are summed up and normalized by the number of pixels. The same is done for the green and blue components. Thus, the average color consists of the mean red, green, and blue components.

One has to keep in mind that images with a different visual color distribution may result in the same (or very similar) average color. For instance, an image which is half red and half blue will give a purple average color. The same average color has, of course, an image which is completely purple.

Color Histogram The *SI_ColorHistogram* feature is used to describe the relative frequencies of the colors exhibited by the pixels of the image. This feature type provides three ways to construct a value. One constructor builds an initial color histogram consisting only of one color value and its frequency. Subsequent invocations of the method *SI_Append* will complete this initial histogram. The second constructor derives a color histogram from an image. And finally, the third and optional constructor gets an array of color values and an array of frequencies which are associated to the color values, and builds the complete histogram.

The standard describes the algorithm to be used for deriving the color histogram in the following way: The color space is divided into an implementation-dependent number of areas (subspaces). Then, the number of pixels in each area is counted. A pixel belongs to an area if and only if its color is one of the colors of that area. Finally, the sums of each area are normalized by the number of pixels in the image, which leads to the frequency associated with the area. The such constructed color histogram consists of the the areas represented by a single color value and its frequency.

Figure 1 shows two different images which result in the same histogram of 50% red, 25% green, and 25% blue. As one can see, this feature is useful in situations where the placements of colors is not known or does not really matter.

Positional Color The *SI_PositionalColor* feature takes the placement of colors in the image into account. It characterizes the image by its regionally used average colors. Positional color features can only be derived from an *SI_StillImage* value.

The derivation is done by dividing the image into n by m rectangles. For each rectangle, the average color is determined as described above for the average color feature. The values of n and m and therefore the number of rectangles are implementation-dependent.

Referring back to fig. 1, both images give an identical color histogram. The positional color features, however, differ because the different placement of the colors. Note

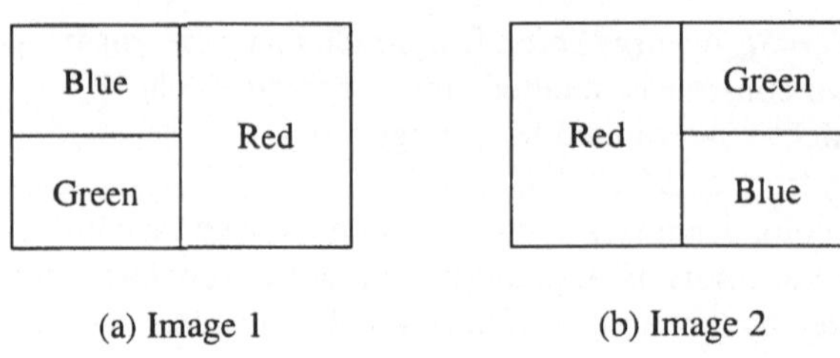

(a) Image 1 (b) Image 2

Fig. 1. Image Features

that positional color features can only be derived from other images, i. e. a sample image has to be provided for the query. If the exact outline of the images to be searched for is not known or does not matter, the *SI_ColorHistogram* feature might be the better choice for color oriented search.

Texture The *SI_Texture* feature characterizes an image by the size of repeating items (*coarseness*), brightness variations (*contrast*), and the predominant direction (*directionality*). The single constructor method for that feature takes an *SI_StillImage* value as input parameter.

The standard does not give more detailed information as to how the texture feature has to be derived from an image and leaves this to the implementation. Coarseness, contrast, and directionality are also not further defined by the standard. The ways to describe textures of images can differ widely [Equ93, Ora99, TMY78].

Feature List The composite feature type *SI_FeatureList* is used to allow for image searches using multiple basic features at the same time. The type allows to specify which of the four basic features described above shall be part in the composite feature and with which weight. The constructor takes the four features and their respective weights as input parameters. If a feature should not be used, a NULL value has to be specified for the feature and its weight.

Methods *SI_setFeature* is provided which allows the setting or resetting of basic features in a composite feature. A separate method is provided for each of the four basic features.

Image Search For each of the basic features and the composite feature, an *SI_Score* method has to be provided for the image search by the implementation. Image search is done by measuring the similarity between features and images. To compare two images I_1 and I_2, a feature F_1 has to be constructed from one image, say I_1, by issuing $F_1(I_1)$. To measure now the similarity of the feature F_1 to the image I_2, the score method *SI_Score* which is defined for each feature type has to be used:

$$F_1.\mathsf{SI\_Score}(I_2)$$

The result of this method is a measure of the distance between feature F_1 (derived from image I_1) and image I_2. The smaller the distance, the more similar are the images I_1 and I_2. A distance of 0 (zero) means it is an "exact" match. One has to keep in mind that this only means an "exact" match with respect to the feature; the images don't have to be identical. For instance, an image half red and half blue has an average color of purple, and it can result in a score of 0 (zero) if compared with an image that is completely purple.

Existing implementations do not give any kind of definition for the scores, although the range of the scores may be stated. For instance, [Ora99] explicitly says that the user has to find a threshold value through "trial and error" which will be used to decide whether two images are considered to be similar or not. No exact meaning can be associated with this threshold value, which is a sobering thought.

Color Handling Color handling is needed for the basic feature types *SI_AverageColor* and *SI_Colorhistogram*, described in sect. 2.2, to construct values of these features by means of numerical values instead of deriving them from *SI_StillImage* values. The handling of color values is complex considering various color spaces, also called *color systems* [Mv96], and their properties.

The most commonly known color spaces are the *RGB* color space already mentioned above, which uses additive color mixing of the primary colors red, green, and blue, and the *CMY* or *CMYK* color spaces which use subtractive color mixing of cyan, magenta, and yellow, and black in the second case. An example of additive color mixing using *RGB* are projectors. An example of subtractive color mixing with *CMYK* are printers [CPS98]. Other color spaces are, for instance, *HSV*, *Lab*, YC_rC_b, *YIQ*, and *MTM* [Mv96, NBE+93].

Color spaces use different ways to represent color values and have different properties. For instance, the *YIQ* color space [NH88] represents colors by their luminance (*Y*) and two "color difference signals" (*I* and *Q*). This color representation was used in the early 1950 for color television to allow existing black/white televisions to continue functioning by only adding color information to the already transmitted luminance information.

Another property of color spaces is that differences between colors can vary if the same metric is used. For instance, [NBE+93] states that the most intuitive results for distances between color values using the euclidean distance could be obtained when colors were represented in the *MTM* (Mathematical Transform to Munsell) color space [MY88].

SQL/MM: Still Image encapsulates color values in the type *SI_Color*. The mandatory constructor method *SI_RGBColor* has to be provided by an implementation. That constructor takes the amount of the red, green, and blue component for a color in the RGB color space as its input parameters.

2.3 Information Schema

SQL/MM: Still Image defines an information schema provides a mechanism for applications to determine which facilities are supported by the implementation. This is defined in the same fashion as similar mechanisms in other parts of SQL/MM and SQL99 [ISO99a, ISO99b]. Information schemata are also known as *catalogs*.

The information schema provides publicly available views, which are defined as being in a schema named `SI_INFORMTN_SCHEMA`.[3] The following five views, represented in relational notation, i. e. by their view name and the attributes for each view, form the SQL/MM Still Image Information Schema:

```
SI_IMAGE_FORMATS ( SI_FORMAT )
SI_IMAGE_FORMAT_CONVERSIONS ( SI_SOURCE_FORMAT, SI_TARGET_FORMAT )
SI_THUMBNAIL_FORMATS ( SI_FORMAT )
SI_IMAGE_FORMAT_FEATURES ( SI_FORMAT, SI_FEATURES )
SI_VALUES ( SI_VALUE )
```

The view `SI_IMAGE_FORMATS` identifies the supported image formats. As it is stated in sect. 2.1, it is up to the implementation to define which image formats are supported formats.

The pairs of source and target image formats for which an image format conversion is supported are listed in the view `SI_FORMAT_CONVERSIONS`. The view has to list all possible format conversions, including conversions with the identical source and target formats.

The view `SI_THUMBNAIL_FORMATS` lists the formats from which images have to have to be able to derive thumbnails. This ability is also restricted to the supported formats only.

The use of features might not be possible for all supported image formats. An implementation might decide not to support color related features like *SI_PositionalColor* for vector images, e. g. AutoCad DXF, but support these formats otherwise. The view `SI_IMAGE_FORMAT_FEATURES` lists which image formats are feasible for which features.

And finally, the view `SI_VALUES` lists the implementation-defined elements. It only lists the identifier of the implementation-defined values but not the values themselves.

3 Discussion of the Standard

SQL/MM: Still Image is the first standard defining an SQL extension to handle still images. As with every standard, problems exist that should be corrected in the future. This section describes some of these shortcomings found so far and proposes solutions to these. It also points out possible improvements and additional functionality which should be incorporated in the next version.

3.1 *SI_StillImage* Type

The method *SI_setContent* has only slightly different semantics compared to the constructor method *SI_StillImage* taking a *BINARY LARGE OBJECT* as input parameter.

[3] The abbreviated name is due to a restriction of [ISO99b] which requires that names for schemata can only be 18 characters long if the feature F391, "Long Identifiers" is not supported.

The difference is that *SI_setContent* requires that the format indication of the new raw image is the same as of the current raw image stored in the *SI_StillImage* value. This restriction imposed on the format indication does not make much sense. Why should a user not be allowed to update an *SI_StillImage* value by storing a GIF image with a PNG image? The restriction on the format indication should be removed. But without the restriction, there would be no difference in the semantic of the constructor methods and the *SI_setContent* method. The method should not be defined at all and should be removed from the standard.

The way to handle thumbnails in the standard is not very desirable from an implementation's point of view. The method *SI_Thumbnail()* returns a thumbnail image with an implementation-dependent height and width. This could be used to precompute thumbnail images and store them in an additional, possibly internal attribute in the *SI_StillImage* values. Thus, fast retrieval of thumbnails can be achieved. Note that fast retrieval and small sizes of the raw image data are the two major reasons for using thumbnails at all. However, the construction of a new *SI_StillImage* value to represent a thumbnail image imposes a certain—sometimes unnecessary—overhead.

The only operations applicable for *SI_StillImage* values are the format conversion (*SI_changeFormat*) and thumbnail computation (*SI_Thumbnail*). It would be desirable to have more ways to manipulate images. For instance, scaling should be provided using a method *SI_Scale*. The existing *SI_Thumbnail* method taking user-supplied height and width basically performs a down-scaling of the image. The proposed *SI_Scale* method offers the same functionality in a more general manner by also allowing up-scaling. Cropping, rotating, photometric inversion, and color reduction (quantize) of images using methods like *SI_Crop*, *SI_Rotate*, *SI_Invert*, and *SI_Quantize* respectively, are other operations to consider.

The SQL standard for management of external data (SQL/MED) [ISO00b] progressed to FDIS in September 2000. This opens the opportunity for SQL/MM to pick up the facilities described in SQL/MED and to support DataLinks as additional way to store raw image data in *SI_StillImage* values. This would allow a seamless integration of existing image libraries [Uni95] with image search by simply referencing the images in the libraries without changing the libraries themselves.

3.2 Features

The observation one makes for the *SI_AverageColor* feature is that it cannot be used to search for images that have a certain hue or predominant color as was stated in sect. 2.2. The average color represents a color value that might not reflect or even be close to any color that can be found in the image. Therefore, the existence of that feature type is very questionable. Existing applications like Oracle's *Visual Information Retrieval* [Ora99] do not support this feature.

The *SI_PositionalColor* feature also uses an average color value for each rectangle by which the image is divided. The same consideration as for the *SI_AverageColor* feature apply here as well. The average color in a rectangle might not represent any color to be actually found in that rectangle. This can lead to query results that the user would not expect. Here, it would be easier to understand if the most significant color for each rectangle would be used. The most significant color can be derived from a color histogram as it is defined by the *SI_ColorHistogram* feature. In the histogram, the most significant color is the color with the highest frequency. For example, an image with a bright blue sky in the upper and relatively scattered green grass in the lower half might have green as its most significant color in the lower half. But the average color in that area can be different due to brownish colors from the ground between the grass.

The four basic features in the standard are very general features. Additional features (searching for shapes or other objects in images [TC91, KEUB+98]) are desirable, considering that existing products already support it [Ora99]. It is easily possible to extend the current set of basic features to allow for face recognition, fingerprint matching, signature matching, combining it with functionality for geographical information systems (GIS) [ERD98], or general region matching [NRS99], for example.

3.3 Information Schema

The view `SI_IMAGE_FORMAT_CONVERSIONS` in the information schema specifies that both the source format and the target format have to be a supported format. The restriction is enforced by a foreign key on the underlying base tables for the view. However, there are situations where an implementation could support conversions to other than the supported formats. For example, an implementation might be able to convert images from the GIF format to Postscript. Encoding and writing image data in Postscript is much easier to achieve than decoding and interpreting Postscript files correctly [IT90]. With the restriction that the target format has to be a supported format, such conversions would not be possible and, effectively, the implementation would be restricted by the standard. The foreign key for the target format should be removed to allow an implementation to support conversions even to otherwise unsupported formats.

Together with new operations to manipulate images or additional features for the image search, the information schema has to be adjusted as well to reflect the additional information. If the new operations are only applicable to images with supported formats, the information can and should be represented in the view `SI_IMAGE_FORMATS` by adding a new column to it.

4 Implementation Aspects of SQL/MM: Still Image

In this section, a prototypical implementation of the SQL/MM: Still Image standard based on IBM DB2 Universal Database Version 7 (DB2 UDB) is discussed. The motivation, prerequisites and approach chosen for the prototype are explained in sect. 4.1. There are three major areas of interest: the implementation of the types with their methods and functions, the information schema, and the use of specialized image indexes which are described in the sects. 4.2, sect. 4.3, and 4.4, respectively. Finally, some experiences gained from the prototype are outlined in sect. 4.5.

4.1 Introduction

IBM offers the Image Extender as part of the DB2 UDB Image, Audio, and Video Extender [IBM00a]; however, this version of extender is not completely conforming to the standard [Sto01]. A prototype has been developed to address two major points. First, a conforming implementation of the SQL/MM: Still Image standard should be provided, and second, the implementation should be done with performance considerations in mind. There are two situations that are very critical for performance: (a) the indexing of an image due to an insert or update in the database, and (b) querying attributes and determining the scores of images by using the *SI_Score* methods. Another aspect was that no major changes should be made to the database engine to reduce the effort (and costs) needed for the implementation. The implications of these requirements will be outlined briefly.

The question as to whether the prototype should be based on the existing DB2 UDB Image Extender was answered quickly. Some initial performance comparisons showed that access to an attribute of a structured type needed only 15% of the time to access an image attribute like *height* or *width* using the user-defined functions (UDFs) provided by the DB2 UDB Image Extender which stores these information in side-tables. Therefore, structured types are used to implement the *SI_StillImage* type, and the prototype is independent from the existing product. However, the search engine *Query By Image Content* (QBIC) [NBE+93, FSA+95] was reused for the implementation of the functionality for the features and the *SI_Score* methods.

Also, it had to be decided which architecture to use. Obviously, the best performance could be achieved with a *database system integrated* solution; i. e. integrating the image functionality directly into the DB2 UDB engine. On the other hand, a *database system based* solution which only uses DB2 UDB's SQL interface requires no changes to the database engine itself and reduces the needed work significantly. Figure 2 shows the general architecture for the two different approaches. Note that the performance-critical processing has to be done in the image search engine, anyway. The database system based solution—in which the image functionality is not implemented inside the database engine—was adopted. The overhead involved with accessing the external image functionality, which also has to keep the image index consistent with the database, was accepted because of the much easier and more modular implementation.

4.2 Types and Methods

In the prototype, all types were implemented as structured types according to SQL/MM: Still Image. However, two internal attributes, *imageID* and *indexID*, were added to the type *SI_StillImage*. These two attributes are needed in the UDFs to uniquely identify an image index and an image within this image index, because UDFs do not get reliable information from DB2 UDB on which database table and column they are working on, if they work on such a column at all. The image index enables a faster image search using QBIC. The implementation-dependent set of attributes for the type *SI_Color* was chosen to be *SI_red*, *SI_green*, and *SI_blue* to represent color values in the RGB color space.

Some additional image functionality to scale and rotate images is provided using the methods *SI_Scale* and *SI_Rotate*, as mentioned in sect. 3.1. Although these methods are not described in the standard, they do not violate it. They are considered to be product extensions.

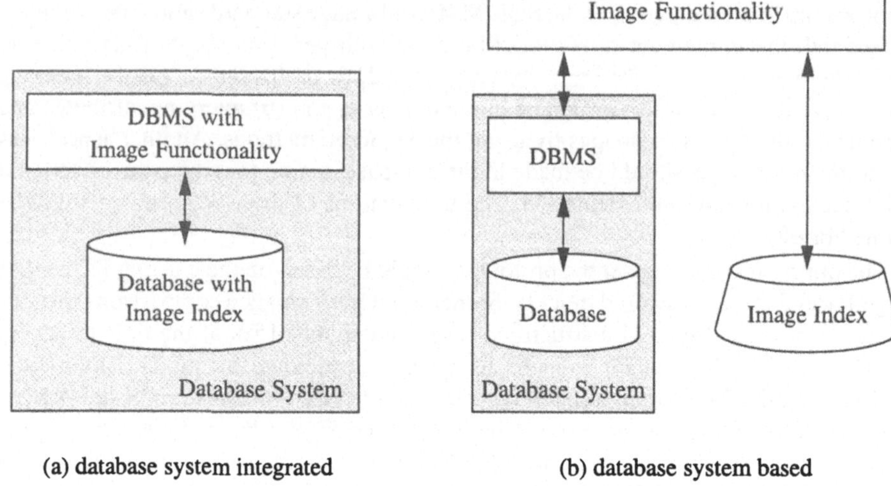

(a) database system integrated

(b) database system based

Fig. 2. Database system based and integrated Image Functionality

For a simpler implementation, the four basic features are grouped together in a type hierarchy[4] under a root type called *SI_Feature*, which is not instantiable. That means that no *SI_Feature* values can be created which have *SI_Feature* as their most specific type. Note that the feature list *SI_FeatureList* is not part of that type hierarchy.

DB2 UDB does not yet support constructor methods as defined in [ISO99b]. To circumvent that problem, the constructor methods for all types were implemented as regular functions which return a value of the appropriate type. All other methods could be implemented as described in the standard. Including all required observer methods for the various data types, the following functions and methods are provided by the prototype:

***SI_StillImage*:** *SI_StillImage(BLOB)*, *SI_StillImage(BLOB, VARCHAR)*, *SI_setContent(BLOB)*, *SI_changeFormat(VARCHAR)*, *SI_Scale(INTEGER, INTEGER)*, *SI_Rotate(DOUBLE)*, *SI_Thumbnail()*, *SI_Thumbnail(INTEGER, INTEGER)*, *SI_content()*, *SI_contentLength()*, *SI_format()*, *SI_height()*, *SI_width()*, *SI_Score(SI_Feature)*, and *SI_Score(SI_FeatureList)*;

***SI_Feature*:** none;

***SI_AverageColor*:** *SI_AverageColor(SI_Color)*, *SI_AverageColor(SI_StillImage)*, and *SI_Score(SI_StillImage)*;

***SI_ColorHistogram*:** *SI_ColorHistogram(SI_Color, DOUBLE)*, *SI_Append(SI_Color, DOUBLE)*, *SI_ColorHistogram(SI_StillImage)*, and *SI_Score(SI_StillImage)*;

***SI_PositionalColor*:** *SI_PositionalColor(SI_StillImage)* and *SI_Score(SI_StillImage)*;

[4] [ISO00a] explicitely avoids using type hierarchies and inheritance to allow implementations, which only support Core SQL as defined by [ISO99b], to conform to SQL/MM: Still Image as well.

SI_Texture: *SI_Texture(SI_StillImage)* and *SI_Score(SI_StillImage)*;
SI_FeatureList: *SI_FeatureList(SI_AverageColor, DOUBLE, SI_ColorHistogram, DOUBLE, SI_PositionalColor, DOUBLE, SI_Texture, DOUBLE)*, *SI_setFeature(SI_Feature, DOUBLE)*, *SI_AvgClrFtr()*, *SI_AvgClrFtrW()*, *SI_ClrHstgrFtr()*, *SI_ClrHstgrFtrW()*, *SI_PstnlClrFtr()*, *SI_PstnlClrFtrW()*, *SI_TextureFtr()*, *SI_TextureFtrW()*, and *SI_Score(SI_StillImage)*;
SI_Color: *SI_RGBColor(INTEGER, INTEGER, INTEGER)*.

The method and functions listed above are mapped to 12 external UDFs, which in turn are implemented in C++. The external UDFs work directly with the raw images or feature vectors (BLOBs) and parameters for the operation to be performed, e. g. the angle of the rotation specified for the *SI_Rotate* method.

The external UDFs include one function needed for the error handling in UDFs that map to the external UDFs. These mapping UDFs are implemented in SQL. Although DB2 UDB provides a function *RAISE_ERROR*, this function does not support different languages and translation of error messages. Therefore, this UDF receives an error code and returns the error message in the correct language. The external UDFs covering the derivation of the image attributes, the image format conversion, and the scaling and rotating of raw images, receive the raw image as input parameter, call the appropriate functions in the image library ImageMagick [mag00], and return either the inherent image characteristics or a new raw image. The functions to compute scores translate the SQL feature values into QBIC feature objects and evaluate the, thus constructed, QBIC query. The other UDFs accessing QBIC are the functions to retrieve the internal representation of the feature vectors from the image index or to compute the feature vectors from a raw image. These functions are needed to construct feature values to be used as search arguments for the *SI_Score* methods.

4.3 Information Schema

The information schema implemented in the prototype is based on a specialized definition schema. The definition schema was designed with knowledge about the functionality provided by the image library ImageMagick. The image library is used for image operations, like deriving the inherent image characteristics, scaling, rotating, and format conversion. It is also used by the search engine (QBIC) to retrieve the image data for the derivation of the feature vectors. ImageMagick has decoders and encoders for the various supported image formats and uses an internal representation as the target of the decoding and the source of the encoding process.

Image operations that manipulate the image data (unlike format conversion) work with the internal representation. With this approach, ImageMagick can manipulate images if and only if images in the source format can be decoded to the internal representation, and the internal representation can be encoded to the target format. For scaling and rotating, which do not involve format conversion, source and target format are identical, i. e. scaling and rotating are only possible if a decoder and encoder exist for the given image format.

Only a few formats are considered as supported formats by the prototype. Among these are GIF, JPEG, and BMP. The information about whether ImageMagick has decoders and encoders for these formats is stored in the table `SI_IMAGE_FORMATS` of the definition schema. With that, the view SI_IMAGE_FORMAT_CONVERSIONS of the information schema can be implemented as a cross join of this definition schema table with itself. All possible combinations of the formats are filtered by the condition that the source format must be decodable and the target format must be encodable. The implementation of the view SI_THUMBNAIL_FORMATS is very similar but no cross join is necessary. A format will be listed in this view if the image format is encodable and decodable as well. For instance, the JPEG format was considered to be not supported for encoding which implies that it can be used as source format in format conversions but no thumbnails can be derived from images in that format.[5]

The view SI_IMAGE_FORMAT is extended to reflect information about the additional functionality for scaling, and rotating by adding the two columns SI_SCALE and SI_ROTATE. The values for these columns are derived from the decode and encode information in the same fashion as it is done for the view SI_THUMBNAIL_FORMATS. With the knowledge that ImageMagick is also used by QBIC to get the actual image data to analyze it, the view SI_IMAGE_FORMAT_FEATURES is based on the table SI_IMAGE_FORMATS of the definition schema. It lists a format for all feature combination only if the images in this format are decodable.

4.4 Indexes

To increase the performance at query time, an index is created for the images. Indexing is essentially a preprocessing step to derive the feature vectors for the four basic features from each image in an index.

For performance reasons, the index is kept in external files. Although it would be possible to store the index data in the database, for instance in additional internal attributes of the *SI_StillImage* type, this would not allow for fast index operations without changing the database engine. Another approach to simulate the index files with database tables was also discarded for performance reasons.

Each external image index needs an identifier. The index identifier is stored in the *SI_StillImage* values. Thus, each image in the database "knows" to which index it belongs, i. e. where its feature vectors reside. It would have been possible to store the index identifier in the definition schema, for instance, and to not keep this information in an attribute of the *SI_StillImage* values. This approach has the problem that no index, table, or column information is available in SQL UDFs. In external UDFs, no SQL can be invoked from within UDFs as of today. Thus, the information which image index exists on a certain column of a certain table is not available. So the storage penalty was accepted, and the index identifier is stored in an attribute of the structured type.

The structure of an image index is simple. For each image identifier, the feature vector of the related image is stored. All features are treated separately. This allows the storing of the image index in multiple B-Trees, one for each feature.

A clustering mechanism is used to improve the performance at query time. All features are clustered separately. The clustering relies on a weak form of the triangle inequality, which means that the underlying assumption is that two feature vectors with a

[5] This restriction was not imposed due to lack of functionality of ImageMagick but for testing purposes of the prototype.

small distance to a third feature vector also have a small distance to each other. For the clustering, representatives are chosen randomly from all feature vectors in the image index. Then, all image identifiers in the index are sorted to their closest representative by determining the distance of their associated feature vector to the feature vector of all the representatives. A cluster can be described as a list of image identifiers associated with a certain representative. The feature vectors of the representatives have to be stored for each cluster to ensure that deletions and updates of the normal image index do not affect the clustering criteria, i. e. the representatives.

QBIC supports the search for the n best matches for a given query. At query time, the features are considered separately. For each feature, the clusters are sorted. The sorting criteria is the score of the cluster's representative to the respective feature in the query. Then, at least n images and their feature vectors are chosen from the clusters. After this filtering step, the lists of images for each feature are merged together and the score is computed for each image. The images with the lowest n scores are collected and returned.

QBIC was extended to allow threshold searches. This extension also exploits the clustering for better performance. To that end, each cluster stores additionally the maximum distance of its representative to all feature vectors of the image identifiers belonging to that cluster. This maximum distance is denoted as the *radius* of the cluster. As shown in fig. 3 in 2-dimensional space, a cluster is considered at query time if and only if the distance d of the representative of the cluster c to the feature vector q, which is used in the query, minus the radius r is smaller than the specified threshold t. Obviously, the feature vector p lies within the threshold and the cluster has to be considered, even if c lies not within the threshold. Note that the radius r can very easily be computed during index and cluster maintenance. Thus, the additional overhead to compute the radius is constant and neglectable. If a cluster is considered, the score is computed for all images in the cluster. Otherwise, all images in that cluster are ignored. Multiple features in a single query are handled in the same fashion as it is done for queries returning the n best results.

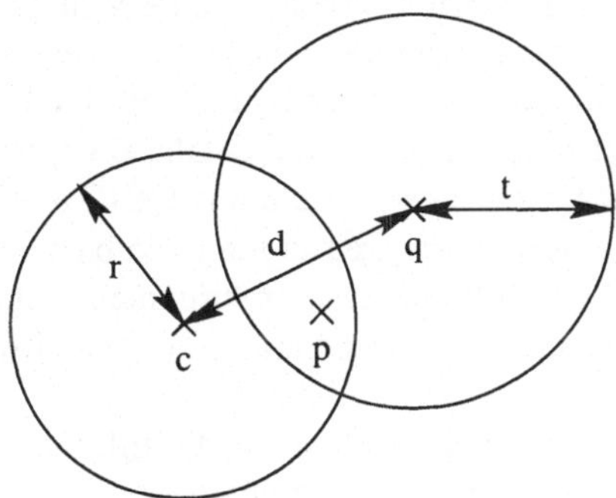

Fig. 3. Threshold Handling

To exploit the external image indexes in a more optimal way, DB2 UDB's index extensions are used [Sar98]. Index extensions are helpful for optimizing queries with scalar UDFs. Instead of calling the scalar UDF for each row of a SELECT statement, an external table function is called that only returns *keys* to identify the qualifying rows. Note that DB2 UDB does not expose its internal RIDs but index extensions provide a mechanism to use the user-defined keys instead which will be mapped to internal RIDs. As keys, the image identifiers were used.

The performance gain of that approach is obvious when an image search condition with a high selectivity is used, i. e. the *SI_Score* method would have to be evaluated for many rows but only very few satisfy the search condition and appear in the final result. Here, many calls of the scalar *SI_Score* method can be avoided. The in QBIC newly introduced threshold search as described above will be used. The threshold will be passed to QBIC together with the search argument, and QBIC returns only these image identifiers as keys for which the score lies within the threshold. DB2 UDB mappes these keys to its internal RIDs and only the rows associated with these RIDs have to be considered for other predicates in the SQL query.

Three additional external UDFs are implemented to exploit the index extensions. One function is needed for the maintenance of the index. It generates the key from an *SI_StillImage* value that will be associated with the row identifier in a DB2 UDB internal index. Because the image identifier is used as key, this UDF only returns the value of the attribute *imageID*. The second external UDF is used to return only the qualifying rows for a given query as explained above. And finally, to find an *SI_StillImage* value quickly within a user table using its image identifier, a third external UDF was implemented. That third UDF is needed because DB2 UDB does not yet support indexes on attributes of structured types, i. e. on the additional *imageID* attribute. The index extensions provide a way to work around this shortcoming.

4.5 Experiences

DB2 UDB Version 7.1 supports structured types and SQL UDFs natively. Because of this it was relatively easy to implement the SQL/MM: Still Image standard. Many functions and methods could be implemented using SQL nearly exactly as the standard described. Thus, the effort for external UDFs could be reduced significantly. Additionally, no side-tables were needed anymore to store the image data like thumbnails and inherent image characteristics as it was done by the DB2 UDB Image Extender.

As a side effect of pushing logic into the database engine by using SQL UDFs, the size and complexity of the code base–excluding QBIC and ImageMagick–could be reduced by approximately 80%, compared to the code base of the current DB2 UDB Image Extender Version 7.1 [IBM00a]. That, in turn, means an easier maintenance and fewer errors. Index Extensions and improvements in QBIC itself led to improved performance at query time.

The prototype implements the current SQL/MM: Still Image standard. Thus, no support for external data, i. e. images in files in the file system or on other machines, exists. For a more usable product, DB2 UDB's DataLinks [IBM00d] have to be incorporated as additional source for the images. This could be achieved by using an appropriate type hierarchy for the *SI_content* attribute of the type *SI_StillImage*.

The indexing of images is done when inserting or updating images in the database. Consideration has to be given to allow an asynchronous indexing to minimize the performance impact for insert and update operations. That applies especially when DataLinks are used to reference the image data on other machines. Transferring the image data just for synchronous indexing will impact the database operations significantly. Also, a better load balancing can be achieved if the indexing can be scheduled more flexible. Many extenders or similar products for other database systems already follow this approach [IBM00c, Mic98, Inf99]. However, the down-side of an asynchronous approach is obviously that not yet indexed images do not show up the correct result when the *SI_Score* method is applied for them.

5 Summary and Outlook

SQL/MM: Still Image standardizes storing and handling of still images together with other data in databases, by defining "container" functionality for storing, retrieving, and searching for images. The strategy of standardizing "container" functionality is a practical one, because imaging is too complex and heterogeneous in terms of interchange formats, color handling, and image search by content to be defined in this standard.

This paper described the standard facilities for storing and retrieving still images in database systems. It showed which attributes and methods are available and what their semantics are. For the image search, the standard specifies which features are available to search for images by their content. It is demonstrated how such a search can be accomplished and what the results are. The color handling for features like *SI_AverageColor* or *SI_ColorHistogram* is based on the infrastructure provided by the standard in the form of the type *SI_Color*, which encapsulates color values.

The current Final Draft International Standard (FDIS) will likely become an International Standard (IS) until spring 2001.

Some shortcomings in the upcoming standard are shown and ways to solve those shortcomings are proposed. Additional functionality to manipulate images, like scaling or rotating, and their future extensions of SQL/MM: Still Image are suggested. Hopefully, these shortcomings will be addressed in future versions of the standard.

A prototype, developed to achieve standard conformance with good performance, is described as well. Certain aspects of its implementation, such as the implementation of the information schema and indexing of still images, are explained in more detail, and experiences gained from the implementation are outlined.

In the future, additional features will be supported by the prototype. This might include a shape-oriented feature or application specific image search facilities like face recognition or fingerprint matching. To make the prototype more usable, an integration into DB2 UDB's Control Center has to be achieved. This will be done similar to the functionality offered by the DB2 UDB Spatial Extender [IBM00b]. Due to the relatively close relationship between spatial and image data, work is ongoing to combine the prototype with the Spatial Extender. Further developments of the standard, like additional functionality to manipulate images, will most likely be incorporated in the prototype as well.

Acknowledgments: I would like to thank the participants of editing meeting for the SQL/MM Part 5: Still Image standard held in Santa Fe, NM, USA at at the end of January, beginning of February 2000 for their work on this standard. Special thanks go to Peter Pistor who drove many points in the standard. Hugh Darwen, Krishna Kulkarni and Kathryn Zeidenstein provided valuable input not only for this paper but for the understanding of the SQL standard in general. The technical support of Albert Maier and Matthias Tschaffler was crucial for the development of the prototype.

References

[Cor00] Corbis Corporation. *Corbis – The Place for Pictures on the Internet*, 2000. http://www.corbis.com/.

[CPS98] Heidelberg CPS. *Color Manager Manual*, 1998. http://www.linocolor.com/colorman/colorman_frames.htm.

[Equ93] W. Equitz. Using Texture for Query by Image Content (QBIC). Research report, IBM Almaden Research Center, San Jose, CA, 1993.

[ERD98] ERDAS. ArcView Image Analysis Extension. White Paper, 1998. http://www.erdas.com/.

[FSA+95] M. Flickner, H. S. Sawhney, J. Ashley, Q. Huang, B. Dom, M. Gorkani, J. Hafner, D. Lee, D. Petkovic, D. Steele, and P. Yanker. Query by Image and Video Content: The QBIC System. *IEEE Computer*, 28(9):23–32, 1995.

[IBM00a] IBM Corporation. *DB2 Universal Database Image, Audio, and Video Extenders – Administration and Programming, Version 7*, 2000.

[IBM00b] IBM Corporation. *DB2 Universal Database Spatial Extender – Administration and Programming, Version 7*, 2000.

[IBM00c] IBM Corporation. *DB2 Universal Database Text Extender – Administration and Programming, Version 7*, 2000.

[IBM00d] IBM Corporation. *DB2 Universal Database Version 7: SQL Reference*, 2000.

[Inf99] Informix Corporation. *Excalibur Image DataBlade Module – User's Guide*, 1999.

[ISO94] ISO/IEC IS 10918-1:1994. *Digital Compression and Coding of Continuous-tone Still Images: Requirements and Guidelines*, February 1994. J. Mitchell, editor.

[ISO99a] ISO/IEC FDIS 13249-2:1999 SQL/MM SAF-003-SP1. *Information Technology – Database Languages SQL – Multimedia and Application Packages – Part 2: Full Text*, August 1999. P. Cotton, editor.

[ISO99b] ISO/IEC IS 9075-2:1999. *Information Technology – Database Language SQL – Part 2: Foundation (SQL/Foundation)*, July 1999. J. Melton, editor.

[ISO00a] ISO/IEC FDIS 13249-5:1999 SQL/MM. *Information Technology – Database Languages SQL – Multimedia and Application Packages – Part 5: Still Image*, September 2000. M. Ashworth, editor.

[ISO00b] ISO/IEC FDIS 9075-9:2000. *Information Technology – Database Languages SQL – Part 9: SQL/MED*, September 2000. J. Melton, editor.

[IT90] Adobe Systems Incorporated and E. Taft. *Postscript Language Reference Manual*. Addison-Wesley, Reading, MA, 2nd edition, 1990.

[KEUB+98] W. Kießling, K. Erber-Urch, W.-T. Balke, T. Birke, and M. Wagner. The HERON Project - Multimedia Database Support for History and Human Sciences. In *28. Annual Conference of the German Computer Society (GI)*, pages 309–318. Springer Verlag, 1998.

[mag00] magick@wizards.dupont.com. *ImageMagick*, 2000. http://www.imagemagick.org/.

[Mic98] Microsoft Corporation. *Microsoft SQL Server – Textual Searches on Database Data Using Microsoft SQL Server 7.0*, 1998.

[Mv96] J. D. Murray and W. vanRyper. *Graphics File Formats*. O'Reilly & Associates, Inc., Bonn, Cambridge, 2nd edition, 1996.

[MY88] M. Miyahara and Y. Yoshida. Mathematical Transform of (RGB) Color Data to Munsell (HVC) Color Data. In *Visual Communication and Image Processing*, volume 1001, pages 650–657. SPIE, 1988.

[Nat00] National Aeronautics and Space Administration (NASA). *AILS – Ames Imaging Library Server*, 2000. http://ails.arc.nasa.gov/.

[NBE+93] W. Niblack, R. Barber, W. Equitz, M. Flickner, E. Glasman, D. Petkovic, P. Yanker, G. Faloutsos, and G. Taubin. The QBIC Project: Querying Images By Content Using Color, Texture, and Shape. In W. Niblack, editor, *SPIE 1993, Proceedings SPIE Storage and Retrieval for Image and Video Databases, January 31 - February 5, 1993, San Jose, CA, USA*, volume 1908, pages 173–187. International Society for Optical Engineering, 1993.

[NH88] A. N. Netravali and B. G. Haskell. *Digital Pictures, Representation and Compression*. Plenum, New York, 1988.

[NRS99] A. Natsev, R. Rastogi, and K. Shim. WALRUS: A Similarity Retrieval Algorithm for Image Databases. In A. Delis, C. Faloutsos, and S. Ghandeharizadeh, editors, *SIGMOD 1999, Proceedings ACM SIGMOD International Conference on Management of Data, June 1-3, 1999, Philadephia, Pennsylvania, USA*, pages 395–406. ACM Press, 1999.

[Ora99] Oracle Corporation. *Oracle8i Visual Information Retrieval – User's Guide and Reference*, 1999.

[Sar98] C. M. Saracco. *Universal Database Management – A Guide to Object/Relational Technology*. Morgan Kaufmann, San Francisco, CA, 1998.

[Sto00] K. Stolze. SQL/MM Part 5: Still Image – An Introduction. *Datenbank Rundbrief*, (25), 2000.

[Sto01] K. Stolze. Still Image Extensions in Database Systems – A Product Overview. 2001. in preparation.

[TC91] G. Taubin and D. B. Cooper. Recognition and Positioning of Rigid Objects Using Algebraic Moment Invariants. In *Geometric Methods on Computer Vision*, volume 1570, pages 175–186. SPIE, International Society for Optical Engineering, 1991.

[TMY78] H. Tamura, S. Mori, and T. Yamawaki. Texture Features Corresponding to Visual Perception. In *IEEE Transactions on Systems, Man, and Cybernetics*, pages 460–473, 1978.

[Uni95] University of Stuttgart, Germany. *Stuttgart Picture Archive*, 1995. http://www.uni-stuttgart.de/External/picinfo/.

Ähnlichkeitssuche auf XML-Daten

Sergej Sizov, Anja Theobald, Gerhard Weikum
Universität des Saarlandes
WWW: http://www-dbs.cs.uni-sb.de
E-Mail: {sizov, theobald, weikum}@cs.uni-sb.de

Zusammenfassung

Anfragesprachen für XML, wie z.B. XPATH oder XML-QL, unterstützen Boolesches Retrieval; Anfrageergebnisse sind dabei ungeordnete Mengen von XML–Elementen, die die regulären Suchmuster einer Anfrage erfüllen. Dieses Suchparadigma ist für stark schematisierte, "geschlossene" XML-Dokumentkollektionen, z.B. elektronische Kataloge, geeignet. Für die Suche nach Informationen im World Wide Web oder in "offenen" Umgebungen, z.B. Intranets großer Unternehmen, ist jedoch Ranked Retrieval vorzuziehen; Anfrageergebnisse sind dabei Ranglisten von XML-Elementen, die nach absteigender Relevanz sortiert sind. Web-Suchmaschinen, die auf Information-Retrieval-Konzepten basieren, sind andererseits nicht in der Lage, die zusätzlichen Informationen, die sich aus der Struktur von XML-Dokumenten und der semantischen Annotation durch Elementnamen ergeben, effektiv auszunutzen. Im vorliegenden Beitrag werden Konzepte vorgestellt, die die Suchmöglichkeiten von XML-Anfragesprachen mit Ranked Retrieval verbinden. Insbesondere werden Möglichkeiten diskutiert, wie das Suchen auf XML-Daten mit Hilfe von Ontologien und speziellen Indexstrukturen in seiner Effektivität und Effizienz verbessert werden kann. Die vorgestellten Konzepte werden in der laufenden Implementierung der Anfragesprache XXL verwendet.

1. Motivation

XML entwickelt sich zu dem Standard für die Integration und den Austausch von Daten über das Internet und in Intranets, wobei das gesamte Spektrum von unstrukturierten Textdokumenten bis zu hochgradig schematisierten Daten subsummiert wird [Kos99]. Abstrakt entsprechen alle XML-Daten in einheitlicher Weise einem gerichteten, markierten Datengraphen, dessen Knoten XML-Elemente darstellen und mit Elementnamen markiert sind [ABS00]. In den letzten Jahren sind etliche Anfragesprachen für XML vorgeschlagen worden, wie z.B. XPATH [XPATH], XML-QL [XMLQL] oder Quilt [CRF00]. Diese Sprachen kombinieren SQL-ähnliche logische Bedingungen über Namen und Inhalte von Elementen und deren Attributen mit regulären Ausdrücken zum "Pattern Matching" von Elementpfaden im Datengraphen. Das Ergebnis einer Anfrage ist eine Menge von Pfaden bzw. Teilgraphen des Graphen der zugrundeliegenden XML-Datenkollektion.

Nahezu alle dieser XML-Anfragesprachen beschränken sich darauf, einzelne oder eine kleine Anzahl zu einem föderierten Verbund zusammengeschlossener XML-Repositories, wie z.B. elektronische Produktkataloge, zu durchsuchen.

Anfrageresultate sind Mengen von sich qualifizierenden Pfaden bzw. Teilgraphen; es handelt sich also um Boolesches Retrieval. Im Web hingegen, in dem XML-Dokumente durch Verfolgen von Hyperlinks ebenfalls zu einem - gigantischen - Datengraphen zusammengefügt sind, ist es unmöglich und in den meisten Fällen auch gar nicht sinnvoll, ein Boolesches Suchergebnis zu bestimmen. Wegen der großen Streuung und daraus resultierenden Unschärfe von Dokumentstrukturen, Vokabular und Dokumentinhalten ist es sowohl unter Effizienz- als auch Sucheffektivitätsgesichtspunkten praktikabler, eine nach Relevanz absteigend sortierte Rangliste von möglichst guten Treffern zu produzieren. Auch in Intranets großer Unternehmen, bei denen alle XML-Daten weitgehend schematisiert sind, ist ein solches Ranked Retrieval wegen des Fehlens eines unternehmensweiten, integrierten Schemas fast immer vorzuziehen.
Web-Suchmaschinen andererseits beschränken sich in ihrem Ranked Retrieval auf die Auswertung von Wort- bzw. Termhäufigkeiten [Ra97, BR99] und die Analyse der Linkstruktur zwischen Dokumenten [KRR+00, Kl99, BP98]. Das Potential, die Effektivität der Informationssuche zu verbessern, indem die durch "sprechende", häufig domänenspezifisch kanonisch vergebene, XML-Elementnamen sehr viel reicheren semantischen Annotationen beachtet werden, bleibt völlig ungenutzt. Aus diesen Überlegungen ist die Anfragesprache XXL (flexible XML search language) entstanden [TW00], die eine Teilmenge von XML-QL um Textähnlichkeitsvergleiche erweitert und damit in der Lage ist, Ranked Retrieval auf XML-Datenkollektionen durchzuführen. Relevanz-Scores werden zunächst lokal auf Elementbasis für elementare Ähnlichkeitsbedingungen ermittelt und zu einem globalen Relevanzmaß für ganze Elementpfade bzw. Teilgraphen des XML-Datengraphen und damit einer Trefferrangliste zusammengesetzt.

Im vorliegenden Beitrag werden Indexstrukturen zur Suche mit XXL vorgestellt. Dabei wird insbesondere den spezifischen Suchmustern über Elementpfaden Rechnung getragen. Darüber hinaus wird der Einsatz von Ontologiegerüsten sowie eines speziellen Ontologieindex für die Auswertung "semantischer" Ähnlichkeitsbedingungen diskutiert. Ontologiegerüste sind Begriffsbäume, in denen das für eine Anwendungsdomäne spezifische Vokabular manuell bzw. intellektuell modelliert ist. Für eine Reihe von Anwendungsbereichen werden zur Zeit "standardisierte" Ontologien dieser Bauart intensiv diskutiert (siehe z.B. Dublin Core, Open Math, usw.). Auch wenn XML selbst dazu nur die Syntax bereitstellt, so trägt die breite Akzeptanz von XML doch sicher erheblich zu dieser starken Bewegung bei. Ontologien verbessern die Sucheffektivität, weil sie eine semantisch hochwertigere Erweiterung und Verfeinerung von Anfragen ermöglichen. Darüber hinaus können sie auch das Rückgrat von Indexstrukturen bilden, die zu jedem Begriff eine Menge von URLs bzw. Element-IDs bereitstellen. Ein solcher Ontologieindex wird in diesem Beitrag vorgestellt; der Indexaufbau selbst basiert - ausgehend von intellektuell zugeordneten Trainingsdokumenten - auf Verfahren der automatischen Klassifikation.

Der Rest des Beitrags ist wie folgt gegliedert. In Abschnitt 2 diskutieren wir verwandte Arbeiten. In Abschnitt 3 stellen wir die Systemarchitektur unserer XML-Suchmaschine vor. In Abschnitt 4 präsentieren wir die wesentlichen Eigenschaften der Anfragesprache XXL. In Abschnitt 5 beschreiben wir den Aufbau und die

Verwendung spezieller Indexstrukturen für XML. In Abschnitt 6 betrachten wir Strategien zur Auswertung von XXL-Anfragen.

2. Verwandte Arbeiten

Verwandte Ansätze, die auf die kombinierte Suche über strukturelle und textuelle Information abzielen, wurden schon früher im Kontext von Hypertextdaten verfolgt (siehe z.B. [CSM97, BAN+97, FR98, MJK+98]). Diese Arbeiten liegen jedoch alle vor der Einführung von XML und haben auch nicht die gleiche durchgängige Klarheit und Eleganz sowie Ausdruckskraft neuerer Sprachen wie XML-QL [XMLQL]. In jüngster Zeit wurde die Erweiterung von XML-Anfragesprachen mit Textsuchmethoden im Information-Retrieval-Sinn in einer Reihe von Arbeiten vorgeschlagen [NDM+00, FKM00, FG00, TW00]. Davon beschränken sich [NDM+00] und [FKM00] jedoch auf reine Keyword-Suche und bleiben beim Booleschen Retrieval stehen. Die parallel entwickelten Sprachvorschläge XIRQL von [FG00] und XXL [TW00] (letzteres ist unser eigener Ansatz) erweitern die XML-Suche dagegen auf Ranked Retrieval. Ein ähnlicher Ansatz wird in [HTK00] beschrieben, wobei hier die Dokumentstruktur im voraus bekannt sein muß und sich das Ranked Retrieval nur auf Elementinhalte bezieht, Elementnamen dagegen stets exakt angegeben sein müssen. Die Erweiterung konventioneller Datenbank-anfragesprachen a la SQL um Textähnlichkeitssuche wird auch im WHIRL-Projekt [Coh98, Coh99] betrachtet, aber eben nur für strukturierte Daten mit einheitlichem, fest vorgegebenem Schema und nicht im Kontext von XML. Im Gegensatz zum System Lore [MAG+97] operieren wir nicht auf abgeschlossenen Dokumentmengen mit Hilfe einer Vielzahl von Indexen, sondern streben die Benutzung des "Deep Web" als Dokumentquelle mit einer kompakten Indexstruktur innerhalb der XML-Suchmaschine an. Arbeiten wie [FM00] beschreiben den Einsatz von Indexstrukturen zur Unterstützung der Suche auf semistrukturierten Daten, beschränken sich dabei aber auf Boolesches Retrieval. Eine nach wie vor offene Aufgabe beschäftigt sich mit der automatischen Klassifikation semistrukturierter Objekte. Ansätze wie [BGM+99] beschreiben Algorithmen zur automatischen Klassifikation semistrukturierter Daten, wobei im Vorfeld immer intellektuelle Arbeit zur Erstellung von Referenzklassen erforderlich ist.

3. Systemarchitektur der XML-Suchmaschine

Der Aufbau unserer XML-Suchmaschine umfasst drei Arten von Komponenten (siehe Abb. 1):

1. Servicekomponenten: Bereitstellung von Diensten (Crawler, Query-Processor, GUI);
2. Algorithmenkomponenten: Bereitstellung von Verfahren und Algorithmen zur Aufbereitung von Daten oder zur Unterstützung der Suchroutine (z.B. Parsen, Indexieren, automatische Textklassifikation);
3. Datenkomponenten: Strukturen zur Ablage spezifischer Informationen (z.B. DTD/Schema-Archiv, Index, Ontologie, Query-Templates).

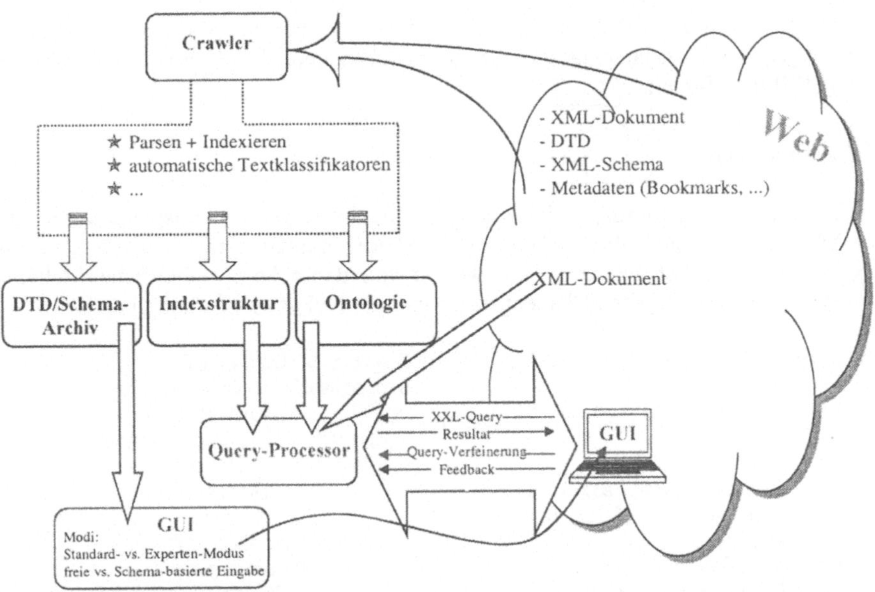

Abb. 1*: Systemarchitektur der XML-Suchmaschine*

Der Crawler beginnt bei der URL eines Startdokuments, liest dieses XML-Dokument, extrahiert alle in ihm enthaltenen Links auf andere Web-Seiten und speichert diese in einer URL-Queue mit noch zu besuchenden URLs. Jedes gelesene XML-Dokument wird geparst, und die gewonnenen Daten werden zum Aufbau der Indizes, Ontologien und Daten-Archive (DTD/XML-Schemata, Query-Templates) an die entsprechenden Komponenten der XML-Suchmaschine weitergeleitet.

Die XML-Suchmaschine stellt auch eine graphische Eingabeschnittstelle in Form eines Java Applets für den Client zur Eingabe von XXL-Anfragen bereit. Diese Schnittstelle unterstützt verschiedene Modi:

- *Standard-Modus* zur graphischen Spezifikation der Where-Klausel einer XXL-Anfrage vs. *Experten-Modus* zur direkten Eingabe der Select-From-Where-Klauseln einer XXL-Anfrage,
- *freier Eingabe-Modus* zur eigenständigen, freien Formulierung einer XXL-Anfrage vs. *Schema-Support-Modus* zur DTD/XML-Schema-gestützten Formulierung einer XXL-Anfrage.

Von dieser Schnittstelle aus wird eine http-Verbindung zum XXL-Server gestartet. Der Server wertet die Anfrage mit dem ihm zur Verfügung stehenden Daten (Indizes, Ontologien) aus und schickt das Ergebnis in Form eines XML-Dokumentes an den Client zwecks Weiterverarbeitung (z.B. Relevanz-Feedback und/oder Query-Refinement) zurück.

4. Die Anfragesprache XXL

In diesem Abschnitt stellen wir kurz die Besonderheiten der Anfragesprache *XXL* (flexible XML search language) vor. Eine ausführlichere Beschreibung der Sprache ist in [TW00] zu finden.

4.1 Beispielszenario

Für die weiteren Ausführungen beziehen wir uns auf folgendes Beispielszenario mit drei XML-Dokumenten über Urlaubsziele und Reiserouten. Die Daten könnten aus verschiedenen Quellen stammen und weisen von daher kein einheitliches Schema hinsichtlich der verwendeten Elementnamen und der Dokumentstrukturen auf.

```
<Region> Europa
<Ort> Sylt
  <Lage> Deutschland
  </Lage>
  <Strand>
       Sandstrand an der
       Küste der Nordsee
  </Strand>
  <Aktivitäten>
       Dünenwanderung,
       Surfen
  </Aktivitäten>
  <Saison> Sommer </Saison>
</Ort> </Region>

<Region> Europa
<Ort> Berner Oberland
  <Lage> Schweiz </Lage>
  <Aktivitäten>
       Skifahren, Wandern,
       Klettern
  </Aktivitäten>
  <Saison>
       Winter, Sommer
  </Saison>
</Ort> </Region>
```

```
<Region> Übersee
<Sehenswürdigkeit>
         Townsville
  <Land> Australien </Land>
  <Attraktionen>
    <Attraktion>
         Strand
    </Attraktion>
    <Attraktion>
         Korallenriff
    </Attraktion>
    <Beschäftigungen>
      <Tauchen>
         Tauchen außerhalb
         des Riffs...
      </Tauchen>
      <Schnorcheln>
         Schnorcheln im
         Korallenriff...
      </Schnorcheln>
    </Beschäftigungen>
  </Attraktionen>
  <Jahreszeit>
         ganzjährig
  </Jahreszeit>
</Sehenswürdigkeit>
</Region>
```

***Abb. 2**: XML-Beispieldaten*

4.2 Syntax und Semantik von XXL

Für unsere Anfragesprache XXL haben wir verschiedene Konzepte von XML-QL [XMLQL] und ähnlichen Sprachen mit spezifischen Einschränkungen übernommen. Unser Ziel bestand darin, eine einfach handzuhabende, hinreichend ausdrucksstarke Sprache zu entwickeln, die auf selten genutzte High-End-Features verzichtet.

Eine Anfrage nach Urlaubsorten, an denen man im Sommer schwimmen kann, kann in XXL (und – von syntaktischen Details abgesehen – in ähnlicher Form auch in XML-QL und verwandten Sprachen) wie folgt ausgedrückt werden:

Q1: **Select** P
From http://my.holiday.edu/allsights.xml
Where Region.(Ort | Sehenswürdigkeit) **As** P
And P.# LIKE "%Schwimmen%"
And P.#.Saison LIKE "%Sommer%"

Hierbei sind die fett gedruckten Wörter reservierte Schlüsselwörter der Sprache (z.B. *Select, As*); Großbuchstaben bezeichnen Elementvariablen (z.B. *P*), die an Knoten (also Elemente und ihre Attribute) gebunden werden; # ist ein Wildcard-Platzhalter für beliebige Pfade, und Punkte stehen für die Pfadkonkatenation.

Die Where-Klausel einer XXL-Anfrage ist eine logische Konjunktion von Pfadausdrücken, wobei ein Pfadausdruck ein regulärer Ausdruck über elementare Bedingungen ist und elementare Bedingungen über Namen oder Inhalte von Elementen bzw. Attributen formuliert werden. Die Konstruktion von regulären Pfadausdrücken und Bedingungen erfolgt mittels der bekannten Operatoren (z.B. +, *, ?) und den entsprechenden Wildcards für Elemente (%) bzw. Pfade (#). Als Variablen sind ausschließlich Knotenvariablen zugelassen, die über das reservierte Wort *As* an den Endknoten eines sich qualifizierenden Teilpfades gebunden werden und innerhalb von Pfadausdrücken die zugehörigen Knoten repräsentieren.

Mit einer Booleschen-Retrieval-Semantik würde die Anfrage *Q1* bzgl. der oben angegebenen XML-Dokumente (Abb. 2) die leere Menge als Ergebnis zurückliefern, da in keinem Dokument explizit "*Schwimmen*" auftaucht. Für eine semantische Ähnlichkeitssuche (z.B. "*Schwimmen oder ähnliche Wassersportarten*"), die eine nach Relevanz absteigend sortierte Rangliste von Treffern als Ergebnis liefert, muss die XML-Suchmaschine mit Eigenschaften einer Text-Retrieval-Maschine ausgestattet werden. Zu diesem Zweck haben wir zunächst die XML-Anfragesprache XXL um einen Ähnlichkeitsoperator (~) erweitert und die Suchmaschine mit einem Ontologiegerüst zur Berücksichtigung von Synonymen und anderen semantischen Querbeziehungen ausgestattet. In XXL kann die Anfrage *Q1* dann wie folgt besser formuliert werden:

Q2: **Select** P
From http://my.holiday.edu/allsights.xml
Where Region.~Ort **As** P
And P.#.(~Schwimmen)? ~ "Schwimmen"
And P.#.~Saison ~ "Sommer"

Hierbei wird der ~-Operator sowohl binär für Element- und Attributinhaltsvergleiche (z.B. *Saison ~ "Sommer"*) als auch unär für Ähnlichkeitsbedingungen auf Element- und Attributnamen (z.B. *~Ort*) verwendet. Auf diese Weise liefert die Anfrage *Q2* bzgl. der gegebenen XML-Dokumente mit zwecks Illustration willkürlich angenommenen Ähnlichkeitsmaßen (*Ort-Sehenswürdigkeit*: *1.0*, *Aktivitäten-Schwimmen*: *0.8*, *Schwimmen-Schnorcheln*: *0.7*, *Schwimmen-Surfen*: *0.4*, *Saison-*

Jahreszeit: *0.9*, *Sommer-ganzjährig*: *1.0*) folgende Rangliste mit den angegebenen Relevanz-Scores:

0.44 <Sehenswürdigkeit> Townsville </Sehenswürdigkeit> // *0.44=0.7*0.7*0.9*
0.32 <Ort> Sylt </Ort> // *0.32=0.8*0.4*

Die Relevanz-Scores für die elementaren Bedingungen, Pfade und Teilgraphen werden induktiv definiert [TW00]. Ausgangspunkt bilden die elementaren Bedingungen, die für Elementinhalte (die ja typischerweise freie Texte sind) gemäß Saltons tf*idf-Formel über Termhäufigkeiten und inverse Dokumenthäufigkeiten [BR99] und für Elementnamen mit Hilfe einer geeigneten Ontologie ermittelt werden (siehe 4.3). Gemäß der Verknüpfungen im Resultatgraphen (And, Or, Konkatenation) werden die Relevanzwerte der elementaren Bedingungen zu einem Relevanz-Score für den Resultatgraphen zusammengesetzt [TW00].

4.3 Ontologiebasierte Ähnlichkeit

Zur Ähnlichkeitssuche steht unserer XML-Suchmaschine eine Begriffshierarchie als Ontologiegerüst zur Verfügung. Ein Ontologiegerüst ist ein Baum $T=(V, E)$ mit Knotenmenge V, den Begriffen (z.B. Elementnamen), und Kantenmenge E (vgl. z.B. [MWK00], wo auch allgemeinere Varianten diskutiert werden). Dabei sind die von einem Knoten ausgehenden Kanten zu den Kindern geordnet. Abb. 3 zeigt einen Ausschnitt aus einem solchen Ontologiegerüst; die Ordnung der Kanten wird dabei durch Kantengewichte (*1, 2, ...*) ausgedrückt. Kanten drücken Ober-/Unterbegriffsbeziehungen aus, und die Ordnung gibt die semantische Ähnlichkeit zwischen Geschwistern an. Beispielsweise ist "*Schwimmen*" enger mit "*Schnorcheln*" verwandt als mit "*Surfen*":

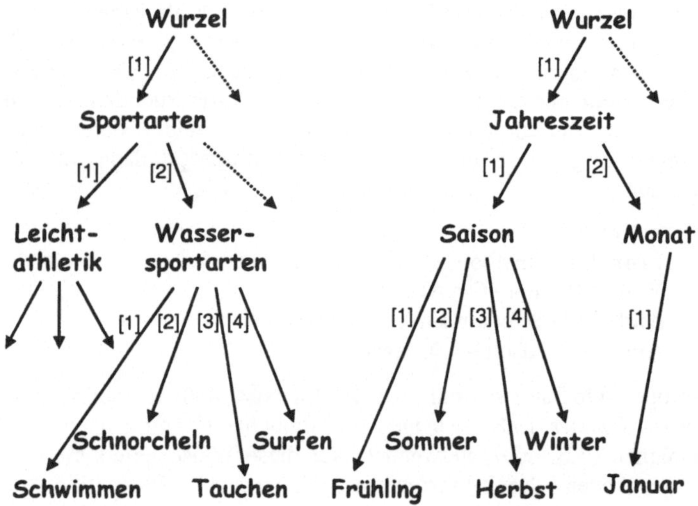

Abb. 3: *Ausschnitt aus einer Ontologie der XML-Suchmaschine*

Der Einsatz von Ontologien bei der Ähnlichkeitssuche auf XML-Daten erfordert eine Definition der Ähnlichkeit zwischen zwei Knoten (Begriffen) des Ontologiegerüsts.

Definition (Ähnlichkeit zweier Knoten in T):

Wir verwenden die folgende Notation:

Ontologie $T = (V, E)$	
$v_1, v_2 \in V$	Knoten der Ontologie
$<x_0 .. x_n> \in V^*$	Pfad in T der Länge n (Notation)
$sim: V \times V \rightarrow [0..1]$	Ähnlichkeit zweier Knoten (Begriffe) in T
$length: V \times V \rightarrow N_0$	Länge des Pfades (Anzahl Kanten)
$weight: V \times V \rightarrow N_0$	Gewicht des Pfades (Summe Kantengewichte)
$children: V \rightarrow N_0$	Anzahl Kinder des Knotens
$siblingdist: V \times V \rightarrow [0..1]$	Distanz zwischen Geschwister-Knoten in T
$dist: V \times V \rightarrow [0..1]$	Distanz zwischen beliebigen Knoten in T

Diese Maße sind dann wie folgt definiert:

a) Sind v_1 und v_2 Knoten des Pfades $<...v_1...v_2...>$ oder des Pfades $<...v_2...v_1...>$, so ist $dist(v_1,v_2) = length(v_1,v_2)$.

b) $p \in V$ heißt kleinster gemeinsamer Vorfahre (kgV) von v_1 und v_2, wenn es 2 Pfade $<p..v_1>$ und $<p..v_2>$ gibt, so dass beide Werte $length(p,v_1)$ und $length(p,v_2)$ minimal sind.

c) Sind v_1 und v_2 Geschwisterknoten mit Vater p, so ist $siblingdist(v_1,v_2) = |weight(p,v_1) - weight(p,v_2)| \, / \, children\,(p)$.

d) Wenn v_1 und v_2 beliebige Knoten in T, p kgV von v_1 und v_2, p_1 und p_2 Kinder von p sind, so dass $<p\ p_1 .. v_1>$ und $<p\ p_2 .. v_2>$ Pfade in T sind, und r Wurzel in T ist, so ist:
$$dist(v_1,v_2) = (length(p_1,v_1)+length(p_2,v_2)+siblingdist\,(p_1,p_2)+1)/maxdist\,(v_1,v_2),$$
wobei $maxdist\,(v_1,v_2) = length\,(r,v_1) + length(r,v_2)$ ein Normierungsfaktor ist.

Die Ähnlichkeit zweier Knoten ist dann:

e) $sim(v_1,v_2) = 1 - dist(v_1,v_2)$.

Für die Beispielontologie aus Abb. 3 werden etwa folgende Ähnlichkeitsmaße ermittelt:

sim (Schwimmen, Schnorcheln): $1 - ((1/4 + 1)/6) \approx 0.792$
sim (Schwimmen, Surfen): $1 - ((3/4 + 1)/6) \approx 0.709$
sim (Saison, Jahreszeit): $1 - 1/3 \approx 0.666$

5. Indexstrukturen

Unser Ziel besteht darin, geeignete Indexstrukturen zu entwerfen, die in der Lage sind, die durch eine XXL-Anfrage vorgegebenen Suchbedingungen effizient auszuwerten. Dies erfordert einerseits Strukturinformationen, also Pfade in XML-Datengraphen, und andererseits inhaltliche Informationen, also Werte von Elementinhalten und Attributen. Unsere XML-Suchmaschine verwendet drei Arten von Indexstrukturen, die in den nachfolgenden Unterabschnitten erläutert werden:

- einen Elementpfadindex,
- einen Elementinhaltsindex und
- einen Ontologieindex.

Der Aufbau dieser Indexstrukturen erfolgt durch einen Crawling-Prozess, der als Hintergrundaktivität implementiert ist. Der Crawler wird durch eine oder mehrere Start-URLs in einer URL-Queue initialisiert. Beim Erkennen neuer URLs in den traversierten Dokumenten werden diese in die URL-Queue eingefügt. Sollte eine URL innerhalb einer festgelegten Zeit (time out) nicht erreichbar sein, wird die URL an das Ende der Queue verschoben und die Arbeit mit der nächsten URL fortgesetzt. Eine Subroutine überprüft anhand des "last modified" Datums des aktuell betrachteten Dokuments und dessen URL, ob dieses Dokument schon einmal bearbeitet wurde und sich seitdem geändert hat.

Zur Illustration der folgenden Erläuterungen sind in Abb. 4 die XML-Datengraphen der XML-Dokumente aus Abschnitt 4.1 (Abb. 2) ausschnittsweise dargestellt:

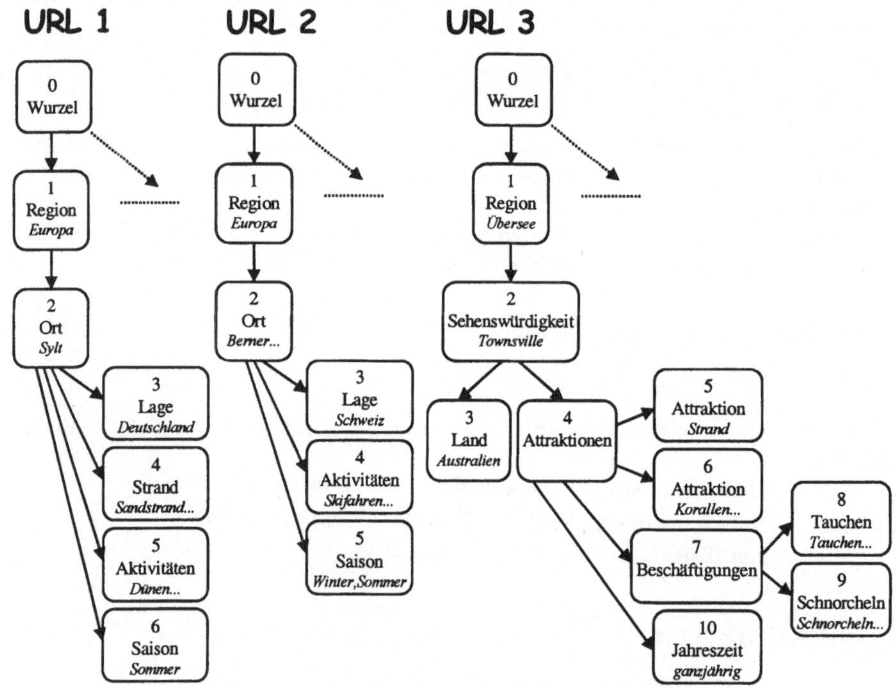

Abb. 4: Ausschnitt aus den XML-Datengraphen

5.1 Elementpfadindex

In Elementpfadindex (EPI) werden Daten gespeichert, um Pfadangaben einer XXL-Anfrage effizient auszuwerten. Alle Elementnamen werden einmal (ohne Wiederholungen) gespeichert. Zu jedem Elementnamen werden für jedes Vorkommen die Element-Instanzen bestehend aus der URL des Dokuments, in dem sie vorkommen, sowie der Element-ID innerhalb dieses Dokuments gespeichert. Außerdem werden indexinterne Zeiger auf Vater und Kinder zu jeder Element-Instanz gespeichert. Durch die Aufteilung der Daten in diese drei Ebenen wird erreicht, dass möglichst wenig redundante Daten gehalten werden.

Der Elementpfadindex ist eng an die sogenannten "Data Guides" von [GW97] angelehnt (die wiederum Pfadindexstrukturen für objektorientierte Datenbanken [KM95] verallgemeinern), speichert aber nur Pfade der Länge 2 explizit und repräsentiert längere Pfade durch Verkettung der Indexeinträge mittels indexinterner Zeiger. Eine schematische Darstellung des Elementpfadindex (mit einer Art geschachteltem Relationenschema), gefüllt mit den Daten der XML-Dokumente aus Abb. 4, ergibt dann folgende Aufstellung, wobei zur besseren Lesbarkeit indexinterne Zeiger weggelassen sind und stattdessen Elementnamen von Vater und Kindern mit aufgeführt sind):

```
(Elementname,
     (Element-Instanz,  Pointer auf Vaterelement),
                             (Pointer auf Kindelement))
Region
     [URL1, 1]          ↑Wurzel (URL1, 0)
                             ↑Ort (URL1, 2)
     [URL2, 1]          ↑Wurzel (URL2, 0)
                             ↑Ort (URL2, 2)
     [URL3, 1]          ↑Wurzel (URL3, 0)
                             ↑Sehenswürdigkeit (URL3, 2)
Ort
     [URL1, 2]          ↑Region (URL1, 1)
                             ↑Lage (URL1, 3)
                             ↑Strand (URL1, 4)
                             ↑Aktivitäten (URL1, 5)
                             ↑Saison (URL1,6)
     [URL2, 2]          ↑Region (URL2, 1)
                             ↑Lage (URL2, 3)
                             ↑Aktivitäten (URL2, 4)
                             ↑Saison (URL2, 5)
Sehenswürdigkeit
......
```

Abb. 5: Ausschnitt aus den Elementpfadindex

Zum besseren Verständnis wurde zu einem Pointer „↑Name“ in Klammern die eindeutige Bezeichnung des referenzierten Objektes („URL, eid“) angegeben. In der Praxis werden im EPI alle Einträge auf ihre Stammform reduziert und mit zusätzlichen Metainformationen, wie z.B. absolute und relative Häufigkeiten, angereichert.

Nun gibt es zahlreiche Strategien, diesen Index zu implementieren. In unserer XML-Suchmaschine haben wir einen B*-Baum über die Elementnamen angelegt. Von jedem Elementnamen kann über eine sortierte Liste auf die Kinder und den Vater zugegriffen werden. Um möglichst sparsam mit dem Speicherplatz umzugehen, sind separate Dictionaries für die Elementnamen und die URLs angelegt, mit denen die entsprechenden Strings kompakt durch Integers codiert sind. Attribute werden wie Elemente behandelt; sie erhalten eine eigene Element-ID sowie ein Flag, das anzeigt, dass es sich in Wirklichkeit um ein Attribut handelt.

5.2 Elementinhaltsindex

Im Elementinhaltsindex (EII) werden (auf Stammformen reduzierte) Terme für Element- und Attributinhalte zusammen mit den entsprechenden tf*idf-Werten (also den Relevanzmaßen der Terme in den Dokumenten bzw. Elementen) abgelegt. Dies entspricht weitgehend der Standardindexstruktur, wie sie in praktisch allen Web-Suchmaschinen verwendet wird [BR99, BP98].

Eine schematische Darstellung des Elementinhaltsindex, gefüllt mit den Daten der XML-Dokumente aus Abb. 4, ergibt dann folgende Aufstellung:

```
(Term,   idf-Wert,
                     (Element-Instanz, tf-Wert))

Surfen    ...
                     [URL1, 5]         ...
Sommer    ...
                     [URL1, 6]         ...

                     [URL2, 5]         ...
Wandern   ...
                     [URL1, 5]         ...
                     [URL2, 4]         ...

Tauchen   ...
                     [URL3, 8]         ...

.......
```

***Abb. 6**: Ausschnitt aus den Elementinhaltsindex*

5.3 Ontologieindex

Die Qualität der Ähnlichkeitssuche kann durch die Auswertung zusätzlicher benutzerspezifischer Informationen in Form von intellektuell strukturierten Dokumentsammlungen verbessert werden. Die Aufgabe beim Aufbau der Ontologieindexstruktur besteht darin, bekannte Interessensbereiche des Benutzers korrekt abzugrenzen und gewonnene ontologische Informationen an den XXL-Server in geeigneter Form weiterzuleiten.

Die Vorgehensweise beim Aufbau eines "benutzerspezifischen" Ontologieindex (OI) umfasst folgende Schritte:

1. Erfassung von Informationen über die Interessensbereiche des Benutzers,
2. Web-Crawling in gefundenen Themenbereichen,
3. Zusammenstellung der Indexstruktur mit benutzerspezifischen Informationen.

Bei der Zusammenstellung des Interessenprofils des Benutzers können "natürliche" Sammlungen von Trainingsdokumenten wie Bookmarks (Netscape Navigator) bzw. Favorites (Internet Explorer) effizient benutzt werden. Aus sicherheitstechnischen Gründen (wegen des Zugriffs auf persönliche Informationen, z.B. die Bookmark-Datei auf dem Client-Rechner) wird das Erstellen des Profils als Client-Anwendung realisiert, deren Installation und Ausführung auf dem Rechner des Benutzers seiner ausdrücklichen Zustimmung bedarf, in Verbindung mit einer Server-Applikation (Verarbeitung der Daten, Crawling, Bereitstellung der Ontologie für den XXL-Server).

Die traversierten Inhalte der Bookmark-Datei (Baumstruktur, Kurzbeschreibungen der Themen, weiterführende Links) stellen eine "Saat" für den Ontologieindex dar. Im ersten Schritt wird auf Grundlage der Bookmarks und intellektuell-interaktiver Vorgaben des Benutzers ein Ontologiebaum erstellt. In diesen Baum werden die Bookmarks selbst bzw. die davon referenzierten Dokumente als Trainingsdaten klassifiziert, also intellektuell entsprechenden Knoten im Baum zugeordnet. Aufgrund der in den Trainingsdaten vorliegenden Termhäufigkeiten (und ggf. Termkorrelationen) werden dann mittels entsprechender Klassifikationsalgorithmen, konkret z.B. des naiven Bayes-Verfahrens [MS99, Lew98], weitere Dokumente denjenigen Knoten automatisch zugeordnet, zu denen die Dokumente mit der größten Wahrscheinlichkeit gehören. Dieser statistisch arbeitende Klassifikationsschritt wird für jede Stufe des Ontologiebaums iteriert, muss aber nicht notwendigerweise bis zu einem Blattknoten laufen. Der resultierende Ontologieindexbaum sieht dann schematisch wie folgt aus:

```
(Thema,
          (Element-Instanz),
                         (Vaterthema,
                                   (Kindthemen)))
Wurzel
...
Sportarten
          [URL ...] Olympische Spiele 2000 Webseite
          [URL ...] Fußball-Bundesliga Webseite
                         Wurzel
                                   Leichtathletik
                                   Wassersportarten
...
Wassersportarten
          ...
                         Sportarten
                                   Schwimmen
                                   Wasserball
                                   ...
Schwimmen
          [URL ...] Alles über Sylt
          [URL ...] Die schönsten Strände auf Kreta
          ...
                         Wassersportarten
...
Reisen
...
```

***Abb.** 7: Ausschnitt aus dem Ontologieindex*

Die Ergebnisse der direkten Verarbeitung einer Bookmark-Datei sind für die eigentlichen Klassifikationszwecke in vielen Fällen noch nicht ausreichend. Die gewonnene Indexstruktur ist relativ "dünn" besetzt, so dass die Auswertung der Termhäufigkeiten für die Klassifikation weiterer Dokumente keine "sprechenden" Ergebnisse liefern kann. Häufig erklärt sich diese Eigenschaft durch fehlendes "Basiswissen" zum gewünschten Thema, das der Benutzer zwar besitzt und voraussetzt, das aus seinen Bookmarks jedoch nicht direkt abgeleitet werden kann. Entsprechende Informationen können durch thematisches Crawling einer angemessenen Tiefe, wie in Abb. 6 illustriert, gewonnen werden.

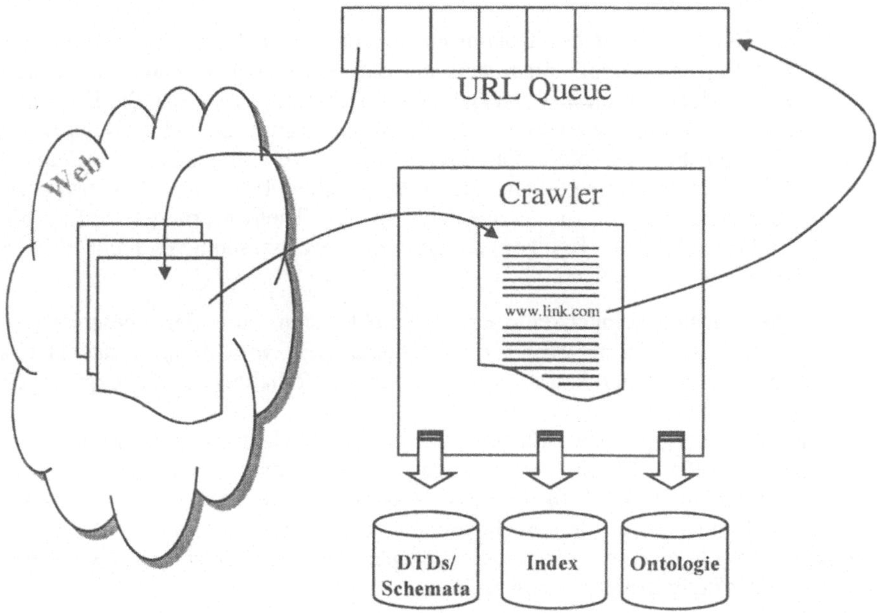

***Abb. 6**: Ontologie-Crawling*

Die entsprechende Vorgehensweise ist prinzipiell dem bereits vorgestellten "normalen" Crawling-Prozess ähnlich. Die URL-Queue wird am Anfang mit den Links der Bookmark-Datei initialisiert. Die Tiefe und die Dauer des Crawlings in einzelnen Themenbereichen (Elemente der Bookmark-Baumstruktur) richten sich nach folgenden Kriterien:

1. Füllgrad des Ontologieindex

   In der Praxis wird der Prozess durch eine maximale Anzahl *m* von geparsten Dokumenten und die Termmenge *tm* in der Ontologie begrenzt.

2. Qualität der Dokumente im Ontologieindex

   Die Aussagekraft einzelner Terme wird beim Crawling kontinuierlich überprüft (*qM* = Beurteilung nach tf*idf). Jedes Thema in der Ontologie muss eine festgelegte Mindestzahl von "signifikanten" Termen mit *qM* > *qMin* besitzen.

3. Klassifikationsergebnisse

   Für die neuen durch den Crawler traversierten Dokumente wird vor dem Hinzufügen in die bestehende Indexstruktur ein Klassifikationsversuch durchgeführt. Zur Zeit wird für diese Zwecke ein Naive-Bayes-Klassifikator [SM99, Lew98] eingesetzt. Prinzipiell kann er in Zukunft durch andere effiziente Methoden (z.B. SVM-basierte Verfahren [Vap99, Hea98, DC00, CD00]) ersetzt werden.

Die Klassifikation des Dokuments in ein Thema (also einen Knoten des Ontologieindex) soll mindestens mit der vorgegebenen Wahrscheinlichkeit *Pm* erfolgen. Ist diese Voraussetzung nicht erfüllt, so werden die Ergebnisse (Terme, Links) verworfen. Durch diese Restriktion wird versucht die Verschlechterung der Ontologie durch zu allgemeine Dokumente (Inhaltsverzeichnisse von Büchern, Online-Tutorials, Vorlesungsverzeichnisse etc.) zu vermeiden sowie Themensprünge (z.B. über Linksammlungen, Kategorienbäume der Suchmaschinen) rechtzeitig zu erkennen.

Die Wahrscheinlichkeit *Pm* versteht sich in der beschriebenen Vorgehensweise als eine Variable, deren Wert vom Füllgrad des Themas abhängt und dadurch das Qualitäts-Volumen-Verhältnis der Ontologie regelt.

Die Daten der ontologischen Erfassung werden anschließend dem XXL-Server zur Verfügung gestellt. Durch die geeignete Auswertung von User-Feedback (manuelle/intellektuelle Klassifikation bzw. Auswahl von relevanten Suchergebnissen durch den Benutzer) in der Suchmaschine kann die Ontologie während des interaktiven Suchprozesses dynamisch erweitert werden. Entsprechende Schritte befinden sich z.Zt. in der Realisierungsphase.

Zu den offenen Fragen der vorgestellten Vorgehensweise gehören zur Zeit:

1. Ein Leistungsvergleich verschiedener Klassifikationsverfahren beim Crawling (naive Bayes, SVM u.a.); Auswahl geeigneter Stoppregeln beim Crawling. Es besteht – zumindest theoretisch – auch die Möglichkeit, den Wahrscheinlichkeitswert Pm abhängig von der Dokumentengröße und der Anzahl ausgehender Links zu wählen, um evtl. Themenwechsel über reine Linkssammlungen beim Crawling besser abgrenzen zu können;
2. Auswahl einer geeigneten Teilmenge von Terme zur effizienten, hierarchischen Klassifikation auf jeder Stufe des Ontologiebaums (vgl. [CDAR98]);
3. Erweiterungen und Verbesserungen der Ontologie durch User-Feedback.

6. Anfrage-Auswertung

Pfadausdrücke in XXL-Anfragen werden intern als endliche Automaten repräsentiert, deren Zustände der Auswertung elementarer Bedingungen vom Typ "Element Vergleichsoperator Wert" entsprechen. Die Anfrageauswertung traversiert den Datengraphen der zugrundeliegenden XML-Datenkollektion und testet dabei die besuchten XML-Elemente, inwiefern sie mit den Zuständen des Automaten korrespondieren. Sequenzen von Elementen, die einem Pfad vom Startzustand des Automaten zu einem Endzustand entsprechen, bilden die Treffer der Anfrage (bzw.

eines Pfadausdrucks der Anfrage). Zu den ausgewerteten elementaren Bedingungen zählen insbesondere die Ähnlichkeitsbedingungen bezüglich Elementnamen und Elementinhalt; diese werden mit Hilfe des Ontologiegerüsts bzw. der tf*idf-Formel ausgewertet (siehe Abschnitt 4) und liefern Relevanz-Scores für die betrachteten Elemente. Die Relevanz-Scores mehrerer Elemente auf einem Pfad werden als unabhängige Wahrscheinlichkeiten interpretiert und bei der Traversierung des Datengraphen auf einfache probabilistische Weise zu einem Relevanz-Score des gesamten Elementpfades kombiniert.

Die Traversierung des Datengraphen beginnt stets bei der Wurzel der XML-Datenkollektion und wird in Greedy-Manier, ähnlich dem A*-Suchalgorithmus [RN95], jeweils bei denjenigen Elementen fortgesetzt, bei denen der bislang höchste kombinierte Relevanz-Score vorliegt. Diese Verfahren wurden prototypisch unter Verwendung von Oracle8i interMedia [Ora8ia] implementiert. XML-Dokumente sind in einer Oracle-Datenbank gespeichert, die Textretrievalkomponente interMedia wird zur Berechnung von tf*idf-Scores auf Elementinhalten verwendet, und Ähnlichkeitsvergleiche für Elementnamen greifen auf das in Abschnitt 4 skizzierte Ontologiegerüst zu. Beispielsweise könnte die Beispielanfrage *Q2* aus Abschnitt 4.2 den Elementnamen "*Ort*" in "(*Ort* | *Sehenswürdigkeit*)" expandieren.

In einer - derzeit in der Implementierungsphase befindlichen - weitergehenden Auswertungsstrategie wird das aufwendige Traversieren des Datengraphen durch Zugriffe auf die Elementpfad- und Ontologieindexstrukturen teilweise eliminiert. Dazu werden aus der gegebenen Anfrage Teilbedingungen der Form "*~Elementname*" für den Ontologieindex und "*Elementname1.Elementname2*" für den Elementpfadindex extrahiert. Die Indexzugriffe ermitteln alle Treffer solcher Teilbedingungen. Anschließend wird geprüft, welche der so gefundenen Elementpfade zusammenhängen und somit Trefferkandidaten für umfassendere Pfadausdrücke der Anfrage sind. Zu diesem Zweck wird der Elementpfadindex um einen effizienten Erreichbarkeitstest für je zwei Element-IDs erweitert. Dieser Test kommt insbesondere bei Pfadausdrücken der Form "... *Elementname2.#.Elementname3* ..." zur Anwendung.

Für die Beispielanfrage *Q2* aus Abschnitt 4 etwa werden Element-IDs zum Elementnamen "*Schwimmen*" im Ontologieindex, zu den Elementpfaden "*Region.Ort*" und "*Region.Sehenswürdigkeit*" im Elementpfadindex und zum Suchterm "*Sommer*" im Elementinhaltindex nachgeschlagen. Anschließend wird die Erreichbarkeit von Elementen zwischen diesen Teiltrefferlisten getestet. Dies kann teilweise über eine transitive Hüllenbildung mit Hilfe des Elementpfadindex durchgeführt werden, teilweise erfordert es eine zusätzliche Traversierung von Teilen des Datengraphen.

7. Ausblick

Die vorgestellte indexbasierte Anfrageauswertung kombiniert verschiedene Suchparadigmen auf flexible Weise. Von den etablierten Web-Suchmaschinen wird das Grundprinzip der Indexzugriffe für Suchbegriffe (Elementnamen, Terme in Vergleichsbedingungen bzgl. Elementinhalten) übernommen, aber mit Hilfe der Elementpfad- und Ontologieindexstrukturen stark erweitert. Anders als Web-Suchmaschinen, die ausschließlich vorausberechnete Suchergebnisse im Index nachschlagen (und bestenfalls noch geringfügige Nachbereitungsschritte, wie z.B. die Durchschnittsbildung von URL-Listen durchführen), verwendet die XXL-Suchmaschine die Indexergebnisse nur als Einstiegspunkte in den XML-Datengraphen und führt ggf. eine weiterführende Traversierung in der lokalen Umgebung zum Testen weiterer Suchbedingungen durch. Gerade dadurch können semantisch anspruchsvolle Anfragen auf XML-Daten mit hoher Präzision und Ausbeute ausgewertet werden, während Web-Suchmaschinen häufig Dokumente zurückliefern, die zwar nur wenige Hyperlinks (oder Subelemente in XML-Kollektionen) von der gesuchten Information entfernt liegen, letzten Endes aber doch unbrauchbar sind, weil kaum ein anspruchsvoller Benutzer mit knappem Zeitbudget eine lokale Umgebung mit Hunderten von Hyperlinks manuell "durchsurfen" möchte. Ein typisches Beispiel etwa wäre die Suche nach mathematischen Begriffen, wie "Chernoffschranke" oder "Galoiskörper", bei denen man Definitionen oder Lehrbücher zu finden hofft, in der Regel aber nur bei Konferenz-Websites zu ähnlichen Themen (Algorithmenanalyse bzw. Kryptographie) landet.

Das lokale Traversieren des Datengraphen mit zusätzlichen Suchbedingungen (wie z.B. einer Ähnlichkeitssuche zu einem gegebenen Elementnamen) ist dem sogenannten thematischen Crawling [CVD99, SE00] nicht unähnlich, erfolgt aber - anders als das thematische Crawling - im Kontext einer gegebenen Anfrage mit präziseren Suchbedingungen und sollte somit deutlich effizienter sein. Wenn die aus den Indexzugriffen ermittelten Einstiegspunkte selbst Portale sind oder das lokale Traversieren auf solche Portale führt (wie z.B. CNN oder eBay), bei denen kein weiteres Crawling mehr möglich ist, kann die XXL-Suchmaschine eine Subanfrage generieren, die dem Portal zur Ausführung übergeben wird. Diese Variante einer föderierten Anfrageauswertung (vgl. auch [BKK+00, GHR00, HW00, ILW+00]) mag zwar heute noch an Praktikabilitätsgrenzen stoßen, mit der zunehmenden Verbreitung des XML-Standards und auch standardisierter XML-Anfragesprachen (wie XML-QL) sehen wir aber gerade in dieser Variante ein großes Zukunftspotential. Gemäß [Br00] liegen mehr als 99 Prozent aller Daten des heutigen Webs hinter Portalen, und dieser - den etablierten Web-Suchmaschinen nicht zugängliche - Teil ist der am schnellsten wachsende. Nur mit einer flexiblen, föderierten Kombination verschiedener Suchparadigmen besteht eine Chance, Information in diesem sogenannten "Deep Web" wirklich zu beherrschen.

Literatur

[ABS00] S. Abiteboul, P. Buneman, D. Suciu: Data on the Web – From Relations to Semistructured Data and XML. San Francisco: Morgan Kaufmann Publishers, 2000.

[AQM+97] S. Abiteboul, D. Quass, J. McHugh, J. Widom, J. L. Wiener: The Lorel Query Language for Semistructured Data. International Journal of Digital Libraries 1(1): 68-88 (1997).

[BAN+97] K. Böhm, K. Aberer, E.J. Neuhold, X. Yang: Structured Document Storage and Refined Declarative and Navigational Access Mechanisms in HyperStorM, VLDB Journal 6(4), 1997.

[BGM+99] E. Bertino, G. Guerrini, I. Merlo, M. Mesiti: An Approach to Classify Semi-Structured Objects. 13th European Conference on Object-Oriented Programming (ECOOP), Lisbon, Portugal, 1999.

[BKK+00] R. Braumandl, M. Keidel, A. Kemper, D. Kossmann, A. Kreutz, S. Pröltz, S. Seltzsam, K. Stocker: ObjectGlobe: Ubiquitous Query Processing on the Internet, International Workshop on Technologies for E-Services, Cairo, 2000.

[BP98] S. Brin, L. Page: The Anatomy of a Large Scale Hypertextual Web Search Engine, 7th WWW Conference, 1998.

[Br00] BrightPlanet.com: The Deep Web: Surfacing Hidden Value, White Paper, 2000, http://www.completeplanet.com/Tutorials/DeepWeb/index.asp

[BR99] R. Baeza-Yates, B. Ribeiro-Neto: Modern Information Retrieval, Addison Wesley, 1999.

[CCD+99] S. Ceri, S. Comai, E. Damiani, P. Fraternali, S. Paraboschi, L. Tanca: XML-GL: A Graphical Language for Querying and Restructuring XML Documents. WWW8/Computer Networks 31(11-16): 1171-1187 (1999).

[CDAR98] S. Chakrabarti, B. Dom, R. Agrawal, P. Raghavan: Scalable Feature Selection, Classification and Signature Generation for Organizing Large Text Databases into Hierarchical Topic Taxonomies, The VLDB Journal Vol. 7, No. 3, 1998.

[CD00] H. Chen, S. Dumais: Bringing Order to the Web: Automatically Categorizing Search Results. CHI 2000, Human Factors in Computing Systems, 2000, 145-152.

[Coh98] W.W. Cohen: Integration of Heterogeneous Databases Without Common Domains Using Queries Based on Textual Similarity, ACM SIGMOD Conference, 1998.

[Coh99] W. W. Cohen: Recognizing Structure in Web Pages using Similarity Queries. 16. Nat. Conf. on Artif. Intelligence (AAAI) / 11th Conf. on Innovative Appl. Of Artif. Intelligence (IAAI), pp. 59-66, 1999.

[CRF00] D.D. Chamberlin, J. Robie, D. Florescu: Quilt: An XML Query Language for Heterogeneous Data Sources, 3rd International Workshop on the Web and Databases, 2000.

[CSM97] M. Cutler, Y. Shih, W. Meng: Using the Structure of HTML Documents to Improve Retrieval, USENIX Symposium on Internet Technologies and Systems, Monterey, California, 1997.

[CVD99] S. Chakrabarti, M. van den Berg, B. Dom: Focused Crawling: A New Approach to Topic-specific Web Resource Discovery, WWW Conference, Toronto, 1999.

[DC00] S. Dumais, H. Chen: Hierarchical Classification of Web Content, ACM SIGIR Conference, 2000.

[DFF+99] A. Deutsch, M. F. Fernandez, D. Florescu, A. Y. Levy, D. Suciu: A Query Language for XML. WWW8/Computer Networks 31 (11-16): 1155-1169 (1999).

[FG00] N. Fuhr, K. Großjohann: XIRQL: An Extension of XQL for Information Retrieval, ACM SIGIR Workshop on XML and Information Retrieval, Athens, 2000.

[FKM00] D. Florescu, D. Kossmann, I. Manolescu: Integrating Keyword Search into XML Query Processing, WWW Conference, 2000.

[FM00] T. Fiebig, G. Moerkotte: Evaluating Queries on Structure with Extended Access Support Relations. 3rd International Workshop on Web and Databases (WebDB), Dallas, USA, 2000.

[FR98] N. Fuhr, T. Rölleke: HySpirit – a Probabilistic Inference Engine for Hypermedia Retrieval in Large Databases, 6th International Conference on Extending Database Technology (EDBT), Valencia, Spain, 1998.

[GHR00] N. Gupta, J.R. Haritsa, M. Ramanath: Distributed Query Processing on the Web, International Conference on Data Engineering (ICDE), 2000.

[GW97] R. Goldman, J. Widom: DataGuides: Enabling Query Formulation and Optimization in Semistructured Databases, Proc. of the Very Large Data Base (VLDB) Conference, 1997.

[Hea98] M.A. Hearst (Editor), Tends and Controversies: Support Vector Machines, IEEE Intelligent Systems Vol. 13, No. 4, 1998.

[HTK00] Y. Hayashi, J. Tomita, G. Kikui: Searching Text-rich XML Documents with Relevance Ranking. ACM SIGIR 2000 Workshop on XML and Information Retrieval, Athens, Greece, 2000.

[HW00] A. Heuer, G. Weber: SWING: Eine Suchmaschine mit Datenbankanschluß, GI Workshop Internet-Datenbanken, Berlin, 2000.

[ILW+00] Z.G. Ives, A.L. Levy, D.S. Weld, D. Florescu, M. Friedman: Adaptive Query Processing for Internet Applications, IEEE Data Engineering Bulletin Vol. 23, No. 2, 2000.

[Kl99] J.M. Kleinberg: Authoritative Sources in a Hyperlinked Environment, Journal of the ACM Vol. 46, No. 5, 1999.

[KM95] A. Kemper, G. Moerkotte: Physical Object Management. Modern Database Systems 1995: 175-202, in: Won Kim (Ed.): Modern Database Systems: The Object Model, Interoperability, and Beyond. ACM Press and Addison-Wesley, 1995.

[Kos99] D. Kossmann (Editor), Special Issue on XML, IEEE Data Engineering Bulletin Vol. 22, No. 3, 1999.

[KRR+00] S.R. Kumar, P. Raghavan, S. Rajagopalan, D. Sivakumar, A. Tomkins, E. Upfal: The Web as a Graph, ACM Symposium on Principles of Database Systems (PODS), 2000.

[Lew98] D.D. Lewis: Naive (Bayes) at Forty: The Independence Assumption in Information Retrieval, European Conference on Machine Learning (ECML), 1998.

[MAG+97] J. McHugh, S. Abiteboul, R. Goldman, D. Quass, and J. Widom. Lore: A Database Management System for Semistructured Data. SIGMOD Record, 26(3): 54-66 (1997).

[MJK+98] S.-H. Myaeng, D.-H. Jang, M.-S. Kim, Z.-C. Zhoo: A Flexible Model for Retrieval of SGML Documents, ACM SIGIR Conference on Research and Development in Information Retrieval, Melbourne, Australia, 1998.

[MWK00] P. Mitra, G. Wiederhold, M.L. Kersten: Articulation of Ontology Interdependencies Using a Graph-Oriented Approach, Proceedings of the 7th International Conference on Extending Database Technology (EDBT), Constance, Germany, Springer, 2000.

[NDM+00] J. Naughton, D. DeWitt, D. Maier, et al.: The Niagara Internet Query System. http://www.cs.wisc.edu/niagara/Publications.html

[Ora8ia] Oracle 8i interMedia: Platform Service for Internet Media and Document Content, http://technet.oracle.com/products/intermedia/

[Ora8ib] Oracle 8i interMedia Text Reference Release 8.1.5.

[Ra97] Raghavan, P.: Information Retrieval Algorithms: A Survey, Proceedings of the ACM-SIAM Symposium on Discrete Algorithms, 1997.

[RN95] S. Russell, P. Norvig: Artificial Intelligence - A Modern Approach, Prentice-Hall, 1995.

[SE00] A. Sugiura, O. Etzioni: Query Routing for Web Search Engines: Architecture and Experiments, 9th WWW Conference, 2000.

[SGT+99] J. Shanmugasundaram, G. He, K. Tufte, C. Zhang, D. DeWitt, J. Naughton: Relational Databases for Querying XML Documents: Limitations and Opportunities. Proc. of the Very Large Data Base (VLDB) Conference, 1999.

[SM99] C.D. Manning, H. Schuetze: Foundations of Statistical Natural Language Processing, MIT Press, 1999.

[TW00] A. Theobald, G. Weikum: Adding Relevance to XML, Proceedings of the 3rd International Workshop on the Web and Databases, LNCS, Springer, 2000.

[Vap99] V. Vapnik: The Nature of Statistical Learning Theory. Springer, New York, 1999.

[XMLQL] XML-QL: A Query Language for XML, User's Guide, Version 0.6, http://www.research.att.com/~mff/xmlql/doc

[XPATH] XML Path Language (XPath) Version 1.0. W3C Recommendation, 1999, http://www.w3.org/TR/xpath

Verfahren zur Ähnlichkeitssuche auf 3D-Objekten*

Martin Heczko[1], Daniel Keim[1], Dietmar Saupe[2], and Dejan V. Vranić[2]

[1] Institut für Informatik, Universität Halle
{heczko|keim}@informatik.uni-halle.de
[2] Institut für Informatik, Universität Leipzig
{saupe|vranic}@informatik.uni-leipzig.de

Zusammenfassung In diesem Papier wird die inhaltsbasierte Ähnlichkeitssuche auf Datenbanken von 3D-Modellen behandelt. Auf Objekte aus 3D-Datenbanken wird traditionell durch angehängte Strukturinformationen sowie Textanmerkungen zugegriffen, was jedoch für viele Anwendungen unzureichend ist und durch eine inhaltsbasierte Suche ergänzt werden muß. Das hier vorgestellte inhaltsbasierte 3D-Modell-Suchsystem sucht ähnliche Modelle anhand eines gegebenen Modells, dessen Formbeschreibung automatisch generiert wird. Die vorgeschlagenen Merkmalsvektoren erfassen die 3D-Form und sind invariant gegenüber Translation, Rotation, Skalierung und Modifikation der Detailgenauigkeit. Geplant ist die Anwendung auf großen verteilten Datenbeständen der Computergrafik (VRML-Daten).

Schlüsselworte: 3D - Modell - inhaltsbasiert - Suchsystem - Merkmalsvektoren - Invarianzen

1 Einleitung

Die Menge audiovisueller Informationen, die in digitaler Form verfügbar ist, nimmt stark zu. Deshalb werden Systeme entwickelt, die eine Suche nach den entsprechenden Inhalten ermöglichen. Für die Suche können entweder Meta-Informationen benutzt werden, oder aber die Daten selbst. Inhaltsbasierte Suchsysteme wurden hauptsächlich für Bilder [32, 35, 37, 38] und Audio- und Videodaten [12] entwickelt, jedoch fehlt es an inhaltsbasierten 3D-Modell-Suchsystemen. Durch die in diesem Papier vorgestellten Forschungsarbeiten soll diese Lücke geschlossen werden.

Auf Gebieten des Designs, der Herstellung, der Forschung und der Unterhaltung werden oft 3D-Modelle eingesetzt. Der Bedarf an detailierten 3D-Modellen von Gebäuden, Werkzeugen, Flugzeugen, Autos, Buchstaben, Tieren und Menschen ist in den vergangenen Jahren stark angestiegen und auch für die kommenden Jahre ist noch mit einem weiteren kräftigen Anstieg zu rechnen. Im Rahmen des bevorstehenden MPEG-7-Standards [20, 19, 18] (Multimedia Content

* Diese Arbeit wurde gefördert durch das DFG Graduiertenkolleg Wissensrepräsentation an der Universität Leipzig. Wir danken Jörg Richter für die Programmierung der bildbasierten Merkmalsvektoren.

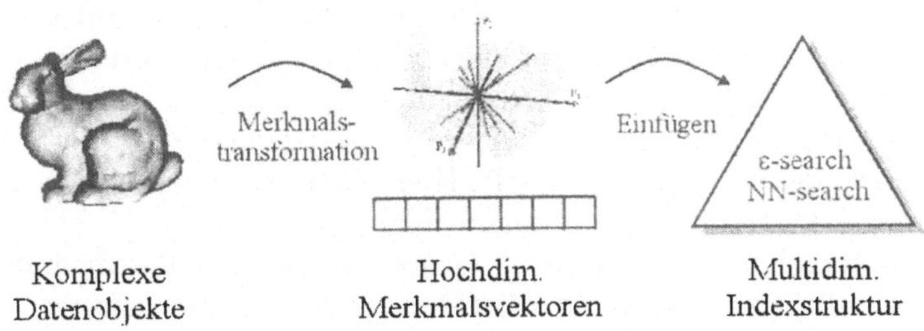

Abbildung 1. Grundidee der Merkmalsbasierten Ähnlichkeitssuche

Description Interface) wird deshalb auch versucht, Werkzeuge zur Beschreibung von Multimediainhalten zu standardisieren. Bisher ist jedoch das 3D-Modell-Schema im Rahmen von MPEG-7 noch weitgehend unspezifiziert und weitere Forschungsanstrengungen sind erforderlich, um geeignete Vorschläge zu entwickeln. Das Problem der effizienten Suche von Multimedia-Dokumenten wird auch diskutiert, wobei der Schwerpunkt aber eher auf zweidimensionalen Strukturen, liegt.

Bekannterweise ist die 3D-Ähnlichkeitssuche ein schwieriges Problem, da die Daten wesentlich komplexer als 2D-Daten sind. Die Ähnlichkeit wird mittels verschiedener Maße definiert. Für gewöhnlich wird dabei ein merkmalsbasierter Ansatz verfolgt [13, 33], der im wesentlichen als Filter zur Einschränkung des Suchraumes fungiert. Abbildung 1 zeigt die Grundidee dieses Ansatzes. Mittels einer Merkmalstransformation werden das Datenobjekt beschreibende Merkmale extrahiert, deren Werte zusammen einen Merkmalsvektor ergeben. Diese hochdimensionalen Merkmalsvektoren werden in eine geeignete Indexstruktur abgelegt, mittels derer die Nächste-Nachbarn-Suche effizient unterstützt wird.

Im Bereich von 2D-Pixelbildern werden Merkmale wie Farbhistogramme [10, 36], die Form von Objekten in den Bildern [3, 29, 31] oder die Textur [43, 40] zur Suche herangezogen. Verschiedene Systeme wie z.B. QBIC [4, 13] oder CHARIOT [42] unterstützen die Kombination von Merkmalen. Andere ermöglichen die Suche nach partieller Ähnlichkeit (WALRUS [34]). Viele auf 2D-CAD-Objekten arbeitende Algorithmen verwenden als Ausgangsbasis das umschreibende Polygon [5, 33]. Es werden werden in regelmäßigen Abständen Punkte herausgegriffen und aus ihnen wird der Merkmalsvektor erzeugt.

Grundsätzlich gibt es verschiedene Ähnlichkeitsbegriffe, gerade für 3D-Objekte. Man kann Projektionen betrachten, Texturen, Formen, Oberflächeneigenschaften u.s.w. Ähnlichkeit kann global gesucht werden wie im Geometriebasierten Ansatz von [24], welcher hierarchische Approximationen des Volumens betrachtet, oder sie kann partiell auf Oberflächensegmenten, wie in [26, 27, 1], wo potentielle Andockstellen im Rahmen einer molekularen Andockvorhersage gesucht werden. Weitere Form-basierte Ansätze finden sich in [2] (3D-Histogramm) oder in [25] (morphologische granulometrische Distanz).

Entscheidend für die Effizienz der Suche in hochdimensionalen Räumen ist die Verwendung einer geeigneten Indexstruktur. Da die herkömmlichen multidimensionalen Indexstrukturen (*R-Baum* [21], *R*-Baum* [6]) für höhere Dimensionen nicht geeignet sind [8, 41], wurden spezielle Zugriffsstrukturen für den hochdimensionalen Fall entwickelt. Hier seien nur einige genannt: *M-Baum* [9], *IQ-Baum* [7], *X-Baum* [8], *VA-File* [41], *TV-Baum* [30]. Andere Ansätze nutzen die starke Korrelationen oder Gruppierungen im Raum und versuchen die Dimensionalität zu reduzieren: *FastMap* [14], *Multidimensional Scaling* [28], *Hauptkomponentenanalyse* [11] und *Faktor-Analyse* [22].

Das vorliegende Papier beschreibt die Implementation eines 3D-Suchsystems, das Suchanfragen mittels gegebener 3D-Modelle unterstützt. Das größte Problem beim Entwurf eines solchen Systems ist die Generierung geeigneter Merkmalsvektoren, die die 3D-Modelle unter den erforderlichen Invarianzen (Translation, Rotation, Skalierung, Detailgenauigkeitsgrad) beschreiben. Weiterhin muß bei der Suche eine geeignete Kombination von Merkmalsvektoren ausgewählt werden, um eine effiziente und effektive Suche zu ermöglichen.

Das Papier ist wie folgt aufgebaut: Abschnitt 2 betrachtet die Probleme der 3D-Ähnlichkeitssuche und präsentiert die prinzipielle Vorgehensweise unseres Lösungsansatzes. Abschnitt 3 erläutert dann die von uns verwendeten Merkmalstransformationen. In Abschnitt 4 werden die ersten experimentellen Ergebnisse im Hinblick auf Effizienz und Effektivität dargestellt und Möglichkeiten zur Erweiterung des Ansatzes aufgezeigt. Eine abschließende Zusammenfassung befindet sich in Abschnitt 5.

2 Ähnlichkeitssuche auf 3D-Objekten

2.1 Probleme

Die wichtige Teilaufgabe ist die Erstellung eines Satzes von Merkmalen, die eine umfassende Beschreibung der 3D-Modelle ermöglichen. Einige einfache Merkmale wie z.B. Anzahl der Punkte und Polygone, Fläche, umgebendes Rechteck, Geschlossenheit, Volumen u.s.w., sind zwar für spezielle Anfragen hilfreich, sind jedoch nicht für eine effektive inhaltsbasierte Ähnlichkeitssuche geeignet. Mehr Nutzen bringen Merkmale, die sich aus der 3D-Form der Objekte ergeben, insbesondere wenn sie invariant gegenüber Rotation, Translation, Skalierung und Detailauflösung sind. Die Merkmale sollten zudem möglichst robust gegenüber kleinen Veränderungen der Geometrie und Topologie des Modells sein.

Die Wahl der Gestaltmerkmalsvektoren ist für die Ähnlichkeitssuche von zentraler Bedeutung; ihre Auswahl hat entscheidenden Einfluß auf Möglichkeiten der Suchverfahren und deren Effektivität und Effizienz. Zur Auswahl stehen verschiedene geometrie- und bildbasierte Gestaltmerkmalsvektoren. Geometriebasiert sind z.B. die Multiskalenapproximation des Volumenmodells, die aus Polygonmodellen gewonnen werden kann. Ein bildbasierter Gestaltmerkmalsvektor entsteht zum Beispiel durch das Betrachten der Eigenschaften von 2D-Bildern (Flächenverhältnis, Form etc.), die durch das Abbilden der 3D-Modelle aus mehreren Blickwinken entstehen. Einzelne Gestaltmerkmalsvektoren betrachten jeweils isoliert einzelne Eigenschaften. Durch eine Kombination von Merkmalsvektoren ist eine flexiblere Ähnlichkeitssuche möglich, die die Nachteile der einzelnen Merkmalstransformationen vermeiden hilft.

Abhängig von Anfrageobjekt sind in der Regel verschiedene Kombinationen von Merkmalsvektoren sinnvoll. Die Komplexität bei der Verwendung aller Merkmale gleichzeitig ist im allgemeinen zu hoch. Es ist ein schwieriges Problem, eine geeignete Kombination von Merkmalsvektoren für eine effektive Ähnlichkeitssuche zu bestimmen. Nicht jeder Merkmalsvektor muß für die angestrebte Ähnlichkeit relevante Informationen enthalten. Die Verwendung von nicht-relevanten Merkmalsvektoren führt sogar zu einer negativen Beeinträchtigen der Effektivität. Bei der Auswahl der Merkmalsvektoren gilt es zusätzlich, einen Kompromiß zwischen der Genauigkeit der Repräsentation und der Komplexität der Speicherung und Suche zu finden. Eine zu hohe Dimensionalität führt bekanntermaßen zu einer erheblichen Beeinträchtigungen der Effektivität und Effizienz der Nächste-Nachbarn-Suche (Fluch der Dimensionalität)[8, 41].

2.2 Lösungsansatz

Unser Ansatz zur Lösung des 3D-Ähnlichkeitssuchproblems ist ein merkmalsbasierter Ansatz (vergleiche Abbildung 1). Die Idee ist, ein möglichst breites Spektrum verschiedener Merkmalsvektoren, die Teilaspekte der 3D-Modelle beschreiben, zu betrachten. Die Verwendung von vielen verschiedenen Merkmalsvektoren ist im Fall der 3D-Ähnlichkeitssuche dringend erforderlich, da einzelne Merkmalsvektoren immer nur einen kleinen Teil der komplexen 3D-Modelle beschreiben können. Zur Suchzeit muß dann allerdings - in Abhängigkeit vom aktuellen Suchobjekt - eine geeignete Kombination der vorhandenen Merkmalsvektoren ermittelt und die Nächste-Nachbarn bezüglich dieser Kombination bestimmt werden. Bevor wir die verwendeten Merkmalsvektoren sowie die Ermittlung geeigneter Kombinationen von Merkmalsvektoren bei der Suche genauer beschreiben, sollen zunächst kurz die Verfahren zur Erreichung der erforderlichen Invarianzen (Translation, Rotation, Skalierung und Detailgenauigkeitsgrad) diskutiert werden.

Einige der **Invarianzeigenschaften** können durch die Anwendung einer 3D-Karhunen-Loeve-Transformation (KLT) erreicht werden. Die Eingabe für die KLT besteht grundsätzlich aus einer Menge von (hier dreidimensionalen) Vektoren, die aus gewählten Punkten des 3D-Modells gewonnen werden[1]. Die sich aus der KLT ergebende Transformation des Raumes wird auf das Objekt angewendet, welches sich dann in einer kanonischen Lage und Orientierung befindet. Die Invarianz bezüglich Skalierung der Objekte wird durch Normierung der geometrischen Merkmalsvektoren bzw. für den Fall der bild-basierten Merkmalsvektoren durch eine weitere Transformation der Struktur in ein Einheitsvolumen gewährleistet. Die Invarianz bezüglich der Detailgenauigkeit ("level-of-detail") wird dadurch erreicht, daß in der KLT die Eingangsvektoren (Ecken des

[1] Im Fall der 3D-Modelle bietet es sich z.B. an, die Eckpunkte der Polygone zu wählen.

3D-Modells) proportional zu der Fläche der angrenzenden Polygone gewichtet werden. Erwartungsgemäß liefern feinere Abtastungen bessere Ergebnisse bei den Merkmalsvektoren. Daher ist es von Vorteil, vor der Extraktion der Eckpunkte für die KLT vergleichsweise große Polygone in kleinere zu unterteilen, was allerdings eine erhöhte Komplexität zur Folge hat. Nach der geometrischen Transformation zur Gewährleistung der Invarianzen kann dann als nächstes die Merkmalsextraktion durchgeführt werden.

Wir benutzen drei verschiedene Arten von **geometriebasierten Merkmalsvektoren**: auf Abtastung basierend, Volumen-basiert und Voxel-basiert. Für die auf Abtastung basierenden Merkmale schneiden wir die vom Objektzentrum in bestimmte Richtungen gerichteten Strahlen mit den Objektpolygonen. Der Abstand der Schnittpunkte zum Zentrum ergibt die Komponenten des Merkmalsvektors. Anschließend werden die Vektoren auf Einheitslänge skaliert, um die Skalierungsinvarianz zu erhalten. Der zweite Merkmalsvektor basiert auf der Geometrie und wird erhalten durch die Erweiterung eines jeden Polygons des Objektgitters zu einem Polyeder. Der Polyeder entsteht durch Hinzufügen des Objektzentrums als weiteren Punkt. Die resultierenden Volumina der Polyeder ergeben den Merkmalsvektor. Der dritte Merkmalsvektor ergibt sich aus der Rasterung der Polygone in ein Volumen (in "Voxels"), d.h. das 3D-Modell wird durch eine Menge binärer Voxel dargestellt.

Bildbasierte Merkmalsvektoren ergeben sich aus 2D-Bildern des Modells, die man durch das Abbilden der 3D-Modelle aus verschiedenen Richtungen erhält. Im derzeitigen System verwenden wir 3 oder 6 Bilder – abhängig von der Art der betrachteten Merkmale und den Richtungen (positive und negative Richtung der Hauptachsen). Ein Merkmalsvektor ergibt sich aus den Fourier-Koeffizienten der drei Fourier-transformierten Silhouetten. Die Anzahl der genommenen Koeffizienten bestimmt die Größe des Vektors. Ein anderer bildbasierter Merkmalsvektor wird aus 6 Grauwert-Bildern generiert. Jeder Bildpunkt wird durch ein Byte repräsentiert und der Wert kodiert den Abstand zur entsprechenden Seite des umgebenden Rechtecks. In anderen Worten, werden sechs Z-Puffer durch Grauwert-Bilder repräsentiert. Die Details und Beispiele der verwendeten Merkmalstransformationen werden in Abschnitt 3 beschrieben.

Auswahl der Merkmale. Die Verwendung vieler verschiedener Merkmalsvektoren erfordert bei der Suche eine Auswahl und Kombination der Merkmalsvektoren. Bei den dabei verwendeten Verfahren muß zu einen darauf geachtet werden, daß bei der Suche die Effektivität gewährleistet bleibt, d.h. daß die Suche die gewünschten Ergebnisse liefert; zum anderen muß aber auch die Effizienz gewährleistet bleiben, d.h. die Suchzeit muß in gewissen Grenzen bleiben. Beide Aspekte sind insbesondere bei hochdimensionalen Merkmalsvektoren zu beachten, da durch den sogenannten "Curse of Dimensionality" in hochdimensionalen Räumen die Effizienz und Effektivität der Nächste-Nachbarn Suche degeneriert [8, 41].

Ein naiver Ansatz zur Suche auf beliebigen Kombinationen von Merkmalsvektoren ist die getrennte Suche auf den einzelnen Merkmalsvektoren und die Kombination der Ergebnisse. Dieses Verfahren ist aber weder von der Effizienz

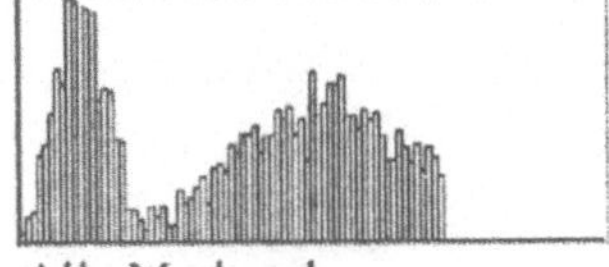

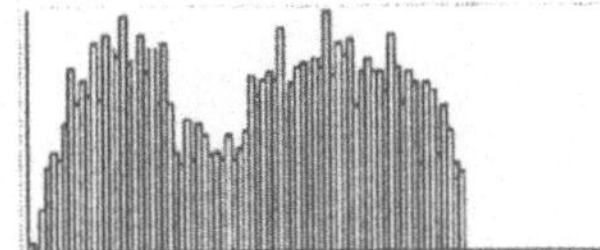

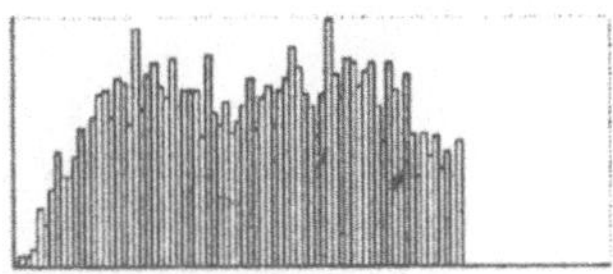

Abbildung 2. Die Distanz-Verteilung bei unterschiedlicher Anzahl relevanter Merkmale

noch von der Effektivität her sinnvoll. Die Effizienz wird durch die unnötige Suche auf den nicht-relevanten Merkmalsvektoren sowie die potentiell sehr aufwendige Kombination der Einzelergebnisse beeinträchtigt und die Effektivität kann durch Verwendung von nicht-relevanten Merkmalsvektoren sehr stark beeinträchtigt werden.

Die Idee zur Lösung des Problems ist die Ermittlung der relevanten Merkmalsvektoren aufgrund der Verteilung der Distanzen der Merkmalsvektoren vom Anfragepunkt[2]. Dabei werden die Gesamtdistanzen einer Kombination von Merkmalsvektoren zum Anfragepunkt berechnet[3] und aufgrund der Verteilung der Distanzen dann entschieden, ob die Kombination für das Anfrageobjekt relevant ist oder nicht. Dem Ansatz liegt die Beobachtung zu Grunde, daß die Distanzverteilung sich in Abhängigkeit von der Anzahl der relevanten Merkmale deutlich ändert. In Abbildung 2 sind drei Distanzverteilungen für Daten mit 10 Merkmalen abgebildet. Im ersten Bild sind alle 10 Merkmale auch relevant, wohingegen in zweiten Bild nur 9 Merkmale relevant sind und im dritten Bild nur 8 Merkmale. Die Veränderung der Distanzverteilung ist deutlich zu erkennen.

Formal kann die Bewertung der Distanzverteilung mit Hilfe der Glättungsfaktoren (σ) der Kurve vorgenommen werden. Um kleinere Schwankungen der Distanzverteilung auszugleichen, wird die Distanzverteilung zunächst solange geglättet, bis die Kurve nur noch zwei Maxima enthält. Der entsprechende Glättungsfaktor sei σ_{min} (siehe Abbildung 3). Dann wird weiter geglättet bis die Kurve nur noch ein Maximum enthält. Der entsprechende Glättungsfaktor sei σ_{max} (siehe Abbildung 3). Die Güte der aktuell betrachteten Kombination von Merkmalsvektoren sei nun durch

$$K = \sigma_{max} - \sigma_{min}$$

gegeben. Je größer das K ist, desto höher ist die Güte. Eine Bewertung durch dieses Qualitätsmaß erlaubt nun eine Auswahl geeigneter Merkmalskombinationen. Als Algorithmus zur Bestimmung dieser Merkmalskombination kann ein heuristischer Optimierungsalgorithmus beschriebenen, verwendet werden.

[2] Die Grundidee ist ähnlich zu der in [23] beschriebenen generalisierten Nächsten-Nachbarn-Suche.

[3] Z.B. mit Hilfe einer (gewichteten) Linearkombination und einem euklidischen Abstandsmaß im kombinierten Merkmalsraum

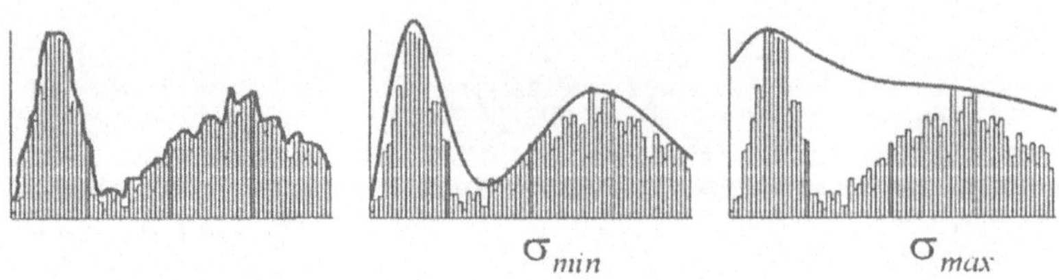

Abbildung 3. Glättung bei verschiedenen Werten für σ

3 3D Gestaltmerkmalsvektoren

3.1 Kanonische Lage und Orientierung

Um die Invarianz bezüglich Translation, Rotation und Spiegelung zu erlangen, wird — wie im vorherigen Abschnitt schon beschrieben — eine Hauptachsentransformation (KLT) durchgeführt, bei der die Eingabevektoren geeignet gewichtet werden, um auch die Invarianz bei Polygonsimplifizierung bzw. Verfeinerung des Modells zu erhalten. In diesem Abschnitt geben wir dazu Details an, wobei wir unserer vorherigen Arbeit [39] folgen.

Zur Vereinfachung der Darstellung beziehen wir uns im folgenden nur auf den Fall von 3D-Modellen, die in Form von Triangulierungen gegeben sind, d.h. unsere Modelle bestehen aus einer Menge von Dreiecken in 3D, den zugehörigen Kanten und Ecken. Verallgemeinerungen auf allgemeine Polygonmodelle sind möglich.

Sei $P = \{\boldsymbol{p}_1, \ldots, \boldsymbol{p}_N\}$ die Menge der Eckpunkte des Modells und sei $D = \{D_1, \ldots, D_F\}$ die Menge der Dreiecke. Die Eckpunkte gehen als Eingabe in die KLT ein, die eine affine Transformation τ ergibt, welche, angewendet auf die Eckpunkte die transformierte Punktmenge $P' = \{\boldsymbol{p}'_1, \ldots, \boldsymbol{p}'_N\}$ produziert. Die Transformation τ muß so konstruiert sein, daß für eine beliebige Konkatenation σ von Rotationen, Translationen und Spiegelungen an beliebigen Ebenen die Gleichung

$$P' = \tau(P) = \tau(\sigma(P))$$

gilt und somit die gewünschte Invarianz bezüglich aller Transformationen vom Typ σ gegeben ist.

Wir stellen uns vor, daß die Dreiecke aus infinitesimal dünnem, aber Massebehaftetem Material beschaffen sind. Die Masse jedes Dreiecks ist also proportional zur Fläche und wird zu gleichen Teilen auf deren drei Eckpunkte verteilt. Der Massenschwerpunkt $\boldsymbol{c}$ des Punktmassenmodells ergibt sich somit zu:

$$\boldsymbol{c} = \frac{1}{N}\sum_{i=1}^{N} w_i \boldsymbol{p}_i, \quad w_i = \frac{N \cdot S_i}{3S}, \quad i = 1, \ldots, N, \tag{1}$$

wobei w_i das der Ecke $\boldsymbol{p}_i$ zugeordnete Gewicht ist. S bezeichnet die Masse (bzw. Fläche) aller Dreiecke zusammen und $S_i$ist die Summe der Flächen der Dreiecke mit Eckpunkt p_i. Somit ist das Gewicht w_i gegeben durch die der i-ten Ecke zugeordnete Masse normalisiert durch die mittlere Masse pro Eckpunkt, S/N. Es gilt $\sum_{i=1}^{N} w_i = N$.

Man kann sich leicht davon überzeugen, daß eine Zerlegung eines der Objektdreiecke in mehrere, d.h. eine Verfeinerung der Triangulierung das oben definierte Massenzentrum invariant läßt.

Die Kovarianzmatrix C für die Punktmenge P wird ebenfalls unter Berücksichtigung der Eckengewichte berechnet,

$$C = \frac{1}{\sum w_i} \sum_{i=1}^{N} w_i (\boldsymbol{p}_i - \boldsymbol{c}) \cdot (\boldsymbol{p}_i - \boldsymbol{c})^T.$$

Die Gewichte bewirken, daß die Kovarianzmatrix bei Verfeinerungen oder Simplifizierungen des geometrischen Modells ungefähr gleich bleibt. Die Invarianz ist in diesem Fall also nur approximativ gegeben. Erwartungsgemäß liefern feinere Abtastungen bessere Ergebnisse bei den Merkmalsvektoren. Daher ist es von Vorteil, vor der Extraktion der Eckpunkte für die KLT vergleichsweise große Polygone in kleinere zu unterteilen, was allerdings eine erhöhte Komplexität bedingt. Eine geeignete Strategie, die wir implementiert haben, verfeinert das Modell so, daß die entstehenden Dreiecke etwa gleich groß sind.

Nach der Berechnung der 3×3 Kovarianzmatrix werden deren Eigenwerte und normalisierte Eigenvektoren bestimmt. Die Karhunen-Loeve-Transformation, angewendet auf die Eckpunkte des Modells, ergibt sich zu

$$\boldsymbol{p}'_i = A(\boldsymbol{p}_i - \boldsymbol{c}), \quad i = 1, \ldots, N.$$

wobei die Zeilen der Matrix A aus den Eigenvektoren bestehen, die gemäß der absteigenden Beträge der Eigenwerte sortiert sind. Diese Transformation ist eindeutig bis auf das Vorzeichen der Eigenvektoren. Um diese Ambiguität zu entfernen setzen wir die Vorzeichen des j-ten Eigenvektors $\boldsymbol{P}_j$ so, daß

$$\sum_{i=1}^{N} \operatorname{sign}(p'_{ij}) \cdot (p'_{ij})^2 \geq 0$$

wobei wir die Notation $\boldsymbol{p}'_i = (p'_{i1}, p'_{i2}, p'_{i3})$, $i = 1, \ldots, N$ benutzt haben. Durch diesen Trick wird auch erreicht, daß die KLT und die dann daraus abgeleiteten Merkmalsvektoren invariant bezüglich Spiegelungen ist.

Abbildung 4 illustriert den Effekt der KLT an einem Beispiel. Die Achsen des gegebenen Koordinatensystems für das Objekt sind mit $\boldsymbol{x}$, $\boldsymbol{y}$, $\boldsymbol{z}$ bezeichnet und die neuen Achsen nach der KLT heißen $\boldsymbol{P}_1$, $\boldsymbol{P}_2$, und $\boldsymbol{P}_3$.

3.2 Die Merkmalsvektoren

In diesem Papier sind drei geometrische und zwei bildbasierte Merkmalsvektoren vorgeschlagen.

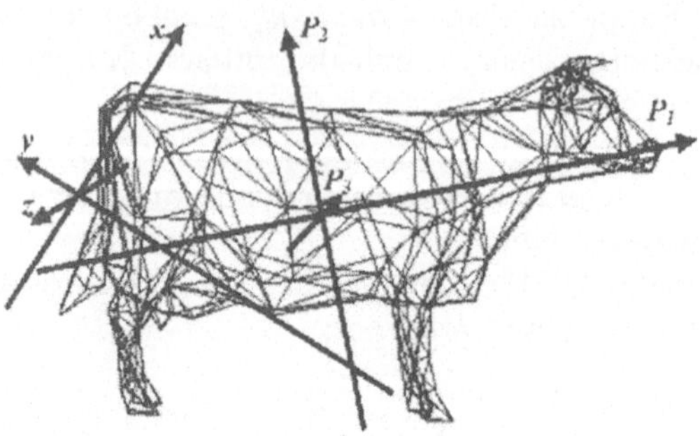

Abbildung 4. Die modifizierte Karhunen-Loeve-Transformation angewendet für ein Modell.

1. Den ersten geometriebasierten Merkmalsvektor, siehe Abbildung 5 kann man im Jargon der Computergrafik als "environment depth map" bezeichnen. Nach der KLT interpretieren wir den Ursprung des neuen Koordinatensystems als Zentrum des 3D-Objektes und legen um das Zentrum eine das Objekt einschließende Kugel. Die Kugelfläche wird nach einer festen Vorschrift abgetastet und Strahlen von den Abtastpunkten in Richtung Zentrum verfolgt. Der erste Schnittpunkt jedes Strahls mit einem der Objektpolygone liefert eine Komponente des Merkmalsvektors. Diese ist definiert als der Abstand des Schnittpunktes zum Zentrum. Die Dimension des Merkmalsvektors ist ein Parameter des Verfahrens.

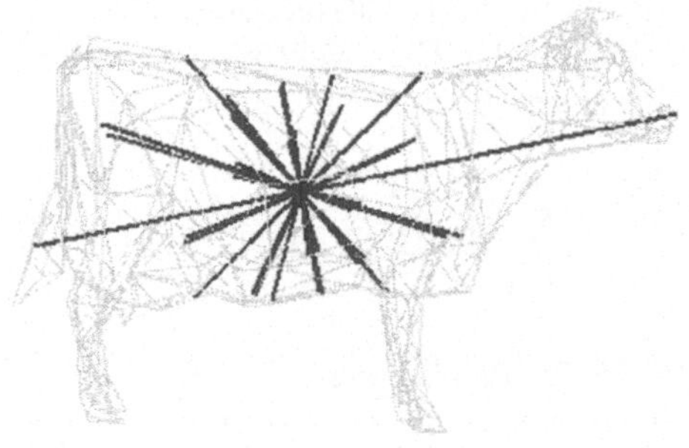

Abbildung 5. Illustration eines einfachen geometrischen Merkmalsvektors.

2. Der zweite Merkmalsvektor zielt darauf hin ab, eine bessere Robustheit zu erhalten. Kleine Störungen, z.B. in den Parametern der KLT, können in besonderen Fällen nämlich große Änderungen in den Komponenten des obigen Merkmalsvektors bewirken. Hierzu betrachten wir zu jedem Polygon

das Polyedervolumen, das durch Hinzunahme des Zentrums entsteht. Dieses berücksichtigt die Orientierung des Polygons, so daß auch negative Volumen möglich sind. Die das Objekt einschließende Kugel wird in etwa gleich große Pyramiden-ähnliche Segmente unterteilt (die Spitze jeweils im Objektzentrum) und die Komponenten des Merkmalsvektors ergeben sich aus dem von den Polygonen aufgespannten Volumen in jedem Kugelsegment. Die Dimension des Merkmalsvektors ist durch die Anzahl der Segmente gegeben und ein Parameter des Verfahrens.

3. Die Polygone werden in ein Volumen gerastert. Hier kann man die anteilige Fläche in jeder Volumenzelle (Voxel) als Skalar akkumulieren oder nur die Zellbelegung als binären Wert abspeichern. Das entstehende skalare Volumenmodell bzw. die Volumen-Bitmap ist hierarchisch als Octree organisiert. Die daraus enstehenden Vektoren verschiedener Auflösungsstufen fungieren als Merkmalsvektoren.
4. Der erste Bild-basierte Ansatz benutzt Abbildungen der Objekte unter Parallelprojektion auf Ebenen orthogonal zu den drei Raumachsen (nach der KLT). Zuvor wird das Objekt noch auf ein Einheitsvolumen (Würfel) skaliert. Aus diesen drei quadratischen Objektbildern werden die Silhouetten berechnet und abgetastet. Die drei so entstehenden geschlossenen diskreten 2D-Kurven werden Fourier-transformiert und das Power-Spektrum wird berechnet, siehe Abbildung 6. Merkmalsvektoren entstehen durch Extraktion der ersten k Komponenten der drei Powerspektra. Die Dimension $3k$ der Merkmalsvektoren ist wiederum ein Parameter des Verfahrens.

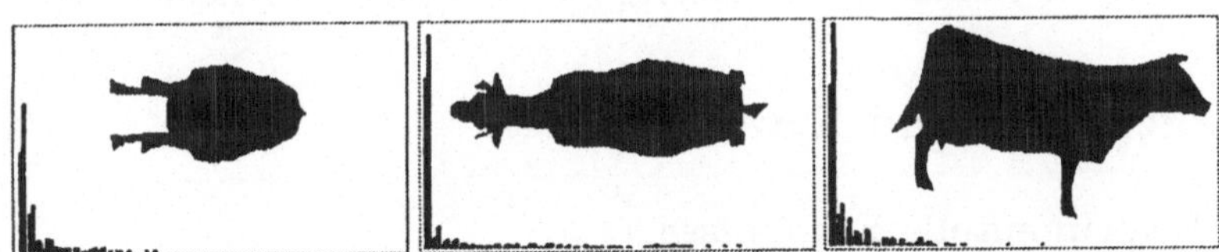

Abbildung 6. Drei Silhouetten und zugehörige Fourierkoeffizienten.

5. Der letzte Ansatz ist ähnlich zu der "environment depth map". Die Abbildungen aus dem letzten Punkt werden ergänzt durch entsprechende Abbildungen aus den genau entgegengesetzten Richtungen und somit ergeben sich insgesamt sechs Ansichten des Objektes welche anhand eines Beispiels in Abbildung 7 dargestellt sind. Diese Grauwertbilder mit geringer Auflösung von je n^2 können zu einem Merkmalsvektor der Dimension $6n^2$ zusammengesetzt werden. Die Grauwerte ergeben sich jeweils aus einem Tiefenpuffer ("depth map"), wobei Hintergrundpixel den größten Tiefenwert zugewiesen bekommen (255 bei einer Tiefenauflösung von 8 Bit). Alternativ kann anstelle des Tiefenpuffers ein normales Abbilden des Objektes mit normierter Beleuchtung und standardisierten Oberflächeneigenschaften verwendet werden.

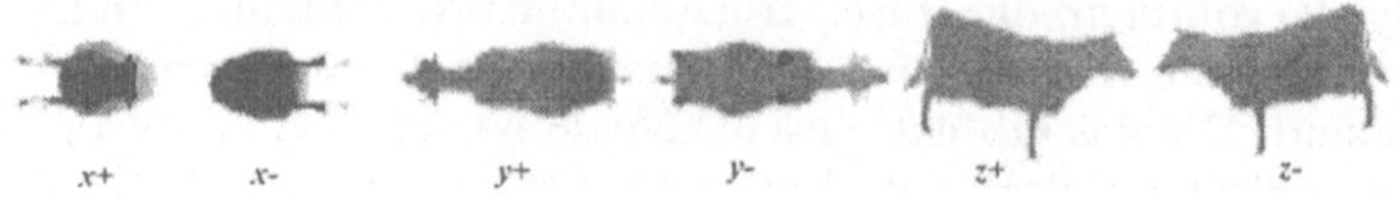

Abbildung 7. Sechs Tiefenpuffer.

Für den Vergleich der Merkmalsvektoren des Anfragemodells mit denen der Modelle im Suchraum ist ein Abstandsmaß erforderlich. Grundsätzlich verwenden wir den l_2-Abstand (Summe der quadratischen Differenzen). Im Fall der binarisierten Volumendarstellung ist der Hausdorff-Abstand der Voxelmengen, der weniger sensitiv bezüglich kleinen Störungen ist, vorzuziehen.

Die Merkmalsvektoren haben unterschiedliche Differenzierungseigenschaften. Während die bildbasierten Vektoren und die abgetastete Version einer "environment depth map" (siehe Punkt 1 der obigen Liste) sich ganz auf die von außen sichtbaren Teile der 3D-Modelle konzentrieren, bieten die anderen geometriebasierten Merkmalsvektoren auch Differenzierungmöglichkeiten für Objekte, die Polygone in mehreren Schichten enthalten, wie z.B. in Maschinen- oder Architekturmodellen. In dem Fall sind die inneren Schichten nämlich den äußeren Ansichten verborgen und daher irrelevant für die genannten Merkmalsvektoren. Je nach Anfrageobjekt sind also verschiedene Merkmalsvektoren unterschiedlich gut geeignet für die Ähnlichkeitssuche. Zum Beispiel bei Anfrageobjekten, die viele relevante Konkavitäten aufweisen, sind die bildbasierten Merkmalsvektoren eher ungeeignet und die Voxel-basierte Methode ist wahrscheinlich die beste.

4 Ergebnisse und Erweiterungen

4.1 Experimentelle Ergebnisse

Unsere Sammlung von 3D-Modellen umfaßt zur Zeit etwa 1000 Objekte, wovon wir in dieser Studie 536 Stück verwendet haben. Die Modelle stammen größtenteils aus VRML-Dateien, die im Internet verfügbar sind. Einige der Modelle haben wir durch Anwendung des Mesh-Simplifizierungsverfahren von QSlim Simplification Software (Version 2.0), siehe [15, 16], in verschiedenen Auflösungsstufen erzeugt und in die Modellbibliothek eingefügt. Weiterhin sind einige Modelle prozedural durch Gaußsches Rauschen verschiedener Stärke perturbiert sowie durch Skalierungen und affine Transformationen modifiziert worden und somit in verschiedenen Versionen in der Sammlung enthalten. Für unsere Implementierung haben wir uns auf vorerst nur ein Dateiformat festgelegt.

Die Oberfläche des Prototyps unseres 3D-Ähnlichkeits-Suchsystems ist in Abbildung 8 zusammen mit einer Beispielanfrage zu sehen. In diesem Papier berichten wir über erste Ergebnisse bezüglich der Komplexität der Verfahren zur Berechnung der kanonischen Lage und Orientierung (modifizierte Karhunen-Loeve-Transformation), der Berechnung der Merkmalsvektoren bei verschiede-

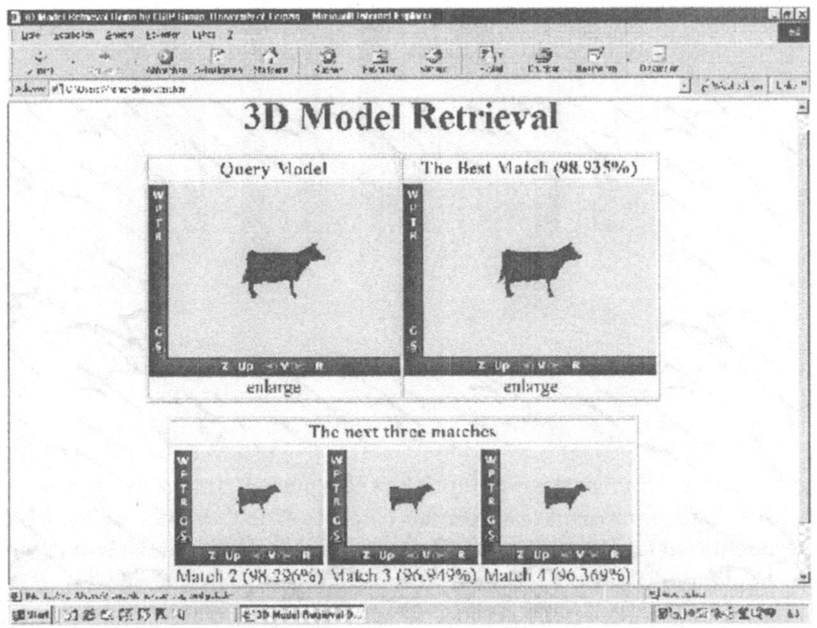

Abbildung 8. Oberfläche des 3D-Ähnlichkeits-Suchsystems.

nen Wahlen von Dimensionen sowie der Nächste-Nachbar-Suche im Merkmalsraum. Untersuchungen zur Evaluierung der Suchergebnisse werden in einem zukünftigen Papier behandelt (siehe nächster Abschnitt).

Zunächst illustrieren wir in unserem ersten Graphen die Verteilung der Komplexität der 536 3D-Modelle unserer Studie. Die Abbildung 9 zeigt ein Histogramm der Anzahl der Eckpunkte und Dreiecke in den Modellen. Die durchschnittliche Anzahl der Eckpunkte liegt bei 3511, die der Dreiecke 5731.

Die Rechenzeit für die Bestimmung der KLT setzt sich zusammen aus der Bestimmung der Eckpunktgewichte, der Ermittlung des Massenzentrums, der Akkumulation der Elemente der Kovarianzmatrix sowie der Berechnung der Eigenvektoren der Kovarianzmatrix. Die zuerst genannten Anteile skalieren im wesentlichen linear mit der Anzahl der Eckpunkte. Die Kovarianzmatrix hat unabhängig von der Anzahl der Eckpunkte stets die Dimension 3×3 und daher erfordert die Eigenwert- und Eigenvektorberechnung nur einen konstanten und sehr kleinen Rechenaufwand. Somit erwarten wir eine lineare Zeitkomplexität $O(N)$ für die Bestimmung der KLT. Das Diagramm in Abbildung 10 bestätigt diese Überlegungen. Sämtliche Simulationsrechnungen sind auf einem PC mit einem 450 MHz Pentium III Prozessor durchgeführt worden.

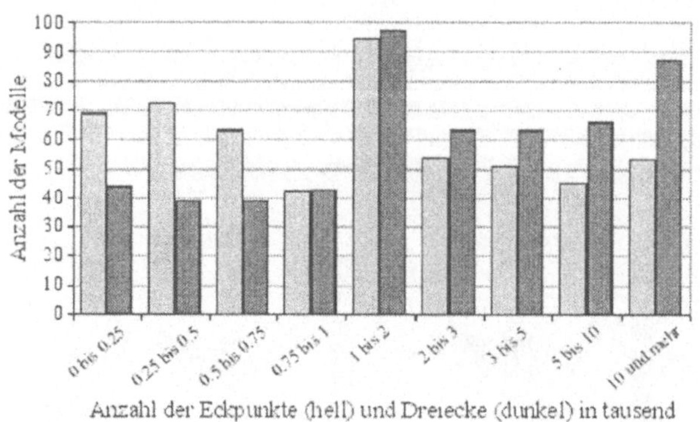

Abbildung 9. Histogramm für die Modellkomplexität.

Im derzeitigen Suchsystem entspricht die Suchzeit im wesentlichen der Zeit für die Merkmalstransformation, da die Nächste-Nachbarn-Suche im Verhältnis dazu vernachlässigbar klein ist. Die Zeit für die Merkmalstransformation ist für die verschiedenen Transformationen unterschiedlich (vgl. Tabelle 1).

In diesem Papier sollen die geometriebasierten Merkmalsvektoren in verschiedenen Dimensionen betrachtet werden. Der erste Merkmalsvektor wird wie beschrieben durch Strahlverfolgung bestimmt. Der Rechenaufwand hängt ab sowohl von der Modellkomplexität als auch von der Anzahl der eingesetzten Strahlen, also der Dimension des Merkmalsvektors. Das Problem, Strahlen mit einer Kollektion von Polygonen zu schneiden, ist ein wohlbekanntes Problem der Computergrafik ("ray tracing") und es sind mannigfache Methoden zur effizienten Schnittpunktberechnung entwickelt worden [17], die wir in unserer Implementierung aber noch nicht eingesetzt haben. In der Tabelle geben wir hier nur die mittlere Berechnungszeit pro Objekt an, die im wesentlichen der Suchzeit entspricht. Die Dimensionen des Merkmalsvektors sind 42 (klein), 162 (mittel) und 642 (groß).

Typ Merkmalsvektor	Dimension klein	Dimension mittel	Dimension groß
Strahlenbasiert	0.679s	2.622s	10.412s
Volumenbasiert	1.734s	1.741s	1.738s
3D-Rasterung	1.486s	1.488s	1.486s

Tabelle 1. Mittlere Berechnungszeit in Sekunden für verschiedene Merkmalsvektoren.

Die Dimensionen des Volumenbasierten Merkmalsvektors sind 96 (klein), 384 (mittel) und 1536 (groß) und die aus der 3D-Rasterung in Octrees sind $4^3 = 64$, $8^3 = 512$ und $16^3 = 4096$. Bei den strahlenbasierten Merkmalsvektoren ist die

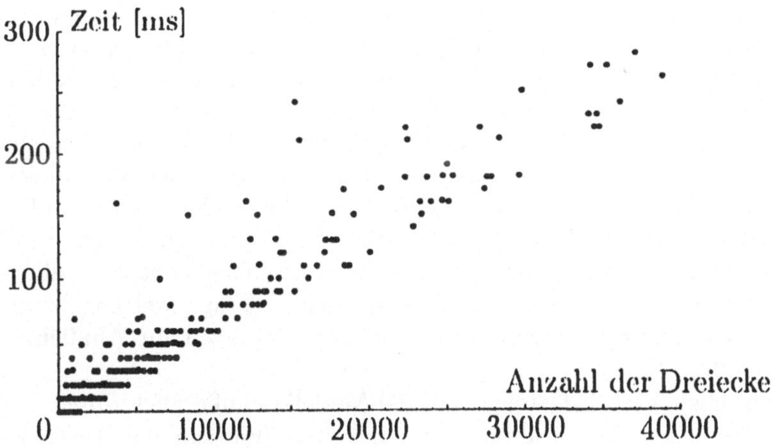

Abbildung 10. Scatter Plot für die Berechnung der Parameter der modifizierten Karhunen-Loeve Transformation zur Berechnung der kanonischen Lage und Orientierung.

Rechenzeit linear proportional zur Größe des Vektors. Für die anderen Merkmale liegt die konstante Zeit in der Methode begründet.

4.2 Erweiterungen und Ausblick

Die nächsten Arbeitsschritte in unserem Forschungsvorhaben bestehen in der Erweiterung der Anzahl der Modelle und der weiteren Verfeinerung der Implementierung zur Auswertung der hier schon teilweise gemachten Komplexitätsstudien. Es besteht weiterhin Forschungsbedarf für eine Methode zur Evaluierung der erzielbaren Ergebnisse. Liefert der nächste Nachbar im Merkmalsraum wirklich das beste zum Anfragemodell passende Objekt? Sind die ersten 5 oder 10 3D-Modelle aus der Suchoperation die besten Objekte und stimmt deren Reihenfolge? Zu diesen Fragen werden wir objektive, d.h. numerisch quantifizierte und reproduzierbare Methoden entwickeln. Der Lösungsansatz hierfür besteht in der Definition einer Referenzlösung ("ground truth") für jedes gegebene Anfrageobjekt, die auf einer Kombination von besonders hochdimensionalen Merkmalsvektoren aufbauen kann. Anhand dieser aufwendig zu berechnenden Musterlösung können Suchergebnisse beurteilt und verglichen werden. Diesen "objektiven" Methoden sollen auch subjektive Evaluationen folgen in denen Juroren Anfrageergebnisse in Testserien am Bildschirm auf ihre Relevanz hin einschätzen.

Eine wichtige Anwendung der Evaluation besteht in der Herausforderung, diejenige Kombination von Merkmalsvektoren und deren Dimensionen zu bestimmen, die unter Einhaltung von Komplexitätsschranken bei Speicher und Rechenzeit die besten Suchergebnisse liefern.

Mit Ausnahme des Voxel-basierten Verfahrens und dem Ansatz über Silhouetten lassen sich die hier vorgestellten Merkmalsvektoren interpretieren als Abtastung einer auf der Einheitssphäre definierten reellen Funktion. Es besteht die Möglichkeit, diese Funktionen mittels sphärischen Fourier- oder Wavelettransformationen in eine Multiresolutiondarstellung zu überführen. Dies wird einen einheitlichen und in der Dimension adaptiven Zugang zu den Merkmalsvektoren ermöglichen. Weitere, hier nicht besprochene Merkmalsvektoren sind denkbar. Zum Beispiel kann die Medial Axis Transformation erwogen werden, um Skelette der Objekte zu erzeugen, welche anstelle geometrischer eher strukturelle Informationen über 3D-Objekte kodieren. Es ergibt sich die Frage, welche Abstandsmaße in Zusammenhang mit diesem Ansatz bei Anwendungen zur Ähnlichkeitssuche sinnvoll sind.

In typischen VRML-Dateien sind 3D-Modelle häufig auch durch Farb- oder Texturinformation (Texturabbildungen mit zweidimensionalen Texturkoordinaten an den Polygoneckpunkten) und durch Normalenvektoren für Illuminationssimulationen ergänzt. In zukünftigen Anwendungen zur Ähnlichkeitssuche werden solchen Daten auch in Merkmalsvektoren einzubeziehen sein.

Eine besondere Herausforderung für 3D-Deskriptoren ensteht durch Anfrage nach partiellen Ähnlichkeiten. Solche Fragestellungen tauchen zum Beispiel in der Molekularbiologie bei Proteinandockproblemen auf.

5 Zusammenfassung

Im vorliegenden Papier haben wir ein System zur Ähnlichkeitssuche auf 3D-Modellen vorgestellt. Grundidee ist die Verwendung einer Reihe verschiedener Merkmalsvektoren, die verschiedene Aspekte der 3D-Modelle repräsentieren und weitgehend invariant gegenüber Transformation, Rotation, Skalierung und Detailgenauigkeitsgrad sind. Erste experimentelle Ergebnisse mit der Kombination von Merkmalsvektoren zeigen vielversprechende Resultate. In zukünftigen Arbeiten soll das System um weitere Merkmalsvektoren ergänzt werden sowie die Effizienz der Verfahren optimiert werden. Weiterer Forschungsbedarf ist bei der Kombination von Merkmalen notwendig, um ein automatisches distanzabhängiges Verfahren zu entwickeln, welches in Abhängigkeit vom Anfrageobjekt die bestmögliche Kombination von Merkmalsvektoren ermittelt.

Literatur

[1] Mihael Ankerst, Bernhard Braunmüller, Hans-Peter Kriegel, and Thomas Seidl. Improving adaptable similarity query processing by using approximations. In *VLDB'98, Proceedings of 24rd International Conference on Very Large Data Bases, New York City, New York, USA*, pages 206–217. Morgan Kaufmann, 1998.

[2] Mihael Ankerst, Gabi Kastenmüller, Hans-Peter Kriegel, and Thomas Seidl. 3D shape histograms for similarity search and classification in spatial databases. In Ralf Hartmut Güting, Dimitris Papadias, and Frederick H. Lochovsky, editors, *Lecture Notes in Computer Science*, volume 1651, pages 207–226. Springer, 1999.

[3] Mihael Ankerst, Hans-Peter Kriegel, and Thomas Seidl. A multistep approach for shape similarity search in image databases. *TKDE*, 10(6):996–1004, 1998.

[4] Jonathan Ashley, Myron Flickner, James L. Hafner, Denis Lee, Wayne Niblack, and Dragutin Petkovic. The query by image content (QBIC) system. In Michael J. Carey and Donovan A. Schneider, editors, *Proceedings of the 1995 ACM SIGMOD*, page 475. ACM Press, 1995.

[5] A. Badel, J.P. Mornon, and S. Hazout. Searching for geometric molecular shape complementary using bidimensional surface profiles. *Journal of Molecular Biology*, 10:205–211, December 1992.

[6] Norbert Beckmann, Hans-Peter Kriegel, Ralf Schneider, and Bernhard Seeger. The R*-tree: An efficient and robust access method for points and rectangles. In *Proceedings of the 1990 ACM SIGMOD International Conference on Management of Data, Atlantic City, NJ*, pages 322–331. ACM Press, 1990.

[7] Stefan Berchtold, Christian Böhm, H. V. Jagadish, Hans-Peter Kriegel, and Jörg Sander. Independent quantization: An index compression technique for high-dimensional data spaces. In *Proceedings of the 16. Int. Conference on Data Engineering*, pages 577–588. IEEE Computer Society, 2000.

[8] Stefan Berchtold, Daniel A. Keim, and Hans-Peter Kriegel. The X-tree: An index structure for high-dimensional data. In T. M. Vijayaraman, Alejandro P. Buchmann, C. Mohan, and Nandlal L. Sarda, editors, *VLDB'96, Proceedings of 22th International Conference on Very Large Data Bases, September 3-6, 1996, Mumbai (Bombay), India*, pages 28–39. Morgan Kaufmann, 1996.

[9] Paolo Ciaccia, Marco Patella, and Pavel Zezula. M-tree: An efficient access method for similarity search in metric spaces. In *VLDB'97, Proceedings of 23rd International Conference on Very Large Data Bases, August 25-29, 1997, Athens, Greece*, pages 426–435. Morgan Kaufmann, 1997.

[10] Luigi Cinque, Stefano Levialdi, Kai A. Olsen, and A. Pellicanò. Color-based image retrieval using spatial-chromatic histograms. In *Proceedings of the IEEE International Conference on Multimedia Computing and Systems*, volume II, pages 969–973. IEEE Computer Society, 1999.

[11] G. Dunn and B. Everitt. *An Introduction to Mathematical Taxonomy*. Cambridge University Press, Cambridge, MA, 1982.

[12] J.-R. Ohm et al. A multi-feature description scheme for image and video database retrieval. In *IEEE Multimedia Signal Processing Workshop, Copenhagen*. IEEE Computer Society, September 1999.

[13] C. Faloutsos, R. Barber, M. Flickner, J. Hafner, W. Niblack, D.Petkovic, and W. Equitz. Efficient and effective querying by imagecontent. *Journal of Intelligent Information Systems*, 3:231–262, 1994.

[14] Christos Faloutsos and King-Ip Lin. Fastmap: A fast algorithm for indexing, data-mining and visualization of traditional and multimedia datasets. In Michael J. Carey and Donovan A. Schneider, editors, *Proceedings of the 1995 ACM SIGMOD International Conference on Management of Data, San Jose, California, May 22-25, 1995*, pages 163–174. ACM Press, 1995.

[15] Michael Garland. Quadric-based polygonal surface simplification. Technical Report CMU-CS-99-105, Carnegie Mellon School of Computer Science, 1999. Ph.D. Dissertation.

[16] Michael Garland and Paul S. Heckbert. QSlim simplification software. `http://www.cs.cmu.edu/afs/cs/user/garland/www/quadrics/qslim20.html`.

[17] Andrew S. Glassner. *An Introduction to Ray Tracing*. Academic Press, 1989.

[18] MPEG DDL Group. Mpeg-7 description. Definition Language Document V2. Doc.ISO/MPEG N2997, Melbourne, October 1999.

[19] MPEG Requirements Group. Mpeg-7. Requirements Document V.10. Doc. ISO/MPEG N2996, Melbourne, October 1999.

[20] MPEG Requirements Group. Overview of the mpeg-7 standard. Technical Report Doc. ISO/MPEG N3158, Maui, Hawaii, December 1999.

[21] Antonin Guttman. R-trees: A dynamic index structure for spatial searching. In Beatrice Yormark, editor, *SIGMOD'84, Proceedings of Annual Meeting, Boston, Massachusetts, June 18-21, 1984*, pages 47–57. ACM Press, 1984.

[22] H. Harman´H. *Modern Factor Analysis.* University of Chicago Press, 1967.

[23] Alexander Hinneburg, Charu C. Aggarwal, and Daniel A. Keim. What is the nearest neighbor in high dimensional spaces? In *VLDB'2000, Proceedings of 26th International Conference on Very Large Data Bases, September 10-14, Cairo, Egypt*, pages 506–515. Morgan Kaufmann, 2000.

[24] Daniel A. Keim. Efficient geometry-based similarity search of 3d spatial databases. In *SIGMOD 1999, Proceedings ACM SIGMOD International Conference on Management of Data, Philadelphia, Pennsylvania, USA*, pages 419–430. ACM Press, 1999.

[25] Flip Korn, Nikolaos Sidiropoulos, Christos Faloutsos, Eliot Siegel, and Zenon Protopapas. Fast nearest neighbor search in medical image databases. In *VLDB'96, Proceedings of 22th International Conference on Very Large Data Bases, Mumbai (Bombay), India*, pages 215–226. Morgan Kaufmann, 1996.

[26] H.-P. Kriegel, T. Schmidt, and T. Seidl. 3d similarity search by shape approximation. In *Lecture Notes in Computer Science*, volume 1262, pages 1–28. Springer, 1997.

[27] H.-P. Kriegel and T. Seidl. Approximation-based similarity search for 3-d surface segments. *GeoInformatica Journal*, 2(2):113–147, 1998.

[28] J. B. Kruskal and M. Wish. *Multidimensional Scaling.* SAGE publications, Beverly Hills, 1978.

[29] Longin Latecki and Rolf Lakämper. Contour-based shape similarity. In Dionysius P. Huijsmans and Arnold W. M. Smeulders, editors, *Lecture Notes in Computer Science*, volume 1614, pages 617–624. Springer, 1999.

[30] King-Ip Lin, H. V. Jagadish, and Christos Faloutsos. The tv-tree: An index structure for high-dimensional data. *VLDB Journal*, 3(4):517–542, 1994.

[31] Guojun Lu and Atul Sajjanhar. Region-based shape representation and similarity measure suitable for content-based image retrieval. In P. Venkat Rangan, editor, *Multimedia Systems*, volume 7(2), pages 165–174. ACM/Springer, 1999.

[32] J. Malik, C. Carson, and S. Belongie. Region-based image retrieval. In *DAGM'99, Mustererkennung*, pages 152–154. Springer Verlag, 1999.

[33] Rajiv Mehrotra and James E. Gary. Feature-based retrieval of similar shapes. In *Proceedings of the Ninth International Conference on Data Engineering, April 19-23, 1993, Vienna, Austria*, pages 108–115. IEEE Computer Society, 1993.

[34] Apostol Natsev, Rajeev Rastogi, and Kyuseok Shim. WALRUS: A similarity retrieval algorithm for image databases. In Alex Delis, Christos Faloutsos, and Shahram Ghandeharizadeh, editors, *SIGMOD 1999*, pages 395–406. ACM Press, 1999.

[35] S. Ravela and R. Manmahta. On computing global similarity in images. In *IEEE Workshop on Applications of Computer Vision (WACV98), Princeton*, pages 82–87. IEEE Computer Society, 1998.

[36] Seidl T. and Kriegel H.-P. Efficient user-adaptable similarity search in large multimedia databases. In *Proceedings of the 23rd International Conference on Very Large Data Bases, Athens, Greece, 1997*, pages 506–515, 1997.

[37] Digital Library Project University of California, Berkeley. Image retrieval by image content. `http://galaxy.cs.berkeley.edu/photos/blobworld/`.

[38] Center for Intelligent Information Retrieval University of Massachusetts. Image retrieval demo. `http://cowarie.cs.umass.edu/~demo/Demo.html`.

[39] Dejan V. Vranić and Dietmar Saupe. 3d model retrieval. In Bianca Falcidieno, editor, *Proc. Spring Conference on Computer Graphics and its Applications (SC-CG2000), May 3-6, 2000, Budmerice Manor, Slovakia*, pages 89–93. Comenius University, 2000.

[40] N. Vujovic and D. Brazakovic. Evaluation of an algorithm for finding a match of a distorted texture pattern in a large image database. In *ACM Transactions on Information Systems*, volume 16(1), pages 31–60. ACM, 1998.

[41] R. Weber, H.-J. Schek, and S. Blott. A quantitative analysis and performance study for similarity-search methods in high-dimensional spaces. In *VLDB*, volume 24, New York, USA, August 1998.

[42] Roger Weber. Project chariot. `http://zuelle.ethz.ch/Chariot/`.

[43] Aidong Zhang, Biao Cheng, and Raj Acharya. Texture-based image retrieval in image database systems. In Norman Revell and A. Min Tjoa, editors, *DEXA'95 - Workshop*, pages 349–356, San Mateo, California, 1995. ONMIPRESS.

Sitzung 8:

Finale

An Amateur's Introduction to Integrity Constraints and Integrity Checking in SQL

Andreas Behrend, Rainer Manthey and Birgit Pieper

University of Bonn, Institute of Computer Science III,
Römerstr. 164, D-53117 Bonn, Germany
idb@cs.uni-bonn.de

Abstract. In this paper we survey the various forms of integrity constraints provided in SQL. A critical discussion of the implications of SQL's approach to integrity follows, particularly identifying misconceptions to be found in some textbooks. The relationship between views and constraints in SQL is investigated and contrasted with the state-of-the-art in integrity checking for deductive databases. As recursive views have been introduced into SQL recently, integrity maintenance over recursive views will become an issue for future DBMSs supporting the new standard in full.

1 Introduction

Integrity constraints are a classical feature of data models, and their automated checking and enforcement is by now firmly established as a key functionality of a DBMS. Textbooks on databases distinguish static and dynamic constraints, the former being regarded as most important. Their nature as invariants against state modifications is well understood by now. However, paragraphs about integrity tend to be short in most DB books, often limited to an outline of the most popular types of constraints such as key and referential constraints. Integrity checking methods are usually not presented at all. The SQL standard offers an elaborate system of various forms of static constraints, providing schema designers with a powerful tool for expressing a wide range of state invariants.

Commercial relational DBMS products supporting SQL, however (such as, e.g., Oracle [Ora99] or DB2 [IBM99]) do not support the more advanced forms of constraints. Even today, more than 8 years after the SQL'92 standard has been issued, none of these commercial systems supports assertions, the most general form of constraint in SQL! Scientific literature, i.e. research papers, devoted to integrity on the other hand provide a wealth of promising results applicable to very general and powerful forms of integrity constraints.

Our group has been conducting research on integrity since many years, mainly in the context of Datalog rather than SQL, e.g. [BDM88,BMM92,Man94]. Recently, we took a closer look at SQL constraints, motivated by preparations for a new SQL course and by work on a forthcoming dissertation. Up till then, our knowledge about integrity in SQL did not go significantly beyond the level of treatment as provided by database textbooks. A closer look at syntax and semantics of SQL constraints as presented in popular SQL books [Date97,MS93,GW99,GP99] revealed quite a few contradictory or at least puzzling statements, in particular about those features like multi-table check constraints and assertions presently not supported by major database vendors. It turned out that obtaining reliable and complete information about integrity in SQL is surprisingly difficult.

By now, we believe to know much more about the "true" nature of SQL's integrity concept, mainly based on a careful analysis of the new SQL3 standard document [ANSI99] and resulting from numerous discussions about the implications of our findings. In this paper, we summarize what we believe to be useful results of this enterprise. In particular, we focus on

- the differences between table check constraints and assertions,
- the relationship between views and constraints, and
- the crucial question of efficiency of integrity checking.

Issues covered intensively by the existing literature (such as referential integrity, e.g.) will be treated by passing only. Furthermore, we simplify matters by excluding duplicates and nulls, following well-founded recommendations by Chris Date in his classical book on SQL [Date97]. For space reasons we do not touch the issue of triggers and their relationship to integrity either, even though the trigger concept is a significant addition of SQL3 and clearly matters as far as integrity is concerned.

The title of our paper paraphrases the titles of two famous database papers written many years ago on recursive query processing [BR86] and normalization theory [BBG78]. Each of them surveys a specific topic not well-covered in generally accessible literature at that time, and each presents results with a certain degree of critical distance to established opinions and views. We are certainly not aiming at a formal treatment of the issue as in the normalization paper, but try to follow the spirit of the paper on recursion. We do so, because a formal treatment of any issue related to SQL is a space consuming exercise beyond the scope of a conference paper. Nevertheless we would like to point out already here that the SQL standard is pretty formal and exact as far as the basic semantic decisions about constraints is concerned.

After a short summary of the main features of the SQL constraint system a more thorough discussion of selected aspects will follow. The relationship between views and constraints is investigated in section 4, efficient techniques for incremental integrity checking are surveyed in section 5. A summary of positive and - in our opinion - negative aspects of design decisions in SQL concludes the paper.

2 Integrity in SQL: A Mini-Tutorial

In this section we will briefly summarize the way how SQL deals with constraints and integrity. A thorough coverage of syntactical details is beyond the scope of this paper, readers are referred to, e.g., chapter 14 in Date's book. We will follow the standard's terminology as far as possible, but will have to deviate from or extend it where notions are missing or conventions appear inconsequent to us.

2.1 Syntax: SQL Constraints and Assertions

Rather than offering a single, homogeneous constraint concept, SQL provides four main syntactic categories of static constraints:

- assertions,
- table constraints,
- column constraints, and
- domain constraints.

In order to avoid confusion, we will use the term "integrity constraint" (short: IC) whenever we refer to both, SQL constraints and SQL assertions. Each IC has to have a unique constraint name in SQL (generated by the DBMS if missing in a constraint definition, mandatory however for assertions).

Assertions are the most general form of IC in SQL. They correspond most directly to the general perception of static ICs as invariants. Each assertion is introduced in a separate assertion definition, containing - apart from the constraint name - a single search condition prefixed by the keyword CHECK. As an example consider:

```
CREATE ASSERTION ac1
       CHECK (NOT EXISTS (SELECT * FROM t1
                          WHERE a11 NOT IN
                           (SELECT a21 FROM t2)));
```

Here, ac1 is the name of the assertion, t1 and t2 are names of tables restricted by the assertion, and a11 and a21 are column names. Search conditions are arbitrary Boolean SQL expressions: In principle every expression which can appear in the WHERE part of a select clause is admissible as a search condition in an assertion. Assertions are intended to be used specifically for expressing multi-table ICs. However, single-table ICs are acceptable according to the standard either.

Table constraints appear to be less general than assertions as they are intended to restrict the rows in one particular table only. As such they are always "attached to" (or: "associated with") a particular table by including them into the CREATE TABLE statement defining that table. The respective table definition in addition provides a context for interpreting shorthand notations which may be used in a table constraint, but not in an assertion. There are three categories of table constraints:

- table unique constraints (UNIQUE, PRIMARY KEY),
- table referential constraints (FOREIGN KEY), and
- table CHECK constraints.

Table unique and table referential constraints are specialized syntactic forms for expressing key and foreign key properties: A "table check constraint" (TCC for short) is a generic constraint able to impose arbitrary restrictions on rows of the respective table. As an example consider:

```
CREATE TABLE t2 (...,
         CONSTRAINT tc21 PRIMARY KEY a21,
         CONSTRAINT tc22 FOREIGN KEY a22 REFERENCES t3(a31),
         CONSTRAINT tc23 CHECK (a21 > 0 AND NOT a21 = a22));
```

A PRIMARY KEY constraint is a stronger form of UNIQUE constraint preventing the respective column(s) from containing NULLs (which we exclude in this paper anyway). Moreover, there may be one primary key constraint per table only. FOREIGN KEY constraints may in addition introduce certain "referential actions" to be automatically triggered by the DBMS on violations of such constraints. We do not address this issue here, as it is orthogonal to the integrity checking problem and closely related to triggers.

As for assertions, any SQL search condition is acceptable in a TCC according to the standard, even though conditions at least referencing the table defined are clearly intended here. The following check constraint conforms to the standard, but not to the intention of the concept:

```
CREATE TABLE t3 (...,
         CONSTRAINT tc31 CHECK (EXISTS(SELECT * FROM t2)));
```

Column constraints are analogously divided into column unique constraints, column referential constraints, and column check constraints. They provide shorthand notations for table constraints applying to values of one particular column only, and are directly embedded into the respective column definition. Each column constraint may be equivalently expressed by a TCC (see Date for details). **Domain constraints** can be used to "factor out" conditions to be imposed on every column ranging over the respective domain. Without the domain constraints feature, such conditions would have to be expressed as column constraints in every such column definition. Thus, each domain constraint is a shorthand for one or more column constraints. We omit domain and column constraints in the following as they do not present any specific problems as compared to TCCs.

2.2 Semantics: Reducing Constraints to Assertions

The original motivation for distinguishing different constraint categories was the desire to offer various levels of granularity for expressing ICs, depending on the syntactic unit subject to the restriction expressed by the IC. On each such level, certain ICs expressible on a higher level as well may be expressed more concisely due to convenient shorthand notations. The semantics of each of these categories is explicitly defined in the standard by means of a systematic rewriting into a logically equivalent form in a category of higher granularity:

- Domain constraints are translated into column constraints,
- column constraints are translated into table constraints, and
- table constraints are finally translated into assertions.

As an example illustrating this systematic way of reducing low granularity constraints ultimately to assertions consider the following definition of a domain d2 referenced (among others) in table t4:

```
CREATE DOMAIN d2 AS INTEGER
       CONSTRAINT dc21 CHECK (VALUE BETWEEN 1 AND 10);

CREATE TABLE t4 (a41 d2, ...);
```

After folding dc21 as a column check constraint into the table definition, and expanding the resulting column constraint into a TCC on t4, this TCC can be finally extracted from the context of the definition of t4 and turned into an independent assertion:

```
CREATE ASSERTION ac2
       CHECK (NOT EXISTS
                   (SELECT * FROM t4
                      WHERE NOT (a41 BETWEEN 1 AND 10)));
```

The semantics of this assertion defines the semantics of all its shorthand versions. A similar rewriting convention applies to unique and referential constraints. Each of them can be systematically transformed into an equivalent TCC. As an example consider:

```
CREATE TABLE t5 (...,
       CONSTRAINT tc51 UNIQUE (a51,a52));
```

This can be rewritten (assuming duplicate-free tables) into:

```
CREATE TABLE t5 (...,
       CONSTRAINT tc51' CHECK (NOT EXISTS
              (SELECT * FROM t5 AS X WHERE
                    EXISTS (SELECT * FROM t5 AS Y
                             WHERE X <> Y AND
                                   X.a51 = Y.a51 AND
                                   X.a52 = Y.a52))));
```

Such a transformation exercise impressively motivates the usefulness of an abbreviated notation for unique constraints!

It is important to understand this well-designed hierarchy of stepwise refinement underlying the SQL constraint system. Ultimately, assertions alone are sufficient for expressing any kind of static constraint. However, we will keep TCCs as the only other category as they can be viewed as a kind of prototype form of a shorthand IC. Moreover, various quite intricate problems arise from the duality of TCCs and assertions (to be discussed later).

2.3 Basics of Integrity Checking in SQL

Now we turn to the way ICs have to be checked during an SQL transaction. Two questions have to be answered: at which point in time does checking take place, and what is actually checked at this moment. The standard [ANSI99] is very clear about this issue (4.17.1 Checking of constraints): There are two constraint modes, **immediate** and **deferred**. An immediate constraint or assertion is effectively checked at the end of (or: immediately after) each SQL-statement, deferred ICs at the end of the current transaction. If no explicit constraint mode has been specified (as in all our examples up till now), immediate checking is implicitly assumed as a default mode.

The mode of an IC may be changed from immediate to deferred during a transaction unless the respective IC has been declared non-deferrable. Changing from deferred to immediate is possible as well. If this happens, the respective IC is immediately checked over the state reached when the change took place. Throughout, whenever a constraint or assertion is not satisfied when checked, an exception is raised. *Not being satisfied* is defined in [ANSI99] quite clearly:

> "An assertion is satisfied if and only if the specified <search condition> is not false." (4.17.4)

For TCCs, the standard is a bit less precise, when stating

> "A table check constraint is satisfied if and only if the specified <search condition> is not false for any row of a table." (4.17.2)

Saying "not false for any row of a table" does not state that the table called "a table" actually is (or even has to be) the table to which the respective table constraint is attached. In a later part the ambiguity is resolved, however:

> ".. let SC be the <search condition> .. and let T be the table name .." of a table check constraint; "the table constraint is not satisfied if and only if EXISTS (SELECT * FROM T WHERE NOT SC) is true." (11.6)

The universal statement "not false for any row", however, clearly conforms with the transformation semantics stated in 11.6, as a universal quantifier has to be expressed in SQL by NOT EXISTS (SELECT ... WHERE NOT ...).

3 A Closer Look at Constraints and Assertions in SQL

So far we have been summarizing what is to be found in textbooks and in the standard about syntax and semantics of ICs. Everything appears to be pretty clear until you begin to ask more detailed questions and to consider less obvious examples. In this section, we discuss selected aspects more in-depth and challenge the relevant sources for more elaborate issues.

3.1 Explicit and Implicit Quantification

An assertion is essentially a Boolean expression. Even though the SQL standard does not state any restrictions on the particular kind of expression to be used as an assertion, there certainly are such restrictions. Whereas, e.g.,

```
CHECK (NOT EXISTS (SELECT * FROM t6 WHERE a61 < 0))
```

is a perfect candidate assertion, the following is not (even though permitted by the standard):

```
CHECK (a > 0)
```

Each row variable explicitly or implicitly occurring in an assertion has to be "bound" by some explicit or implicit quantifier. In the first condition, the table name t6 serves as a row variable bound by the quantifier in front of the select clause. The second condition is a shorthand for X.a > 0, where X is an implicit variable ranging over some "anonymous" table for which a column called 'a' has been declared. If embedding this comparison into an assertion declaration, there would be no such table nor any quantifier binding the variable. Quite obvious in a strikingly trivial example like this, but less obvious in one of the many SQL formulations where hidden quantifiers have to be made explicit in order to decide whether each variable occurring is indeed bound. An example of such quantifier appears in the following inclusion dependency:

```
CHECK (NOT EXISTS (SELECT * FROM t1 WHERE
                    (a11 NOT IN (SELECT a21 FROM t2)))
```

The innermost select clause introduces a variable t2 which is implicitly quantified due to its embedding into an IN condition. An equivalent formulation avoiding the IN reveals this quantifier:

```
CHECK (NOT EXISTS (SELECT * FROM t1 WHERE
                    NOT EXISTS (SELECT * FROM t2
                                WHERE a11 = a21)))
```

The condition CHECK a > 0 may, however, be used as a TCC, because any CREATE TABLE statement is associated with an implicit variable ranging over rows of the respective table. It serves as reference for every column name not otherwise bound. Moreover, implicit universal quantification is assumed by the standard for this implicit variable associated with each table definition (as shown in the previous section). In the context of

```
CREATE TABLE t (a INTEGER,..., CHECK (a > 0));
```

the semantics of the TCC can be made explicit as follows:

```
CREATE TABLE t (...,
       CHECK (NOT EXISTS (SELECT * FROM t
                          WHERE NOT (a > 0))));
```

It is only because of these two assumptions - implicit variable and implicit universal quantifier - that the "trivial comparison" condition not acceptable as an assertion works as a TCC. Both, the standard as well as the book by Date introduce the rewriting semantics for TCCs explicitly, however, the wellformedness requirements arising from the subtle interaction between implicit and explicit variables and quantifiers are mentioned only by Date in a footnote on p. 207 (without elaborating on such requirements any further).

3.2 Check Constraints versus Assertions

Due to this convention of automatic expansion of check constraints into a fully quantified form, TCCs can always be reformulated as assertions (see Date, p. 204). But is the converse true as well? Date claims that this is always possible (p. 203), Celko [Cel00] claims the opposite:

> "An assertion can do things that a CHECK() clause attached to a table cannot do, because it is outside of the tables, involved." (p. 139)

Discovering the "true" relationship between TCCs and assertions indeed turned out to be one of the toughest job during our investigations. There are two issues determining the answer to this question: The treatment of multi-table TCCs, and the effect of empty tables on IC semantics. Let us turn to multi-table check constraints first. Groff/Weinberg [GW99] claim that such constraints are not allowed at all:

> "An assertion is a database constraint that restricts the contents of the database as a whole ... But unlike a check constraint, the search condition in an assertion can restrict the contents of multiple tables and the data relationships among them." (p. 382)

Date [Date97] clearly states the opposite:

> "Note carefully, however, that *associated with a specific base table* does not mean that such a constraint cannot refer to other base tables; Rather it means simply that the constraint cannot exist if the associated base table does not exist ..." (p. 204)

Note here, that assertions referencing a non-existing table are not well-formed either! Melton [MS93] agrees with Date, but recommends not to make use of multi-table TCCs:

> "It is possible (given some awkwardness) to express restrictions involving multiple tables with regular table CHECK constraints, but this is not really recommended. Instead, you should use assertions for that purpose." (p. 211)

The standard, as the ultimate reference, does not contain anything about this issue. There is no exclusion of the feature and no recommendation about when to use a TCC or an assertion. Any search condition is admitted as a TCC - that's it! So Date is right, Celko is wrong, and Melton probably gives the best advice on how to deal with this situation.

Given that multi-table TCCs are possible: When to check such constraints? Every source on SQL constraints states that a TCC associated with a table T is to be checked whenever this particular table T is modified. Hardly anybody, however, states that TCCs might have to be checked on modifications of other tables than T, too. Omitting such a hint does not mean to make a literally false statement, but it means at least to raise a false impression. We assumed for quite a while that "to be checked on every modification of T" is to be read as an if-and-only-if statement. Only after we came to the following statement by Melton [MS93], p. 206, our erroneous interpretation became apparent:

> "You should be aware that any constraint that references data in more than one table is checked after a change to any of those tables."

Re-reading the standard after finding this citation revealed that there was no hint supporting the misconception of limiting TCC checking to modifications of the "owner" table either. Quite the opposite: In the section on constraint checking ([ANSI99], 4.7.1, p.21) the standard defines that - at least in principle - every immediate constraint has to be checked immediately after each statement, and every constraint in general has to be checked at transaction end. Proceeding this way would indicate a constraint violation if an embedded condition in a TCC referencing a foreign table would evaluate to false, independent of the question whether the statement executed manipulates the table to which the respective TCC is attached, or not.

Both observations together - multi-table TCCs are allowed and are to be checked on every change of a table involved - lead to the question about the difference between assertion and TCC. Apart from the possibility to make use of shorthands in a TCC there seems to be no difference left. So when to use a TCC, and when to use an assertion? Consider again the inclusion dependency already discussed earlier:

```
CHECK (NOT EXISTS (SELECT * FROM t1 WHERE
                     NOT EXISTS (SELECT * FROM t2
                                   WHERE a11 = a21)))
```

This condition can be violated by either inserting a row into t1, or by deleting a row from t2, or by modifying a column in either table. The same IC can be expressed as a TCC associated with t1 by omitting the leading t1-quantifier:

```
CREATE TABLE t1 ( ...,
       CHECK (EXISTS (SELECT * FROM t2 WHERE a11 = a21)));
```

The resulting TCC is semantically equivalent (due to the implicit quantifier) and syntactically shorter than the assertion. But why attach it as a TCC to t1 rather than (alternatively, of course) to t2?

Surprisingly, this doesn't work, as there is no reformulation of the full condition into an equivalent form containing a leading universal quantifier ranging over t2. The t2-quantifier cannot be moved to the front without loosing equivalence. Thus, a shorthand notation cannot be used. The solution to attach the full condition, keeping both quantifiers in the order originally chosen, to t2 does not lead to an equivalent solution either. If attached to t2, the full inclusion dependency would become semantically equivalent to the following three-quantifier condition due to the implicit expansion governing the semantics of TCCs:

```
CHECK (NOT EXISTS (SELECT * FROM t2 WHERE NOT
          (NOT EXISTS (SELECT * FROM t1 WHERE
              NOT EXISTS (SELECT * FROM t2
                              WHERE a11 = a21)))))
```

The outer t2-quantifier is not referenced in the inner part (representing the original dependency) at all, but nevertheless the extra quantifier leads to a change in semantics of the resulting new condition as compared with the original dependency. This is due to a bordercase, which is easily neglected!

Whenever t2 is empty in a particular state, the inclusion dependency is immediately violated, unless t1 is empty, too. However, a leading NOT EXISTS ranging over t2 will always be satisfied over states in which t2 happens to be empty, independent of the truth value of the WHERE part of the subsequent select clause: The select returns the empty set from an empty t2, thus the EXISTS is false, and the NOT EXISTS true. Date addresses the issue on p. 208, and calls this circumstance "counterintuitive". But it is only Melton who in addition discusses the consequence of this observation with respect to comparing assertions and TCCs. He states that assertions and TCCs are not equivalent in expressivity because of this very problem of empty tables.

But even this presumably clear statement has to be taken with great care. What Melton means is that a search condition SC introduced as an assertion can never be attached to any of the referenced tables as a TCC without at least modifying SC. Only if SC is of the form

```
NOT EXISTS (SELECT * FROM T WHERE NOT SC')
```

for some table T it is possible to transform it into a TCC. If so, it necessarily has to be attached as CHECK SC' to T (and nowhere else!). Any other type of assertion cannot be turned into a TCC at all without changing its meaning! This applies in particular to any purely existential IC: This kind of integrity constraint can only be expressed in assertion form. Nowhere in the literature we checked has this fundamental insight been stated clearly and with emphasis on the full consequences. It follows, that Date's claim that everything which can be expressed as assertions can be expressed as TCCs as well, is simply wrong.

3.3 Handling Constraints During Schema Design

Tables not containing any data do not occur that frequently during the lifetime of a database, but they do occur regularly just after schema design has been completed and population of the database is to commence. The standard clearly demands that every IC has to be checked (or at least: has to be satisfied) after the execution of any SQL-statement, including CREATE SCHEMA statements. Thus, every IC has to be satisfied immediately after installing the initial schema of any application. The state over which this very first check is performed necessarily has to consist of tables which are all empty. A "nasty" (and non-trivial) consequence of this obvious observation is that no existential IC may ever be part of a CREATE SCHEMA statement, as any such IC would be violated in the initial state of the database.

As we saw just before, such ICs can only be expressed in form of an assertion. Such assertions will have to be introduced by means of separate CREATE ASSERTION statements after all tables they reference existentially are no longer empty. This observation - not contained anywhere in literature either, as far as we know - has significant implications for the way how schema design has to be performed in SQL. Date observes similar problems in case of referential constraints introducing a "referential cycle", where two (or more) tables mutually reference each other in foreign key constraints. One of these referential constraints has to be added after constructing a consistent population of the database by means of an ALTER TABLE statement. Introducing a new form of statement for disabling and enabling integrity checking altogether (as offered, e.g., in Oracle) might help and avoid a cascade of follow-up assertion definitions.

Another issue arising during schema design is the proper choice of checking mode for both constraints and assertions. As mentioned above, the default mode is IMMEDIATE unless specified otherwise. This decision of the SQL designers was probably motivated by the intention to discover constraint violations as early as possible and to undo the effect of the violating statement only, rather than rolling back the entire transaction. The consequence of this decision to treat immediate and deferred ICs in a very different manner as far as their influence on transaction semantics is concerned clearly violates the well-established ACID paradigm. Atomicity is violated because the statements in an SQL transaction are either executed entirely, or partially (excluding those violating immediate ICs), or not at all (after violation of at least one deferred IC). Consistency, however, is retained as those statements violating immediate constraints are not executed. SQL users should at least be aware of this deviation from the ACID principle - books usually don't mention it.

An argument in favour of accepting this deviation is that partial rollback of individual statements can at least be traced by means of corresponding status parameters indicating which constraint violations occurred (and thus which parts of the transaction have not been executed), even though the transaction as a whole has been successfully committed. It would then be the responsibility of application programs to react appropriately to such irregular behaviour. This is certainly true form a pragmatic perspective, and things will certainly work well if applications are guaranteed to deal with this phenomenon in a reliable manner. However, atomicity as an principle of transaction handling remains violated, thus indicating the danger of this way of sharing responsibility between the DBMS and each individual application program. Similar, dangerous, arguments are often stated in favour of doing without integrity constraints and leaving consistency management to the application.

We mentioned referential cycles arising from mutual referential constraints between several tables earlier. But these are just special cases of a more general phenomenon of ICs depending on each other in such a way that they cannot be satisfied by individual modifications in separate transactions. Designers have to be aware of every such "cluster" of ICs in order to correctly decide about the appropriate checking mode. Setting all ICs to IMMEDIATE will not work, as outlined above. Setting just one (or some) of the involved ICs to DEFERRED introduces restrictions on the order in which the tables involved have to be modified within a transaction: One ordering works, the other doesn't. Only choosing deferred mode for all constraints forming a "generalized referential cycle" prevents users from remembering which order of modification is required. Thus, the choice of default mode IMMEDIATE probably wasn't such a good idea at the end. Both problems related to the design of checking mode are not really fundamental, but SQL users ought to be aware of them, too.

4 Constraints and Views

View definitions in SQL3 have the following general structure:

```
CREATE [RECURSIVE] VIEW <view-name>(<list-of-column-names>)
        AS <query-expression>;
```

Due to the introduction of recursion - which is quite heavily restricted in SQL3 - the corresponding part of the standard (in particular 11.21) provides very heavy reading! Whether this is necessary or simply follows from the many restrictions imposed on recursion is another matter. In particular, recursion has to be linear (in a very elaborate sense). Only virtual views are provided; that is, no materialized views can be defined in SQL yet. In addition, it is not possible to define views without any columns, i.e., views of type *BOOL*. This is a consequence of the lack of Boolean queries in SQL throughout. We regret this omission because it means that a condition which may be introduced as an IC (and thus has to be true in every state) cannot be tested for satisfaction over some specific state (unless embedded into a select clause, the result of which is then "abused" as a substitute for a truth value).

4.1 Referencing Views in Integrity Constraints: Possible or Not?

Determining whether views may be referenced in ICs at all, provided another challenge when consulting the literature. If looking at the syntax of view definitions, a first obvious answer can be given: There is no counterpart to table constraints for views! No key or foreign key, not even a check constraint can be attached to a view. This came as a big surprise to us, as in our Datalog context things seemed to be quite different: An IC may reference any relation, a relation may be either a base relation or a derived relation - thus, ICs apply to views as well, due to the strict orthogonality of both features. The decision to exclude ICs attached to views, however, appears to be a conscious one in SQL, as triggers may not be attached to views either, but are restricted to base tables.

But what about references to views within assertions or within embedded selects in a TCC? In the very first sentence of section 4.17 (devoted to integrity constraints) the standard ([ANSI99]) states:

> "Integrity constraints ... define the valid states of SQL data by constraining the values in the base tables."(p. 48)

This seems to indicate that views cannot be constrained, even though the formulation is not "by constraining base tables". Several authors of textbooks remain equally vague by not excluding assertions on views explicitly, but by raising the impression that such restriction indeed exists by a very inconsequent use of the term *table*. The standard clearly defines the notion of a table as a generalization of various forms of "SQL relations", including base tables, temporary tables as well as viewed tables (a synonym for views). Thus, what applies to tables in general, ought to apply to views in particular.

In most books the terms 'table' and 'base table' are, however, used synonymously in many places. Even the standard is inconsequent when speaking of 'table constraint', e.g., because this notion suggests a constraint attached to any table, but means a constraint attached to a base table only. We are "guilty" too, as we didn't point out that we used table as a synonym for base table throughout section 2, before turning to views. None of the secondary sources we found mentioned the possibility of referencing views in an assertion or in a check constraint - with one notable exception: Date. However, you have to read as far as Appendix D, p. 443, to find the following statement:

> "It is strange that integrity constraints can refer to views but not be stated as part of a view definition (contrast the situation with respect to base tables)"

Inspecting the standard text afterwards again revealed that all syntax rules admit views in search conditions, and that no further restriction on tables referencable in ICs can be found. Just below Date's citation you find a striking example of a unique constraint on a view column which can be legally expressed by a single-table (or: single-view) assertion, but may not be expressed as part of the view definition. Thus, we conclude that at least assertions on views are indeed expressible in SQL. Admitting this feature (which makes sense also in view of an orthogonal design of the language), it is consequent to admit references to views in embedded select clauses in TCCs either. Once more, the standard is not explicit about this: There is no place where the feature is positively addressed, and no restriction excluding it from the language.

4.2 Checking Integrity over Views

Even though the standard seems to require full checking of every IC after every modification of a database, it is not hard to understand that such a definition should not be taken too literally. What is required in practice is to guarantee that an IC is evaluated (over the state after a modification) in all those cases where the satisfaction of the respective IC depends on run-time data. In many cases, there are sufficient conditions for concluding that a particular SQL statement may never lead to a violation of a particular IC, regardless of the actual data in the DB. The most obvious such restriction is the law that only such modifications may possibly violate an IC which affect tables referenced in the IC. Though this seems to be trivial on first sight, it is justified only because every well-formed SQL IC is safe (or: range-restricted).

Which modifications do affect a view? There are two kinds of update which may cause the contents of a view to change. First, there are so-called "view updates", modifications directly expressed against a particular view. Such modifications are permitted only if the respective view is updatable, i.e., if the defining query expression permits a systematic reduction of the view update request to a modification of exactly one of the underlying base tables. Obviously, every update directly addressing a view referenced in some IC might violate that very IC. After translating the view update request "down" to one underlying base table, the resulting modifications of this table may affect other ICs, which will have to be checked in turn.

However, there is a second kind of modification to be considered when checking ICs referencing views. The base tables on which a view depends may be modified explicitly (and independent from any view update). Each such modification possibly causes rows to appear in or to disappear from the respective view. In [BDM88] we called such implicit changes of views *induced updates*. The easiest way of dealing with induced updates during integrity checking is to check every IC referencing a view based on some table T, whenever T has been modified. In the next section, we will see that even more efficient incremental techniques for handling induced updates are around.

Our main message in this subsection is to point out that both, view updates and base table updates causing induced updates on views have to be considered when checking ICs on views. For "Datalog users" (at least for academic ones) this insight is quite basic, for SQL users, most of them not even aware that the standard permits ICs on views, this may be a new result, even though not particularly surprising once understood. Needless to point out that nothing about induced updates can be found in any of our SQL sources or in the standard, even though the issue already arises for (non-recursive) SQL2 views.

For space reasons, we do not address the interesting, but intricate question of check options on views in this paper. If a view has been defined with the check option activated, view updates "contradicting" the view definition (in a particular sense, not easy to state precisely) are rejected. Thus, similarities with ICs can be observed. Readers are referred to Date, section 13.4, on this matter.

5 Principles of Efficient Incremental Integrity Checking

In the previous section we already pointed out that integrity checking performed strictly in accordance with the policy prescribed by the standard would be unnecessarily expensive, as a lot of redundant evaluation steps were required. This is because only those modifications may possibly cause a constraint violation which directly or indirectly affect a given IC. Informally, the term *"to affect an IC"* means that the respective modification may potentially change tables directly or indirectly controlled by the respective constraint.

Meanwhile, there has been a wide range of publications on efficient integrity checking in relational databases, proposing approaches to overcome these deficiencies. Two pioneering papers, by Nicolas [Nic82] - originally presented already in 1979 - and Bernstein/Blaustein [BBC82], introduced a technique nowadays known as **incremental integrity checking**. The key idea is to determine already at schema design time which ICs can be possibly affected by which update patterns, and to associate a particular specialization of the original IC with each pattern. At transaction time, each actually occurring modification is matched with the precompiled update patterns. If no match is possible, the respective modification is guaranteed not to violate any IC. If matching is successful, the corresponding specialized constraint is instantiated by the actual parameters of the modification and finally evaluated over the current database state.

In many cases, evaluating the specialized constraints is magnitudes more efficient than evaluating the original constraint, because the specialization technique tries to focus as much as possible on just those rows in the affected tables actually changed by the modification under consideration. Thus, the term *incremental checking* is well-motivated. However, there are cases where checking the full IC is unavoidable. This happens most frequently in presence of leading existential quantifiers. Additional optimization techniques, such as memoing rows satisfying such existential constraints (so-called "witnesses" of the existence condition), can be used to achieve incremental effects in these situations as well.

We recall the basic principles of incremental checking here, because almost all of the many papers on this issue have been written in the context of some other relational language, such as Quel, Datalog, or relational algebra. Surprisingly enough there is hardly anything on incremental checking in the context of SQL! Most database textbooks do not address the issue at all, or just scratch the surface of this subject. Good survey literature on integrity checking is missing, too. Within the tight space limits of this paper we can't afford to fill this gap either, but we would like at least to direct the interest of readers to this area of research. We believe that the wide-spread prejudice "Constraints simply don't pay off, because integrity checking is too expensive!" is mainly due to a lack in knowledge about dedicated optimization techniques introduced decades ago. Let us briefly illustrate the effect of specialization in the context of the ubiquitous inclusion dependency:

```
CHECK (NOT EXISTS (SELECT * FROM t1 WHERE
           NOT EXISTS (SELECT * FROM t2 WHERE a11 = a21)))
```

Deletions from t1 as well as insertions into t2 may not affect this constraint. Technically, such irrelevant modifications can be detected by inspecting the polarity of each table within the constraint. Table t1 in the outermost select clause occurs negatively, due to the NOT EXISTS in front of the SELECT, t2 occurs positively due to the double negation. Modifications with the same polarity as the occurrence of the respective table name are irrelevant, those with opposite polarity potentially affect the IC. This rule applies to insertions and deletions, whereas every UPDATE statement affecting one of the columns occurring in the constraint may affect the constraint (due to its dual role of replacing the old and introducing a new value for the respective column).

In order to be able to express specialized constraints in SQL, one may, e.g., introduce system-generated so-called transition tables (or: delta tables) containing one row for each inserted, deleted, or updated row of a specific table. Let $t1^{+}$ denote, e.g., the delta table representing insertions into t1. The specialized version of the inclusion dependency with respect to t1-insertions is obtained by simply replacing t1 in the FROM part of the outermost SELECT by $t1^{+}$. Evaluating this specialized version of the original IC usually leads to a huge gain in evaluation efficiency, as in almost all cases the number of newly inserted rows will be dramatically smaller than the overall number of rows in the table. Be aware, specialization isn't always that easy!

The notion of a delta table is well-established in almost every paper on efficient integrity checking as well as in the context of incremental maintenance of materialized views by now. It is not difficult in principle to translate techniques such as those briefly sketched here to the SQL context, even though the syntactic richness of the language makes such an exercise a bit tedious. In their well-known paper [CW90], Ceri and Widom apply a similar technique in the context of "SQL-like" assertions, expressing specialized ICs in the form of Starburst triggers. Triggers are indeed a very convenient means of expressing the association between update patterns and specialized constraints (forming the condition part of such triggers). However, using SQL triggers as defined in the new standard for this purpose poses various problems of control of the overall checking process which are not easy to overcome. Till now, to the best of our knowledge, there is no proper proposal of incremental, trigger-based integrity checking covering the full SQL constraint spectrum and being based on SQL triggers. Neumann/Müller [NM97] present an implementation of SQL assertions via Oracle triggers, but they appear not to use incremental techniques.

In order to extend incremental integrity checking to ICs over views, efficient computation of induced updates is required. Once all induced updates are known, incremental techniques as outlined above can be used for determining their effect on ICs referencing these views. Since the middle of the 1980s various extensions of Nicolas' and Bernstein/Blaustein's approach have been published: e.g., [Dec86,LST86,BDM88,Oli91], just to mention a few. Fortunately, these methods, often called update propagation methods, fit well with incremental integrity checking, as they make use of delta tables and delta views for representing induced updates, too. For an early survey of this field refer to [BMM92]. If applied to recursive views, many of the well-known approaches to incremental propagation of updates run into trouble due to unstratifiability of the resulting delta views. An in-depth treatment of this rather recent discovery and a proposal for a remedy can be found in [Gri97]. Again, nearly all of the relevant contributions to integrity checking in presence of views have been formulated in a Datalog or relational algebra context. A transfer to the "SQL world" has not yet been delivered, but is crucial for efficiently implementing integrity checking in forthcoming systems supporting the SQL standard in full.

6 Integrity in SQL: The Good, the Bad, and the Ugly

What did we learn about integrity in SQL? Which are the pitfalls of the seemingly well-established concepts we identified? And which recommendations for more controlled use of potentially harmful features we derived from our observations?

ICs in SQL are essentially Boolean expressions of the language (apart from the popular shorthands we omitted here). The standard doesn't impose any limitations on the type of expression to use, thus promoting orthogonality, however, there are numerous implicit wellformedness conditions which have to be discovered by each SQL user anew. Particularly implicit quantification conventions can be a hard burden as far as semantics are concerned, convenient as they are in syntactic shorthands. Deciding between assertions and TCCs as an appropriate means for expressing multi-table ICs is a major issue as far as the very liberal standard is concerned. The wide range of syntactical alternatives combined with the intricate conventions for implicitly quantifying TCCs caused quite some trouble in SQL textbooks. The main "discoveries" we made - to be judged from our "amateur" status at the start of our investigation - are the following:

- Multi-table references are possible in *both*, assertions and TCCs.
- Both forms of ICs are checked whenever *any* of the referenced tables changes.
- Semantics of a condition used as TCC is different from that of the same condition used as an assertion, due to the implicit extension of TCCs and due to bordercases caused by empty tables.

We recommend - like Melton - to limit embedded references to foreign tables in TCCs to those cases where the resulting gain in syntactic clarity is really stunning (or to self-references as in functional dependencies, e.g.) - use assertions otherwise! Excluding any ICs not initially satisfied in an empty database from any DB schema looks weird to us - we recommend an approach which postpones automatic IC checking to the phase in the DB lifecycle immediately following the initial population of a DB. Favoring immediate checking as a default mode might be convenient for simple ICs, but will be dangerous for more elaborate constraint sets: Atomicity of transactions is violated by immediate checking, and "logical clusters" of ICs requiring deferred checking are hard to identify. The decision not to provide TCC-like syntax for views is awkward, as it violates orthogonality, too. Literature is very unclear about views being referenced in ICs - the standard admits this useful feature quite clearly. This means additional challenge to users, however, as they do not only have to master the "cliffs" of view updating but have to understand the concept of induced update either, apparently not yet perceived by the SQL community. Incremental integrity checking and update propagation techniques developed during the last twenty years offer powerful support for this most general form of IC, waiting to being adapted to the SQL context, which is certainly feasible, but by no means easy. The close relationship of update propagation to materialized view maintenance - another urgently required extension of SQL - might advance the interest in such techniques.

Finally, we would like to express our concern about the fact that both, TCCs with embedded subqueries as well as assertions are still not supported by leading commercial products, thus also excluding any ICs over views. The powerful, classical feature of DB integrity is severely "crippled" by this decision, which we believe not to be justified by efficiency considerations any more. Integrity checking techniques are far enough advanced by now in order to provide optimal support for these features.

References

[ANSI99] ANSI/ISO/IEC 9075-2-1999: *Database Languages - SQL - Part 2: Foundation.* ANSI, 1999, New York/N.Y., USA, http://www.cssinfo.com/ncitsgate.html.

[BR86] BANCILHON, F., RAMAKRISHNAN, R.: *An Amateur's Introduction to Recursive Query Processing Strategies.* Proc. SIGMOD 1986, Washington D.C., USA: 16-52

[BBG78] BEERI, C., BERNSTEIN, P.A., GOODMAN, N.: *A Sophisticate's Introduction to Database Normalization Theory.* Proc. VLDB 1978, Berlin, Germany: 113-124

[BBC82] BERNSTEIN, P.A., BLAUSTEIN, B.T.: *Fast Methods for Testing Quantified Relational Calculus Assertions.* Proc. SIGMOD 1982, Orlando/Flor., USA: 39-50

[BDM88] BRY, F., DECKER, H., MANTHEY, R.: *A Uniform Approach to Constraint Satisfaction and Constraint Satisfiability in Deductive Databases.* Proc. EDBT 1988, Venice, Italy, LNCS 303: 488-505.

[BMM92] BRY, F., MANTHEY, R. MARTENS, B.: *Integrity Verification in Knowledge Bases.* Proc. 2nd Russian Conf. on Logic Programming, 1991, St. Petersburg, Russia, LNCS 592 (1992): 114-139.

[Cel00] CELKO, J.: *SQL for Smarties: Advanced SQL Programming.* Morgan Kaufmann, San Francisco/CA, USA, ISBN 1-55860-576-2, 2000.

[CW90] CERI, S., WIDOM, J.: *Deriving Production Rules for Incremental Constraint Maintenance.* Proc. VLDB 1990, Brisbane, Australia: 566-577.

[Date97] DATE, C.J., DARWEN, H.: *A Guide to The SQL Standard.* 4. Edition, Addison-Wesley, Reading/Mass., USA, ISBN 0-201-96426-0, 1997.

[Dec86] DECKER, H.: *Integrity Enforcement on Deductive Databases.* Proc. 1st Int. Conf. on Expert Database Systems, Charleston, USA, 1986: 381-393.

[GP99] GULUTZAN, P., PELZER, T.: *SQL-99 Complete, Really.* R&D Books Miller Freeman Inc., Lawrence/Kansas, USA, ISBN 0-87930-568-1, 1999.

[Gri97] GRIEFAHN, U.: *Reactive Model Computation - A Uniform Approach to the Implementation of Deductive Databases.* Dissertation, University of Bonn, 1997, http://www.cs.uni-bonn.de/~ulrike/Publications/publications.html.

[GW99] GROFF, J.R., WEINBERG, P.N.: *SQL: The Complete Reference.* Osborne/Mc Graw Hill, Berkeley/CA, USA, ISBN 0-07-211845-8, 1999.

[IBM99] IBM: *SQL-Referenz DB2 V6.* IBM Corp.; New York; SC26-8416; 1999; ftp://ftp.software.ibm.com/ps/products/db2/info/vr6/htm/db2s0/index.htm

[LST86] LLOYD, J.W., SONENBERG, E.A., TOPOR, R.W.: *Integrity Constraint Checking in Stratified Databases.* Technical Report 86/5, Department of Computer Science, University of Melbourne, Australia, 1986.

[Man94] MANTHEY, R.: *Integrity and recursion: two key issues in deductive databases.* D. Karagiannis (ed.): "Information Systems and Artificial Intelligence: Integration Aspects", LNAI 474 (1994): 104-126

[MS93] MELTON, J., SIMON, A.R.: *Understanding the NEW SQL: A Complete Guide.* Morgan Kaufmann Publishers, San Francisco/CA, USA, ISBN 1-55860-245-3, 1993.

[NM97] NEUMANN, K., MÜLLER, R.: *Implementierung von Assertions durch Oracle7-Trigger.* Informatik-Berichte, Nr. 97-02, TU Braunschweig, Germany, 1997: 1-16.

[Nic82] NICOLAS, J.-M.: *Logic for Improving Integrity Checking in Relational Data Bases.* Acta Informatica, Vol. 18 Nr. 3, Springer-Verlag, 1982: 227-253.

[Oli91] OLIVÉ, A.: *Integrity Constraints Checking In Deductive Databases.* Proc. VLDB 1991, Barcelona, Spain: 513-523.

[Ora99] LORENTZ, D., OERTEL, D., ET.AL.: *Oracle8i SQL Reference, Release 8.1.5.* Oracle Corporation, Redwood City, USA, Part No. A67779-01, 1999.

On Realizing Transformation Independence in Open, Distributed Multimedia Information Systems

Ulrich Marder

University of Kaiserslautern
Dept. of Computer Science
P. O. Box 3049
D-67653 Kaiserslautern
Germany
marder@informatik.uni-kl.de

Abstract. In this article, we present our efforts[1] on realizing transformation independence in open, extensible, and highly distributed multimedia information systems. The main focus is on the abstract data and processing model called VirtualMedia which provides to application developers a kind of 'metaprogramming' interface for multimedia processing. In particular, we describe how transformation requests are represented and processed, exploiting semantic equivalence relations on filter graphs and redundant materialization, finally yielding instantiatable plans for materializing the requested media object(s) at the client. The article concludes with a brief outlook on future research objectives.

1 Introduction

About a decade ago, at the eve of the internet's success story, the concept of metacomputing was invented [15]. The basic idea behind metacomputing is that distributed computing resources interconnected by high-bandwidth local or wide area networks could be integrated, thus appearing as one large high-performance (meta-) computer. The first metacomputers were built more or less ad-hoc and/or were designed for special applications of high-performance computing, e. g. numerical simulations for weather prediction or cosmological research. From these beginnings, more general-purpose metacomputing environments have emerged [3], which are already applied for building geographical information systems (GIS) and, hence, are most probably also beneficial for the construction of open, distributed multimedia information systems (MMIS).

The general architecture of metacomputing environments is peer-to-peer. That means, in principle each node can be both client and server, which leads to a highly scalable system architecture enabling global information systems with possibly thou-

[1] This work is supported by the Deutsche Forschungsgemeinschaft (DFG) as part of the Sonderforschungsbereich (SFB) 501 "Development of Large Systems with Generic Methods".

sands or even millions of peers. Obviously, such an architecture also raises questions, e. g., concerning availability, robustness, or security. We will, however, not discuss architectural issues of peer-to-peer systems in this article. Instead, we turn to the problem of programming (peer-to-peer) metacomputers efficiently, especially for multimedia processing in MMIS. The key question here is: how can we exploit the potential power of a metacomputer without exactly knowing *which* computing resources will be available at run-time and *where* they will be available? The most general answer to this question is that metacomputers require a kind of 'metaprogramming'. In this article, we will look at how this metaprogramming could be realized for multimedia processing—an area in which most programmers are still used to "thinking in bits and bytes".

In [3] a service-based approach to metacomputing is pursued, where the notion of a service is borrowed from middleware standards like CORBA. We believe that this quite reasonable approach is still too low-level for the application developers, since they have to be concerned with tasks like locating services matching their application semantics, organizing the (media) data flow between services, deciding on remote materialization of media objects, and so on. Instead, all this inconvenience should be managed, controlled, and optimized by a (high-level) media object service, leaving only the provision of sheer application semantics to the (meta-) programmer. This principle has been formerly introduced as transformation independence [9].

The rest of the article is organized as follows. Section 2 briefly summarizes the transformation independence abstraction. Then, section 3 will demonstrate how transformation requests are represented in our VirtualMedia approach. Section 4 presents an outline of the VirtualMedia model and section 5 concludes this article with some prospects on future work and research issues.

2 Transformation Independence

The notion of transformation independence was actually an outcome of our former work on realizing so-called *Media-specific Abstract Data Types* (MADT) in a distributed computing environment [7, 12]. In what follows, we give a brief summary of our introduction to the transformation independence abstraction presented in [9] (detailed descriptions in English are provided in [10, 11]).

The MADT concept's main objective was introducing new (DBMS-) data types for media objects that provide the same abstractions as traditional 'built-in' data types. To achieve this, it would not suffice to merely encapsulate the data. Rather, it is necessary to superimpose the internal structure of the data by an adequate logical structure and then define the operations of the data type on that logical structure. One advantage of this concept is, that the semantics of the data types are explicitly and unambiguously determined by their logical structure (and the operations thereon). However, different multimedia applications prefer different physical media formats. Therefore, we have to solve the problem of mapping media semantics efficiently onto varying physical representations of the media, which is roughly what we now call transformation independence.

More specifically, transformation independence can be characterized as a way of generally specifying the semantics of (arbitrarily complex) media transformations while abstracting from places of execution, execution sequences (of atomic operations), and persistence considerations (i. e., how, when, where, and how long to store media data in the database which can be generated by applying operations to other media data). The key concepts of transformation independence are graph-based media transformations, transformation request resolution, redundant materialization, and distributed filter instantiation [11]. In the following sections, we will describe how the first three are realized in the VirtualMedia project.

There is currently no system known to be truly realizing transformation independence. We will, however, shortly mention some important approaches to solve (at least some of) the problems that we believe transformation independence will solve.

The concept of *Enhanced Abstract Data Types* (E-ADT) [16], which has been realized in the ORDBMS prototype *Predator*, provides a solution regarding the optimization of composite operations (transformation requests in our terminology). In particular, the E-ADT approach requires such transformation requests being specified (or interpreted, respectively) in a descriptive manner, thus enabling semantic optimization (e. g., permutation or replacement of operations). The salient feature of the E-ADT approach—its tight and elegant integration with traditional relational database technology—, however, also seems to prevent considering more advanced optimization strategies like cross-media optimization or optimization-driven materialization. Further, neither format independence nor the irreversibility problem are addressed.

Within the AMOS project at GMD IPSI a concept called *presentation independence* has been developed [14]. This abstraction aims at optimizing pre-orchestrated presentations for differently equipped clients. The QoS of such a presentation automatically adapts to the client's facilities at run-time. There are, however, no operations for ad-hoc creation or modification of presentations. Thus, the physical data independence provided is kind of 'static' (besides being dedicated to presentation only).

Commercial ORDBMSs (available, e. g., from Informix, IBM, and Oracle) are extensible by defining and implementing *User-defined Types* (UDT) and *User-defined Routines* (UDR). This mechanism is also extensively used to enhance those systems with media data types (for some examples see [5], [6]). While the vast majority of these media extensions do not provide physical data independence, two exceptions from this rule should be pointed out: (1) In [4] a continuous media DataBlade providing device independence, location transparency, and presentation independence is described, and (2) [17] presents a DB2 Extender for images providing format independence where materialization is controlled through cost-based optimization.

3 Transformation Requests in VirtualMedia

The VirtualMedia project is targeted at realizing transformation independence in a distributed, heterogeneous MMIS (e. g. Web-based) in the first place. Generally, VirtualMedia is conceived as a framework providing an environment for distributed processing and persistent storage of media objects of any type. Any media processing service or storage server conforming to the VirtualMedia (metaprogramming) model could be plugged into this framework. In particular, VirtualMedia addresses API, data model(s), architecture, DBMS-integration, optimization, protocol, visualization, and interoperability issues. However, the following introduction mainly focuses on API, data model, and optimization concepts.

3.1 VirtualMedia Descriptor

In VirtualMedia, transformation requests are sent to a server to access so-called virtual media objects (VMO). According to the transformation independence abstraction, only semantics, logical structure, and general media type information on VMOs may be exposed to the clients. Hence, VirtualMedia uses a kind of media description language suited for specifying media transformations at this abstraction level. This so-called *VirtualMedia Markup Language* (VMML) [11] is based on XML.

In VMML a transformation request is called a *VirtualMedia Descriptor* (VMD). A VMD contains descriptions of source-MOs and of target-MOs (also called client-VMOs). If the source-MOs are DBMS-managed VMOs, specifying a reference (external database ID) is usually sufficient. This reference, however, may be accompanied by a media signature to enforce certain type, quality, or content properties of the MO. The description of a client-VMO contains two mandatory parts, the media signature and a transformation specification. If the client-VMO is to be materialized at the client its signature must provide at least complete type information. The transformation specification must at least reference one of the source-MOs from which the client-VMO should be derived. Additionally, operations on the MO(s) can be specified. All required input-MOs of these operations must be bound either to one of the source-MOs or to an output-MO of another operation or transformation. If there are multiple operations on the same MO, it is assumed that all these operations can be performed in any sequence order.

Effectively, a (successfully verified) VMD describes a directed acyclic graph (DAG). Source MOs become start nodes, operations become intermediate nodes, and client-VMOs usually become end nodes of this graph. The edges are derived from the (explicit or implicit) binding of source- or output-MOs to input-MOs or client-VMOs. Thus, this graph structure is a suitable internal model for describing any media transformation requested through VMDs.

3.2 Filter Graphs

Modeling and realizing the processing (i. e. transformation) of media objects through filter graphs is a probably well-known principle (see, e. g., [1] and [2]). However, to our knowledge it has never been applied to build an abstract media transformation concept.

Like our transformation requests, filter graphs are also DAGs. The start nodes of the graph are media sources (media objects stored in the database or anywhere else, maybe even live media sources) and the end nodes are media sinks (most often client applications or the database). The intermediate nodes are media filters, the basic operations forming a media transformation, while the edges of the graph represent media streams flowing from one filter (or media source) to another filter (or media sink).

It is easy to define an isomorphism between the graph representation of VMDs and filter graphs. This, however, would not correctly reflect the semantic relationship between the both. A filter graph specifies an *instantiatable* media transformation whereas a VMD describes a *virtual* media transformation (thus, we could call the corresponding graph a *virtual filter graph*). By 'instantiatable' we mean that each media source is a materialization, each filter has an implementation, and all input data formats meet the respective requirements. Hence, if we assume that for each source object in a VMD exists at least one materialization and for each operation exists at least one implementation, then the conclusion is that for this VMD exist $n \in [0..\infty]$ *semantically* equivalent filter graphs[2]. Consequently, VirtualMedia's main optimization problem is finding the cost-optimal instantiatable filter graph for a given VMD (if one exists).

To support the transformation of request graphs into instantiatable filter graphs an integrated filter graph model is introduced. Such a VirtualMedia filter graph may contain both virtual elements and real (or instantiatable) elements: materializations (MO_m), VMOs with external ids (visible database objects), client-VMOs (specified through a transformation request), and filters (virtual and instantiatable).

4 The VirtualMedia Model

VirtualMedia provides a model for automatically transforming a virtual filter graph into an instantiatable filter graph (also called a transformation prescript graph). As demonstrated in [11], we have identified the following rule classes to be considered in this model:

Implementation selection. Rules that find filters implementing the semantics of a given virtual filter.

Type/format adaptation. Rules which resolve type or other signature mismatches between subsequent (virtual or instantiatable) filters.

Semantic optimization. Rules that exploit knowledge of semantic relationships between filters (e. g., reversibility or permutability relations).

Materialization selection/rejection. Rules that exclude materializations from being used as source objects. Additionally, rules are needed for selecting materializations that should be added to (or removed from) materialization graphs.

Each of these rules either adds, removes, or replaces nodes of a VirtualMedia graph. Hence, in order to assure that applying a rule always preserves the semantics of the transformation request, an appropriate formal model describing the VirtualMedia semantics has been specified. However, due to space limitations we only sketch this specification in the following subsections.

---

[2] The ∞ is due to the possibility of periodic repetition of semantically neutral subgraphs. Of course, this case is kind of pathologic and usually avoidable in practice.

4.1 Data Model for Media Objects and Filters

An object-oriented data model describing media object types and media filter types is defined. The MO part of the model does not define a (traditional) media type hierarchy. Instead, all attributes of an MO like main type, subtype, encoding, and further optional characteristics are modeled as properties which may be dynamically assigned to MOs as a signature. Assignment of contradictory properties may be prevented by defining appropriate constraints. We believe that this approach is more flexible and extensible than a type hierarchy built on inheritance and, thus, better supports the framework character of VirtualMedia.

The filter part of the data model describes both virtual filters and instantiatable (implemented) filters. A filter is characterized by its functional and non-functional properties. The functional properties are defined as a set of input and output signatures. These signatures are interpreted differently depending on the filter being virtual or instantiatable. If a virtual filter specifies input or output signatures, these are considered being part of its *semantics*. If an instantiatable filter specifies input or output signatures it specifies *requirements* on actual input-MOs and *assertions* on actual output-MOs. That means, a filter implementing a virtual filter is not required to specify 'compatible' signatures. To give an example: Let the virtual filter F say its input should be audio, then we could imagine an implementation of F accepting video as input (but, of course, affecting only the audio part).

By non-functional filter properties we mean features like resource consumption, computational complexity, or quality degradation coefficients. Considering such properties during transformation request resolution sounds quite reasonable. How this should be realized, however, has not yet been examined in detail. Whether there exist meaningful non-functional properties of virtual filters that are to be modeled and considered by graph transformation rules, is also still an open question.

4.2 Semantic Equivalence Relations

All graph transformation rules are derived from a number of equivalence relations concerning (sets of) filters and MO-signatures. Most of these equivalence relations are explicitly modeled as relations within the object-oriented schema, while some may also be expressed in equational form.

Notice that how ever we constitute our data model and equivalence relations they will probably not conform to *any* application's semantics. This is because such an abstract model will probably not consider each possible media property an application might depend on. Hence, an application programmer should be aware of this model and the equivalences it defines in order to avoid erroneous transformation requests. Since application neutrality is a major objective of VirtualMedia, only equivalences are defined on which the majority of applications could agree.

Semantic Neutrality Classifying a filter as being semantically neutral means it may (in principle) be inserted anywhere in a VirtualMedia graph (or removed) without changing the semantics of the graph. Obviously, putting all the format conversion filters in this equivalence class is crucial for automatic format adaptations to work. Actually, the formal VirtualMedia model defines several different context-sensitive (with respect to media signatures) varieties of semantic neutrality, e. g. quality neutrality (strong) and content neutrality (weak).

Semantic Reversibility Some filter operations are reversible by corresponding inverse filters. This means, connecting a reversible filter with its inverse filter yields a semantically neutral filter pair. Hence, if such a pair occurs in a VirtualMedia graph it may be removed safely. At first glance, inserting such a pair does not appear to make much sense. An important exception, however, is the composition and decomposition of multiple-stream MOs, which is discussed below.

Semantic Permutability If the sequence in which two filters are applied to an MO does not matter, they are permutable without changing the graph semantics. Besides being stated a priori, permutability may also be stated ad hoc in a transformation request: A single transformation can contain several operations on the same source. If there are no specified input/output dependencies between these operations, they are considered permutable. Instead of permuting such permutable filters it is also possible to merge them in a multiple-filter node (*super-filter*), thus deferring the decision on the actual sequence to instantiation time.

(De-)Composition Semantics Filters that compose or decompose multiple-stream MOs work without information loss (by definition). That means, e. g., that a decompose-filter must not only provide all the single streams but also the synchronization information. Thus, compose- and decompose-filters are reversible. Since no information gets lost they are also kind of semantically neutral.

The semantic reversibility of (de)compose-filters can be exploited for applying filters to single streams of a multiple-stream MO. Thus, the definition of reversibility is generalized in a sense that all other filters (i. e., not only neutral filters) are allowed in-between a decompose/compose pair which is newly inserted into a VirtualMedia graph. In the case of a multiple-filter node with a multiple-stream input the filters in this node may be applicable to different streams of the multiple-stream MO (depending on their signature). Since the filters are classified as permutable there are no semantic dependencies between them. Hence, it is possible to split the multiple-filter node when it gets embraced by a decompose/compose pair.

Semantic Assimilation The semantic equivalence between a virtual filter and a possible implementation of this filter is called semantic assimilation. The implementation of a virtual filter X_V consists of an instantiatable filter X_I implementing the semantics of X_V and an arbitrary number of additional filters. The additional filters may be located before and after X_I. They must either be semantically neutral or, otherwise, a filter Y *before* X_I must be followed by its inverse Y^{-1} *after* X_I where (Y, Y^{-1}) conform to the generalized reversibility semantics. An implementation is called *complete* if (1) all filters are instantiatable, and (2) the signature distance between start and end point of all edges is zero.

4.3 Considerations on Graph Transformation Algorithms

All graph transformation rules can be derived from the equivalence relations defined in the previous section. Obviously, these rules are applicable to drive the transformation of a VirtualMedia graph in very different directions, some of which will probably not lead to an acceptable result. What constitutes an acceptable result, however, may be defined in various ways, e. g.:

1. A complete implementation of the client's transformation request.
2. A complete implementation, optimized according to one of the following criteria: resource consumption (min.), delivery latency (min.), perceivable quality (max.). (This list may still be extended.)
3. A complete implementation with multidimensional optimization (two or more of the criteria listed above).

Generally, the number of transformation rules applicable to any given graph lies between 0 and n. Hence, we may start by selecting rules according to a breadth-first or depth-first search algorithm, resulting in a search graph with VirtualMedia graphs as nodes and rules as edges. Breadth-first search will find a solution to (1) if one exists. If no solution exists, breadth-first search might not terminate, because infinite branches may exist in the search graph. This infinite search space is due to our rules allowing unlimited growth of VirtualMedia graphs in principle. Thus, depth-first search might not even terminate when a solution exists.

It is, however, possible to define a cost function based on signature distance which behaves always monotonic on the path from the request graph to the solution graph. Then an A^*-like heuristic search algorithm could be applied to find a solution to (1) quite efficiently. It is not clear, yet, whether the monotony criterion can always be met if we try to solve (2) or (3) this way. This will have to be investigated in future work.

Finally, notice that a divide-and-conquer approach (dynamic programming) is not applicable because of the context-sensitivity of most of the rules. That means, combining optimal solutions of subproblems (i. e., subgraphs of the request graph) does not (generally) yield an optimal solution of the global problem. Thus, the dynamic programming preconditions are not met.

4.4 VirtualMedia in Metacomputing Environments

In metacomputing environments like DISCWorld [3] instantiatable media filters could be realized (e. g., wrapped) as services which may be provided by any (or at least some) peer. Supporting VirtualMedia's request resolution concept additionally requires a query mechanism for finding media filter services that match the semantics of a given virtual filter. Finally, it must be possible to link the media filters by establishing (high-bandwidth) data channels between them. Unlike other metacomputing environments, DISCWorld addresses these both requirements, too. Thus, VirtualMedia could provide a high-level API for distributed multimedia computing being transparently mapped to such an environment. This mapping process includes some additional opportunities for optimization to be considered in the future.

5 Conclusions

In this paper, we propose VirtualMedia as an approach to realize transformation independence in open (e. g., web-based) MMIS. VirtualMedia solves the irreversibility problem[3] [9] by establishing a layer of virtual media objects which applications may unrestrictedly manipulate. We adopt the filter graph model to represent virtual media objects as transformation graphs. Semantic equivalence relations defined for such VirtualMedia graphs allow for transforming request graphs into (instantiatable) prescript graphs while applying different optimization strategies like materialization or cost-based evaluation of semantically equivalent graphs.

The VirtualMedia graph transformation and optimization algorithm will continue being the main objective of our work in the near future. Besides that, ongoing research also focuses on the refinement of several other aspects of the VirtualMedia concept and on the exploration of several open questions. Of particular interest are the following aspects, to name a few:

- Enhancing the data model with, e. g., hierarchical structures (explicit subgraphs) or a template concept (parameterized client-VMOs).
- Development of a reference architecture for a VirtualMedia service based on ORDBMS technology, metacomputing environments and VirtualMedia compatible media servers like Memo.real [8].
- Integrating adaptive QoS (feedback-controlled) and interaction (including interactive filters).
- Several API issues, e. g. improvement of the XML-based VirtualMedia markup language and consideration of non-functional properties as part of signatures.

References

1. Candan, K. S., Subrahmanian, V. S., Venkat Rangan, P.: Towards a Theory of Collaborative Multimedia. In: Proc. IEEE International Conference on Multimedia Computing and Systems (Hiroshima, Japan, June 96), 1996.
2. Dingeldein, D.: Multimedia interactions and how they can be realized. In: Proc. Int. Conf. on Multimedia Computing and Networking, 1995.
3. Hawick, K., A., James, H., A., Silis, A., J. et al.: DISCWorld: An Environment for Service-Based Metacomputing. In: Future Generation Computer Systems, 15 (5–6), 1999, pp. 623–635.
4. Hollfelder, S., Schmidt, F., Hemmje, M., Aberer, K., Steinmetz, A.: Transparent Integration of Continuous Media Support into a Multimedia DBMS. In: Proc. Int. Workshop on Issues and Applications of Database Technology (Berlin, Germany, July 6–9), 1998.
5. Informix Digital Media Solutions: The Emerging Industry Standard for Information Management. Informix White Paper, Informix Software, Inc., 1997.
6. Informix Video Foundation DataBlade Module. User's Guide Version 1.1. Informix Press, June 1997.
7. Käckenhoff, R., Merten, D., Meyer-Wegener, K.: MOSS as Multimedia Object Server – Extended Summary. In: Steinmetz, R., (ed.): Multimedia: Advanced Teleservices and High

[3] Making irreversible media transformations persistent without sacrificing application neutrality.

Speed Communication Architectures, Proc. 2nd Int. Workshop IWACA '94, (Heidelberg, Sept. 26–28), Lecture Notes in Computer Science vol. 868, Berlin: Springer-Verlag, 1994, pp. 413–425.

8. Lindner, W., Berthold, H., Binkowski, F., Heuer, A., Meyer-Wegener, K.: Enabling hypermedia videos in multimedia database systems coupled with realtime media servers. In: Proc. IDEAS 2000 (Yokohama, Japan, 18.-20. Sept.), Sept. 2000.
9. Marder, U.: Medienspezifische Datentypen für objekt-relationale DBMS: Abstraktionen und Konzepte. In: Proc. 8. GI-Fachtagung "Datenbanksysteme in Büro, Technik und Wissenschaft" BTW '99 (Freiburg, March 1–3, 1999), Ed. A. P. Buchmann, Springer-Verlag, Berlin 1999, pp. 210-231.
10. Marder, U.: Towards a Universal Media Server. SFB-Report 03/2000, SFB 501, University of Kaiserslautern, Feb. 2000, 19 pages.
11. Marder, U.: Transformation Independence in Multimedia Database Systems. SFB-Report 11/2000, SFB 501 University of Kaiserslautern, Nov. 2000, 24 pages.
12. Marder, U., Robbert, G.: The KANGAROO Project. In: Proc. 3rd Int. Workshop on Multimedia Information Systems (Como, Italy, Sept. 25–27), 1997, pp. 154–158.
13. Prückler, T., Schrefl, M.: An Architecture of a Hypermedia DBMS Supporting Physical Data Independence. In: Proc. 9th ERCIM Database Research Group Workshop on Multimedia Database Systems (Darmstadt, Germany, March 18–19), 1996.
14. Rakow, T., Klas, W., Neuhold, E.: Abstractions for Multimedia Database Systems. In: Proc. 2nd Int. Workshop on Multimedia Information Systems (West Point, New York, USA, Sept. 26–28), 1996.
15. Smarr, L., Catlett, C. E.: Metacomputing. In: Comm. ACM, Vol. 35 No. 6, June 1992, pp. 44–52.
16. Seshadri, P.: Enhanced abstract data types in object-relational databases. In: The VLDB Journal Vol. 7 No. 3, Berlin, Heidelberg: Springer-Verlag, Aug. 1998, pp. 130–140.
17. Wagner, M., Holland, S., Kießling, W.: Towards Self-tuning Multimedia Delivery for Advanced Internet Services. In: Proc. 1st Int. Workshop on Multimedia Intelligent Storage and Retrieval Management (MISRM'99) in conjunction with ACM Multimedia Conference, Orlando, Florida, Oct. 1999.

Data Migration and the Euro: Approaches and Experiences

Rüdiger Reinecke

IBM Global Services, Euro Centre of Competence, D-70 548 Stuttgart
ruediger_reinecke@de.ibm.com

Abstract
The transition of an enterprise from national currency to the euro is a very large and complex project. The main share of the costs is IT-related. Key points are the migration of application programs and data. In this paper we discuss different strategies for euro migration and look at the migration of large databases and files with currency data using a data wrapper. The requirements for such a tool are examined and then compared to the Euro Middleware Support tool. We conclude with a summary of practical experiences.

1. Introduction: The euro challenge

On January 1st, 2002, in all 12 countries of the European Economic and Monetary Union (EMU) euro bank notes and coins will be introduced and the euro will become the only valid currency. [13] The national currencies will be tolerated only as cash for another 2 months. So in less than a year from now, all enterprises within the EMU countries must become fully capable of doing their business in the new currency. Analysts agree that the transition to the euro is usually a greater project than the Year 2000 conversion. Although usually less IT areas are impacted, the type of conversion required is more complex and the change effort is generally much higher in the euro project. [4] Nearly all areas of the enterprise are affected. [1, 7] For example: 1. When will an insurance company start offering euro policies and when will it offer *only* euro policies? 2. From time to time a manufacturer produces specific consumer articles to be sold as a special offer price of öS 999. As the equivalent price of euro 72.60 it is not good from a marketing point of view, so they might produce new articles aiming at euro 69.90 or maybe euro 99.00. 3. Which business processes (and which special applications) will be established in a health insurance company so that, according to an industry specific agreement, even after 2001 all refunds for invoices of 2001 and before will continue to be calculated in DM, while at the same time all refunds for invoices of 2002 will be calculated in euro? Obviously the IT systems are heavily affected: user interfaces on screen and paper (e.g. currency symbol, additional amount values, standard phrases with amount values), data interfaces to customers, suppliers, banks (e.g. EDI, DTA), applications (e.g. application logic, hard-coded amount values, handling national currency and euro in parallel, introduction of decimal places in Italy etc.) and Gigabytes or Terabytes of amount data. What about the PCs? Can they display and print the euro symbol? What about the thousands of spreadsheets used for calculating business strategies or prices? All of these examples show that the business side of the organisation is affected as well as IT. We know that in large enterprises up to 80% of the applications are affected and that a complete euro transition will very often take more than one year.

2. Euro migration strategies

Generally there are recognised to be five main strategies and a very large number of customer specific variations. (In the following we will in general write "DM" although we mean the national currency of any country belonging to the EMU.)

- **Big bang:** The simplest strategy can be described thus: to work completely in DM until -say- a Friday afternoon, to switch everything over to euro during the weekend, and to start to work solely in euro on the Monday. This strategy is mentally easy to perform, and avoids the danger of data pollution, i.e. mixing up DM and euro amounts. [9] A big bang strategy causes relatively small migration costs, as all the time only one currency is used and no special functions are needed to work with the other one in parallel. But for the IT department it is generally the most impractical strategy: a huge amount of work, including testing, over this weekend, a very limited period of time available, and usually fall back is not possible or not acceptable.
- **A series of small bangs:** Instead of one big bang one tries to split the enterprise into several parts or to split the IT systems into several clusters, that are self-contained and have only a small number of interfaces to other parts/clusters, and each part/cluster is switched over to euro at a different weekend. Human resources, finance and marketing, or life insurance, car insurance and health insurance, or the whole SAP system and the other applications might be such parts/clusters. Inside a part/cluster the strategy works like a big bang and has the same advantages, but additional work is required to handle the interfaces. Bridge programs, at least currency converters, are required, which will only be used for a couple of weeks or months, and the risk of data pollution is increased. For the IT department a series of small bangs can be handled much better than one big bang but there are some implications for the business areas.
- **Stepwise migration:** The parts/clusters are made smaller and smaller. The workload in the IT department is spread over a longer period of time, but a large number of currency converters is required. For the users in the business departments things might get confusing, as every week another application will show amount values in the other currency. The risk of data pollution is very high and rounding discrepancies are much more difficult to control.
- **Full dual currency facility:** From a business point of view it would be excellent to have all amounts in both currencies. This is quite difficult to realise, as for example most amount conversions cause rounding discrepancies and therefore, in general a calculation cannot be fully correct in both currencies at the same time (details see below). Furthermore all applications will need to be amended, but these amendments will only be used during the transitional period and then removed: not a profitable exercise. Several large enterprises examined this strategy and rejected it due to the high costs involved.

- **Limited dual currency facility** (euro communication facility): This solution can be found quite frequently: Some areas/business processes are euro-enabled, so that for example an enterprise can write an invoice in either DM or euro, depending on its customer's request, but internally the whole enterprise continues to "think" in DM. [11]

Now things get more complicated as there are three levels in the enterprise: business activities or business processes, application logic (from now on simply called 'applications') and data, and each level must be switched over to euro. The strategies on the three levels can (and often will) be different, although there are some strong interdependencies.

- **Business processes**: Some limited dual currency facility might already be implemented. Usually a big bang or small bang strategy is applied.
- **Applications**: Experience shows that applications that handle amount values will very likely need some modifications. Application analysis and migration will take several months and are done in a stepwise manner, but the deployment of all the modified applications will be done according to the business processes in a big bang or small bang style.
- **Data**: The migration of the amount data from DM to euro must be done in a big bang or small bang style according to the structure and use of the applications, but quite often the size of the databases and the number of files is far to big to migrate the amount data over a weekend. From an IT point of view a stepwise data migration is wanted. A data wrapper, like Euro Middleware Support [8, 12], is a way-out from this dilemma.

3. Requirements to data wrapping

Data wrapping follows the idea of encapsulation: The wrapper is mainly a converter located close to the data, like a method in OO programming. It allows to store the data in a different currency or format than used in communication to the outside-world, i.e. to the applications. Data wrapping in the euro migration can be regarded as a simple case of database migration, where the database appears in two forms at the same time, the internal one in one currency and the external one in the other. According to the classification of [10] it falls into "data and code conversion of application programs". The key requirement, that the mapping between source data and target data is unambiguous, is really an issue on the level of values as we will see later. ("Wrapping" is a rather general term. Data wrapping as discussed here is not related to the research on a simulation access language, SimQL, and wrappers by Gio Wiederhold et al. [14]) We start the discussion with the key requirements for the *ideal* euro-wrapper:

Currency conversion

1. The wrapper correctly converts (according to the rules of the treaty of Maastricht [13]) amount values from DM to euro when updating the database or file, and from euro to DM when reading amount information.

2. It can be applied in a single-currency environment, where all amount data are stored in DM and without any currency indicator. This situation is found very often, and it only allows a big bang strategy.
3. It guaranties that after a round trip DM -> euro -> DM the result is always identical to the input. As DM is finer than the euro (irrevocably fixed exchange rate: 1.95583 DM/euro), this is often *not* the case: 0.01 DM -> 0.0051 euro, rounded to 0.01 euro -> 0.019 DM, rounded to 0.02 DM.

Relation to applications and databases

4. The encapsulation of the amount data is complete. All applications and the usual database tools read and update amount values in DM although they are stored in euro. This avoids data pollution. It makes sense, that system tools reading the physical files without control of a database management system (DBMS) see euro amount values.
5. The inevitable decrease of performance is small. In particular no additional I/O operations on the physical database and files are required.
6. Following the idea of encapsulation the data interface between DBMS on one side and all applications on the other is identical with and without the wrapper. The wrapper is fully transparent to the applications. The names of the fields/columns with the amount fields are not changed at any time. Otherwise the applications would need modifications just for the period of data migration, quite a laborious and expensive consequence.
7. If the wrapper is active for a specific data set (i.e. a subset of the database or some files), then all applications inevitably access the amount data through the wrapper. No 'wake-up calls' from applications or jobs described in the JCL are required. Otherwise the applications or JCL jobs would need modifications.

Data conversion

8. When the wrapper is activated ('switched on') for a particular data set, the amount data in this data set are converted from DM to euro. This conversion does not require any additional tool or converter. It can be easily embedded into the normal processes of database administration and maintenance.

Big bang

9. As shown by the descriptions above, the wrapper supports a big bang strategy for data migration as well as a small bang strategy. (The latter becomes interesting if the data of -say- human resources and finance are stored in the same database, but these departments will do their small bangs at different moments of time.)
10. At the big bang (or a specific small bang) the wrapper is switched off for all (if small bang: for specific) data sets. This operation can be done easily and takes only minutes, keeping in mind that time at the big bang is very critical.
11. At the big bang there is no need at all to touch (i.e. modify, convert, reformat) the amount data. (Otherwise we could have omitted the wrapper completely.)
12. After the big/small bang all applications read and update the amount data in these data sets only in euro. In the database these amount data are really stored in euro.

Practical issues

13. The following two requests for the ideal wrapper are derived from practical experience: For countries whose national currencies do not have decimal places, like Italy (1936.27 ITL/euro), it supports the redefinition of the type of the amount values, for example before the big bang it exchanges with the applications amount values in the data format PIC 9(15) and after the big bang in PIC 9(13)V99. Quite obviously, the euro-enabled application after the big bang must be prepared for the changed data format.
14. In countries like Ireland (0.787564 IEP/euro) the euro amount might have more digits than the original amount in IEP (e.g. 9.87 IEP -> 12.53 euro). The ideal wrapper supports the reformatting of these data, for example before the big bang it exchanges with the applications amount values in the data format PIC 9(12)V99 and after the big bang in PIC 9(13)V99.

Cumulative amounts

There is one point that would be highly desirable from the applications, but it seems to be impossible for a general purpose data wrapper: cumulative amounts. The following example shows the problem (1.95583 DM/euro):

calculation in DM		calculation in euro
DM 0.01	converted to	euro 0.01
DM 0.03	converted to	euro 0.02
sum = DM 0.04	but converted to euro 0.02	sum = euro 0.03

Obviously the diagram is not cumulative.

- Case 1: The summation is correct in either currency (resulting in euro 0.03 in the right-hand column), then the conversion of the sums is not correct (DM 0.04 converts to euro 0.02).
- Case 2: The summation in DM and the conversion of this sum is correct (resulting in euro 0.02 for the right-hand sum), then the summation in euro is not correct.

This problem cannot be solved by manipulating data, either case can be the right solution. It simply depends on the business meaning of the sums. What does this mean to a data wrapper? In real-life databases there are derived values, like the sums above. Certainly they are redundant, but they save a lot of computing time. Assuming that the three amount values (DM 0.01, 0.03 and 0.04) are stored in the database, the derived sum might be stored in a different table or file. No general purpose data wrapper knows the relationship between these amount values. Furthermore it only accesses a single row/record of a single table/file at a time and does not see the other amount values. Only the application that has performed the computation knows the relationship. A data wrapper will always convert these amount values according to case 2. If no clerk, customer or application processing carefully checks the summation in euro, the deviation will never be noticed, as it is usually quite small. But there are cases where no deviation is acceptable, for instance in bookkeeping, in the general ledger. Then there is only one solution and it has nothing to do with wrapping: Immediately after having converted the amount values, the critical sums are recalculated in euro in a bottom-up style. When using a wrapper, the conversion is not critical, it's the big bang! Immediately after the big bang a newly developed reconciliation program (or a modified existing program) must run and recalculate all those derived values that are to follow case 1. Its logic reflects the business meaning of the affected data.

4. A wrapper implementation: Euro Middleware Support

This data migration tool was developed especially for euro migration. It is derived from a customer project and was improved and extended through other customer projects. [8, 12] Euro Middleware Support (EMWS) is available for IBM's relational database system DB2 and its hierarchical database system IMS/DB on OS/390 and MVS as well as for flat files in the form of VSAM and QSAM files on the same platforms. It addresses customers with large databases or a large number of databases or files who will follow the big bang or small bang strategy. Fig. 1 shows the basic architecture of EMWS, and it shows the situation a couple of months before the planned big bang. For simplicity, in the following the wording is orientated towards an SQL database like DB2.

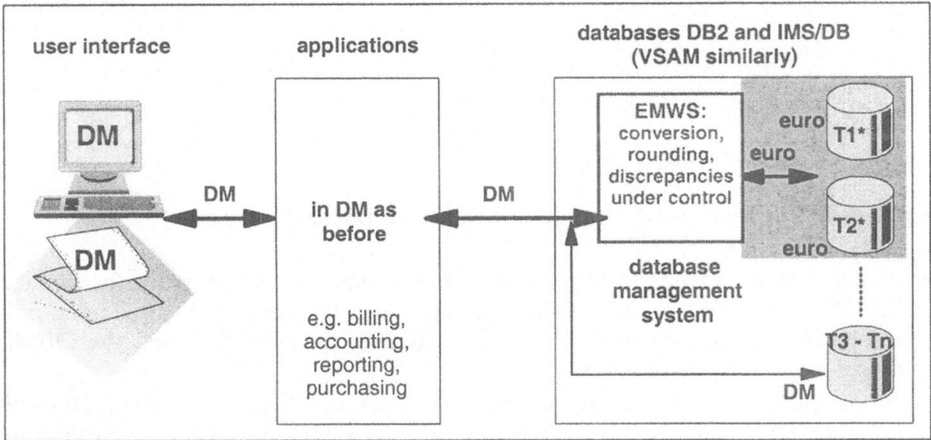

Fig. 1. Euro Middleware Support during the data migration

5. Relational database wrapping

According to the key ideas of the big/small bang strategy the business processes and their underlying applications are only running in DM. All applications and user orientated tools (like QMF and the ODBC interface) exchange amount values in DM with the data interface of the DBMS (e.g. in SQL). EMWS is located inside the DBMS, it is not visible from the applications, it will not and cannot be called by the applications. We assume a typical single currency environment, where all the amount values used by a specific business process and its applications are in DM only. The amount values do not need any currency indicator. The environment 'Germany' assigns the meaning 'DM'. Many tables of the database contain columns with amount values. As the size of the database is quite big, the amount data are migrated to euro in a stepwise way, for example a couple of tables every Friday afternoon, and this process is made feasible by EMWS. In fig. 1 already two tables T1* and T2* of the database have been migrated from DM to euro. That's why they are put under the control of EMWS. The DBMS knows what tables are controlled by EMWS and passes any read, write or update request on these tables to the EMWS module.

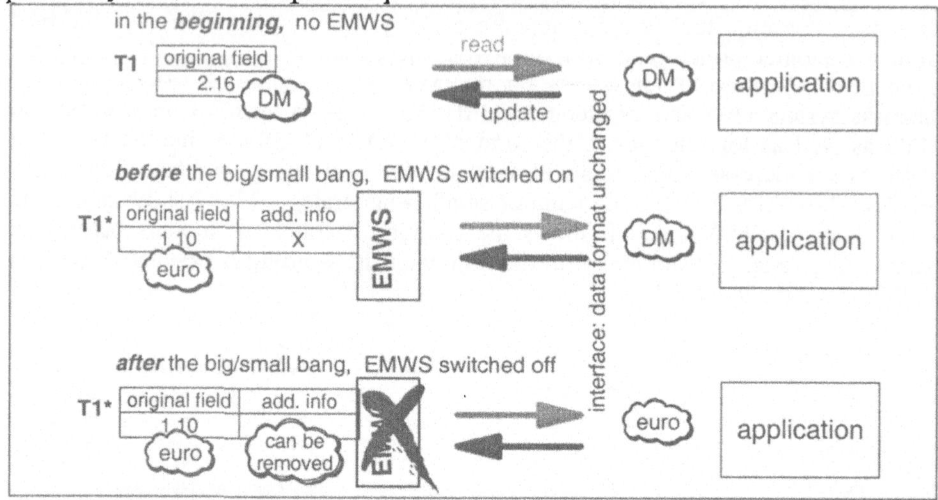

Fig. 2. EMWS in detail: database stores euro, but returns DM until big bang

- A read operation (see also fig. 2): Based on some key EMWS reads the amount 1.10 from table T1* that it controls and knows that this amount is stored in euro. It reconverts the amount to DM, giving 2.16 with meaning DM and the DBMS passes this amount value to the application.
- An update or write operation: An application passes the amount value 2.16 (with meaning DM) and a key in table T1* to the DBMS. As T1* is controlled by EMWS the value 2.16 is passed to EMWS. It converts DM 2.16 to euro 1.10 and stores 1.10 in table T1*.

The other tables T3, T4,... are not controlled by EMWS. Any requests on these tables are performed by the DBMS in the usual way: all amounts are stored in DM and exchanged with the applications in the same currency.

As mentioned above, the round trip DM -> euro -> DM does not always give results identical with the input. DM 2.15 and DM 2.16 both are converted to euro 1.10. Some additional information (short: add.info) is required. For any amount field an additional field is used to store that add.info. One byte is enough to store the required information for any amount in any currency of EMU and also some technical information. From the pair (1.10, X) EMWS can reconvert to 2.16 DM.

What happens when the next table T3 is migrated to euro ? It is assumed that the DBA knows which columns in T3 contain the amount values that are to be migrated to euro. He unloads table T3 and applies a pre-processor on the definition of T3 giving T3*. This tool inserts the additional columns for the add.info fields, one column for each amount column. (The pre-processor can do more, if required, by using the optional features of EMWS.) EMWS is switched on for T3* and then, the unloaded data of T3 are reloaded into the modified table T3*. As EMWS has been switched on for T3* all the unloaded amount data (still in DM) are automatically converted into euro amounts and their respective add.info and stored in T3*.

At the big bang only one simple operation is done by the DBA: He switches off EMWS completely (fig. 2 and 3). For a small bang the set of those tables that are to be affected by this small bang was defined when the table was converted. Then EMWS is switched off only for these tables. In any case, there is no need to touch the amount data. Certainly it is assumed that - if necessary - the DM-enabled applications and their interfaces are replaced by the respective euro-enabled ones. Also the process of converting all tables to euro must have been successfully finished, so that all amount data are stored in euro. The euro-enabled application exchanges euro amounts with the DBMS. As EMWS is switched off there is no module left that encapsulates the euro amount data. They are directly accessed by the DBMS in the usual way. Add.info still exists, but it does not matter as no module is left that uses add.info. Later, maybe after a couple of months, add.info and the inactive code of EMWS can be removed to save space.

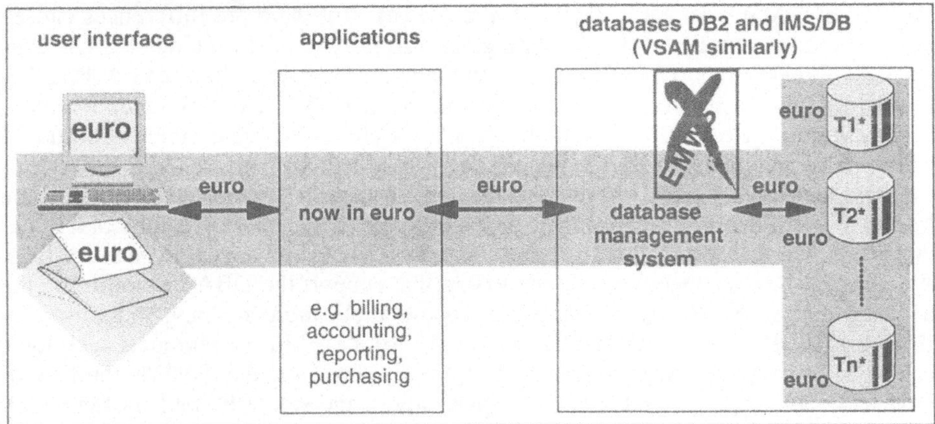

Fig. 3. EMWS, after the big bang

6. Implementation aspects

A highly efficient implementation of EMWS with mainly the same functionality on the very different database and file systems DB2, IMS/DB and VSAM turned out to be quite difficult. It was necessary to use special system interfaces that are not common and not used by applications. Only the support by the IBM laboratories that developed these systems made the existing solution feasible. As a result the wrapper is located so close to the data that applications and database tools cannot bypass the EMWS modules. In addition, EMWS becomes active (if switched on), when the related DBMS is started. No specific start-up calls in an application or JCL job are required.

Quite naturally, some properties of EMWS rely heavily on the operating environment. For example add.info: On DB2 it is stored in additional columns in each table. The underlying SQL philosophy does not allow to hide a column, therefore an application knowing the names of these columns can read the data. The existing applications are not affected as they continue to use the same column names as without EMWS. On

IMS/DB the definition of a segment type S cannot be changed without having to adapt all applications that use the segments of this type, which would not be a reasonable solution. Furthermore, the segment can simply be full of data. The only chance was to create a new segment type S* derived from S and larger than S, so that there is enough space to store all the required add.info fields. Supported by EMWS, the IMS DBMS continues to offer S to the outside world, to the applications, but internally it stores S* and besides the usual amount conversion EMWS appends add.info to the data in S and stores S*. In this way add.info is perfectly hidden. VSAM files are not controlled by any DBMS, but simply by the operating system, MVS, itself. Therefore EMWS was located in the I/O-subsystem of MVS and allows mainly the same functionality. As with IMS/DB the add.info fields can be hidden from the applications, as a similar technique is used to store these fields.
Which requirements listed above does EMWS satisfy? Certainly all key requests are satisfied by EMWS for DB2, IMS/DB and VSAM. But there are differences caused by the environment. For example, typing: To use DB2 requires typing. VSAM does not know types and is only interested in the length of the fields in a record. IMS/DB lies somewhere in between, as it can distinguish data types, if this functionality is being used, but it can also be used in a VSAM style. Thus, requirements 13 and 14 can never be satisfied for DB2, but easily for VSAM, and sometimes for IMS/DB. For example, data sets for the conversion: On DB2 a table or a set of tables should be treated by EMWS in one step. To migrate single columns is feasible but rather inefficient. On IMS we recommend a database as a whole and on VSAM a set of files. As mentioned above there are pre-processors that support the DBA in modifying the database definition. They are mainly fed by the application scanning tools used by IBM (e.g. IBM's EuroCheck and Crystal's C-Euro). [2, 6] In euro projects such tools collect information on everything that is currency sensitive. For EMWS the lists of DB2 tables and columns that contain amount values, and similarly the list of currency sensitive fields in the segments of an IMS database are very helpful. A fully automatic process would be dangerous as business may require that some currency sensitive fields must not be converted to euro.

7. Experience from customer situations

Data conversion is a key issue when an enterprise switches over its business activities and its base currency from DM to euro. Analysts tell us that the enterprises will switch over to euro later than originally expected. In January 2000 only a very small number of enterprises (estimated <1%) had already switched over to euro (e.g. Daimler-Chrysler in January 1999 and Siemens in October 1999). In January 2001 this number will probably increase only to less than 10%. So it is no surprise that none of the existing EMWS customers has migrated his amount data to euro. We expect the first productive use in the 1st quarter 2001 for a big bang in July 2001. But many customers have completed pilot projects with EMWS to evaluate it in their specific system and data environment, and to find answers to technical questions like: Impact on performance? Are the batch windows sufficiently large? How long do we need for the data migration and for the big bang? Do EMWS and our 3rd party database tools work together? We use or have used some peculiar tricks in programming, can we nevertheless apply EMWS or what modifications are required?

The implications of EMWS on CPU performance strongly depend on the customer's IT environment and for instance on the number of amount fields to be converted. The spread is wide, the average lies at about 10%. The EXCP performance that covers internal I/O operations was increased by about 2%. This shows that EMWS does not require additional I/O accesses to the physical database to handle the add.info fields, but nevertheless in this case some DB buffers should be optimised. The time needed for the migration of data sets is even more unpredictable from outside: On DB2 a customer migrated 18 tables with 0.5GB and 2.5 million rows in 1.5 hours, on IMS/DB another one migrated 0.5 million records in 10 minutes.
Finally we want to mention a statement showing the hard reality of the euro transition. It's by Jörn Stadsager of Allstate Direct Insurance who applies this wrapping tool to his DB2 databases: 'EMWS allows an easy-to-do euro conversion for about 80% of our data, so that we have enough resources available to care for the remaining 20% that are difficult to handle for many reasons.' [3]

References

1. "Avis begreift Währungsumstellung als Werkzeug zur IT-Optimierung." *Computer Zeitung*, Nr. 38, 23.9.1999.
2. *C-Euro: Euro IT Conversion Issues and Solutions: White Paper.* Crystal Systems Solutions Ltd., 1999. www.crystal-sys.com/frame_c_euro.htm
3. "Euro in action." *EuroNotes*, 2, 2000. London: River Publishing, 2000.
4. European Commission, Directorate General XV, Internal Market and Financial Services. *Preparing Financial Information Systems for the euro.* Brussels: European Commission, 1997. www.ispo.cec.be/y2keuro
5. *Euro preparation guide for companies.* Paris: The Association for the Monetary Union of Europe, 1997. amue.lf.net, 'our publications'.
6. Gimnich, Rainer. "Analysis and Conversion Tools for Euro Currency Migration". *Software-Entwicklung - Methoden, Werkzeuge, Erfahrungen '99.* Ed. H.-J. Scheibl. Ostfildern/Germany: Technische Akademie Esslingen: 1999.
7. Hanke, Thomas, Norbert Walter. *Der Euro - Kurs auf die Zukunft: Die Konsequenzen der Währungsunion für Unternehmen und Anleger.* Frankfurt: Campus, 1997.
8. *IBM Euro Middleware Support.* Form no. EUFEE01. International Business Machines Corporation, 1999. www.ibm.com/euro
9. Jones, Nick. "Data Pollution: By the Time You Find Out It May Be Too Late." *European Monetary Union Strategies*, SPA-07-9310. Research Note, Strategic Planning Assumption. GartnerGroup, 04 May 1999.
10. Meier, Andreas. "Datenbankmigration - Wege aus dem Datenchaos." *HMD*, Nr. 194, 1997.
11. "Praktisch alle Lieferanten fakturieren in Euro: Interview mit Wolfgang Hartung, Daimler-Chrysler." *Computer Zeitung*, Nr. 38, 23.9.1999.
12. Schroeder, Knut. "Euro Middleware Support". *IBM: Branchentagung Versicherungen 97.* International Business Machines Corporation, 1997.
13. Tuyll, Sammy van. "Legal Aspects". *User Guide to the Euro.* Ed Graham Bishop, José Pérez, Sammy van Tuyll van Serooskerken. London: Federal Trust, 1996.
14. Wiederhold, Gio et al. "An interface for projecting CoAs in support of C2.", *Proc. 1998 Command and Control Research and Technology Symposium, Monterey CA, June 1998.* www-db.stanford.edu/pub/gio/gio-papers.html

Verleihung der BTW–Dissertationspreise

Hierarchische Speicherverwaltung für Informationssysteme mit Tertiärspeicher

Achim Kraiß*

Kurzfassung der Dissertation
zur Erlangung des Grades
Doktor der Ingenieurwissenschaften (Dr.-Ing.)
der Technischen Fakultät
der Universität des Saarlandes

Erstgutachter: Prof. Dr. Gerhard Weikum, Universität des Saarlandes
Zweitgutachter: Prof. Dr. Theo Härder, Universität Kaiserslautern

Motivation

Immer mehr Institutionen und Unternehmen aggregieren eine Flut von Massendaten, die wertvolles Wissen enthalten und zu Archivierungs- und Auswertungszwecken dauerhaft, kostengünstig und effizient verwaltet werden müssen. Zwei große Anwendungsgebiete, die in Zukunft zur Verwaltung mehrerer Terabytes oder gar Petabytes führen können, sind (1) digitale Bibliotheken, in denen gewaltige Mengen von Hypermedia-Dokumenten zu verwalten sind und die für den effizienten interaktiven Zugriff auf die Dokumente z.B. über Intranet oder Internet zu sorgen haben und (2) Data Warehouses, in denen gewaltige Mengen historischer "Fakten" angesammelt werden, um jederzeit unter beliebigen Gesichtspunkten analysiert werden zu können.

Tertiärspeichersysteme wie Bandbibliotheken und Jukeboxen mit magneto-optischen Wechselmedien bieten eine gute Grundlage zur kostengünstigen Speicherung von Massendaten. Der Nachteil dieser "Near-Line"-Medien besteht jedoch darin, dass sie gegenüber Primär- und Sekundärspeicher weitaus höhere Zugriffszeiten aufweisen und deshalb in Informationssystemen sinnvollerweise als Massenspeicher*element* innerhalb einer Speicherhierarchie bestehend aus Primär-, Sekundär- und Tertiärspeicher verwendet werden müssen. Für eine möglichst effiziente Verarbeitung von Daten in Speicherhierarchien müssen "intelligente" Mechanismen realisiert werden, die die Daten dynamisch und in Abhängigkeit vom Lastprofil zielgerichtet innerhalb der Speicherhierarchie migrieren.

In der Dissertation werden Verfahren zur hierarchischen Speicherverwaltung auf den Servern einer digitalen Bibliothek (Teil I der Arbeit) und in einem Data Warehouse (Teil II der Arbeit) vorgestellt [Kra99]. Wesentliche Teile der Dissertation wurden auch in [KW97, KW98, KMG99] veröffentlicht.

---

* Aktuelle Adresse: Dresdner Bank AG, Konzernstab Informationstechnologie, Jürgen-Ponto-Platz 1, D-60301 Frankfurt am Main, Email: achim.kraiss@dresdner-bank.com

Teil I: Speicherverwaltung in digitalen Bibliotheken

Digitale Bibliotheken bestehen aus einer Menge von Hypermedia-Dokumenten, auf die eine Vielzahl von Benutzern z.B. über das Internet interaktiv und navigierend zugreifen. Dokumente wie Bilder und Texte werden vom Benutzer betrachtet, bevor über das Anklicken von Verweisen (engl.: links) nachfolgende Dokumente vom Dokumenten-Server angefordert werden. Verfügt der Dokumenten-Server über eine Speicherhierarchie zur Ablage der Dokumente, so hängt die Antwortzeit eines Dokumentzugriffs sehr stark davon ab, auf welcher Speicherebene sich das Dokument zum Zeitpunkt der Anforderung gerade befindet. Liegt das Dokument im Primärspeicher- oder Sekundärspeicher-Cache, so entstehen relativ kurze Antwortzeiten. Liegt das Dokument dagegen nur auf Online- oder gar auf Offline-Tertiärspeicher, so entstehen wegen der hohen Latenzzeiten von Tertiärspeicherlaufwerken bzw. wegen der hohen Auswechselzeiten für Medien Antwortzeiten von typischerweise mehreren Sekunden oder gar Minuten.

Im ersten Teil der Arbeit wird das Migrationsverfahren McMIN (Markov Chain based Migration Policy for Near-Line Storage) entwickelt, das Dokumente so innerhalb einer vierstufigen Speicherhierarchie migriert, dass eine möglichst niedrige mittlere Antwortzeit für die Dokumentzugriffe aller Benutzer auf einem Dokumenten-Server erzielt wird. McMIN basiert auf der stochastischen Beschreibung der navigierenden Dokumentzugriffe durch zeitkontinuierliche Markov-Ketten. Zeitkontinuierliche Markov-Ketten erlauben es, nicht nur die Übergangswahrscheinlichkeit von einem Dokument zum nächsten zu berücksichtigen, sondern auch dokumentspezifische Verweilzeiten von Benutzern auf Dokumenten. Dadurch kann berücksichtigt werden, dass z.B. auf großen Textdokumenten länger zum Lesen verweilt wird als zur Wahrnehmung von weniger komplexen Bildern oder Grafiken.

In Abhängigkeit von den aktuell auf dem Server angeforderten Dokumenten bestimmt McMIN auf Basis des stochastischen Modells für jedes Dokument *d* den Erwartungswert $N_{spec}(d,T)$ für die Anzahl der (spekulativen) Dokumentzugriffe auf das Dokument *d* innerhalb eines zukünftigen Planungszeitraums *T*.

Zur Illustration des Modells ist in Abbildung 1 der Beispielzustand eines Dokumenten-Servers illustriert. Zum aktuellen Zeitpunkt haben Adam das Dokument d_i und Eva das Dokument d_k zuletzt vom Server angefordert. Aufgrund früherer Zugriffe sind die Übergangswahrscheinlichkeiten zwischen den Dokumenten bekannt und im Beispiel in Form der Pfeilannotationen aufgeführt. So ist z.B. bekannt, dass ein Benutzer nach Anforderung des Dokumentes d_i mit Wahrscheinlichkeit 0.7 das Dokument d_m anfordert. Außerdem sind die mittleren Verweilzeiten von Benutzern auf den Dokumenten bekannt. So dauert es nach Anforderung des Dokumentes d_i im Mittel 40 Sekunden bis der Benutzer das nächste am Server Dokument anfordert. Welches der Dokumente d_m oder d_n hat zukünftig mehr Zugriffe zu erwarten und

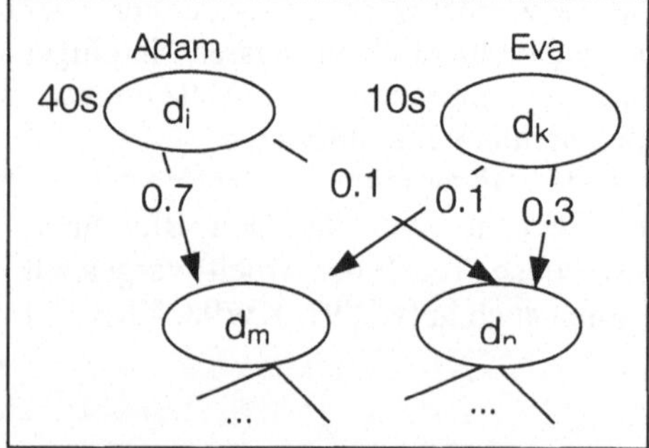

Abbildung 1. Beispielzustand eines Servers

sollte deshalb eher im Primär- oder Sekundärspeicher-Cache gehalten werden? Die Antwort auf diese Frage hängt vom betrachteten zukünftigen Planungszeitraum *T* ab. Innerhalb eines sehr langen Zeitraums erwartet das Dokument d_m mit Wahrscheinlichkeit 0.7 einen Zugriff von Adam und mit Wahrscheinlichkeit 0.1 einen Zugriff von Eva, erwartet also 0.7+0.1=0.8 Zugriffe. Das Dokument d_n erwartet nur 0.3+0.1=0.4 Zugriffe. Innerhalb eines sehr langen Planungszeitraums wäre d_m also das Dokument, das eine höhere Anzahl von Zugriffen zu erwarten hat. Allerdings wird der nächste Zugriff von Adam erst in 40 Sekunden erwartet, während der Zugriff von Eva bereits in 10 Sekunden erwartet wird. Innerhalb eines kurzen Planungszeitraums ist also die Wahrscheinlichkeit groß, dass nur Eva den nächsten Zugriff ausgeführt hat und deshalb die Anzahl der erwarteten Zugriffe für d_n größer als für d_m ist.

Bereits dieses einfache Beispiel verdeutlicht, dass die Bestimmung von $N_{spec}(d,T)$ keineswegs trivial ist, obwohl in diesem Beispiel nur ein einfacher Übergang zu einem Nachfolgedokument betrachtet wurde. Das stochastische Modell berücksichtigt dagegen mehrere Dokumentzugriffe innerhalb des Planungszeitraums T durch die Benutzer und wurde von uns zudem erweitert, um auch den Beginn neuer Benutzersitzungen und das Ende von Benutzersitzungen zu berücksichtigen.

Das Ziel von McMIN ist, stets diejenigen Dokumente in den Primär- und Sekundärspeicher vorzuladen bzw. dort zu halten, die zu einer maximalen Reduktion der mittleren Antwortzeiten innerhalb des Planungszeitraums *T* führen. Je höher der Wert $N_{spec}(d,T)$ für ein Dokument *d* im Cache ist, desto mehr Zugriffe können innerhalb *T* durch das Caching ihre Antwortzeit reduzieren und desto wichtiger ist es damit potentiell, das Dokument im Cache zu halten. Es spielt jedoch auch eine Rolle, wie stark die Antwortzeitreduktion durch das Caching ist. Ein Dokument mit niedrigem $N_{spec}(d,T)$, das vom Offline-Tertiärspeicher geladen werden muss, sollte vielleicht eher im Cache gehalten werden als ein Dokument mit hohem $N_{spec}(d,T)$, das von Online-Tertiärspeicher geladen werden kann. Aus diesem Grunde bestimmt McMIN für jedes Dokument *d* das sogenannte *Gewicht*, in das neben der Anzahl der spekulativen Zugriffe $N_{spec}(d,T)$ auch die durch das Caching von *d* erzielbare Antwortzeitreduktion pro Zugriff eingeht. Das Arbeitsprinzip von McMIN basiert auf einer Greedy-Heuristik, die Dokumente mit höchstem Gewicht stets in den Primär- und Sekundärspeichercache zu laden versucht, während Dokumente mit kleinerem Gewicht von dort verdrängt werden. Die durch das Modell bestimmten Größen werden in McMIN zudem verwendet, um das Scheduling von Ladeoperationen an Sekundär- und Tertiärspeicher sowie das Scheduling von Medienwechseln in der Tertiärspeicher-Jukebox so zu steuern, dass auch hier eine Antwortzeitreduktion erzielt wird. Damit bietet McMIN auf Basis der stochastischen Zugriffsvorhersagen eine einheitliche Steuerung des Schedulings, des Cachings und des Prefetchings in einer Speicherhierarchie.

McMIN wurde innerhalb eines Prototypsystems implementiert, das auf der detaillierten Simulation verschiedener Speichergeräte basiert. In einer Reihe von Experimenten mit dem Prototypsystem wird die Leistungsfähigkeit von McMIN nachgewiesen. Es wird insbesondere gezeigt, dass McMIN basierend auf den stochastischen Vorhersagen durch zeitkontinuierliche Markov-Ketten dem hitzegesteuerten Caching und Prefetching basierend auf stationären Zugriffswahrscheinlichkeiten weit überlegen ist und dass sich der durch die Berechnungen verursachte Aufwand gegenüber den erzielten Antwortzeitgewinnen mehr als auszahlt.

Teil II: Speicherverwaltung für Tape-Disk-Joins in Data Warehouses

Im zweiten Teil der Arbeit werden verschiedene Verfahren zur effizienten Ausführung eines Tape-Disk-Joins in einem Data Warehouse vorgestellt, d.h. zur Ausführung eines Joins zwischen auf Bändern archivierten Fakten-Daten und den "aktiven" Dimensions-Daten auf Platte. Die Neuartigkeit der von uns entwickelten Tape-Disk-Joinverfahren liegt im wesentlichen in der Berücksichtigung einer zum Join konkurrierenden Last an der Platte, wie sie für Data Warehouses typisch ist, da dort mehrere Anwendungen konkurrierend auf die Platten zugreifen können. Damit fallen bei der Ausführung des Tape-Disk-Joins nicht nur Latenz- und Übertragungszeiten an der Platte an, sondern auch Wartezeiten durch Warteschlangenbildung.

Es werden M/G/1 Warteschlangenmodelle mit Vacations angewendet, um das Leistungsverhalten der in einen Tape-Disk-Join involvierten Platte zu beschreiben. Resultate aus der Analyse dieser Warteschlangenmodelle werden angewendet, um die mittleren Warte- und Antwortzeiten an der Platte während des Ablaufs eines Tape-Disk-Joins vorherzusagen. Auf Basis dieser Warte- und Antwortzeiten an der Platte können die Laufzeiten eines Spektrums von nested-block-basierten und hash-basierten Tape-Disk-Joinverfahren in Abhängigkeit von zugewiesenem Pufferspeicher im Primär- und Sekundärspeicher analytisch vorhergesagt werden. Die Vorhersagen erlauben es einem Query-Optimierer, bei vorgegebenen Optimierungszielen und Randbedingungen im System den optimalen Joinalgorithmus zu bestimmen und ihm optimal Pufferressourcen zuzuordnen. Als Optimierungsziele können beispielsweise minimale Joinlaufzeit und minimaler Speicherverbrauch vorgegeben werden. Als Randbedingungen können der maximal verwendbare Speicher, eine maximale Joinlaufzeit sowie eine Obergrenze für aus dem Join resultierende Antwortzeiten für die konkurrierende Plattenlast vorgegeben werden.

Auf Basis des Warteschlangenmodells werden in der Arbeit zudem die Auswirkungen unterschiedlicher Schedulingstrategien an der Platte untersucht und Aussagen über die in der Praxis günstigste Schedulingstrategie abgeleitet.

Die vorgestellten Tape-Disk-Joinverfahren wurden in einem Prototypsystem implementiert, das auf der detaillierten Simulation der Speichergeräte basiert. In einer Reihe von Experimenten wird gezeigt, daß die Modelle sehr gut geeignet sind, um das Verhalten der Tape-Disk-Joinverfahren zu beschreiben und die optimalen Joinverfahren im Query-Optimierer automatisch bestimmen zu lassen.

Fazit

In der Dissertation wurden "intelligente" Verfahren zur Speicherverwaltung in Speicherhierarchien mit Tertiärspeicher vorgestellt. Die Verfahren berücksichtigen die Anforderungen und Lastcharakteristika der beiden Anwendungsfelder (1) digitale Bibliotheken mit interaktivem und navigierendem Dokumentzugriff und (2) Data Warehouses mit Tape-Disk-Joins unter konkurrierend genutzten Platten. Die Verfahren sind in der Lage, die Speicherressourcen optimal auszunutzen und möglichst niedrige Zugriffs- bzw. Ausführungszeiten zu erzielen. Die Leistungsfähigkeit der Verfahren wurde durch Experimente mit Prototypsystemen nachgewiesen und es wird gezeigt, dass sich der investierte Aufwand für die "Intelligenz" der Verfahren lohnt.

Obwohl sich die Verfahren in dieser Arbeit auf eine Speicherhierarchie mit Tertiärspeicher beziehen, sind sie auch für andere Hierarchien von "Speichermedien" mit unterschiedlichen Leistungsmerkmalen anwendbar. So kann McMIN z.B. auch für das Caching und Prefetching von Dokumenten in Proxy-Servern angewendet werden. Die "Speichermedien" entsprechen hier einer Vielzahl von Webservern mit unterschiedlichen Leistungsmerkmalen. Die vorgestellten Tape-Disk-Joinverfahren können für jede beliebige Form von "Stream"-Disk-Joins angewendet werden, in denen ein Datenstrom z.B. von einem Server über das Netzwerk geladen wird und möglichst effizient mit lokalen Plattendaten mittels eines Joins zu verknüpfen ist.

Die vorgestellten Verfahren sind alle in der Lage, sich automatisch an langfristig veränderliche Lasten, Datenbestände und Gerätekonfigurationen anzupassen, da sie ausschließlich auf Werten basieren, die durch Datenkataloge und Online-Statistiken gewonnen werden können. Diese selbständige Adaptivität der vorgestellten Verfahren ist eine wesentliche Voraussetzung für einen praktischen Beitrag zur Integration von Tertiärspeichersystemen in Informationssysteme.

Danksagung

Diese Dissertation entstand während meiner Zeit als wissenschaftlicher Mitarbeiter am Lehrstuhl für Datenbanken und Informationssysteme an der Universität des Saarlandes. Während dieser Zeit haben mich viele Leute unterstützt, denen ich an dieser Stelle ganz herzlich danken möchte. Leider kann ich hier aus Platzgründen nicht alle namentlich aufzählen. Besonders danken möchte ich meinem Betreuer Prof. Gerhard Weikum, der meinen wissenschaftlichen Arbeitsstil geprägt und den Inhalt dieser Arbeit entscheidend beeinflusst hat. Meiner Freundin Doris Weber möchte ich für ihr Verständnis und ihre Unterstützung während der Promotionsphase danken. Ganz besonderer Dank gilt meinen Eltern Doris Kraiß und Adolf Kraiß, da diese Arbeit ohne ihre liebevolle Unterstützung und ihren Ansporn nie entstanden wäre. Durch das technische Interesse meines Vaters und seine frühen Anstrengungen, mir die Möglichkeiten des Rechners näherzubringen, wurde mein Interesse an der Informatik ursprünglich geweckt.

Veröffentlichungen

[Kra99] A. Kraiß: *Hierarchische Speicherverwaltung für Informationssysteme mit Tertiärspeicher*, Dissertation, verfügbar unter http://www-dbs.cs.uni-sb.de/~kraiss/diss, Universität des Saarlandes, Februar 1999

[KW97] A. Kraiß, G. Weikum: *Vertical Data Migration in Large Near-Line Document Archives Based on Markov-Chain Predictions*, Proc. of the 23rd International Conference on Very Large Data Bases (VLDB), Athens, Greece, Aug 1997

[KW98] A. Kraiß, G. Weikum: *Integrated Document Caching and Prefetching in Storage Hierarchies Based on Markov-Chain Predictions*, The VLDB Journal, Volume 7(3), Springer-Verlag, 1998, pp 141-162

[KMG99] A. Kraiß, P. Muth, M. Gillmann: *Tape-Disk Join Strategies under Disk Contention*, 15th International Conference on Data Engineering, Sydney, Australia, March 1999

Intelligente Analyse multidimensionaler Daten in einer visuellen Programmierumgebung und deren Anwendung in der Krebsepidemiologie*

Frank Wietek

sd&m AG / Synergis GmbH, Humboldtstraße 33, 30169 Hannover
wietek@sdm.de oder frank.wietek@synerg.de

Zusammenfassung Die Analyse multidimensionaler Daten wird aktuell unter Schlagworten wie OLAP oder Data Warehousing vor allem im Hinblick auf mächtige, intuitiv nutzbare und effizient realisierte Analysefunktionen diskutiert. Typische Datenanalysen bestehen aus langen, aufeinander aufbauenden und verzweigten Sequenzen einzelner Analyseschritte. Die Verwaltung derartiger Analyseprozesse an sich wird in existierenden Analysewerkzeugen meist nur rudimentär betrachtet.
Diese Arbeit schlägt zur Behandlung dieses Aspekts eine datenflussbasierte Programmierumgebung (*VIOLA*) als einen Ansatz vor. Basierend auf einem multidimensionalen Datenmodell (*MADEIRA*) zur exakten semantischen Daten- und Operationsbeschreibung werden Analysesitzungen durch ihre graphbasierte Repräsentation nachvollziehbar und manipulierbar gemacht.

1 Einleitung

Bei der Analyse von Datenbeständen wirken eine Vielzahl unterschiedlicher Fachdisziplinen zusammen. Um jeweils möglichst effizient alle interessanten und bedeutsamen Informationen aus einem gegebenen Datenbestand zu extrahieren, also auf möglichst *intelligente* Art Datenanalyse zu betreiben, bedarf es einer möglichst guten Kombination vorhandener Ansätze. Ein zentraler, übergreifender Aspekt ist vor diesem Hintergrund das Zusammenwirken von menschlichem Datenanalysten und rechnerbasiertem Analysesystem [1].

Damit dieses interaktive Zusammenspiel zwischen Rechner und Anwender reibungslos funktionieren kann, bedarf es einer geeigneten Schnittstelle, die den jeweiligen Wissens- bzw. Planungsstand bzgl. Problemstellung, Lösungsstrategien, Analyseschritten, Ergebnissen und deren Interpretation zwischen den beiden Analysepartnern kommuniziert. Insbesondere dem menschlichen Nutzer sind somit stets ein umfassender Überblick und flexible Eingriffsmöglichkeiten in den Ablauf einer Analysesitzung anzubieten, damit er sein Analysepotential voll ausschöpfen und Ergebnisse korrekt interpretieren kann.

* Dissertation zur Erlangung des Titels eines Doktors der Ingenieurwissenschaften am Fachbereich Informatik der Universität Oldenburg, veröffentlicht unter http://www.bis.uni-oldenburg.de/dissertation/2000/wieint00/wieint00.html

In diesem Sinne wird in dieser Arbeit eine Datenanalyseumgebung entworfen, die *intelligente* Datenanalysen ermöglicht, indem sie möglichst alle für die Analyse relevanten Informationen unmittelbar und umfassend zur Verfügung stellt.

2 Die Standbeine der Arbeit

Eine Eigenheit dieser Arbeit liegt in der Verbindung von Anforderungen und Konzepten einer Reihe verschiedener Domänen. So beschäftigt sie sich mit der

- explorativen Analyse
- multidimensionaler Datenräume
- mit Mitteln datenflussbasierter visueller Programmierung
- auf der Basis einer umfassenden Datenbeschreibung durch Metadaten
- am Beispiel des Anwendungsgebiets der Krebsepidemiologie.

Neben einer kurzen Vorstellung der Krebsepidemiologie als Anwendungsdomäne [2] werden die verbleibenden vier Säulen des Datenmodell- und Systementwurfs mit ihren zentralen Begriffen und Konzepten näher charakterisiert sowie Bezüge zwischen ihnen geknüpft. Es wird speziell untersucht,

- welche unterschiedlichen Facetten verschiedene Ansätze zur Datenanalyse (deskriptive, konfirmatorische und explorative Statistik, OLAP und Data Warehousing, KDD sowie Data Mining) betonen, aus welchen Teilschritten (Interaktionen) Datenanalysesitzungen aufgebaut sind sowie welche besondere Rolle jeweils die interaktive Datenexploration und -visualisierung spielt,
- welche Vor- und Nachteile visuelle Programmierung allgemein bietet, welche Arten visueller Programmierung es gibt und inwiefern speziell der Einsatz datenflussbasierter Programmierung in der Datenanalyse sinnvoll ist,
- welche besonderen Anforderungen die Analyse multidimensionaler Datenräume (sogenannter Datenwürfel) definiert, welche Strukturen und Operationen besonders zu unterstützen sind und welche Ansätze bestehende multidimensionale Datenmodelle hierbei jeweils verfolgen sowie
- wie Metadaten zur ergänzenden Beschreibung von Daten allgemein und insbesondere auf dem Gebiet der Datenanalyse klassifiziert werden können.

3 Wozu ein weiteres Analysesystem?

Eine Vielzahl von Systemen zur Datenanalyse befindet sich bereits auf dem Markt und deckt die Anforderungen unterschiedlichster Anwendergruppen und Aufgabenstellungen ab; viele Prototypen aus dem akademischen Bereich integrieren neuartige Wege der Analyseunterstützung.

Anhand einiger exemplarischer Beispiele werden die Charakteristika verschiedener Systemklassen vorgestellt. Ein besonderes Augenmerk wird auf die Klassen der datenflussbasierten Analyse- und interaktiven Visualisierungssysteme gelegt. Schließlich wird auch über das im Niedersächsischen Krebsregister eingesetzte Auswertungssystem *CARESS* [3] der Bezug zur Krebsepidemiologie hergestellt.

Die verschiedenen Systemklassen werden einander vor allem anhand der jeweils unterstützten Analyseinteraktionen und Interaktionsmodelle, also der möglichen Abfolgen von Interaktionen auf einem zu untersuchenden Datenbestand, gegenübergestellt. Als Zielsetzung ergibt sich, die Ansätze von

- auf einem multidimensionalen Datenmodell basierenden OLAP-Tools,
- bestehenden datenflussbasierten Visualisierungs-/Analyseumgebungen und
- Systemen zur interaktiven Datenvisualisierung

neuartig zu kombinieren und hierbei ein möglichst flexibles Interaktionsmodell zu realisieren. Darüber hinaus besteht der wesentliche Beitrag dieser Arbeit zum *modernen* Data Warehousing in der Integration und sehr engen Kopplung eines exakten, formal definierten Datenmodells mit einer intuitiv nutzbaren, und hinsichtlich bereitgestellter Operatoren und Schnittstellen direkt an den Erfordernissen explorativer Datenanalysen ausgerichteten Analyseplattform.

4 Der Kern der Arbeit: *MADEIRA*

Das multidimensionale Datenmodell *MADEIRA* [4] kann insofern als Kern dieser Arbeit angesehen werden, als mit ihm auch bereits die Funktionalität der Analyseumgebung *VIOLA* in ihren Grundzügen festgelegt wird.

Zunächst erfolgt eine Einordnung der Ziele von *MADEIRA* in eine Klassifikation bestehender multidimensionaler Datenmodelle (u. a. aus [5]). *MADEIRA* wird als logisches, sehr eng an der "reinen" multidimensionalen Betrachtungsweise orientiertes Modell motiviert, das seine Schwerpunkte auf die Modellierung und Unterstützung der interaktiven Datenexploration sowie die genaue, metadatenbasierte Beschreibung der Datensemantik legt – auch dies ist (zumindest in der von *MADEIRA* angebotenen Breite und Tiefe) neuartig für aktuell von bestehenden OLAP-Tools umgesetzte Datenmodelle. Die effiziente Umsetzbarkeit des Modells wird gegenüber diesen Aspekten als zweitrangig deklariert; eine ausreichend effiziente Unterstützung deskriptiver epidemiologischer Analysen wird diesbezüglich als Mindestanforderung festgelegt.

Anschließend werden Entitätstypen von *MADEIRA* (insbesondere multidimensionale Datenräume, Maßzahlen und ihre Berechenbarkeit, Kategorien und ihre Aggregierbarkeit sowie hierüber definierte Dimensionen/Kategorienhierarchien) und eine differenzierte Algebra auf Datenräumen in einer formalen Notation im Detail spezifiziert. Weiterhin werden den Konstrukten von *MADEIRA* zusätzliche Metadaten zugeordnet, die einer besseren Benutzerinformation, einer einfacheren Implementierung und Anwendung sowie der Integration von Hintergrundinformationen in eine Datenanalyse dienen.

Schließlich erfolgt eine zusammenfassende Bewertung von *MADEIRA* auf der Grundlage verschiedener Qualitätsmerkmale "guter" Datenmodelle [6].

5 Mehr als „nur“ eine Benutzungsschnittstelle: *VIOLA*

VIOLA definiert eine datenflussbasierte Programmiersprache zur direkten, navigierbaren und manipulierbaren Repräsentation des gesamten Datenanalyse-prozesses. Ihre wesentlichen Bausteine (Module) ergeben sich (fast) unmittelbar aus den Operatoren von *MADEIRA*. Darüber hinaus sind einfache Kontrollstrukturen, Abstraktionen von Teilprogrammen, Visualisierungsverfahren und Parameterdefinitionen in die Sprache integriert.

Zur Charakterisierung und Einordnung der Entwurfsziele von *VIOLA* dient eine Klassifikation existierender datenflussbasierter Analyseumgebungen (u. a. angelehnt an [7]). Als Besonderheiten von *VIOLA* sind vor allem die multidimensionale Datenanalyse als Anwendungsgebiet, die formale Fundierung der Analysesprache und die nahtlose Integration interaktiver Graphiken anzuführen.

Die unterschiedlichen Modulklassen von *VIOLA* sowie die Verbindung von Modulen über Kanäle in Analyseprogrammen werden formal definiert. Großer Wert wird auf die flexible Parametrisierbarkeit von Operationen über nahezu beliebige *MADEIRA*-Entitäten gelegt. In diesem Zusammenhang werden die eher elementaren, prozedural auf spezifische Datenräume anwendbaren Operatoren der *MADEIRA*-Algebra leicht spezialisiert bzw. zusammengefasst, um in einer deklarativen Sichtweise jeweils gewünschte Analyseergebnisse spezifizieren zu können und somit eine gewisse Unabhängigkeit von den konkret zur Verfügung stehenden Basisdaten zu erlangen. Der Auswahl unterstützter Kontrollstrukturen liegt ein Kompromiss zwischen Sprachmächtigkeit und intuitiver Nutzbarkeit auf einer abstrakten Analyseebene zugrunde. Komplexe Algorithmen sollen nicht durch *VIOLA*-Programme realisiert werden, sondern sind jeweils durch die Berechnungsfunktionalität einzelner Module zu kapseln.

Weiterhin erfolgt die Spezifikation einer flexiblen Verarbeitung von *VIOLA*-Programmen, die daten- und anforderungsgetriebene Elemente kombiniert, auf der Basis von modul- und kanalbezogenen Programmzuständen. Eine Grundidee besteht darin, zumindest das Schema eines jeweils durch ein Modul berechneten Datenraums zu jeder Zeit vorzuhalten bzw. bei Bedarf zu aktualisieren, um den Analysten bei der interaktiven Programmierung bestmöglich zu unterstützen.

Schließlich wird noch auf die Benutzungsoberfläche eines graphischen Editors zur Erstellung von *VIOLA*-Programmen eingegangen, speziell die Repräsentation von Modulen, Kanälen und ihrer Zustände sowie die vielfältigen Möglichkeiten zur Interaktion mit dem Analysesystem und zur Abfrage von Informationen. Eine Bewertung des Sprachentwurfs erfolgt u. a. auf Basis der Kriterien aus [8].

6 Von der Theorie zur Praxis ...

Die vollständige Implementierung eines im Routinebetrieb einsetzbaren Analysesystems ist nicht Gegenstand der Arbeit. Da bisher erst Erfahrungen mit prototypischen Umsetzungen von Teilkomponenten eines möglichen *VIOLA*-Gesamtsystems gesammelt werden konnten, muss die wesentliche Aufgabe zukünftiger Arbeiten in einer entsprechenden Implementierung und Evaluierung der Konzepte in der täglichen Anwendung bestehen.

Es wird eine Client-Server-Architektur zur Umsetzung des *VIOLA*-Entwurfs skizziert. Aspekte der Anbindung verschiedener Datenquellen, der Bereitstellung von auf unterschiedliche Nutzergruppen abgestimmten Benutzungsschnittstellen sowie der Erweiterung von *VIOLA* durch Integration neuer Verfahren, aber auch über Schnittstellen zu externen Analysesystemen werden diskutiert.

Beim Entwurf von *MADEIRA* und *VIOLA* ist - im Hinblick auf eine Beschränkung auf Datenbestände "mittlerer Größe" (wie sie etwa in der Epidemiologie vorliegen) - der effizienten Umsetzbarkeit der vorgeschlagenen Konzepte eine nachrangige Bedeutung beigemessen worden. Diese Lücke wird geschlossen, indem einige Ansätze zur Laufzeit- und Speicheroptimierung der Anfrage- bzw. Analyseverarbeitung vorgeschlagen werden. Eine Berücksichtigung dieser Konzepte sollte auch eine Übertragung von *VIOLA* auf typische betriebswirtschaftliche Anwendungen des Data Warehousing möglich machen.

Konkret wird gezeigt, wie bestehende Aufgabenstellungen zur Datenanalyse im Niedersächsischen Krebsregister mit Hilfe von *VIOLA* angegangen werden können. Hierbei wird unterschieden nach Anbindung einer menübasierten Benutzungsoberfläche an *VIOLA* für Routineauswertungen, Erstellung eines standardisierten Jahresberichts, Unterstützung eines Monitoring der Erkrankungshäufigkeiten sowie einer interaktiven Analyse des Registerbestandes.

7 Fazit

Es stehen sicher noch einige Arbeiten u. a. hinsichtlich erweiterter Funktionalität und Übertragung auf verschiedene Anwendungsdomänen aus, bis alle sinnvollen Möglichkeiten ausgeschöpft sind, *VIOLA* zu einem umfassenden System zur Unterstützung intelligenter Datenanalysen zu machen. Jedoch wird bereits mit der detaillierten Sprachmodellierung und vor allem mit der Befriedigung der Anforderungen einer realen Anwendungsdomäne eine solide Grundlage sowohl für weitere Arbeiten als auch für die konkrete Nutzung von *VIOLA* gelegt.

Literatur

[1] D. J. Hand. Intelligent data analysis: Issues and opportunities. In *Advances in Intelligent Data Analysis*, S. 1–14. Springer Verlag, 1997.

[2] J. Estève, E. Benhamou und L. Raymond. *Statistical Methods in Cancer Research. Volume IV.* International Agency for Research on Cancer, Lyon, 1994.

[3] F. Wietek. Spatial statistics for cancer epidemiology — the cancer registry's epidemiological and statistical data analysis system. In R. Fehr, J. Berger und U. Ranft, Hrsg., *Environmental Health Surveillance*, S. 157–171. ecomed-Verlag, 1999.

[4] F. Wietek. Modelling multidimensional data in a dataflow-based visual data analysis environment. In *Proceedings CAiSE'99*, S. 149–163. Springer Verlag, 1999.

[5] T. B. Pedersen und C. S. Jensen. Multidimensional data modeling for complex data. In *Proceedings 15th ICDE*, S. 336–345, 1999.

[6] M. L. Brodie. On the development of data models. In M. L. Brodie, J. Mylopoulos, J. W. Schmidt, Hrsg., *On Conceptual Modelling*, S. 19–47. Springer Verlag, 1984.

[7] D. D. Hils. Visual languages and computing survey: Data flow visual programming languages. *Journal on Visual Languages and Computing*, 3(1):69–101, 1993.

[8] T. R. G. Green und M. Petre. Usability analysis of visual programming environments: A 'cognitive dimensions' framework. *Journal on Visual Languages and Computing*, 7(2):131–174, 1996.

Industrieprogramm

Sitzung A:

Datenintegration

Wrapper und Konnektoren – geht die Rechnung auf?

Klaudia Hergula

DaimlerChrysler AG
Forschung und Technologie
Wissensaustausch / Austauschgruppe (FTK/A)
HPC 0516, Epplestr. 225, D-70546 Stuttgart
klaudia.hergula@DaimlerChrysler.com

Kurzfassung: In diesem Aufsatz wird die Einsatzfähigkeit der Wrapper- und Konnektoren-Ansätze zur Daten- und Funktionsintegration untersucht. Hierzu werden Anforderungen an eine solche Integrationslösung gestellt und aufgezeigt, wie sie mit Hilfe der beiden Konzepte realisiert werden kann. Darüber hinaus wird die Kombination von Wrappern und Konnektoren vorgeschlagen, um die Stärken beider Ansätze nutzen zu können.

1 Motivation

In den letzten Jahren haben sich zwei grundsätzliche Formen der Integration von Informationssystemen entwickelt: die Daten- und die Anwendungsintegration. Während die Thematik der Datenintegration sehr stark im wissenschaftlichen Umfeld bearbeitet wurde und Konzepte wie die der Föderierten Datenbanksysteme hervorbrachte [SL90], wird die Anwendungsintegration eher von der Industrie vorangetrieben. Hier findet man unter dem Akronym EAI (*Enterprise Application Integration*) Ansätze, die eine Interoperabilität zwischen sogenannten Anwendungssystemen ermöglichen sollen, welche keine Datenschnittstelle wie SQL, sondern den Zugriff nur über eine Menge an Funktionen, ein sogenanntes API (*Application Programming Interface*), unterstützen. Die Relevanz dieser Integrationsthemen wird auch durch zunehmende Standardisierungsbemühungen unterstrichen. Auf der Datenseite wird der SQL-Standard [ANSI99] um Part 9: SQL/MED (*Management of External Data*, [ISO00]) erweitert. Dieser Teil des Standards legt die Schnittstellen zwischen dem Datenbank-Server und sogenannten Wrappern fest, über die heterogene Systeme angebunden werden können. Auf der anderen Seite gibt es im Rahmen der Applikations-Server die Definition der J2EE-Konnektoren (*Java 2 Enterprise Edition*, [Sun00]), die es ermöglichen sollen, unterschiedlichste Systeme in standardisierter Form über einen Applikations-Server anzusprechen. Diese Standards sind vor allem für Unternehmen von großer Bedeutung, um die Portabilität ihrer realisierten Integrationslösungen zu garantieren. So wäre ein Wechsel des strategisch gesetzten Datenbanksystems oder auch Applikations-Servers mit erheblich weniger Aufwand verbunden, als dies momentan der Fall ist.

Wir wollen nun den Fall betrachten, in welchem Unternehmensdaten aus allen Informationssystemen, also aus Datenbank- als auch Anwendungssystemen zusammengeführt werden sollen. Das bedeutet, daß ein Ansatz in der Lage sein muß, sowohl Daten als auch Funktionen zu integrieren. Auf den ersten Blick versprechen die Standardisierungsbemühungen zu Wrappern und Konnektoren Lösungen für Probleme der Integration von Daten und Anwendungssystemen. Mit beiden Konzepten kann man theoretisch eine Daten- und Funktionsintegration realisieren. Doch zeigt sich, daß es Integrationsszenarien gibt, die nach wie vor nicht richtig abgedeckt werden können.

In diesem Aufsatz wollen wir zunächst in den Kapiteln 2 und 3 die beiden Ansätze kurz vorstellen. Anschließend führen wir in Kapitel 4 unsere Anforderungen an eine Integrationslösung auf, um daraufhin die Realisierungsmöglichkeiten auf Basis von Wrappern bzw. Konnektoren zu untersuchen. Des weiteren schlagen wir vor, die beiden Ansätze zu kombinieren und skizzieren hierzu eine mögliche Architektur. Kapitel 5 faßt unsere Gedanken abschließend zusammen.

2 Wrapper

Im folgenden soll kurz der Aufbau der in SQL/MED definierten Wrapper-Architektur [ISO00] vorgestellt werden. Die grundlegende Idee dieser Architektur sieht vor, daß beliebige Datenquellen – relational oder nicht-relational – über Wrapper an einen SQL-Server angebunden werden können. Globale Anfragen werden von dem SQL-Server bearbeitet, der als eine Art Integrations-Server fungiert und die globale Anfrage in die entsprechenden Teilanfragen für die angebundenen Systeme zur lokalen Verarbeitung aufteilt. Die Wrapper stellen hierzu eine standardisierte Schnittstelle zu den Datenquellen bereit, so daß für den SQL-Server alle integrierten Quellen über SQL angesprochen werden können. Zu den Aufgaben des Wrappers gehören die Übersetzung der Teilanfrage in den entsprechenden Schnittstellenaufruf des lokalen Systems sowie die Aufbereitung des Ergebnisses zu Tabellen, die anschließend wiederum an den SQL-Server zurückgereicht werden. Handelt es sich bei den lokalen Systemen um Anwendungssysteme mit Funktionsschnittstellen, so müssen die Funktionen auf abstrakte Tabellen im SQL-Server abgebildet werden, um sie in SQL-Anfragen referenzieren zu können. Abbildung 1 illustriert die Architektur.

Der Wrapper-Ansatz weist die Eigenschaft auf, daß die integrierten Systeme in die datenorientierte SQL-Welt überführt werden und somit deren Vorteile genutzt werden können. Dazu gehören die standardisierte deklarative Datenschnittstelle, die aufgrund ihrer hohen Flexibilität auch Ad-hoc-Anfragen unterstützt. Des weiteren können Daten auf sehr effiziente Art und Weise verarbeitet werden, wobei die Anfrageoptimierung eine wichtige Rolle spielt.

3 J2EE-Konnektoren

Betrachten wir nun die Architektur der J2EE-Konnektoren [Sun00], so stellen wir fest, daß sie der Wrapper-Architektur sehr ähnelt. Auch hier stellt der

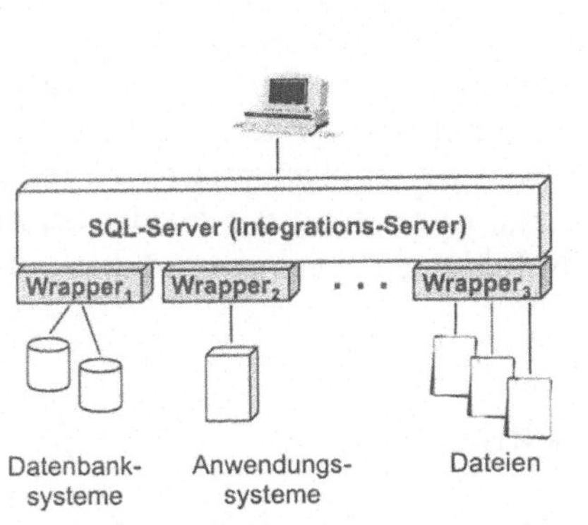

Abb. 1: Wrapper-Architektur.

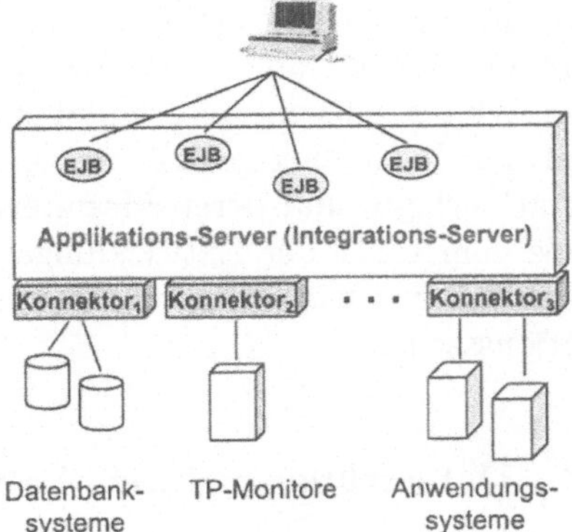

Abb. 2: Konnektoren-Architektur.

Applikations-Server eine Art Integrations-Server dar, an welchen über J2EE-Konnektoren (auch *Resource Adapter* genannt) unterschiedliche Informationssysteme angebunden werden können, von Anwendungssystemen über Transaktionsmonitore bis hin zu Datenbanksystemen. Die Konnektoren stellen ebenfalls standardisierte Schnittstellen zu den lokalen Systemen dar, so daß die Entwickler von Java-Anwendungen über den Applikations-Server in standardisierter Form auf unterschiedliche Informationssysteme zugreifen können, unabhängig von Plattform und Hersteller (siehe Abbildung 2).

Betrachten wir nun die Eigenschaften dieses Ansatzes, so muß klar herausgestellt werden, daß es sich bei diesem Konzept primär um die Bereitstellung standardisierter Schnittstellen und Dienste (Unterstützung von Transaktionen, Sicherheit und *Connection Pooling*) handelt. Die Konnektoren sind in erster Linie als Werkzeuge für den Java-Entwickler gedacht. Es liegt keine Ausführungskomponente vergleichbar dem SQL-Server vor, die bereits eine bestimmte Funktionalität zur Verfügung stellt. Statt dessen muß die eigentliche Integrationslogik im Applikations-Server mittels EJBs (*Enterprise JavaBeans*) und in der globalen Anwendung implementiert werden.

4 Anforderungen und deren Realisierungsmöglichkeiten

Nachdem wir die Konzepte der Wrapper und J2EE-Konnektoren kurz umrissen haben, zeigen wir nun unsere Anforderungen an eine Integrationslösung auf. Anschließend sollen die beiden vorgestellten Konzepte bezüglich ihrer Einsetzbarkeit untersucht und verglichen werden. Basierend auf diesen Ergebnissen betrachten wir die Kombinationsmöglichkeit der beiden Ansätze.

4.1 Anforderungen

In unserem Integrationsszenario gehen wir davon aus, daß Unternehmensdaten aus unterschiedlichen Informationssystemen integriert werden sollen. Bei den

Systemen handelt es sich um Datenbank- als auch Anwendungssysteme, d. h. es muß eine Daten- und Funktionsintegration unterstützt werden. In erster Linie sollen Daten effizient verarbeitet und eine entsprechende flexible Datenschnittstelle zur Verfügung gestellt werden. Des weiteren ist es wünschenswert, die Integrationslogik und deren Mechnismen nicht selbst implementieren zu müssen. Außerdem sollte der Entwicklungaufwand zur Anbindung der lokalen Systeme so niedrig wie möglich gehalten werden. Abbildung 3 zeigt ein mögliches Integrationsszenario.

4.2 Unterstützung durch die beiden Konzepte

Wir wollen nun untersuchen, wie die in Abschnitt 4.1 geforderte Integration jeweils von den beiden Konzepten realisiert werden kann. Betrachten wir den **Wrapper-Ansatz**, so ist die Anbindung der relationalen Datenbanksysteme aufgrund des übereinstimmenden Datenmodells nicht allzu schwer und soll hier nicht weiter untersucht werden. Schwieriger gestaltet sich die Anbindung der Anwendungssysteme und deren Funktionen. Hier müssen drei Problemfelder unterschieden werden, die der jeweilige Wrapper bewältigen muß. Erstens müssen relationale Teilanfragen in die entsprechenden Funktionsaufrufe der unterschiedlichen Systeme abgebildet werden, wobei verschiedene Programmiersprachen und unterschiedliche Funktionalitäten abgedeckt und eingebracht werden müssen. Zweitens müssen Funktionen auf Tabellen und damit zwei vollkommen unterschiedliche Konzepte aufeinander abgebildet werden. Drittens muß auch die durch die Systeme und deren Funktionen unterstützte Funktionalität in die SQL-Welt abgebildet und entschieden werden, ob diese Funktionalität durch den Wrapper noch erweitert werden soll. Dies kann vor allem die verteilte Verarbeitung der globalen SQL-Anfrage beschleunigen, indem beispielsweise die Projektion durch den Wrapper unterstützt wird und somit weniger Daten zwischen lokalem System und SQL-Server transportiert werden müssen. Als großer Vorteil bei diesem Ansatz ist hervorzuheben, daß mit dem SQL-Server bereits eine implementierte Ausführungskomponente, sozusagen die *Engine*, zur Verfügung steht, welche die Integration umsetzt. Außerdem kann mit SQL auf eine flexible Schnittstelle aufgesetzt werden, die mehr oder weniger von allen Software-Herstellern als Datenschnittstelle unterstützt wird.

Konzentrieren wir uns nun auf den **Konnektoren-Ansatz**, so sind die kritischen Punkte anders gelagert. Da es sich um einen funktionsorientierten Ansatz handelt, scheint eher die Anbindung der Datenbanksysteme eine Herausforderung darzustellen. Hier kann jedoch auf JDBC zurückgegriffen werden. Bei den Anwendungssystemen hingegen kann eine Abbildung der lokal angebotenen Funktionen auf die Konnektor-Schnittstelle erfolgen. In dem Konnektor müssen außerdem die Dienste zur Unterstützung der Transaktionen, der Sicherheit und des *Connection Pooling* realisiert werden. Was die eigentliche Umsetzung und Durchführung der Integration betrifft, so kann hier nicht auf eine bereits vorhandene *Engine* wie bei SQL-Servern zurückgegriffen werden. Statt dessen muß der Java-Entwickler die eigentliche Integration selbst im Applikations-Server oder

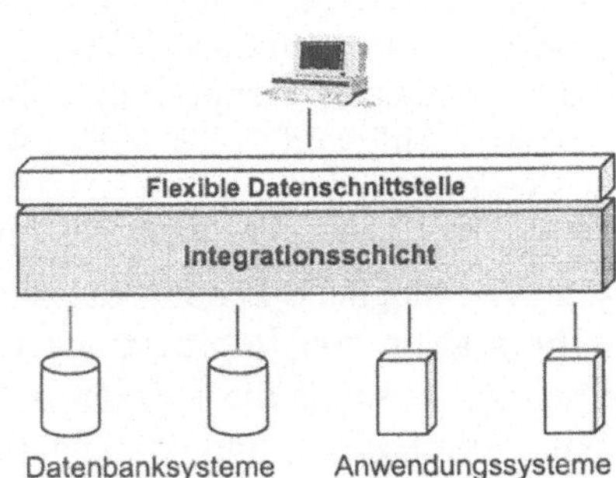

Abb. 3: Beispielhaftes Integrationsszenario.

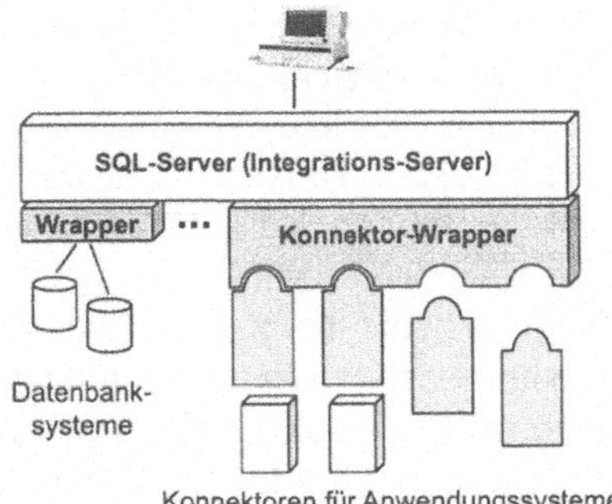

Abb. 4: Kombination von Wrappern und Konnektoren.

der globalen Anwendung realisieren. Des weiteren liegt keine flexible Datenschnittstelle für den globalen Anwender vor[1].

Es zeigt sich, daß grundsätzlich beide Konzepte die Integration von Daten und Funktionen unterstützen können. Stellen wir die Stärken und Schwächen der beiden Ansätze gegenüber, so ist offensichtlich, daß zur effizienten Verarbeitung der integrierten Daten und Umsetzung der Integration der Wrapper-Ansatz mit SQL-Server vorzuziehen ist. Die Realisierung der Wrapper scheint jedoch aufwendig und wird in den meisten Fällen selbst implementiert werden müssen, da bisher nur sehr wenige Software-Hersteller Wrapper gemäß SQL/MED unterstützen. Gerade andersherum zeigt sich die Lage bei den J2EE-Konnektoren. Zwar muß die Umsetzung der Integration selbst programmiert werden und es liegt noch keine flexible Datenschnittstelle vor. Mit der Konnektoren-Schnittstelle haben wir aber ein Konzept, das von den Herstellern sehr gut angenommen und bereits in zahlreichen Produkten umgesetzt wird. Es ist vor allem damit zu rechnen, daß alle bedeutenden Hersteller für ihre Systeme J2EE-Konnektoren anbieten werden und somit lediglich Konnektoren für im Hause entwickelte Systeme implementiert werden müssen. So gesehen scheint eine Kombination der beiden Konzepte eine interessante Alternative darzustellen, die wir im nächsten Abschnitt betrachten wollen.

4.3 Kombination der Konzepte

Bei der Kombination von Wrappern und Konnektoren gehen wir davon aus, daß unsere Integrationslösung grundsätzlich auf dem Wrapper-Ansatz basiert. Die Konnektoren kommen zum Einsatz, wenn Anwendungssysteme angebunden werden sollen. Dies scheint vor allem dann sinnvoll, wenn zukünftig damit zu rechnen ist, daß Software-Hersteller Konnektoren für ihre Systeme anbieten werden. Um die Konnektoren an den SQL-Server anzubinden, benötigt man wiederum einen Wrapper. Da die Konnektor-Schnittstelle standardisiert ist, können alle

[1] Es wird jedoch bereits an der Unterstützung von Anfragen gearbeitet.

Anwendungssysteme mit Konnektor über ein und denselben Wrapper integriert werden. Der Entwicklungsaufwand für die Integration kann auf diese Weise deutlich reduziert werden. Wurde nämlich einmal der Konnektor-Wrapper erstellt, so kann jeder beliebige Konnektor mit relativ geringem Aufwand in die Architektur eingehängt werden. Abbildung 4 verdeutlicht unsere Idee.

Natürlich gehen wir nicht davon aus, daß dieser Vorschlag alle Probleme löst. Vielmehr scheint er für unsere Anforderungen *eine* mögliche Lösung darzustellen. Grundsätzlich scheint es jedoch bei der Integration von Informationssystemen sinnvoll, die beiden Konzepte zu kombinieren, um somit die Stärken beider Ansätze nutzen zu können. Wie diese Kombination aussieht, hängt maßgeblich von den zu integrierenden Systemen, den Anforderungen an die Datenverarbeitung sowie der globalen Schnittstelle ab.

5 Zusammenfassung

In diesem Aufsatz haben wir uns der aktuellen Diskussion zu Wrappern und J2EE-Konnektoren angeschlossen, um deren Einsatzmöglichkeiten bei einem bestimmten Integrationsszenario zu untersuchen. Nachdem die beiden Konzepte kurz vorgestellt wurden, haben wir unsere Anforderungen an eine Integrationslösung aufgeführt. Anschließend wurde untersucht, wie die Integration mittels Wrapper bzw. Konnektoren realisiert werden kann: dabei wurden deren Stärken und Schwächen aufgezeigt. Es wurde deutlich, daß die beiden Konzepte alleine keine optimale Lösung bieten. Vielmehr erscheint es sinnvoll, Wrapper und Konnektoren in einer Architektur zu kombinieren, um somit die Vorteile beider Ansätze zusammenzuführen. Weiterhin wurde eine mögliche Kombinationsarchitektur skizziert und darauf verwiesen, daß auch andere Kombinationsmöglichkeiten sinnvoll sein können.

Referenzen

ANSI99: American National Standards Institute, Inc. (1999). Database Languages – SQL – Part 2: Foundation (SQL/Foundation). ANSI/ISO/IEC9075-2-1999. In: Amercian National Standard for Information Technology, Dezember 1999.

ISO00: ISO/IEC (2000). Database Language – SQL – Part 9: Management of External Data (SQL/MED), September 2000. Final Committee Draft.

SL90: A. P. Sheth, J. A. Larson (1990) *Federated Database Systems for Managing Distributed, Heterogeneous and Autonomous Databases.* In: ACM Computing Surveys, 22(3):183-236.

Sun00: Sun Microsystems (2000). J2EE Connector Architecture Specification. Version 1.0. http://java.sun.com/j2ee/connector/

DARWIN –
Ein Data Warehouse Projekt der Deutschen Telekom AG

Andrea Bernhardt, Stefan Benner, Frank Pollmann
T-Systems, Computing Services

Management Summary

In diesem Papier geben wir eine Übersicht zur technischen Architektur einer *Data Warehouse* Applikation der Deutschen Telekom AG.
DARWIN ist ein *Data Warehouse* Projekt der Deutschen Telekom AG, in dem Daten gesammelt, verknüpft und unter gewissen Kriterien Auswertungen möglich sein sollen. Um dies zu gewährleisten, wurden vier Ebenen definiert, die funktional und von ihrer Hardware voneinander unabhängig gestaltet sind. Diese Ebenen bauen teilweise aufeinander auf und sind hierarchisch organisiert.
Die unterste Ebene heißt *Staging Area*, eine Sammelstelle für Daten, die aus operativen Anwendungen heraus gefiltert, und hier abgelegt werden. Die nächste Ebene heißt *Data Warehouse*, hier werden die Daten durch einen Transformationsprozess gewissen Aspekten zugeordnet – dadurch wird themengebunden eine Datenselektion und Abfrage möglich. Darauf kann eine dritte Ebene zugreifen, *Data Mart* genannt, hier findet eine inhaltlich definierte Bündelung der Daten der Ebene 2 statt. Hierauf baut dann die vierte und letzte Ebene des *Data Warehouses* auf, die *Auswertetools*, in denen die Daten themengebunden analysiert werden.

1. Technische Übersicht der Anwendung DARWIN

Die Abhandlung befasst sich mit einem in der Entwicklung befindlichen Projekt der Deutschen Telekom AG, in dem Daten gesammelt, verknüpft und ausgewertet werden: das *Data Warehouse* -Projekt. Das fertige System soll in vier Ausbaustufen realisiert werden, wobei jeder Stufe vier funktionale Ebenen zugeordnet sind.
1. *Staging Area* – Bereinigung und Transformation der Daten
2. *Data Warehouse* – Filterung und Verknüpfung der Daten
3. *Data Mart* – Aggregationsläufe
4. *Auswertetools* – Erstellung von Reports

Das Projekt ist zur Zeit im Aufbau, Ausbaustufe 1 ist bereits realisiert. Ziel ist es, mit Ausbaustufe 4 eine Datenmenge (Rohdaten x 4) von rund 100 Terabyte zu verarbeiten.

	RS/6000 SP	RS/6000 S80	Rohdaten
1. Stufe	42 Knoten	2 x S80 mit je 18 Prozessoren	5,97 Terabyte
2. Stufe	61 Knoten	2 x S80 mit je 24 Prozessoren	9,50 Terabyte
3. Stufe	112 Knoten	3 x S80 mit je 18 Prozessoren	18,97 Terabyte
4. Stufe	150 Knoten	3 x S80 mit je 24 Prozessoren	25,16 Terabyte

Im folgenden sollen die funktionalen Ebenen vorgestellt werden. Dabei werden wir auf den „Ladeprozess" der Daten in die jeweilige Ebene, dem „Einsatzort", dem Standort der Systeme im Projekt DARWIN, und der Systemarchitektur, eingehen. Weitere Punkte in der Erörterung sind die eingesetzte Software und Hardware und das Zusammenspiel der jeweiligen Komponenten.

2. Funktionale Ebenen der Data Warehouse Applikation

2.1 Staging Area

Die *Staging Area* ist die einfachste, d.h. unstrukturierteste Datenverwaltung. Sie bildet die Basis für die darauffolgenden Ebenen. In ihr findet die Datenextraktion aus den operativen Systemen sowie die Datenbereinigung statt.
An dieser Stelle möchten wir den Begriff des ETL-Prozesses einführen. ETL steht für *Extract Transform Load* . Dieser Prozess spielt rund um die Ebene 1, der *Staging Area* und zwischen den Ebenen 2 und 3 eine Rolle. Die Aufgabe des ETL-Prozesses ist es, Daten aus einem Quellsystem zu extrahieren, umzuwandeln und in ein Zielsystem zu laden. Mit dem ETL-Prozess lassen sich Daten aus dem operativen System in geordneter Weise in das *Data Warehouse* überführen. Dabei sind die Rohdaten von Fehlern zu reinigen, gegebenenfalls zu transformieren, und in eine Form zu bringen, die dem Datenmodell des *Data Warehouses* entspricht.
Darüber hinaus kann die ETL-Funktionalität beim Anlegen und Laden von *Data Marts* eingesetzt werden. Diskutiert werden sollen die 3 Arten, auf die sich der ETL-Prozess prinzipiell realisieren lässt.
Eigenentwicklung Durch eine „klassische" Eigenentwicklung z.B. eine Programmierung in C, oder C++. Nachteile könnten hier bei der Durchführung von Änderungsanforderungen entstehen, da sich durch den Entwicklungszyklus, wie Test und Abnahme Verzögerungen ergeben könnten.
ETL-Tool Über eine GUI-Oberfläche lässt sich die Steuerung und Parametrisierung des Prozesses vornehmen, der Anteil der eigenen Programmierung ist hierbei gering. Für den Einsatz in dem Wirkbetrieb gilt es zu untersuchen, ob das Tool in der Lage ist, die Komplexität der Datenstruktur abzubilden, ob zusätzliche Exits benötigt werden und wie performant sich das Tool bei sehr großen Datenbeständen verhält.

Hybrid Lösung Falls ein ETL-Tool nicht in der Lage sein sollte, die gestellten Anforderungen zu erfüllen, sollte überprüft werden, ob sich die Vorteile des Tools, wie z.B. die GUI-Schnittstelle mit einer Eigenentwicklung kombinieren lassen.

Lade-Prozess – aus dem operativen System in die Staging Area
Die Quellsysteme stellen selbst ihre Daten als *Flat Files,* also in einer Form mit nur wenig Struktur, bereit. Die Dateien werden bei den Quellen mit FLAM komprimiert, mit FTP *File Transfer Protocol* an den Ort der *Staging Area* übertragen und mit FLAM wieder dekomprimiert. Die Daten stammen dabei aus Anwendungen von verschiedenen Standorten. Die Daten werden in fest definierten zeitlichen Intervallen, wie z.B. monatlich von dem operativen System geliefert. Für den ETL-Prozess, der in diesem Fall eigentlich keine Extraktion, sonder nur eine Transformation beinhaltet, da die Daten bereits in extrahierter Form vorliegen, werden zur Transformation Produkte des SAS Instituts eingesetzt. Folgende Komponenten der SAS Software werden für die ETL-Tools in der *Staging Area* für das Projekt DARWIN, in der ersten Ausbaustufe, eingesetzt. Alle Komponenten zeichnen sich dadurch aus, dass sie auf allen Rechnern der *Staging Area* installiert sein müssen.
SAS/Base SAS/Base ist die Kernkomponente der SAS Software.
SAS/Access to DB2 UDB EEE SAS/Access ermöglicht den direkten Zugriff aus SAS Programmen auf die DB2 Datenbank. Daten lassen sich aus der DB2 Datenbank direkt in SAS lesen und umgekehrt von SAS in die DB2 Datenbank schreiben.
SAS/Connect Mit SAS/Connect ist eine Kommunikation zwischen den Knoten der *Staging Area* möglich.
SAS/FSP SAS/FSP dient zur Anzeige der SAS internen Daten und DB2 Tabellen.

Definition Staging Area
Mit der *Staging Area,* der ersten Ebene des *Data Warehouse* Modells möchte man Daten aus den laufenden Anwendungen anforderungsunabhängig für einen definierten Zeitraum sammeln, und sie unternehmensweit festgelegten Bezugsgrößen zuordnen.
Die Daten, die in die *Staging Area* fließen, können aus mehreren operativen Systemen gewonnen werden. Die Auswahl geschieht über ein bestimmtes Themengebiet. Die von den *Data Warehouses* und *Data Marts,* also den höheren Ebenen angeforderten Daten, werden in der *Staging Area* gesammelt und von den operativen Systemen getrennt. In der *Staging Area* werden die Daten bis zur Weitergabe an die höheren Ebenen gespeichert. So kann z.B. das Füllen der *Staging Area* wöchentlich, eine Weitergabe monatlich erfolgen, anschließend werden die erfolgreich weitergeleiteten Daten gelöscht.
Die *Staging Area* zeichnet sich durch die Bearbeitung und Weitergabe einer großen Datenmenge und einen ständigen Ladeprozess aus. Ad Hoc Zugriffe sind auf dieser Ebene nicht möglich. Durch das Löschen der Daten nach der Weitergabe an eine höhere Ebene wird nur eine kurze Historie gehalten.

Einsatzort
Die Rechner der *Staging Area* – auch Vorrechner genannt, befinden sich, im Projekt DARWIN, physikalisch und räumlich getrennt von dem operativen System. Die

Daten werden am Ort der laufenden Anwendung mit FLAM komprimiert, per FTP an die *Staging Area* übertragen, und dort mit FLAM dekomprimiert.

Funktion

Die Aufgabe der *Staging Area* ist es, die Daten

- richtig zusammenzustellen
- aufzubereiten
- zu verschlüsseln
- zu anonymisieren
- zu transformieren

Architektur 1

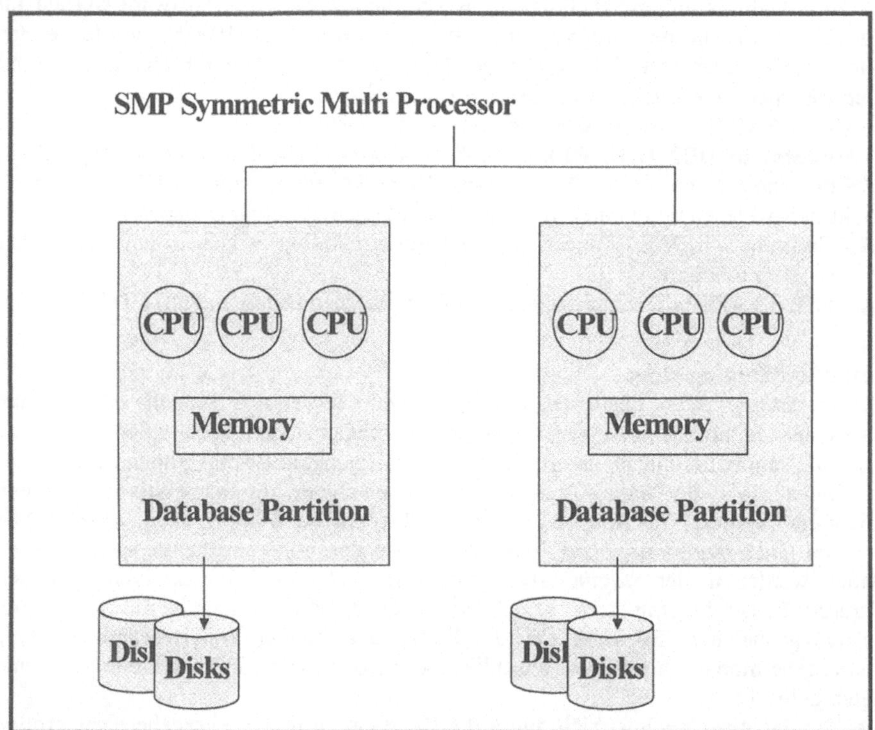

- Eine Abfrage kann in einer einzelnen Partition mit mehreren Prozessoren oder parallel über mehrere Partitionen bearbeitet werden.
- *Shared Everything*

Die Funktionen der *Staging Area* sind auf einer SMP-Architektur implementiert. Die SMP-Architektur, ein Symmetrisches Multi Prozessor System basiert hier auf zwei RS/6000 S80 Rechnern der Firma IBM. Dieses sind 64-Bit Systeme mit bis zu 24

Prozessoren, 96 GB Hauptspeicher und bis zu 4 I/O Einheiten mit insgesamt 56 PCI Steckplätzen. Die RS/6000 S80 Vorrechner werden als externe SP Knoten mit einem SP Switch Adapter an das RS/6000 SP Koppelnetzwerk (SP Switch) angeschlossen. Das RS/6000 SP-System ist der eigentliche *Data Warehouse* Rechner, der als MPP-Architektur, also als Massiv Paralleler Rechner, implementiert ist. Die RS/6000 S80 Systeme lassen sich in gleicher Weise wie ein interner Knoten, über Ethernet und eine serielle Leitung steuern und administrieren.
Bei der RS/6000 S80 Architektur steht die hohe knoteninterne Skalierung bis hin zu 24 Prozessoren im Vordergrund, die Aufgaben des Vorrechners, wie Data Cleansing, Filtering, Plausibilisieren und Anonymisieren der Daten unterstützt.

Software und Hardware
Die *Staging Area*, die aus System Sicht wie ein weiterer Knoten des *Data Warehouse* Rechners behandelt werden kann, ist mit AIX, PSSP, dem *Parallel System Support Program*, und IBM DB2 UDB EEE, ausgestattet. In Stufe 1 des Projekts DARWIN werden 2 RS/6000 S80 Systeme eingesetzt.

2.2 Data Warehouse

Im *Data Warehouse* befinden sich große Datenmengen, die aus der *Staging Area* abgerufen werden und erste Analysen ermöglichen.

Lade-Prozess – von der Staging Area zum Data Warehouse
Im Data Warehouse – Ladeprozess, dem ETL-Prozess zwischen Stufe 1 und 2, werden Detaildaten aus verschiedenen *Staging Areas* gefiltert, ggf. aggregiert und verknüpft. Hierbei sind verschiedene Produkte und Methoden möglich. Im Projekt DARWIN wird das von IBM angebotene parallele File System GPFS *General Parallel File System* genutzt. GPFS ist ein Bestandteil des *Parallel System Support Program (PSSP)* und ist im Abschnitt über Softwarekomponenten näher erklärt. Die Ergebnisdaten der *Staging Area*, die als Ladedateien dienen, können auf den Vorrechnern direkt in ein paralleles File System geschrieben werden, von wo aus sie von den jeweiligen Datenbankknoten des MPP Systems parallel gelesen, geteilt und geladen werden.

Definition Data Warehouse
Im Gegensatz zur *Staging Area* sind auf der *Data Warehouse*-Ebene, der zweiten Ebene des *Data Warehouse* Modells der Deutschen Telekom AG, Ad Hoc Abfragen oder erste Analysen möglich. Dazu werden Daten aus verschiedenen Systemen der Ebene eins, der *Staging Area* zu einem größeren Komplex zusammengestellt, des weiteren werden geladene Daten über eine längere Historie vorgehalten.
Die Daten werden in einem nicht anforderungsspezifischen, flexibel auswertbaren Datenmodell gespeichert. Das *Data Warehouse* dient dazu, die verschiedenen *Data Marts* mit Daten zu versorgen, wobei auch dies durch einen weiteren ETL-Prozess realisiert wird.

Hauptmerkmale eines *Data Warehouses* sind die Verarbeitung und Weitergabe, von großen Datenmengen, die lange Historie, über die Daten gehalten werden, der regelmäßige Ladeprozess und mögliche Ad Hoc Zugriffe durch *DrillDown* Analysen. Unter einer *DrillDown* Analyse versteht man das „Aufbohren" der aggregierten Werte zu einem feineren Detaillierungsgrad.

Einsatzort
Durch die Verbindung des Vorrechners, der RS/6000 S80 zu dem RS/6000 SP Verbund, der die physikalische Basis des *Data Warehouses* bildet, befindet sich im Projekt DARWIN der *Data Warehouse* Rechner am gleichen Ort wie die Rechner der *Staging Area.* Er könnte, laut Angabe von IBM, auch an einem anderen Ort aufgebaut, und über ein entsprechendes Netz angeschlossen werden.

Architektur 2

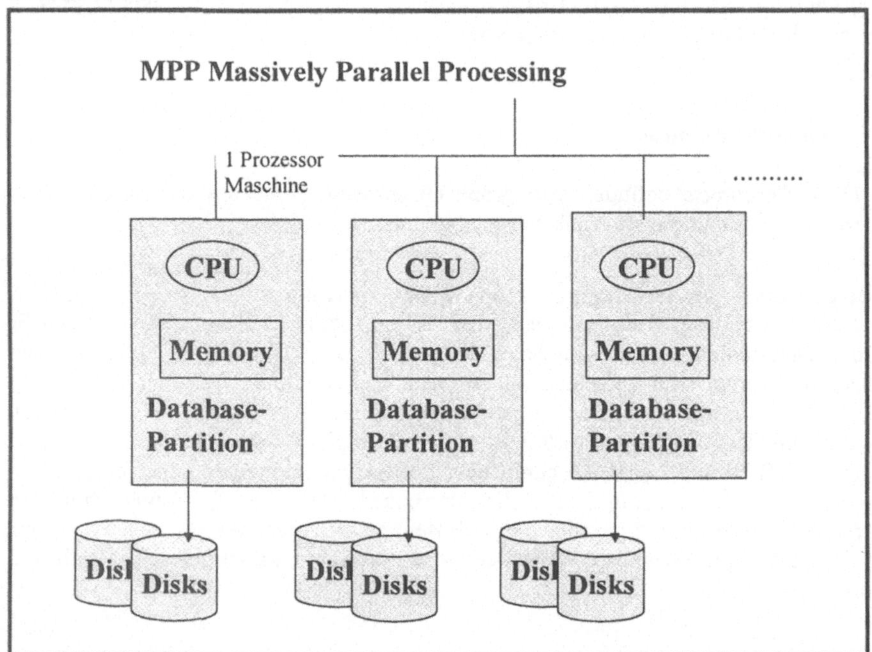

- Mehrere Datenbank Partitionen
- Jede Partition liegt auf einer eigenen Maschine und hat ihren eigenen Prozessor, Memory und Platten
- Das System ist linear skalierbar
- *Shared Nothing* Architektur

Die Idee der MPP Architektur, dem *Massiven Parallelen Processing* ist es, mit wachsender Datenmenge mitzuwachsen, ohne dabei auf eine hohe Performance zu

verzichten. Eine SQL Abfrage, die auf „konventionellen" Systemen Tage in Anspruch nehmen würde, soll in kleinere Komponenten zerlegt parallel laufen und somit eine vernünftigere Antwortzeit ermöglichen. Die MPP Architektur steht so für eine hohe Skalierbarkeit und eine gute Performance.
Für das DARWIN Data Warehouse wird dazu ein massiv paralleler Rechner, eine RS/6000 SP mit dem Datenbanksystem DB2 UDB EEE (*DB2 Universal Database Extended Enterprise Edition*) eingesetzt. In der ersten Stufe ist die RS/6000 SP mit 42 Knoten bestückt, in der vierten Stufe, zur Verarbeitung von 100 Terabyte Daten, wobei diese Angabe auch Indizes und temporäre Tabellen ... beinhaltet, werden dann 150 Knoten benötigt. Alle 42 Knoten der 1. Stufe sind in 6 Frames untergebracht und haben eine direkte serielle Verbindung über eine *Frame Supervisor Card* zur *Control Workstation*. Jeder Knoten kann so mit jedem Knoten über den *High Performance Switch* der RS/6000 SP kommunizieren.

Hardware
In der Stufe 1 des *Data Warehouse* Projektes wird eine RS/6000 SP mit 42 Knoten eingesetzt. Als *Control Workstation* für die zentrale Überwachung und Steuerung des Data Warehouse SP Systems wird ein System RS/6000 Modell F50 verwendet.

Software
Das Datenbanksystem DB2 UDB EEE nutzt die *Shared Nothing* Architektur in der jeder Knoten, in einem System mit vielen Knoten, seinen eigenen Speicher und seine eigene I/O besitzt. Diese Architektur, auf der die MPP Systeme basieren, unterstützt so die Aufteilung von sehr großen Datenbanken in mehrere Partitionen. Jede Partition wird dabei einem DB2 Server zugeordnet, der jeweils auf einem separaten Knoten der RS/6000 SP gespeichert und verwaltet wird. Abfragen, wie z.B. SQL *Structured Query Language*, Operationen wie Read, Insert, ... werden von DB2 UDB EEE in viele Teile unterteilt, die auf allen Knoten vollständig parallel und simultan ausgeführt werden. SQL Abfragen lassen sich auch durch den SQL Optimizer an die parallele Systemarchitektur anpassen.

Weitere Funktionen und Werkzeuge von DB2 UDB EEE, die insbesondere die Aufgaben des *Data Warehouses* unterstützen, seien hier genannt:

- Multiple Bufferpools, sequentielles Prefetch, Index Prefetch
- Starjoin-Optimierung
- Automatisches Erstellen von Aggregaten und Summierung während des Ladeprozesses
- Visual Explain – zur Analyse und Tunen von SQL Statements, Performancemonitoring
- DB2 Control Center für alle administrativen DB2 Funktionen wie Konfiguration, Backup, Recovery
- Data Redistribution Utility – hiermit lassen sich neue Knoten im laufenden Betrieb aktivieren

Betriebssystem AIX Das Betriebssystem AIX 4.3 läuft auf allen SP Knoten. Nach dem *Shared Nothing* Prinzip hat dabei jeder SP Knoten seine eigene Version des Betriebssystems. Unterschiedliche Softwarestände sind dabei möglich.
Parallel System Support Program (PSSP) Die Parallel System Support Programme dienen zur eigentlichen Verwaltung der RS/6000 SP. Es folgt eine kurze Beschreibung der einzelnen Funktionen:
Hardware- und Software Management Das Parallel System Support Programm legt die Informationen über die Knoten in einem *System Data Repository* (SDR) ab, das von einer *Control Workstation* verwaltet wird. Informationen über die Hard- und Software der einzelnen Knoten sind hier abgelegt und können zentral verwaltet werden. Sollte die *Control Workstation* nicht aktiv sein, sind gewisse Operationen wie z.B. das Hardwaremanagement nicht möglich.
Zentrales User Management Alle Benutzer der RS/6000 können in dem System *Data Repository* abgelegt, und für bestimmte Knoten zugelassen werden.
System- und Performance Monitoring Auf der *Control Workstation* können Performance bezogene Daten, die auf den einzelnen Knoten durch einen Agenten gesammelt, und an den Performance Manager weitergeleitet wurden, analysiert und visualisiert werden. Zur graphischen Darstellung steht eine „Performance Toolbox" zur Verfügung.
Zentrales Repository Die *Control Workstation*, oder ein beliebig definierter Knoten hält die „Masterversion" von wichtigen Systemdateien, die von dort in definierten Zeitintervallen von den anderen Knoten abgeholt werden können.
Event Management Mit dem Ereignis Management werden vordefinierte oder selbst festgelegte Ereignisse überwacht und bei Eintreten spezielle Aktionen veranlasst.
Security Management Für die interne Kommunikation zwischen den einzelnen Knoten wird *Kerberos,* eine Komponente von DCE *Distributed Computing Environment* eingesetzt. Mächtige Befehle erhalten so ein *Kerberos* Ticket, das nach Ausführung des Kommandos wieder ungültig wird.
Problem Management Das Problem Management Subsystem ist ein Teil des *Event Managements.* Es erhält von den *Event Management* Prozessen aktuelle Informationen über den Zustand aller Knoten.
General Parallel File System Das General Parallel File System, ist wie es der Name sagt, ein paralleles File System, auf das alle SP Knoten parallel zugreifen können. Dabei gibt es Knoten, die für die Ein- und Ausgabe vorgesehen sind und Knoten, die nur angehängt (gemounted) werden. Das GPFS ist für das Lock Management und die Konsistenzüberwachung zuständig. Dies ist notwendig, da mehrere Knoten gleichzeitig schreiben und lesen dürfen. Die Datenblöcke liegen auf mehreren Knoten verteilt. Zugriffe auf Daten, die nicht auf dem lokalen System liegen, werden als TCP/IP-Paket umgewandelt und am Ort abgearbeitet. Des weiteren besteht die Möglichkeit Datenblöcke redundant zu halten, eine Art Mirroring über Knoten hinweg.

2.3 Data Mart

Die Ebene *Data Mart* ermöglicht das themengebundene Verknüpfen von Daten.

ETL-Dienste

Für das Projekt DARWIN wird der Lade-Prozess der *Data Marts* durch Eigenentwicklungen mit DB2 (Standard-SQL) realisiert. *Data Marts* lassen sich anforderungsspezifisch aus den bestehenden *Data Warehouses* durch Filterung und Aggregation bilden. Auswertetools, die vierte Ebene des *Data Warehouse* Modells, können so schnell und flexibel auf die anforderungsbezogenen Daten zugreifen. Dazu ist eine Reduzierung der Datenmenge, Bildung von Aggregationen, auswertungsspezifische Zusammenstellung der Daten und eine auf die Anwendung optimierte Datenhaltung notwendig. Dies wird realisiert durch die Bildung von multidimensionalen Würfeln.

Ein *Data Mart* zeichnet sich durch viele Ad Hoc Zugriffe, kurze Zugriffszeiten, Aggregationsläufe, eine lange Historie, der Verarbeitung einer mittelgroßen Datenmenge und Weitergabe der Daten in kleiner Paketform, an die vierte Ebenen des *Data Warehouse*-Modells, den *Auswertetools* aus.

Definition Data Marts

Die Aufgabe von *Data Marts*, der dritten Ebene des *Data Warehouse* Modells, ist es, Daten der zweiten Ebene, der *Data Warehouse* Ebene, aggregiert und gefiltert auf einen speziellen Informationsbedarf, z.B. einer Fachabteilung, optimiert zu speichern. *Data Marts* lassen sich anforderungsspezifisch aus den bestehenden *Data Warehouses* durch Filterung und Aggregation bilden Auswertetools, die vierte Ebene des *Data Warehouse* Modells, können so schnell und flexibel auf die anforderungsbezogenen Daten zugreifen. Dazu ist eine Reduzierung der Datenmenge, Bildung von Aggregationen, auswertungsspezifische Zusammenstellung der Daten und eine auf die Anwendung optimierte Datenhaltung notwendig. Dies wird realisiert durch die Bildung von multidimensionalen Würfeln.

Einsatzort

Um eine sehr schnelle Verbindung zu erreichen, ist es günstig, die Rechner der *Data Marts* am gleichen Standort, wie die des *Data Warehouses* und der *Staging Area* zu installieren. Da die vier Ebenen des *Data Warehouse* Modells physikalisch getrennt definiert sind, können die Rechner der *Data Marts* auch an einem beliebigen Standort stehen und z.B. über das Telekom interne Netz angebunden werden.

Funktion

Filterung und Aggregation von Daten aus dem *Data Warehouse*.

Software

Zur Zeit (Stand November 2000) ist erst ein *Data Mart* realisiert. Dies befindet sich auf der Hardware des Data Warehouse Rechners. Als Datenbanksystem dient dazu DB2 UDB EEE.

2.4 Auswertetools

Diese Ebene ermöglicht die spezielle Auswertung des Datenmaterials durch den Endanwender von einem „Arbeitsplatzrechner".
Hier, an der vierten Ebene angekommen, möchten wir den zweiten „Dienst" definieren. Während sich der ETL-Prozeß, den wir bei der *Staging Area* definiert haben, im wesentlichen auf die Ebenen 1, 2 und 3 bezieht, kommt bei Ebene 4, der OLAP-Dienst zum Einsatz.
Wir unterscheiden dabei 3 Formen von OLAP Diensten, nämlich DOLAP, für Desktop OLAP, ROLAP für Relationales OLAP und MOLAP für Multidimensionales OLAP. Dabei sind die drei Ausprägungen von OLAP nicht ausschließend zu betrachten. Es ist durchaus vorstellbar und auch wünschenswert, für ein *Data Warehouse* verschiedene Tools einzusetzen, da die Anforderungen meist sehr unterschiedlicher Natur sind, und sich so, bei der richtigen Wahl, die Stärken der einzelnen Tools ergänzen können.
DOLAP (Desktop OLAP)
Mit DOLAP-Tools lassen sich bekannte und regelmäßig wiederkehrende Fragestellungen bearbeiten. Der Schwerpunkt liegt dabei auf der Ergebnispräsentation.
ROLAP (Relationales OLAP)
Mit ROLAP-Tools soll es möglich sein, den Datenbestand nach Ursachen und Zusammenhängen zu analysieren.
MOLAP (Multidimensionales OLAP)MOLAP-Tools werden eingesetzt, um bei einer definierten Datenmenge sehr komplexe Analysen mit kurzer Antwortzeit durchzuführen.

Definition Auswertetools

Mit den Auswertetools möchte man die vom Endanwender definierten Reports graphisch darstellen. Komplexe Analysen von Daten der Ebene 2 und 3, also der *Data Marts* und des *Data Warehouses* können mit OLAP-Tools durchgeführt werden. Die Auswertetools zeichnen sich somit alle durch kleine zu verarbeitende Datenmengen und eine komplexe Funktionalität zur Definition und Präsentation von Reports aus.

Einsatzort

OLAP-Dienste, also „Online" Dienste müssen auf den Arbeitsplatzrechnern der jeweiligen Benutzer installiert sein.

Software

Als Software für die OLAP-Dienste werden die Produkte von Business Objects eingesetzt. Diese ermöglichen z.B. einen Zugriff über das Netz und das Versenden von Reports als HTML-Seiten.

Sitzung B:

XML und Datenbanken

Realisierungsaspekte eines XML Datenbanksystems

Walter Waterfeld

Software AG
Uhlandstr. 12
64297 Darmstadt
Walter.Waterfeld@softwareag.com

Einordnung von XML Datenbanksystemen

Es gibt inzwischen eine Vielzahl von Datenbanksystemen, die gewisse XML-Fähigkeiten enthalten, wie beispielsweise die Erzeugung der Ergebnisse im XML-Format. Damit einher geht schon häufig die Bezeichnung *XML Datenbanksystem.*

Wir verstehen unter einem XML Datenbanksystem ein System, das XML als Datenmodell vollständig versteht. Das heißt: das Schema wird als XML Schema definiert. Das System ist in der Lage, beliebige XML-Instanzen zu speichern und mit XML Anfragesprachen wieder zu liefern.

Mit dem Begriff ist natürlich nicht die Realisierung eines solchen Systems festgelegt. Die bisher relativ geringe Zahl solcher XML Datenbanksysteme läßt sich jedoch von ihrer Realisierung in zwei Kategorien einteilen:

- Aufsatzlösungen auf bestehenden Datenbanksystemen
- „Native " XML Datenbanksysteme

Die Mehrzahl der verfügbaren Systeme sind als Aufsatzlösungen auf existierenden relationalen oder objekt-orientierten Datenbanksystemen realisiert. Durch den damit einhergehenden Abbildungsverlust auf zum Teil völlig anders geartete Datenmodelle ist jedoch keine effiziente Realisierung möglich. Daher gibt es inzwischen erste native XML Datenbanksysteme, die direkt alle Aspekte von XML-Daten unterstützen.

Tamino DB als Beispiel eines nativen XML Datenbanksystems

Tamino DB ist eine konsequente Verwirklichung des Prinzips der nativen XML Datenbanksysteme. Es speichert XML Dokumente in einer für XML optimierten Form ohne Umweg über andere Datenmodelle und erreicht damit die für volle Datenbanksysteme notwendige Effizienz.

Tamino DB verwendet an allen Schnittstellen konsequent die XML Repräsentation. Das gilt für die Definition von Schemata, die dem XML-Schema Standardvorschlag entsprechen und selbst in XML Repräsentation erfolgt. Auch für die Einfüge-, Änderungs- und Anfrageoperationen werden als Eingabeparameter und als Ergebnis nur XML-Instanzen zugelassen [6].

Trotzdem ist Tamino DB ein volles Datenbanksystems mit den gewohnten Eigenschaften wie Transaktionssicherheit, Skalierbarkeit und Optimierbarkeit der physischen Repräsentation durch ausgefeilte Indextechniken [1].

Architektur

Die folgende Abbildung zeigt die wesentlichen Teile der Architektur von Tamino DB. Man erkennt, dass Tamino DB immer über die HTTP Schnittstelle eines Web-Servers angesprochen wird. Neben der bereits diskutierten nativen Speicherung von XML-Dokumenten bietet Tamino DB eine XML-Sicht auf relationale Datenbanksysteme über die Standard-Schnittstelle ODBC. Weiterhin ist die Integration von Verhalten in Form von DCOM oder Java-Klassen möglich.

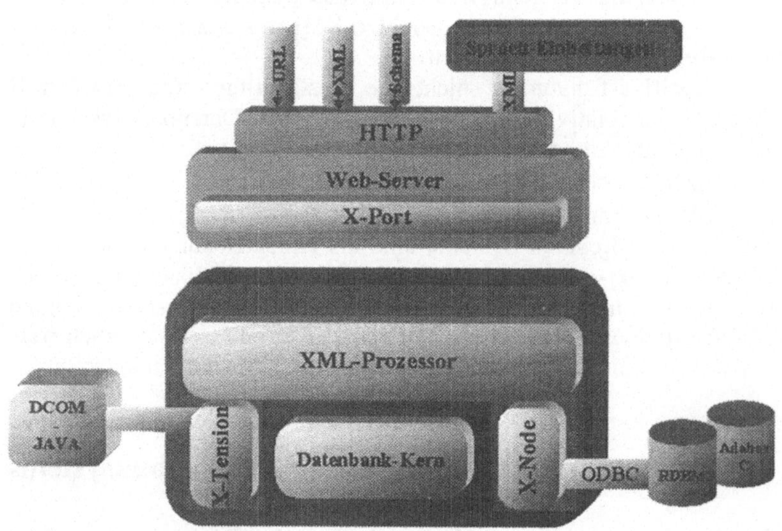

Architektur von Tamino DB

Realisierung von Standards in Tamino DB

XML Datenbanksystme werden vorwiegend im Inter- und Intranet Umfeld eingesetzt. In dieser heterogenen Infrastruktur spielen Standards eine sehr wichtige Rolle. Dazu zählen zum einen die reinen XML Standards. Zu den wichtigsten gehören:

- XML selbst [3]
- XML Namespaces [8]
- XML Schema [4]
- DOM-API, SAX-API: Verarbeitung von XML in Programmiersprachen [7]
- XPATH [5]: hierarchische Pfadausdrücke zur Auswahl von Knoten in einem Dokument

Daneben gibt es noch viele von XML unabhängige Internet-Standards wie beispielsweise
- Internet Übertragungsprotokoll HTTP
- Remote Aufruf Protokoll: SOAP
- Versions- und Änderungsprotokoll: Webdav

Da ein XML Datenbanksystem in einer Vielzahl von Szenarien im Internet-Umfeld eingesetzt wird, sind fast alle diese Standards für die Schnittstellen des Systems von Bedeutung. Im Falle von Tamino DB gibt es für fast alle genannten Standards zumindestens teilweise Unterstützung. Im Gegensatz zu früheren Datenbankstandards wie SQL sind diese Standards jedoch völlig unabhängig von den Anforderungen von Datenbanksystemen entstanden. Daher gibt es spezifische Probleme bei der Realisierung dieser Standards für ein Datenbanksystem:
- Einzel-Instanzsicht: Viele Infrastrukturen verarbeiten nur einzelne XML-Instanzen. Dies hat bisher dazu geführt, dass fast alle XML-Standards nur Definitionen für eine einzelne XML-Instanz enthalten. Für XML Datenbanksysteme ist die Verarbeitung von Instanzmengen natürlich von entscheidender Bedeutung. Im Falle von Tamino DB war es daher nötig, den XPATH Standard, der die Auswahl von Elementen innerhalb eines Dokumentes definiert, zu erweitern, damit er als Anfragesprache auf Mengen von XML-Instanzen genutzt werden kann. Ähnliches gilt auch für die Verarbeitung von Ergebnissen in Programmiersprachen. Die entsprechenden XML-Standards liefern nur einzelne Instanzen. Daher war für Tamino DB eine Erweiterung um ein Cursor-Konzept zur Verarbeitung von Ergebnismengen notwendig.
- Hohe Modellierungsmächtigkeit: In etlichen XML-Folgestandards gibt es eine starke Tendenz, die Ausdrucksmächtigkeit der ursprünglich relativ einfachen XML Standards zu erhöhen. Für viele Infrastrukturen wie Editoren und Parser, die nur einzelne XML-Dokumente im Hauptspeicher verarbeiten, bereitet es meist keine besonderen Schwierigkeiten, diese erhöhte Ausdrucksmächtigkeit zu realisieren. Im Falle von XML-Datenbanksystemen muss diese Semantik jedoch effizient für große Datenmengen persistent realisert werden. Einige der dabei auftretenden Probleme sollen am Beispiel „Schema“ diskutiert werden.

Realisierung Schema

Modellierungmächtigkeit des XML Schema

Der neue XML-Schema-Standard ist ein gutes Beispiel für die sehr hohe Ausdrucksmächtigkeit mancher neuerer XML Standards. Er enthält zum einen fast vollständig alle Modellierungsmöglichkeiten des alten grammatik-orientierten Schemastandards *Document Type Definitions* (DTD). Dessen Fähigkeiten sind gekennzeichnet durch alleinige globale Elementdeklarationen und keinerlei Typen. Zusätzlich gibt es nun lokale Elementdeklarationen und die Zusammenfassbarkeit von Elementen und Attributen zu jeweiligen Gruppen. Weiterhin führte man Typen ein: elementare Typen, anonyme komplexe Typen, und komplexe benutzerdefinierte Typen. Zu diesen Typen sind mehrere Vererbungsmechanismen spezifizierbar: Vererbung durch Erweiterung der Elemente und Vererbung durch Restriktionen an die Wertebereiche der Typen. Daneben gibt es noch viele sehr spezielle Fähigkeiten wie Nullwerte.

Die demgegenüber stark eingeschränkten Modellierungsfähigkeiten von konventionellen Datenbanksystemen sind ein deutlicher Hinweis darauf, dass solche Fähigkeiten insbesondere für ein Datenbanksystem nicht einfach zu realisieren sind. Daher bleibt hier für Tamino DB nur der Weg der Realisierung von Teilfunktionalität. Unglücklicherweise muss dabei natürlich besonders die den typlosen DTD entsprechende Teilfunktionalität als Ausgangspunkt gewählt werden. Die meisten XML-Daten haben - wenn überhaupt - bisher nur DTD als Schemata.

Logisches und physisches Schema

In manchen Fällen erzwingt die möglichst konsequente Verwendung von Standards auch die klare Trennung von allgemeinen und datenbankspezifischen bzw. Tamino-DB-spezifischen Konzepten. Bei der Realisierung dieser Trennung sind jedoch besondere Mechanismen nötig.

Ein Beispiel dafür ist die Spezifikation des physischen Schemas (Speicherungsmethoden, Indizierung), die offensichtlich nicht in allgemeinen XML Schemastandard enthalten ist. Für eine unabhängige Definition wird jedoch ein Mechanismus benötigt, mit dem man das physische Schema zu einem logischen Schema definieren kann. Zur Vermeidung von Redundanz muss das physische Schema Elemente des logischen Schemas referenzieren.

Das logische XML Schema besteht aus einem Graph (mit Zyklen) von Elementdefinitionen. Das physische Schema wird im Falle von Tamino DB baumartig definiert wird, da es sich an der Instanz orientiert, die immer ein Baum ist, und man flexible physische Schemadefinitionen benötigt. Daraus ergibt sich die Schwierigkeit die baumartige physische Schemadefinition an die graphorientierte logische Schemadefinition zu knüpfen. In Tamino DB findet dazu eine eingeschränkte Form des XPATH Standards Verwendung. XPATH Pfadausdrücke finden sich in Tamino DB auch als wesentlichster Bestandteil der Anfragesprache.

Offenheit von XML-Schemata

Neben der hohen Modellierungsmächtigkeit gibt es beim XML Schema noch spezifische Probleme, die aus der flexibleren Behandlung von Schema-Information bei XML herrühren. Im Gegensatz zu konventionellen Datenbanksystemen, die für jede Instanz ein festes Schema haben, gibt es im Falle von XML verschiedene Grade der Offenheit bezüglich Schemata.

Als ein Extrem taucht der Normalfall bei konventionellen Datenbanksystemen auf: XML-Instanzen mit einem festen Schemata. Schon hierbei können jedoch rekursive Schemadefinitionen vorkommen, die beliebig tiefe Bäume als XML-Instanzen definieren. Die Modellierungsmächtigkeit entspricht der von kontextfreien Sprachen. Eine erste kontrollierte Öffnung des Schemata ist die Verwendung des sogenannten ANY Element-Typs, der für ein so definiertes Element beliebige Strukturen zulässt. Eine weitere Öffnung besteht in der sogenannten „Open Content" Option. Diese erlaubt für alle Elemente eines Schemata beliebige Elemente hinzuzufügen. Mindestanforderung ist jedoch, dass die im Schema definierten Elemente vorkommen. Die völlige Öffnung ist erhält man, wenn man für eine Instanz überhaupt kein Schemata angibt. Dies ergibt sich aus der XML Spezifikation [3], die eine DTD als optional für eine XML-Instanz definiert. Selbst wenn eine DTD angegeben wird, ist es erlaubt, dass die XML-Instanz diese lokal verändert.

Tamino DB kann mit allen Varianten umgehen. Jedoch können nur in der ersten strengeren Variante direkt die datenbank-üblichen Optimierungen bei der Speicherung und Anfrageverarbeitung eingesetzt werden. Hier sind noch weitere Optimierungen möglich. Leider sind viele für relationale und objekt-orientierte Datenbanksysteme vorhandene Forschungsergebnisse nicht einfach für XML-Datenbanksysteme übertragbar. Dies gilt schon wesentlich mehr für die Forschung über semistrukturierten Daten [2]. Aber auch gibt es zum Teil wichtige Unterschiede zu XML. Beispielsweise gehen viele Datenmodelle für semistrukturierten Daten von Instanzgraphen aus, während es sich bei XML um Bäume handelt.

Zusammenfassung

Wir haben gezeigt, dass Standards gerade bei XML Datenbanksystemen als Infrastrukturen für das Internet eine besonders wichtige Rolle spielen. Überwiegend am Beispiel des XML Schema haben wir die Probleme diskutiert, die sich bei der Realisierung von solchen offenen Standards ergeben. Diese stellen sich besonders für Datenbanksysteme, da diese Standards für eine Vielzahl von Infrastrukturen entworfen wurden, die meist andere Leistungscharakteristika besitzen. Für die diskutierten Probleme haben wir die datenbankspezifischen Realisierungen in Tamino DB skizziert.

Referenzen

1. Schöning, H., Wäsch, J.: Tamino – An Internet Database System, in: Advances in Database Technology – EDBT 2000, LNCS 1777, Springer Verlag. S. 383-387
2. Abiteboul, S., Buneman, P., Suciu, D. - Data on the Web - From Relations to Semistructured Data and XML, Morgan-Kaufmann, 2000
3. Bray, T. et al. – Extensible Markup Language (XML) 1.0 (Second Edition), W3C Recommendation, Oktober 2000, http://www.w3.org/TR/REC-xml
4. Thompson, H. S., Beech, D., Maloney, M., Mendelsohn, N. (ed) – XML Schema Part1: Structures – W3C, October 2000, http://www.w3.org/TR/xmlschema-1
5. Clark, J., DeRose, S. (ed) – XML Path Language (Xpath) – W3C Recommendation, November 1999, http://www.w3.org/TR/xpath
6. Schöning, H.: Tamino – a DBMS Designed for XML, to appear in Proc. International Conference on data Engineering, 2001.
7. Hors et al. (ed) – Document Object Model (DOM) Level 2 Core Specification – W3C Recommendation, November 2000, http://www.w3.org/TR/dom-level-2-core
8. Bray, T., Hollander, D., Layman, A. (ed) – Namespaces in XML – W3C Recommendation, Januar 2000, http://www.w3.org/TR/REC-xml-names

XML-basierte Content-Analyse: Vision und Realität

Uta Störl und Uwe Deppisch

Dresdner Bank AG
Konzernstab Informationstechnologie
Research and Innovations
D-60301 Frankfurt am Main
{Uta.Stoerl|Uwe.Deppisch}@Dresdner-Bank.com

Abstract

Durch den Einsatz von XML zur semantischen Auszeichnung von Dokumenten wird es möglich, unternehmenskritische Informationen, welche heute typischerweise in unstrukturierten Textdokumenten vorliegen, effizient auszuwerten. Der vorliegende Beitrag beschreibt Möglichkeiten und Probleme bei der Umsetzung dieser Vision in die Realität.

1 Motivation

Ca. 70 Prozent der für Unternehmen relevanten Geschäftsinformationen befinden sich heute in Textdokumenten. Diese Dokumente besitzen zwar oftmals eine ausgeprägte implizite Struktur, diese ist aber i. allg. nicht nutzbar. Eine Recherche über diese Dokumente ist meist nur mit Mitteln der Volltextsuche möglich. Aufgrund der riesigen Menge und der fehlenden semantischen Auszeichnung sind die enthaltenen wichtigen Informationen nicht effizient recherchier- und auswertbar. Außerdem liegen diese Dokumente typischerweise in proprietären Speicherformaten vor, was die Auswertungsmöglichkeiten weiter einschränkt und darüber hinaus einen hohen Aufwand für die Pflege und langfristige Aufbewahrung bedeutet.

2 Vision

Mit der Definition der Metasprache XML (eXtensible Markup Language [XML98]) durch das World Wide Web Consortium (W3C) und ihrer schnellen Verbreitung und Unterstützung ergeben sich interessante Lösungsansätze für das oben aufgespannte Problemfeld. XML ist eine Metasprache, die es dem Anwender ermöglicht, eigene Auszeichnungssprachen (Markup Languages) zu definieren. Grundidee ist es, eigene Markierungselemente, die als *Tags* bezeichnet werden, zu definieren, mit deren Hilfe Daten oder Dokumente nach *inhaltlichen* Gesichtspunkten strukturiert werden können.

Durch diese inhaltliche Strukturierung und semantische Auszeichnung wird die gezielte Analyse und Aufbereitung der in den Dokumenten enthaltenen Information möglich. Die Suche kann dabei sowohl innerhalb einzelner Dokumente als auch dokumentenübergreifend erfolgen. Würden die entsprechenden Dokumente semantisch ausgezeichnet in XML vorliegen, so wäre es beispielsweise möglich, bei Vorliegen einer standardisierten Projektbeschreibung, alle Projekte eines Unternehmens mit einem bestimmten Budget zu bestimmen, oder zu ermitteln, in wieviel Prozent der Projekte welche Programmiersprache eingesetzt wird etc. Damit könnte – im Prinzip heute bereits in den Dokumenten vorhandene – Information wesentlich effizienter genutzt bzw. überhaupt erst auffindbar gemacht werden.

Soweit die Theorie. Wie sieht es nun in der Praxis aus? Um die aufgezeigten Möglichkeiten der Content-Analyse mit XML zu evaluieren, haben wir verschiedene Szenarien, Vorgehensweisen und Werkzeuge evaluiert und für einen spezifischen Dokumenttyp aus dem Umfeld des Projektmanagements einen Prototyp realisiert. Die dabei gemachten Erfahrungen sind Gegenstand des nächten Abschnitts.

3 Realität

Die beschriebenen Möglichkeiten der gezielten Recherche in XML-Dokumenten setzen eine geeignete *Modellierung* der verschiedenen Dokumenttypen und eine entsprechende Verarbeitungsinfrastruktur voraus. Es müssen Möglichkeiten zum *Bearbeiten*, *Drucken*, *Speichern* und *Auswerten* von Dokumenten zur Verfügung gestellt werden. Mögliche Lösungsvarianten für diese verschiedenen Anforderungen werden im folgenden skizziert.

3.1 Modellierung

Beim Modellieren der Dokumentenstruktur wird festgelegt, welche XML-Elemente ein bestimmter Dokumenttyp in welcher Reihenfolge enthalten darf. Dabei gibt es verschiedene Möglichkeiten bzgl. der Granularität der Strukturierung. Bei einer *schwachen Strukturierung* werden nur gezielt einzelne Inhaltselemente, z. B. `Projektleiter` und `Budget`, markiert, während der größte Teil des Dokumentes aus unstrukturiertem Text besteht. Solche schwach strukturierten Dokumente lassen sich relativ einfach verarbeiten. Diese Modellierung ist außerdem gut für die Verarbeitung von Legacy-Dokumenten, d. h. die nachträgliche Umwandlung und Auszeichnung von Dokumenten, geeignet. Bei *stark strukturierten* Dokumenten werden hingegen sehr viele Inhaltselemente definiert; der Anteil von unstrukturiertem Text ist dementsprechend gering. Stark strukturierte Dokumente sind schwieriger zu verarbeiten (dieser Aspekt wird in Abschnitt 3.3 näher erläutert), ermöglichen allerdings eine sehr spezifische Suche.

In unserem Prototyp haben wir uns für eine stark strukturierte Modellierung des Dokumenttyps entschieden, um eine spezifische Suche zu ermöglichen. Dabei wurden über 70 Elemente mit bis zu 5 Hierarchieebenen definiert.

Technisch erfolgt die Modellierung durch die textuelle Angabe einer formalen Grammatik, in der zulässige Elemente (Tags), Attribute und deren Verschachtelung definiert sind. Bislang wurde diese Gramatik in Form einer sogenannten

	wenige Benutzer	viele Benutzer
Technische Experten	XML-Editoren Publishing Tools	(XML-Editoren)
Fachexperten	XML-Editoren mit Textverarbeitungs look & feel Publishing Tools	web-basierte Anwendungen Zukunft: Textverarbeitungssysteme?

Tabelle 1. Möglichkeiten zur Bearbeitung von XML-Dokumenten

Document Type Definition (DTD [XML98]) spezifiert. Diese unterliegt allerdings Beschränkungen beispielweise bei der Möglichkeit der Typ- und Wertebereichsdefinition. Deshalb existiert ein neuer Vorschlag – XML Schema ([XML00a] [XML00b] [XML00c]). Da die Spezifikation der Sprache XML Schema zum Startpunkt der prototypischen Realisierung noch stark in Entwicklung war und die eingesetzten Werkzeuge zur Modellierung und Verarbeitung von XML-Dokumenten derzeit unterschiedliche (Draft-)Versionen von XML Schema unterstützen, wurde zunächst eine DTD modelliert und eingesetzt. Die erwähnten Limitationen von DTDs wurden allerdings im Laufe des Projekts sehr deutlich. Da die Spezifikation von XML Schema inzwischen in einem relativ stabilen Zustand ist (W3C Candidate Recommendation seit Oktober 2000), wird eine Migration von DTD nach XML Schema in naher Zukunft erfolgen.

3.2 Bearbeiten und Drucken

Als nicht triviales Problem hat sich bei unseren Untersuchungen das Erstellen und Bearbeiten von XML-Dokumenten herausgestellt. Für weniger technisch orientierte Benutzer ist es besonders wichtig, eine gewohnte und intuitiv zu bedienende Umgebung zur Bearbeitung der Dokumente zur Verfügung zu stellen. Idealerweise sollte entsprechende Funktionalität bereits in Standard-Textverarbeitungssystemen integriert sein. Vorstellbar wäre hier, dass statt einer Dokumentenvorlage mit Styles für Schriftgrößen und -arten eine entsprechende DTD bzw. ein XML Schema zur semantischen Auszeichnung der Dokumente eingesetzt werden kann und ein Abspeichern direkt als Text im XML-Format möglich ist. Leider wird dies heute, zumindest von den Marktführern, (noch) nicht unterstützt.

Stand heute gibt es verschiedene andere Möglichkeiten, die je nach Anzahl und Skills der Benutzer einsetzbar sind. Für eine eingeschränkte Anzahl von Benutzern lassen sich XML-Editoren bzw. professionelle Publishing Tools (die meist bereits eine entsprechende SGML-Historie aufweisen) einsetzen. Bei einer größeren Anzahl von Benutzern ist dies aufgrund der Anzahl der benötigten Lizenzen sowie dem Problem der Softwareverteilung (wir betrachten hier Größenordnungen von einigen hundert oder gar tausend Nutzern) nicht immer möglich. Als Alternative bieten sich hier web-basierte Anwendungen an. Bei einer Web-Anwendung im Intranet entfällt das Problem der Softwareverteilung und die Benutzung von Web-Oberflächen ist auch für den nicht-technisch orientierten Benutzer inzwischen nichts Ungewöhnliches mehr. Hier sind natürlich die Entwicklungskosten den Lizenkosten bei einer Entscheidung gegenüberzustellen. Tabelle 1 fasst die verschiedenen Varianten zur Bearbeitung von XML-Dokumenten zusammen.

Da die von uns gewählte Prototyp-Anwendung aus dem Umfeld des Projektmanagements einen sehr breiten Nutzerkreis innerhalb der Bank adressiert, haben wir uns für eine web-basierte Anwendung auf Basis von Java Server Pages (JSP) entschieden. Innerhalb dieser Anwendung können Dokumente erzeugt, angesehen, bearbeitet und gedruckt werden. Beim Ansehen bzw. Bearbeiten eines Dokuments wird dynamisch aus dem XML-Dokument mit Hilfe von XSLT-Stylesheets ([XSL99] [XSL00]) und einer XSLT-Engine eine entsprechende HTML Darstellung erzeugt. Aufgrund der guten Integrierbarkeit in die Gesamtarchitektur wird als XSLT-Engine derzeit XT eingesetzt. Um Dokumente zum Drucken aufzubereiten, wird aus dem XML-Dokument wiederum mit Hilfe von XSLT-Stylesheets eine XSL-Darstellung [XSL00] erzeugt und diese mit der XSL-Formatierungs-Engine FOP in ein PDF-Dokument umgewandelt. Alle Transformationen finden natürlich transparent für den Benutzer statt. Die beschriebene Architektur ist in Abbildung 1 dargestellt.

3.3 Speicherung und Retrieval

Für die Speicherung der XML-Dokumente gibt es verschiedene Möglichkeiten. Um eine effiziente Content-Analyse zu ermöglichen, bietet sich eine Ablage der Dokumente in einer Datenbank an. Je nach Datenmodell des DBMS und der angebotenen XML-Unterstützung gibt es unterschiedliche Implikationen bezüglich der Abbildung der Dokumentenstruktur auf das Datenbankschema und des Aufwands zum Speichern und Lesen der XML-Dokumente. Außerdem ergeben sich Auswirkungen auf die Performance der Suchoperationen. Eine systematische Darstellung würde den Rahmen dieses Papiers sprengen, deshalb sollen im folgenden nur einige ausgewählte Aspekte und zukünftige Problemstellungen kurz angedeutet werden.

Die Struktur eines XML-Dokuments ist immer eine Baumstruktur. Dadurch ist eine Abbildung auf ein *objektorientiertes* Datenbankmodell naheliegend. Aufgrund der Speicherung als ganze Objekte ist das Einbringen und das Retrieval einzelner Dokumente relativ einfach und sehr effizient. Problematischer hingegen ist die performante Unterstützung der dokumentenübergreifenden Suche. Hier müssen sehr viele Indexe definiert werden, wenn die Suche über verschiedenste XML-Elemente performant unterstützt werden soll. Analoges gilt für spezielle *XML-Datenbanksysteme.*

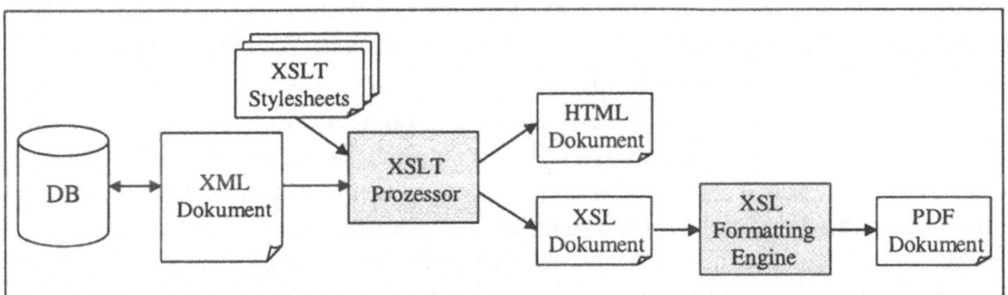

Abbildung 1. Architektur

Die Ablage in *relationalen* Datenbanksystemen verspricht eine performantere Unterstützung der dokumentenübergreifenden Suche, da XML-Elemente aus verschiedenen Dokumenten gemeinsam in einer Tabelle gespeichert werden und damit eine sehr schnelle Suche möglich ist. Allerdings muß hier zunächst eine Abbildung der XML-Dokumentenstruktur auf relationale Tabellen vorgenommen werden. Dadurch verkompliziert sich auch das Speichern, Lesen und Ändern der Dokumente. Interessanter erscheint hier die Verwendung *objektrelationaler* Erweiterungen, da diese eine direktere Abbildung und eine einfachere Verarbeitung der Dokumente ermöglichen. Generell ergeben sich allerdings bei der Abbildung auf relationale oder objektrelationale Strukturen einige Probleme, beispielsweise die Abbildung von XML-Attributen und die Erhaltung der Reihenfolge von XML-Elementen.

Die praktische Unterstützung von XML durch relationale bzw. objektrelationale Datenbanksysteme ist bislang leider recht rudimentär. Zwar bieten inzwischen alle wichtigen Hersteller Unterstützung für XML zumindestens auf dem Papier an. Jedoch wird meist nur die Umwandlung von relationalen Daten in eine XML-Darstellung und eventuell noch die Ablage von XML-Dokumenten mit geringer Hierarchietiefe gut unterstützt. Bei stark strukturierten Dokumenten (siehe Abschnitt 3.1) mit größeren Hierarchietiefen ist die Unterstützung bislang relativ schlecht und viel zusätzliche Programmierung für die Realisierung der Insert-, Update- und Delete-Operationen notwendig.

Einige Anbieter unterstützen auch die Ablage der XML-Dokumente als *Large Object* und haben ihre Textsuchmechanismen entsprechend erweitert, um eine XML-spezifische Suche zu ermöglichen. Diese Variante erleichtert die Ablage und das Retrieval einzelner Dokumente natürlich sehr; insbesondere muß kein Mapping durchgeführt werden. Fraglich ist hier wiederum, ob die dokumentenübergreifende Suche ausreichend performant ist.

Da der Hauptfokus unserer Untersuchungen die effiziente Unterstützung der Content-Analyse ist, haben wir eine objektrelationale Variante mit dem DBMS Oracle realisiert – weitere vergleichende Untersuchungen sind in Vorbereitung.

Ein weiteres Problem bei der Entscheidung für ein geeignetes Datenhaltungssystem ist das Fehlen einer einheitlichen *XML-Anfragesprache.* Es gibt verschiedene Vorschläge aus Forschung und Industrie (Lore, XQL, XML-QL, XPath etc.)

und entsprechend groß ist (leider) die Vielfalt der von den verschiedenen DBMS unterstützten Sprachkonstrukte. Derzeit wird in einer Arbeitsgruppe des W3C an einer XML Query Language gearbeitet.

In der in Abschnitt 3.2 beschriebenen web-basierten Anwendung wurden verschiedene Such-Interfaces integriert. So ist es dem Benutzer zum einen möglich, über entsprechende Auswahlfelder nach bestimmten Werten in XML-Elementen mit booleschen Vergleichsoperationen zu suchen und diese Suchbedingungen logisch zu verknüpfen. Zum anderen können auch Suchbedingungen als Textstring in einer an XPath [XPa99] angelehnten Notation eingegeben werden. Als Ergebnis der Anfrage erhält der Benutzer in beiden Fällen eine Liste aller Dokumente, welche die formulierte Suchbedingung erfüllen. Diese Dokumente können dann direkt ausgewählt und angezeigt werden.

4 Zusammenfassung und Ausblick

Der Einsatz von XML zur semantischen Auszeichnung von Dokumenten eröffnet die Möglichkeit, die in den Dokumenten enthaltenen Informationen aufzufinden und zu analysieren. Um eine solche Content-Analyse zu ermöglichen, müssen u. a. geeignete Werkzeuge zum Bearbeiten von Dokumenten im XML-Format zur Verfügung stehen. Hier muß derzeit noch auf Spezialsoftware oder Eigenentwicklungen zurückgegriffen werden. Zukünftig wäre eine Integration solcher Funktionalitäten in gängige Textverarbeitungssysteme wünschenswert, um einen breiten Nutzerkreis adressieren zu können. Die Unterstützung der Ablage und des Retrievals von XML-Dokumenten in relationalen bzw. objektrelationalen Datenbanksystemen ist derzeit ebenfalls noch nicht ausreichend. Insbesondere fehlen Mechanismen zur automatischen Abbildung und Konvertierung von stark strukturierten Dokumenten. Hier sehen wir dringenden Handlungsbedarf in Forschung und Industrie. Darüber hinaus ist die Definition einer standardisierten XML-Anfragesprache unabdingbar, um die Portierbarkeit von Anwendungen zu ermöglichen.

Literatur

[XML98] Extensible Markup Language (XML) 1.0, Februar 1998. W3C Recommendation, Second Edition Oktober 2000.

[XML00a] XML Schema Part 0: Primer, Oktober 2000. W3C Candidate Recommendation.

[XML00b] XML Schema Part 1: Structures, Oktober 2000. W3C Candidate Recommendation.

[XML00c] XML Schema Part 2: Datatypes, Oktober 2000. W3C Candidate Recommendation.

[XPa99] XML Path Language (XPath), November 1999. W3C Recommendation.

[XSL99] XSL Transformations (XSLT), November 1999. W3C Recommendation.

[XSL00] Extensible Stylesheet Language (XSL), November 2000. W3C Candidate Recommendation.

Sitzung C:

Mining und Dokument–Management

Data Mining: Concepts and Implementation Issues

Andreas Arning

IBM Laboratories Boeblingen

Abstract. Over the last years the interest to extract "information" and "knowledge" from data collected over time has grown tremendously. Especially in the business area the need to use data from the past to drive the business successful in the future has created the demand to "mine" data for patterns (i.e. relationships between the data of any form) that could guide future business actions as part of decision support systems. In contrast to verification based methods (like e.g. OLAP), data mining methods use discovery as underlying principle. This means, queries against the data are allowed to be less specific, which is why data mining methods have the potential to reveal surprises, unanticipated information, from the data. But since data mining methods benefit from the redundancy inside the data, for best results any implementation should be able to process large data, large both in the number of rows and in the number of columns.
In the business area, three data mining methods have proved to be especially useful: Associations, Segmentation, and Classification.

1. Associations (also known as "Association rules")

Given a set of transactions, where each transaction is a set of literals (called items), this method finds out those combinations of items which "drag along" other combinations of items. The results are formulated as rules of the form X => Y , where X and Y are sets of items. The intuitive meaning of such a rule is that transactions of the database which contain X tend to contain ("drag along") Y . An example of an association rule is: "30% of transactions that contain diapers also contain beer; 2% of all transactions contain both of these items". Here 30% is called the confidence of the rule, and 2% the support of the rule.

This method is useful for market basket analysis and cross-marketing, catalog design, loss-leader analysis, store layout, customer segmentation based on buying patterns, etc.

When implementing this method on a computer system, three things should be noted well: 1. The transaction data are usually huge, often way to big to fit into main memory of hardware that is to be used. 2. The number of different items (retail: size of the portfolio) may be huge; for example, electronic bookstores do offer more than a million different articles. Thus, even pairs of items cannot be counted in a simple squared array, and for triples, quadruples, etc. sophisticated pruning methods have to be used.

The number of rules discovered are influenced by the input data and by the support and confidence thresholds which are usually provided by the user. In order to handle even a big number of rules, adequate sorting-, filtering-, and visualization-methods are very helpful to navigate towards the "most interesting" rules; the "interestingness" is hereby influenced by the user's domain and the user's already existing knowledge.

2. Segmentation (also known as "Clustering")

Given a set of rows, where each row consists of a fixed number of columns, this method partitions the rows into disjoint segments. Each column can be of either numerical or categorical type. A row can for example represent a customer , where the columns are his/her demographic attributes. To compute the result, the method does optimize the similarity of rows inside each segment, and the dissimilarity of rows lying in different segments. However, due to the complexity of this task, only local optimization instead of global optimization is possible.

To illustrate the just mentioned complexity, let us consider the possible number of solutions depending on the number of given rows:

#rows	5 segments	unlimited number of segments
1	-	1
2	-	2
3	-	5
4	-	15
5	1	52
10	$42,525$	$115,975$
15	$2.11 * 10^8$	$1.38 * 10^9$
30	$7.71 * 10^{18}$	$8.47 * 10^{23}$
50	$7.40 * 10^{32}$	$1.86 * 10^{47}$
100	$6.57 * 10^{67}$	$4.76 * 10^{115}$
...	...	...

Example: Consider the three records (a,b,c). Here we have the following five possible segmentations:

- (a)(b)(c)
- (a)(b,c)
- (b)(a,c)
- (c)(a,b)
- (a,b,c)

Just for 10 rows, there are already 115,975 different ways for doing a segmentation; and for e.g. 71 rows, we talk about $4*10^{74}$ possible segmentations. So the approach to generate all possible segmentations and pick the best one has to be abandoned immediately.

But at least it is possible to provide local optimizing algorithms. During practical use, a so-called "demographic algorithm" proved to be especially useful. This algorithm decides incrementally for each row whether it would be better (locally optimal) to put it either into one of the already created segments, or into a newly created one which does just consist of this row so far. Order dependencies (the order in which the rows are presented to the algorithm) are eliminated by doing multiple passes.

After computing the segments (i.e. a segment-id for each row), the next goal for the user is to understand the characteristics of each segment. For this, appropriate visualization can help a lot. The bivariate visualization of the distributions (rows inside a segment vs. all rows) have proven to be very useful.

Finally, the segmentation result computed by the system can be used to assign one of the existing segment ids to a unseen row, e.g. a new customer. For this, the similarity between this row and each segment is computed, and the best matching segment is proposed by the system.

3. Classification (also known as "Prediction")

Classification is similar to the just mentioned clustering principle: given a set of rows, where each row consists of a fixed number of columns, this method again partitions the rows into disjoint subsets. In contrast to the segmentation however, the user takes more influence on the result by specifying one certain column that should be especially well separated ("pure") in the computed set of partitions. For example, a car insurance company may want to partition their customers into good customers (e.g. with zero claims) and bad ones (e.g. with many claims or high number of claims). Or, a manufacturer may want to partition the good products from the broken ones. This certain column which should be well separated is called "class label", since it determines the "class" of each row. Together with the computed partitions, the classification method returns a description of each partition. In the car insurance example, this may be a description which attribute values do correlate with many or expensive claims (e.g. car features or certain values in the demographic data). In the manufacturing example, this method may reveal which steps in a process or which measured values (temperature?) do correlate with a broken product. (this may reveal e.g. a broken test tool or help discover disturbing influences).

Since only one attribute, the class label, is in focus when the partitions are computed this problem is computationally not as complex as the segmentation problem. This is why we can aim for an order independent solution instead of an incremental algorithm when implementing this method. By the way, classification is not a new technique, it is a well recognized data mining operation and it has been studied extensively in statistics and machine learning literature. However, most of the current classification algorithms have the restriction that the training data should fit in memory. As already mentioned, in data mining applications, very large training sets with several million examples are common. Therefore when it comes to implementation, a different behavior is desired, namely that data sets larger than main memory can be processed.

After computing the result, again visualization techniques are helpful to understand the correlations in the data.

And as well, this method can be used to work with unseen data, i.e. it can be used to assign a class label value to unseen data, just from the attribute values coded in the columns of the unseen data. In the car insurance example, this means that the claim behavior of a new customer can be estimated just from the demographic data or the car features.

In real world scenarios, it shows that this estimate can be way better than random and thus commercially very interesting.

The class label can be categorical or numerical. In the categorical case, the name used for this method is usually "classification", in the numerical case the method is as well denoted as "value prediction" or shorter "prediction".

Remark: All techniques and visualizations mentioned have been developed for use "in the large" and are part of IBM's Data Mining Product "DB2 Intelligent Miner for Data". This product is based on ongoing research done at IBM Almaden Research Center, CA.[1]

[1] See also http://www.almaden.ibm.com/cs/quest/PUBS.html).

Real World XML/XSLT im Web: Ein Framework zur Verteilung der Rollen zwischen Redaktion, Datenbanken und modularer Funktionalität

Henning Hinrichs

Vice President Development, InfoOffice AG, Oldenburg, Germany

Abstract

Die Einfachheit des XML Standards offenbart der Welt den universellen Anspruch dieses Formates. Die Vorstellung, daß mit XML jede Informationseinheit unmittelbar einen semantischen berbau erhalte, suggerierte zudem die universelle Anwendbarkeit von XML. Der anfängliche XML-Hype unterschätzte, daß jedes XML-Projekt Themen adressieren muß, die XML als solches nicht abdeckt, z.B.:

1. XML besitzt keine eingebaute Dynamik
2. XML ist für den Otto-Normalanwender schwer zu editieren
3. XML ist (noch) nicht in die universell verfügbare Web-Infrastruktur integriert
4. XML stellt spezifische Anforderungen an die Abwicklung der Daten-Persistenz
5. XSLT bietet ein neues Paradigma und neue Details, bindet aber Entwicklerressourcen
6. Die Kommunikation mit Legacy-Anwendungen per XML erfordert zusätzliche Integration auf allen Ebenen

Der Vortrag stellt ein offenes, skalierbares Vierschicht-Framework für Web-Anwendungen auf JAVA-XML-Basis vor, mit dem diese Themen adressiert werden. Es stellt sich heraus, daß eine Grundmenge von Features in jedem Falle bereitgestellt werden muß (Session-handling, Caching, Parameter-Konventionen etc). Darüber hinaus bietet die Architektur des Frameworks eine Reihe von Modulen, die leicht ergänzt oder ersetzt werden können, ohne ihre Integration aufzugeben. Enterprise Java Beans und Java Enterprise Edition stellen dafür einen guten Rahmen. Großer Wert wird auf die erforderliche Trennung verschiedener Rollen gelegt, insbesondere:

- Die Redaktion von Inhalten
- Die Einbindung von Geschäftsprozessen / Datenbanken
- Die Bereitstellung von Web-Funktionsmodulen

Im Vortrag werden einige Realisierungen anhand des Produktes InfoOffice Enterprise vorgestellt.

Die InfoOffice AG ist seit Jahren mit Produkten zum Web Content Management am Markt erfolgreich und bietet nun mit InfoOffice Enterprise ein Produkt auf XML-JAVA Basis. Die bewährte intuitive und browserbasierte RedDot (tm) Technologie zur Content-Redaktion steht damit auch für XML-Systeme zur Verfügung.

Sitzung D:

Workflows und Kommunikation

BizTalk Server 2000
Business Process Management for the Internet

Johannes Klein

Architect, BizTalk Server
Microsoft Corporation

Abstract

BizTalk Server 2000 unites, in a single product, enterprise application integration (EAI), business-to-business integration, and the advanced BizTalk Orchestration technology to allow developers, IT professionals, and business analysts to easily build dynamic business processes that span applications, platforms, and businesses over the Internet.

The BizTalk Server infrastructure helps integrate, manage, and automate dynamic business processes by exchanging business documents among applications, and within or across organizational boundaries. With all the tools that companies need for business process orchestration, BizTalk Server helps build processes that span not only applications, but also businesses, over the Internet. Graphical tools make it easy for analysts and developers to model and implement these processes.

BizTalk Server 2000 makes it easy to integrate applications and businesses together with a host of rich graphical tools for building Extensible Markup Language (XML) schema, performing schema transformation, establishing trading partner relationships over the Internet, and tracking and analyzing data and documents that are exchanged. With XML and standard Internet transport and security technologies support, BizTalk Server 2000 extends the features of traditional e-commerce and electronic data interchange (EDI) to entire e-commerce communities.

With extensive support for public standards and specifications, such as XML, EDI, Hypertext Transfer Protocol (HTTP), and Simple Mail Transfer Protocol (SMTP), and security standards like public key encryption, digital signatures, and encryption, BizTalk Server 2000 ensures the highest level of interoperability and security for messages and documents exchanged between applications and business partners.

DiViO eine Kommunikations- Plattform für die signaturgesetzkonforme Abwicklung von Maklerverträgen

Michael Lawo

select IT Consultant Services AG, Wilhelm-Herbst-Strasse 12, D-28359 Bremen
mlawo@it-csag.com

Zusammenfassung

Am Anfang stand die Idee, die Vermittlung von Dienstleistungen durch Nutzung moderner Internet- Intranet- Technologien effizient zu gestalten. Im Rahmen einer Machbarkeitsstudie wurde die Ideen festgehalten und ihre Umsetzung diskutiert. Als Ergebnis wurde ein Lastenheft erstellt. Als Ziel wurde die Erstellung einer Kommunikationsplattform festgelegt, die einen virtuellen Dienstleistungsmarkt abbildet. In der ersten Phase wurde dabei eine Einschränkung vorgenommen, daß nur Dienstleistungen aus der Informationstechnologie (IT) berücksichtigt werden. Zum Aufgabenspektrum dieser Lösung gehört die Erfassung von IT- Dienstleistungs - Angeboten und – Nachfragen aufgrund von definierten Profilen und Fähigkeiten. Nutzer des Systems sind freiberuflich tätige Berater und Unternehmen. Für sie wird mit der Kommunikationsplattform **DiViO** (**Di**enstleistungs- **V**ermittlung **O**nline) ein virtueller Marktplatz geschaffen. Suchfunktionen bieten Nachfrager und Anbieter die Möglichkeit, einen kompetenten Ansprechpartner zu finden und zu kontaktieren. Die im Rahmen dieses Marktes zu schließenden Verträge können dabei wahlweise manuell oder aber per Digitaler Signatur nach dem Signaturgesetz unterschrieben und über den Betreiber der Plattform als Makler ausgetauscht werden. Für die Wartung und Pflege des Systems wurde ein Anwendungsprogramm erstellt, welches die Freischaltung und Sperrung von Teilnehmern ebenso wie spezielle Auswertungen ermöglicht. Als Plattform dient das Internet. Hiermit ist ein breiter Zugriff mit einem standardisierten Frontend, dem Webbrowser möglich, in dem sich der Anwender des Systems ohne lange Einarbeitungszeit schnell zurecht finden kann. Um den Datenschutz zu gewährleisten, wurden spezielle Sicherheitsmechanismen implementiert, wie die Übertragung aller Informationen über eine gesicherte Internet-Verbindung (SSL) und der Einsatz von Sicherheitszertifikaten.

Projektbeschreibung

DiViO (Abbildung 1) ermöglicht die Abbildung eines Dienstleistungsmarktes im Internet. Ein schneller und effizienter Marktausgleich wird über das Medium Internet

herbeigeführt. Zur Beschleunigung der Geschäftsprozesse wurde unter Vermeidung von Medienbrüchen die Möglichkeit geschaffen, Verträge online unter Verwendung der Digitalen Signatur zu schließen.
Für eine zukunftsträchtige Branche (Informationstechnologie) wurde so pragmatisch eine innovative Lösung gefunden, die freiberuflich tätigen Beratern den Einstieg in das so wichtige electronic Business einzig durch eine Hardwareinvestition (Signaturkarte + Kartenleser) für wenige hundert DM erlaubt und durch Nutzung modernster Technologien eine neue Form der Geschäftsabwicklung erlaubt.

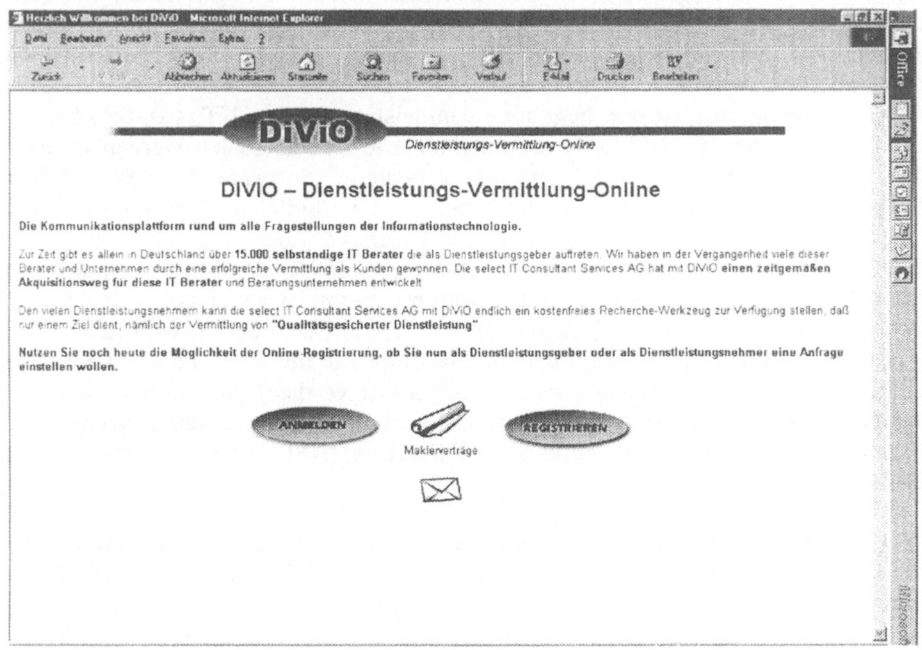

Abbildung 1. Begrüßungsmaske von DiViO

Die Faktoren, Kostensenkung und Reichweite waren die entscheidenden Punkte um dieses System zu realisieren. Durch einen geringeren administrativen Aufwand sollten die Kosten der nicht wertschöpfenden Tätigkeiten der Geschäftspartner minimal gehalten werden. DiViO reduziert die Zeit für Kommunikation, Organisation sowie Administrative Tätigkeiten bei gleichzeitiger Steigerung der Prozeßqualität.
Durch die Verbreitung des Internets und der zunächst angesprochenen Zielgruppe aus dem Umfeld der Informationstechnologie, wird Akzeptanz für eine innovative Lösung bei einer innovativen Zielgruppe erzeugt. Diese Akzeptanz soll auf freiberufliche Berater in anderen Branchen ausstrahlen.
Um die Verträge online abzuschließen, müssen beide Vertragspartner über die digitale Signatur verfügen, die durch das Signaturgesetz (SigG) vorgeschrieben ist, damit Verträge rechtsgültig sind. Der Erfolg des Systems hängt damit stark von der Verbreitung der Signaturkarte und der notwendigen Infrastruktur sowie eine bedienerfreundlichen Nutzung von Karten, Lesegeräten und PC-Anbindung der

Lesegeräte ab. Gerade wegen dieser Hürden erfolgt zunächst die Einschränkung der Zielgruppe.

Technische Informationen zum System

Das System wird im Bereich eines Webservers eingesetzt, der im Internet mit einem Webbrowser (Netscape und Microsoft ab Version 4.0) erreichbar ist. Das System läuft im unbeaufsichtigten Betrieb und untersteht keiner ständigen Kontrolle. Eine autorisierte Person sorgt dafür, daß die Qualität gesichert wird. Wegen Wartungsarbeiten und eventuellen Serverausfällen müssen Systemausfallzeiten einkalkuliert werden.
Die Kommunikationsplattform liegt auf einem leistungsstarken NT (4.0) SP3 Server. Ein höherer Server der NT-Reihe ist möglich. Die Benutzerdaten werden in einer MS- Access- Datenbank gespeichert und verwaltet. Software der TELSEC zur Überprüfung der Zertifikate, Entschlüsselung der digitalen Signatur und zur Verschlüsselung sowie zum Signieren der Maklerverträge wird eingesetzt. Zur Identifikation wird ein Zertifikat für den Server verwendet; eine Manipulation durch Dritte soll so abgewehrt werden. Ein Recoveryprogramm ist vorhanden. SSL (Secure Sockets Layer) wird zur Verschlüsselung der Daten auf dem Server verwendet. Die Lesegeräte entsprechen B1- Standard, um die Chipkarte mit dem „Personal Key" zu benutzen. Ein Verzeichnis auf einem weiteren Server dient zur Archivierung der Maklerverträge. Dieser Server erfüllt zum Datenschutz höchste Anforderungen.
Als Entwicklungsumgebung wurde Visual InterDev (ASP, VBScript) mit einem HTML Editor verwendet.

Die Entwicklungszeit betrug ca. 10 Monate bei einem Investitionsaufwand von ca. einhundert tausend DM. Die Arbeit wurde an ein IT Dienstleistungsunternehmen vergeben.

Automatische Übersetzung von Geschäftsprozessmodellen in ausführbare Workflows

David Christensen*, Achim Kraiß*, Anja Syri*, Gerhard Weikum+

*Dresdner Bank AG
Konzernstab Informationstechnologie
IT Research und Standards
{david.christensen, achim.kraiss, anja.syri}
@dresdner-bank.com

+Universität des Saarlandes
Fachrichtung Informatik
- Datenbanken und Informationssysteme -
weikum@cs.uni-sb.de

1. Motivation

Die Abkehr vom tayloristischen Modell und die Zuwendung zur ganzheitlichen Betrachtung von Geschäftsprozessen setzt sich zunehmend durch, unabhängig davon, ob die Prozesse innerhalb eines Unternehmens oder interaktiv mit Kunden (B2C) oder anderen Unternehmen (B2B) ablaufen. Im Rahmen der Ist-Analyse der „praktizierten" Geschäftsprozesse erfolgt in der Regel eine Modellierung mit Hilfe sogenannter *Geschäftsprozess(GP)-Modellierungswerkzeuge* wie z.B. ARIS der Firma IDS Scheer AG [IDS00]. Ein in einem solchen Werkzeug beschriebenes GP-Modell dient der Kommunikation zwischen den IT-Fachleuten, den Beratern und den eigentlichen Experten, den am Geschäftsprozess beteiligten Personen, und bietet damit eine Grundlage für die Optimierung der Geschäftsprozesse.

Eine Automatisierung der Geschäftsprozesse erfolgt mit Hilfe von *Workflow-Management-Systemen (WfMS)* [Hä97, JBS97, LR00] wie z.B. *Staffware* der Firma Staffware [Sta00] oder *MQSeries Workflow* von IBM [IBM00]. Workflow-Management-Systeme erfordern eine sehr detaillierte, formale Modellierung der Geschäftsprozesse und übernehmen zur Laufzeit des Systems die Steuerung des als *Workflow(Wf)-Instanz* realisierten Geschäftsprozesses. Zu den Funktionen eines WfMS gehört auch die Koordination der am GP beteiligten Instanzen (z.B. Personen, Rollen oder Organisationseinheiten).

Schon dieser erste Überblick macht deutlich, wie wichtig es ist, Übersetzer bereitzustellen, die eine möglichst automatische Transformation der GP-Modelle in eine für das WfMS verständliche Spezifikation unterstützen. Ziemlich schnell wird allerdings auch klar, welche Probleme bei der Transformation auftauchen. Beide Modellwelten unterscheiden sich insbesondere in Hinblick auf „Inhalt und Zweck" [JBS97]. Zum einen adressieren die Werkzeuge unterschiedliche Benutzerkreise. Dies zeigt sich direkt in den angebotenen Modellkonstrukten und deren Benennung und Semantik. Während das GP-Modell eine umgangssprachliche Spezifikation der Arbeitsschritte und des Ablaufes zulässt, müssen die im Wf-Modell berücksichtigten Komponenten sehr viel formaler und detaillierter spezifiziert werden, um eine spätere Automatisierung der Wf-Instanzen zu ermöglichen.

Der vorliegende Beitrag gibt einen kurzen Überblick über die Konzeption und Realisierung eines Übersetzers zur Transformation von GP-Modellen in ausführbare Workflows, der in IT Research der Dresdner Bank entwickelt wird. Während es bereits Ansätze für die Übersetzung von GP-Modellen aus *ARIS* in Workflows von Staffware gibt [Bul99, Sta00], zielt unser Ansatz zunächst auf die konkrete Übersetzung eines ARIS-Modells in einen ausführbaren Workflow des WfMS MQSeries Workflow von IBM. Abschnitt 2 gibt einen Überblick über den Aufbau von ARIS und die Flow Definition Language (FDL) von MQSeries Workflow. In Abschnitt 3 werden die Konzepte des entwickelten Übersetzers skizziert, und in Abschnitt 4 werden Probleme diskutiert, die bei der Übersetzung eines GP-Modells in einen Workflow innerhalb eines Praxisumfelds entstehen. Abschnitt 5 schließt mit einem Ausblick auf zukünftige Arbeiten.

2. Überblick über ARIS und FDL

2.1 Prozessbeschreibung in ARIS

Die Beschreibung von Prozessen in ARIS wird untergliedert in die folgenden Sichten:
- *Organisationssicht* zur Beschreibung der Aufbauorganisation der am Geschäftsprozess beteiligten Instanzen des Unternehmens wie Personen, Stellen, Gruppen und Organisationseinheiten. Die Information der Organisationssicht ist für ein WfMS essentiell, da hieraus abgeleitet wird, welche Personen an der Workflow-Ausführung beteiligt sind.
- *Funktionssicht* zur Beschreibung des hierarchischen Aufbaus von Funktionen innerhalb des Prozesses. Die (abstrakte) Funktionssicht spielt für die Übersetzung des GP in einen Workflow keine Rolle, da in einem Workflow die Übergänge zwischen Funktionen sehr viel detaillierter und formaler beschrieben werden müssen.
- *Datensicht* zur Beschreibung der Datenstrukturen, die in dem Geschäftsprozess verwendet werden, z.B. mittels erweiterter Entity-Relationship-Modelle (eERM). Die Datensicht liefert für das Workflow-System die Information über den genauen Aufbau von Datenstrukturen für den Datenfluß zwischen Funktionen.
- *Steuerungssicht* zur Beschreibung des eigentlichen Ablaufs des Prozesses, d.h. des Kontrollflusses zwischen Funktionen, mittels *erweiterter Ereignis-Prozess-Ketten* (eEPK) beschrieben. Hier wird beschrieben, welche *Ereignisse* zur Ausführung welcher *Funktionen* führen und welche Ereignisse wiederum am Ende der Ausführung von Funktionen stehen. Hier wird auch beschrieben, welche Anwendungen/Programme für die Ausführung von Funktionen verwendet werden, welche Instanzen an der Ausführung von Funktionen beteiligt sind und welche Ein-/Ausgabedaten von den Funktionen benötigt bzw. geliefert werden. Die Steuerungssicht in ARIS liefert die zentralen Informationen für den Ablauf des Workflows.

Jedes ARIS-Konstrukt wie Funktionen, Ereignisse und dazwischen liegenden Kanten enthält eine Menge von Standardattributen, die vom Modellierer mit Werten versehen werden können. Ausserdem können auch anwendungsspezifische Attribute eingeführt werden. Durch das Setzen von Attributwerten kann das GP-Modell mit

Zusatzinformation angereichert werden, die - in unserem Falle - für eine automatische Übersetzung in einen Workflow benötigt wird.

Beispielprozess
In Abbildung 1 ist ausschnittsweise die Steuerungssicht eines ARIS-Beispielprozesses gezeigt. Dieser Ausschnitt zeigt einen stark vereinfachten Prozess zur Bearbeitung von Reisescheckbestellungen in einer Bank. Der Ausschnitt beginnt mit einem initialen *Ereignis*, das signalisiert, dass eine Reisescheckbestellung eingegangen ist. Darauf folgt eine Funktion zur Erfassung der Bestellung, die von einem *Sachbearbeiter* auszuführen ist und durch die Anwendung *Erfassungssystem* realisiert wird. Als Eingabedaten benötigt die Funktion ein *Formular* zur Bestellung der Schecks und als Ausgabedaten wird der *Status* der Erfassung geliefert. Der Funktion *Bestellung erfassen* folgen zwei Zustände, die sich durch eine Exklusiv-Oder-Verknüpfung gegeneinander ausschließen. Entweder konnte die Bestellung *vollständig* erfasst werden (rechter Pfad) oder als *unvollständig* erkannt werden (linker Pfad). Im Falle der vollständigen Erfassung wird die Funktion zur Belastung des Kundenkontos eingeleitet, die durch ein *Buchungssystem* realisiert wird und als Eingabedaten die *Kontonummer* des Kunden und den abzubuchenden *Betrag* benötigt. Im Falle der unvollständigen Erfassung wird die Aktion zur Benachrichtigung des Kunden eingeleitet, die wieder durch einen *Sachbearbeiter* auszuführen ist und die Kontaktdaten aus dem Bestellformular als Eingabedaten benötigt. Den Funktionen beider Pfade würden weitere Elemente zur Beschreibung der Fortsetzung des Prozesses folgen, die hier zur Vereinfachung weggelassen wurden.

2.2 Beschreibung eines Workflows in FDL

In diesem Abschnitt werden die wesentlichen Konstrukte der *Flow Definition Language (FDL)* zur Spezifikation von Workflows in MQSeries Workflow vorgestellt und die Entsprechung zu den ARIS-Sichten hergestellt. In Abbildung 2 ist ein Ausschnitt des FDL-Codes gegeben, der aus der Übersetzung des Geschäftsprozesses aus Abbildung 1 resultiert und im folgenden verwendet wird, um die FDL-Konstrukte zu illustrieren. In FDL können die folgenden Konstrukte zur Beschreibung eines Workflows unterschieden werden:

- *Ausführungsinstanzen* zur Beschreibung der an der Workflow-Ausführung beteiligten Instanzen: *Personen* mit ihren *Rollen* und deren Einordnung in die Hierarchie von *Organisationseinheiten*. In Abbildung 2 ist mittels des ROLE-Statements beschrieben, dass die Personen *Musterfrau* und *Mustermann* die Rolle des *Sachbearbeiters* einnehmen. Die Information für diesen Block muss aus der Organisationssicht in ARIS geliefert werden.
- *Aktivitäten und Blöcke* mit der Spezifikation der Start- und Endebedingung einer Aktivität, des mit der Aktivität assoziierten auszuführenden Programms, der ausführenden Instanz und den jeweiligen Ein-/Ausgabedaten (siehe PROGRAM_ACTIVITY Statement in Abbildung 2). Eine Funktion in der Steuerungssicht von ARIS wird im wesentlichen auf eine Aktivität in FDL abgebildet. In FDL können im Gegensatz zu ARIS keine direkten Sprünge (GOTOs) beschrieben werden. Schleifen können nur realisiert werden, indem

Aktivitäten zu einem Block zusammengefasst werden, der mehrfach ausgeführt werden kann.

- *Datenstrukturen.* In FDL kann für eine Aktivität jeweils nur eine einzelne Datenstruktur für Eingabe- bzw. Ausgabedaten angegeben werden. Der Aufbau dieser Datenstrukturen muss explizit beschrieben werden. So wird in Abbildung 2 mittels des STRUCTURE-Statements beschrieben, dass die Datenstruktur Formular u.a. aus einer Kontonummer und einem Betrag besteht. Die Information für den Aufbau der Datenstrukturen wird aus der Datensicht von ARIS entnommen.
- *Datenfluss* zur Spezifikation, welche Ausgabedaten einer Aktivität als Eingabedaten in eine (nachfolgende) Aktivität übergehen. In Abbildung 2 wird mittels des DATA-Statements beschrieben, dass die Ausgabedaten der Aktivität *Bestellung_erfassen* als Eingabedaten für die Aktivität *Konto_belasten* vorliegen müssen. Mittels MAP wird angegeben, wie die Ausgabedaten in die Eingabedaten abgebildet werden. Die Information für den Datenfluß muss aus der Steuerungssicht in ARIS übernommen werden
- *Kontrollfluss* zur Spezifikation, welche Aktivität nach ihrer Ausführung bei Eintritt einer spezifizierten Bedingung welche Folgeaktivitäten auslöst. In Abbildung 2 wird innerhalb des CONTROL FROM Statements beschrieben, dass nach Ausführung der Aktivität *Bestellung_erfassen* die Aktivität *Konto_belasten* gestartet wird, wenn die Bedingung "Status=vollständig" erfüllt ist. Die Information für den Kontrollfluss muss ebenfalls aus der Steuerungssicht in ARIS entnommen werden.

3. Konzepte und Arbeitsweise des Übersetzers

In diesem Abschnitt wird die Übersetzung eines ARIS-Modells in FDL näher beschrieben. Zur Illustration wird auch hier die Beispielübersetzung des Geschäftsprozesses aus Abbildung 1 in den FDL-Code aus Abbildung 2 verwendet. Die Nummerierung der Konstrukte gibt wieder, welche Konstrukte in ARIS zur Generierung welcher FDL-Befehle geführt haben. Die Arbeitsweise des Übersetzers läßt sich in verschiedene Phasen zum Aufbau interner Datenstrukturen und zur Generierung der Ausführungsinstanzen, der Datenstrukturen, des Datenflusses, der Aktivitäten sowie des Kontrollflusses einteilen.

- *Phase 0: Aufbau interner Datenstrukturen.* Der Übersetzer greift über die ARIS API auf das zu übersetzende GP-Modell (Steuerungssicht) zu und baut eine an der graphischen Repräsentation des GP-Modells orientierte graphbasierte Repräsentation der Steuerungssicht auf, die den schnellen "navigierenden" Zugriff auf Vorgänger- und Nachfolgeaktivitäten samt assoziierter Instanzen und Ressourcen ermöglicht. Beim Aufbau der internen Repräsentation wird jede relevante Ausführungsinstanz, jede Ein- und Ausgabedatenstruktur und jedes assoziierte Anwendungssystem einer Aktivität in einem Verzeichnis registriert.
- *Phase 1: Generierung der Ausführungsinstanzen.* Für die in Phase 0 registrierten Ausführungsinstanzen stellt der Übersetzer über einen Zugriff auf die Organisationssicht fest, welche Organisationseinheiten, Stellen und Personen im

Workflow eine Rolle spielen. In unserem Beispiel wurde festgestellt, dass die Stelle *Sachbearbeiter* aus den Personen *Musterfrau* und *Mustermann* besteht. Genauso gut könnte hier eine Organisationseinheit als Ausführungsinstanz vorkommen, die wiederum mehrere Unter-Organisationseinheiten enthält. Die Unter-Organisationseinheiten wären zwar in der Steuerungssicht von ARIS nicht sichtbar, der gesamte hierarchische Aufbau muss aber ebenfalls ermittelt und in FDL beschrieben werden, um im WfMS stets die Menge der ausführenden Personen bestimmen zu können. Während Personen und Organisationseinheiten aus ARIS in FDL übersetzt werden können, müssen Stellen in ARIS auf Rollen in FDL abgebildet werden.

- *Phase 2: Generierung der Datenstrukturen.* Für jede in Phase 0 registrierte Datenstruktur muss der Aufbau in FDL beschrieben werden. Es muss festgestellt werden, ob es sich um eine komplexe oder elementare Datenstruktur handelt. Dies geschieht dadurch, dass in der Datensicht von ARIS nachgeschlagen wird, ob es sich um ein Entity oder ein einfaches Attribut handelt. Für alle einfachen Attribute - in unserem Beispiel *Status* - wird der Datentyp ermittelt und es muss eine entsprechende FDL-Datenstruktur mit dem elementaren Attribut generiert werden, da in FDL nur Datenstrukturen übergeben werden können. Für Entities - wie *Formular* - werden alle Attribute ermittelt und in einer FDL-Datenstruktur zusammengefasst. Da es im eERM auch Vererbungshierarchien geben kann, müssen auch alle geerbten Attribute eines Entities ermittelt werden.
- *Phase 3: Generierung des Datenflusses.* Zur Spezifikation des Datenflusses in FDL wird entlang des Geschäftsprozessablaufs jede Aktivität inspiziert und die Eingabedatenstruktur festgestellt. Für jede Aktivität mit Eingabedaten wird die Vorgängeraktivität ermittelt, die als Ausgabedaten dieselbe Datenstruktur oder eine umfassendere Datenstruktur besitzt. So wird für die Eingabedatenstrukturen *Kontonummer* und *Betrag* der Aktion *Konto_belasten* die Ausgabedatenstruktur *Formular* der Aktion *Bestellung_erfassen* identifiziert, die die Kontonummer und den Betrag enthält. Bei Vorhandensein mehrerer Datenstrukturen für die Ein- bzw. Ausgabe muss der Übersetzer "eigene" Datenstrukturen einführen, um alle Ein- bzw. Ausgabedaten zusammenzufassen. In unserem Beispiel wird deshalb die Datenstruktur *Konto_belasten_IN* generiert. Über MAP wird angegeben, wie die Datenstrukturen abzubilden sind. Für jeden Übergang von gefundenen Ausgabedaten in die Eingabedaten wird ein entsprechendes DATA-Statement generiert.
- *Phase 4: Generierung von Aktivitäten.* Funktionen in ARIS werden in eine Aktivität in FDL übersetzt. Die Funktion "Bestellung erfassen" wird also in eine Aktivität "Bestellung_erfassen" übersetzt. Formale Bedingungen für den Übergang von einer Funktion in eine Folgefunktion müssen in ARIS an den Eingangskanten der zwischen den Funktionen liegenden Ereignisse annotiert sein. Die Annotation erfolgt durch Eingabe der Bedingung in einem ARIS-Attribut. Im Beispielprozess wurden die Bedingungen *Status='unvollständig'* und *Status='vollständig'* in das Attribut *Bedingung* der Kanten vor den Ereignissen *unvollständig* bzw. *vollständig* eingetragen. Ereignisse haben in ARIS reinen Dokumentationscharakter und werden bei der Übersetzung ignoriert. Für jede Aktivität in FDL müssen die Ein- und Ausgabedatenstrukturen, eine Endebedingung, eine Startbedingung, die Ausführungsinstanz und ein Programm angegeben werden.

- *Ein- und Ausgabedatenstrukturen*. Die in den Phasen 2 und 3 identifizierten bzw. eingeführten Datenstrukturen werden in FDL als Eingabe- bzw. Ausgabedatenstruktur der Aktivität eingetragen.
- *Endebedingung*. Eine Aktivität in FDL wird beendet, sobald die Bedingung für die Ausführung der Folgeaktivität(en) eintritt. Folgt der zu übersetzenden Funktion in ARIS ein Junktor, so muss dieser in die Endebedingung der Aktivität eingehen. Die Aktivität *Bestellung_erfassen* wird in unserem Beispiel beendet, sobald (Status='vollständig' XOR Status='unvollständig') gilt.
- *Startbedingung*. Als Startbedingung einer Aktion wird in FDL nur unterschieden, ob alle (ALL CONNECTORS) oder mindestens eine der Vorgängeraktivitäten (AT_LEAST_ONE CONNECTOR) beendet sind. Welche der beiden Startbedingungen verwendet wird, hängt vom Junktor ab, der der Aktivität vorangestellt ist. Wenn einer Aktivität ein Exklusiv-Oder oder eine Disjunktion vorangeht, wird AT_LEAST_ONE CONNECTOR generiert, in allen anderen Fällen ALL CONNECTORS.
- *Ausführungsinstanz*. Der Übersetzer stellt fest, ob es sich bei der Ausführungsinstanz um eine Person, eine Organisationseinheit oder eine Rolle handelt, da dies im DONE_BY-Statement innerhalb der Aktivität eingetragen werden muss. Dies geschieht durch Nachschlagen des Bezeichners in den Datenstrukturen aus Phase 1.
- *Programme*. Der Übersetzer verwendet eine globale Anwendungsdatenbank, um die in ARIS angegebenen logischen Bezeichner auf die von FDL geforderten Detailparameter wie z.B. Pfadnamen von Programmen abzubilden, und generiert ein entsprechendes PROGRAM-Statement in FDL.

• *Phase 5: Generierung des Kontrollflusses*. Zur Beschreibung des Kontrollflusses bestimmt der Übersetzer alle Übergänge von einer Funktion zur Nachfolgefunktion und entnimmt aus jeden Übergang die Bedingung. Junktoren haben auf die Beschreibung des Kontrollflusses durch diese paarweise Betrachtung von Funktionen keinen Einfluss. So wird in unserem Beispiel im CONTROL-Statement beschrieben, dass nach Beenden der Aktivität *Bestellung_erfassen* die Aktivität *Kunde_informieren* ausgeführt wird, sobald die Bedingung (Status='unvollständig') gilt.

4. Probleme

In diesem Abschnitt beschreiben wir technische und organisatorische Probleme, die in der Praxis bei der Übersetzung von Geschäftsprozessen in Workflows auftreten.

• *Fehlende ARIS-Konventionen*. Konventionenhandbücher für den Einsatz von ARIS im Unternehmen schreiben vor, welche ARIS-Konstrukte in welcher Form eingesetzt werden sollten, um eine "gute" Modellierung zu erzielen. Sie zielen typischerweise auf die Dokumentation von Geschäftsprozessen ab und lassen oft Spielraum für Beschreibungen, die nicht genügend formal sind, um in einen Workflow überführt werden zu können. Für eine Übersetzung des GP-Modells in einen Workflow müssen deshalb weitere Konventionen eingeführt werden.

- *Boolesche Bedingungen.* Für alle Kontrollflusskanten müssen Boolesche Bedingungen präzise festgelegt werden, um einen automatisierten Ablauf zu ermöglichen.
- *Einzelnes Startereignis.* In der Praxis findet man häufig GP-Modelle, die mehrere Startereignisse haben. Zur Übersetzung des GP-Modells in einen Workflow darf jedoch nur ein einzelnes Startereignis existieren, dessen Eintreten zum Start des Workflows führt.
- *Fristenmanagement.* Viele WfMS bieten Mechanismen an, um Ablauffristen zu überwachen und bei Fristablauf eine Eskalation einzuleiten (z.B. die Benachrichtigung eines Vorgesetzten). Für das Fristenmanagement müssen ARIS-Konventionen eingeführt werden, die vom Übersetzer erkannt und entsprechend umgesetzt werden. Da in FDL Fristüberschreitungen nur an einzelne Aktivitäten gekoppelt sind und nur Benachrichtigungen an Personen erfolgen können, ist eine entsprechende ARIS-Konvention einfach einzuführen. Weitergehendes Fristenmanagement - wie z.B. Fristen für Folgen von Aktivitäten - erfordern weit komplexere ARIS-Konventionen.
- *4-Augen-Prinzip.* Das 4-Augen-Prinzip ist eine in der Praxis sehr wichtige Konvention für Geschäftsprozesse. Es verlangt (z.B. bei einer Kreditantragsprüfung) zwei unterschiedliche Personen mit denselben Kompetenzen als Ausführungsinstanzen einer Aktivität. Dafür müssen ARIS-Konventionen bereitgestellt werden, die es ermöglichen, die Ausführungsinstanz einer Funktion in Abhängigkeit von der Ausführungsinstanz einer vorhergehenden Funktion zu definieren. In FDL wird diese Funktionalität direkt unterstützt; es gibt jedoch auch WfMS, für die diese Abbildung schwieriger ist.
- *Saubere Schleifenstruktur.* In FDL werden Schleifen durch Blöcke modelliert, an deren Ende eine Bedingung steht, über die eine wiederholte Ausführung des Blockes geregelt wird. Die Sprachkonstrukte verhindern damit Sprünge an beliebige Stellen innerhalb eines Blockes. In ARIS können beliebige Sprünge beschrieben werden, wodurch "Spaghetti-Code" mit überlappenden Schleifen entstehen kann. Zur Unterstützung einer automatischen Übersetzung müssen Konventionen in ARIS eingeführt werden, die eine saubere Schleifenstruktur erzwingen.

• *Abbildung des Organisationsaufbaus.* Die Organisationssicht in ARIS bietet sehr viele Konstrukte an, um den Organisationsaufbau im Unternehmen zu beschreiben. WfMS sind hier oft restriktiver. So kennt z.B. FDL keine Gruppen. Das Konventionenhandbuch sollte sich auf Konstrukte beschränken, die zur Modellierung ausreichen und vom WfMS unterstützt werden.

• *Zuordnung von Personen.* Bei der Dokumentation eines Geschäftsprozesses ist der Bezug auf konkreten Personen unerwünscht. Ein WfMS benötigt zur Laufzeit aber Angaben über die Personen, die eine Aktivität ausführen können. Diese Information muss bei der Übersetzung in das Workflow-Modell z.B. aus bestehenden Verzeichnisdiensten geliefert werden, was eine zusätzliche Schnittstelle für den Übersetzer erfordert.

5. Ausblick

Wir haben uns in der vorliegenden Arbeit zunächst auf die Übersetzung von GP-Modellen aus ARIS in einen Workflow in MQSeries Workflow konzentriert. Unsere zukünftige Arbeit zielt darauf ab, eine Plattform für ein Round-Trip-Engineering von Geschäftsprozessen zu schaffen. Konkrete Ansatzpunkte dafür sind:

- *Umgekehrte Übersetzungsrichtung.* Das Übersetzungsresultat eines GP-Modells in einen Workflow muß oftmals noch mit Zusatzbeschreibungen angereichert werden, die nur intellektuell vorgenommen werden können, da sie auf Wissen basieren, das nicht im GP-Modell beschrieben ist. Oftmals wäre es erwünscht, dass das in einem Workflow beschriebene Wissen über den Geschäftsprozess in ein GP-Modellierungswerkzeug zurückgeführt wird. Es kann zudem auch vorkommen, dass ein Geschäftsprozess bisher ausschliesslich durch einen Workflow realisiert ist und dass er zur Dokumentation/Publikation und zur Optimierung in ein GP-Modellierungswerkzeug überführt werden soll. Aus diesem Grunde soll unsere Arbeit dahingehend erweitert werden, dass ein bereits (z.B. in FDL) beschriebener Workflow in ein ARIS-Modell überführt wird.
- *Kanonische Repräsentation.* Um ein GP-Modell durch eine möglichst breite Palette unterschiedlicher GP-Modellierungswerkzeuge und WfMS zu unterstützen wäre eine möglichst kanonische Repräsentation des Geschäftsprozesses erwünscht. Ein solch kanonisches Modell könnte als "Drehscheibe" zur Übersetzung von Geschäftsprozessen zwischen beliebigen GP-Modellierungswerkzeugen und WfMS dienen. Es soll untersucht werden, inwieweit in der Wissenschaft diskutierte Workflow-Spezifikationssprachen wie z.B. State- und Activity-Charts [HG97, UML99] (siehe auch [Wei97] zum Bezug zu WfMS) hierzu geeignet sind.

Literatur

[Bul99] J. Bulkin: Workflow-Management bei der HypoVereinsbank AG - Die Kopplung des ARIS Toolsets mit Staffware durch process in @ction - eine Untersuchung, Diplomarbeit, Fachbereich Informatik/Mathematik, Fachhochschule München, 1999

[EFA00] e-fact GmbH: processin@ction for Staffware, http://www.e-fact-gmbh.de, Nov. 2000

[Hä97] T. Härder (Hrsg.), Informatik Forschung und Entwicklung Band 12 Heft 2, 1997, Themenheft Workflow-Management.

[HG97] D. Harel, E. Gery: Executable Object Modeling with Statecharts, IEEE Computer Vol.30 No.7, 1997.

[IBM00] IBM: MQSeries Workflow, http://www.ibm.com/software/ts/mqseries/workflow, November 2000

[IDS00] IDS Scheer AG: ARIS 5 - E-Business Suite, http:www.ids-scheer.de, November 2000

[JBS97] S. Jablonski, B. Böhm, W. Schulze (Hrsg.): Workflow-Management: Entwicklung von Anwendungen und Systemen, dpunkt-Verlag, Heidelberg, 1997

[LR00] F. Leymann, D. Roller: Production Workflow - Concepts and Techniques, Prentice Hall, New Jersey, NJ, USA, 2000

[UML99]OMG: Unified Modeling Language (UML), Version 1.3, 1999, http://www.rational.com/uml

[Wei97] G. Weikum, D. Wodtke, A. Kotz-Dittrich, P. Muth, J. Weißenfels: Spezifikation, Verifikation und verteilte Ausführung von Workflows in MENTOR, in [Hä97].

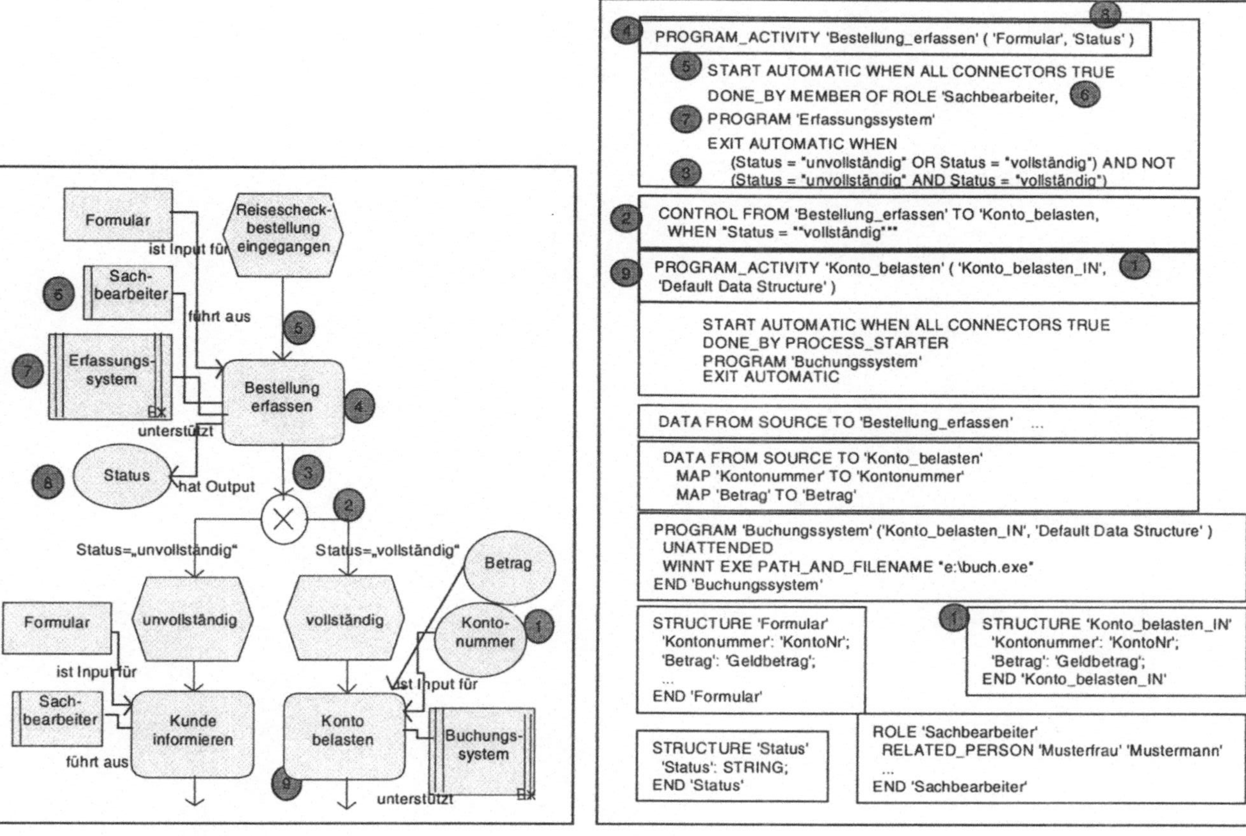

Abb. 1 ARIS Beispiel Prozess

Abb. 2 Resultierender FDL-Code

Sitzung E:

Portale und Data Warehouses

Basistechnologien für die Entwicklung von Internet-Portalen

Wilhelm Hasselbring[1], Arne Koschel[2] und Arnulf Mester[3]

[1] Kuratorium OFFIS e.V. & Universität Oldenburg, Oldenburg
hasselbring@informatik.uni-oldenburg.de
[2] IONA Professional Services, Frankfurt
Arne.Koschel@iona.com
[3] Materna GmbH Information & Communications, Dortmund
Arnulf.Mester@materna.de

Zusammenfassung Internet-Portale sind personalisierte Einstiegsseiten im Internet, die verschiedenartigste Ziele verfolgen. Wir stellen zunächst typische Arten von Internet-Portalen kurz vor. Das derzeit aktuelle Schlagwort *Portal* bezeichnet personalisierbare Internet-Zugänge zu Informationsdiensten. Hierbei werden unterschiedliche Anwendungen mit diesem Schlagwort bedacht, die z.B. von Eingangspforten für das Massenpublikum über Informationskanäle für Spezialgebiete bis hin zu Business-to-Business Vertriebswegen reichen. Daraus ergeben sich charakteristische *funktionale* Anforderungen an solche Portale. *Nicht-funktionale* Anforderungen betreffen dann Qualitätseigenschaften, wie zum Beispiel Zugriffssicherheit, Netzwerksicherheit, Ausführungsgeschwindigkeit, Ergonomie und Konformität mit Standards. Aus den funktionalen und nicht- funktionalen Anforderungen können typische Systemkomponenten von Internet- Portalen abgeleitet werden. Zwei kommerziell verfügbare Basisprodukte zur Entwicklung von Internet-Portalen werden vorgestellt und es wird skizziert, wie diese Produkte die Anforderungen erfüllen sollen. Ein Schwerpunkt dieses Kurzbeitrags ist die Präsentation eines Überblicks über verschiedene Aspekte des Entwurfs und der Implementierung von Internet-Portalen.
Ein wichtiger Aspekt ist, daß der Aufbau eines Internet-Portals nicht die eigentliche Konstruktion eines (neuen) Informationssystems darstellt, sondern im wesentlichen eine Integrationsaufgabe von verschiedenartigen Informationsdiensten ist. Dabei müssen insbesondere operative Unternehmensinformationssysteme mit externen Diensten integriert werden.

1 Internet-Portale

Der Begriff Portal wird zur Zeit häufig für personalisierte Einstiegsseiten im Internet verwendet. Oft werden Suchdienste, wie zum Beispiel Lycos, um entsprechende Funktionalitäten erweitert. Einen anderen Bereich stellen branchenorientierte Marktplätze dar, die spezielle Zielgruppen ansprechen. Beispiele dafür sind marketplace.mySAP.com und Ariba.com. Ein dritter Bereich sind Unternehmensportale, die Mitarbeitern und Kunden eine zentrale Benutzungsoberfläche nach innen und außen bieten. Ein Beispiel dafür ist das Unternehmensportal www.my-genion.de/wap, das Mobiltelefonkunden der VIAG Interkom personalisierte Informationsdienste bietet.

Unternehmensportale müssen mehr leisten, als typische *Homepages*. Während traditionelle Homepages den Nutzern abverlangen, selbst Informationsquellen zu kombinieren, müssen Portals den Nutzern dieser Arbeit weitgehend individuell abnehmen. Sie haben die Aufgabe, relevante Informationen zu sammeln, zu katalogisieren und miteinander zu verknüpfen, sowie die offerierten Dienste mit den existierenden Geschäftsprozessen und zugrundeliegenden Unternehmensinformationssystemen (ERP) und Anwendungen zu integrieren. Zentrale Bausteine solcher Portals sind dann auch Kalenderverwaltung, verteilte To-Do-Listen und Mail-Dienste.

Internet-Portale von Unternehmen sollen für die Nutzer dieser Portale einen individualisierten Zugriff auf Informationsangebote des Unternehmens, eventuell kombiniert mit externen Informationsquellen (wie Data Warehouses), erlauben. Neben den Möglichkeiten zur Personalisierung, bei der sich ein Nutzer dem Portal bekannt macht und eine individuell anpaßbare Benutzungsoberfläche im Web-Browser erhält, ist für den erfolgreichen Einsatz die Einbindung der Portalfunktionalitäten in die bestehenden Geschäftsprozesse der Unternehmen eine zentrale Anforderung. Um diese Anforderung erfüllen zu können, muß die Basissoftware zum Bau des Portals eine Integration von operativen, existierenden Unternehmensanwendungen (Legacy-Systeme) unterstützen. Hierdurch ergeben sich Anforderungen an Fähigkeiten zur Systemintegration, wie zum Beispiel die Bereitstellung von Softwarekomponenten, die einen Zugriff auf ERP-Systeme wie R/3 ermöglichen (sogenannte Wrapper, Konnektoren oder Adapter). Gegenwärtig bieten verschiedene Softwarehersteller Basistechnologien für den Aufbau solcher Portale an.

Abschnitt 2 stellt zunächst einige typische Internet-Portale vor. Funktionale und nicht-funktionale Anforderungen werden dann in den Abschnitten 3 und 4 diskutiert. Aus diesen Anforderungen ergeben sich typische Basistechnologie-Komponenten (Abschnitt 5). In Abschnitt 6 stellen wir dann einige kommerziell verfügbare Basisprodukte vor, bevor in Abschnitt 7 eine Zusammenfassung mit Ausblick gegeben wird.

2 Arten von Internet-Portalen

Internet-Portale können nach Anwendungsbereichen klassifiziert werden:

- **Internet-Suchmaschinen und -Kataloge**, die um Personalisierungsfunktionalität erweitert wurden. Beispiele dafür sind Lycos oder Yahoo.
- **Internet-Bürodienste** (Application Service Provider). Ein Beispiel dafür ist www.io24.de.
- **Elektronische Marktplätze**. Beispiele dafür sind mySAP.com oder E-SAP.de.
- **Branchenportale**. Ein Beispiel ist www.industrienet.de.
- **Kunden-Portale**. Beispiele dafür sind www.mygenion.de oder www.autouniversum.com, die für Firmenkunden gedacht sind.

- **Mitarbeiter-Portale**. Ein Beispiel ist der Prototyp www.ipsi.de, der Dienste für Versicherungsmakler bietet.

Werden die unterschiedlichen Anwendungsbereiche von Portalen betrachtet, so zeigen sich verschiedenartige Leistungsmerkmale, die entsprechende Basissoftware aufweisen soll.

3 Funktionale Anforderungen an Internet-Portale

Aus den verschiedenen Anwendungsgebieten von Internet-Portalen ergeben sich charakteristische funktionale Anforderungen, die diese Portale erfüllen müssen, beispielsweise:

- Unterstützung von Geschäftstransaktionen zur Firmenkooperation (z.B. Vertriebsprozesse, insbesondere Business-To-Business Electronic Commerce).
- Unterstützung der Kommunikation von Interessengemeinschaften.
- Authenfifizierung und Autorisierung für den Zugriff.
- Marketinganalysen.
- Mehrsprachigkeit der Benutzungsschnittstelle.
- Entscheidungsunterstützung.
- Informationspublikation.
- Unterstützung des operativen Geschäfts. Eine entscheidende Anforderung ist die umfassende Integration bestehender Informationsressourcen von Unternehmen auf Basis ihrer existierenden, heterogenen IT-Infrastrukturen.

Hier wurden nur einige typische Anforderungen genannt. Funktionale Anforderungen betreffen dabei im Besonderen die Personalisierung und die Integration von verschiedenen Informationsdiensten.

Personalisierung Eine wichtige Anforderung an Internet-Portale ist das zielgruppenspezifische und darüber hinaus auch individuelle Angebot an Informationen und Anwendungen (z.B. verschiedene Direktbankauftritte). Beispielsweise soll ein Anleger, der sich mehrfach für risikobehaftete Anlagen interessierte, auch direkt für sein Anlageprofil spezifische Hinweise erhalten. Typischerweise sollen die Nutzer auch die Oberflächengestaltung an ihre Bedürfnisse anpassen können (z.B. myYahoo.com).

Dynamische und statische Inhalte Die Inhalte eines Portals gliedern sich in statische und dynamische Inhalte. Statische Inhalte werden durch Redaktionssysteme (Content Management Systems) von Redakteuren gepflegt, dynamische von Entwicklern als Palette von durch Redakteure einbaubare Interaktionsmöglichkeiten bereitgestellt.

Multi-Channel Delivery Zunehmend müssen dieselben Inhalte an verschiedene Endgeräte ausgeliefert werden, z.B. Web-Browser, verschiedenste WAP-Handies/Geräte, Set-Top-Boxen, etc. Die Endgerätecharakteristik hat insbesondere einen Einfluß auf die Präsentations- und die Interaktionsmöglichkeiten.

Systemintegration Für das Internet-Portal eines Unternehmens ist es unabdingbar, daß das Portal mit den operativen Unternehmensinformationssystemen gekoppelt ist. Beispielsweise müssen den Angestellten des Unternehmens aktuelle Informationen über Kunden und Produkte zur Verfügung gestellt werden, wenn das Portal sinnvoll in deren täglicher Arbeit eingesetzt werden soll. Hinzu kommen die technischen Herausforderungen. Bestehende Informationssysteme setzen eine Vielzahl unterschiedlicher Technologien ein. Dazu gehören Internet-Protokolle wie http, IIOP, WAP, XML, Komponententechnologien wie CORBA, COM, EJB, JSP, verschiedenste Betriebssysteme, Programmiersprachen, usw. Diese technischen Aspekte beeinflussen dann insbesondere die Möglichkeiten zur Erfüllung der nicht-funktionalen Anforderungen.

4 Nicht-Funktionale Anforderungen an Internet-Portale

Nicht-funktionale Anforderungen betreffen beispielsweise die Zugriffssicherheit, Netzwerksicherheit, Ausführungsgeschwindigkeit, Ergonomie und Konformität mit Standards, wie zum Beispiel Enterprise JavaBeans und LDAP. Auch die Zugriffsmöglichkeit über einen Web-Browser stellt eine nicht-funktionale Anforderung dar (die eigentlichen Funktionen werden durch die Inhalte der Web-Seiten repräsentiert). Die nicht-funktionalen Eigenschaften haben einen wesentlichen Einfluß auf die Qualität eines Portals (Quality of Service):

- **Akzeptanz**: Ergonomie, Vertraulichkeit, Antwortzeiten und Einfachheit der Installation und Benutzung sind wichtig.
- **Zukunftssicherheit**: Erreichbar durch Konformität zu (akzeptierten) Standards, offene Schnittstellen, Erweiterbarkeit, Einsatz von Standardsystemen
- **Investitionssicherheit**: Skalierbarkeit, Clusterfähigkeit und Plattformunabhängigkeit sind hier wichtige Faktoren.
- **Betriebssicherheit**: technische Datensicherheit, Hochverfügbarkeit, Performanz, Skalierbarkeit, Leistungsgarantien und Üaberwachbarkeit sollten möglich sein.

5 Basistechnologie-Komponenten

Die Herausforderung für die Entwicklung von Internet-Portalen besteht darin, verschiedene Informationsquellen anzuzapfen und für die Nutzer personalisiert aufzubereiten. Das erfordert den Einsatz vieler Softwaretechnologien, zum Beispiel aus den Bereichen Datenbanken, Systemintegration und verteilter Systeme, um qualitative hochwertige Dienste anbieten zu können. Qualität bezieht sich hierbei sowohl auf die offerierte Funktionalität als auch auf die nicht-funktionalen Anforderungen.

Um die Anforderungen an Internet-Portale erfüllen zu können, ist es notwendig geeignete Systemsoftware (Middleware) einzusetzen, mit der sowohl die funktionalen als auch die nicht-funktionalen Anforderungen angemessen erfüllt werden können. Typische Komponenten in der Softwarearchitektur von Internet-Portalen dienen beispielsweise der Web-Präsentation, der Personalisierung und der Anbindung von existierenden ERP-Systemen. Internet-Portale werden typischerweise in verschiedenen Lagen konstruiert [1]. Dabei können zumindest drei Lagen innerhalb der server-seitigen Systemarchitektur identifiziert werden: Unternehmensinformationssysteme als Backend, Anwendungsserver und Web-Server in der Mitte. Zusätzlich dient die client-seitige Lage zur Interaktion durch die Nutzer. Das *Backend* stellt im wesentlichen Daten zur Verfügung, der Anwendungsserver die Geschäftslogik und der Web-Server die Verbindung zu Web-Browsern, etc.

Web- und WAP-Browser sowie Server für die Benutzungsschnittstelle Internet-Portale sollen über das Internet verfügbar sein. Den Nutzern stellt sich ein Portal als Web-Seite im Browser dar. Dem Web-Client muß ein Web-Server des Dienstleisters gegenüber stehen. Zur Konstruktion von Internet-Portalen können allgemein verfügbare Web-Server, wie z.B. Apache, verwendet werden, oder auch spezifische Web-Server, die für die Entwicklung von Portalen optimiert wurden.

Personalisierung und Nutzermanagement Basis von personalisierbaren Portalen sind die implizit und explizit erfaßten Attribute von Nutzern/Besuchern. Implizite Attribute tragen zum Besucherprofil durch den *Clickstream* bei, also die Folge der durch den Besucher angeklickten Inhalte. Explizite Attribute sind durch den Benutzer selbst preisgegebene bzw. eingestellte persönliche Daten und Präferenzen/Bedürfnisse. Anhand von Regeln auf diesen Attributen wird das Portal zu einem personalisierten Portal. Dies ist zu unterscheiden von durch Benutzerangaben eingegrenzten Produktangeboten, die sich technisch durch entsprechende (komplexe) Datenbankabfragen realisieren lassen (dies ist natürlich auch ein Aspekt der Personalisierung). Technisch kann die Verwaltung der Nutzerdaten sinnvollerweise mit Verzeichnisdiensten realisiert werden. Elektronische Verzeichnisdienste, wie z.B. der Netscape (iPlanet) Directory Server oder der Novell Directory Server (NDS) verwalten u.a. organisatorische Informationen über Personen, Gruppen, etc. Gerade für die Personalisierung von Internet-Portalen spielen solche Verzeichnisdieste eine wichtige Rolle, um Informationen über die Nutzer der Portale zu verwalten. Dazu sind Standards, wie das Lightweight Directory Access Protokoll (LDAP) eine Grundlage, um eine einheitliche Repräsentation von Verzeichnisdaten zu erreichen [2]. LDAP ist ein standardisiertes Protokoll zum Zugriff auf Verzeichnisdienste auf der Basis von TCP/IP, wobei die hierarchische Strukturierung und Suche von Einträgen möglich ist. Generell spielen Standards zur Beschreibung von Daten und Information eine wichtige Rolle für die Interoperabilität von Informationssystemen [3]. Als Mehrwert für die Nutzer sollten auch die individuelle Nutzung eines Kalenders und verschiedenartigste Benachrichtigungsdienste unterstützt werden.

Einbindung von Redaktionssystemen Content Management Systeme werden in die Anwendungsarchitektur integriert, so daß die durch die Web-Server auslieferbaren statischen Inhalte, das Layout, die Navigation und die Seitenaufbauten durch Redakteure ohne technischen Hintergrund gepflegt werden können.

Diese Systeme unterstützen die Arbeitsschritte zur Edition und Freigabe von Portal-Inhalten.

Anwendungsserver für die Geschäftslogik Die mittlere Lage in den oben skizzierten server-seitigen drei Ebenen von Komponenten für Internet-Portale soll die Geschäftslogik realisieren. Das kann durch Anwendungsserver, die z.B. auf der Enterprise JavaBeans Spezifikation basieren, geschehen. Innerhalb des Java 2 Enterprise Edition (J2EE) Application blueprints definiert die Enterprise JavaBeans (EJB) Spezifikation [4] eine Softwarearchitektur zur Entwicklung von verteilten, objektbasierten Unternehmensanwendungen auf der Server-Seite mit Transaktionsfunktionalität. Eine wesentliche Idee ist die Konstruktion von Unternehmensanwendungen aus eigenen und eingekauften server-seitigen Komponenten. Diese server-seitigen Komponenten, die Enterprise Beans genannt werden, sind verteilte Objekte innerhalb von sogenannten EJB-Containern. Vergleichbar zu Applets in Web-Browsern und Servlets in Web-Servern stellen diese Container den Enterprise Beans die Laufzeitumgebung zur Verfügung. Die Container sind insbesondere für die Realisierung nicht-funktionaler Anforderungen für die Enterprise Beans zuständig. Dazu gehören das Management entfernter Zugriffe im Netzwerk, Persistenz, Sicherheit, sowie Transaktions- und Nebenläufigkeitskontrolle. Eine nutzungs-seitige Anwendung kann auf die serverseitigen Enterprise Beans nur über die Container zugreifen. Die Entwickler der Enterprise Beans können sich voll auf die Realisierung der Funktionalität ihrer Komponenten konzentrieren, während die Entwickler der EJB-Server-Software die Realisierung der nicht-funktionalen Anforderungen sicherstellen müssen ("separation of concerns [5]). Der Zugriff auf Enterprise Beans erfolgt immer über die Container, durch die die Beans verwaltet werden. Entfernter Zugriff im Netzwerk ist durch die Java Remote Method Invocation (RMI) möglich. Im wesentlichen definiert die EJB-Spezifikation ein Programmiermodel für Interaktionsprotokolle sowie vordefinierte Java-Klassen und Schnittstellen. Dieses Programmiermodell definiert eine Art Vertragsmodell für die Entwicklung von EJB- Servern und EJB-Komponenten, um so sowohl Portabilität zu gewährleisten als auch ein hohes Maß an Funktionalität zu bieten.

Unterstützung von Datenaustauschformaten Falls Internet-Portale oder Anwendungen miteinander operieren sollen, werden sie auch Daten austauschen müssen. Damit der Datenaustausch technisch funktionieren kann, muß ein gemeinsames Datenaustauschformat verwendet werden. XML [6] hat sich mittlerweile als de-facto Standard für den Austausch von Daten über das Internet etabliert. Mit XML kann die Syntax von Daten beschrieben werden. Für die Beschreibung der Semantik ist mehr nötig [7]. Bereichsspezifische Standards zur Definition der Bedeutung der einzelnen Felder in XML-Dokumenten sind notwendig, um eine gemeinsame Interpretation der übertragenen Daten zu erreichen (z.B. electronic business XML, ebXML.org). Die Verarbeitung von XML-Dokumenten in Internet-Portalen, deren zugrundeliegende Basissoftware z.B. einen EJB-Anwendungsserver unterstützt, wird durch die Verfügbarkeit von wiederverwendbaren Java-Parsern wesentlich erleichtert. An dieser Stelle ist es wichtig zu bemerken, daß XML zunehmend auch eine Rolle als endgeräte- bzw. medienneutrales Austausch- und Speicherformat einnimmt. Eine Transformation in spezifische Ausgabeformate (wie HTML und WML) erfolgt mittels XSLT-Regeln.

Integration von existierenden Informationssystemen Für das Internet-Portal eines Unternehmens ist es unabdingbar, daß das Portal mit den operativen Unternehmensinformationssystemen gekoppelt ist. Beispielsweise müssen den Angestellten des Unternehmens aktuelle Informationen über Kunden, Termine Produkte und Ressourcen zur Verfügung gestellt werden, wenn das Portal sinnvoll in der täglichen Arbeit eingesetzt werden soll. Hersteller von Basistechnologien zur Konstruktion von Internet-Portalen bieten dazu u.a. konfigurierbare Softwarekomponenten an, die einen Zugriff auf Standard-ERP- Systeme, wie SAP R/3 oder PeopleSoft, bieten. Diese Softwarekomponenten werden dann häufig Adapter, Konnektoren oder Wrapper genannt. Die EJB-Technologie (Abschnitt 5.4) ist Teil der Java-2-Plattform Enterprise Edition (J2EE). Eine weitere Komponente der J2EE ist deren Connector Architecture [8], die im Java-Kontext den Zugriff auf ERP-Systeme wie SAP R/3 und PeopleSoft spezifiziert. Somit gibt es auch im Kontext dieses Standards eine Berücksichtigung der Integration von ERP-Systemen. Die Verbindung vom Web-Server des Portals zu den Unternehmensinformationssystemen kann dann auch durch einen separaten Integrationsserver realisiert werden, der die Daten aus den einzelnen lokalen Informationssystemen geeignet verknüpft, prinzipiell vergleichbar zu einem föderativen Datenbankmanagementsystem [9].

Unterstützung von Standards Verschiedene Standards sind wichtig für die Entwicklung von Internet-Portalen und sollten durch Basissoftware, die deren Konstruktion ermöglichen soll, unterstützt werden. Beispiele sind Standard Java, Enterprise Java (J2EE, einschl. JDBC, EJB, JSP, Servlets, JMS, JTS, etc.), Komponentenbasierte Softwareentwicklung (CORBA, Beans, Enterprise Beans), Verzeichnisdienste (LDAP und X500), Formate für Nutzerdaten (Customer Profile Exchange CPEX und P3P) und XML generell, um hier nur einige (wichtige) zu nennen.

6 Beispiele kommerziell verfügbarer Basisprodukte

Die Anbindung von (kommerziellen) Datenbanken an das Web ist schon Standder-Technik [10] und ein wichtiger Aspekt bei der Konstruktion von Internet-Portalen. Daher bieten die großen Datenbankhersteller auch Erweiterungen für die Konstruktion von Internet-Portalen an (z.B. www.oracle.com/portals). Angesichts der Vielzahl existierender Produkte muß eine Auswahl getroffen werden, die nicht repräsentativ sein kann. Statt Erweiterungen von Datenbanken, skizzieren wir hier zwei kommerzielle Basisprodukte, die speziell zur Konstruktion von Internet-Portalen entwickelt wurden und verschiedene Aspekte der zuvor diskutierten Kriterien als Schwerpunkt berücksichtigen: IONA iPortal und ATG Dynamo. Beide Produkte werden im Kontext der Autoren eingesetzt.

6.1 iPortal von IONA Technologies

Das Produkt iPortal wird durch die Firma IONA Technologies angeboten. iPortal basiert auf der CORBA-Implementierung Orbix 2000, einem Enterprise JavaBeans Anwendungsserver, sowie einen spezifischen Integrationsserver zur Anbindung von Unternehmensanwendungen, wie SAP R/3. IONAs iPortal Suite [11] schafft eine Softwareumgebung, mit deren Hilfe Portale entwickelt werden können, die diesen Anforderungen entsprechen. Sie besteht aus vier wesentlichen Komponenten:

Der **iPortal Server** bietet den benutzerseitigen Portal-Zugang. Besonderes Merkmal dieser Komponente ist sein Aufbau aus vorgefertigten Portal- Bauelementen, die i.w. nur noch konfiguriert werden müssen, um ein neues Portal zur Verfügung zu stellen. Zu nennen sind inhaltsspezifische Nutzerantworten, Suchmechanismen, Profiling, E-Mail-Integration, Kalenderfunktionen und Unterstützung der wichtigen Web-Protokolle (XML, HTML, IIOP, http). Der iPortal Server stellt damit die wesentlichen Merkmale der Anforderungen an die Endbenutzerseite von Portalen bereit.

Den Kern der iPortal Suite bildet IONAs zentrales CORBA-Produkt, der Object Request Broker (ORB) **Orbix 2000**. Orbix 2000 ist eine ORB-Implementierung auf der Basis der letzten verabschiedeten CORBA-Spezifikation CORBA 2.3. Der Portable Object Adapter (POA), Objects by Value usw. sind wichtige Leistungsmerkmale. Zudem sind in Orbix 2000 bereits eine Reihe von Elementen der kurz vor Abschluß befindlichen CORBA 3 Spezifikation enthalten, wie z.B. asynchrone Methodenaufrufe. Eine wesentliche Eigenschaft von Orbix 2000 ist seine sehr hohe Skalierbarkeit, die technisch auf der geschickten Ausnutzung des POAs basiert. Gerade zur Integration bestehender Unternehmensinformationsquellen ist die Verfügbarkeit für viele Systemplattformen wichtig. Sie reicht von WinNT bis Unix (u.a. HP, Linux, Sun) und steht in der Kombination mit Orbix bereits jetzt auch für OS/390- und VMS- Umgebungen zur Verfügung. Hinzu kommen verschiedene Programmiersprachenanbindungen, wie Java, C++ und unter OS/390 auch COBOL und PL/1. Basierend auf dem Orbix2000-Kern werden die weiteren Elemente der iPortal Suite bereitgestellt.

Zur Entwicklung von komponentenbasierten Anwendungen auf Basis von EJB steht der iPortal **Application Server** zur Verfügung. Dieser EJB Server/Container ist eine vollständig SunSoft EJB 1.1 konforme Implementierung u.a. mit Bean und Container Managed Persistence sowie Bean Security , der zudem die Leistungsmerkmale von SunSofts Java 2 Enterprise Edition (J2EE) anbietet. Zur komfortablen Entwicklerunterstützung bietet das Produkt zudem eine graphische Oberfläche, die ein einfaches Zusammenbauen von EJBs verschiedener Anbieter zu eigenen Applikationen erlaubt. Der iPortal Application Server ist auf der Basis von Orbix 2000 implementiert. Durch diese Architekturkonzeption sind EJBs damit de facto CORBA-Objekte, d.h. sie sind voll interoperabel zu anderen CORBA-Objekten, über die wiederum der Zugang zu den bestehenden Unternehmensanwendungen gegeben ist.

Zu guter Letzt bietet der iPortal **Integration Server** eine Vielzahl von Konnektoren, um z.B. Standard-Softwarepakete anzubinden. Diese beinhalten beispielsweise die Integration von SAP-Systemen, Host-Anbindungen, Messaging-Produkten usw.

6.2 Dynamo von ATG

Die Art Technology Group (ATG) (www.atg.com) [12] bietet eine aufeinander aufbauende Suite von Produkten namens ATG Dynamo 5. Zielrichtung ist das Kundenbeziehungsmanagement. ATG wird vorrangig in personalisierbaren hochvolumigen Websites, wie Deutsche Bank (moneyshelf), Autouniversum (Motorpresse), Sun Microsystems, Benetton, Letsbuyit, General Motors oder Schulte eingesetzt. Bestandteil ist ein J2EE konformer Applikationsserver (DAS). Dieser stellt innerhalb eines offenen Komponentenframeworks eine erweiterbare Menge von Services zur Verfügung. Services werden durch Beans realisiert. Auf dem Application Server setzt der Personalization Server (DPS) auf, der Services für die Personalisierung anbietet. Die Personalisierungsregeln sind einfach von nichttechnischen Personen änderbar, also z.B. durch Marketing-Manager. Das auf DPS aufsetzende Produkt ist der Szenario-Server (DSS). Szenarien sind Folgen von antizipierten Nutzeraktionen und darauf definierte Reaktionen, also z.B. die Nachfaßmail, wenn 3 Wochen nach der initalen Anmeldung kein Besuch erfolgte. Auf DAS, DPS und DSS fußt der Dynamo Commerce Server, der Services für sell-sites anbietet. Für Prototypingzwecke kann die Suite ohne externe Datenbanken, Directories oder Webserver betrieben werden, da entsprechende Funktionalität integriert ist. Als J2EE-konforme Produkte unterstützt Dynamo Skalierbarkeit und Fehlertoleranz (wie 'life session switch over'). Spezielle Adapter und Konnektoren sichern die Integrationsfähigkeit von Fremdsystemen wie z.B. Standard-ERP oder Konfigurationsmanagementsysteme. LDAP wird als Verzeichnisdienst unterstützt.

7 Zusammenfassung und Ausblick

Ausgehend von einer Auflistung von typischen Internet-Portalen nach Anwendungsbereichen wurden funktionale und nicht-funktionale Anforderungen an Internet-Portale diskutiert. Funktionale Anforderungen an Internet-Portale ergeben sich z.B. aus einer angemessenen (ergonomischen) Präsentation für die Nutzer, aus der Personalisierung und aus der Integration von operativen, existierenden Unternehmensinformationssystemen. Aus den ermittelten funktionalen Anforderungen können nicht-funktionale Anforderungen an die Architektur und verschiedene notwendige Qualitätsmerkmale von Basistechnologien zur Konstruktion von Internet- Portalen abgeleitet werden. Daraus ergeben sich typische Softwarekomponenten zur Erfüllung der Anforderungen. Die konkreten Architekturen von kommerziell verfügbaren Basis-Softwareprodukten sind dabei häufig durch deren jeweiligen Hintergrund charakterisiert. Bei den vorgestellten Produkten kann das wie folgt zusammengefaßt werden:

- Bei iPortal steht beispielsweise der Systemintegrationsaspekt durch den CORBA-Hintergrund im Vordergrund.

- Bei Dynamo ist die einfache Personalisierung sowie das Szenario-Management besonders ausgeprägt.

Bei Erweiterungen von kommerziellen Datenbanken steht naturgemäß die Datenbankanbindung im Vordergrund. Zur Auswahl einer Basissoftware für ein konkretes Portal-Projekt müssen diese spezifischen Eigenschaften berücksichtigt werden, um die Anforderungen angemessen erfüllen zu können.

Es ist zu erwarten, daß viele Internet-Nutzer in der nahen Zukunft bei den Portalen verschiedener Unternehmen Informationsdienste nutzen werden. Dabei besteht das Problem, daß zum Beispiel bei Adressänderungen jedes Portal einzeln durch die Nutzer informiert werden muß. Besser wäre es, wenn es zwischen den Portalen selbst eine Art Föderation geben könnte, die automatisch für eine Konsistenzsicherung sorgt. Ein Integrationsaspekt für Unternehmens-Portale ist die gegenseitige Zurverfügungstellung von Informationsdiensten, um so den Nutzern einen Mehrwert zu bieten. Beispielsweise die Lizensierung eines Portal-Teilangebots an einen anderen Portal-Betreiber, der dieses für den Kunden verdeckt unter seinem eigenen Label in sein eigenes Portal integriert. Für die Interoperabilität in heterogenen Umgebungen können dann zum Beispiel auch Verzeichnisdienste, beispielsweise basierend auf dem LDAP-Standard, eine wichtige Integrationsgrundlage bieten. Gleichzeitig müssen Themen wie Nutzerakzeptanz und Privatsphäre bercksichtigt werden.

Generell ist es wichtig sich darüber im klaren zu sein, daß der Aufbau eines Internet- Portals nicht die eigentliche Konstruktion eines (neuen) Informationssystems darstellt, sondern im wesentlichen eine Integrationsaufgabe von verschiedenartigen Informationsdiensten ist. Das kommt noch stärker zu Tragen, wenn verschiedene Portale gekoppelt werden sollen.

Literatur

[1] Komponentenbasierte Multi-tier Applikationen, MATERNA White Paper, 2000
[2] T. Howes, M.C. Smith, G.S. Good, T.A. Howes: Understanding and Deploying LDAP Services, MacMillan Technical Publishing, 1999
[3] W. Hasselbring: The Role of Standards for Interoperating Information Systems. In *Information Technology Standards and Standardization: A Global Perspective,* K. Jakobs (ed.), Idea Group Publishing, Seiten 116-130, 2000
[4] R. Monson-Haefel: Enterprise JavaBeans, 2nd edition, O'Reilly, 2000
[5] C. Ghezzi, J. Jazayeri, D. Mandrioli: Fundamentals of Software Engineering, Prentice Hall, Englewood Cliffs, NJ, 1991
[6] N. Bradley: The XML Companion, Addison-Wesley, Harlow, England, 1998
[7] W. Hasselbring, H. Weigand: Languages for Electronic Business Communication: State of the Art, Industrial Management & Data Systems, 2001 (im Druck)
[8] J2EE Connector Architecture, http://java.sun.com/j2ee/connector
[9] A. Sheth, J. Larson: Federated database systems for managing distributed, heterogeneous, and autonomous databases, ACM Comp. Surv. 22(3): 314-335, 1990
[10] H. Loeser: Datenbankanbindung an das WWW: Techniken, Tools und Trends. Tagungsband BTW 1997, Springer-Verlag, Seiten 83-99, 1997
[11] IONA Technologies, The IONA iPortal Suite, www.iona.com/products
[12] Art Technology Group. ATG Dynamo 5 Version 5.0 – Beta 2. Overview. Sep 2000